파이썬을 이용한

수치해석

파이썬을 이용한 수치해석

류권규, 이남주 저

이 책은 “대부분의 공학자는 프로그래머가 아니라 문제 해결자이다”라는 핵심 주제에서 출발한다. 따라서 이 책의 주목적은 수치해석 이론보다는 적용 방법을 가르치고자 하는 것이다. 전산언어 전공자가 아닌 공학자들은, 주어진 문제에 어떤 방법을 적용하고 그 방법의 장점과 문제점은 무엇인지, 그리고 이 방법을 어떻게 코드로 구현할 것인지에 초점을 맞추기를 바란다.

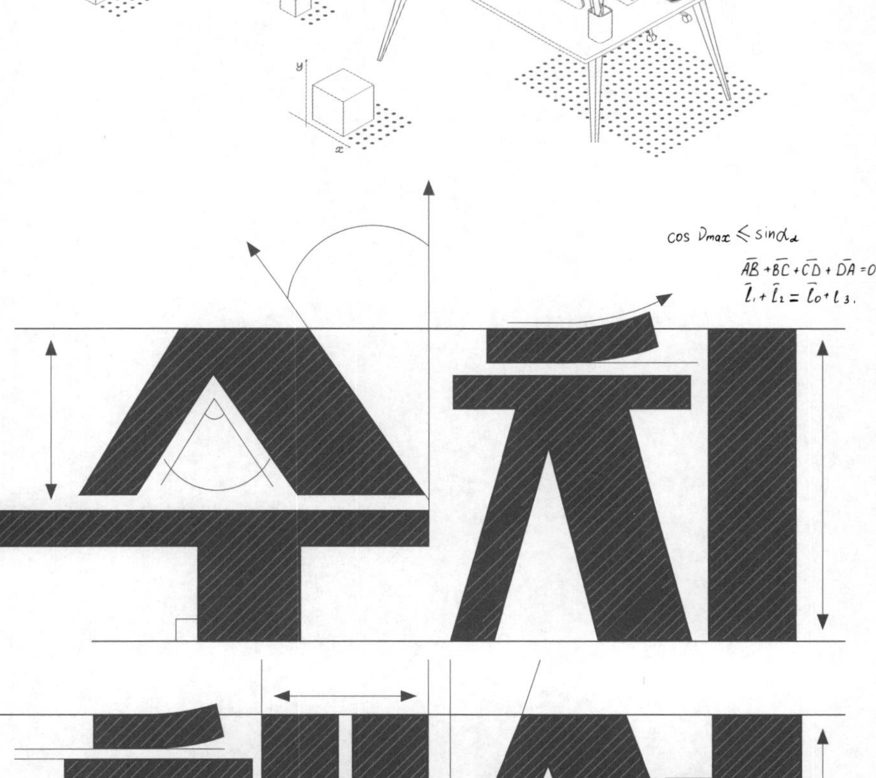

PUBLICATION INDUSTRY PROMOTION AGENCY OF KOREA
2021 세종도서
학술부문
한국출판문화산업진흥원

씨아이알

머리말

공학자가 논문을 쓴다고 할 때, 사용할 수 있는 방법은 이론 논문, 실험 논문, 전산 논문의 세 가지라고 생각한다. 그런데 저자들의 전공인 수리학은 상당히 오래된 학문이라 이 분야의 이론 논문을 쓰는 데는 많은 어려움이 있다. 따라서 용이한 것은 실험 논문이나 전산 논문이다. 그런데 실험을 하는 경우에도 상당히 많은 자료를 처리해야 하므로, 이를 처리하기 위해 전산 코드를 작성해야 하는 경우가 많다. 그리고 전산 논문인 경우는 당연히 코딩에 익숙해야만 한다. 이런 면에서 학부 3학년 때 배운 **FORTRAN**은 저자들이 공부하고, 연구하는 데 매우 큰 도움을 주었다. 오랜 세월이 흘러 저자들이 주로 사용하는 전산언어도 **Visual Basic**, **C++**와 **Java**를 거쳐 **Python**이 되었고, 저자들도 배우는 입장에서 가르치는 입장이 되었다. 그런데 요즘 대학원 학생들을 가르치면서 가장 안타까운 면이 학생들이 코딩을 잘하지 못한다는 점이다. 공학인이 가지는 가장 큰 도구 중 하나를 유용하게 사용하지 못하는 것이다. 이것은 한편으로 요즘 공학인들이 흥미를 갖고 매진할 만한 적절한 교재가 없다는 문제이기도 하다. 이런 점에서 **Python**을 이용하여 수치해석을 하는 책을 저술하기로 하였다. 학생들이 **Python**을 이용한 수치해석을 보다 쉽게 학습하는 데 도움을 주고자 한 것이다.

이 책은 공학자와 공학계열의 고학년 학생들(4학년, 대학원생)을 대상으로 한다. 이 책의 주 목적은 수치적인 방법을 가르치고자 하는 것이다. **Python** 프로그램 작성기법은 제일의 목표가 아니다. 따라서 **Python** 프로그래밍에 대해서는 수치 알고리즘을 구현하기에 충분한 정도로만 소개한다. 언어적인 특징이나 특수한 부분은 거의 다루지 않는다. 이것은 이 책이 가진 핵심 주제가 '대부분의 공학자는 프로그래머가 아니라 문제 해결자이다'라는 데 있다. 특별히 전산언어 전공자가 아닌, 저자들과 같은 공학자들은 주어진 문제에 대해 어떤 방법을 적용할 것이며, 그 방법들의 장점과 문제점은 무엇인지, 이들을 어떻게 구현할 것인지에 초점을 맞추기를 원한다. 그래서 처음부터 기초 작업에 대한 컴퓨터 코드를 작성하기를 기대하지 않는다. 그보다는 이미 작성되어 있고 시험과 검증을 거친 라이브러리나 함수를 이용하고자 할 것이다. 대신 이들을 이용하는 데 어떤 한계가 있으며, 또 이런 함수들을 개량하려면 어떻게 해야 하는가 하는 부분에 좀 더 관심이 있다. 그래서 전산에 대해 초보자도 아니고 전문가도 아닌 중급자가 필요로 하는 정도의 내용을 이 책에 담았다.

이 책의 내용은 공학 과정의 수치해석에서 다루는 일반적인 주제로 구성되어 있다. 연립방정식의 풀이, 자료의 보간과 적합, 수치 미분과 적분, 상미분 방정식의 해, 고유값 문제 등이다. 각 주제별로 여러 가지 방법 중에서 공학적 문제와 직접 관련 있는 것들을 주로 선택하였다. 예를 들어, 연립방정식을 풀 때는 계수행렬이 대칭이고 성긴 경우에 대해 광범위하게 논의하였다. 마찬가지로 고유값 문제의 풀이에서는 대역행렬로부터 특정 고유값을 추출하는 데 효율적인 방법에 집중하였다. 방법을 선택할 때 이용한 중요한 기준은 간결하고 명확한 것만을 선택하였다. 지나치게 복잡한 알고리즘은 그들의 효율성에 관계없이 제외하였다. 이렇게 하는 것이 배우는 학생들이 가장 쉽게 이해할 수 있다고 보기 때문이다.

모쪼록 이 책이 **Python**으로 수치해석을 배우고자 하는 이들에게 조금이라도 도움이 되길 바란다.

2020년 12월
류권규, 이남주

용 어

원래 영어로 된 용어를 우리말로 번역하는 과정에서 분야에 따라 다양하게 표기되는 경우가 많다. 이들을 이 책에서는 다음과 같이 통일하여 쓰기로 한다.

LU 분해: LU decomposition

LU 인수분해: LU factorization

가능방향법: method of feasible directions

가능해: feasible solution

가중값: weight

가중함수: weighting function

간격반분법: interval halving method

감쇠계수: coefficient of damping

값: value

강도: intensity

강성: stiffness

강성행렬: stiffness matrix

강제법: brute force method

객체: object

객체메서드: instance method

객체변수: instance variable

객체지향언어: object-oriented language

객체지향 프로그래밍: OOP, object-oriented programming

격자점: mesh points

견고함: robustness

결정론적 자료: deterministic data

경계값 문제: BVP, boundary value problem

경계잔차: boundary residual

경사: gradient

계승: factorial

고유값: eigenvalue

고유값 문제: eigenvalue problem

고유값 이동: eigenvalue shifting

고유벡터: eigenvector

고유주파수: natural frequency

곡선적합: curve fitting

공액경사법: conjugate gradient method

과감쇄 질량 - 용수철 시스템: over-damped mass-spring system

과대이완: over-relaxation

과소이완: under-relaxation

과잉인수: excess parameter

관계 연산자: relational operator

관성모멘트: moment of inertia

구적법: quadrature

국제단위계: SI unit system

귀납적 사다리꼴 법칙: recursive trapezoidal rule

근사해: approximate solution

급수: series

기본값: default value

기본함수: cardinal function

기술통계량: descriptive statistics

기저가능해: basic feasible solution

기저해: basic solution

난수: random number

내장 이름공간: built-in namespace

내적: inner product, dot product, scalar product

널객체: null object

노옴: norm

누적오차: accumulated error

다단계법: multistep method

다중도: multiplicity

다중선형회귀: multiple linear regression

단계당 오차: per-step error

단단계법: single-step method

단위행렬: unit matrix

단체법: simplex method

닮음변환: similarity transformation

대각: diagonal

대각비례함수: diagonal rational function

대각지배적: diagonally dominant

대각합: trace

대각행렬: diagonal matrix

대수 특이성: logarithmic singularity

대역행렬: banded matrix

대칭행렬: symmetric matrix

도수분포도: histogram

동반행렬: companion matrix

메서드: method

멱승법: power method

면적축척계수: area scale factor

모듈화: modulization

목록: list

목적함수: object function

무한노옴: infinity norm

문자열 파일: text file

민감도: sensitivity

반감기: (radioactive) half-life period

반사: reflection

반올림: roundoff

배열: array

배정도: double-precision

번역기: compiler

벌점함수: penalty function

범례: legend

벡터: vector

벡터곱: vector product, outer product

보간: interpolation

보간함수: interpolant

보외: extrapolation

보이론: beam theory

보조조건: auxiliary condition

복합 사다리꼴 법칙: composite trapezoidal rule

부동소수점수: floating point number

분포: distribution

불편추정량: unbiased estimator

비교 연산자: comparison operators

비대각: off-diagonal

비례함수: rational functions

비선형연립방정식: simultaneous nonlinear equations

비자명해: nontrivial solution

비특이: non-singular

비특이행렬: non-singular matrix

사격법: shooting method

사상: mapping

사전형: dictionary

삼각행렬: triangular matrix

삼대각행렬: tridiagonal matrix

3차 운형곡선: cubic spline

3차 운형곡선 보간함수: cubic spline interpolant

색인: index

선형계획법: linear programming

선형대수: linear algebra

선형독립: linearly independent

선형연립방정식: simultaneous linear equations

선형종속: linearly dependent

선형회귀: linear regression

설명문: docstring

성긴행렬: sparse matrix

소멸자: destructor

소행렬식: minor, leading minor

속성: property

수반행렬: adjoint matrix

수식화: formulation

수열: sequence

수축: contraction

수치발산: numerical overflow

수치 불안정성: numerical instability

수치해: numerical solution

수치해석: numerical analysis

수학모형: mathematical model

스크립트 언어: script language

승수: multiplier

시산법: trial and error method

시험값: trial value

신뢰계수: confidence factor

실수: real number

실제오차: actual error

악조건: ill-conditioned

안정성: stability

알고리즘: algorithm

암흑상자: black box

야코비행렬: Jacobian matrix

엄밀해: exact solution

여유변수: slack variable

여인자: cofactor

역멱승법: inverse power method

역행렬: inverse matrix

연결문자: continuation character

연관배열: associated array

열: column

열벡터: column vector

영미단위계: English unit system

영행렬: zeros-matrix

예외: exception

오차: error

오차조정법: regula-falsi method

외적: outer product, vector product

운용과학: operations research

운형곡선: spline

위치인수: positional parameter

유연성행렬: flexibility matrix

유한차분법: FDM, finite difference method

이득함수: merit function

이름공간: namespace

이분법: bisection method

이완: relaxation

이완계수: relaxation factor

인성계수: modulus of toughness

인수: parameter

인수분해: factorization

인위변수: artificial variable

일반해: general solution

일차 중앙차분근사: first-order central difference approximation

일벡터: ones-vector

잉여변수: surplus variable

자기시동: self-starting

자료형: data type

자료형변환, 형변환: casting

자명해: trivial solution

자연 3차 운형곡선: natural cubic spline

잔차: residual
재배열: reordering
재귀식: recurrence relation
적응법: adaptive method
적합도: goodness-of-fit
전방대입: forward substitution
전역이름공간: global namespace
절단오차: truncation error
절단 Taylor 급수: truncated Taylor series
절사: truncate
절점: node, knot
점화식: recurrence relation
접근제한자: access modifier
정규방정식: normal equation
정규화 고유벡터: normalized eigenvector
정방행렬: square matrix
정부호: positive definite
정적메서드: static method
정확도: accuracy
정확함수: exact function
제곱근평균오차: root-mean-square error
제약조건: constraint
조립제법: synthetic division
조화변위: harmonic displacement
주기: cycle
주대각: main diagonal
주응력: principal stress
중앙값 정리: mean value theorem
지역이름공간: local namespace
직교: orthonormal
직교행렬: orthogonal matrix
직역기: interpreter
질량밀도: mass density
집합: set
차수: rank
차원: dimension
차원확장: dimension broadcasting
참값: true value
초기값 문제: IVP, initial value problem
초기자: initializer
초기조건: initial condition
초선형: superlinear
최급강하법: method of steepest descent
최대압축응력: maximum compressive stress
최소제곱법: least square method
최소제곱오차: least square error
최적적합: best fit
최적화: optimization
축약: deflation
축척계수: scale factor
크기조정 행피봇팅: scaled row pivoting
클래스: class
클래스 메서드: class method
클래스 변수: class variable
키: key
탄성계수: modulus of elasticity
퇴화된 사변형: degenerated quadrilateral
튜플: tuple
특성방정식: characteristic equation
특이: singular
특이값: singular value
특이값 분해: singular value decomposition
특이행렬: singular matrix
특질: attribute
편심도: eccentricity
편차: deviation

평활함수: smooth function
표본분산: sample variance
표본왜도: sample skewness
표본중앙값: sample median
표본첨도: sample kurtosis
표본최빈값: sample mode
표본평균: sample mean
표본표준편차: sample standard deviation
표준편차 : standard deviation
프로그래밍: programming
피봇: pivot
피봇방정식: pivot equation
필드: field
할선공식: secant formula
할선법: secant method
함수: function
항등행렬: identity matrix
해곡선: solution curve
해석해: analytic solution
해세행렬: Hassian matrix
해시: hash
해탐색문제: root-finding problem
행: row
행렬: matrix
행렬식: determinant
행렬조건수: matrix condition number
행벡터: row vector
행피봇팅: row pivoting
행합노옴: row-sum norm
허용오차: error tolerance
허위법: false position method
호조건: well-conditioned
확대계수행렬: augmented coefficient matrix
확대행렬: augmented matrix
확률적 자료: probabilistic data
확장: expansion
황금분할탐색: golden section search
황금비: golden ratio
회전반경: radius of gyration
회피 정도: degree of avoidance
효율: efficiency
후방대입: back substitution

인명 읽기

다음 인명 읽기는 이 책에 나오는 외국인 인명을 통일된 방식으로 표기하기 위한 것이다. 이 인명을 읽는 방법은 인명 읽기 사이트(https://www.howtopronounce.com/)에서 찾은 것이다. 참고로 인터넷에서 찾은 각 사람의 이름 전체와 국적, 생몰 연도를 표기하였다.

Blasius: 블라지우스 (독일)
Paul Richard Heinrich Blasius (1883～1970)

Bulirsch: 불리어쉬 (독일)
Roland Zdeněk Bulirsch (1932～)

Chebyshev: 체비쇼프 (러시아)
Pafnuty Chebyshev (1821～1894)

Cholesky: 숄레스키 (프랑스)
André-Louis Cholesky (1875～1918)

Cotes: 코츠 (영국)
Roger Cotes (1682-1716)

Crout: 크라우트 (미국)
Prescott Durand Crout (1907～1984)

Doolitle: 둘리틀 (미국)
Myrick Hascall Doolittle (1830～1911)

Euclide: 유클리드 (고대 그리스)
Eucleides of Alexandria 알렉산드리아의 에우클레이데스

Euler: 오일러 (스위스)
Leonhard Euler (1707～1783)

Fibonacci: 피보나치 (이탈리아)
Leonardo Pisano Bigollo Fibonacci (1170～1250)

Frobenius: 프로베니우스 (독일)
Ferdinand Georg Frobenius (1849～1917)

Gauss: 가우스 (독일)
Carl Friedrich Gauss (1777～1855)

Gerschgorin: 게르쉬고린 (러시아)
Semyon Aronovich Gershgorin (1901～1933)

Hermitt: 에르미트 (프랑스)
Charles Hermite (1822～1901)

Hesse: 헤세 (독일)
Ledwig Otto Hesse (1811～1874)

Hilbert: 힐베르트. (독일)
David Hilbert (1862～1943)

Horner: 호너 (영국)
William George Horner (1786～1837)

Householder: 하우스홀더 (미국)
Allan Scott Householder

Jacobi: 야코비 (독일)
Carl Gustav Jacob Jacobi (1804～1851)

Jordan: 요르단 (독일)
Wilhelm Jordan (1842～1899)

Kirchoff: 키르히호프 (독일)
Gustav Robert Kirchhoff (1824～1887)

Lagrange: 라그랑지 (샤르데냐, 프랑스)
Joseph-Louis Lagrange (1736～1813)

Laguerre: 라게르 (프랑스)
Edmond Laguerre (1834～1886)

Laplace: 라플라스 (프랑스)
Pierre-Simon, marquis de Laplace (1749～1827)

Legendre: 르장드르 (프랑스)
Adrien-Marie Legendre (1752～1833)

l'Hôpital: 로피탈 (프랑스)
Guillaume François Antoine, Marquis de l'Hôpital (1661～1704)

Neville: 네빌 (영국)
Eric Harold Neville (1889～1961)

Newton 뉴턴 (영국)
Isaac Newton (1642～1726)

Pascal: 파스칼 (프랑스)
Blaise Pascal (1623～1662)

Rapson: 랍슨 (영국)
Joseph Raphson (1648～1715)

Richardson: 리차드슨 (미국)
Marion Webster Richardson (1896~1965)

Ridders: 리더스 (네덜란드?)
C. J. F. Ridders. 1979년에 Delft 공대의 전기공학과에 있었다는 기록 외에 찾을 수 없음

Romberg: 롬베르크 (독일)
Werner Romberg (1909~2003)

Seidel: 자이델 (독일)
Philipp Ludwig von Seidel (1821~1896)

Simpson: 심슨 (영국)
Thomas Simpson (1710~1761)

Stoer: 스토어 (독일)
Josef Stoer (1934~)

Sturm: 스툼 (프랑스)
Jacques Charles François Sturm (1803~1855)

Taylor: 테일러 (영국)
Brook Taylor (1685~1731)

Vandermonde 방데르몽드 (프랑스)
Alexandre-Théophile Vandermonde (1735~1796)

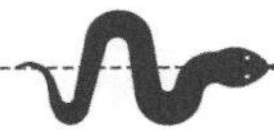

CONTENTS

CHAPTER 06 곡선적합

CHAPTER 07 고유값 문제

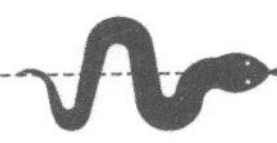

CHAPTER 11 경계값 문제

CHAPTER 12 최적화

CORD CONTENTS

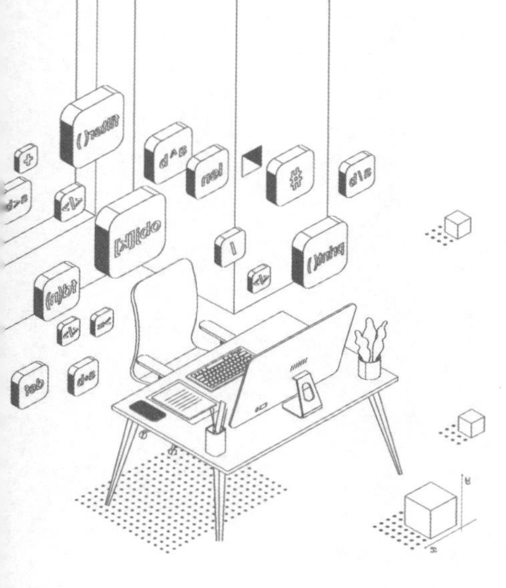

파이썬을 이용한
수치해석

CHAPTER

01 수치해석

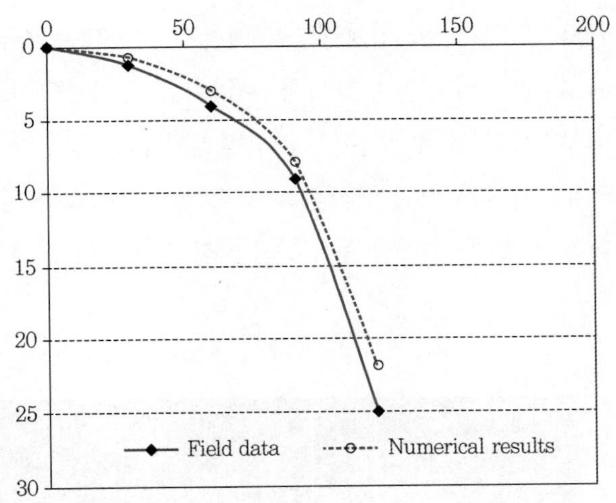

이 장에서는 수치해석을 실제 실행하기 전에 기본 발판이 될 내용들을 간략히 소개한다. 1.1절에서는 수치해석의 필요성이나 수치해석의 과정, 수치해석에서 유의할 점 등을 개략적으로 살펴본다. 1.2절에서는 수치해석의 도구로 Python을 채택한 이유를 간략히 살펴볼 것이다.

1.1 수치해석 개요

(1) 수치해석이란

물리학이나 공학에서는 해결해야 할 여러 가지 문제들이 있다. 이러한 문제를 풀기 위해서는, 그 문제를 수식으로 기술하고 자료를 정량화해야만 한다. 이렇게 수학식으로 나타내는 과정을 수식화formulation라 하고, 이 수식화 과정을 통해 만들어진 수식이 바로 수학모형mathematical model 또는 수학 문제이다. 대표적인 수학모형으로는 대수방정식, 선형연립방정식, 상미분방정식, 정적분, 보간법 등을 들 수 있다. 21세기에 들어서는 물리학이나 공학뿐만 아니라, 생명공학과 예술 분야에서도 이런 수학모형들이 사용되고 있다. 예를 들어, 의학과 생명과학 분야에서 살아 있는 세포에 대한 모의simulation를 하기 위한 필수항목으로, 자료분석, 확률미분방정식, 마르코프 연쇄 등이 이용되고 있다. 또 영상예술 분야에서 사용되는 컴퓨터 그래픽computer graphic이나 전산시각computer vision은 이러한 수학모형이 없이는 불가능하다.

이들 수학모형은 해석적으로 풀 수 있는 경우와 풀리지 않는 경우가 있다. 수치해석학numerical analysis은 이런 수학모형에서 수치적인 근사값을 구하는 알고리즘을 연구하는 학문이다. 즉, 대수적인 방법으로 해를 얻기 힘든 수학적 문제를 수치를 이용하여 근사적으로 푸는 방법에 관한 학문을 말한다.

그림 1.1 $\sqrt{2}$의 근사값을 계산한 바빌로니아 점토판

가장 오래된 수치해석에 대한 수학적 기술을 들자면, **그림 1.1**[1]에 나타낸 것처럼 바빌로니아 사람들이 점토판에 육십진법으로 단위길이 정사각형의 대각선의 길이인 $\sqrt{2}$를 수치적으로 근사해놓은 것이다. 삼각형 한 변의 길이를 구하는 문제(제곱근을 구하는 문제)는 여러 분야에서 매우 중요한 의미를 갖는다.

수치해석은 실생활에서 널리 사용된다. 바빌로니아 사람들이 $\sqrt{2}$의 근사값을 구한 예에서 볼 수 있듯이, 현대의 수치해석 역시 정확한 해를 구하지는 않는다. 왜냐하면 정확한 해를 구하는 것이 실제로는 불가능한 경우가 많기 때문이다. 그 대신 대부분의 경우, 수치해석에서는 합리적인 수준의 오차를 갖는 근사값을 구하는 것에 집중한다.

수치해석이란, 이처럼 어떤 함수나 방정식의 해를 수치적으로 근사해서 푸는 과정과 방법을 다루는 학문을 말한다. 예를 들어, $f(x)=x^2$이 주어졌을 때, $f'(3)$을 구하는 문제를 생각하자. 이를 수식으로 직접 풀어서 $f'(x)=2x$(이런 해를 해석해analytic solution라고 한다)를 구하고, 여기에 3을 대입하여 $f'(3)=6$으로 계산하는 것을 해석적 풀이법이라고 하며, 이렇게 구한 해는 참값true value이므로 엄밀해exact solution라고 한다. 반면에 이를 수치적으로 풀려면 $f'(x) \fallingdotseq \frac{f(x+h)-f(x-h)}{2h}$로 놓고 여기에 아주 작은 h값을 대입하여 수치해numerical solution를 구한다. 그러면 참값과 완벽히 같지는 않지만 근사적인 값을 구할 수 있으며, 이 해는 앞의 엄밀해와는 약간의 오차가 있을 수 있는 근사해approximate solution이다. 이러한 방법을 수치해석이라고 한다.

앞서 예로 보인 문제와 달리, 공학에서 다루는 많은 문제들 중에는 해석적 방법으로 풀 수 없는 경우가 상당히 많다. 또 풀 수 있다 하더라도 계산 과정이 아주 복잡하거나 계산량이 너무 많아 도저히 손계산으로는 감당하기 힘든 경우가 많다. 예를 들어, 선형연립방정식과 같은 경우 미지수가 3원 또는 4원 선형연립방정식이라면 해석해를 구하는 것이 어렵지 않을 것이다. 그런데 10원(미지수가 10개)이라면 선뜻 나서기 힘든 정도이고, 1,000원(미지수가 1,000개)이라면 도저히 도전할 엄두가 나지 않을 것이다. 이런 경우 컴퓨터를 이용하여 푸는 것이 타당할 것이다.

수치해석이란 이런 경우에 어떻게 계산을 시킬 것인가 하는 방법을 찾는 학문이다. 효율적인 알고리즘algorithm을 구성하여 빠르고, 안정적이고, 정확한 방법을 찾고자 하는 것으로 계산 알고리즘, 오차 해석, 반복계산 시 안정과 불안정 해석 등 수치에 대한 해석이나 계산을 수행하는 학문이 바로 수치해석학이다. 계산 수단으로는 손으로 계산하는 방법과 컴퓨터에 의한 방법이 있지만, 여기서는 컴퓨터로 계산하는 것만을 전제로 한다.

1) 위키피디아: https://ko.wikipedia.org/wiki/%EC%A0%9C%EA%B3%B1%EA%B7%BC_2

(2) 수치해석에 대한 분야별 시각

수치해석을 바라보는 여러 가지 시각을 간략히 살펴보자.[2] 이를 살펴보는 이유는 저자가 어떤 시각에서 이 책을 저술하는지를 밝혀 두고자 하는 것이 첫째 이유이다. 또 다른 이유로는, 독자들이 추후에 어떤 내용에 관련된 참고문헌이나 관련문헌을 살펴볼 때도, 원하는 문헌을 찾는 데 도움이 될 것이기 때문이다. 즉, 어떤 시각에서 저술된 문헌인가에 따라 저자가 의도하는 관심 사항이 크게 달라지며, 독자들이 이해하기 쉬운 정도도 크게 달라진다. 이런 면에서 수치해석과 관련된 분야를 크게 수학 분야, 컴퓨터 공학 분야, 컴퓨터 공학을 제외한 일반 공학 분야의 셋으로 나눌 수 있다.

수학 분야

수치해석은 수학과 과목 중 계산과 알고리즘에 치중하는 몇 안 되는 과목이다. 수학과의 기초를 형성하는 논리적이고 추상적인 수학의 범주에서는 '해가 존재한다'라는 존재성과 유일성이 중요했었다면, 수치해석은 '그래서 그게 얼마인데?'라는 관점으로 접근하는 차이점이 있다고 하겠다. 이런 점 때문에 수학과 쪽에서 저술된 문헌들은 공학자의 입장에서 보면 이해하기 어렵고 실제 응용에 큰 도움이 되지 않는 경우가 많다.

반면, 수치해석의 의미를 논리와 추상적인 범주가 아닌, 응용이라는 면에서 보면 매우 색다른 관점에서 볼 수도 있다. 이 경우 이 과목의 의미는 해석학적으로 알고리즘을 분석해본다는 것이다. 예를 들어, 학부 수준 수치해석의 초반에 등장하는 뉴턴-랩슨법Newton-Raphson method의 경우, 한 점에서 함수식을 미분해서 x절편을 찾고, 다시 그 x좌표에서 함수식을 미분해서 또 x절편을 찾는 과정의 반복이다. 즉, 해석학에서 왜 수열을 배우고 수렴을 배웠는지를 알게 된다. 이 알고리즘은 근사적인 해를 계속 구하여 수열을 만드는 과정이다. 이 수열이 방정식의 해로 수렴하면 알고리즘이 극한에서 방정식의 해를 구하는 올바른 방법이 된다.

이 예에서 보듯이 해석적인 면에서 수치해석을 보면, 어떤 알고리즘에 대해 수학자는 다음과 같은 해석학적 질문에 대한 답을 구하고자 한다.

- 이 알고리즘이 수렴하는가? 즉, 알고리즘으로 구성한 해의 근사값의 수열이 수렴하는가?
- 수렴한다면 문제의 정답으로 수렴하는가?
- 정답으로 수렴한다면 얼마나 빨리 수렴하는가?

2) 나무위키: https://namu.wiki/w/%EC%88%98%EC%B9%98%ED%95%B4%EC%84%9D

- 수렴속도 질문의 다른 형태로서, 몇 번을 반복해야 알고리즘의 계산값과 정답의 차이가 주어진 오차범위 안으로 들어오는가?

일반 공학 분야

컴퓨터 공학을 제외한 일반적인 공학 분야에서는 앞의 수학 분야의 관심사 중에서 수학의 추상성보다는 현실적인 해법, 즉 보다 효율적으로 방정식을 푸는 방법이나 최적값을 찾는 방법이 더 중요하다. 그래서 앞의 수학자들이 보는 관점 중에서 해석적인 면에 치중하게 된다.

공학도들에게도 수치해석이라는 과목은 조금 별나게 느껴진다. 그 이유는 공학만을 다루다가 어찌되었든 조금 특이한 수학을 접하기 때문이다. 그래서 '도대체 이것을 어디에 써먹나?'라는 의문을 품었던 선형대수학, 복소수, 확률과 통계 등을 재차 배우면서 머리를 싸매게 된다.

공대생들은 한 학기 동안 전산 프로그래밍을 하며 수치해석의 이론, 습득까지 수행하게 된다. 전산언어를 사용하지 않는다면 공학용 계산기에라도 프로그래밍을 한다. 그런데 여기에 다음에 소개할 컴퓨터 공학 분야의 지식을 추가로 배워야 한다고 하면, 너무나 머리 아픈 과목으로 치부하게 된다.

그런데 이번에는 또 다른 문제에 직면하게 된다. 해석적인 알고리즘이 수학적인 문제라면, 컴퓨터를 이용한 실제 해석에서는 풀이의 도구인 컴퓨터를 알아야 하는 문제에 부딪힌다. 일단 전산언어를 이해해야 하는 첫 단계 문제부터, 어떤 경우에는 컴퓨터 구조, 메모리 구조 등과 같이 자신의 전공과 전혀 다른 분야의 지식을 요구하는 경우가 많다. 다만 컴퓨터와 전산언어의 발달에 따라 어떤 문제들은 손쉽게 해결되는 반면, 더욱 어렵게 되는 경우도 있다. 즉, 반올림 오차와 같이 기기에서 표현할 수 있는 수의 한계성과 이를 바탕으로 수를 정확하게 나타내려 하는 정밀도 문제, 계산의 속도 문제 등은 컴퓨터의 발달에 따라 해결되는 문제이다. 반면, 다양화된 컴퓨터 OS 문제, 그래픽 인터페이스 문제, 컴퓨터 구조에 따른 병렬처리 문제 등은 컴퓨터나 전산언어의 발달에 따라 오히려 더욱 어려워지는 문제들이다.

일반 공학 분야의 연구자나 학생들은 수치해석을 도구로 사용하고자 하는 것이지, 도구를 개발하고자 하는 것이 아니다. 물론 필요에 따라서는 도구로 개발할 수도 있겠으나, 당장은 도구로 쓰려는 것이 일차적인 목표이다. 이런 면에서 Kiusalass[3]가 "Most engineers are not programmers, but problem solvers"라고 표현한 것은 매우 새겨둘 만한 표현이다.

이런 면에서 수치해석을 도구로 잘 활용할 수 있다면, 훌륭한 공학도가 될 기본적인 자질을

3) Kiusalass, J. (2014) Numerical methods in engineering with Python 3, Cambridge.

잘 갖추었다고 볼 수 있다. 또 한편으로는 수치해석을 잘 이해함으로써, 공학도들이 계속 다루게 될 여러 소프트웨어의 기본을 이해할 수 있는 바탕이 된다는 점도 굉장히 중요하다. 특히 추후 자신의 진로를 실제 계산이 필요한 연구 계열(물리학이나 공학 분야 중 유체역학 같이 편미분방정식과 떨어지려야 떨어질 수 없는 분야)이나 계산 과학 계열로 지망하는 사람들에게 수치해석 과목은 매우 중요하다 할 수 있다.

■ 컴퓨터 공학

수치해석을 하는 데는 수학이나 물리학적 지식이나, 이를 응용한 공학적인 지식이 반드시 필요하다. 즉, 컴퓨터 공학적인 지식만 가지고는 수치해석을 할 수 없다. 물론 수치해석을 하는 데 전산언어는 반드시 필수적이지만, 그 외의 컴퓨터 공학 개념 중에서 네트워킹이나 데이터베이스 개념은 수치해석에서는 쓸모가 없을 수도 있다.

그럼에도 좋은 수치해석 라이브러리를 만들려면, 상당한 컴퓨터 공학적인 지식이 필요하다. 일단, 전산언어를 잘 알아야 하는 것은 첫 단계이다. 20세기 중반부터 등장한 전산언어는 2020년 기준 수십 가지가 넘었고, 그 파생형까지 전부 따지면, 아마 수백 가지가 넘을 것이다. 이들 중 본인이 풀고자 하는 공학 문제에 맞는 것들을 선택할 수 있어야 한다. 또한 컴퓨터 구조에 맞게 병렬처리(OpenMP, MPI 등) 같은 최적화도 해주어야 하고, 과거 FORTRAN이나 C로 작성되었던 라이브러리를 Python 같은 언어로 포팅한다거나, 유닉스/리눅스 환경을 관리한다거나, 오픈소스처럼 협업이 필요한 경우 판 관리나 성능시험을 관리해주어야 하기 때문에, 컴퓨터 공학적인 내용을 알고 있으면 할 수 있는 일이 많아질 것이다. 수치해석을 할 때는 이런 전산언어나 컴퓨터 구조에 대해 해박하지는 않더라도, 도구로 사용하는 전산언어의 기본지식과 컴퓨터 구조의 기본 정보를 이해하는 것이 큰 도움이 될 수 있다.

(3) 수치해법이 필요한 이유

수치해법이 필요한 이유는 다음과 같다.[4)]

① 주어진 문제에서 해석적인 방법으로 정확한 해를 구할 수 없을 때, 수치해법은 문제의 해결을 위한 대안을 제시해준다.

② 수치해법에 의한 계산은 실험적 연구에 비해 비용과 시간을 상당히 절약할 수 있다. 일반

4) 이관수(2003), 공학도를 위한 수치해석, 원화.

적으로 실험은 비용이 많이 들며, 우리가 원하는 정보를 얻기까지 많은 시간이 걸린다.

③ 실무에서 사용되는 상용 프로그램을 효율적으로 사용하기 위해서는, 수치해법을 기본으로 한 기초 이론지식이 필요하다. 또 경우에 따라서는 주어진 과제에 대해 최적의 결과를 얻을 때까지 프로그램을 수정하거나 조작할 수 있어야 한다. 이런 점에서는 컴퓨터 프로그램의 사용에 대한 특별한 주의사항으로 회자되는 "Garbage input, garbage output"이라는 교훈은 매우 중요하다. 즉, 프로그램에 대한 이해 없이 프로그램을 실행하는 것은 반드시 피해야 한다.

④ 주어진 문제를 기존의 상용 프로그램으로 풀 수 없거나, 소프트웨어의 가격이 너무 비싸 구입이 용이하지 않을 때, 문제 풀이를 위한 프로그램을 스스로 작성하여 문제를 해결할 수 있어야 한다. 이 부분은 공학자나 공학도의 입장에서 가장 많이 부딪히는 부분이다. 만일 이런 경우 수치해석을 할 수 없다면, 연구를 추진할 수 있는 매우 중요한 도구 하나가 없어지는 어려움이 있다.

⑤ 수치해석은 직관적으로는 이해하기 어려운 고차원 문제를 기본적인 산술연산으로 나타내어 풀기 때문에, 애매모호한 문제를 분명하게 만들어서, 문제를 보다 잘 이해할 수 있는 안목을 준다.

(4) 수학모형

앞에서 수치해석이란 수학모형을 수치적으로 푸는 것이라 하였다. 여기서 말하는 수학모형 mathematical model이란 '물리적 시스템이나 과정의 이해에 필수적으로 요구되는 특징을 수학적 용어로 표현한 수식 또는 방정식'이라고 정의할 수 있다.

예를 들어, 어떤 물체의 운동량의 시간변화율과 그 물체에 작용하는 외력의 관계를 나타내는 뉴턴의 제2법칙을 생각해보자. 이 문제를 풀기 위해서는 적절한 수식으로 나타내야 한다. 이 수식을 만들기 위해서 이론적인 유도를 할 수도 있고, 실험(또는 관찰)을 이용할 수도 있다. 수식으로 표현해야만, 비슷한 다른 경우에도 이를 적절히 이용할 수 있기 때문이다.

자연계의 복잡한 물리 현상을 '정확히' 예측하기가 상당히 어려워서 때로는 수학모형을 만드는 과정에서 많은 가정과 단순화를 동반하게 된다. 즉, 앞의 뉴턴의 제2법칙에서는 상대적으로 중요성이 덜한 양들은 무시한다.

이 과정을 통해 만들어진 수학모형은 해석적으로 풀어서 정확해를 구할 수도 있지만, 많은 경우는 수치해석에 의존해야 한다. 예를 들면, 2차방정식 $f(x)= x^2 + 3x + 1 = 0$의 해는 근의 공식으로 쉽게 풀 수 있지만, 5차 방정식 $f(x)= x^5 + 3x^4 + x^3 + x^2 + 3x + 2 = 0$의 해는 공식으로 풀 수 없다. 일반적으로, 4차까지의 대수방정식은 공식에 따라 풀 수 있지만, 5차 이상의 대수방정식은 공식으로 풀리지 않는다. 또 3차나 4차의 대수방정식을 푸는 것은 대단히 복잡하다. 이를 요약하여, 물리 문제를 수학모형으로 만들고 수치해석을 통해 푸는 과정은 **그림 1.2**와 같다.

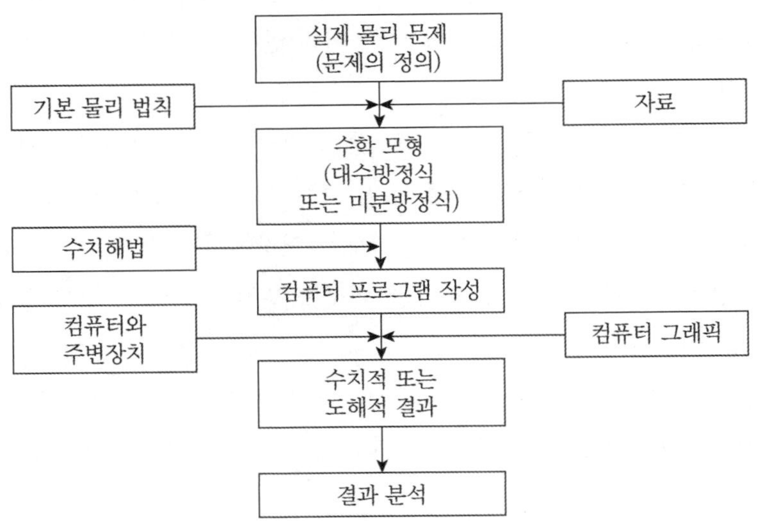

그림 1.2 공학 문제의 풀이과정(이관수, 2003)

(5) 수치해석의 순서

어떤 문제가 주어졌을 때, 이를 수치해석으로 푸는 과정은 일반적으로 다음과 같다.

① 문제 제시와 수학모형의 작성

② 해법이나 계산 수식 찾기

③ 계산 알고리즘 구성

④ 계산 프로그램 작성

⑤ 계산의 실행

⑥ 계산 결과의 고찰

이러한 처리 순서를 다음과 같이 구체적으로 피보나치Fibobacci 수열의 일반항을 계산하는 해법 문제로 설명할 수 있다.

■ 문제 제시와 수학모형의 작성

문제: 피보나치 수열의 제15항을 구하라.

이 예제와 같이 문제 제시는 자료의 양, 변수의 형태 등의 여러 조건을 명확히 제시하여야 한다. 또 수학모형은 문제를 수학적 기호를 이용하여 공식화한 것이며, 여기서는 피보나치 수열이 이 수학모형에 해당한다. 피보나치 수열[5]은 다음과 같이 주어지는 수열이다.

$$a_0 = 0 \tag{1.1a}$$

$$a_1 = 1 \tag{1.1b}$$

$$a_n = a_{n-1} + a_{n-2}, \ n = 2, 3, \cdots \tag{1.1c}$$

이 수열의 일반항은 다음과 같다.

$$a_n = \frac{\varphi^n - (1-\varphi)^n}{\sqrt{5}} = \frac{(1+\sqrt{5})^n - (1-\sqrt{5})^n}{2^n\sqrt{5}} \tag{1.2}$$

여기서 $\varphi = (1+\sqrt{5})/2$로, 황금비golden ratio이다. 즉, 주어진 문제의 수학모형은 식 (1.1)이며, 이 식에서 $n = 15$일 때의 값을 구하면 된다.

■ 해법이나 계산 공식의 발견

수학적 모형의 해법이나 계산 공식이 여러 개일 경우, 알고리즘에 요구되는 사항(계산의 정확도, 프로그램의 간결성, 계산효율 등)을 고려하여 적절한 해법을 정한다. 이 예제의 경우, 피보나치 수열의 제15항은 식 (1.1) 또는 식 (1.2)를 그대로 이용하면 된다.

■ 계산 알고리즘의 구성

수치해석의 해법이 가능하다면, 여러 가지 가능성을 고려하고 모호한 부분이 없도록 계산 처리의 순서를 만든다. 주어진 문제의 계산 순서를 다음과 같이 구성해보자.

① 1단계: 구해야 할 항수(n=15)를 입력받는다.

② 2단계: 초기값의 설정

$a[0] \leftarrow 0$

---

5) https://ko.wikipedia.org/wiki/%ED%94%BC%EB%B3%B4%EB%82%98%EC%B9%98_%EC%88%98

$a[1] \leftarrow 1$ (여기서 ←는 우변의 값을 좌변의 변수에 대입한다는 의미임)

③ 3단계: $n \geq 2$일 경우 $n = 2$부터 1씩 증가시켜 가면서 $n = 15$가 될 때까지 $a[n]$을 계산

$a[n] \leftarrow a[n-1] + a[n-2]$

④ 4단계: 계산결과의 출력

■ 계산프로그램의 작성

알고리즘을 기초로 하여 전산언어로 된 프로그램을 작성한다. 이것을 프로그램 작성 또는 프로그래밍programming이라고 한다. 컴퓨터의 전산언어는 여러 가지가 있지만, 이 책에서는 **Python**을 이용하여 프로그래밍하였다. 일반적인 수치해석에서 대부분의 프로그램은 실제 계산 시 클래스나 함수를 이용한다. 이처럼 어떤 큰 작업을 작은 작업 단위로 잘라내어 일을 처리하는 방법을 모듈화modulization라고 한다. **Python**으로 작성한 프로그램 예를 **코드 1.1**에 나타내었다. 여기서 유의할 것은 일반적인 선형대수에서 배열의 색인이 1부터 시작하는 데 반해, **Python**의 배열은 색인이 0부터 시작한다. 따라서 앞의 계산 알고리즘의 색인 n과 **코드 1.1**의 표현에서 색인 n이 다르게 나타난다는 점이다.

코드 1.1 Fibonacci1.py

```
# Fibonacci1.py

import numpy as np

def Fibonacci(n):
    an = np.zeros(n+1, dtype=int)
    an[1] = 1

    if (n <= 1):
        return a[n]

    for i in range(2, n+1):
        an[i] = an[i-1] + an[i-2]

    return an[n]

if __name__ == '__main__':
    fn = Fibonacci(15)
    print("피보나치 수열 a[{0:2d}] =  {1:5d}".format(15, fn))
```

(1행) **코드 1.1**에서 코드 파일의 이름을 나타내는 주석(설명문)이다.

(3행) 여기서는 이 코드에서 필요한 numpy 모듈을 불러들인다. 이때 불러들인 numpy를 그대로 사용할 수도 있으나, np라는 약어로 쓰는 것이 일반적인 관행이다.

(5~15행) 이 코드에서 핵심은 `Fibonacci( )` 함수를 정의하는 부분이다. 이 부분은 정수 n을 입력받아 일반항 `an[n]`을 계산한 뒤 그 값을 반환한다. 먼저 5행에서 함수의 선언과 인수를 보이고, 6행에서는 `n+1`개의 1차원 배열을 생성한다(1차원 배열의 개수가 왜 n개가 아니라 `n+1`개인가는 **Python**의 배열이 0부터 시작하기 때문이다). 9행과 10행에서는 `n <= 1`인 경우에 `an[n]`를 반환한다. 12행과 13행에서는 `an[2]`부터 `an[n]`까지의 일반항을 계산하며, 13행은 식 (1.1c)를 **Python** 코드로 작성한 것이다.

(17~19행) 이 부분은 만들어진 `Fibonacci( )` 함수를 시험하는 부분이다. 그리고 실제로 이 함수를 호출하는 부분은 18행이다. 18행에서 `n=15`를 대입하고, 그 결과를 `fn`으로 반환받는다.

계산의 실행

프로그램을 실행한다(단, 아직 **Python** 코드 작성법을 설명하지 않았으므로, 실제로 실행할 필요는 없다. 그냥 코드를 이렇게 작성한다는 정도만 알아두기 바란다). 주어진 예제에서는 **코드 1.1**을 실행한다. 실행된 결과는 다음과 같다.

```
피보나치 a[15] =    610
```

참고로 이 책에서는 코드를 세 가지 방식으로 표시한다. 앞의 **코드 1.1**과 같이 파일로 저장된 코드는 반드시 파일명을 같이 제시한다. 이 책에 첨부되는 예제 코드들을 모두 이런 형태로 소개한다. 둘째는 코드 일부만을 보이는 경우이다. 이 경우는 앞의 **코드 1.1** 다음에 코드 12행의 설명과 같이 위아래 점선 상자에 보인다. 셋째는 쉘에서 실제 출력에 대한 설명처럼, 파란색 상자에는 **IDLE** 쉘[6]의 결과를 보인 것이다.

6) IDLE(Integrated Development Environment and Learning) 파이썬 쉘 (대화형 쉘)

손계산 결과의 고찰

계산 결과를 고찰하여, 바람직한 결과를 얻지 못한 경우(계산이 도중에 멈추거나, 예상했던 값이 아닌 경우 등)에는 '계산 알고리즘의 구성' 이후를 재검토한다. 원인을 규명하고, 적절한 수정을 가하여, 해당되는 계산 순서를 다시 고친다.

계산 결과의 고찰에서 다루는 것은 크게 두 가지이다. 하나는 해의 정확성accuracy이며, 다른 하나는 풀이법의 효율성efficiency이다. 해의 정확성을 다루기 위해서는 해석해를 알고 있는 경우 해석해와의 오차를 비교하는 것이 대표적이다. 해석해를 모르는 경우에는 해의 정확성을 논하기가 어렵다.

그런데 **코드** 1.1에서는 이 계산 결과가 맞는지를 알 방법이 별로 없다. 따라서 해석해인 식 (1.2)에 대한 계산을 추가해보자. 해석해를 계산하는 코드를 추가하면 **코드** 1.2와 같다.

코드 1.2 Fibonacci2.py

```
# Fibonacci2.py
# 해석해와 비교

import math
import numpy as np

def Fibonacci(n):                                # Fibonacci 수열
    an = np.zeros(n+1, dtype=int)
    an[1] = 1

    if (n <= 1):
        return a[n]

    for i in range(2, n+1):
        an[i] = an[i-1] + an[i-2]

    return an[n]

def exact(n):                                     # 해석해
    gb = (1.0 + math.sqrt(5.0)) / 2.0             # 황금비
    fn = (math.pow(gb, n) - math.pow(1.0 - gb, n)) \
        / math.sqrt(5)
    return int(fn)

if __name__ == '__main__':
    fn1 = Fibonacci(15)
```

코드 1.2 Fibonacci2.py(계속)

```
    print("피보나치 수열 수치해 a[{0:2d}] =  {1:5d}" \
        .format(15, fn1))
fn2 = exact(15)
    print("피보나치 수열 해석해 a[{0:2d}] =  {1:5d}" \
        .format(15, fn2))
```

이 코드를 실행한 결과는 다음과 같다(다만 앞의 **코드 1.1**과 마찬가지로 **코드 1.2**도 현 시점에서는 독자 여러분이 직접 실행해볼 필요는 없으며, 실제로 실행하면 이런 결과가 나온다는 정도로만 이해하면 된다).

```
피보나치 수열 수치해 a[15] =    610
피보나치 수열 해석해 a[15] =    610
```

이 계산 결과에서 수치해가 해석해와 일치하는 것을 확인할 수 있다. 그러나 대부분의 수치 계산에서는 수치해는 해석해의 근사이므로 오차가 생길 수 있다. 따라서 이 오차를 얼마나 줄이는가는 중요한 문제가 된다. 이를 다루는 것이 수치해석의 오차론이다. 문제에 따라서는 이러한 해석해가 존재하지 않는 경우가 많이 있다. 이런 경우, 위와 같이 해석해와 비교하는 방법을 적용할 수 없으며, 별도의 방법에 의존해야 한다.

두 번째 관심이 있는 것은 풀이법의 효율성이다. 이것은 반복적 풀이법에서 어떤 근사해가 얼마나 빨리 수렴하는가 하는 수렴속도로 판단한다. 실제 실행에 소요되는 시간을 이용하여 다른 방법과의 상대적인 비교를 이용하기도 한다.

(6) 좋은 수치해석법의 조건

수치계산은 계산 명령을 순서대로 배열한 일련의 계산 순서에 따라 구성된다. 이 일련의 계산 순서를 알고리즘algorithm 또는 계산법이라고 부른다. 어떤 문제를 푸는 알고리즘은 여러 가지가 있을 수 있으며, 수치해석할 때는 그중에 좋은 알고리즘을 선택하여 사용하는 것이 바람직하다. 좋은 알고리즘이란 다음과 같은 사항을 만족해야 한다.

① 계산 정확도accuracy가 좋을 것

② 계산 효율efficiency이 좋을 것

③ 수치적으로 안정stable할 것

④ 예측되는 모든 상황에 대응할 수 있을 것
⑤ 프로그램 작성이 용이할 것
⑥ 계산기 내의 기억용량이 적을 것

1.2 Python 살펴보기

어떤 공학문제를 수치적으로 풀고자 결정하고 나면, 그다음에 결정해야 할 것은 어떤 전산언어를 이용할 것인가 하는 점이다. 선택할 수 있는 전산언어는 공학에서 많이 쓰던 **FORTRAN**부터 시작하여, **C++**, **Java** 등 셀 수 없이 많은 언어가 있다. 일단 여기서는 **Python**을 이용하기로 결정하였으므로, **Python**에 어떤 장단점이 있는지 간략히 살펴보기로 하자.

(1) Python의 연혁

Python은 1980년대 말에 스크립트 언어script language로 개발된 객체지향언어object-oriented language이다. **Python**이라는 이름은 영국의 TV 시리즈인 Monty Python's Flying Circus에서 유래한 것이다. **Python**이 일반 공학 분야에서는 전산 분야에 비해 잘 알려져 있지 않지만, 실제 프로그램 작성에서는 상당히 널리 쓰이고 있으며, 여전히 개발 중이고 세련되게 변화하고 있는 신흥 언어라고도 볼 수 있다. 현재 상태에서 공학 응용프로그램을 개발하는 데 매우 우수한 언어이다.

(2) Python의 장점과 단점

Python 코드는 번역기compiler에서 기계어로 번역되는 것이 아니라 직역기interpreter에서 실행[7)]된다. 직역 언어의 가장 큰 장점은 프로그램을 곧바로 시험하고 디버깅할 수 있어서, 이용자들이 프로그램 자체를 작성하는 것보다는 프로그램의 원리 자체에 좀 더 집중할 수 있다는 점이다. 번역과 연결link, 수정 다음에 실행을 하지 않아도 되기 때문에, **Python** 프로그램은 비슷한 **FORTRAN**이나 **C** 프로그램에 비해 훨씬 짧은 시간에 개발할 수 있다. 부정적인 측면은 직역 프로그램은 독립실행 응용프로그램을 만들 수 없다는 점이다. Python 코드를 Python 직역기가 없는 컴퓨터에서 실행하기 위해서는 PyInstaller나 py2exe와 같은 Python 번역기를 이용하여 독립

7) Python 직역기는 이진코드byte code로 번역하며, 실행 속도를 증진하는 데 도움이 된다.

실행파일을 만들어주어야 한다.

학습 환경이라는 점에서 다른 주요 전산언어에 비해 **Python**은 다음과 같은 장점들을 갖는다.

- **Python**은 개발용 소스 소프트웨어이다. 이것은 무료이며, 대부분의 **Linux** 배포판에 포함되어 있다.
- **Python**은 많은 주요 운영체제(**Linux, Unix, Windows, Mac OS** 등)에서 이용할 수 있다. 한 운영체제에서 작성한 프로그램은 수정 없이 다른 모든 운영체제에서도 실행할 수 있다.
- **Python**은 다른 대부분의 언어보다 코드를 배우고 작성하기 쉽다.
- **Python**과 그 확장판들은 설치하기 쉽다. 실제로 **SciPy**와 **NumPy, SymPy**는 자료분석에 매우 유용하며, **Matplotlib**은 더할 나위 없이 유용한 그래픽 도구이다. 이런 것들을 연결하고 확장하는 데 **Python** 만한 전산언어를 찾아보지 못했다.

Python의 프로그램 작성은 확실히 **Java**와 **C++**의 영향을 받았지만, 겉보기만 따지면 (또 다른 직역언어이며, 과학 계산에 매우 인기 있는) **MATLAB**과 상당히 닮았다. **Python**은 클래스, 메서드, 상속 등과 같은 객체지향언어의 일반적인 개념을 많이 구현한다. 객체지향 프로그래밍OOP, Object-Oriented Programming을 이용하면 프로그램의 개발과 수정, 유지관리가 매우 쉽다. 다만 이 책은 **Python** 프로그램에 주안을 두기보다는 수치해석에 주안을 두므로, **OOP**에 대해서는 최소한으로 언급하는 데 그칠 것이다.

Python에서는 코드블록(순환문, 부프로그램, 함수 등)의 끝을 나타내는 문장이 없다는 점에 유의해야 한다. 블록의 몸체는 들여쓰기로 정의하므로, **Python** 문법에서 들여쓰기는 중요한 구성요소이다. **MATLAB**과 마찬가지로 **Python**도 대소문자를 구별한다. 따라서 이름이 n인 객체와 N인 객체는 서로 다른 객체이다.

(3) Python 관련 문서 구하기

Python 직역기는 **Python**의 공식 웹페이지[8]에서 내려받을 수 있다.

Python 직역기에는 **IDLE**이라는 코드 편집기가 포함되어 있어, 이 편집기를 이용하여 프로그램을 직접 작성하고 실행할 수 있다. 만일 **Linux**를 이용한다면, **Python**이 이미 운영체제 안에 설치되어 있을 것이다. 내려받은 프로그램에는 앞으로 프로그램 작성에 이용할 두 확장 모듈이 포함되어 있다. 하나는 배열 연산에 대한 다양한 도구를 포함하는 **NumPy** 모듈이다. 다른 하나는 그래프를 그리는 데 유용한 **Matplotlib** 모듈이다.

8) http://www.python.org/getit

Python 언어는 여러 가지 문서들을 통해 잘 설명되어 있다. 교과서로 사용할 정도의 책부터 전문적인 프로그래머를 위한 서적까지 다양하다. 너무 많아 적절한 서적을 선정하기 어려울 정도이다. 다만 **Python**에 대한 개념부터 파악하는 데는 《Doing math with Python》[9]을 권한다. 이 책은 우리나라에서도 번역되어 출판되었다.[10] 이 책은 수학적인 내용을 어떻게 **Python** 코드로 바꿀 것인가를 잘 소개하고 있다.

또 공학을 전공하는 이들을 위한 책으로 《엔지니어를 위한 파이썬》[11]을 추천한다. 이 책은 조금 어려운 부분도 있지만, 공학자의 입장에서 **Python**을 사용할 때 필요한 중요한 내용들을 많이 담고 있다.

또 만일 여러분이 진정한 **Python** 프로그래머가 되고자 한다면, 참고할 만한 서적들은 엄청나게 많다. 이 부분은 여러분이 인터넷 서점 웹사이트에서 '파이썬'이라고 입력하여 찾아보면, 국내에서 판매되는 서적만도 2020년 8월 기준 900여 종이 넘을 정도로 많다. 그 밖에 자습서나 예제는 수많은 웹사이트에서 찾아볼 수 있다.

이 책에서 **Python**으로 코드를 작성하는 데 직접적으로 이용하는 라이브러리는 **NumPy**와 **Matplotlib**이다. **NumPy**에 대한 흥미로운 참고 자료들은 'ScyPy 사이트'[12]에 많이 있다. 이 사이트에서는 **NumPy**의 참고지침서reference manual와 이용자지침서user's manual를 받을 수 있다. **Matplotlib**에 대해서는 'Matplotlib 사이트'[13]를 추천한다. 아울러 **NumPy**와 **Matplotlib**에 대해 이 책의 제1저자가 개인적으로 정리해놓은 자료가 있으니, 필요한 독자들은 제1저자의 개인메일(pururumi@gmail.com)로 연락주기 바란다.

(4) Python 설치하기

Python을 설치하는 과정은 사용하는 운영체제에 따라 달라지며, 사용할 **Python**의 판에 따라서도 달라진다. 또 선호하는 **Python** 패키지에 따라서도 너무나 다양한 종류가 있다. 따라서 이들을 다 소개할 수 없으며, **Windows**에 **Python** 기본 패키지를 설치하는 방법은 너무 간단하여 굳이 별도의 설치과정을 설명하지 않아도 될 것이다. 게다가 이 책이 **Python**에 대해서는 어느 정도 알고 있는 독자들을 대상으로 하므로, **Python** 설치에 대한 내용은 생략한다.

9) Saha, A.(2015) Doing math with Python, No Scratch Press.
10) 아미트 사하 저, 정사범 역(2016) 《파이썬으로 풀어보는 수학》 에이콘출판.
11) 나카쿠키 저, 심효섭 역(2017) 《엔지니어를 위한 파이썬》 제이펍.
12) http://www.scipy.org/Numpy_Example_List
13) http://matplotlib.sourceforge.net/contents.html

이 책에서 다루는 수치해석을 위해서는 추가적으로 두 가지 모듈이 더 필요하다. 하나는 **NumPy**이고 다른 하나는 **Matplotlib**이다. 이 두 모듈을 설치하는 방법은 여러 가지가 있다. 여기서는 가장 간단한 방법으로 `wheel`을 이용하는 방법을 설명한다. **Windows**의 명령 프롬프트를 실행하고, **Python**을 설치한 <Python 폴더>로 간다. 여기서 다음 두 개의 명령을 실행하면 된다. 다만 **NumPy**와 **Matplotlib**의 `wheel` 파일을 내려받기 위해서는 인터넷이 연결되어 있어야 한다.

```
pip3 install numpy
pip3 install matplotlib
```

(5) Python 코드의 작성과 실행

Python의 편집기(쉘)인 **IDLE** 을 열면, 이용자는 >>> 프롬프트를 만나게 되며, 이것은 편집기가 대화상태interactive mode임을 나타낸다. 편집기에 입력되는 모든 문장은 Enter↵ 키를 누르면 즉시 실행된다. 대화상태는 경험적으로 언어를 배우고 새로운 프로그램 발상을 시도해보는 데 좋은 방법이다.

IDLE에서 파일을 이용하면 코드를 입력하고 저장할 수 있다. 문서 편집기를 이용하여 코드를 입력하면 **IDLE**은 예약어의 색상 처리, 자동 들여쓰기와 같은 **Python** 특성을 살려서 코딩 작업을 훨씬 쉽게 해준다. 이때는 코드를 실행하기 전에 `.py` 확장자를 가진 **Python** 파일(예를 들어, `myprog.py`)로 저장하여야 한다. 작성된 코드는 **IDLE**이나 코드 편집기에서 `Run` ⇒ `Run Module` 메뉴를 이용하여 실행할 수 있다.

먼저 **IDLE**에서 `File` ⇒ `New File` 메뉴를 선택하거나 Ctrl+N을 누른다. 그러면 **그림 1.3**과 같이 새 창이 나타난다.

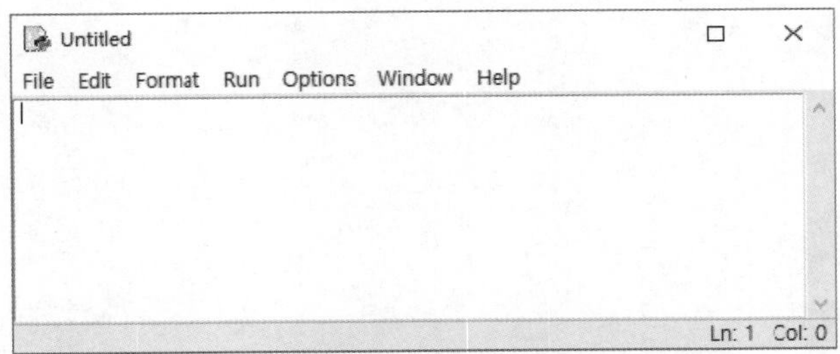

그림 1.3 새로 만들어진 코드창

여기에 다음의 **코드 1.3**과 같이 코드를 입력한다.

코드 1.3 HelloWorld.py

```
1 # HellWorld.py
2 print('안녕하세요')
```

그다음 이 코드를 적당한 작업 폴더에 HelloWorld.py라는 이름으로 저장한다. 그리고 Run ⇒ Run Module을 실행하거나 F5 단추를 누른다. 그러면 **IDLE**에 다음과 같은 결과가 표시될 것이다.

```
안녕하세요
```

코드 1.3을 살펴보면, 1행은 주석문이며 실행되지 않는다. **코드 1.3**에서 실행되는 것은 2행이다. 여기서는 **Python**의 print( ) 함수를 이용하여 그 안에 있는 '안녕하세요'라는 문자열을 출력한다.

CHAPTER 02

기본 수학

이 장에서는 수치해석을 하는 데 필수적인 기본적인 수학을 살펴본다. 이에는 수열과 급수, 벡터와 행렬, 기술통계량, 테일러급수에 대한 것이다. 또 이를 Python과 NumPy를 이용하여 표시하는 방법을 간단히 살펴보기로 한다.

2.1 수열과 급수

(1) 수열과 급수

수열sequence은 a_1, a_2, a_3, $\cdots$, a_n, $\cdots$과 같이 일정한 순서로 써진 수의 나열이며, 다음과 같이 나타낸다.

$$\{a_1,\ a_2,\ a_3,\ \cdots,\ a_n,\ \cdots\} \tag{2.1}$$

여기서 a_1을 초항이라 하며, a_n을 일반항이라 한다.

이 수열은 일반항을 이용하여 다음과 같이 표기하기도 한다.

$$\{a_n\} \text{ 또는 } \{a_n\}_{n=1}^{\infty}$$

예를 들어, 1항부터 10항까지의 수열은 다음과 같다.

$$a_{n=1}^{10} = \{1,\ 2,\ \cdots,\ 10\}$$

수열을 표시할 때, 일반항은 함수기호를 이용하여 다음과 같이 나타낼 수 있다.

$$a_n = f(n)$$

이처럼, 원소를 하나씩 나열하는 방법 대신 원소 간의 관계를 이용하여 나타내는 방법이 있다. 즉, 수열 $\{a_n\}$의 일반항 a_n과 그다음 항 a_{n+1}을 함수 f를 이용하여 나타낼 수 있다.

$$a_{n+1} = f(a_n) \tag{2.2}$$

식 (2.2)를 풀 때는 반드시 첫째 항인 a_1의 값을 알아야 한다. 식 (2.2)를 점화식 또는 재귀식 recurrence relation이라 한다.

이 수열을 첫째 항부터 n항까지 합한 것을 급수series라고 하며, 다음과 같이 표기한다.

$$S_n = a_1 + a_2 + \cdots + a_n \tag{2.3a}$$

$$S_n = \sum_{i=1}^{n} a_i \tag{2.3b}$$

수열에서 가장 간단한 것이 등차수열이다. 등차수열은 각 항 사이의 차이가 일정한 수열이며, 일반항은 다음과 같이 나타낸다.

$$a_n = a_1 + (n-1)d \tag{2.4}$$

여기서 a_1은 초항이고, n은 항수, d는 공차이다. 이를 더한 등차급수는 다음과 같다.

$$S_n = \frac{n\{2a_1 + (n-1)d\}}{2} \tag{2.5}$$

다음으로 각 항 사이의 비율이 일정한 수열이 등비수열이며, 일반항은 다음과 같다.

$$a_n = a_1 r^{n-1} \tag{2.6}$$

여기서 a_1은 초항이고, n은 항수, r은 공비이다. 이를 더한 등비급수는 다음과 같다.

$$S_n = \frac{a_1(1-r^n)}{1-r} \tag{2.7}$$

예제 2.1 적금의 원리합계

매년 초에 a원씩 넣는 적금이 연이율 r로 복리로 계산된다. 이 조건에서 n년 동안 넣었을 때, n년 후의 원리합계를 구하라.

풀이

n년 후에 받게 될 적금 금액을 구하려면 **그림 2.1**과 같이 매년 넣은 금액이 n년 말에 어떻게 되는가를 알아야 한다. n년 후에는 **그림 2.1**의 오른쪽에 있는 금액을 전부 더한 것이 전체 원리합계이다.

$$\begin{aligned} S_n &= a(1+r) + a(1+r)^2 + \cdots + a(1+r)^n \\ &= \frac{a(1+r)\{(1+r)^n - 1\}}{r} \end{aligned}$$

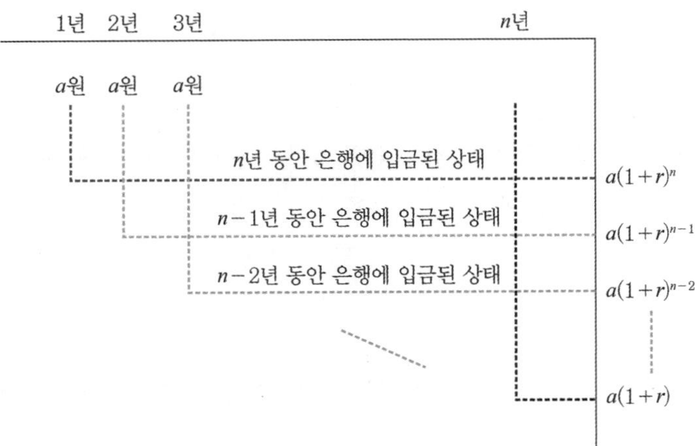

그림 2.1 매년 초에 넣은 적금의 n년 말의 상태

코드 2.1은 매년 적금 납입액 pay를 연이율 rate로 n년간 적금하였을 때, n년 후의 원리합계를 구하는 코드이다.

코드 2.1 Ex0201.py

```
# 예제 2.1 정기적금

import math
import numpy as np

def deposit(pay, rate, nyear):
    rt = 1.0 + rate
    sn = int(pay * rt * (math.pow(rt, nyear) - 1.0 ) / rate)
    return sn

if __name__ == '__main__':
    a = 100000
    r = 0.05
    n = 10
    print("납입액: ", a, "원")
    print("연이율: ", r)
    print("기간  : ", n, "년")

    sn = deposit(a, r, n)
    print("원리합계 : ", sn, "원")
```

이 코드를 실행한 결과는 다음과 같다.

```
납입액  :  100000 원
연이율  :  0.05
기간    :  10 년
원리합계 :  1320678 원
```

(2) 극한

수식에서 어떤 변수를 특정한 방향으로 점점 변화시킬 때, 그 수식의 결과값이 어떤 특정한 값에 점차 접근(이렇게 특정한 값에 접근하는 것을 '수렴converge한다'고 한다)할 때, 극한기호(lim)를 사용하여 표현한다. 예를 들어, 다음 식은 x의 값이 무한히 0으로 접근할 때의 $1/x$의 값을 나타낸다.

$$a = \lim_{x \to 0} \frac{1}{x} \tag{2.8}$$

이 경우 숫자를 0으로 나누는 것은 불가능하기 때문에, 정확히 x가 0이 되기 직전까지는 $1/x$을 계산할 수 있고, 이 값은 점점 무한대infinity; 기호 ∞에 다가간다. 따라서 식 (2.8)은 다음과 같이 쓸 수 있다.

$$\lim_{x \to 0} \frac{1}{x} = \infty \tag{2.9}$$

(3) 합과 곱

수치해석에서 가장 기본이 되는 계산은 수열의 덧셈과 곱셈이다. 수열의 덧셈과 곱셈은 다음과 같이 그리스 문자 시그마(Σ)와 파이(Π)를 이용하여 나타낸다. 이때 이 기호는 시그마와 파이로 읽지 않고, `sum`과 `product`라고 읽는다.

$$\text{덧셈: } \sum_{i=1}^{n} x_i = x_1 + x_2 + \cdots + x_n \tag{2.10a}$$

$$\text{곱셈: } \prod_{i=1}^{n} x_i = x_1 \times x_2 \times \cdots \times x_n \tag{2.10b}$$

여기서 i는 색인을 나타내는 기호이며, 어떤 문자를 써도 되지만, 보통 i, j, k 등을 사용한다.

더하는 값들이 여러 항의 합으로 되어 있으면, 각각의 합을 먼저 구한 후에 더해도 된다.

$$\sum_{i=1}^{n}(x_i + y_i) = \sum_{i=1}^{n} x_i + \sum_{i=1}^{n} y_i$$

합이나 곱을 중첩하여 여러 번 쓰는 경우도 있다. 다만 합과 곱을 중첩하여 쓸 때는 다음과 같이 괄호를 생략할 수 있다. 다만 색인문자는 각각 다르게 사용해야 한다.

$$\sum_{i=1}^{n}\left(\sum_{j=1}^{m} x_i x_j\right) = \sum_{i=1}^{n}\sum_{j=1}^{m} x_i x_j$$

합과 곱을 중첩하는 경우에는 중첩의 순서를 바꾸어도 결과가 같다.

$$\sum_{i=1}^{n}\left(\sum_{j=1}^{m} x_i x_j\right) = \sum_{j=1}^{m}\left(\sum_{i=1}^{n} x_i x_j\right)$$

$$\prod_{i=1}^{n}\left(\prod_{j=1}^{m} x_i x_j\right) = \prod_{j=1}^{m}\left(\prod_{i=1}^{n} x_i x_j\right)$$

정수의 합에 대해서는 다음과 같은 간단한 결과가 유도되어 있다.

$$\sum_{k=1}^{n} k = \frac{n(n+1)}{2} \tag{2.11a}$$

$$\sum_{k=1}^{n} k^2 = \frac{n(n+1)(2n+1)}{6} \tag{2.11b}$$

$$\sum_{k=1}^{n} k^3 = \left\{\frac{n(n+1)}{2}\right\}^2 \tag{2.11c}$$

예제 2.2 무한급수 예제

나중에 다시 설명하겠지만, 지수함수에 대해서는 다음과 같이 급수 형태로 표시할 수 있다.

$$e^x = \sum_{n=0}^{\infty} \frac{x^n}{n!} \tag{2.12}$$

적절한 유효숫자로 이 식을 계산해보라.

풀이

컴퓨터에서는 식 (2.12)를 무한히 계산할 수 없으므로, 계산된 항이 어떤 특정한 수(보통 매우 작은 수)보다 작아졌을 때 계산을 중단하기로 하자. **코드 2.2**에서는 이 값을 1.0×10^{-7}으로 하였다.

코드 2.2 Ex0202.py

```
예제 2.2 지수함수 계산

def calcExp(x, err = 1.0E-7):
    nMax = 100
    exp = 0.0
    np = 1.0
    nf = 1.0
    term = np / nf
    exp = term

    print("항번호        항              합계")
    print("{0:3d}   {1:12.8f}  {2:12.8f}".\
        format(0, term, exp))

    for i in range(1, 100):
        np = np * x      # 분모 멱승 계산
        nf = nf * i      # 분자 계승 계산
        term = np / nf   # i번째 항
        exp = exp + term
        print("{0:3d}   {1:12.8f}  {2:12.8f}".\
            format(i, term, exp))
        if (term <= err):
            break

if __name__ == '__main__':
    calcExp(1.0)
```

이 코드를 실행한 결과는 다음과 같다.

항번호	항	합계	항번호	항	합계
0	1.00000000	1.00000000	6	0.00138889	2.71805556
1	1.00000000	2.00000000	7	0.00019841	2.71825397
2	0.50000000	2.50000000	8	0.00002480	2.71827877
3	0.16666667	2.66666667	9	0.00000276	2.71828153
4	0.04166667	2.70833333	10	0.00000028	2.71828180
5	0.00833333	2.71666667	11	0.00000003	2.71828183

2.2 벡터와 행렬

선형대수linear algebra는 벡터, 벡터공간, 선형변환, 선형연립방정식 등을 다루는 대수학의 한 분야이다. 이 중에서 핵심이 되는 것이 벡터vector와 행렬matrix을 이용한 벡터연산과 선형연립방정식 풀이이다. 여기서는 벡터와 행렬에 대한 일반적인 사항만 살펴보고, 이들을 응용한 계산인 선형연립방정식 풀이, 역행렬 계산, 고유값 계산 등은 3장에서 살펴볼 것이다.

(1) 자료 유형

선형대수에서 다루는 자료는 개수와 형태에 따라 스칼라scalar, 벡터, 행렬의 세 가지로 나누어진다. 간단히 말하자면, 수학적으로 스칼라는 숫자 하나로 이루어진 자료이고, 벡터는 여러 개의 숫자로 이루어진 한 줄의 자료이며, 행렬은 이런 벡터 여러 개로 이루어진 자료 집합이다. 반면, 물리학에서 보면 스칼라는 크기만을 가진 물리량이며, 벡터는 크기와 방향을 가진 물리량이다.

■ 스칼라

스칼라는 하나의 숫자만으로 이루어진 자료이다. 스칼라는 보통 x와 같이 알파벳 소문자로 표기하며, 실수real number 중의 하나이므로, 실수집합 R의 원소라는 의미에서 $x \in \mathrm{R}$처럼 표기한다.

■ 벡터

벡터는 여러 개의 숫자가 특정한 순서대로 모여 있는 것(1차원 배열)을 말한다. 예를 들어, 그래프상의 어떤 지점의 좌표를 나타낼 때, 가로축과 세로축의 값을 한데 묶어서 하나의 자료로 다루는 것이 편리하다. 이런 자료 묶음을 선형대수에서는 벡터라고 한다. 벡터는 보통 다음과 같이 표기한다.

$$\vec{x} = \begin{bmatrix} \mathrm{x} \\ \mathrm{y} \\ \mathrm{z} \end{bmatrix} \quad \text{또는} \quad \boldsymbol{x} = \begin{bmatrix} x \\ y \\ z \end{bmatrix} \tag{2.13}$$

벡터는 여러 개의 가로줄, 즉 행row을 가지고, 하나의 세로줄, 즉 열column을 갖는 형태로 위에서 아래로 내려써서 표기하는 것이 일반적(이것을 열벡터column vector라고도 한다)이다. 하나의 벡터를 이루는 자료의 수를 차원dimension이라 한다. 예로 든 $\boldsymbol{x}$는 3개의 실수로 이루어져 있으므로 3차원 실수 벡터이다.

NumPy에서 벡터를 작성할 때는 array( ) 함수를 이용한다. 이때는 벡터를 열의 개수가 하나인 2차원 배열 객체로 표현한다. $\boldsymbol{x}= [1 \quad 2 \quad 3 \quad 4]^T$인 4차원 벡터를 나타내려면 다음과 같이 한다.

```
>>>import numpy as np
>>> x1 = np.array([[1],[2],[3],[4]])
>>> x1
array([[1],
       [2],
       [3],
       [4]])
```

또한 **NumPy**는 1차원 배열 객체도 벡터로 인정한다. 이때는 벡터가 마치 하나의 행처럼 표시되어도 실제로는 열이라는 점에 유의해야 한다.

```
>>> x2 = np.array([1, 2, 3, 4])
>>> x2
array([1, 2, 3, 4])
```

행렬

행렬은 요소들을 직사각형으로 배열한 것이다. 행렬의 크기는 행과 열의 수, 즉 차원으로 결정된다. 따라서 m행과 n열의 행렬은 크기 $m \times n$(행의 수를 항상 먼저 쓴다)이라고 한다. 행의 수와 열의 수가 같은 행렬이 정방행렬square matrix이다. 하나의 열로 배치된 수의 배열을 열벡터column vector 또는 간단히 벡터라고 한다. 만일 수가 행으로 되어 있으면, 이것은 행벡터row vector라고 한다. 따라서 열벡터는 $n \times 1$ 차원의 행렬, 행벡터는 $1 \times n$ 차원의 행렬이라 볼 수 있다.

행렬은 굵은 글자체 대문자로 표현한다. 반면 벡터는 굵은 글자체의 소문자로 표현한다. 행렬과 벡터의 표시 예는 다음과 같다.

$$\mathrm{A}= \begin{bmatrix} A_{11} & A_{12} & A_{13} \\ A_{21} & A_{22} & A_{23} \\ A_{31} & A_{32} & A_{33} \end{bmatrix}, \ \boldsymbol{b} = \begin{bmatrix} b_1 \\ b_2 \\ b_3 \end{bmatrix} \tag{2.14}$$

행렬 요소의 색인index 또는 지수는 차원과 같은 순서로 표시한다. 행번호가 먼저 나오고 열번호가 뒤따른다. 벡터의 요소에 대해서는 색인이 하나만 필요하다.

NumPy에서 행렬을 작성하는 데는 다음과 같은 5가지 방법을 이용할 수 있다.

- 다른 **Python** 구조체(예: 목록list, 튜플tuple)에서 변환
- **NumPy**의 객체(예: arange, ones, zeros 등)에서 생성
- 표준 또는 이용자 맞춤 포맷의 파일에서 배열로 읽어 들이기
- 문자열이나 버퍼를 이용하여 바이트로 배열 생성하기
- 특별한 라이브러리 함수(예: random( ))를 이용하기

배열의 생성에서 기본이 되는 것은 ndarray 클래스이다.

```
class numpy.ndarray(shape [, dtype=float, buffer=None, offset=0, strides=None,
     order=None])
```

여기서 shape는 배열의 형태를 나타내는 튜플이다. 예를 들어, 2×3 행렬을 만들고자 하는 경우 shape 인수는 (2, 3)으로 설정하면 된다. 다만 ndarray( ) 생성자 함수로 배열 객체를 만들 경우, 이 객체는 별도의 초기화 과정을 거쳐야 한다. 따라서 ndarray( )를 이용하여 배열을 만들기 보다는 이에서 파생된 함수들을 이용하는 것이 편리하다.

처음부터 **Python**의 다른 객체(목록이나 튜플)를 이용하여 행렬을 생성할 경우는 array( ) 함수를 이용한다. 여기서 함수의 오른쪽 화살표(→)의 우항은 출력값(반환값)을 나타낸다.

```
numpy.array(object [, dtype = None, copy = True, order = 'K', subok = 'unsafe', ndmin
     = 0 ]) → out
```

예를 들어, $A=\begin{bmatrix} 11 & 12 & 13 \\ 21 & 22 & 23 \end{bmatrix}$ 인 2×3 행렬을 작성하려면 다음과 같이 한다.

```
>>> A = np.array([[11,12,13],[21,22,23]])
>>> A
array([[11, 12, 13],
       [21, 22, 23]])
```

특정한 값을 지정하는 경우, 예를 들어 행렬 요소가 전부 0인 행렬은 zeros( ), 전부 1인 행렬은 ones( ), 항등행렬은 eye( ) 함수를 이용한다.

(2) 특수한 벡터와 행렬

몇 가지 특수한 벡터와 행렬은 별도의 기호나 이름이 붙는다.

■ 영벡터와 영행렬

모든 원소가 0인 N차원 벡터는 영벡터zeros-vector라고 하며 다음과 같이 표기한다.

$$0_N = 0 = \begin{bmatrix} 0 \\ 0 \\ \vdots \\ 0 \end{bmatrix}$$

문맥으로 벡터의 차원을 알 수 있을 때, 차원을 나타내는 아래첨자 N을 생략할 수 있다.

행렬에 대해서도 모든 원소가 0인 행렬을 영행렬zeros matrix이라 한다. 영행렬은 **NumPy**의 zeros( ) 함수로 작성할 수 있다. 이 함수의 원형은 다음과 같다.

```
numpy.zeros(shape [, dtype=float, order='C']) → arr
```

여기서 함수의 원형을 표시할 때 화살표(→)의 오른쪽 부분은 출력의 자료형을 나타낸다.

이 함수의 사용 예는 다음과 같다.

```
>>> np.zeros([2,3])
array([[0., 0., 0.],
       [0., 0., 0.]])
```

이때 zeros( ) 함수의 첫번째 인수는 행렬의 차원을 나타내는 튜플이다. 여기서는 2×3 영행렬을 작성하였다.

일벡터와 일행렬

모든 원소가 1인 N차원 벡터는 일벡터ones-vector라고 하며 다음과 같이 표기한다.

$$\mathbf{1}_N = \mathbf{1} = \begin{bmatrix} 1 \\ 1 \\ \vdots \\ 1 \end{bmatrix}$$

영벡터와 마찬가지로 문맥으로 벡터의 차원을 알 수 있을 때, 차원을 나타내는 아래첨자 N을 생략할 수 있다. 영행렬의 경우와 마찬가지로 일행렬은 **NumPy**의 ones( ) 함수로 작성할 수 있다. 이 함수의 원형은 다음과 같다.

```
numpy.ones(shape [, dtype=float, order='C']) → arr
```

예를 들어, 2×3 일행렬은 다음과 같이 작성한다.

```
>>> np.ones([2,3])
array([[1., 1., 1.],
       [1., 1., 1.]])
```

정방행렬

행의 개수와 열의 개수가 같은 행렬을 정방행렬square matrix이라고 한다.

대각행렬

행렬에서 행과 열의 색인이 같은 위치를 주대각main diagonal 또는 간단히 대각diagonal이라 한다. 대각 위치에 있는 않은 것은 비대각off-diagonal이라 한다. 모든 비대각 요소가 0인 행렬을 대각행렬diagonal matrix이라고 한다.

$$\mathrm{D} = \begin{bmatrix} a_{11} & 0 & 0 & 0 \\ 0 & a_{22} & 0 & 0 \\ 0 & 0 & \ddots & 0 \\ 0 & 0 & 0 & a_{nn} \end{bmatrix} \tag{2.15}$$

대각행렬이 반드시 정방행렬일 필요는 없다. 즉, 대각행렬이 되려면 비대각 성분이 0이기만 하면 되며, 대각 성분이 0이든 아니든 상관없다. **NumPy**로 대각 정방행렬을 생성하려면 **diag( )** 함수를 사용한다.

```
>>> np.diag([1,2,4])
array([[1, 0, 0],
       [0, 2, 0],
       [0, 0, 4]])
```

대칭행렬

전치연산(행과 열을 교환)을 해서 얻은 전치행렬과 원행렬이 같으면 이를 대칭행렬symmetric matrix이라 한다. 이를 위해서 대칭행렬은 반드시 정방행렬이어야 한다.

$$A_{ij} = A_{ji}$$

항등행렬

특별히 중요한 정방행렬은 항등행렬identity matrix 또는 단위행렬unit matrix이다.

$$\mathrm{I} = \begin{bmatrix} 1 & 0 & 0 & \cdots & 0 \\ 0 & 1 & 0 & \cdots & 0 \\ 0 & 0 & 1 & \cdots & 0 \\ \vdots & \vdots & \vdots & \ddots & \vdots \\ 0 & 0 & 0 & \cdots & 1 \end{bmatrix} \tag{2.16}$$

이것은 $\mathrm{AI} = \mathrm{IA} = \mathrm{I}$인 특징이 있다.

NumPy에서 항등행렬을 작성하는 함수는 **eye( )**이다. 이 함수의 원형은 다음과 같다.

```
numpy.eye(value [, dtype=float]) → arr
```

예를 들어, 3×3 항등행렬은 다음과 같이 작성한다.

```
>>> I = np.eye(3)
>>> I
array([[1., 0., 0.],
       [0., 1., 0.],
       [0., 0., 1.]])
```

정부호행렬

$n \times n$ 행렬 A가 0이 아닌 모든 $\boldsymbol{x}$에 대해

$$\boldsymbol{x}^T \mathrm{A} \boldsymbol{x} > 0 \tag{2.17}$$

일 때 정부호positive definite라고 한다.1) 어떤 행렬의 모든 소행렬식leading minors의 행렬식이 양이면, 그 행렬은 정부호임을 보일 수 있다. A의 소행렬식은 n차의 정방행렬이다.

$$\begin{vmatrix} A_{11} & A_{12} & \cdots & A_{1k} \\ A_{21} & A_{22} & \cdots & A_{2k} \\ \vdots & \vdots & \ddots & \vdots \\ A_{k1} & A_{k3} & \cdots & A_{kk} \end{vmatrix}, \ (k=1,\ 2,\ \cdots,\ n)$$

따라서 정부호가 되려면 다음을 만족해야 한다.

$$A_{11} > 0,\ \begin{vmatrix} A_{11} & A_{12} \\ A_{21} & A_{22} \end{vmatrix} > 0,\ \begin{vmatrix} A_{11} & A_{12} & A_{13} \\ A_{21} & A_{22} & A_{23} \\ A_{31} & A_{23} & A_{33} \end{vmatrix} > 0,\ \cdots,\ |\mathrm{A}| > 0 \tag{2.18}$$

예제 2.3 정부호행렬

주어진 $\mathrm{A} = \begin{bmatrix} 1 & 2 & 3 \\ 1 & 2 & 1 \\ 0 & 1 & 2 \end{bmatrix}$에 대해 $|\mathrm{A}|$를 계산하라. A는 정부호인가? 또 주어진 행렬이 정부호인지를 판정하는 **Python** 코드를 작성하라.

1) 대한수학회의 용어집은 positive definite를 '양의 정부호'라고 표현하였다. 반면 Wikipedia에서는 positive definite matrix를 '정부호행렬' 또는 '정치행렬'이라 하였다. 그래서 이 책에서는 이렇게 길게 표현하지 않고, '정부호'라는 표현을 선택하였다.

풀이

첫 번째 행에 대한 행렬식의 Laplace 전개(식 (2.28)과 그 아래 문단 참조)에서

$$|\mathrm{A}| = 1\begin{vmatrix} 2 & 1 \\ 1 & 2 \end{vmatrix} - 2\begin{vmatrix} 1 & 1 \\ 0 & 2 \end{vmatrix} + 3\begin{vmatrix} 1 & 2 \\ 0 & 1 \end{vmatrix} = 1(3) - 2(2) + 3(1) = 2 > 0 \ \ \text{(O.K.)}$$

정부호임을 증명하기 위해, 소행렬식의 행렬식을 계산하면,

$$A_{11} = 1 > 0 \ \ \text{(O.K.)}$$

$$\begin{vmatrix} A_{11} & A_{12} \\ A_{21} & A_{22} \end{vmatrix} = \begin{vmatrix} 1 & 2 \\ 1 & 2 \end{vmatrix} = 0 \ \ \text{(Not O.K.)}$$

A는 정부호가 아니다. 행렬이 정부호인지 판정하는 코드는 다음과 같다.

코드 2.3 Ex0203.py

```
# 예제 2.3 정부호행렬 여부 판정

import numpy as np

def isPositiveDefinite(mat):
    row, col = mat.shape

    if (row != col):                        # 정방행렬 아니면
        return False

    for i in range(1, row+1):
        am = mat[:i,:i]                     # 소행렬 작성
        if (np.linalg.det(am) <= 0.0):
            return False

    return True

if __name__ == '__main__':
    mat = np.array([[1.0, 2.0, 3.0], \
        [1.0, 2.0, 1.0], [0.0, 1.0, 2.0]])

    if isPositiveDefinite(mat):
        print("정부호")
    else:
        print("정부호 아님")
```

이 코드를 실행하면, 주어진 행렬은 "정부호 아님"으로 판정해준다.

(3) 벡터와 행렬 연산

벡터는 행이나 열이 1인 행렬로 볼 수 있다. 즉, $n\times 1$ 행렬은 행벡터, $1\times n$ 행렬은 열벡터이다. 따라서 벡터연산도 행렬연산의 특수한 형태로 보고, 특별히 벡터라고 언급하지 않고 모두 행렬연산으로 설명한다.

전치

전치 연산은 행렬의 행과 열을 서로 교환하는 것이다. 벡터에 적용하면, 열벡터가 행벡터로 또는 그 반대로 되는 것이다. 벡터 $\boldsymbol{b}$의 전치는 $\boldsymbol{b}^T$이며, 다음과 같다.

$$\boldsymbol{b} = \begin{bmatrix} b_1 \\ b_2 \\ \vdots \\ b_n \end{bmatrix} \text{이면, } \boldsymbol{b}^T = \begin{bmatrix} b_1 & b_2 & \cdots & b_n \end{bmatrix}$$

행렬 A의 전치는 A^T로 표시하며, 다음과 같이 정의한다.

$$A_{ij}^T = A_{ji}$$

즉, A의 전치는 다음과 같다.

$$\mathrm{A} = \begin{bmatrix} A_{11} & A_{12} & A_{13} \\ A_{21} & A_{22} & A_{23} \\ A_{31} & A_{32} & A_{33} \end{bmatrix} \text{일 때 } \mathrm{A}^T = \begin{bmatrix} A_{11} & A_{21} & A_{31} \\ A_{12} & A_{22} & A_{32} \\ A_{13} & A_{23} & A_{33} \end{bmatrix}$$

$n\times n$행렬이 $\mathrm{A}^T = \mathrm{A}$이면, 대칭symmetric이라 한다. 이것은 대칭행렬의 상삼각 부분(A_{11}과 A_{nn}을 연결하는 대각선 윗부분)의 요소는 하삼각 부분에 반사된 형태라는 의미이다.

NumPy에서는 행렬의 전치를 T라는 속성을 이용하여 처리한다. 간단히 예를 보이면 다음과 같다.

```
>>> a = np.array([[11,12,13],[21,22,23],[31,32,33]])
>>> at = a.T
>>> at
array([[11, 21, 31],
       [12, 22, 32],
       [13, 23, 33]])
```

■ 덧셈

두 개의 $m \times n$ 행렬 A와 B의 합 C = A + B는 다음과 같이 정의된다.

$$C_{ij} = A_{ij} + B_{ij},\ (i = 1, 2,\ \cdots, m; j = 1, 2,\ \cdots, n)$$

따라서 C의 요소는 A의 요소에 B의 요소를 더한 것이다. 이 덧셈은 오직 같은 차원의 행렬 사이에서만 정의된다(단, **NumPy**에서 차원확장broadcasting을 이용하면, 큰 차원의 행렬에 맞추어 작은 차원의 행렬을 차원확장하여 계산한다).

NumPy에서 행렬의 덧셈(뺄셈도 포함)의 예를 다음에 보였다.

```
>>> a = np.array([[11,12,13],[21,22,23],[31,32,33]])
>>> b = np.array([[1,2,3],[4,5,6],[4,8,9]])
>>> a+b
array([[12, 14, 16],
       [25, 27, 29],
       [35, 40, 42]])
```

■ 벡터의 곱셈

각각의 크기가 m인 벡터 $\boldsymbol{a}$와 $\boldsymbol{b}$의 스칼라곱scalar product, dot product 또는 내적inner product $c = \boldsymbol{a} \cdot \boldsymbol{b}$는 다음의 스칼라 값으로 정의된다.

$$c = \sum_{k=1}^{m} a_k b_k \tag{2.19}$$

이것은 $c = \boldsymbol{a}^T\boldsymbol{b}$로도 쓸 수 있다. **NumPy**에서 내적의 함수는 `dot(a,b)` 또는 `inner(a,b)`이다. 기하학적인 면에서 보면, 두 벡터의 내적은 두 벡터가 이루는 평행사변형의 면적에 해당한다.

두 벡터의 내적을 구하는 **Python** 코드를 전통적인 방법으로 작성하면 다음과 같다. (여기서 **Python** 파일의 이름과 그 안의 함수 이름을 구별하기 위해 대소문자를 섞어 쓰므로 주의하기 바란다.)

코드 2.4 InnerVect.py

```
# InnerVect.py
# 벡터의 내적

import numpy as np

def innerVec(a, b):
    rowA = a.shape[0]
    rowB = b.shape[0]

    if (rowA != rowB):
        print("벡터 내적을 계산할 수 없음")
        return None

    c = 0.0
    for i in range(rowA):
        c += a[i] * b[i]
    return c

if __name__ == '__main__':
    a = np.array([1.1, 1.2, 1.3])
    b = np.array([2.1, 2.2, 2.3])

    c = innerVec(a, b)
    print("벡터의 내적 = ", c)
```

코드 2.4의 출력은 다음과 같다.

```
벡터의 내적 =  7.940000000000001
```

즉, 3차원 벡터 $a = 1.1\hat{i} + 1.2\hat{j} + 1.3\hat{k}$와 $b = 2.1\hat{i} + 2.2\hat{j} + 2.3\hat{k}$가 이루는 평행사변형의 면적은 7.94이다.

이를 **NumPy**에서 제공하는 내장함수 dot( )를 이용하면 다음 코드 2.5와 같이 간단하게 바뀐다.

코드 2.5 InnerVect2.py

```
# InnerVect2.py
# 벡터의 내적(NumPy의 dot() 이용)

import numpy as np

a = np.array([1.1, 1.2, 1.3])
b = np.array([2.1, 2.2, 2.3])

c = np.dot(a, b)
print("벡터의 내적 = ", c)
```

벡터곱vector product 또는 외적outer product $\boldsymbol{C} = \boldsymbol{a} \otimes \boldsymbol{b}^T$ 또는 $\boldsymbol{C} = \boldsymbol{a} \times \boldsymbol{b}^T$는 벡터로 다음과 같이 정의된다.

$$C_k = a_i b_j - a_j b_i \tag{2.20}$$

스칼라 값이 계산되는 벡터의 내적과 달리 벡터의 외적은 또 다른 벡터를 생성한다. 대표적인 것이 (x, y) 평면에 있는 두 벡터의 곱은 이 평면에 수직인 z 방향 벡터이다. 즉, $\boldsymbol{a} = [a_1 \ \ a_2 \ \ a_3]^T$, $\boldsymbol{b} = [b_1 \ \ b_2 \ \ b_3]^T$일 때, 이 두 벡터의 외적은 다음과 같다.

$$\boldsymbol{a} \times \boldsymbol{b} = \begin{bmatrix} a_2 b_3 - a_3 b_2 \\ a_3 b_1 - a_1 b_3 \\ a_1 b_2 - a_2 b_1 \end{bmatrix} \tag{2.21}$$

외적에 대한 **NumPy**의 내장함수는 `outer(a,b)`이다. 이에 대한 예제는 생략한다.

행렬의 곱셈

$\ell \times m$ 행렬 A와 $m \times n$ 행렬 B의 행렬곱matrix product C = AB는 다음과 같이 정의된다.

$$C_{ij} = \sum_{k=1}^{m} A_{ik} B_{kj}, \ (i = 1, 2, \cdots, \ell; j = 1, 2, \cdots, n) \tag{2.22}$$

이 정의에 따르면 A의 열(차원 m)과 B의 행 수는 같아야 한다. 행렬곱은 벡터의 내적으로 정의할 수 있다. A의 i번째 행을 벡터 $\boldsymbol{a}_i$, B의 j번째 열을 벡터 $\boldsymbol{b}_j$로 나타내면, 행렬곱은 다음과 같다.

$$
AB = \begin{bmatrix} a_1 \cdot b_1 & a_1 \cdot b_2 & \cdots & a_1 \cdot b_n \\ a_2 \cdot b_1 & a_2 \cdot b_2 & \cdots & a_2 \cdot b_n \\ \vdots & \vdots & \ddots & \vdots \\ a_\ell \cdot b_1 & a_\ell \cdot b_2 & \cdots & a_\ell \cdot b_n \end{bmatrix} \tag{2.23}
$$

예를 들어, $A = \begin{bmatrix} 1.1 & 1.2 & 1.3 \\ 2.1 & 2.2 & 2.3 \end{bmatrix}$과 $B = \begin{bmatrix} 1.1 & 1.2 \\ 2.1 & 2.2 \\ 3.1 & 3.2 \end{bmatrix}$인 두 행렬의 곱을 전통적인 방식으로 계산하는 **Python** 코드는 다음과 같다.

코드 2.6 InnerMat.py

```
1  # InnerMat.py
2  # 행렬의 내적
3
4  import numpy as np
5
6  def innerMat(A, B):
7      rowA, colA = A.shape
8      rowB, colB = B.shape
9
10     if (colA != rowB):
11         print("행렬곱을 계산할 수 없음")
12         return None
13
14     C = np.ndarray([rowA, colB])
15     for i in range(rowA):
16         for j in range(colB):
17             C[i,j] = 0.0
18             for k in range(colA):
19                 C[i,j] += A[i,k] * B[k,j]
20     return C
21
22 if __name__ == '__main__':
23     A = np.array([[1.1, 1.2, 1.3], [2.1, 2.2, 2.3]])
24     B = np.array([[1.1, 1.2], [2.1, 2.2], [3.1, 3.2]])
25
26     C = innerMat(A, B)
27     print(C)
```

코드 2.6에서 실제 행렬곱을 계산하는 부분은 6~20행 부분이며, 이 부분은 행렬의 스칼라곱 계산을 위한 함수로 작성하였다. **코드 2.6**의 출력은 다음과 같다.

```
[[ 7.76  8.12]
 [14.06 14.72]]
```

한편, **NumPy**는 행렬곱을 배열의 내적으로 다룬다. 따라서 함수 `dot(A,B)`는 행렬 A와 B의 행렬곱을 반환한다. **NumPy**는 행렬 A와 B의 내적을 $\mathrm{C} = \mathrm{A}\,\mathrm{B}^T$로 정의한다. 식 (2.23)은 여전히 적용되며, 이번에는 b는 B의 j번째 행이다. 따라서 **코드 2.6**을 다음과 같이 간략하게 계산할 수 있다. **코드 2.7**에서는 **코드 2.6**의 스칼라곱 계산 부분을 9행의 **NumPy**의 `dot( )` 함수 한 줄로 처리하였다.

코드 2.7 InnerMat2.py

```
 1 # InnerMat2.py
 2 # 행렬의 내적(NumPy의 dot() 이용)
 3 
 4 import numpy as np
 5 
 6 A = np.array([[1.1, 1.2, 1.3], [2.1, 2.2, 2.3]])
 7 B = np.array([[1.1, 1.2], [2.1, 2.2], [3.1, 3.2]])
 8 
 9 C = np.dot(A, B)
10 print(C)
```

NumPy에서 행렬 A(크기 $k \times \ell$)와 행렬 B(크기 $m \times n$)의 외적의 정의는 다음과 같다. $\boldsymbol{a}_i$를 A의 i번째 행, $\boldsymbol{b}_j$를 B의 j번째 행이라 하자. 그러면, A와 B의 외적은 다음과 같다.

$$\mathrm{A} \otimes \mathrm{B} = \begin{bmatrix} \boldsymbol{a}_1 \otimes \boldsymbol{b}_1 & \boldsymbol{a}_1 \otimes \boldsymbol{b}_2 & \cdots & \boldsymbol{a}_1 \otimes \boldsymbol{b}_m \\ \boldsymbol{a}_2 \otimes \boldsymbol{b}_1 & \boldsymbol{a}_2 \otimes \boldsymbol{b}_2 & \cdots & \boldsymbol{a}_2 \otimes \boldsymbol{b}_m \\ \vdots & \vdots & \ddots & \vdots \\ \boldsymbol{a}_k \otimes \boldsymbol{b}_1 & \boldsymbol{a}_k \otimes \boldsymbol{b}_2 & \cdots & \boldsymbol{a}_k \otimes \boldsymbol{b}_m \end{bmatrix} \tag{2.24}$$

부분행렬 $\boldsymbol{a}_i \otimes \boldsymbol{b}_j$은 $\ell \times n$ 차원을 갖는다. 여기서 볼 수 있듯이, 외적의 크기는 행렬 A와 행렬 B보다 훨씬 크다. 외적의 경우 일반적으로 행렬의 외적보다는 벡터의 외적이 관심 대상이다. 따라서 이에 대해서는 더 이상 상세한 설명은 생략한다.

예제 2.4 **행렬과 벡터의 곱**

행렬과 벡터가 다음과 같을 때

$$\mathrm{A} = \begin{bmatrix} 1 & 2 & 3 \\ 1 & 2 & 1 \\ 0 & 1 & 2 \end{bmatrix},\ \boldsymbol{u} = \begin{bmatrix} 1 \\ 6 \\ -2 \end{bmatrix},\ \boldsymbol{v} = \begin{bmatrix} 8 \\ 0 \\ -3 \end{bmatrix}$$

$\boldsymbol{u}+\boldsymbol{v}$, $\boldsymbol{u}\cdot\boldsymbol{v}$, $\mathrm{A}\boldsymbol{v}$, $\boldsymbol{u}^T\mathrm{A}\boldsymbol{v}$를 계산하라.

풀이

$$\boldsymbol{u}+\boldsymbol{v} = \begin{bmatrix} 1+8 \\ 6+0 \\ -2-3 \end{bmatrix} = \begin{bmatrix} 9 \\ 6 \\ -5 \end{bmatrix}$$

$$\boldsymbol{u}\cdot\boldsymbol{v} = 1(8)+6(0)+(-2)(-3) = 14$$

$$\mathrm{A}\boldsymbol{v} = \begin{bmatrix} \boldsymbol{a}_1\cdot\boldsymbol{v} \\ \boldsymbol{a}_2\cdot\boldsymbol{v} \\ \boldsymbol{a}_3\cdot\boldsymbol{v} \end{bmatrix} = \begin{bmatrix} 1(8)+2(0)+3(-3) \\ 1(8)+2(0)+1(-3) \\ 0(8)+1(0)+2(-3) \end{bmatrix} = \begin{bmatrix} -1 \\ 5 \\ -6 \end{bmatrix}$$

$$\boldsymbol{u}^T\mathrm{A}\boldsymbol{v} = \boldsymbol{u}\cdot(\mathrm{A}\boldsymbol{v}) = 1(-1)+6(5)+(-2)L(-6) = 41$$

예제 2.5 **행렬의 내적**

다음과 같이 주어진 행렬 A와 행렬 B에 대해, 행렬곱 AB를 계산하라.

$$\mathrm{A} = \begin{bmatrix} 1 & 2 & 3 \\ 1 & 2 & 1 \\ 0 & 1 & 2 \end{bmatrix},\ \mathrm{B} = \begin{bmatrix} -4 & 1 \\ 1 & -4 \\ 2 & -2 \end{bmatrix}$$

풀이

$$\mathrm{AB} = \begin{bmatrix} \boldsymbol{a}_1\cdot\boldsymbol{b}_1 & \boldsymbol{a}_1\cdot\boldsymbol{b}_2 \\ \boldsymbol{a}_2\cdot\boldsymbol{b}_1 & \boldsymbol{a}_2\cdot\boldsymbol{b}_2 \\ \boldsymbol{a}_3\cdot\boldsymbol{b}_1 & \boldsymbol{a}_3\cdot\boldsymbol{b}_2 \end{bmatrix}$$

$$= \begin{bmatrix} 1(-4)+2(1)+3(2) & 1(1)+2(-4)+3(-2) \\ 1(-4)+2(1)+1(2) & 1(1)+2(-4)+1(-2) \\ 0(-4)+1(1)+2(2) & 0(1)+1(-4)+2(-2) \end{bmatrix} = \begin{bmatrix} 4 & -13 \\ 0 & -9 \\ 5 & -8 \end{bmatrix}$$

예제 2.6 행렬과 벡터의 곱

행렬과 벡터가 다음과 같을 때 $A \otimes \boldsymbol{b}$를 계산하라.

$$A = \begin{bmatrix} 5 & -2 \\ -3 & 4 \end{bmatrix}, \ \boldsymbol{b} = [1 \ 3]$$

풀이

$$\boldsymbol{a}_1 \otimes \boldsymbol{b} = \begin{bmatrix} 5 \\ -2 \end{bmatrix} [1 \ 3] = \begin{bmatrix} 5 & 15 \\ -2 & -6 \end{bmatrix}$$

$$\boldsymbol{a}_2 \otimes \boldsymbol{b} = \begin{bmatrix} -3 \\ 4 \end{bmatrix} [1 \ 3] = \begin{bmatrix} -3 & -9 \\ 4 & 12 \end{bmatrix}$$

$$A \otimes \boldsymbol{b} = \begin{bmatrix} \boldsymbol{a}_1 \otimes \boldsymbol{b} \\ \boldsymbol{a}_2 \otimes \boldsymbol{b} \end{bmatrix} = \begin{bmatrix} 5 & 15 \\ -2 & -6 \\ -3 & -9 \\ 4 & 12 \end{bmatrix}$$

(4) 행렬의 속성

행렬의 속성 중에는 크기와 차수rank가 있다. 행렬의 크기란 어떤 행렬에 대해 하나의 실수를 대응시키는 개념이며, 여기에는 노옴norm,[2] 대각합trace, 행렬식determinant이 있다.

■ 행렬노옴

행렬노옴 또는 유클리디드노옴Euclidian norm은 보통 $\| A \|_L$로 표기하며, 행렬 A에 대해 다음 식으로 정의되는 숫자이다.

$$\| A \|_L = \left(\sum_{i=1}^{n} \sum_{j=1}^{m} |a_{ij}|^L \right)^{1/L} \tag{2.25}$$

여기서 L은 보통 1 또는 2가 쓰이는데, $L = 1$이면 L1-노옴, $L = 2$이면 L2-노옴이라고 한다. 이 중에서 L2-노옴이 많이 쓰이므로, L 표시가 없는 경우는 L2-노옴이라고 보아도 무방하다. 행렬에 대한 L2-노옴은 프로베니우스노옴Frobenius norm이라고 부르며, $\| A \|_F$라고 표기하기도 한다.

2) norm은 벡터, 함수, 신호 등의 크기(길이 또는 강도)를 나타내는 척도이다. 대한수학회의 용어는 '노름'이지만 어감이 좋지 않으며, 영어 발음은 '노옴'에 가까우므로, 이 책에서는 모두 '노옴'으로 표기한다.

$$\| \mathrm{A} \|_F = \sqrt{\sum_{i=1}^{n}\sum_{j=1}^{m} a_{ij}^2} \tag{2.26}$$

이 정의에서 노옴은 항상 0보다 크거나 같다는 것을 알 수 있다.

노옴은 모든 크기의 행렬에 대해 정의할 수 있으므로, 벡터에 대해서도 정의할 수 있다. 벡터의 노옴에서 중요한 성질은 벡터의 노옴의 제곱이 벡터의 제곱합과 같다는 점이다.

$$\| \boldsymbol{x} \|^2 = \sum_{i=1}^{n} x_i^2 = \boldsymbol{x}^T\boldsymbol{x} \tag{2.27}$$

노옴은 항상 0보다 크므로, 노옴의 제곱이 가장 작을 때 노옴도 가장 작아진다. 따라서 벡터의 노옴을 최소화하는 것은 벡터의 제곱을 최소화하는 것과 같다.

NumPy에서는 `linalg` 부패키지의 norm( ) 함수를 이용하여 행렬의 노옴을 계산할 수 있다.

```
>>> A = np.array([[1,2,3],[4,5,6],[4,8,9]])
>>> np.linalg.norm(A)
15.874507866387544
```

대각합

대각합trace은 정방행렬에 대해서만 정의되며, 다음과 같이 대각원소의 합으로 계산된다.

$$\mathrm{tr}(\mathrm{A}) = \sum_{i=1}^{n} a_{ii}$$

예를 들어, n차원 항등행렬의 대각합은 n이다.

$$\mathrm{tr}(\mathrm{I}) = \sum_{i=1}^{n} 1 = n$$

대각합을 구할 때는 절대값을 취하거나 제곱을 하지 않기 때문에 대각합의 값은 노옴과 달리 음수가 될 수도 있다.

대각합은 다음과 같은 성질이 있다. 다음의 식에서 s는 스칼라이고 A, B, C는 행렬이다.

- 스칼라를 곱한 행렬의 대각합은 스칼라와 원행렬 대각합의 곱이다.

  $\mathrm{tr}(s\mathrm{A}) = s\,\mathrm{tr}(\mathrm{A})$

- 전치연산을 해도 대각합은 달라지지 않는다.

  $\mathrm{tr}(\mathrm{A}^T) = \mathrm{tr}(\mathrm{A})$

- 두 행렬의 합의 대각합은 두 행렬의 대각합의 합이다.

  $\mathrm{tr}(\mathrm{A}+\mathrm{B}) = \mathrm{tr}(\mathrm{A}) + \mathrm{tr}(\mathrm{B})$

- 두 행렬의 곱의 대각합은 순서를 바꾸어도 달라지지 않는다.

  $\mathrm{tr}(\mathrm{AB}) = \mathrm{tr}(\mathrm{BA})$

NumPy에서는 trace( ) 함수로 행렬의 노옴을 계산할 수 있다.

```
>>> A = np.array([[1,2,3],[4,5,6],[4,8,9]])
>>> np.trace(A)
15
```

행렬식

정방행렬 A의 행렬식determinant은[3] |A| 또는 det(A), det A로 표기되는 스칼라값이다. 임의 크기의 행렬식에 대한 간략한 정의는 없다. 2×2 크기 행렬부터 시작해보면, 이 행렬의 행렬식은 다음과 같이 정의된다.

$$\det(\mathrm{A}) = \begin{vmatrix} a_{11} & a_{12} \\ a_{21} & a_{22} \end{vmatrix} = a_{11}a_{22} - a_{12}a_{21} \tag{2.28}$$

그다음 3×3 행렬의 행렬식은 다음과 같이 정의된다. 3×3 행렬이 $\mathrm{A} = \begin{bmatrix} a_{11} & a_{12} & a_{13} \\ a_{21} & a_{22} & a_{23} \\ a_{31} & a_{32} & a_{33} \end{bmatrix}$ 일 때,

$$\begin{aligned} \det(\mathrm{A}) = |\mathrm{A}| &= a_{11}\begin{vmatrix} a_{22} & a_{23} \\ a_{32} & a_{33} \end{vmatrix} - a_{12}\begin{vmatrix} a_{21} & a_{23} \\ a_{31} & a_{33} \end{vmatrix} + a_{13}\begin{vmatrix} a_{21} & a_{22} \\ a_{31} & a_{32} \end{vmatrix} \\ &= a_{11}(a_{22}a_{33} - a_{23}a_{32}) - a_{12}(a_{21}a_{33} - a_{23}a_{31}) + a_{13}(a_{21}a_{32} - a_{22}a_{31}) \end{aligned}$$

---

3) determinant는 수학용어로 행렬식(行列式)이라고 하지만, 사실 이것은 식이라기보다 행렬의 특정한 성질을 나타내는 값이므로 오히려 '행렬값'이라고 하는 것이 적절할 것으로 보인다. 다만 대한수학회의 용어집에서 '행렬식'이라고 되어 있어 이를 따른다.

이런 방법으로 전개해가면, $n \times n$ 행렬의 행렬식은 $(n-1) \times (n-1)$ 행렬의 행렬식의 항을 이용하여 표현할 수 있다.

$$|\mathrm{A}| = \sum_{k=1}^{n} (-1)^{k+1} M_{1k} A_{1k} \tag{2.29}$$

여기서 M_{ik}는 A의 i행과 k열을 삭제하고 얻은 $(n-1) \times (n-1)$ 행렬의 행렬식이며, 소행렬식minor이라고 부른다. 소행렬식에 $(-1)^{k+1}$을 곱한 $(-1)^{k+1} M_{1k}$을 A_{ik}의 여인자cofactor라고 부르며, C_{ik}로 표기하기도 한다. 또 여인자의 전치행렬 C^T를 수반행렬adjoint matrix이라고 부르며, $adj(\mathrm{A})$로 표기하기도 한다.

식 (2.29)는 A의 첫 행에 대한 행렬식의 Laplace 전개Laplace's development라고 알려져 있다. 실제로 Laplace 전개는 어떤 행에 대해서도 할 수 있다. i행을 선택하면, 다음과 같다.

$$|\mathrm{A}| = \sum_{k=1}^{n} (-1)^{k+i} M_{ik} A_{ik}$$

만일 $|\mathrm{A}| = 0$이면, 행렬 A는 특이행렬singular matrix이라고 한다. 역행렬inverse matrix이 존재하기 위해서는 행렬 A가 비특이행렬non-singular matrix, 즉 $|\mathrm{A}| \neq 0$이어야 한다.

NumPy에서는 `linalg` 부모듈의 `det( )` 함수를 이용하여 계산한다. $\mathrm{A} = \begin{bmatrix} 1 & 2 \\ 3 & 4 \end{bmatrix}$와 $\mathrm{B} = \begin{bmatrix} 1 & 2 & 3 \\ 2 & 4 & 1 \\ 3 & 2 & 1 \end{bmatrix}$인 두 행렬에 대한 행렬식은 다음과 같다.

```
>>> a = np.array([[1.0, 2.0], [3.0, 4.0]])
>>> np.linalg.det(a)
-2.0000000000000004
>>> b = np.array([[1.0, 2.0, 3.0], [2.0, 4.0, 1.0], [3.0, 2.0, 1.0]])
>>> np.linalg.det(b)
-20.000000000000007
```

행렬식은 다음의 성질을 만족한다.

- 전치행렬의 행렬식은 원행렬의 행렬식과 같다.

  $\det(\mathrm{A}^T) = \det(\mathrm{A})$

- 항등행렬의 행렬식은 1이다.

  $$\det(I) = 1$$

- 두 행렬의 곱의 행렬식은 각 행렬의 행렬식의 곱과 같다.

  $$\det(AB) = \det(A)\det(B)$$

- 역행렬의 행렬식은 원행렬의 행렬식의 역수와 같다.

  $$\det(A^{-1}) = \frac{1}{\det(A)}$$

(5) 유용한 정리들

본문에서는 증명이 쉬운 몇 가지 정리를 증명 없이 이용하였다.

- $(AB)^T = B^T A^T$
- $(AB)^{-1} = B^{-1} A^{-1}$
- $|A^T| = |A|$
- $|AB| = |A||B|$
- $B = B^T$일 때 $C = A^T BA$ 이면, $C = C^T$이다.

2.3 확률과 통계

실험, 측정, 조사 등을 통해 어떤 자료의 값을 반복적으로 또는 동시에 병렬적으로 측정하는 경우를 생각해보자. 이런 방법으로 자료의 값을 구하였을 때, 자료값이 항상 같은 값이 나올 수도 있고, 예측불가능하게 달라질 수 있다. 항상 같은 값이 나오는 자료를 결정론적 자료 deterministic data, 예측할 수 없는 값이 나오는 자료를 확률적 자료probabilistic data라고 한다. 우리가 다루는 많은 자료는 확률적 자료이다. 이 책에서는 확률과 통계에 대해서는 직접 다루지 않으나, 자료 처리 과정에서 자주 만나게 될 것이므로, 여기에 간단히 소개한다.

확률적 자료라고 하더라도 아무런 예측을 못하는 것은 아니다. 정확하게 어떤 하나의 값을 지정할 수는 없지만, 어떤 값이 얼마나 자주 나올지에 대한 특성을 알고 있는 경우가 많다. 예를 들어, 주사위를 던질 때 다음에 어떤 수가 나올지는 알 수 없지만, 어떤 수(예를 들어, 1)가 어느 정도의 확률(확률 1/6)로 나올지는 알 수 있다. 이처럼 확률적 자료에서 어떤 값이 얼마나 자주 나오는가를 나타내는 특성을 분포distribution이라고 한다. 흔히 도수분포도histogram를 이용하여 표현하지만, 어떤 숫자를 계산하여 그 숫자로 분포를 표현하기도 한다. 이러한 특정한 숫자들을 기술통계량descriptive statistics이라고 한다. 기술통계량의 대표값은 표본평균sample mean, 표본중앙값sample median, 표본최빈값sample mode이 있고, 퍼진 정도를 나타내는 표본분산sample variance과 표본표준편차sample standard deviation, 분포의 집중도를 나타내는 표본왜도sample skewness, 표본첨도sample kurtosis 등이 있다.

(1) 대표값

n개의 어떤 자료가 있을 때 어떤 하나의 값으로 이들을 대표하고자 하는 경우에 이 값을 대표값이라 한다. 대표값에는 평균, 중앙값, 최빈값이 있다. 이런 대표값을 측정된 자료, 즉 표본에서 계산하기 때문에 '표본'이라는 말을 붙여 표본평균, 표분중앙값, 표본최빈값이라 부르지만, 여기서는 편의상 '표본'이라는 말을 생략하고 사용[4)]하기로 하자.

평균은 다음과 같이 계산한다.

$$\bar{x} = \frac{1}{n}\sum_{i=1}^{n} x_i \tag{2.30}$$

이 식에서 n은 자료의 개수, i는 자료의 순서를 의미한다.

중앙값은 전체 자료를 크기순으로 정렬했을 때, 가장 중앙에 위치하는 값을 말한다. 전체 표본의 개수가 n인 경우의 중앙값은 다음과 같다.

- n이 홀수이면, 중앙값은 $(n+1)/2$번째 표본의 값
- n이 짝수이면, 중앙값은 $n/2$번째 표본과 $(n+1)/2$번째 표본의 평균

최빈값은 자료값 중 가장 빈번하게 나오는 값을 말한다. 따라서 최빈값은 유한한 종류의 값만 있는 이산자료에서는 구하기가 쉽지만, 연속적인 값을 갖는 자료에서는 구하기가 어렵다. 따라서 연속값을 갖는 자료에서는 일정 구간 간격(이것을 '계급'이라 한다)으로 나누어, 가장 많은 자료를 가진 구간의 대표값을 그 자료의 최빈값으로 하는 방법을 많이 사용한다. 다만

---

4) 통계에서 어떤 분포의 모집단(population)이 가진 평균은 모평균이라고 하여 m, 표준편차는 모표준편차라고 하여 σ^2으로 표시한다. 반면, 이 분포에서 추출한 표본에 대한 평균은 표본평균이라고 하여 $\bar{x}$, 표준편차는 표본표준편차라고 하며 s^2으로 표기한다. 모집단의 통계량과 표본 통계량의 차이에 대해서는 통계학 교과서를 참고하기 바란다. 이 책에서는 거의 대부분 표본에 대해 다루므로 별다른 수식이 없이 평균이나 표준편차라고 하면 모두 표본에 대한 것이다.

이 방법은 계급 구간을 나누는 방법에 따라 그 결과가 달라질 수 있다는 문제가 있다.

NumPy에서 평균, 중앙값, 최빈값을 구하는 함수는 각각 `mean( )`, `median( )`, `argmax( )`이다.

(2) 분산과 표준편차

자료의 변동 정도를 나타내는 통계량에는 분산variance과 표준편차standard deviation가 있다. 대표값이 분포의 위치를 대표하는 값이라면, 분산은 분포의 폭을 대표하는 값이다. 그리고 표준편차는 분산의 양의 제곱근이다. 표본분산은 다음과 같이 구한다.

$$s^2 = \frac{1}{n-1}\sum_{i=1}^{n}(x_i - \overline{x})^2 \tag{2.31}$$

여기서 자료의 수 n 대신에 자유도 $n-1$로 나누는 이유는 불편추정량unbiased estimator이 되도록 하기 위해서이다. 자세한 것은 통계학 교과서를 참고하기 바란다.

일반적으로 식 (2.30)과 식 (2.31)을 이용하여 평균과 표준편차를 계산하는 경우, 순환문을 두 차례 계산해야 한다. 따라서 분산을 계산할 때는 식 (2.31) 대신에 다음 식을 이용한다.

$$s^2 = \frac{1}{n-1}\sum_{i=1}^{n}x_i^2 - \overline{x} \tag{2.32}$$

NumPy에서 분산과 표준편차를 구하는 데는 `var( )` 함수와 `std( )` 함수를 이용한다.

(3) 왜도와 첨도

분포가 어느 쪽으로 치우쳤는지는 왜도skewness로 판단한다. 표본왜도를 구하는 식은 다음과 같다.

$$g = \frac{m_3}{m_2^{3/2}} = \frac{\frac{1}{n}\sum_{i=1}^{n}(x_i - \overline{x})^3}{\left\{\frac{1}{n}\sum_{i=1}^{n}(x_i - \overline{x})^2\right\}^{3/2}} \tag{2.33}$$

여기서 $m_k = \frac{1}{n}\sum_{i=1}^{n}(x_i - \overline{x})^k$ 로 주어지는 k차 모멘트이다.

첨도kurtosis는 자료가 중앙에 몰려 있는 정도를 비교하기 위해 사용한다. 첨도는 다음과 같이 계산한다.

$$K = \frac{\frac{1}{n}\sum_{i=1}^{n}(x_i - \overline{x})^4}{\left\{\frac{1}{n}\sum_{i=1}^{n}(x_i - \overline{x})^2\right\}^2} - 3 \tag{2.34}$$

NumPy에서 첨도를 구하는 함수는 별도로 제공하지 않는다.

(4) 그 밖의 통계량

앞의 대표적인 통계량 외에도 최대값과 최소값, 사분위수, 백분위수 등이 가끔 필요한 통계량이다.

(5) 난수 발생

자료 분석에서 때때로 필요한 자료를 만들어야 할 경우가 있다. 이런 때 기존의 자료를 무작위로 섞거나, 난수random number를 발생시키는 방법이 있다. 난수 발생은 **NumPy**의 random 부패키지에서 제공한다.

그런데 컴퓨터에서 발생하는 난수는 사실 엄격한 의미의 무작위 수가 아니다. 어떤 특정한 시작하는 숫자(영어로 seed라고 부른다. 여기서는 '시작수'라고 부르기로 하자)를 입력하여 난수를 생성하면, 이 생성된 난수가 다음 난수 생성을 위한 시작수가 된다. 따라서 시작수는 한 번만 정해주면 된다. 시작수는 보통 현재시각 등을 이용하여 자동으로 정해지지만 사람이 수동으로 설정할 수도 있다. 특정한 시작수가 사용되면 그다음에 만들어지는 난수들은 모두 예측할 수 있다.

NumPy에서 시작수를 설정하는 것은 seed( ) 함수이다. 인수로는 0보다 크거나 같은 정수를 넣어준다. 그다음에 rand( ) 함수로 원하는 개수의 난수를 생성하면 된다. rand( ) 함수는 0과 1 사이의 난수를 발생시킨다. 시작수를 0으로 설정하고 0과 1 사이의 5개의 난수를 만드는 코드는 다음과 같다.

```
>>> np.random.seed(0)
>>> np.random.rand(5)
array([0.5488135 , 0.71518937, 0.60276338, 0.54488318, 0.4236548 ])
```

난수를 생성하는 데는 rand( ) 외에도 다양한 함수가 있다. 이 중에서 가장 간단하고 많이 사용되는 것은 다음의 세 가지이다.

- rand( ): 0부터 1 사이의 균일분포 난수
- randn( ): 표준정규분포 난수
- randint( ): 균일분포의 정수 난수

rand( )와 randn( )은 인수로 생성할 배열의 크기를 지정한다. 한편, randint( ) 함수의 원형은 다음과 같다.

```
numpy.randint(low [, high = None, size = None] )
```

여기서 선택인수 high를 입력하지 않으면 0과 low 사이의 숫자를, high를 입력하면 low와 high 사이의 숫자를 출력한다. size는 난수의 개수이다. 이 함수의 사용 예를 살펴보자(다만, 실행 시마다 결과가 달라진다는 데 유의하자).

```
>>> x = np.random.randint(10, size = 10)
>>> x
array([8, 9, 4, 3, 0, 3, 5, 0, 2, 3])
>>> y = np.random.randint(10, 20, size=10)
>>> y
array([18, 11, 13, 13, 13, 17, 10, 11, 19, 19])
>>> z = np.random.randint(10, 20, size=(3,5))
>>> z
array([[10, 14, 17, 13, 12],
       [17, 12, 10, 10, 14],
       [15, 15, 16, 18, 14]])
```

자료의 순서를 뒤섞는 데는 random 부패키지의 shuffle( ) 함수를 이용한다. 다음은 arange( ) 함수로 0과 9 사이의 10개의 정수를 담은 목록을 만들고, shuffle( ) 함수를 이용하여 뒤섞은 결과이다.

```
>>> x = np.arange(10)
>>> x
array([0, 1, 2, 3, 4, 5, 6, 7, 8, 9])
>>> np.random.shuffle(x)
>>> x
array([5, 2, 3, 4, 1, 0, 9, 8, 7, 6])
```

예제 2.7 통계량 계산

NumPy의 함수를 이용하여 평균, 중앙값, 분산, 표준편차 등의 통계량을 구하라.

풀이

통계량을 구하는 예제는 다음과 같다.

코드 2.8 Ex0207.py

```
# 예제 2.7 각종 통계량

import numpy as np
import matplotlib.pyplot as plt

np.random.seed(0)
x = np.random.randn(51)
print("자료값")
print(x)
print()

xbar = np.mean(x)
xmed = np.median(x)
print("표본평균  :", xbar)
print("중앙값    :", xmed)

var = np.var(x)
std = np.std(x)
print("분산      :", var)
print("표준편차  :", std)

xmin = np.percentile(x, 0)      # 최소값
x25  = np.percentile(x, 25)     # 1사분위수
x50  = np.percentile(x, 50)     # 2사분위수
x75  = np.percentile(x, 75)     # 3사분위수
xmax = np.percentile(x, 100)    # 최대값
```

코드 2.8 Ex0207.py(계속)

```
print("최소값    :", xmin)
print("최대값    :", xmax)
print("1 사분위수:", x25)
print("2 사분위수:", x50)
print("3 사분위수:", x75)
```

이 코드의 실행 결과는 다음과 같다.

```
자료값
[ 1.76405235  0.40015721  0.97873798  2.2408932   1.86755799 -0.97727788
  0.95008842 -0.15135721 -0.10321885  0.4105985   0.14404357  1.45427351
  0.76103773  0.12167502  0.44386323  0.33367433  1.49407907 -0.20515826
  0.3130677  -0.85409574 -2.55298982  0.6536186   0.8644362  -0.74216502
  2.26975462 -1.45436567  0.04575852 -0.18718385  1.53277921  1.46935877
  0.15494743  0.37816252 -0.88778575 -1.98079647 -0.34791215  0.15634897
  1.23029068  1.20237985 -0.38732682 -0.30230275 -1.04855297 -1.42001794
 -1.70627019  1.9507754  -0.50965218 -0.4380743  -1.25279536  0.77749036
 -1.61389785 -0.21274028 -0.89546656]

표본평균   : 0.1202450402835533
중앙값     : 0.144043571160878
분산       : 1.262595993985068
표준편차   : 1.1236529686629533
최소값     : -2.5529898158340787
최대값     : 2.2697546239876076
1 사분위수: -0.6259086010790478
2 사분위수: 0.144043571160878
3 사분위수: 0.9072623081925475
```

2.4 테일러 급수

(1) 단일 변수 함수

함수 $f(x)$를 한 점 $x=a$에 대해 테일러 급수Taylor series 전개하면 무한급수가 된다.

$$f(x) = f(a) + f'(a)(x-a) + f''(a)\frac{(x-a)^2}{2!} + f^{(3)}(a)\frac{(x-a)^3}{3!} + \cdots \tag{2.35}$$

특별한 경우로 $a=0$일 때, 이 급수는 매클로린 급수MacLaurin series로 알려져 있다. 테일러 급수 전개는 유일하며, 어떤 두 함수도 동일한 테일러 급수가 되지 않는다.

테일러 급수는 $x=a$에서 $f(x)$의 모든 미분이 존재하고 급수가 수렴할 때 의미가 있다. 일반적으로 x가 충분히 a에 가까울 때, 즉 $|x-a| \leq \varepsilon$일 때, 수렴한다. 여기서 ε은 수렴반경이라 부른다. 많은 경우 ε은 무한하다.

테일러 급수의 또 다른 유용한 형태는 임의값 x에 대한 전개이다.

$$f(x+h) = f(x) + f'(x)h + f''(x)\frac{h^2}{2!} + f^{(3)}(x)\frac{h^3}{3!} + \cdots \tag{2.36}$$

무한급수의 항으로 모든 값을 계산하기는 불가능하므로, 식 (2.36)에서 급수를 절단하는 효과는 실제적으로 큰 중요성을 갖는다. 처음의 $n+1$항만 채택하면, 다음과 같다.

$$f(x+h) = f(x) + f'(x)h + f''(x)\frac{h^2}{2!} + \cdots + f^{(n)}(x)\frac{h^n}{n!} + E_n \tag{2.37}$$

여기서 E_n는 절단오차(절단된 항의 합)이다. 절단오차의 범위는 다음의 테일러 정리로 주어진다.

$$E_n = f^{(n+1)}(\xi)\frac{h^{n+1}}{(n+1)!} \tag{2.38}$$

여기서 ξ는 범위 $(x : x+h)$ 안의 어떤 값이다. E_n에 대한 식은 급수의 첫 번째 폐기항과 동일하며, x를 ξ로 치환했다는 점에 유의하자. ξ의 값이 불확정이므로(그 한계만 알고 있음), 식 (2.38)에서 우리가 알 수 있는 것은 절단오차의 상한과 하한 범위이다.

$f^{(n+1)}(\xi)$에 대한 수식을 이용할 수 없으면, 식 (2.38)에서 보인 정보는 다음과 같이 축약할 수 있다.

$$E_n = O(h^{n+1}) \tag{2.39}$$

이것은 절단오차가 h^{n+1}의 차수 또는 h^{n+1}로 거동한다고 말하는 간략한 방법이다. 만일 h가 수렴반경 안에 있으면,

$$O(h^n) > O(h^{n+1}) \tag{2.40}$$

즉, 어떤 항이 절단오차에 추가되면 오차는 항상 축소된다(이것은 처음 몇 항에 대해서는 정확하지 않다).

특별한 경우로 $n = 1$일 때, 테일러 정리는 다음과 같은 중앙값 정리mean value theorem로 알려져 있다.

$$f(x+h) = f(x) + f'(\xi)h, \ (x \le \xi \le x+h) \tag{2.41}$$

(2) 다중 변수 함수

만일 f가 m개의 변수 $x_1, x_2, \cdots, x_m$의 함수라면, $\boldsymbol{x} = [x_1 \ x_2 \ \cdots \ x_m]^T$에 대한 이 함수의 테일러 급수 전개는 다음과 같다.

$$f(\boldsymbol{x}+\boldsymbol{h}) = f(\boldsymbol{x}R) + \sum_{i=1}^{m} \frac{\partial f}{\partial x_i}\bigg|_{\boldsymbol{x}} h_i + \frac{1}{2!}\sum_{i=1}^{m}\sum_{j=1}^{m} \frac{\partial f}{\partial x_i}\frac{\partial f}{\partial x_j}\bigg|_{\boldsymbol{x}} h_i h_j + \cdots \tag{2.42}$$

이 식은 때때로 다음과 같이 표시한다.

$$f(\boldsymbol{x}+\boldsymbol{h}) = f(\boldsymbol{x}) + \nabla f(\boldsymbol{x}) \cdot \boldsymbol{h} + \frac{1}{2}\boldsymbol{h}^T \mathrm{H}(\boldsymbol{x})\boldsymbol{h} + \cdots \tag{2.43}$$

벡터 $\nabla f(\boldsymbol{x})$는 f의 경사gradient이며, 행렬 H는 f의 헤세 행렬Hessian matrix이다. 행렬 H는 다변수 함수의 2계 도함수 행렬로 다음과 같이 표현된다.

$$H_{ij} = \frac{\partial^2 f_i}{\partial x_j^2} \tag{2.44}$$

이 헤세 행렬은 수치해석에서 자주 쓰이는 야코비행렬 J가 다변수 함수의 도함수라는 점과 비교해 생각하면 좋다.

예제 2.8 **대수함수의 테일러 급수 전개**

$f(x)=\ln(x)$를 $x=1$에 대해서 테일러 급수 전개하라.

풀이

f의 미분은

$$f'(x)=\frac{1}{x},\ f''(x)=-\frac{1}{x^2},\ f^{(3)}(x)=\frac{2!}{x^3},\ f^{(4)}(x)=-\frac{3!}{x^4},\ \cdots.$$

$x=1$에서 미분값을 계산하면,

$$f'(1)=1,\ f''(1)=-1,\ f^{(3)}(1)=2!,\ f^{(4)}(1)=-3!,\ \cdots.$$

앞의 식들과 $a=1$을 식 (2.42)에 대입하면, 다음 식을 얻는다.

$$\begin{aligned}\ln(x)&=0+(x-1)-\frac{(x-1)^2}{2!}+2!\frac{(x-1)^3}{3!}-3!\frac{(x-1)^4}{4!}+\cdots\\&=(x-1)-\frac{1}{2}(x-1)^2+\frac{1}{3}(x-1)^3-\frac{1}{4}(x-1)^4+\cdots\end{aligned}$$

예제 2.9 **지수함수의 테일러 급수 전개**

e^x의 $x=0$에 대한 테일러 급수 전개의 처음 5개 항을 이용하여 다음에서 오차 추정으로 e의 범위를 찾아라.

$$e^x=1+x+\frac{x^2}{2!}+\frac{x^3}{3!}+\frac{x^4}{4!}+\cdots$$

풀이

$$e=1+1+\frac{1}{2}+\frac{1}{6}+\frac{1}{24}+E_4=\frac{65}{24}+E_4$$

$$E_4=f^{(4)}(\xi)\frac{h^5}{5!}=\frac{e^\xi}{5!},\ (0\le\xi\le1)$$

절단오차의 범위는

$$(E_4)_{\min} = \frac{e^0}{5!} = \frac{1}{120}, \ (E_4)_{\max} = \frac{e^1}{5!} = \frac{e}{120}$$

따라서 e의 하한은

$$e_{\min} = \frac{65}{24} + \frac{1}{120} = \frac{163}{60}$$

그리고 상한은 다음과 같다.

$$e_{\max} = \frac{65}{24} + \frac{e_{\max}}{120}$$

이 값들은

$$\frac{119}{120} e_{\max} = \frac{65}{24}, \ e_{\max} = \frac{325}{119}$$

따라서

$$\frac{163}{60} \le e \le \frac{325}{119}$$

예제 2.10 단경사와 헤세 행렬

함수 $f(x, y) = \ln \sqrt{x^2 + y^2}$ 의 $x = -2$, $y = 1$에서 경사와 헤세 행렬을 계산하라.

풀이

$$\frac{\partial f}{\partial x} = \frac{1}{\sqrt{x^2+y^2}} \left(\frac{1}{2} \frac{2x}{\sqrt{x^2+y^2}} \right) = \frac{x}{x^2+y^2}, \ \frac{\partial f}{\partial y} = \frac{y}{x^2+y^2}$$

$$\nabla f(x,y) = \begin{bmatrix} \frac{x}{x^2+y^2} & \frac{y}{x^2+y^2} \end{bmatrix}^T$$

$$\nabla f(-2,1) = [-0.4 \ \ 0.2]^T$$

$$\frac{\partial^2 f}{\partial x^2} = \frac{(x^2+y^2) - x(2x)}{(x^2+y^2)^2} = \frac{-x^2+y^2}{(x^2+y^2)^2}, \ \frac{\partial^2 f}{\partial y^2} = \frac{x^2-y^2}{(x^2+y^2)^2}$$

$$\frac{\partial^2 f}{\partial x \partial y} = \frac{-2xy}{(x^2+y^2)^2}$$

따라서 헤세 행렬은 다음과 같다.

$$\mathrm{H}(x,y) = \frac{1}{(x^2+y^2)^2}\begin{bmatrix} -x^2+y^2 & -xy \\ -2xy & x^2-y^2 \end{bmatrix}$$

$$\mathrm{H}(-2,1) = \begin{bmatrix} -0.12 & 0.16 \\ 0.16 & 0.12 \end{bmatrix}$$

:: 연습문제

2.1 우리가 현재 사용하는 달력인 그레고리력에서는 다음과 같은 규칙에 의해 윤년leap year을 두고 있다.

① 4로 나누어 떨어지는 해는 윤년이다.
② 100으로 나누어 떨어지는 해는 윤년이 아니다.
③ 400으로 나누어 떨어지는 해는 윤년이다.

이런 원칙에 따라 계산하면, 2019년은 윤년이 아니고, 2016년은 윤년이지만, 2100년은 윤년이 아니며, 2000년은 윤년이다. 주어진 연도에 대해서 윤년인지 아닌지를 판정하는 프로그램을 작성하라. 그리고 여기에 주어진 4개년도에 대해 시험해보라.

2.2 높이 h(m)인 절벽에서 수평 방향으로 v_0(m/s)의 속도로 공을 던졌을 때, t(초) 후 공의 좌표는 다음과 같다.

$$x = v_0 t \text{(m)}$$
$$y = h - \frac{1}{2} g t^2 \text{(m)}$$

여기서 g는 중력가속도(=9.8 m/s^2)이다. $v_0 = 25$ m/s, $h = 100$ m일 때 시간에 따른 (x, y) 좌표를 계산하라. **Matplotlib** 모듈을 이용하여 시간별 공의 위치를 그래프로 나타내어라.

2.3 이항 정리에 따르면, 이변수 복소수 다항식 $(x+y)^n$을 다음과 같이 전개할 수 있다.

$$(x+y)^n = \sum_{k=0}^{n} \binom{n}{k} x^{n-k} y^k$$

여기서 계수는 다음과 같다.

$$\binom{n}{k} = \frac{n!}{k!(n-k)!} = \frac{n(n-1)\cdots(n-k+1)}{k!}$$

이 계수는 다음과 같은 Pascal의 삼각형으로 알려져 있다.

$$
\begin{array}{ccccccccccc}
 & & & & & 1 & & & & & \\
 & & & & 1 & & 1 & & & & \\
 & & & 1 & & 2 & & 1 & & & \\
 & & 1 & & 3 & & 3 & & 1 & & \\
 & 1 & & 4 & & 6 & & 4 & & 1 & \\
1 & & 5 & & 10 & & 10 & & 5 & & 1
\end{array}
$$

주어진 n에 대해 이항전개의 계수(Pascal의 삼각형)를 구하는 프로그램을 작성하고, $n=15$까지의 계수를 보여라.

2.4 축구장에서 골키퍼가 수평 각도 θ, 초속도 v_0로 찬 공의 궤적은 다음과 같다.

$$y = x\tan\theta - \frac{1}{2v_0^2}\frac{gx^2}{\cos^2\theta}$$

여기서 g는 중력가속도(=9.8 m/s²)이다. v_0와 θ를 주고, 이에 따라 공이 평지에 떨어질 때까지의 궤적 $f(x,y)$를 **Marplotlib**으로 그리는 프로그램을 작성하라.

2.5 그림과 같은 원통형 탱크에서 유입되는 물의 유량이 $Q_i = 5\ \mathrm{m^3/s}$이고, 유출되는 유량은 수위 h에 비례하여 $Q_o = 0.5h\ \mathrm{m^3/s}$이다. $t=0$ s에서 수위는 $h=2$ m이고, 원통의 단면적이 0.2 m² 일 때, t에 따른 수위 변화를 구하고 그래프로 그려라.

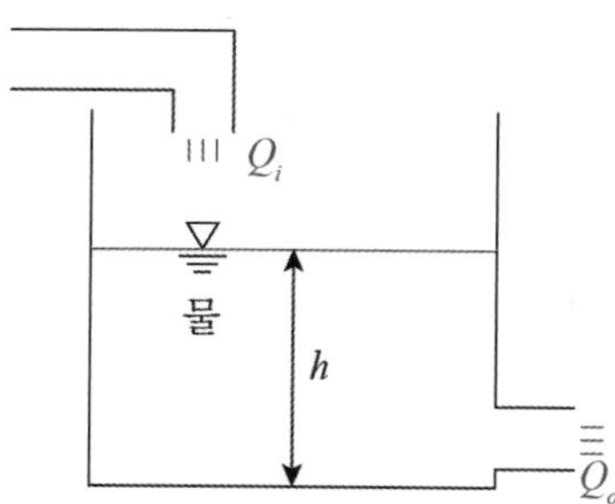

2.6 수평방향으로 놓여 있는 속이 비어 있는 원통 내부에 있는 액체의 부피 V (m^3)는 원통의 반지름 r (m), 원통의 길이 L (m), 액체의 깊이 h (m)를 이용하면 다음과 같다.

$$V = \left[r^2 \cos^{-1}\left(\frac{r-h}{r}\right) - (r-h)\sqrt{2rh - h^2} \right] L$$

이 원통의 지름이 D (m), 원통 길이 $L = 1$ m라고 할 때, 원통 내 액체의 부피 V를 h/D의 함수 형태로 나타내어라. 그 결과를 **Matplotlib**을 이용하여 그래프로 표시하라.

2.7 구간별 함수piecewise function는 종속변수와 독립변수의 관계를 하나의 함수로 표현하기 어려울 때 유용하게 쓰인다. 예를 들어, 어떤 로켓의 속도는 다음과 같다.

$$v(t) = \begin{cases} 0 & (t \le 0) \\ 11t^2 - 5t & (0 \le t \le 10) \\ 1{,}100 - 55 & (10 \le t \le 20) \\ 50t + 2(t-20)^2 & (20 \le t \le 30) \\ 1{,}520e^{-2(t-30)} & (t > 30) \end{cases}$$

이 로켓의 속도 v를 시간 t의 함수로 계산하는 프로그램을 작성하라. 또 **Matplotlib** 그래프에 속도 v를 시간 t의 함수로 표시하라.

2.8 정현함수는 다음과 같이 급수로 나타낼 수 있다.

$$\sin x = \sum_{n=1}^{\infty} (-1)^{n+1} \frac{x^{2n-1}}{(2n-1)!}$$

이 함수를 계산하는 프로그램을 작성하라. $x = \frac{\pi}{6}$ (rad)일 때, $\sin x = 0.5$임을 이용하여, 몇 항에서 소수점 이하 7자리까지 정확한 계산이 되는지 확인하라.

2.9 어느 학급 학생 100명의 수학성적이 평균 50.0, 표준편차 10.0인 정규분포를 한다고 하자. 이런 분포를 갖는 성적 벡터를 생성하라. 이 성적을 구간의 크기를 10으로 하는 도수분포도로 작성하라.

2.10 **연습문제 2.9**에서 생성된 성적에 대해 평균, 표준편차, 왜도, 첨도를 구하는 **Python** 코드를 작성하라.

CHAPTER 03

선형연립방정식

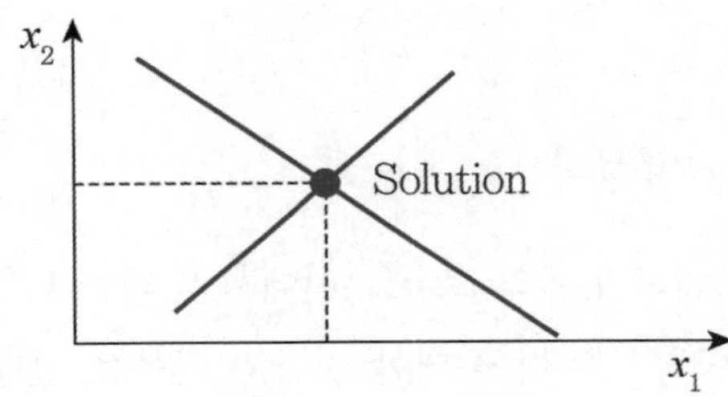

공학 문제에서는 n개의 미지수를 가진 n개의 선형방정식의 해를 찾아야 하는 경우가 많이 있다. 이 장에서는 다양한 선형연립방정식의 해법 중에서 대표적인 몇 가지만을 소개한다. 먼저 3.1절에서는 선형연립방정식에 대한 개론적인 설명을 하고, 3.2절과 3.3절에서는 Gauss 소거법과 LU 분해법을 다룬다. 그리고 3.4절과 3.5절에서 대역행렬과 대칭행렬, 피봇팅을 다룬다. 3.6절과 3.7절에서는 대표적인 반복법인 Gauss-Seidel법과 공액경사법을 다룬다.

3.1 선형연립방정식의 이해

이 장은 이 책에서 가장 길고 가장 중요한 사항을 다룬다. 중요한 몇 가지 이유로는 먼저, 연립방정식을 다루지 않고 수치해석을 수행하기는 거의 불가능하기 때문이다. 또한 물리적 문제에서 만들어진 연립방정식들은 규모가 매우 커서 많은 계산 자원을 소모한다. 대개의 경우 계수행렬의 특별한 성질, 예를 들어 계수행렬의 요소 중 상당수가 0인 성긴행렬sparse matrix이라는 성질을 이용하여, 필요한 기억장소와 실행시간을 줄일 수 있다. 따라서 대규모 계수행렬을 특별한 형태(대칭행렬, 대역행렬, 성긴행렬 등)로 만들어 풀고자 하는 알고리즘이 많이 제시되었다.

(1) 공학 분야의 선형연립방정식

선형대수방정식들은 수치해석의 거의 모든 분야에서 나타난다. 그렇지만 공학에서 대부분의 가시적인 응용은 선형연립방정식(입력에 대한 이들의 반응은 선형이다)이다. 선형연립방정식은 구조, 탄성체, 열흐름, 유체의 침투, 전자기장, 전기회로 등에 대한 해석에 사용된다. 만일 시스템이 트러스나 전기회로와 같이 이산적이면, 이들의 체계는 직접적으로 선형방정식이 된다. 예를 들어, 정정 트러스의 경우 연결점의 평형 조건을 차례로 쓰면 방정식이 구성된다.

연속 시스템의 거동은 대수방정식이 아닌 미분방정식으로 나타낸다. 그러나 수치해석은 이산변수만을 다룰 수 있으므로, 먼저 미분방정식은 연립대수방정식으로 근사해야 한다. 잘 알려진 유한차분법, 유한요소법, 경계요소법은 이 방법으로 작업을 한다. 이들은 "이산화"를 이루기 위해 여러 가지 서로 다른 근사법을 이용하지만, 최종적인 작업은 선형연립방정식을 푸는 것으로 귀결된다.

요약하자면, 선형연립방정식의 모형화는 $\mathrm{A}\boldsymbol{x} = \boldsymbol{b}$ 형태의 방정식이 되며, 여기서 $\boldsymbol{x}$는 입력, $\boldsymbol{b}$는 시스템의 반응(출력)을 나타낸다. 계수행렬 A는 시스템의 특성을 나타내며, 입력과 독립이다. 다시 말하자면, 입력이 바뀌면, 방정식은 다른 $\boldsymbol{b}$에 대해 풀어야 하지만, A는 같다. 따라서 방정식 풀이 알고리즘은 최소한의 계산 노력으로 미지벡터를 구할 수 있어야 한다.

(2) 선형연립방정식의 표기

선형연립방정식은 다음과 같은 형태를 갖는다.

$$
\begin{aligned}
&A_{11}x_1 + A_{12}x_2 + \cdots + A_{1n}x_n = b_1 \\
&A_{21}x_1 + A_{22}x_2 + \cdots + A_{2n}x_n = b_2 \\
&\qquad\vdots \\
&A_{n1}x_1 + A_{n2}x_2 + \cdots + A_{nn}x_n = b_n
\end{aligned}
\tag{3.1}
$$

여기서 계수 A_{ij}와 우변의 b_j은 기지값이며, x_i는 미지값이다. 행렬로 표기하면, 식 (3.1)은 다음과 같이 쓸 수 있다.

$$
\begin{bmatrix} A_{11} & A_{12} & \cdots & A_{1n} \\ A_{21} & A_{22} & \cdots & A_{2n} \\ \vdots & \vdots & \ddots & \vdots \\ A_{n1} & A_{n2} & \cdots & A_{nn} \end{bmatrix}
\begin{bmatrix} x_1 \\ x_2 \\ \vdots \\ x_n \end{bmatrix}
=
\begin{bmatrix} b_1 \\ b_2 \\ \vdots \\ b_n \end{bmatrix}
\tag{3.2a}
$$

또는 간단하게 다음과 같이 쓴다.

$$
\mathrm{A}\boldsymbol{x} = \boldsymbol{b} \tag{3.2b}
$$

연립방정식을 계산 목적으로 나타낼 때 특히 유용한 형태는 계수행렬 A 의 오른쪽에 상수벡터 $\boldsymbol{b}$를 추가한 형태인 확대계수행렬augmented coefficient matrix 또는 확대행렬augmented matrix이다.

$$
[\mathrm{A} \mid \boldsymbol{b}] =
\left[\begin{array}{cccc|c} A_{11} & A_{12} & \cdots & A_{1n} & b_1 \\ A_{21} & A_{22} & \cdots & A_{2n} & b_2 \\ \vdots & \vdots & \ddots & \vdots & \vdots \\ A_{n1} & A_{n2} & \cdots & A_{nn} & b_n \end{array}\right]
\tag{3.3}
$$

(3) 해의 유일성

n개의 미지수와 n개의 선형방정식으로 된 연립방정식은 만일 계수행렬의 행렬식determinant이 비특이nonsingular, 즉 $|\mathrm{A}| \neq 0$라면, 유일한 해를 갖는다. 비특이 행렬의 행과 열은 선형독립linearly independent이며, 어떤 행(또는 열)도 다른 행(또는 열)의 선형 조합이 되지 않는다.

만일 계수행렬이 특이singular라면, 상수벡터의 성질에 따라서 연립방정식은 무한한 수의 해를 갖거나 전혀 해를 갖지 않기도 한다. 예시를 위해 다음 연립방정식을 생각해보자.

$$
2x + y = 3, \ 4x + 2y = 6
$$

둘째 식은 첫째 식을 2배한 것이며, 첫째 방정식을 만족하는 x와 y의 쌍은 무엇이든지 둘째 방정식의 해가 된다. 이런 상태를 선형종속linearly dependent이라고 한다. 이러한 조합은 무한히 많다. 반면, 다음 연립방정식을 생각해보자.

$$2x+y=3,\ 4x+2y=0$$

둘째 방정식은 $2x+y=0$과 동등하므로, 첫째 방정식과 모순이 되어 해를 갖지 않는다. 따라서 한 방정식을 만족하는 해는 다른 방정식을 만족하지 않는다.

(4) 호조건과 악조건

'만일 계수행렬이 거의 특이, 즉 행렬식 $|A|$이 매우 작을 때는 어떤 일이 일어날까?' 행렬식이 '작다'는 것을 결정하기 위해서는, 행렬식의 크기에 대한 기준이 필요하다. 이 기준은 행렬의 노옴norm이라 부르며, $\|A\|$로 표기한다. 이렇게 하면,

$$|A| \ll \|A\|$$

인 경우 '행렬식이 작다'고 말할 수 있다.

행렬노옴에 대해서는 여러 가지 정의가 있다. 가장 널리 알려진 것이 다음의 유클리드노옴 Euclide norm이다.

$$\|A\|_e = \sqrt{\sum_{i=1}^{n}\sum_{j=1}^{n} A_{ij}^2} \tag{3.4a}$$

또한 행합노옴row-sum norm 또는 무한노옴infinity norm으로 알려진 노옴은 다음과 같다.

$$\|A\|_\infty = \max_{1\le i\le n}\sum_{j=1}^{n}|A_{ij}| \tag{3.4b}$$

악조건의 형식적 척도는 다음과 같이 정의된 행렬조건수matrix condition number이다.

$$\mathrm{cond}(A) = \|A\|\ \|A^{-1}\| \tag{3.4c}$$

만일 이 수가 1에 가까우면, 행렬은 호조건well-conditioned이다. 조건수는 악조건ill-conditioned의 정도에 따라 커지며, 특이행렬에서는 무한대에 이른다. 조건수는 유일하지 않으며, 행렬노옴의 선택에 따라 달라진다는 점에 유의해야 한다. 아쉽게도, 대규모 행렬의 조건수를 계산하기는 매우 어렵다. 대부분의 경우, 행렬식과 행렬요소의 크기를 비교하여 조건수를 가늠해도 충분하다.

방정식이 악조건이면, 계수행렬에서 작은 변화가 생겨도 해에는 큰 변화를 초래한다. 예를 들어, 다음 방정식을 생각해보자.

$$2x + y = 3,\ 2x + 1.001y = 0$$

이 연립방정식의 해는 $x = 1501.5,\ y = -3000$이다. 행렬식과 조건수를 계산해보자.

$$\text{행렬}: \mathrm{A} = \begin{bmatrix} 2.0 & 1.0 \\ 2.0 & 1.001 \end{bmatrix}$$

$$\text{행렬식}: |\mathrm{A}| = 2(1.001) - 2(1) = 0.002$$

$$\text{역행렬}: \mathrm{A}^{-1} = \begin{bmatrix} 500.5 & -500 \\ -1000 & 1000 \end{bmatrix}$$

$$\text{유클리드노옴}: \| \mathrm{A} \|_e = \sqrt{\sum_{i=1}^{n}\sum_{j=1}^{n} A_{ij}^2} = \sqrt{2^2 + 1^2 + 2^2 + 1.001^2} = 3.1626$$

$$\text{역행렬의 유클리드노옴}: \| \mathrm{A}^{-1} \|_e = \sqrt{\sum_{i=1}^{n}\sum_{j=1}^{n} \left(A_{ij}^{-1}\right)^2}$$

$$= \sqrt{500.5^2 + (-500)^2 + (-1000)^2 + 1000^2} = 1581.297$$

$$\text{조건수}: \mathrm{cond(A)} = \| \mathrm{A} \|_e \| \mathrm{A}^{-1} \|_e = 3.162 \times 1581.297 = 5001.001$$

따라서 행렬식이 매우 작으며, 조건수가 매우 커서 방정식은 전형적인 악조건이다.

악조건의 영향을 알기 위해 둘째 방정식을 다음과 같이 약간 바꾸어보자.

$$2x + y = 3,\ 2x + 1.002y = 0$$

방정식을 다시 풀어보면, 이번에 해는 $x = 751.5,\ y = -1500$이다. y의 계수를 0.1% 바꾸었는데, 해의 변화는 약 100%나 된다.

악조건 방정식의 수치해는 신뢰할 수 없다. 해석 과정에서 피할 수 없는 마무리오차가 계수행렬에서 계수의 작은 변화를 만드는 것과 같은 효과를 불러오기 때문이다. 이것은 해에 큰 오차를 유발하며, 이러한 오차의 크기는 악조건의 심각성에 따라 달라진다. 악조건이 의심되는 경우에는, 계수행렬의 행렬식을 계산해서 악조건의 정도를 추정해보아야 한다.

(5) 해석 방법

선형연립방정식을 푸는 전통적인 방법은 직접법과 반복법이 있다. 직접법의 공통적인 특징은 원 방정식을 손쉽게 풀 수 있는 등가방정식(같은 해를 갖는 방정식)으로 변형한다는 점이다. 이 변형은 다음의 세 가지 조작을 적용한다.

① 두 방정식의 교환($|A|$의 부호의 변경)

② 0이 아닌 상수를 방정식에 곱하기(같은 상수를 $|A|$에 곱하기)

③ 0이 아닌 상수를 한 방정식에 곱하고 다른 방정식에서 이 방정식을 빼기($|A|$는 변화되지 않는다)

이런 조작은 해를 변경하지 않지만, 계수행렬의 행렬식에는 영향을 미칠 수 있다.

반복법(간접법)은 해 x를 가정하고, 어떤 수렴 조건에 이를 때까지 이 해를 반복적으로 개선해나가는 것이다. 반복법은 많은 반복계산을 해야 하므로 일반적으로 직접법보다 비효율적이다. 그러나 만일 계수행렬이 매우 크고 성기다면(대부분의 계수가 0), 계산적으로 큰 장점이 있다.

(6) 직접법 둘러보기

표 3.1은 널리 쓰이는 세 가지 직접법을 정리한 것이다. 이들 각각은 앞서 설명한 기본 조작을 이용하여 쉽게 해석할 수 있는 최종 형태를 만들어낸다.

표 3.1 널리 쓰이는 세 가지 직접법

직접법	초기 형태	최종 형태
Gauss 소거법	$\mathrm{A}x = b$	$\mathrm{U}x = c$
LU 분해	$\mathrm{A}x = b$	$\mathrm{LU}x = b$
Gauss-Jordan 소거법	$\mathrm{A}x = b$	$\mathrm{I}x = c$

표 3.1에서 U는 상삼각행렬, L은 하삼각행렬, I는 항등행렬을 나타낸다. 정방행렬인 A가 주대각의 어느 한쪽이 0으로만 되어 있으면, 이를 삼각행렬triangular matrix이라 부른다. 따라서 3×3 상삼각행렬은 다음의 형태를 갖는다.

$$\mathrm{U} = \begin{bmatrix} U_{11} & U_{12} & U_{13} \\ 0 & U_{22} & U_{23} \\ 0 & 0 & U_{33} \end{bmatrix} \tag{3.5a}$$

그리고 3×3 하삼각행렬은 다음과 같다.

$$\mathrm{L} = \begin{bmatrix} L_{11} & 0 & 0 \\ L_{21} & L_{22} & 0 \\ L_{31} & L_{32} & L_{33} \end{bmatrix} \tag{3.5b}$$

삼각행렬은 많은 경우 계산을 매우 간단하게 만들기 때문에, 선형대수에서 매우 중요한 역할을 한다. 예를 들어, 방정식 $\mathrm{L}\boldsymbol{x} = \boldsymbol{c}$가 다음과 같다고 하자.

$$\begin{aligned} &L_{11}x_1 = c_1 \\ &L_{21}x_1 + L_{22}x_2 = c_2 \\ &L_{31}x_1 + L_{32}x_2 + L_{33}x_3 = c_3 \end{aligned} \tag{3.6}$$

만일 이 연립방정식을 첫 번째 방정식에서 시작해서 전진방향으로 풀면, 각 방정식이 한 번에 미지수 하나만을 갖기 때문에, 풀이가 매우 간단하다. 그 결과로 얻는 해는 다음과 같다.

$$\begin{aligned} &x_1 = c_1/L_{11} \\ &x_2 = (c_2 - L_{21}x_1)/L_{22} \\ &x_3 = (c_3 - L_{31}x_1 - L_{32}x_2)/L_{33} \end{aligned} \tag{3.7}$$

이 과정은 전방대입forward substitution이라고 부른다. 마찬가지로 Gauss 소거법에서 만나게 되는 $\mathrm{U}\boldsymbol{x} = \boldsymbol{c}$는 손쉽게 후방대입back substitution으로 풀 수 있다. 후방대입은 마지막 방정식에서 시작해서 후진 방향으로 방정식들을 풀어가는 것이다.

방정식 $\mathrm{LU}\boldsymbol{x} = \boldsymbol{b}$은 LU 분해와 관련이 있다. 이 연립방정식을 $\mathrm{L}\boldsymbol{y} = \boldsymbol{b}$과 $\mathrm{U}\boldsymbol{x} = \boldsymbol{y}$의 두 개의 연립방정식으로 대체하면, 손쉽게 풀 수 있다. 여기서 $\mathrm{L}\boldsymbol{y} = \boldsymbol{b}$는 전방대입에 의해 $\boldsymbol{y}$를 풀고, $\mathrm{U}\boldsymbol{x} = \boldsymbol{y}$는 후방대입에 의해 해를 구할 수 있다.

Gauss-Jordan 소거법에 의해 만들어진 연립방정식 $\mathrm{I}\boldsymbol{x} = \boldsymbol{c}$는 ($\mathrm{I}\boldsymbol{x} = \boldsymbol{x}$이기 때문에) $\boldsymbol{x} = \boldsymbol{c}$와 동등하므로, $\boldsymbol{c}$는 이미 이 연립방정식의 해이다. 선형연립방정식의 직접법 풀이에 대해서는 Gauss

소거법(3.2절)과 LU 분해법(3.3절)에서 자세히 설명한다.

예제 3.1 **특이행렬 판정**

다음 행렬이 특이인지 판정하라.

$$A = \begin{bmatrix} 2.1 & -0.6 & 1.1 \\ 3.2 & 4.7 & -0.8 \\ 3.1 & -6.5 & 4.1 \end{bmatrix}$$

풀이

행렬 A의 첫 번째 행에 대한 Laplace의 행렬식 전개는 다음과 같다.

$$\begin{aligned} |A| &= 2.1\begin{vmatrix} 4.7 & -0.8 \\ -6.5 & 4.1 \end{vmatrix} - (-0.6)\begin{vmatrix} 3.2 & -0.8 \\ 3.1 & 4.1 \end{vmatrix} + 1.1\begin{vmatrix} 3.2 & 4.7 \\ 3.1 & -0.65 \end{vmatrix} \\ &= 2.1(14.07) + 0.6(15.60) + 1.1(35.37) = 0 \end{aligned}$$

행렬식이 0이므로, 이 행렬은 특이행렬이다. 이 특이성은 다음의 행종속성을 이용하여 증명할 수 있다.

$$(3행) = 3\times(1행) - (2행)$$

(7) 반복법 둘러보기

(6)에서는 연립방정식의 직접 풀이법을 다루었다. 직접법의 공통적인 특징은 유한한 수의 연산으로 해를 계산한다는 점이다. 또한 컴퓨터가 무한의 정밀도(마무리오차가 없음)를 가지면, 해는 정확하다는 점이다.

반복법(간접법)은 해 x의 초기값을 가정하고 시작하여, x의 변화가 무시할 수 있을 정도가 될 때까지 해를 반복적으로 갱신해가는 것이다. 필요한 반복횟수가 커질 수 있으므로, 일반적으로 반복법은 직접법보다 느리다. 그러나 반복법은 어떤 문제에 대해서는 다음의 두 가지 장점을 갖는다.

① 계수행렬에서 0이 아닌 요소만 저장할 수 있다. 이것은 반드시 대역이 아니라도 성긴 매우 큰 행렬을 다룰 수 있게 된다. 많은 문제에서 계수행렬을 전혀 저장할 필요가 없다.

② 반복법은 자기 보정이 가능하다. 즉, 한 반복 주기에서 반올림오차(또는 산술계산의 착오

조차)를 다음 주기에서 보정할 수 있다는 의미이다.

반복법의 심각한 단점은 '계산된 값이 항상 해에 수렴된다는 보장이 없다'는 점이다. 만일 계수행렬이 대각지배적이면 수렴이 보장된다는 것을 보일 수 있다. 수렴이 될지 여부에 대해 $\boldsymbol{x}$의 초기 가정값을 전혀 영향을 미치지 않는다. 만일 어떤 과정이 한 초기값에 대해 수렴하면, 다른 초기값에 대해서도 수렴한다는 의미이다. 초기 가정값은 수렴에 필요한 반복 횟수에만 영향을 미친다. 대표적인 반복법으로는 Gauss-Seidel법(3.6절)과 공액경사법(3.7절)이 있다.

3.2 Gauss 소거법

(1) 서론

Gauss 소거법은 연립방정식을 푸는 가장 익숙한 방법이다. 이 방법은 소거 단계와 후방대입의 두 부분으로 이루어진다. **표 3.1**에 보인 것처럼, 소거 단계의 기능은 주어진 연립방정식을 $\mathrm{U}\boldsymbol{x} = \boldsymbol{c}$의 형태로 만드는 것이다. 그다음 $\mathrm{U}\boldsymbol{x} = \boldsymbol{c}$를 후방대입으로 푼다. 이 과정을 예시하기 위해 다음 방정식을 풀어보자.

$$4x_1 - 2x_2 + x_3 = 11 \tag{3.8a}$$

$$-2x_1 + 4x_2 - 2x_3 = -16 \tag{3.8b}$$

$$x_1 - 2x_2 + 4x_3 = 17 \tag{3.8c}$$

소거 단계

소거 단계는 앞의 **표 3.1**에 나열된 기본 조작 중의 하나만을 이용한다. 즉, 한 방정식 (j)에 상수 λ를 곱하고 이것을 다른 방정식 (i)에서 뺀다. 이 조작을 기호로 나타내면,

$$\text{식 } (i) \leftarrow \text{식 } (i) - \lambda \times \text{식 } (j) \tag{3.9}$$

이때 상수를 곱한 뒤 빼는 식 (j)를 피봇방정식pivot equation이라 부른다.

주어진 연립방정식에서 식 (3.8a)를 피봇방정식으로 하고, 식 (3.8b)와 식 (3.8c)에서 x_1을 소거하기 위해 상수 λ를 선택한다.

식 (3.8b) ← 식 (3.8b) − (−0.5) × 식 (3.8a)

식 (3.8c) ← 식 (3.8c) − (0.25) × 식 (3.8a)

이런 변환을 하면, 방정식은 다음과 같다.

$$4x_1 - 2x_2 + x_3 = 11 \tag{3.10a}$$

$$3x_2 - 1.5x_3 = -10.5 \tag{3.10b}$$

$$-1.5x_2 + 3.75x_3 = 14.25 \tag{3.10c}$$

다음에 피봇방정식으로 식 (3.10b)를 선택하고, 식 (3.10c)에서 x_2를 소거한다.

식 (3.10c) ← 식 (3.10c) − (−0.5) × 식 (3.10b)

이 계산 결과는 다음과 같다.

$$4x_1 - 2x_2 + x_3 = 11 \tag{3.11a}$$

$$3x_2 - 1.5x_3 = -10.5 \tag{3.11b}$$

$$3.0x_3 = 9.0 \tag{3.11c}$$

이렇게 하면 소거 단계가 완료된다. 원 방정식은 후방대입에 의해 쉽게 풀 수 있는 등가 방정식으로 바뀐다.

앞서 언급한 것처럼, 확대계수행렬을 이용하면 이 계산을 훨씬 편하게 수행할 수 있다. 원 방정식은 다음과 같이 쓸 수 있다.

$$\left[\begin{array}{ccc|c} 4 & -2 & 1 & 11 \\ -2 & 4 & -2 & -16 \\ 1 & -2 & 4 & 17 \end{array}\right] \tag{3.12}$$

Gauss 소거법의 첫째 과정과 둘째 과정을 통과한 뒤의 등가방정식은 다음과 같다.

$$\left[\begin{array}{ccc|c} 4 & -2 & 1 & 11.00 \\ 0 & 3 & -1.5 & -10.50 \\ 0 & -1.5 & 3.75 & 14.25 \end{array}\right] \tag{3.13}$$

$$\begin{bmatrix} 4 & -2 & 1 & | & 11.0 \\ 0 & 3 & -1.5 & | & -10.5 \\ 0 & 0 & 3 & | & 9.0 \end{bmatrix} \tag{3.14}$$

식 (3.6)에서 기본 행연산을 해도 계수행렬의 행렬식은 그대로 남는다. 이 특성은 매우 중요하며 유용하다. 삼각행렬의 행렬식은 대각 요소의 곱으로 매우 쉽게 계산할 수 있다. 다시 말하자면,

$$|\mathrm{A}| = |\mathrm{U}| = U_{11} \times U_{22} \times \cdots \times U_{nn} \tag{3.15}$$

■ 후방대입 단계

미지수는 후방대입으로 구할 수 있다. 식 (3.11c), (3.11b), (3.11a)의 순으로 차례로 풀면, 해는 차례대로 다음과 같다.

$$x_3 = 9/3 = 3 \tag{3.16a}$$

$$x_2 = (-10.5 + 1.5x_3)/3 = [-10.5 + 1.5(3)]/3 = -2 \tag{3.16b}$$

$$x_1 = (11 + 2x_2 - x_3)/4 = [11 + 2(-2) - 1(3)]/4 = 1 \tag{3.16c}$$

(2) Gauss 소거법의 알고리즘

Gauss 소거법을 단계별로 알고리즘으로 나타내보자.

■ 소거 단계

소거 단계의 어떤 순간의 방정식에 대해 생각해보자. 계수행렬 A의 처음 k번째 행까지 상삼각행렬로 변환되었다고 하자. 따라서 현재의 피봇방정식은 이 k번째 방정식이 되며, 그 아래의 모든 방정식은 아직 변환이 되지 않았다. 이 방정식은 다음의 확대계수행렬로 나타낼 수 있다. 소거 과정에서 계수행렬이 변경되므로, 첫 번째 행만 제외하고 A의 요소는 원 방정식의 계수가 아니라는 점에 유의해야 한다. 똑같은 과정이 상수벡터 b에도 적용된다.

$$\begin{bmatrix} A_{11} & A_{12} & A_{13} & \dots & A_{1k} & \dots & A_{1j} & \dots & A_{1n} & | & b_1 \\ 0 & A_{22} & A_{23} & \dots & A_{2k} & \dots & A_{2j} & \dots & A_{2n} & | & b_2 \\ \vdots & \vdots & \vdots & & \vdots & & \vdots & & \vdots & | & \vdots \\ 0 & 0 & 0 & \cdots & A_{kk} & \dots & A_{kj} & \dots & A_{kn} & | & b_k \\ \hline \vdots & \vdots & \vdots & & \vdots & & \vdots & & \vdots & | & \vdots \\ 0 & 0 & 0 & \dots & A_{ik} & \dots & A_{ij} & \dots & A_{in} & | & b_i \\ \vdots & \vdots & \vdots & & \vdots & & \vdots & & \vdots & | & \vdots \\ 0 & 0 & 0 & \dots & A_{nk} & \dots & A_{nj} & \dots & A_{nn} & | & b_n \end{bmatrix} \begin{matrix} \\ \\ \\ \leftarrow \text{피봇행}(k\text{행}) \\ \\ \\ \leftarrow \text{변환될 행}(i\text{행}) \\ \\ \\ \end{matrix} \tag{3.17}$$

피봇방정식 아래의 i행을 변환될 행렬이라고 하자. 즉, 요소 A_{ik}를 소거할 것이다. 소거하려면, 이 피봇행에 $\lambda = A_{ik}/A_{kk}$를 곱하고 i행에서 빼면 된다. i행의 변경은 다음과 같다.

$$A_{ij} \leftarrow A_{ij} - \lambda A_{kj},\ (j = k,\ k+1, \cdots,\ n) \tag{3.18a}$$

$$b_i \leftarrow b_i - \lambda b_k \tag{3.18b}$$

전체 계수행렬을 상삼각행렬로 바꾸려면, 식 (3.18)에서 k와 i의 범위는 각각 $k = 1,\ 2,\ \cdots,\ n-1$(피봇행의 선택), $i = k+1,\ k+2,\ \cdots,\ n$(변환될 행의 선택)이다. 소거 단계에 대한 알고리즘은 다음과 같다.

```
for k in range(0,n-1):
    for i in range(k+1,n):
        if a[i,k] != 0.0:
            lam = a[i,k] / a[k,k]
            a[i,k+1:n] = a[i,k+1:n] - lam * a[k,k+1:n]
            b[i] = b[i] - lam * b[k]
```

불필요한 연산을 피하기 위해, 다음 알고리즘은 다음과 같은 점에서 식 (3.18)과 약간 다르다.

- 만일 A_{ik}가 0이면, i행의 변환은 건너뛴다.
- 식 (3.18a)에서 지수 j는 k가 아니라 $k+1$에서 시작한다. 따라서 A_{ik}는 0으로 바뀌지 않고, 원래 값으로 남게 된다. 해석단계에서 계수행렬의 하삼각 부분은 접근하지 않으므로, 그 값은 논외이다.

후방대입 단계

Gauss 소거 후에 확대계수행렬은 다음의 형태를 갖는다.

$$[\mathrm{A} \mid \boldsymbol{b}] = \begin{bmatrix} A_{11} & A_{12} & A_{13} & \dots & A_{1n} & | & b_1 \\ 0 & A_{22} & A_{23} & \dots & A_{2n} & | & b_2 \\ 0 & 0 & A_{33} & \cdots & A_{3n} & | & b_3 \\ \vdots & \vdots & \vdots & \ddots & \vdots & | & \vdots \\ 0 & 0 & 0 & \cdots & A_{nn} & | & b_n \end{bmatrix} \tag{3.19}$$

마지막 방정식 $A_{nn}x_n = b_n$을 가장 먼저 풀어서 x_n을 구한다.

$$x_n = b_n / A_{nn} \tag{3.20}$$

후방대입 단계에서 x_n, x_{n-1}, $\cdots$, x_{k+1}을 이미 계산해놓고, 다음의 k번째 방정식에서 x_k를 계산한다고 하자.

$$A_{kk}x_k + A_{k,k+1}x_{k+1} + \cdots + A_{kn}x_n = b_k, \ (k = n-1, n-2, \ \cdots, 1) \tag{3.21}$$

해는 다음과 같다.

$$x_k = \left(b_k - \sum_{j=k+1}^{n} A_{kj}x_j \right) \frac{1}{A_{kk}}, \ (k = n-1, n-2, \ \cdots, 1) \tag{3.22}$$

식 (3.20)과 식 (3.21)이 후방대입 알고리즘이다. 또 이것을 **Python** 코드로 나타내면 다음과 같다.

```
x[n-1] = b[n-1] / A[n-1][n-1]
for k in range(n-1,-1,-1):
    x[k] = (b[k] - dot(a[k,k+1:n], x[k+1:n])) / a[k,k]
```

이 코드와 앞의 후방대입 알고리즘에서 차이는 행렬과 벡터의 색인번호이다. 코드에서는 색인번호가 0부터 $n-1$까지인 데 반해 알고리즘에서는 1부터 n까지이다.

■ 연산 횟수

어떤 알고리즘의 실행 시간은 계산 시간이 가장 긴 연산(곱셈과 나눗셈)의 횟수에 의해 좌우된다. Gauss 소거법의 연산 횟수는 대략 소거 단계에서 $n^3/3$(여기서 n은 방정식의 개수), 후방대입에서 $n^2/2$이다. 이 숫자들은 계산 시간의 대부분이 소거 단계에서 소요된다는 것을 보여준다. 또한 계산 시간은 방정식의 수의 제곱에 비례하여 급격히 증가한다.

GaussElimin( ) 함수

함수 `GaussElimin( )`은 소거 단계와 후방대입 단계를 한데 모은 것이다. 후방대입을 할 때, 상수벡터 b는 해벡터 x로 덮어쓰기가 되므로, 이 함수를 빠져 나올 때 b는 해를 요소로 갖는다. 그리고 중간과정을 검토하기 위해, `prt` 선택인수를 추가하였다.

코드 3.1 GaussElimin.py

```
# GaussElimin.py
'''
x = GaussElimin(A, b, prt)
    방정식 [A]{b} = {x}를 Gauss 소거법으로 푼다.
    A : 계수행렬
    b : 우변벡터
    prt: 계산의 중간 출력
'''

import numpy as np
from PrintMatrix import *

def GaussElimin(A, b, prt = False):
    n = len(b)

    # 전방 소거 단계
    for k in range(0, n-1):
        for i in range(k+1, n):
            if A[i,k] != 0.0:
                lam = A[i,k] / A[k,k]
                A[i,k+1:n] -= lam * A[k,k+1:n]
                b[i] -= lam * b[k]

    if (prt):                     # 계산중간 출력
        print("전방 소거 후")
        printEqs(A, b)

    # 후방대입 단계
    for k in range(n-1,-1,-1):
        b[k] = (b[k] - np.dot(A[k,k+1:n], b[k+1:n])) / A[k,k]

    return b
```

코드 3.1에서 24~26행은 계산의 중간과정을 검토하기 위해, 전방소거가 완료된 단계의 연립방정식을 출력해볼 수 있도록 한 것이다. 실행과는 무관하므로, 필요 없다고 여길 때는 삭제해도 무방하다. 중간결과를 출력하는 **printEqs( )** 함수는 **PrintMatrix.py** 파일(**코드 3.2**)에 있다.

코드 3.2 PrintMatrix.py

```
# PrintMatrix.py
'''
   선형 연립방정식의 출력
'''

import numpy as np

def printEqs(A, b):
    n =  b.size
    for i in range(n):
        for j in range(n):
            print("{0:10.3e} ".format(A[i][j]), end="    ")
        print("|    {0:10.3e}".format(b[i]))

def printMat(A):
    n, m =  A.shape
    for i in range(n):
        for j in range(m):
            print("{0:10.3e} ".format(A[i][j]), end="")
        print("")
```

예제 3.2 Gauss 소거법

Gauss 소거법을 이용하여 다음의 연립방정식 $\mathrm{A}\boldsymbol{x} = \boldsymbol{b}$를 손계산으로 풀어보자.

$$\mathrm{A} = \begin{bmatrix} 6 & -4 & 1 \\ -4 & 6 & -4 \\ 1 & -4 & 6 \end{bmatrix}, \ \boldsymbol{b} = \begin{bmatrix} -14 \\ 36 \\ 6 \end{bmatrix}$$

그리고 **코드 3.1 GaussElim( )**를 이용하여 이 연립방정식을 풀고 그 값을 비교하라.

풀이

확대계수행렬은 다음과 같다.

$$\left[\begin{array}{ccc|c} 6 & -4 & 1 & -14 \\ -4 & 6 & -4 & 36 \\ 1 & -4 & 6 & 6 \end{array}\right]$$

소거 단계는 다음의 두 단계로 이루어진다. 첫 단계는 다음과 같다.

(2행) ← (2행) + (2/3) × (1행)

(3행) ← (3행) − (1/6) × (1행)

$$\left[\begin{array}{ccc|c} 6 & -4 & 1 & -14 \\ 0 & 10/3 & -10/3 & 80/3 \\ 0 & -10/3 & 35/6 & 25/3 \end{array}\right]$$

그리고 둘째 단계는 다음과 같다.

(3행) ← (3행) + (2행)

$$\left[\begin{array}{ccc|c} 6 & -4 & 1 & -14 \\ 0 & 10/3 & -10/3 & 80/3 \\ 0 & 0 & 5/2 & 35 \end{array}\right]$$

후방대입 단계에서, $\boldsymbol{x}$를 계산한다.

$$x_3 = \frac{35}{5/2} = 14$$

$$x_2 = \frac{80/3 + (10/3)x_3}{10/3} = \frac{80/3 + (10/3)14}{10/3} = 22$$

$$x_1 = \frac{-14 + 4x_2 - x_3}{6} = \frac{-14 + 4(22) - 14}{6} = 10$$

따라서 해벡터는 다음과 같다.

$$\boldsymbol{x} = [x_1 \ x_2 \ x_3]^T = [10 \ 22 \ 14]^T$$

그리고 이 문제를 풀기 위한 코드는 다음과 같다.

코드 3.3 Ex0302.py

```
# 예제 3.2 Gauss 소거법의 예

import numpy as np
from GaussElimin import *

if __name__ == '__main__' :
    A = np.array([[6.0, -4.0, 1.0],
                  [-4.0, 6.0, -4.0],
                  [1.0, -4.0, 6.0]])
    b = np.array([-14.0, 36.0, 6.0])

    AOrig = A.copy() # 원행렬과 원벡터를 복사한다
    bOrig = b.copy()

    x = GaussElimin(A, b, True)   # Gauss 소거법에 의한 풀이

    print('\n계산 결과: \nx = \n',x)
    print('\n결과 확인: [A]{x} - b = \n', \
        np.dot(AOrig, x) - bOrig)
```

이 코드의 실행 결과는 다음과 같으며, 계산 결과는 서로 정확하게 일치한다.

```
전방 소거 후
 6.000e+00 -4.000e+00  1.000e+00   |  -1.400e+01
-4.000e+00  3.333e+00 -3.333e+00   |   2.667e+01
 1.000e+00 -3.333e+00  2.500e+00   |   3.500e+01

계산 결과:
x =
 [10. 22. 14.]

결과 확인: [A]{x} - b =
 [1.77635684e-15 2.13162821e-14 0.00000000e+00]
```

'결과 확인'에서 어떤 값을 갖는 것처럼 보이지만 이것은 지수 표현이기 때문이며, 실제로는 0 이다. 이를 적절히 표현하려면, **NumPy**의 printoptions( ) 함수를 이용하면 된다. 이 부분은 독자 여러분이 직접 해보기 바란다.

예제 3.3 Vandermonde 행렬

$n \times n$ 크기의 Vandermonde 행렬 A는 다음과 같이 정의된다.

$$A_{ij} = v_i^{n-j}, \ (i = 1, 2, \cdots, n, \ j = 1, 2, \cdots, n)$$

여기서 $\boldsymbol{v}$는 벡터이다. $\mathrm{A}\boldsymbol{x} = \boldsymbol{b}$의 해를 계산하는 데 함수 `GaussElimin( )`를 이용하라. 여기서 A는 다음과 같은 벡터로 만들어진 6×6 Vandermonde 행렬이다.

$$\boldsymbol{v} = [1.0 \ \ 1.2 \ \ 1.4 \ \ 1.6 \ \ 1.8 \ \ 2.0]^T$$

$$\boldsymbol{b} = [0 \ \ 1 \ \ 0 \ \ 1 \ \ 0 \ \ 1]^T$$

해의 정밀도를 평가하라(Vandermonde 행렬은 악조건이 되는 경향이 있다).

풀이

이 문제를 풀기 위한 코드는 다음과 같다.

코드 3.4 Ex0303.py

```
# 예제 3.3  Gauss 소거법에 의한 Vandermonde 행렬 풀이

import numpy as np
from GaussElimin import *

def Vandermonde(v):
    n = len(v)
    A = np.zeros((n,n))
    for j in range(n):
        A[:,j] = v**(n-j-1)
    return A

if __name__ == '__main__' :
    v = np.array([1.0, 1.2, 1.4, 1.6, 1.8, 2.0])
    b = np.array([0.0, 1.0, 0.0, 1.0, 0.0, 1.0])
    A = Vandermonde(v)

    AOrig = A.copy() # 원행렬과 원벡터를 복사한다
    bOrig = b.copy()

    x = GaussElimin(A, b)
    det = np.prod(np.diagonal(A))
```

코드 3.4 Ex0303.py(계속)

```
    print('\n계산 결과: x = \n', x)
    print('\ndet ={0: 10.3e}'.format(det))
    print('\n결과 확인: [a]{x} - b =\n', np.dot(AOrig,x) - bOrig)
```

이 프로그램의 결과는 다음과 같다.

```
계산 결과: x =
 [   416.66666667  -3125.00000004   9250.00000012 -13500.00000017
   9709.33333345  -2751.00000003]

det = -1.132e-06

결과 확인: [a]{x} - b =
 [ 0.00000000e+00  0.00000000e+00  0.00000000e+00  0.00000000e+00
 -3.45607987e-11  1.81898940e-11]
```

A의 행렬식이 요소에 비해 매우 작은 값이므로(확인하려면, A를 출력해보면 된다), 유의할 만한 마무리오차가 생긴다. $\boldsymbol{x}$의 값을 조사해보면, 엄밀해는 다음과 같다.

$$\boldsymbol{x} = [1250/3 \;\; -3125 \;\; 9250 \;\; -13500 \;\; 29128/3 \;\; -2751]^T$$

이 경우 수치해는 소수점 아래 열자리까지 정확하다.

해의 정확성을 측정하는 다른 방법은 $A\boldsymbol{x} - \boldsymbol{b}$의 값(결과는 0이어야 한다)을 계산해보는 것이다. 출력된 값은 이 해가 최소한 소수점 이하 10자리 정도까지 매우 정확하다는 것을 확인할 수 있다.

3.3 LU 분해법

(1) LU 분해

어떤 정사각행렬 A는 하삼각행렬 L과 상삼각행렬 U의 곱으로 나타낼 수 있다.

$$A = LU \tag{3.23}$$

주어진 A에 대해 L과 U를 계산하는 과정은 LU 분해LU decomposition 또는 LU 인수분해LU factorization로 알려져 있다. LU 분해는 유일하지 않다. L 또는 U에 대해 어떤 제약이 없다면, 주어진 A에 대해 L과 U의 조합은 무한히 많다. 따라서 제약조건이 여러 가지 분해법의 차이를 만들며, 일반적으로 이용되는 세 가지 분해법은 **표 3.2**와 같다.

표 3.2 일반적으로 이용되는 세 가지 LU 분해법

LU 분해법	제약조건
Doolittle의 분해법	$L_{ii} = 1,\ (i = 1, 2, \cdots, n)$
Crout의 분해법	$U_{ii} = 1,\ (i = 1, 2, \cdots, n)$
Cholesky의 분해법	$L = U^T$

A를 분해한 후에는 3.1절에서 언급한 것처럼 방정식 $Ax = b$를 풀기는 쉽다. 먼저 방정식을 $LUx = b$라고 쓴다. $Ux = y$라는 기호를 이용한다면, 주어진 방정식은

$$Ly = b \tag{3.24a}$$

와 같이 된다. 이것은 전방대입법으로 y를 쉽게 풀 수 있다. 그다음

$$Ux = y \tag{3.24b}$$

는 후방대입법을 이용하여 x를 푼다.

Gauss 대입법과 비교하여 LU 분해법의 장점은 A를 한 번 분해한 후에는 여러 가지 상수벡터 b에 대해 $Ax = b$를 풀 수 있다는 점이다. 분해 과정에 비해 전방대입과 후방대입에 소요되는 시간은 매우 짧기 때문에, 해를 구하기 위한 추가적인 계산은 상대적으로 적다.

예제 3.4 LU 분해에 의한 연립방정식 풀이

계수행렬과 상수벡터가 다음과 같이 주어질 때 연립방정식 $Ax = b$를 풀어라.

$$A = \begin{bmatrix} 8 & -6 & 2 \\ -4 & 11 & -7 \\ 4 & -7 & 6 \end{bmatrix},\ b = \begin{bmatrix} 28 \\ -40 \\ 33 \end{bmatrix}$$

단, 이때 계수행렬의 LU 분해는 다음과 같다.

$$\mathrm{A} = \mathrm{LU} = \begin{bmatrix} 2 & 0 & 0 \\ -1 & 2 & 0 \\ 1 & -1 & 1 \end{bmatrix} \begin{bmatrix} 4 & -3 & 1 \\ 0 & 4 & -3 \\ 0 & 0 & 2 \end{bmatrix}$$

풀이

먼저 전방대입에 의해 연립방정식 $\mathrm{L}\boldsymbol{y} = \boldsymbol{b}$를 푼다.

$$2y_1 = 28,\ y_1 = 28/2 = 14$$
$$-y_1 + 2y_2 = -40,\ y_2 = (-40 + y_1)/2 = (-40 + 14)/2 = -13$$
$$y_1 - y_2 + y_3 = 33,\ y_3 = 33 - y_1 + y_2 = 33 - 14 - 13 = 6$$

다음에 $\mathrm{U}\boldsymbol{x} = \boldsymbol{y}$에서 후방대입으로 해 $\boldsymbol{x}$를 구한다.

$$2x_3 = y_3,\ x_3 = y_3/2 = 6/2 = 3$$
$$4x_2 - 3x_3 = y_2,\ x_2 = (y_2 + 3x_3)/4 = (-13 + 3 \times 3)/4 = -1$$
$$4x_1 - 3x_2 + x_3 = y_1,\ x_1 = (y_1 + 3x_2 - x_3)/4 = [14 + 3(-1) - 3]/4 = 2$$

따라서 해는 $\boldsymbol{x} = [2\ \ -1\ \ 3]^T$이다.

(2) Doolittle 분해법

■ 분해 단계

Doolittle 분해법은 Gauss 소거법과 밀접한 관련이 있다. 둘 사이의 관계를 예시하기 위해 3×3 행렬 A를 생각하고, A = LU의 관계를 갖는 하삼각행렬과 상삼각행렬이 있다고 하자.

$$\mathrm{L} = \begin{bmatrix} 1 & 0 & 0 \\ L_{21} & 1 & 0 \\ L_{31} & L_{32} & 1 \end{bmatrix},\ \mathrm{U} = \begin{bmatrix} U_{11} & U_{12} & U_{13} \\ 0 & U_{22} & U_{23} \\ 0 & 0 & U_{33} \end{bmatrix} \tag{3.25}$$

우변의 행렬을 곱하면 다음과 같다.

$$\mathrm{A} = \begin{bmatrix} U_{11} & U_{12} & U_{13} \\ U_{11}L_{21} & U_{12}L_{21} + U_{22} & U_{13}L_{21} + U_{23} \\ U_{11}L_{31} & U_{12}L_{31} + U_{22}L_{32} & U_{13}L_{31} + U_{23}L_{32} + U_{33} \end{bmatrix} \tag{3.26a}$$

이제 식 (3.12)에 Gauss 소거법을 적용하자. 소거법의 첫 과정은 첫째 행을 피봇행으로 선택하고 기본 연산을 적용하는 것이다.

(2행) ← (2행) − L_{21} × (1행) : (A_{21}을 소거)

(3행) ← (3행) − L_{31} × (1행) : (A_{31}을 소거)

연산 결과는

$$\mathrm{A}' = \begin{bmatrix} U_{11} & U_{12} & U_{13} \\ 0 & U_{22} & U_{23} \\ 0 & U_{22}L_{32} & U_{23}L_{32} + U_{33} \end{bmatrix} \tag{3.26b}$$

다음 과정에서는 두 번째 행을 피봇행으로 선택하고, 다음 연산을 이용한다.

(3행) ← (3행) − L_{32} × (2행) : (A_{32}를 소거)

$$\mathrm{A}'' = \begin{bmatrix} U_{11} & U_{12} & U_{13} \\ 0 & U_{22} & U_{23} \\ 0 & 0 & U_{33} \end{bmatrix} \tag{3.26c}$$

다음은 Doolittle 분해법의 두 가지 중요한 특징이다.

① 행렬 U는 Gauss 소거법에서 만들어지는 상삼각행렬과 같다.

② L의 비대각 요소는 Gauss 소거법 동안에 이용하는 피봇방정식의 승수multiplier이다. 즉, L_{ij}는 A_{ij}를 소거하는 승수이다.

소거되는 계수를 치환하여(A_{ij}를 L_{ij}로 치환), 승수를 계수행렬의 일부인 하삼각 부분에 저장하는 것이 일반적이다. L의 대각 요소는 1이라는 것을 알고 있으므로 저장할 필요가 없다. 계수행렬의 최종적인 형태는 L과 U의 혼합으로 다음과 같다.

$$[\mathrm{L} \setminus \mathrm{U}] = \begin{bmatrix} U_{11} & U_{12} & U_{13} \\ L_{21} & U_{22} & U_{23} \\ L_{31} & L_{32} & U_{33} \end{bmatrix} \tag{3.27}$$

Doolittle의 분해에 대한 알고리즘은 각 승수 λ가 A의 하삼각 부분에 저장되는 점만 제외하면, `GaussElimin( )` 함수에서 Gauss 소거법과 같다.

```
for k in range(0,n-1):
    for i in range(k+1,n):
        if a[i,k] != 0.0:
            lam = a[i,k] / a[k,k]
            a[i,k+1:n] = a[i,k+1:n] - lam * a[k,k+1:n]
            a[i,k] = lam
```

풀이 단계

전방대입에 의해 $\mathrm{L}\boldsymbol{y} = \boldsymbol{b}$의 해를 구하는 과정을 살펴보자. $L_{ii} = 1$이라는 점을 고려하면, 방정식의 스칼라 형태는 다음과 같다.

$$\begin{aligned} & y_1 = b_1 \\ & L_{2,1}y_1 + y_2 = b_2 \\ & \qquad \vdots \\ & L_{k,1}y_1 + L_{k,2}y_2 + \cdots + L_{k,k-1}y_{k-1} + y_k = b_k \\ & \qquad \vdots \end{aligned} \tag{3.28}$$

k번째 방정식을 y_k에 대해 풀면 다음과 같다.

$$y_k = b_k - \sum_{j=1}^{k-1} L_{kj}y_j, \ (i=1,2,\cdots,n) \tag{3.29}$$

전방대입 알고리즘은 다음과 같으며, $\mathrm{U}\boldsymbol{x} = \boldsymbol{y}$를 푸는 후방대입단계는 Gauss 소거법과 같다.

```
y[0] = b[0]
for k in range(1,n):
    y[k] = b[k] - dot(a[k,0:k],y[0:k])
```

LudDoolitle 모듈

이 모듈은 분해와 풀이 단계를 둘 다 포함한다. 분해 단계는 식 (3.27)에 보인 행렬 $[L \backslash U]$를 반환한다. 풀이 단계에서 전방대입 동안 b의 요소들은 y로 치환된다. 마찬가지로, 후방대입에서 y는 해 x로 덮어쓰기 된다. 따라서 검토계산을 위해서는 이 함수를 호출하기 전에 원래의 행렬과 벡터는 별도로 저장해두어야 한다.

코드 3.5 LudDoolitle.py

```
# LudDoolitle.py
# Doolittle법에 의한 LU 분해와 연립방정식 풀이
'''
    A = decompDoolitle(A)
        LU 분해: [L][U] = [A]

    x = solveDoolitle(A,b)
        해석 단계: [L][U]{x} = {b}
'''
import numpy as np

def decompDoolitle(A):        # LU 분해
    n = len(A)
    for k in range(0,n-1):
        for i in range(k+1,n):
            if A[i,k] != 0.0:
                lam = A[i,k] / A[k,k]
                A[i,k+1:n] = A[i,k+1:n] - lam * A[k,k+1:n]
                A[i,k] = lam
    return A

def solveDoolitle(A, b):        # 후방대입법 풀이
    n = len(A)
    for k in range(1,n):
        b[k] = b[k] - np.dot(A[k,0:k], b[0:k])
    b[n-1] = b[n-1] / A[n-1,n-1]

    for k in range(n-2,-1,-1):
        b[k] = (b[k] - np.dot(A[k,k+1:n],b[k+1:n])) / A[k,k]
    return b
```

예제 3.5 Doolittle 분해법

Doolittle 분해법을 이용하여 다음에 주어진 방정식 $\mathrm{A}\boldsymbol{x} = \boldsymbol{b}$를 손계산으로 풀어라.

$$\mathrm{A} = \begin{bmatrix} 1 & 4 & 1 \\ 1 & 6 & -1 \\ 2 & -1 & 2 \end{bmatrix},\ \boldsymbol{b} = \begin{bmatrix} 7 \\ 13 \\ 5 \end{bmatrix}$$

풀이

먼저 Gauss 소거법으로 A를 분해한다. 첫째 과정은 다음의 기본 연산으로 이루어진다.

(2행) ← (2행) − 1 × (1행) : (A_{21}을 소거)

(3행) ← (3행) − 2 × (1행) : (A_{31}을 소거)

소거된 항에 승수 $L_{21} = 1$과 $L_{31} = 2$를 치환하여 저장하면 다음과 같다.

$$\mathrm{A}' = \begin{bmatrix} 1 & 4 & 1 \\ 1 & 2 & -2 \\ 2 & -9 & 0 \end{bmatrix}$$

Gauss 소거법의 둘째 과정은 다음 연산을 이용한다.

(3행) ← (3행) − (−4.5) × (2행) : (A_{32}행)

A_{32}에 승수 $L_{32} = -4.5$를 저장하면 행렬은 다음과 같다.

$$\mathrm{A} = [\mathrm{L} \setminus \mathrm{U}] = \begin{bmatrix} 1 & 4 & 1 \\ 1 & 2 & -2 \\ 2 & -4.5 & -9 \end{bmatrix}$$

이렇게 하면 분해 과정이 다음과 같이 완료된다.

$$\mathrm{L} = \begin{bmatrix} 1 & 0 & 0 \\ 1 & 1 & 0 \\ 2 & -4.5 & 1 \end{bmatrix},\ \mathrm{U} = \begin{bmatrix} 1 & 4 & 1 \\ 0 & 2 & -2 \\ 0 & 0 & -9 \end{bmatrix}$$

전방대입에 의해 $\mathrm{L}\boldsymbol{y} = \boldsymbol{b}$를 푸는 과정이 다음에 온다. 방정식을 확대계수행렬 형태로 나타내면 다음과 같다.

$$A = [L \mid b] = \begin{bmatrix} 1 & 0 & 0 & | & 7 \\ 1 & 1 & 0 & | & 13 \\ 2 & -4.5 & 1 & | & 5 \end{bmatrix}$$

그리고 해는 다음과 같이 계산된다.

$$y_1 = 7$$
$$y_2 = 13 - y_1 = 13 - 7 = 6$$
$$y_3 = 5 - 2y_1 + 4.5y_2 = 5 - 2(7) + 4.5(6) = 18$$

그러면 방정식 $U\boldsymbol{x} = \boldsymbol{y}$는 다음과 같다.

$$[U \mid \boldsymbol{y}] = \begin{bmatrix} 1 & 4 & 1 & | & 7 \\ 0 & 2 & -2 & | & 6 \\ 0 & 0 & -9 & | & 18 \end{bmatrix}$$

이 방정식을 후방대입법으로 풀면, 다음의 해를 얻는다.

$$x_3 = \frac{18}{-9} = -2$$
$$x_2 = \frac{6 + 2x_3}{2} = \frac{6 + 2(-2)}{2} = 1$$
$$x_1 = 7 - 4x_2 - x_3 = 7 - 4(1) - (-2) = 5$$

예제 3.6 Doolittle 분해법 프로그램

Doolittle 분해법을 이용하여 **예제 3.5**를 계산하는 프로그램을 작성하라. 이때 **코드 3.4**의 함수 `decompDoolitle( )`과 `solveDoolitle( )`를 이용하라.

풀이

Doolitle 분해법을 이용한 코드는 다음과 같다.

코드 3.6 Ex0306.py

```
# 예제 3.6 Doolitle 법에 의한 선형연립방정식 풀이

import numpy as np
from LudDoolitle import *
```

코드 3.6 Ex0306.py(계속)

```
from PrintMatrix import *

A = np.array([[ 1.0, 4.0, 1.0], \
    [1.0, 6.0, -1.0], [ 2.0, -1.0, 2.0]])
b = np.array([ 7.0, 13.0, 5.0])

AOrg = A.copy() # 검토계산을 위한 복사
bOrg = b.copy()

A = decompDoolitle(A) # [A] 분해

print("LU 분해: A = ")
print(A)

x = solveDoolitle(A, b) # LU 분해에 의한 풀이

print("\n계산 결과: x = ", x)
print("\n검토계산: [A]{x} - {b} = ", np.dot(AOrg,x) - bOrg)
```

프로그램의 출력은 다음과 같으며, 이 결과는 **예제 3.5**의 손계산 결과와 정확히 일치한다.

```
LU 분해: A =
[[ 1.   4.   1. ]
 [ 1.   2.  -2. ]
 [ 2.  -4.5 -9. ]]

계산 결과: x =  [ 5.  1. -2.]

검토계산: [A]{x} - {b} =  [0. 0. 0.]
```

(3) Cholesky 분해법

Cholesky 분해법 $A = LL^T$는 두 가지 제약이 있다.

① LL^T는 항상 대칭행렬이므로, Cholesky 분해법에서는 A가 대칭행렬이어야 한다.

② 분해 과정은 A의 요소의 어떤 조합의 제곱근을 포함한다. 음수의 제곱근을 피하기 위해서 A는 반드시 정부호positive definite이어야 한다.

Cholesky 분해는 근사적으로 $n^3/6$회의 연산과 n회의 제곱근 계산을 포함한다. 이것은 LU 분해

에서 필요한 연산의 약 절반이다. Cholesky 분해법의 효율이 좋은 이유는 대칭성에 따른 것이다.

Cholesky 분해법에 대해 살펴보자.

$$\mathrm{A} = \mathrm{LL}^T \tag{3.30a}$$

여기서 A는 다음과 같은 3×3 행렬이다.

$$\begin{bmatrix} A_{11} & A_{12} & A_{13} \\ A_{21} & A_{22} & A_{23} \\ A_{31} & A_{32} & A_{33} \end{bmatrix} = \begin{bmatrix} L_{11} & 0 & 0 \\ L_{21} & L_{22} & 0 \\ L_{31} & L_{32} & L_{33} \end{bmatrix} \begin{bmatrix} L_{11} & L_{21} & L_{31} \\ 0 & L_{22} & L_{32} \\ 0 & 0 & L_{33} \end{bmatrix} \tag{3.30b}$$

우변의 행렬곱을 계산하면 다음과 같다.

$$\begin{bmatrix} A_{11} & A_{12} & A_{13} \\ A_{21} & A_{22} & A_{23} \\ A_{31} & A_{32} & A_{33} \end{bmatrix} = \begin{bmatrix} L_{11}^2 & L_{11}L_{21} & L_{11}L_{31} \\ L_{11}L_{21} & L_{21}^2 + L_{22}^2 & L_{21}L_{31} + L_{22}L_{32} \\ L_{11}L_{31} & L_{21}L_{31} + L_{22}L_{32} & L_{31}^2 + L_{32}^2 + L_{33}^2 \end{bmatrix} \tag{3.31}$$

식 (3.31)의 우변은 대칭이기 때문에, 하삼각 또는 상삼각 요소만을 고려하면, 6개의 방정식과 L에서 6개의 미지수를 얻을 수 있다. 이 방정식들을 적당한 순서로 풀면, 각 방정식이 한 개의 미지수만을 갖도록 할 수 있다.

식 (3.31)의 각 행렬의 하삼각 부분을 고려하자(상삼각 부분도 동일하다). 첫째 열에서 요소를 같게 놓고, 첫째 행부터 시작해서 차례로 L_{11}, L_{21}, L_{31}를 계산할 수 있다.

$$\begin{aligned} A_{11} &= L_{11}^2 &&\rightarrow \quad L_{11} = \sqrt{A_{11}} \\ A_{21} &= L_{11}L_{21} &&\rightarrow \quad L_{21} = A_{21}/L_{11} \\ A_{31} &= L_{11}L_{31} &&\rightarrow \quad L_{31} = A_{31}/L_{11} \end{aligned}$$

둘째 열은 둘째 행에서 시작하여 L_{22}와 L_{32}를 얻는다.

$$\begin{aligned} A_{22} &= L_{21}^2 + L_{22}^2 &&\rightarrow \quad L_{22} = \sqrt{A_{22} - L_{21}^2} \\ A_{32} &= L_{21}L_{31} + L_{22}L_{32} &&\rightarrow \quad L_{32} = (A_{32} - L_{21}L_{31})/L_{22} \end{aligned}$$

마지막으로 셋째 열에서, L_{33}은 셋째 행에서 다음과 같이 구한다.

$$A_{33} = L_{31}^2 + L_{32}^2 + L_{33}^2 \quad \rightarrow \quad L_{33} = \sqrt{A_{33} - L_{31}^2 - L_{32}^2}$$

이제는 $n \times n$ 행렬에 대해 결과를 확장할 수 있다. LL^T의 하삼각 부분에서 전형적인 요소는 다음과 같은 형태를 갖는다.

$$(\mathrm{LL}^T)_{ij} = L_{i1}L_{j1} + L_{i2}L_{j2} + \cdots + L_{ij}L_{jj} = \sum_{k=1}^{j} L_{ik}L_{jk},\ (i \geq j)$$

이 항을 A의 대응하는 요소로 놓으면 다음과 같다.

$$A_{ij} = \sum_{k=1}^{j} L_{ik}L_{jk},\ (i = j,\ j+1,\ \cdots,\ n;\ j = 1,\ 2,\ \cdots,\ n) \tag{3.32}$$

색인의 범위는 요소들이 하삼각 부분으로 제한되어야 한다. 첫째 열($j = 1$)에 대해 식 (3.32)에서 다음의 값을 얻는다.

$$L_{11} = \sqrt{A_{11}},\ L_{i1} = A_{i1}/L_{11},\ (i = 2,\ 3,\ \cdots,\ n) \tag{3.33}$$

다른 열에 대해서는 식 (3.32)에서 미지수는 L_{ij}이다. (방정식에서 나타나는 L의 다른 요소들은 이미 계산되었다.) L_{ij}를 포함한 항을 식 (3.32)에서 합산의 바깥으로 뽑아내면 다음과 같다.

$$A_{ij} = \sum_{k=1}^{j-1} L_{ik}L_{jk} + L_{ij}L_{jj} \tag{3.34}$$

만일 $i = j$(대각항)이면, 해는 다음과 같다.

$$L_{jj} = \sqrt{A_{jj} - \sum_{k=1}^{j-1} L_{jk}^2},\ (j = 2,\ 3,\ \cdots,\ n) \tag{3.35a}$$

비대각항에 대해서는 다음 식을 얻는다.

$$L_{ij} = \left(A_{ij} - \sum_{k=1}^{j-1} L_{ik}L_{jk}\right)/L_{jj},\ (j = 2,\ 3,\ \cdots,\ n-1;\ i = j+1,\ j+2,\ \cdots,\ n) \tag{3.35b}$$

cholesky( ) 함수

Cholesky 분해법에 대한 알고리즘을 보이기 전에, 유용한 내용을 살펴보자. A_{ij}는 L_{ij}에 대한 식에서만 나타난다. 따라서 L_{ij}를 한 번 계산하면, A_{ij}는 더 이상 필요하지 않다. 이 때문에 L을 계산하면, 이것을 계산한 A의 부분에 덮어쓰기를 할 수 있다. A의 주대각선의 윗부분의 요소는 건드리지 않고 그냥 둔다. 다음에 보이는 코드는 Cholesky 분해를 구현한 것이다. 만일 분해하는 과정 중에 대각요소가 음수이면, 오류 알림글을 출력하고 프로그램을 종료한다. 계수 행렬 A를 분해한 후에 일반적인 전방대입과 후방대입 연산에 의해 $A\boldsymbol{x} = \boldsymbol{b}$의 해를 구할 수 있다. CholeskySol( ) 함수는 풀이 과정(여기서는 유도 과정을 설명하지 않는다)을 수행한다.

코드 3.7 LudCholesky.py

```
# LudCholesky.py
# Cholesky법에 의한 LU 분해와 연립방정식 풀이
''' L = LudCholesky(A)
        Cholesky 분해: [L][L]T = [A]

    x = solveCholesky(L, b)
        Cholesky 분해에 의한 연립방정식 풀이
'''
import math
import sys
import numpy as np

def decompCholesky(A):          # Cholesky법에 의한 LU 분해
    n = len(A)
    for k in range(n):
        try:
            A[k,k] = math.sqrt(A[k,k] \
                - np.dot(A[k,0:k], A[k,0:k]))
        except ValueError:
            print('행렬이 정부호가 아님')
            sys.exit()
        for i in range(k+1,n):
            A[i,k] = (A[i,k] - np.dot(A[i,0:k], A[k,0:k])) / A[k,k]
    for k in range(1,n):
        A[0:k,k] = 0.0
    return A

def solveCholesky(L, b):
    n = len(b)
    # [L]{y} = {b}의 풀이
```

코드 3.7 LudCholesky.py(계속)

```
    for k in range(n):
       b[k] = (b[k] - np.dot(L[k,0:k],b[0:k]))/L[k,k]
    # [L_t]{x} = {y}의 풀이
    for k in range(n-1,-1,-1):
        b[k] = (b[k] - np.dot(L[k+1:n,k],b[k+1:n]))/L[k,k]
    return b

```

예제 3.7 Cholesky 분해

다음 행렬의 Cholesky 분해를 손계산하라.

$$A = \begin{bmatrix} 4 & -2 & 2 \\ -2 & 2 & -4 \\ 2 & -4 & 11 \end{bmatrix}$$

풀이

먼저 A가 대칭임에 유의한다. 따라서 만일 행렬이 정부호이면 Cholesky 분해를 적용할 수 있다. 분해 알고리즘은 자체적인 검사 알고리즘을 갖고 있으므로, 정부호성에 대한 사전 검사는 필요하지 않다. 만일 음수의 제곱근을 만나게 되면, 행렬은 정부호가 아니며, 분해는 실패한다. 주어진 행렬을 식 (3.31)에서 A에 대입하면, 다음의 식을 얻는다.

$$\begin{bmatrix} 4 & -2 & 2 \\ -2 & 2 & -4 \\ 2 & -4 & 11 \end{bmatrix} = \begin{bmatrix} L_{11}^2 & L_{11}L_{21} & L_{11}L_{31} \\ L_{11}L_{21} & L_{21}^2 + L_{22}^2 & L_{21}L_{31} + L_{22}L_{32} \\ L_{11}L_{31} & L_{21}L_{31} + L_{22}L_{32} & L_{31}^2 + L_{32}^2 + L_{33}^2 \end{bmatrix}$$

하삼각(또는 상삼각) 부분에서 요소별로 등치로 놓으면 다음과 같다.

$$L_{11} = \sqrt{4} = 2$$

$$L_{21} = -2/L_{11} = -2/2 = -1$$

$$L_{31} = 2/L_{11} = 2/2 = 1$$

$$L_{22} = \sqrt{2 - L_{21}^2} = \sqrt{2 - (-1)^2} = 1$$

$$L_{32} = \frac{(-4 - L_{21}L_{31})}{L_{22}} = \frac{-4 - (-1)(1)}{1} = -3$$

$$L_{33} = \sqrt{11 - L_{31}^2 - L_{32}^2} = \sqrt{11 - (1)^2 - (-3)^2} = 1$$

따라서

$$L = \begin{bmatrix} 2 & 0 & 0 \\ -1 & 1 & 0 \\ 1 & -3 & 1 \end{bmatrix}$$

이 결과는 행렬곱 LL^T을 계산해보면 쉽게 검증할 수 있다.

예제 3.8 Cholesky 분해에 의한 연립방정식 풀이

Cholesky 분해법으로 방정식 $Ax = b$를 풀어라. 이때 계수행렬은 앞의 **예제 3.7**에서 주어진 것과 같다.

$$A = \begin{bmatrix} 4 & -2 & 2 \\ -2 & 2 & -4 \\ 2 & -4 & 11 \end{bmatrix},\ b = \begin{bmatrix} 4 \\ -2 \\ 3 \end{bmatrix}$$

그리고 중간의 LU 분해 결과와 해를 검토하라.

풀이

이 문제를 푸는 코드는 다음과 같다.

코드 3.8 Ex0308.py

```
# 예제 3.8 Cholesky 법에 의한 선형연립방정식 풀이

import numpy as np
from LudCholesky import *

A = np.array([[ 4, -2,  2], \
              [-2,  2, -4], \
              [ 2, -4, 11]])
b = np.array([4, -2, 3])

AOrg = A.copy()  # 검토계산을 위한 복사
bOrg = b.copy()

L = decompCholesky(A)
```

코드 3.8 Ex0308.py(계속)

```
print("LU 분해: L = ")
print(L)

x = solveCholesky(L, b)

print("\n계산 결과: x =",x)
print('\n계산 검토: [A] {x} - {b} = ',np.dot(AOrg, x) - bOrg)
```

출력은 다음과 같다.

```
LU 분해: L =
[[ 2  0  0]
 [-1  1  0]
 [ 1 -3  1]]

계산 결과: x = [2 3 1]

계산 검토: [A] {x} - {b} =  [0 0 0]
```

(4) Crout 분해법

L 또는 U 의 요소에 가해지는 제약조건에 따라 A = L U 의 다양한 분해법이 생긴다. Doolittle 분해법에서 L 의 대각 요소는 1이다. 비슷한 방법이 Crout 분해법이며, 여기서는 U 의 대각 요소가 1이다. 두 방법은 거의 차이가 없기 때문에 이 책에서는 더 이상 다루지 않는다.

(5) Gauss-Jordan 소거법

Gauss-Jordan 소거법은 주로 Gauss 소거법의 극한적인 이용이라 볼 수 있다. Gauss 소거법은 피봇방정식 아래에 있는 방정식만을 변환한다. Gauss-Jordan 소거법에서 소거는 피봇방정식의 위에 있는 방정식에 대해서도 수행하며, 결과적으로 대각 계수행렬이 만들어진다. Gauss-Jordan 소거법의 단점은 이 방법이 약 $n^3/2$ 회의 연산을 포함한다는 점이다. 이 연산횟수는 Gauss 소거법에서 필요로 하는 연산횟수의 1.5승이다. 따라서 이에 대해서도 더 이상 다루지 않는다.

3.4 대역행렬과 대칭행렬

(1) 대역행렬과 대칭행렬

공학 문제들에서는 종종 계수행렬이 성긴행렬이 된다. 성긴행렬이란 행렬의 대부분의 요소가 0인 행렬을 말한다. 만일 모든 비영요소(0이 아닌 요소)가 주대각 주위에 모여 있으면, 이런 행렬을 대역행렬banded matrix이라고 한다. 대역행렬의 예는 다음과 같다.

$$A = \begin{bmatrix} X & X & 0 & 0 & 0 \\ X & X & X & 0 & 0 \\ 0 & X & X & X & 0 \\ 0 & 0 & X & X & X \\ 0 & 0 & 0 & X & X \end{bmatrix} \tag{3.36}$$

여기서 X는 대역을 형성하는 0이 아닌 요소를 나타낸다(이 요소 중 일부는 0일 수도 있다). 대역 바깥에 놓인 모든 요소는 0이다. 이 대역행렬은 각 행(또는 열)에서 0이 아닌 요소의 수가 최대 3이므로, 대역폭이 3이다. 이런 행렬을 삼대각행렬tridiagonal matrix이라고 한다.

대역행렬을 A = LU의 형태로 분해하면, L과 U 모두 A의 대역폭 안에 남게 된다. 예를 들어, 위의 행렬을 분해하면, 다음과 같은 L과 U를 얻는다.

$$L = \begin{bmatrix} X & 0 & 0 & 0 & 0 \\ X & X & 0 & 0 & 0 \\ 0 & X & X & 0 & 0 \\ 0 & 0 & X & X & 0 \\ 0 & 0 & 0 & X & X \end{bmatrix}, \ U = \begin{bmatrix} X & X & 0 & 0 & 0 \\ 0 & X & X & 0 & 0 \\ 0 & 0 & X & X & 0 \\ 0 & 0 & 0 & X & X \\ 0 & 0 & 0 & 0 & X \end{bmatrix} \tag{3.37}$$

계수행렬의 대역 구조는 행렬을 저장하는 기억장소를 절약하고 계산 시간을 줄일 수 있다. 만일 계수행렬이 대칭이면, 그 이상의 경제적인 효과가 있다. 이 절에서 앞서 보인 해석 방법을 대역 대칭 계수행렬에 적용하는 방법을 살펴볼 것이다.

(2) 삼대각 계수행렬

Doolittle 분해법에 의해 $Ax = b$를 푸는 방법을 살펴보자.

$$A = \begin{bmatrix} d_1 & e_1 & 0 & 0 & \cdots & 0 & 0 \\ c_2 & d_2 & e_2 & 0 & \cdots & 0 & 0 \\ 0 & c_3 & d_3 & e_3 & \cdots & 0 & 0 \\ 0 & 0 & c_4 & d_4 & \cdots & 0 & 0 \\ \vdots & \vdots & \vdots & \vdots & \ddots & \vdots & \vdots \\ 0 & 0 & 0 & 0 & \cdots & d_{n-1} & e_{n-1} \\ 0 & 0 & 0 & 0 & \cdots & c_n & d_n \end{bmatrix} \tag{3.38}$$

여기서 A는 $n \times n$ 삼대각행렬이다. 기호가 암시하듯이, A의 비영요소는 다음의 벡터로 저장된다.

$$\boldsymbol{c} = \begin{bmatrix} c_1 \\ c_2 \\ \vdots \\ c_{n-1} \\ c_n \end{bmatrix}, \ \boldsymbol{d} = \begin{bmatrix} d_1 \\ d_2 \\ \vdots \\ d_{n-1} \\ d_n \end{bmatrix}, \ \boldsymbol{e} = \begin{bmatrix} e_1 \\ e_2 \\ \vdots \\ e_{n-1} \\ e_n \end{bmatrix} \tag{3.39}$$

여기서 c_1과 e_n은 쓰이지 않으므로, 아무 의미가 없는 값이며, 다만 전체 벡터의 크기를 같게 만들고, 색인번호를 맞추기 위해 넣은 것이다. 이 방법으로 절약되는 기억장소의 양은 매우 크다. 예를 들어, 100×100 삼대각행렬은 10,000개의 요소를 갖지만, 99 + 100 + 99 = 298개의 기억장소에 저장할 수 있다. 이 경우 압축률은 약 33 : 1이다.

계수행렬에 LU 분해를 적용해보자. 기본 연산으로 c_{k-1}을 소거하여 k행을 줄이면 다음과 같다.

$$(k\text{행}) \leftarrow (k\text{행}) - (c_k/d_{k-1}) \times (k-1\text{행}), \ (k = 2, 3, \cdots, n) \tag{3.40}$$

d_k에서 이에 대응하는 변화는 다음과 같다.

$$d_k \leftarrow d_k - (c_k/d_{k-1})e_{k-1} \tag{3.41}$$

반면에 e_k는 영향을 받지 않는다. [L \ U] 형태의 Doolittle 분해법으로 마무리 짓기 위해서, 앞서

$$c_k \leftarrow c_k/d_{k-1} \tag{3.42}$$

을 저장했던 장소에 승수 $\lambda = c_k/d_{k-1}$을 저장한다.

따라서 분해 알고리즘은 다음과 같다.

```
for k in range(1,n):
    lam = c[k] / d[k-1]
    d[k] = d[k] - lam * e[k-1]
    c[k-1] = lam
```

다음 풀이 단계(즉, $\mathrm{L}\boldsymbol{y} = \boldsymbol{b}$와 $\mathrm{U}\boldsymbol{x} = \boldsymbol{y}$의 풀이)를 살펴보자. 방정식 $\mathrm{L}\boldsymbol{y} = \boldsymbol{b}$는 확대계수행렬로 나타낼 수 있다.

$$[\mathrm{L} \mid \boldsymbol{b}] = \left[\begin{array}{cccccc|c} 1 & 0 & 0 & 0 & \cdots & 0 & b_1 \\ c_1 & 1 & 0 & 0 & \cdots & 0 & b_2 \\ 0 & c_2 & 1 & 0 & \cdots & 0 & b_3 \\ 0 & 0 & c_3 & 1 & \cdots & 0 & b_4 \\ \vdots & \vdots & \vdots & \vdots & \ddots & \vdots & \vdots \\ 0 & 0 & 0 & 0 & c_{n-1} & 1 & b_n \end{array}\right] \tag{3.43}$$

c의 원래 내용은 파기되고 분해 동안에 승수로 치환된다. 전방대입에 의한 $\boldsymbol{y}$의 풀이 알고리즘은 다음과 같다.

```
y[0] = b[0]
for k in range(1,n):
    y[k] = b[k] - c[k] * y[k-1]
```

$\mathrm{U}\boldsymbol{x} = \boldsymbol{y}$를 나타내는 확대계수행렬은 다음과 같다.

$$[\mathrm{U} \mid \boldsymbol{y}] = \left[\begin{array}{cccccc|c} d_1 & e_1 & 0 & \cdots & 0 & 0 & y_1 \\ 0 & d_2 & e_2 & \cdots & 0 & 0 & y_2 \\ 0 & 0 & d_3 & \cdots & 0 & 0 & y_3 \\ \vdots & \vdots & \vdots & \ddots & \vdots & \vdots & \vdots \\ 0 & 0 & 0 & \cdots & d_{n-1} & e_{n-1} & y_{n-1} \\ 0 & 0 & 0 & \cdots & 0 & d_n & y_n \end{array}\right] \tag{3.44}$$

분해 단계 동안에 $\boldsymbol{d}$의 내용은 변경된다는 점에 유의하라(반면에 $\boldsymbol{e}$는 변경되지 않는다). 해 $\boldsymbol{x}$는 다음의 알고리즘을 이용하여 후방대입으로 구할 수 있다.

```
x[n-1] = y[n-1] / d[n-1]
for k in range(n-2,-1,-1):
    x[k] = (y[k] - e[k] * x[k+1]) / d[k]
```

Lud3 모듈

이 모듈은 분해법에 대한 decompLud3( ) 함수와 그리고 삼대각행렬의 풀이 단계인 solveLud3( ) 함수를 포함한다. solveLud3( ) 함수에서 전방대입 동안 상수벡터 b는 벡터 y로 덮어쓰기 된다. 마찬가지로, 후방대입 과정에서 벡터 y는 해벡터 x로 덮어 쓰인다. 다시 말하자면, solveLud3( ) 함수가 반환될 때 b는 해벡터를 갖는다.

코드 3.9 Lud3.py

```
# Lud3.py 모듈
''' x = Lud3A(A, b, prt)
        삼대각행렬을 입력하여 풀이
        [A]: 삼대각행렬
        {b}: 우변벡터
        {x}: 삼대각 선형연립방정식의 풀이

    x = Lud3V(c, d, e, b, prt):
        삼대각행렬을 3개의 벡터로 입력하여 풀이

    c, d, e = decompLud3(c,d,e, prt)
        삼대각행렬 [A]의 LU 분해
        여기서 {c}, {d}, {e}는 [A]의 대각선
        출력 {c},{d}, {e}는 분해행렬의 대각선

    x = solveLud3(c,d,e,b)
        [A]{x} {b}의 해
        여기서 {c}, {d}, {e}는 LUdecomp3()의 반환벡터

    c, d, e = Tri2Vecs(A): 삼대각행렬을 3개의 벡터로 분리

    A = Vecs2Tri(c, d, e): 3개의 벡터를 삼대각행렬로 합병
'''
import numpy as np
from PrintMatrix import *

# 삼대각행렬을 입력하여 방정식 풀이
def Lud3A(A, b, prt=False):
```

코드 3.9 Lud3.py(계속)

```
    c, d, e = Tri2Vecs(A)
    c, d, e = decompLud3(c, d, e, prt)
    b = solveLud3(c, d, e, b)
    return b

# 삼대각행렬을 벡터로 입력하여 방정식 풀이
def Lud3V(c, d, e, b, prt=False):
    c, d, e = decompLud3(c, d, e, prt)
    b = solveLud3(c, d, e, b)
    return b

# 삼대각 벡터의 LU 분해
def decompLud3(c, d, e, prt=False):
    n = len(d)
    for k in range(1, n):
        lam = c[k] / d[k-1]
        d[k] = d[k] - lam * e[k-1]
        c[k] = lam

    if (prt):                              # 분해결과 출력
        print('LU 분해된 삼대각행렬')
        printMat(Vecs2Tri(c, d, e))

    return c, d, e

# LU 분해된 벡터의 풀이
def solveLud3(c, d, e, b):
    n = len(d)
    for k in range(1, n):
        b[k] = b[k] - c[k] * b[k-1]
    b[n-1] = b[n-1] / d[n-1]
    for k in range(n-2, -1, -1):
        b[k] = (b[k] - e[k] * b[k+1]) / d[k]
    return b

# 삼대각행렬을 3개의 벡터로 분리
def Tri2Vecs(A):
    n, _ = A.shape
    c = np.zeros(n)
    d = np.zeros(n)
    e = np.zeros(n)

    d[0] = A[0][0]
    e[0] = A[0][1]
```

코드 3.9 Lud3.py(계속)

```
73      for i in range(1, n-1):
74          c[i] = A[i][i-1]
75          d[i] = A[i][i]
76          e[i] = A[i][i+1]
77      c[n-1] = A[n-1][n-2]
78      d[n-1] = A[n-1][n-1]
79      return c, d, e
80
81  # 3개의 벡터를 삼대각행렬로 결합
82  def Vecs2Tri(c, d, e):
83      n = d.size
84      A = np.zeros((n,n))
85
86      A[0][0] = d[0]
87      A[0][1] = e[0]
88      for i in range(1, n-1):
89          A[i][i-1] = c[i]
90          A[i][i]   = d[i]
91          A[i][i+1] = e[i]
92      A[n-1][n-2] = c[n-1]
93      A[n-1][n-1] = d[n-1]
94      return A
```

이 코드를 실제로 이용할 때, 계수행렬을 삼대각행렬 형태로 입력하려면 **Lud3A( )** 함수, 3개의 벡터 형태로 입력하려면 **Lud3V( )** 함수를 이용한다. 그리고 이때 **prt** 인수를 **True**로 설정하면 LU 분해된 중간 결과를 출력해볼 수 있다. 48~50행이 실제로 LU 분해 결과를 출력하는 코드이다.

(3) 대칭계수행렬

공학문제에서 만들어지는 계수행렬은 대개 대칭이고 대역이다. 따라서 그런 행렬의 특수한 성질을 발견하고, 효율적인 알고리즘을 만드는 데 이들을 이용하는 방법을 배워둘 가치가 있다. 만일 행렬 A가 대칭이면, LU 분해는 다음의 형태로 나타낼 수 있다.

$$A = LU = LDL^T \tag{3.45}$$

여기서 D는 대각행렬이다. 이러한 예는 앞서 논의한 Cholesky 분해 $A = LL^T$이다(이 경우는 $D = I$이다).

Doolittle 분해에 대해서는 다음의 관계가 있다.

$$\mathrm{U} = \mathrm{DL}^T = \begin{bmatrix} D_1 & 0 & 0 & \cdots & 0 \\ 0 & D_2 & 0 & \cdots & 0 \\ 0 & 0 & D_3 & \cdots & 0 \\ \vdots & \vdots & \vdots & \ddots & \vdots \\ 0 & 0 & 0 & 0 & D_n \end{bmatrix} \begin{bmatrix} 1 & L_{21} & L_{31} & \cdots & L_{n1} \\ 0 & 1 & L_{32} & \cdots & L_{n2} \\ 0 & 0 & 1 & \cdots & L_{n3} \\ \vdots & \vdots & \vdots & \ddots & \vdots \\ 0 & 0 & 0 & 0 & 1 \end{bmatrix} \tag{3.46a}$$

이를 전개하면 다음과 같다.

$$\mathrm{U} = \begin{bmatrix} D_1 & D_1L_{21} & D_1L_{31} & \cdots & D_1L_{n1} \\ 0 & D_2 & D_2L_{32} & \cdots & D_2L_{n2} \\ 0 & 0 & D_3 & \cdots & D_3L_{n3} \\ \vdots & \vdots & \vdots & \ddots & \vdots \\ 0 & 0 & 0 & 0 & D_n \end{bmatrix} \tag{3.46b}$$

대칭행렬을 분해하는 동안에는 행렬 D와 행렬 L은 행렬 U에서 손쉽게 만들 수 있으므로, 행렬 U만 저장하면 된다는 것을 알았다. 따라서 식 (3.46)에서 보인 상삼각행렬을 만들어내는 Gauss 소거법은 대칭행렬을 분해하는 데도 충분하다.

LU 분해 동안에 채택할 수 있는 대안적인 저장 기법이 있다. 이 방법은 LU 분해를 하여 다음의 행렬에 도달한다는 발상에서 시작되었다.

$$\mathrm{U}^* = \begin{bmatrix} D_1 & L_{21} & L_{31} & \cdots & L_{n1} \\ 0 & D_2 & L_{32} & \cdots & L_{n2} \\ 0 & 0 & D_3 & \cdots & L_{n3} \\ \vdots & \vdots & \vdots & \ddots & \vdots \\ 0 & 0 & 0 & 0 & D_n \end{bmatrix} \tag{3.47}$$

여기서 행렬 U는 $U_{ij} = D_i L_{ji}$로 만들어낸다. 이 기법을 이용하면 계산적으로 훨씬 효율적인 풀이 과정이 된다. 따라서 이것을 대칭대역행렬에 대해 채택한다.

예제 3.9 대칭행렬과 상삼각행렬

Gauss 소거법의 결과로, 대칭행렬 A는 다음의 상감각행렬로 변환되었다. 주어진 상삼각행렬을 이용하여 원행렬 A를 결정하라.

$$
\mathrm{U}=\begin{bmatrix} 4 & -2 & 1 & 0 \\ 0 & 3 & -3/2 & 1 \\ 0 & 0 & 3 & -3/2 \\ 0 & 0 & 0 & 35/12 \end{bmatrix}
$$

풀이

먼저 $\mathrm{A}=\mathrm{L}\,\mathrm{U}$에서 L을 찾는다. U의 각 행을 그 행의 대각요소로 나누면 다음과 같은 행렬을 얻는다.

$$
\mathrm{L}^T=\begin{bmatrix} 1 & -1/2 & 1/4 & 0 \\ 0 & 1 & -1/2 & 1/3 \\ 0 & 0 & 1 & -1/2 \\ 0 & 0 & 0 & 1 \end{bmatrix}
$$

따라서 $\mathrm{A}=\mathrm{LU}$ 또는

$$
\begin{aligned}
\mathrm{A} &= \begin{bmatrix} 1 & 0 & 0 & 0 \\ -1/2 & 1 & 0 & 0 \\ 1/4 & -1/2 & 1 & 0 \\ 0 & 1/3 & -1/2 & 1 \end{bmatrix}\begin{bmatrix} 4 & -2 & 1 & 0 \\ 0 & 3 & -3/2 & 1 \\ 0 & 0 & 3 & -3/2 \\ 0 & 0 & 0 & 35/12 \end{bmatrix} \\
&= \begin{bmatrix} 4 & -2 & 1 & 0 \\ -2 & 4 & -2 & 1 \\ 1 & -2 & 4 & -2 \\ 0 & 1 & -2 & 4 \end{bmatrix}
\end{aligned}
$$

예제 3.10 대칭행렬의 Doolittle 분해

다음의 대칭행렬 A를 Doolittle의 분해한 결과인 $\mathrm{A}=\mathrm{LDL}^T$를 만드는 L과 D를 결정하라.

$$
\mathrm{A}=\begin{bmatrix} 3 & -3 & 3 \\ -3 & 5 & 1 \\ 3 & 1 & 10 \end{bmatrix}
$$

풀이

Gauss 소거법을 이용하므로, 승수를 A의 상삼각 부분에 저장한다. 소거가 끝나면, 행렬은 식 (3.47)의 U^*의 형태가 된다. 첫 번째 과정에서 소거될 항들은 A_{21}과 A_{31}이며 다음의 행연산을 이용한다.

(2행) ← (2행) − (−1) × (1행)

(3행) ← (3행) − (1) × (1행)

A_{12}와 A_{13}이 차지하는 위치에 승수(−1과 1)를 저장하면, 다음을 얻는다.

$$\mathrm{A}' = \begin{bmatrix} 3 & -1 & 1 \\ 0 & 2 & 4 \\ 0 & 4 & 7 \end{bmatrix}$$

두 번째 과정은 다음의 연산이다.

(3행) ← (3행) − 2 × (2행)

이 연산 후에 승수 2를 A_{23}에 저장하면, 다음 행렬이 된다.

$$\mathrm{A}'' = [\mathbf{0} \setminus \mathrm{D} \setminus \mathrm{L}^T] = \begin{bmatrix} 3 & -1 & 1 \\ 0 & 2 & 2 \\ 0 & 0 & -1 \end{bmatrix}$$

따라서

$$\mathrm{L} = \begin{bmatrix} 1 & 0 & 0 \\ -1 & 1 & 0 \\ 1 & 2 & 1 \end{bmatrix}, \ \mathrm{U} = \begin{bmatrix} 3 & 0 & 0 \\ 0 & 2 & 0 \\ 0 & 0 & -1 \end{bmatrix}$$

예제 3.11 삼대각행렬의 LU 분해 풀이

주어진 계수행렬과 상수벡터가 다음과 같을 때 함수 Lud3 모듈을 이용하여 $\mathrm{A}\,\boldsymbol{x} = \boldsymbol{b}$를 풀어라.

$$\mathrm{A} = \begin{bmatrix} 2 & -1 & 0 & 0 & 0 \\ -1 & 2 & -1 & 0 & 0 \\ 0 & -1 & 2 & -1 & 0 \\ 0 & 0 & -1 & 2 & -1 \\ 0 & 0 & 0 & -1 & 2 \end{bmatrix}$$

$$\boldsymbol{b} = \begin{bmatrix} 5 \\ -5 \\ 4 \\ -5 \\ 5 \end{bmatrix}$$

풀이

주어진 식을 풀기 위한 코드는 다음과 같다.

코드 3.10 Ex0311.py

```
# 예제 3.11 삼대역행렬의 LU 분해 풀이

import numpy as np
from Lud3 import *
from PrintMatrix import *

def makeArr(n, ci, di, ei):
    A = np.zeros((n,n))

    A[0][0] = di
    A[0][1] = ei
    for i in range(1,n-1):
        A[i][i-1] = ci
        A[i][i]   = di
        A[i][i+1] = ei
    A[n-1][n-2] = ci
    A[n-1][n-1] = di

    return A

if __name__ == '__main__':
    A = makeArr(5, -1.0, 2.0, -1.0)
    b = np.array([5.0, -5.0, 4.0, -5.0, 5.0])

    print("선형연립방정식")
    printEqs(A, b)
    print("")

    # 검토계산을 위한 복사
    AOrg = A.copy()
    bOrg = b.copy()

    # 삼대각행렬 계산
    x = Lud3A(A, b, True)

    # 결과 출력
    print('\n계산 결과: \nx = ',x)

    print('\n결과 확인: [A]{x} - b = ', \
        np.dot(AOrg, x) - bOrg)
```

출력은 다음과 같다.

```
선형연립방정식
 2.000e+00 -1.000e+00  0.000e+00  0.000e+00  0.000e+00   |   5.000e+00
-1.000e+00  2.000e+00 -1.000e+00  0.000e+00  0.000e+00   |  -5.000e+00
 0.000e+00 -1.000e+00  2.000e+00 -1.000e+00  0.000e+00   |   4.000e+00
 0.000e+00  0.000e+00 -1.000e+00  2.000e+00 -1.000e+00   |  -5.000e+00
 0.000e+00  0.000e+00  0.000e+00 -1.000e+00  2.000e+00   |   5.000e+00

LU 분해된 삼대각행렬
 2.000e+00 -1.000e+00  0.000e+00  0.000e+00  0.000e+00
-5.000e-01  1.500e+00 -1.000e+00  0.000e+00  0.000e+00
 0.000e+00 -6.667e-01  1.333e+00 -1.000e+00  0.000e+00
 0.000e+00  0.000e+00 -7.500e-01  1.250e+00 -1.000e+00
 0.000e+00  0.000e+00  0.000e+00 -8.000e-01  1.200e+00

계산 결과:
x =  [ 2. -1.  1. -1.  2.]

결과 확인: [A]{x} - b =  [0. 0. 0. 0. 0.]
```

(4) 대칭오대각 계수행렬

4계 상미분방정식을 유한차분법으로 풀면 오대각(대역폭=5) 계수행렬을 만나게 된다. 이런 행렬은 보통 대칭이며, 이 경우 $n \times n$ 계수행렬은 다음의 형태를 갖는다.

$$\mathrm{A} = \begin{bmatrix} d_1 & e_1 & f_1 & 0 & 0 & 0 & \cdots & 0 \\ e_1 & d_2 & e_2 & f_2 & 0 & 0 & \cdots & 0 \\ f_1 & e_2 & d_3 & e_3 & f_3 & 0 & \cdots & 0 \\ 0 & f_2 & e_3 & d_4 & e_4 & f_4 & \cdots & 0 \\ \vdots & \vdots & \vdots & \vdots & \vdots & \vdots & \ddots & \vdots \\ 0 & \cdots & 0 & f_{n-4} & e_{n-3} & d_{n-2} & e_{n-2} & f_{n-2} \\ 0 & \cdots & 0 & 0 & f_{n-3} & e_{n-2} & d_{n-1} & e_{n-1} \\ 0 & \cdots & 0 & 0 & 0 & f_{n-2} & e_{n-1} & d_n \end{bmatrix} \tag{3.48}$$

삼대각행렬의 경우와 마찬가지로, 0이 아닌 요소들을 3개의 벡터에 저장한다.

$$\boldsymbol{d}=\begin{bmatrix} d_1 \\ d_2 \\ \vdots \\ d_{n-2} \\ d_{n-1} \\ d_n \end{bmatrix},\ \boldsymbol{e}=\begin{bmatrix} e_1 \\ e_2 \\ \vdots \\ e_{n-2} \\ e_{n-1} \\ e_n \end{bmatrix},\ \boldsymbol{f}=\begin{bmatrix} f_1 \\ f_2 \\ \vdots \\ f_{n-2} \\ f_{n-1} \\ f_n \end{bmatrix} \tag{3.49}$$

여기서 e_n, f_{n-1}, f_n은 어떤 값을 갖든지 상관없으며, 세 벡터의 크기를 일치시키기 위해 잉여로 넣은 요소이다.

이제는 Doolittle 분해법에 의해 방정식 $\mathrm{A}\boldsymbol{x}=\boldsymbol{b}$를 푸는 방법을 살펴보자. 첫 번째 단계는 행렬 A를 Gauss 소거법으로 상삼각행렬로 변환하는 것이다. 만일 k번째 행이 피봇행이 되는 단계까지 소거가 진행되었다면, 이 행렬은 다음과 같다.

$$\mathrm{A}=\left[\begin{array}{cc|ccc|ccc} \ddots & \vdots & \vdots & \vdots & \vdots & \vdots & \vdots & \vdots \\ \hline \cdots & 0 & d_k & e_k & f_k & 0 & 0 & 0\cdots \\ \cdots & 0 & e_k & d_{k+1} & e_{k+1} & f_{k+1} & 0 & 0\cdots \\ \cdots & 0 & f_k & e_{k+1} & d_{k+2} & e_{k+2} & f_{k+2} & 0\cdots \\ \hline \cdots & 0 & 0 & f_{k+1} & e_{k+2} & d_{k+3} & e_{k+3} & f_{k+3}\cdots \\ & \vdots & \vdots & \vdots & \vdots & \vdots & \vdots & \vdots\ \ddots \end{array}\right] \begin{array}{l} \\ \leftarrow (k\text{행}) \\ \\ \\ \\ \\ \end{array} \tag{3.50}$$

피봇행(k번째 행) 아래에 있는 요소 e_k와 f_k는 다음 연산에 의해 소거된다.

$$(k+1)\text{행} \leftarrow (k+1)\text{행} - (e_k/d_k) \times k\text{행}$$
$$(k+2)\text{행} \leftarrow (k+2)\text{행} - (f_k/d_k) \times k\text{행}$$

연산에 의해 변경되는 유일한 항(다른 항들은 소거됨)은 다음과 같다.

$$\begin{aligned} d_{k+1} &\leftarrow d_{k+1} - (e_k/d_k)\ e_k \\ e_{k+1} &\leftarrow e_{k+1} - (e_k/d_k)\ f_k \\ d_{k+2} &\leftarrow d_{k+2} - (f_k/d_k)\ f_k \end{aligned} \tag{3.51a}$$

행렬의 상삼각 부분에서 승수의 저장은 다음과 같다.

$$e_k \leftarrow (e_k/d_k),\ f_k \leftarrow (f_k/d_k) \tag{3.51b}$$

소거 단계의 결과에서 행렬은 다음의 형태를 갖는다(A의 원래 성분과 $\boldsymbol{d}$, $\boldsymbol{e}$, $\boldsymbol{f}$를 혼동하지 않도록 주의하자).

$$\mathrm{U}^* = \begin{bmatrix} d_1 & e_1 & f_1 & 0 & \cdots & 0 \\ 0 & d_2 & e_2 & f_2 & \cdots & 0 \\ 0 & 0 & d_3 & e_3 & \cdots & 0 \\ \vdots & \vdots & \vdots & \vdots & \ddots & \vdots \\ 0 & 0 & \cdots & 0 & d_{n-1} & e_{n-1} \\ 0 & 0 & \cdots & 0 & 0 & d_n \end{bmatrix} \tag{3.52}$$

이제는 풀이 단계이다. $\mathrm{L}\boldsymbol{y} = \boldsymbol{b}$는 다음의 확대계수행렬을 갖는다.

$$[\mathrm{L} \mid \boldsymbol{b}] = \left[\begin{array}{cccccc|c} 1 & 0 & 0 & 0 & \cdots & 0 & b_1 \\ e_1 & 1 & 0 & 0 & \cdots & 0 & b_2 \\ f_1 & e_2 & 1 & 0 & \cdots & 0 & b_3 \\ 0 & f_2 & e_3 & 1 & \cdots & 0 & b_4 \\ \vdots & \vdots & \vdots & \vdots & \ddots & \vdots & \vdots \\ 0 & 0 & 0 & f_{n-2} & e_{n-1} & 1 & b_n \end{array}\right] \tag{3.53}$$

전방대입에 의한 해는 다음과 같다.

$$\begin{aligned} y_1 &= b_1 \\ y_2 &= b_2 - e_1 y_1 \\ &\vdots \\ y_k &= b_k - f_{k-2} y_{k-2} - e_{k-1} y_{k-1}, \ (k = 3, 4, \cdots, n) \end{aligned} \tag{3.54}$$

이 방정식은 후방대입에 의해 풀어야 한다. 즉, 연립방정식 $\mathrm{U}\boldsymbol{x} = \boldsymbol{y}$는 다음의 확대계수행렬을 갖는다.

$$[\mathrm{U} \mid \boldsymbol{y}] = \left[\begin{array}{cccccc|c} d_1 & d_1 e_1 & d_1 f_1 & 0 & \cdots & 0 & y_1 \\ 0 & d_2 & d_2 e_2 & d_2 f_2 & \cdots & 0 & y_2 \\ 0 & 0 & d_3 & d_3 e_3 & \cdots & 0 & y_3 \\ \vdots & \vdots & \vdots & \vdots & \ddots & \vdots & \vdots \\ 0 & 0 & \cdots & 0 & d_{n-1} & d_{n-1} e_{n-1} & y_{n-1} \\ 0 & 0 & \cdots & 0 & 0 & d_n & y_n \end{array}\right] \tag{3.55}$$

이 연립방정식의 해는 후방대입에 의해 구할 수 있다.

$$
\begin{aligned}
x_n &= y_n / d_n \\
x_{n-1} &= y_{n-1} / d_{n-1} - e_{n-1} x_n \\
x_k &= \frac{y_k}{d_k} - e_k x_{k+1} - f_k x_{k+2}, \ (k = n-2, n-3, \cdots, 1)
\end{aligned}
\tag{3.56}
$$

Lud5 모듈

LudSym5 모듈은 앞의 Lud3와 비슷한 형태지만, 대칭오대각행렬을 푼다. 함수 decompLudSym5( )는 대칭오대각행렬 A를 $A = [f \setminus e \setminus d \setminus e \setminus f]$의 형태로 분해한다. 원벡터 d, e, f는 변경되고 분해된 행렬의 벡터로 대치된다. 분해 뒤에 연립방정식 $Ax = b$의 해는 solveLudSym5( )에 의해 얻을 수 있다. 전방대입 동안, 원벡터 b는 y로 치환된다. 마찬가지로 후방대입단계에서 y는 x로 덮어 쓰인다. 그리고 solveLudSym5( )를 나갈 때 b는 해벡터를 반환한다.

코드 3.11 LudSym5.py

```
# LudSym5.py 모듈
'''
    x = LudSym5A(A, b, prt)
        대칭오대각행렬을 입력하여 풀이
        [A]: 오대각행렬
        {b}: 우변벡터
        {x}: 오대각 선형연립방정식의 풀이

    d,e,f = decompLudSym5(d,e,f).
        대칭오대각행렬 [A]의 LU 분해.
        여기서 {f}, {e}, {d}는 [A]의 대각선.
        출력에서 {d},{e}, {f}는 분해행렬의 대각선

    x = solveLudSym5(d,e,f,b).
        [A]{x} = {b}의 해.
        여기서 {d}, {e}, {f}는 decompLud5()에서 반환된 벡터
    '''
import numpy as np

def decompLudSym5(d,e,f):
    n = len(d)
    for k in range(n-2):
        lam = e[k] / d[k]
        d[k+1] = d[k+1] - lam*e[k]
        e[k+1] = e[k+1] - lam*f[k]
```

코드 3.11 LudSym5.py(계속)

```
        e[k] = lam
        lam = f[k] / d[k]
        d[k+2] = d[k+2] - lam*f[k]
        f[k] = lam
    lam = e[n-2] / d[n-2]
    d[n-1] = d[n-1] - lam*e[n-2]
    e[n-2] = lam
    return d,e,f

def solveLudSym5(d,e,f,b):
    n = len(d)
    b[1] = b[1] - e[0]*b[0]
    for k in range(2,n):
        b[k] = b[k] - e[k-1]*b[k-1] - f[k-2]*b[k-2]

    b[n-1] = b[n-1] / d[n-1]
    b[n-2] = b[n-2] / d[n-2] - e[n-2]*b[n-1]
    for k in range(n-3,-1,-1):
        b[k] = b[k] / d[k] - e[k]*b[k+1] - f[k]*b[k+2]
    return b

# 오대각행렬을 3개의 벡터로 분리
def Penta2Vecs(A):
    n, _ = A.shape
    d = np.zeros(n)
    e = np.zeros(n)
    f = np.zeros(n)

    for i in range(1, n-2):
        d[i] = A[i][i]
        e[i] = A[i][i+1]
        f[i] = A[i][i+2]
    d[n-2] = A[n-2][n-2]
    e[n-2] = A[n-2][n-1]
    d[n-1] = A[n-1][n-1]
    return d, e, f

# 3개의 벡터를 오대각행렬로 결합
def Vecs2Penta(d, e, f):
    n = d.size
    A = np.zeros((n,n))

    # 상삼각 행렬 만들기
    for i in range(n-2):
```

코드 3.11 LudSym5.py(계속)

```
        A[i][i]   = d[i]
        A[i][i+1] = e[i]
        A[i][i+1] = f[i]
    A[n-2][n-2] = d[n-2]
    A[n-2][n-1] = e[n-2]
    A[n-1][n-1] = d[n-1]

    # 상삼각 -> 대칭
    for i in range(1, n):
        for j in range(i):
            A[i][j] = A[j][i]
    return A
```

예제 3.12 오대각행렬 풀이

다음의 크기 10인 오대각행렬의 해[1]를 구하라. 참고로 이 문제의 해는 $\boldsymbol{x} = [1,\ 1,\ \cdots,\ 1]^T$이다.

$$
\begin{bmatrix}
9 & -4 & 1 & 0 & \cdots & & & & & \\
-4 & 6 & -4 & 1 & 0 & \cdots & & & & \\
1 & -4 & 6 & -4 & 1 & 0 & & & & \\
0 & 1 & -4 & 6 & -4 & 1 & 0 & & & \\
\vdots & 0 & 1 & -4 & 6 & -4 & 1 & 0 & & \\
 & \vdots & 0 & 1 & -4 & 6 & -4 & 1 & 0 & \\
 & & & 0 & 1 & -4 & 6 & -4 & 1 & 0 \\
 & & & & 0 & 1 & -4 & 6 & -4 & 1 \\
 & & & & & 0 & 1 & -4 & 5 & -2 \\
 & & & & & & 0 & 1 & -2 & 1
\end{bmatrix}
\begin{bmatrix} x_1 \\ x_2 \\ x_3 \\ x_4 \\ x_5 \\ x_6 \\ x_7 \\ x_8 \\ x_9 \\ x_{10} \end{bmatrix} =
$$

풀이

주어진 오대각행렬을 코드 3.10을 이용하여 푸는 예제 코드는 다음과 같다.

코드 3.12 Ex0312.py

```
# 예제 3.12 오대각행렬 풀이

import numpy as np
from LudSym5 import *
```

1) Askar, S.S. and Karawia, A.A. (2015) "On solving pentadiagonal linear systems via transformations", Mathematical Problems in Engineering, Vol.2015, pp.1~9.

코드 3.12 Ex0312.py(계속)

```

if __name__ == '__main__':
    d = [ 9.0,  6.0,  6.0,  6.0,  6.0,  6.0,  6.0,  6.0,  5.0, 1.0]
    e = [-4.0, -4.0, -4.0, -4.0, -4.0, -4.0, -4.0, -4.0, \
        -2.0, 0.0]
    f = [ 1.0,  1.0,  1.0,  1.0,  1.0,  1.0,  1.0,  1.0,  1.0, 0.0]
    b = [6.0, -1.0, 0.0, 0.0, 0.0, 0.0, 0.0, 0.0, 0.0, 0.0]

    ld, le, lf = decompLudSym5(d, e, f)

    x = solveLudSym5(ld, le, lf, b)

    for i in range(len(x)):
        print("x[{0:d}] = {1:6.3f}".format(i, x[i]))
```

이 코드의 출력결과는 다음과 같다.

```
x[0] =  1.000
x[1] =  1.000
x[2] =  1.000
x[3] =  1.000
x[4] =  1.000
x[5] =  1.000
x[6] =  1.000
x[7] =  1.000
x[8] =  1.000
x[9] =  1.000
```

3.5 피봇팅

(1) 피봇팅의 필요성

때때로 풀이 알고리즘에서 나타난 방정식의 순서가 결과에 큰 영향을 미칠 수 있다. 예를 들어, 다음 방정식을 생각해보자.

$$
\begin{aligned}
&2x_1 - x_2 = 1 \\
&-x_1 + 2x_2 - x_3 = 0 \\
&-x_2 + x_3 = 0
\end{aligned}
\tag{3.57}
$$

이에 대응하는 확대계수행렬은 다음과 같다.

$$
[\mathrm{A} \mid b] = \left[\begin{array}{rrr|r} 2 & -1 & 0 & 1 \\ -1 & 2 & -1 & 0 \\ 0 & -1 & 1 & 0 \end{array}\right] \tag{3.58a}
$$

식 (3.58a)는 Gauss 소거법이나 LU 분해에 의해 엄밀해 $x_1 = x_2 = x_3 = 1$을 얻는 데 아무 문제가 없으므로 "옳은 순서"이다.

이제 첫째 행과 셋째 행을 교환해보면, 확대계수행렬은 다음과 같다.

$$
[\mathrm{A} \mid b] = \left[\begin{array}{rrr|r} 0 & -1 & 1 & 0 \\ -1 & 2 & -1 & 0 \\ 2 & -1 & 0 & 1 \end{array}\right] \tag{3.58b}
$$

방정식은 변경하지 않고 순서만 바꾸었으므로 그 해는 여전히 $x_1 = x_2 = x_3 = 1$이다. 그러나 피봇 요소인 A_{11}가 0이므로 Gauss 소거법은 실패한다.

이 예는 때때로 소거 단계에서 방정식의 순서를 재배열하는 것이 매우 중요하다는 것을 보여준다. 피봇 요소가 0이 아니라도 피봇행의 다른 요소에 비해 매우 작을 때는 재배열reordering 또는 행피봇팅row pivoting이 필요하다. 다음 연립방정식은 이것을 예시한다.

$$
[\mathrm{A} \mid b] = \left[\begin{array}{rrr|r} \varepsilon & -1 & 1 & 0 \\ -1 & 2 & -1 & 0 \\ 2 & -1 & 0 & 1 \end{array}\right] \tag{3.58c}
$$

이 방정식은 식 (3.58b)에서 0인 요소 대신에 작은 수 ε로 대치된 점 외에는 식 (3.58b)와 같다. 따라서 만일 $\varepsilon \to 0$이면, 식 (3.58b)와 식 (3.58c)는 같아야 한다. Gauss 소거법의 첫 번째 단계에서 확대계수행렬은 다음과 같다.

$$
[\mathrm{A}' \mid b'] = \left[\begin{array}{lrr|r} \varepsilon & -1 & 1 & 0 \\ 0 & 2-1/\varepsilon & -1+1/\varepsilon & 0 \\ 0 & -1+2/\varepsilon & -2/\varepsilon & 1 \end{array}\right] \tag{3.58d}
$$

컴퓨터에서 숫자를 저장하는 기억장소의 정해진 비트수이므로, 모든 숫자는 유한한 자릿수에서 반올림된다. 만일 ε이 매우 작다면, $1/\varepsilon$은 매우 크며, $2-1/\varepsilon$은 $-1/\varepsilon$로 반올림된다. 따라서 충분히 작은 ε에 대해서, 식 (3.58d)는 실제로는 다음과 같이 저장된다.

$$[\mathrm{A}' \mid b'] = \left[\begin{array}{ccc|c} \varepsilon & -1 & 1 & 0 \\ 0 & -1/\varepsilon & 1/\varepsilon & 0 \\ 0 & 2/\varepsilon & -2/\varepsilon & 1 \end{array}\right] \tag{3.58e}$$

둘째와 셋째 방정식은 서로 모순이므로, 풀이 과정은 또 다시 실패하고 만다. 소거법을 실행하기 전에 식 (3.58c)에서 첫 번째 방정식과 두 번째 방정식 또는 첫 번째 방정식과 세 번째 방정식을 서로 바꾼다면 이런 문제는 일어나지 않을 것이다. 이 예는 ε이 매우 작아서 마무리오차가 풀이 과정 전체를 실패하게 만드는 극단적인 사례이다. 만일 ε을 상당히 크게 만들어 풀이 과정은 실패하지 않게 하더라도, 마무리오차는 여전히 해를 신뢰할 수 없게 만들 정도로 클 것이다. 이런 경우는 피봇팅에 의해 해결할 수 있다.

(2) 대각지배성

$n \times n$ 행렬 A에서 각 대각요소의 절대값이 그 행의 다른 요소의 절대값의 합보다 크다면 이 행렬은 대각지배적diagonally dominant이라고 한다. 따라서 어떤 행렬이 대각지배적일 때는 다음 식을 만족한다.

$$|A_{ii}| > \sum_{\substack{j=1 \\ j \neq i}}^{n} |A_{ij}|, \quad (i = 1, 2, \cdots, n) \tag{3.59}$$

예를 들어, 다음 행렬은 대각지배적이 아니다.

$$\begin{bmatrix} -2 & 4 & -1 \\ 1 & -1 & 3 \\ 4 & -2 & 1 \end{bmatrix}$$

그러나 다음과 같이 행을 재배열하면, 이 행렬은 대각지배적이다.

$$\begin{bmatrix} 4 & -2 & 1 \\ -2 & 4 & -1 \\ 1 & -1 & 3 \end{bmatrix}$$

연립방정식 A$\boldsymbol{x}$ = $\boldsymbol{b}$의 계수행렬이 대각지배적이면, 피봇팅을 해도 해에 이득은 없다. 즉, 방정식은 이미 최적 순서로 배열되어 있다. 피봇팅의 전략은 계수행렬이 가능한 대각지배에 가깝게 되도록 방정식을 재배열하는 것이다. 이것은 다음에 논의할 크기조정 행피봇팅scaled row pivoting의 원리이다.

(3) 크기조정 행피봇팅과 Gauss 소거법

행피봇팅과 Gauss 소거법에 의해 A$\boldsymbol{x}$ = $\boldsymbol{b}$를 푸는 방법을 생각해보자. 피봇팅의 목적이 계수행렬의 대각지배성을 개선하는 것(즉, 피봇 요소를 피봇행의 다른 요소에 비해 가능한 크게 만드는 것)임을 상기하자. 다음과 같은 요소를 갖는 배열 $\boldsymbol{s}$를 만들면 비교가 쉬워진다.

$$s_i = \max_j |A_{ij}|, \ (i = 1, 2, \cdots, n) \tag{3.60}$$

따라서 i행의 축척계수scale factor라고 부르는 s_i는 행렬 A의 i행에서 가장 큰 요소의 절대값이다. 벡터 $\boldsymbol{s}$는 다음 알고리즘으로 구할 수 있다.

```
for i in range(n):
    s[i] = max(abs(a[i,:]))
```

요소 A_{ij}의 상대적인 크기(즉, i행에서 가장 큰 요소에 상대적인 크기)는 다음 비율로 정의된다.

$$r_{ij} = \frac{|A_{ij}|}{s_i} \tag{3.61}$$

소거 단계가 k번째 행이 피봇행인 단계에 이르렀다고 가정하자. 이 단계에서 확대계수행렬은 다음의 행렬이 된다.

$$\left[\begin{array}{cccccccc|c} A_{11} & A_{12} & A_{13} & \cdots & A_{1(k-1)} & A_{1k} & \cdots & A_{1n} & b_1 \\ 0 & A_{22} & A_{23} & \cdots & A_{2(k-1)} & A_{2k} & \cdots & A_{2n} & b_2 \\ 0 & 0 & A_{33} & \cdots & A_{3(k-1)} & A_{3k} & \cdots & A_{3n} & b_3 \\ \vdots & \vdots & \vdots & \cdots & \vdots & \vdots & \cdots & \vdots & \vdots \\ \hline 0 & & \cdots & & 0 & A_{kk} & \cdots & A_{kn} & b_k \\ \vdots & & \cdots & & \vdots & \vdots & \cdots & \vdots & \vdots \\ 0 & & \cdots & & 0 & A_{nk} & \cdots & A_{nn} & b_n \end{array}\right] \leftarrow \tag{3.62}$$

다음 피봇 요소로 A_{kk}를 자동적으로 채택하지 않고, '더 좋은' 피봇을 A_{kk} 아래의 k번째 열에서 찾는다. 최적의 선택은 상대 크기가 최대인 요소 A_{pk}이다. 즉, 다음과 같이 p를 선택한다.

$$r_{pk} = \max_j |r_{jk}|, \ (j > k) \tag{3.63}$$

만일 이런 요소를 찾게 되면, k행과 p행을 교환하고, 일반적인 소거 과정을 계속 진행한다. 이에 대응하는 행교환은 크기조정계수 배열 $\mathbf{s}$에서 수행되어야 한다는 점에 유의한다. 이 모든 것을 수행하는 알고리즘은 다음과 같다.

```
for k in range(0,n-1):
    # 최대 상대크기를 갖는 요소를 포함한 행을 찾는다
    p = argmax(abs(a[k:n,k])/s[k:n]) + k

    # 만일 이 요소가 매우 작으면, 이 행렬은 특이
    if abs(a[p,k]) < tol:
        error.err('행렬이 특이')

    # k행과 p행이 교환되어야 하는지 검토
    if p != k:
        # 필요시 행교환
        SwapRC.swapRows(b,k,p)
        SwapRC.swapRows(s,k,p)
        SwapRC.swapRows(a,k,p)

    # 소거법 진행
```

이 알고리즘에서 argmax(v)는 벡터 $\mathbf{v}$에서 가장 큰 요소의 지수를 반환한다. 행교환(또는 열교환)에 대한 알고리즘은 다음에 보일 모듈 SwapRC에 포함되어 있다.

SwapRC 모듈

함수 swapRows( )는 행렬이나 벡터 v의 i행과 j행을 교환하며, 함수 swapCols( )는 행렬 v의 i열과 j열을 교환한다.

코드 3.13 SwapRC.py

```
## SwapRC 모듈
'''
    vc = swapRows(vm,i,j).
        벡터 또는 행렬[vm]의 I행과 j행을 교환
    vc = swapCols(vm,i,j).
        행렬[vm]의 I열과 j열을 교환
'''
def swapRows(vm,i,j):
    vc = vm.copy()
    if len(vc.shape) == 1:
        t = vc[i]
        vc[i] = vc[j]
        vc[j] = t
    else:
        vc[[i,j],:] = vc[[j,i],:]
    return vc

def swapCols(vm,i,j):
    vc = vm.copy()
    vc[:,[i,j]] = vc[:,[j,i]]
    return vc
```

GaussPivot( )

함수 GaussPivot( )은 행피봇팅과 Gauss 소거법을 수행한다. 행교환 외에 소거와 풀이 단계는 3.2절에서 보인 GaussElimin( ) 함수와 같다.

코드 3.14 GaussPivot.py

```
## GaussPivot
''' x = GaussPivot(a,b,tol=1.0e-12).
    선형연립방정식 [a]{x} = {b}을
    행피봇팅을 하고 Gauss 소거법으로 푼다.
'''
import numpy as np
import SwapRC
```

코드 3.14 GaussPivot.py(계속)

```
def GaussPivot(a,b,tol=1.0e-12):
    n = len(b)

    # 크기 척도 설정
    s = np.zeros(n)
    for i in range(n):
        s[i] = max(np.abs(a[i,:]))

    for k in range(0,n-1):

        # 필요시 행교환
        p = np.argmax(np.abs(a[k:n,k])/s[k:n]) + k
        if abs(a[p,k]) < tol:
            print('특이행렬임')
            sys.exit()
        if p != k:
            SwapRC.swapRows(b,k,p)
            SwapRC.swapRows(s,k,p)
            SwapRC.swapRows(a,k,p)

        # 소거
        for i in range(k+1,n):
            if a[i,k] != 0.0:
                lam = a[i,k]/a[k,k]
                a[i,k+1:n] = a[i,k+1:n] - lam*a[k,k+1:n]
                b[i] = b[i] - lam*b[k]
    if abs(a[n-1,n-1]) < tol:
        print('특이행렬임')
        sys.exit()

    # 후방대입
    b[n-1] = b[n-1]/a[n-1,n-1]
    for k in range(n-2,-1,-1):
        b[k] = (b[k] - np.dot(a[k,k+1:n],b[k+1:n]))/a[k,k]
    return b
```

LUPivot 모듈

Gauss 소거 알고리즘은 약간 수정하면 Doolittle 분해로 바뀐다. 이 변경의 가장 중요한 점은 분해 단계 동안 행교환의 기록을 유지하는 점이다. LUdecomp( )에서 이 기록은 seq 배열에 유지된다. 초기에 seq는 [0, 1, 2, …]로 되어 있다. 두 행이 교환되면, 대응하는 요소를 seq에서도 교환된다. 따라서 seq는 원래의 행들이 재배열된 순서를 나타낸다. 이 정보는 풀이 단계인 LUsolve( )에 전달되며, 전방대입과 후방대입에 앞서 같은 순서로 상수벡터의 요소를 재배열하도록 한다. 이 모듈의 마지막에 행피봇팅을 이용하여 LU 분해를 한 뒤, 역행렬을 구하는 루틴을 추가하였다. 이에 대해서는 역행렬(3.8절)에서 다시 설명할 것이다.

코드 3.15 LUPivot.py

```
## LUPivot 모듈
''' a,seq = LUdecompPiv(a,tol=1.0e-9)
        행피봇팅을 이용하여 행렬 [a]의 LU 분해
        반환된 행렬 [a]는 상삼각에 [U], 하삼각에 [L]을 담음
        [L][U]는 [a]의 행단위 순열이며,
        이 순열은 벡터 {seq}에 저장됨

    x = LUsolve(a,b,seq)
        [L][U]{x} = {b}의 풀이
        여기서 행렬 [a]와 벡터 {seq}는 LUdecompPiv()의 반환값
'''
import sys
import numpy as np
import SwapRC

def LUdecompPiv(a,tol=1.0e-9):
    n = len(a)
    seq = np.array(range(n))

    # 크기 인수 설정
    s = np.zeros((n))
    for i in range(n):
        s[i] = max(abs(a[i,:]))

    for k in range(0,n-1):

        # 필요시 행교환
        p = np.argmax(np.abs(a[k:n,k])/s[k:n]) + k
        if abs(a[p,k]) <  tol:
            print('특이행렬임')
            sys.exit()
        if p != k:
            SwapRC.swapRows(s,k,p)
            SwapRC.swapRows(a,k,p)
            SwapRC.swapRows(seq,k,p)

```

코드 3.15 LUPivot.py(계속)

```
        # 소거
        for i in range(k+1,n):
            if a[i,k] != 0.0:
                lam = a[i,k]/a[k,k]
                a[i,k+1:n] = a[i,k+1:n] - lam*a[k,k+1:n]
                a[i,k] = lam
    return a,seq

def LUsolve(a,b,seq):
    n = len(a)

    # 상수벡터를 재정렬하여 {x}에 저장
    x = b.copy()
    for i in range(n):
        x[i] = b[seq[i]]

    # 풀이
    for k in range(1,n):
        x[k] = x[k] - np.dot(a[k,0:k],x[0:k])
    x[n-1] = x[n-1]/a[n-1,n-1]
    for k in range(n-2,-1,-1):
        x[k] = (x[k] - np.dot(a[k,k+1:n],x[k+1:n]))/a[k,k]
    return x
```

(4) 피봇팅 여부

피봇팅은 두 가지 단점이 있다. 하나는 계산 비용의 증가, 다른 하나는 계수행렬의 대칭성과 대역 구조를 파괴한다는 점이다. 후자는 공학계산에서 특별한 관심사이다. 앞 절에서 보인 것처럼 공학계산에서는 많은 경우 계수행렬이 대역적이고 대칭이며, 이 특성이 풀이에서 이용되기 때문이다. 다행히도 이런 행렬들은 보통 대각지배적이며, 피봇팅의 이득이 별로 없다.

피봇팅을 이용하여야 할 시점을 결정하는 데 확실한 규칙은 없다. 경험에서 보면, 만일 계수행렬이 대역적이면 피봇팅은 역효과를 낳는 것으로 보인다. 정부호이고 저차의 대칭행렬도 또한 피봇팅의 이득이 별로 없다. 또 피봇팅은 어디까지나 마무리오차를 제어하는 방법이며, 배정도 연산을 이용하면 마무리오차를 줄일 수 있다는 점을 상기해야 한다. 이러한 경험법칙들은 실제 공학 문제에서 나오는 방정식들에 대한 것임을 강조한다. 이런 경험법칙들을 따르지 않는 '교과서적' 예제를 만들어내기는 어렵지 않다.

예제 3.13 행피봇팅과 Gauss 소거법

계수행렬과 상수벡터가 다음과 같을 때, 크기조정 행피봇팅과 Gauss 소거법을 이용하여 연립방정식 $\mathrm{A}\boldsymbol{x} = \boldsymbol{b}$를 풀어라.

$$\mathrm{A} = \begin{bmatrix} 2 & -2 & 6 \\ -2 & 4 & 3 \\ -1 & 8 & 4 \end{bmatrix}, \ \boldsymbol{b} = \begin{bmatrix} 16 \\ 0 \\ -1 \end{bmatrix}$$

풀이

확대계수행렬과 축척계수배열은 다음과 같다.

$$[\mathrm{A} \mid \boldsymbol{b}] = \left[\begin{array}{ccc|c} 2 & -2 & 6 & 16 \\ -2 & 4 & 3 & 0 \\ -1 & 8 & 4 & -1 \end{array}\right], \ \boldsymbol{s} = \begin{bmatrix} 6 \\ 4 \\ 8 \end{bmatrix}$$

배열 s는 A의 각 행의 최대 요소의 절대값을 담고 있다. 이 단계에서 A의 첫 열의 모든 요소는 잠재적으로 피봇이다. 최적 피봇 요소를 결정하기 위해, 첫 열에서 요소들의 상대적인 크기를 계산한다.

$$\begin{bmatrix} r_{11} \\ r_{21} \\ r_{31} \end{bmatrix} = \begin{bmatrix} |A_{11}|/s_1 \\ |A_{21}|/s_2 \\ |A_{31}|/s_3 \end{bmatrix} = \begin{bmatrix} 1/3 \\ 1/2 \\ 1/8 \end{bmatrix}$$

r_{21}이 최대 요소이므로 A_{21}이 최적 피봇 요소라고 결론지을 수 있다. 따라서 확대계수행렬과 축척계수배열의 1행과 2행을 교환하면, 다음을 얻는다.

$$[\mathrm{A} \mid \boldsymbol{b}] = \left[\begin{array}{ccc|c} -2 & 4 & 3 & 0 \\ 2 & -2 & 6 & 16 \\ -1 & 8 & 4 & -1 \end{array}\right] \begin{array}{l} \leftarrow \\ \\ \\ \end{array}, \ \boldsymbol{s} = \begin{bmatrix} 4 \\ 6 \\ 8 \end{bmatrix}$$

이제는 Gauss 소거의 첫째 과정을 진행(화살표는 피봇행을 가리킴)하면, 다음을 얻는다.

$$[\mathrm{A}' \mid \boldsymbol{b}'] = \left[\begin{array}{ccc|c} -2 & 4 & 3 & 0 \\ 0 & 2 & 9 & 16 \\ 0 & 6 & 5/2 & -1 \end{array}\right], \ \boldsymbol{s} = \begin{bmatrix} 4 \\ 6 \\ 8 \end{bmatrix}$$

다음 소거 과정의 잠재 피봇 요소는 A'_{22}와 A'_{32}이다. 다음에서 최적 피봇 요소를 결정한다.

$$\begin{bmatrix} * \\ r_{22} \\ r_{32} \end{bmatrix} = \begin{bmatrix} * \\ |A_{22}|/s_2 \\ |A_{32}|/s_3 \end{bmatrix} = \begin{bmatrix} * \\ 1/3 \\ 3/4 \end{bmatrix}$$

1행이 이미 피봇행으로 사용되었으므로, r_{12}는 상관없다는 점에 유의한다. r_{32}가 r_{22}보다 크므로, 셋째행이 더 좋은 피봇행이다. 2행과 3행을 교환하면 다음과 같다.

$$[\mathrm{A}' \mid \boldsymbol{b}'] = \left[\begin{array}{ccc|c} -2 & 4 & 3 & 0 \\ 0 & 6 & 5/2 & -1 \\ 0 & 2 & 9 & 16 \end{array}\right] \leftarrow, \quad \boldsymbol{rs} = \begin{bmatrix} 4 \\ 8 \\ 6 \end{bmatrix}$$

두 번째 소거 과정을 진행하면 다음과 같다.

$$[\mathrm{A}'' \mid \boldsymbol{b}''] = [\mathrm{U}\ \boldsymbol{c}] = \left[\begin{array}{ccc|c} -2 & 4 & 3 & 0 \\ 0 & 6 & 5/2 & -1 \\ 0 & 0 & 49/6 & 49/3 \end{array}\right]$$

이것으로 소거 단계는 끝난다. 행렬 U는 다음과 같은 행렬 A의 행단위 순열의 LU 분해로 만들어졌음에 유의해야 한다.

$$\begin{bmatrix} -2 & 4 & 3 \\ -1 & 8 & 4 \\ 2 & -2 & 6 \end{bmatrix}$$

후방대입에 의한 $\mathrm{U}\boldsymbol{x} = \boldsymbol{c}$의 해는 피봇팅의 영향을 받지 않으므로, 더 이상 상세 계산은 생략한다. 결과는 $\boldsymbol{x} = [1\ \ -1\ \ 2]^T$이다.

다른 풀이

피봇팅을 하는 동안 방정식을 물리적으로 교환할 필요는 없다. 방정식을 그 자리에 그대로 두고서도 Gauss 소거를 진행할 수 있다. 소거는 다음과 같이 진행한다.

$$[\mathrm{A} \mid \boldsymbol{b}] = \left[\begin{array}{ccc|c} 2 & -2 & 6 & 16 \\ -2 & 4 & 3 & 0 \\ -1 & 8 & 4 & -1 \end{array}\right] \leftarrow$$

$$[\mathrm{A}' \mid \boldsymbol{b}'] = \left[\begin{array}{ccc|c} 0 & 2 & 9 & 16 \\ -2 & 4 & 3 & 0 \\ 0 & 6 & 5/2 & -1 \end{array}\right] \leftarrow$$

$$[\mathrm{A}'' \mid \boldsymbol{b}''] = \left[\begin{array}{rrr|r} 0 & 0 & 49/6 & 49/3 \\ -2 & 4 & 3 & 0 \\ 0 & 6 & 5/2 & -1 \end{array}\right]$$

이제부터 후방대입 단계가 조금 더 진행되어야 하므로, 풀어야 할 방정식의 순서는 재배열되어야 한다. 손계산에서는 직관적으로 순서를 결정할 수 있으므로 이것은 문제가 되지 않는다. 그렇지만 불행히도 컴퓨터는 '직관적으로' 작동되지 않는다. 이 어려움을 극복하기 위해, 소거 단계 동안 행순열을 추적하는 정수배열 $\boldsymbol{p}$를 유지해야 한다. $\boldsymbol{p}$의 내용은 선택된 피봇행의 순서를 나타낸다. 이 예제에서 Gauss 소거를 마치면 $\boldsymbol{p}$는 다음과 같다.

$$\boldsymbol{p} = \begin{bmatrix} 2 \\ 3 \\ 1 \end{bmatrix}$$

여기서 첫째 소거 과정에서 2행, 둘째 소거과정에서는 3행이 피봇행임을 알 수 있다. 이 연립방정식은 반대 순서로 후방대입에 의해 풀어진다. 즉, 방정식 1을 먼저 풀어 x_3을 구하고, 방정식 3을 풀어서 x_2 그리고 마지막으로 방정식 2를 풀어 x_1을 구한다.

예제 3.14 행피봇팅을 이용한 Gauss 소거법

예제 3.13에서 주어진 연립방정식 $\mathrm{A}\boldsymbol{x} = \boldsymbol{b}$를 GaussPivot( ) 함수를 이용하여 풀어라.

$$\mathrm{A} = \begin{bmatrix} 2 & -2 & 6 \\ -2 & 4 & 3 \\ -1 & 8 & 4 \end{bmatrix}, \quad \boldsymbol{b} = \begin{bmatrix} 16 \\ 0 \\ -1 \end{bmatrix}$$

풀이

코드 3.13의 SwapRC.py와 코드 3.14의 GaussPivot.py 모듈을 이용하여 주어진 문제를 푸는 코드는 다음과 같다.

코드 3.16 Ex0314.py

```
# 예제 3.14 행피봇팅을 이용한 Gauss 소거법

import numpy as np
from GaussPivot import *

if __name__ == '__main__' :
```

코드 3.16 Ex0314.py(계속)

```
A = np.array([[ 2.0, -2.0, 6.0],
              [-2.0,  4.0, 3.0],
              [-1.0,  8.0, 4.0]])
b = np.array([16.0, 0.0, -1.0])

AOrig = A.copy()      # 원행렬과 원벡터를 복사한다
bOrig = b.copy()

x = GaussPivot(A, b)  # Gauss 소거법에 의한 풀이

print('\n계산 결과: \nx = \n',x)
print('\n결과 확인: [A]{x} - b = \n', \
   np.dot(AOrig, x) - bOrig)
```

이 코드의 실행 결과는 다음과 같다.

```
계산 결과:
x =
 [ 1. -1.  2.]

결과 확인: [A]{x} - b =
 [0. 0. 0.]
```

3.6 Gauss-Seidel법

앞 절까지는 선형연립방정식의 직접 풀이법을 살펴보았다. 이제부터는 반복법을 살펴볼 것이다.

(1) Jacobi 반복법

연립방정식 $\mathrm{A}\,\boldsymbol{x} = \boldsymbol{b}$를 스칼라 표현하면 다음과 같다.

$$\sum_{j=1}^{n} A_{ij} x_j = b_i, \ (i = 1,\ 2,\ \cdots,\ n) \tag{3.64}$$

합산 기호에서 x_i를 포함하는 항을 뽑아내면, 다음과 같다.

$$A_{ii}x_i + \sum_{\substack{j=1 \\ j \neq i}}^{n} A_{ij}x_j = b_i, \ (i = 1, 2, \cdots, n) \tag{3.65}$$

x_i에 대해 풀면, 다음 식이 된다.

$$x_i = \frac{1}{A_{ii}}\left(b_i - \sum_{\substack{j=1 \\ j \neq i}}^{n} A_{ij}x_j\right), \ (i = 1, 2, \cdots, n) \tag{3.66}$$

마지막 식을 이용하면, 다음의 반복법을 구할 수 있다.

$$x_i \leftarrow \frac{1}{A_{ii}}\left(b_i - \sum_{\substack{j=1 \\ j \neq i}}^{n} A_{ij}x_j\right), \ (i = 1, 2, \cdots, n) \tag{3.67}$$

초기 벡터 $\boldsymbol{x}$를 선택하고 계산을 시작한다. 만일 해에 대한 적당한 초기값을 잡을 수 없으면, $\boldsymbol{x}$는 무작위로 선택할 수도 있다. 그다음에 식 (3.67)을 이용하여 $\boldsymbol{x}$의 각 요소에 대해서 계산을 한다. 이때 x_j는 가장 최근에 이용할 수 있는 값을 이용한다. 이렇게 하면 한 계산 주기가 끝난다. 이 과정을 연속된 반복 주기의 $\boldsymbol{x}$ 사이에서 계산값의 변화가 충분히 작아질 때까지 반복한다.

Jacobi( ) 함수

Jacobi 반복법에 의한 선형연립방정식 풀이 코드는 `Jacobi.py`이다. 단, 이 함수는 다음에 나올 `GaussSeidel( )` 함수에 비해 성능이 현저히 떨어지기 때문에 굳이 사용할 일은 없을 것이다.

코드 3.17 Jacobi.py

```
# Jacobi.py
# Jacobi 반복법  모듈
''' x, it = Jacobi(A, b, tol = 1.0e-7)
        Jacobi 법으로 [A]{x} = {b} 풀기.
'''
import math
import numpy as np

```

코드 3.17 Jacobi.py(계속)

```
def Jacobi(A, b, tol = 1.0e-7):
    rows, cols = A.shape
    x = b.copy()
    xo = b.copy()
    for k in range(1, 501):
        for i in range(rows):
            x[i] = b[i]
            for j in range(cols):
                if (i == j) : continue
                x[i] -= A[i][j] * xo[j]
            x[i] /= A[i][i]

        # 수렴성 검토
        for i in range(rows):
            if math.fabs((x[i] - xo[i]) > tol):
                break
        else:   # 수렴함
            return x, k

        xo = x.copy()
    else:
        print("Jacobi법은 수렴하지 않음")
```

예제 3.15 Jacobi법

다음 연립방정식의 해를 Jacobi법으로 풀어라.

$$\begin{bmatrix} 4 & -1 & 1 \\ -1 & 4 & -2 \\ 1 & -2 & 4 \end{bmatrix} \begin{bmatrix} x_1 \\ x_2 \\ x_3 \end{bmatrix} = \begin{bmatrix} 12 \\ -1 \\ 5 \end{bmatrix}$$

풀이

이를 풀기 위한 간단한 코드는 다음과 같다.

코드 3.18 Ex0315.py

```
## 예제 3.15 Jacobi법에 의한 선형연립방정식 풀이

import numpy as np
from Jacobi import *

```

코드 3.18 Ex0315.py(계속)

```
if __name__ == '__main__':
    A = np.array([[4.0, -1.0, 1.0],
        [-1.0, 4.0, -2.0], [1.0, -2.0, 4.0]])
    b = np.array([12.0, -1.0, 5.0])

    # 검증계산을 위한 복사
    AOrg = A.copy()
    bOrg = b.copy()

    # Jacobi법에 의한 계산
    x, it = Jacobi(A, b, tol = 1.0e-7)

    # 결과 출력
    print("반복횟수: ", it)
    print('\n계산 결과: x = ', x)

    print('\n결과 확인: [A]{x} - b = \n', \
        np.dot(AOrg, x) - bOrg)
```

이 코드를 실행한 결과는 다음과 같다.

```
반복횟수:  49

계산 결과: x =  [2.99999997 1.00000004 0.99999996]

결과 확인: [A]{x} - b =
 [-1.88599049e-07  2.57631099e-07 -2.57631092e-07]
```

이 간단한 연립방정식을 푸는 데 반복횟수가 49회나 된다. 따라서 개량하지 않으면 실용성이 매우 떨어진다.

(2) Gauss-Seidel법

Gauss-Seidel법은 Jacobi법을 약간 수정한 것이다. Jacobi법의 식 (3.67)에서 우변의 x_j는 이전 반복에서 계산된 값을 그대로 이용한다. 시간에 대한 항을 k라고 할 때 Jacobi법을 다시 쓰면 다음과 같다.

$$x_i^{(k)} \leftarrow \frac{1}{A_{ii}}\left(b_i - \sum_{\substack{j=1 \\ j \neq i}}^{n} A_{ij} x_j^{(k-1)}\right), \ (i = 1, 2, \cdots, n) \tag{3.68}$$

그런데 현재 i행을 계산한다고 하면, $i-1$행까지는 이미 k 시각의 값 $x^{(k)}$가 새로 계산되어 있을 것이다. 따라서 이 새로운 값을 이용하면, 식 (3.68)은 다음과 같이 바꿀 수 있다.

$$x_i^{(k)} \leftarrow \frac{1}{A_{ii}}\left(b_i - \sum_{j=1}^{i-1} A_{ij} x_j^{(k)} - \sum_{j=i+1}^{n} A_{ij} x_j^{(k-1)}\right), \ (i = 1, 2, \cdots, n) \tag{3.69}$$

예제 3.16 Gauss-Seidel법의 손계산

다음 방정식을 Gauss-Seidel법으로 풀어라.

$$\begin{bmatrix} 4 & -1 & 1 \\ -1 & 4 & -2 \\ 1 & -2 & 4 \end{bmatrix} \begin{bmatrix} x_1 \\ x_2 \\ x_3 \end{bmatrix} = \begin{bmatrix} 12 \\ -1 \\ 5 \end{bmatrix}$$

풀이

주어진 자료에서 식 (3.69)의 반복 공식은 다음과 같다.

$$x_1 = \frac{1}{4}(12 + x_2 - x_3)$$

$$x_2 = \frac{1}{4}(-1 + x_1 + 2x_3)$$

$$x_3 = \frac{1}{4}(5 - x_1 + 2x_2)$$

초기벡터로 $x_1 = x_2 = x_3 = 0$을 선택하면, 첫 번째 계산 결과는 다음과 같다.

$$x_1 = \frac{1}{4}(12 + 0 - 0) = 3.0$$

$$x_2 = \frac{1}{4}(-1 + 3 + 2 \times 0) = 0.5$$

$$x_3 = \frac{1}{4}(5 - 3 + 2 \times 0.5) = 0.75$$

마찬가지로 두 번째 계산 결과는 다음과 같다.

$$x_1 = \frac{1}{4}(12 + 0.5 - 0.75) = 2.9375$$

$$x_2 = \frac{1}{4}(-1 + 2.9375 + 2 \times 0.75) = 0.85938$$

$$x_3 = \frac{1}{4}(5 - 2.9375 + 2 \times 0.75) = 0.94531$$

그리고 세 번째 계산은 다음과 같다.

$$x_1 = \frac{1}{4}(12 + 0.85938 - 0.94531) = 2.97852$$

$$x_2 = \frac{1}{4}(-1 + 2.97852 + 2 \times 0.94531) = 0.96729$$

$$x_3 = \frac{1}{4}(5 - 2.97852 + 2 \times 0.96729) = 0.98902$$

5회 더 계산하면, 결과는 정확해 $x_1 = 3$, $x_2 = x_3 = 1$과 근사적으로 같아진다.

■ GaussSeidel( )

식 (3.69)를 이용하여 GaussSeidel( ) 함수를 구현해보자. 코드 3.17의 Jacobi법의 15~19행을 코드 3.19에서 Gauss-Seidel법의 15~20행으로 바꾼 것이다.

코드 3.19 GaussSeidel.py

```
1  # GaussSeidel.py
2  # Gauss-Seidel 반복법 모듈
3  ''' x, it = GaussSeidel(A, b, tol = 1.0e-7)
4          Gauss-Seidel법으로 [A]{x} = {b} 풀기
5  '''
6  import math
7  import numpy as np
8  
9  def GaussSeidel(A, b, tol = 1.0e-7):
10     rows, cols = A.shape
11     x  = np.zeros((rows), dtype=float)
12     xo = np.zeros((rows), dtype=float)
13     for k in range(1, 501):
14         for i in range(rows):
15             x[i] = b[i]
16             for j in range(i):
```

코드 3.19 GaussSeidel.py(계속)

```
                x[i] -= A[i][j] * x[j]
            for j in range(i+1, cols):
                x[i] -= A[i][j] * xo[j]
            x[i] = x[i] / A[i][i]

        # 수렴성 검토
        for i in range(rows):
            if math.fabs((x[i] - xo[i]) > tol):
                break
        else:   # 수렴함
            return x, k

        xo = x.copy()
    else:
        print("Gauss-Seidel법은 수렴하지 않음")
```

예제 3.17 Gauss-Seidel법 코드의 예제

다음 연립방정식의 해를 Gauss-Seidel법으로 풀어라. 이 연립방정식은 **예제 3.15**에서 Jacobi법으로 그리고 **예제 3.16**에서 Gauss-Seidel법의 손계산으로 푼 방정식과 같다.

$$\begin{bmatrix} 4 & -1 & 1 \\ -1 & 4 & -2 \\ 1 & -2 & 4 \end{bmatrix} \begin{bmatrix} x_1 \\ x_2 \\ x_3 \end{bmatrix} = \begin{bmatrix} 12 \\ -1 \\ 5 \end{bmatrix}$$

풀이

이를 풀기 위한 간단한 코드는 다음과 같다.

코드 3.20 Ex0317.py

```
# 예제 3.17 Gauss-Seidel법에 의한 선형연립방정식 풀이

import numpy as np
from GaussSeidel import *

if __name__ == '__main__':
    A = np.array([[4.0, -1.0, 1.0],
        [-1.0, 4.0, -2.0], [1.0, -2.0, 4.0]])
    b = np.array([12.0, -1.0, 5.0])
```

코드 3.20 Ex0317.py(계속)

```python

    # 검증계산을 위한 복사
    AOrg = A.copy()
    bOrg = b.copy()

    # Gauss-Seidel법에 의한 계산
    x, it = GaussSeidel(A, b, tol = 1.0e-7)

    # 결과 출력
    # 결과 출력
    print("반복횟수: ", it)
    print('\n계산 결과: x = ', x)

    print('\n결과 확인: [A]{x} - b = \n', \
        np.dot(AOrg, x) - bOrg)
```

이 코드를 실행한 결과는 다음과 같다. Gauss-Sedel법의 반복횟수는 12회이며, Jacobi법에 비해 현격하게 성능이 우수하다.

```
반복횟수:  12

계산 결과: x =  [3. 1. 1.]

결과 확인: [A]{x} - b =
 [-1.48077746e-08 -2.01986294e-09  0.00000000e+00]
```

(3) 연속이완법

Gauss-Seidel법의 수렴성은 이완relaxation이라고 알려진 기법으로 개선될 수 있다. 이 발상은 x_i의 새로운 값을 이전 값과 식 (3.69)에 의해 예측된 값의 가중평균으로 놓은 것이다. 이에 대응하는 반복 공식은 다음과 같다.

$$x_i^{(k)} \leftarrow (1-\omega)x_i^{(k-1)} + \frac{\omega}{A_{ii}}\left\{b_i - \sum_{j=1}^{i-1} A_{ij}x_j^{(k)} - \sum_{j=1}^{i-1} A_{ij}x_j^{(k+1)}\right\}, \ (i = 1,\ 2,\ \cdots,\ n) \quad (3.70)$$

여기서 가중값 ω는 이완계수relaxation factor라고 부른다. $\omega = 1$이면 이완을 하지 않으며, Gauss-

Seidel법이 된다. 만일 $\omega < 1$이면 식 (3.68)은 직전 계산값 x_i와 식 (3.67)로 계산된 값 사이의 보간값을 나타낸다. 이것을 과소이완under-relaxation이라 한다. 만일 $1 < \omega < 2$이면 과대이완over-relaxation이라 한다. $\omega > 1$인 경우를 특별히 연속이완법SOR, successive over-relaxation method이라 부르기도 한다.

계산 시작 전에 ω의 최적의 값을 결정하는 실용적인 방법은 없다. 그렇지만 실행 도중에 추정값을 계산할 수는 있다. $\Delta x^{(k)} = |\boldsymbol{x}^{(k-1)} - \boldsymbol{x}^{(k)}|$를(이완 없이, 즉 $\omega = 1$일 때 실행한) k번째 반복 동안 $\boldsymbol{x}$의 변화량이라고 하자. 만일 k가 충분히 크면(즉, $k \geq 5$), ω의 최적값의 근사는 다음과 같다.[2)]

$$\omega_{opt} \approx \frac{2}{2 + \sqrt{1 - \left(\dfrac{\Delta x^{(k+p)}}{\Delta x^{(k)}}\right)^{1/p}}} \tag{3.71}$$

여기서 p는 양의 정수이다.

GaussSeidel( ) 함수

앞서 작성한 **GaussSeidel( )** 함수를 일부 수정하여 이완이 있는 Gauss-Seidel법을 **GaussSeidel( )** 함수로 구현하고, 이를 **LinearEqs.py** 모듈에 넣었다. 앞의 **코드 3.19**와의 차이는 이완계수의 입력 부분과 식 (3.70)을 구현하기 위해, **코드 3.19**의 15~20행을 수정한 것이다.

코드 3.21 GaussSeidelRelax.py

```
# GaussSeidelRelax.py
# 이완이 있는 Gauss-Seidel 반복법 모듈
'''
    x, it = GaussSeidelRelax(A, b, omega = 1.0, tol = 1.0e-7)
        이완이 있는 Gauss-Seidel법으로 [A]{x} = {b} 풀기
'''
import math
import numpy as np

def GaussSeidelRelax(A, b, omega = 1.0, tol = 1.0e-7):

```

2) See, for example, Akai, T. J. (1994) Applied Numerical Methods for Engineers, John Wiley & Sons, p. 100.

코드 3.21 GaussSeidelRelax.py(계속)

```
    x = np.zeros((rows), dtype=float)
    xo = np.zeros((rows), dtype=float)
    for k in range(1, 501):
        for i in range(rows):
            dx = b[i]
            for j in range(i):
                dx -= A[i][j] * x[j]
            for j in range(i, cols):
                dx -= A[i][j] * xo[j]
            x[i] = xo[i] + omega * dx / A[i][i]

        # 수렴성 검토
        for i in range(rows):
            if math.fabs((x[i] - xo[i]) > tol): # 수렴 안 함
                break
        else:   # 수렴함
            return x, k

        xo = x.copy()   # 반복을 위한 복사

    else:
        print("Gauss-Seidel법은 수렴하지 않음")
```

예제 3.18 이완이 있는 Gauss-Seidel법

다음 연립방정식의 해를 이완이 있는 Gauss-Seidel법으로 풀어라. 이 연립방정식은 **예제 3.15**와 **예제 3.17**의 방정식과 동일하다.

$$\begin{bmatrix} 4 & -1 & 1 \\ -1 & 4 & -2 \\ 1 & -2 & 4 \end{bmatrix} \begin{bmatrix} x_1 \\ x_2 \\ x_3 \end{bmatrix} = \begin{bmatrix} 12 \\ -1 \\ 5 \end{bmatrix}$$

풀이

이를 풀기 위한 간단한 코드는 다음과 같다.

코드 3.22 Ex0318.py

```
# 예제 3.18 이완이 있는 Gauss-Seidel법에 의한 선형연립방정식 풀이

import numpy as np
```

코드 3.22 Ex0318.py(계속)

```
from GaussSeidelRelax import *

if __name__ == '__main__':
    A = np.array([[4.0, -1.0, 1.0],
        [-1.0, 4.0, -2.0], [1.0, -2.0, 4.0]])
    b = np.array([12.0, -1.0, 5.0])

    # 검증계산을 위한 복사
    AOrg = A.copy()
    bOrg = b.copy()

    # 이완이 있는 Gauss-Seidel법에 의한 계산
    x, it = GaussSeidelRelax(A, b, omega = 1.03, tol = 1.0e-7)

    # 결과 출력
    print("반복횟수: ", it)
    print('\n계산 결과: x = ', x)

    print('\n결과 확인: [A]{x} - b = \n', \
        np.dot(AOrg, x) - bOrg)
```

이 코드를 실행한 결과는 다음과 같다.

```
반복횟수:  9

계산 결과: x =  [3.00000031 1.00000035 1.00000008]

결과 확인: [A]{x} - b =
[9.69053476e-07  9.15846937e-07 -6.42255618e-08]
```

이완계수 $\omega = 1.03$으로 했을 경우 Gauss-Sedel법의 반복횟수는 9회이며, 이완이 없는 경우보다 약간 성능이 우수하다. 최적의 이완계수에 대해서는 독자들이 스스로 확인해보기 바란다. 선택인수 omega를 입력하지 않고 이 함수를 호출하면 이완이 없는 상태로 실행된다.

예제 3.19 Gauss-Seidel법의 수렴성

다음의 n원 연립방정식[3]을 이완 Gauss-Seidel법으로 푸는 컴퓨터 코드를 작성하라. 프로그램은 어떤 n에 대해서도 작동되어야 한다.

$$
\begin{bmatrix}
2 & -1 & 0 & 0 & \cdots & 0 & 0 & 0 & 1 \\
-1 & 2 & -1 & 0 & \cdots & 0 & 0 & 0 & 0 \\
0 & -1 & 2 & -1 & \cdots & 0 & 0 & 0 & 0 \\
\vdots & \vdots & \vdots & \vdots & \ddots & \vdots & \vdots & \vdots & \vdots \\
0 & 0 & 0 & 0 & \cdots & -1 & 2 & -1 & 0 \\
0 & 0 & 0 & 0 & \cdots & 0 & -1 & 2 & -1 \\
1 & 0 & 0 & 0 & \cdots & 0 & 0 & -1 & 2
\end{bmatrix}
\begin{bmatrix} x_1 \\ x_2 \\ x_3 \\ \vdots \\ x_{n-2} \\ x_{n-1} \\ x_n \end{bmatrix}
=
\begin{bmatrix} 0 \\ 0 \\ 0 \\ \vdots \\ 0 \\ 0 \\ 1 \end{bmatrix}
$$

만들어진 코드는 $n = 20$으로 실행하고, 반복횟수와 실행시간을 검토하라. 참고로 연립방정식의 정확해는 $x_i = -\frac{n}{4} + \frac{i}{2}$, $(i = 1, 2, \cdots, n)$이다.

풀이

이 예제의 풀이 코드는 다음과 같다.

코드 3.23 Ex0319.py

```
# 예제 3.19 Gauss-Seidel법의 수렴성

import numpy as np
from GaussSeidelRelax import *

def makeEqs(n):
    A = np.zeros((n,n), dtype=float)
    A[0][0] = 2.0
    A[0][1] = -1.0
    A[0][n-1] = 1.0
    for i in range(1,n-1):
        A[i][i-1] = -1.0
        A[i][i] = 2.0
        A[i][i+1] = -1.0
    A[n-1][0] = 1.0
    A[n-1][n-2] = -1.0
    A[n-1][n-1] = 2.0

    b = np.zeros(n, dtype=float)
    b[n-1] = 1.0
    return A, b

if __name__ == '__main__':
```

3) 이런 형태의 방정식을 주기 삼대각이라 한다. 이것은 주기경계조건의 2계 미분방정식의 유한차분 수식화에서 생긴다.

코드 3.23 Ex0319.py(계속)

```
# 방정식 구성
n = int(input("방정식의 수 ==> "))

A, b = makeEqs(n)
# print("A = \n", A)
# print("b = \n", b)

x = np.zeros(n)
xe = np.zeros(n)
# 정확해
for i in range(n):
    xe[i] = -n / 4.0 + i / 2.0

# 선형연립방정식 풀이
A0 = A.copy()
b0 = b.copy()

x, it = GaussSeidelRelax(A, b, omega = 1.2, tol=1.0e-6)

c = np.dot(A0, x) - b0

print("\n반복횟수 =", it)
print("        해        정확해")
for i in range(n):
    print("{0:12.8f} {0:12.8f}".format(x[i], xe[i]))
print("검증 = \n", c)
```

프로그램의 출력은 다음과 같다.

```
방정식의 수 ==> 20

반복횟수 = 338
       해           정확해
 -4.50002384  -4.50002384
 -4.00002530  -4.00002530
 -3.50002614  -3.50002614
 -3.00002633  -3.00002633
 -2.50002586  -2.50002586
 -2.00002476  -2.00002476
 -1.50002305  -1.50002305
 -1.00002078  -1.00002078
```

```
 -0.50001800  -0.50001800
 -0.00001479  -0.00001479
  0.49998877   0.49998877
  0.99999260   0.99999260
  1.49999660   1.49999660
  2.00000067   2.00000067
  2.50000471   2.50000471
  3.00000862   3.00000862
  3.50001230   3.50001230
  4.00001566   4.00001566
  4.50001863   4.50001863
  5.00002112   5.00002112

검증 =
 [-1.24472858e-06 -6.30147579e-07 -6.48570052e-07 -6.50907375e-07
 -6.37158711e-07 -6.07720557e-07 -5.63375547e-07 -5.05271751e-07
 -4.34893027e-07 -3.54021182e-07 -2.64690905e-07 -1.69138614e-07
 -6.97465050e-08  3.10168087e-08  1.30657575e-07  2.26718589e-07
  3.16839763e-07  3.98816072e-07  4.70651468e-07 -2.16229687e-07]
```

계수행렬이 대각 수렴성이 없기 때문에, 수렴은 상당히 느리다. A의 요소를 식 (3.63)에 대입하면, 대각지배성이 작다는 것을 알 수 있다. 만일 계수의 각 대각항(**코드 3.23**의 8행)을 2.0에서 4.0으로 문제를 바꾸면 A는 대각지배적이 되고, 해는 반복계산 17회 만에 수렴한다.

3.7 공액경사법

다음의 스칼라 함수를 최소화하는 벡터 $\boldsymbol{x}$를 찾는 문제를 생각하자.

$$f(\boldsymbol{x}) = \frac{1}{2}\boldsymbol{x}^T \mathrm{A}\boldsymbol{x} - \boldsymbol{b}^T\boldsymbol{x} \tag{3.72}$$

여기서 행렬 A는 대칭이고 양의 정부호이다. 경사 $\nabla f = \mathrm{A}\boldsymbol{x} - \boldsymbol{b}$가 0일 때, $f(\boldsymbol{x})$가 최소이므로, 최소화는 다음 연립방정식을 푸는 것과 등가이다.

$$\mathrm{A}\boldsymbol{x} = \boldsymbol{b}$$

공액경사법은 초기 벡터 $\boldsymbol{x}_0$에서 시작하여 반복에 의해 $f(x)$를 최고화한다. 각 반복주기 k에서 다음과 같이 개선된 해를 계산한다.

$$\boldsymbol{x}_{k+1} = \boldsymbol{x}_k + \alpha_k \boldsymbol{s}_k \tag{3.73}$$

단계길이 α_k는 $\boldsymbol{x}_{k+1}$가 탐색방향 $\boldsymbol{s}_k$에서 $f(\boldsymbol{x}_{k+1})$을 최소화하도록 선택한다. 즉, $\boldsymbol{x}_{k+1}$는 식 (3.73)을 만족해야 한다.

$$\mathrm{A}(\boldsymbol{x}_k + \alpha_k \boldsymbol{s}_k) = \boldsymbol{b} \tag{3.74}$$

다음과 같은 잔차를 도입하자.

$$\boldsymbol{r}_k = \boldsymbol{b} - \mathrm{A}\boldsymbol{x}_k \tag{3.75}$$

식 (3.74)는 $\alpha_k \mathrm{A}\, \boldsymbol{s}_k = \boldsymbol{r}_k$이 된다. 양변의 좌측에 $\boldsymbol{s}_k^T$를 곱하고 α_k에 대해 풀면 다음 식을 얻는다.

$$\alpha_k = \frac{\boldsymbol{s}_k^T \boldsymbol{r}_k}{\boldsymbol{s}_k^T \mathrm{A} \boldsymbol{s}_k} \tag{3.76}$$

아직까지 여전히 탐색방향 $\boldsymbol{s}_k$를 결정해야 하는 문제가 남아 있다. 직관적으로 $\boldsymbol{s}_k = -\nabla f = \boldsymbol{r}_k$이라고 선택할 수 있다. 왜냐하면, 이것이 $f(\boldsymbol{x})$에서 최대 음수변화의 방향이기 때문이다. 나머지 과정은 최급강하법method of steepest descent으로 알려져 있다. 이것은 그 수렴속도가 느릴 수 있기 때문에 인기 있는 알고리즘이 아니다. 그보다 더 인기 있는 공액경사법conjugate gradient method은 다음의 탐색방향을 이용한다.

$$\boldsymbol{s}_{k+1} = \boldsymbol{r}_{k+1} + \beta_k \boldsymbol{s}_k \tag{3.77}$$

상수 β_k은 두 개의 연속된 탐색방향인 서로 공액이 되도록, 즉 다음과 같이 되도록 선택한다.

$$\boldsymbol{s}_{k+1}^T \mathrm{A} \boldsymbol{s}_k = 0 \tag{3.78}$$

공액경사의 큰 매력은 한 공액방향으로 최소화를 했을 때, 이전에 한 최소화를 무효로 만들지 않는다(최소화가 서로 간섭을 일으키지 않는다)는 점이다.

식 (3.77)에서 $\boldsymbol{s}_{k+1}$을 식 (3.78)에 대입하면, 다음 식을 얻는다.

$$(\boldsymbol{r}_{k+1}^T + \beta_k \boldsymbol{s}_k^T)\mathrm{A}\boldsymbol{s}_k = 0 \tag{3.79}$$

이것으로 다음의 결과를 얻는다.

$$\beta_k = -\frac{\boldsymbol{r}_{k+1}^T \mathrm{A}\boldsymbol{s}_k}{\boldsymbol{s}_k^T \mathrm{A}\boldsymbol{s}_k} \tag{3.80}$$

다음은 공액경사 알고리즘의 개요이다.

x_0를 선택한다. (어떤 벡터든지 상관없다.)
$r_0 \leftarrow b - \mathrm{A}x_0$로 놓는다.
$s_0 \leftarrow r$로 놓는다. (이전의 탐색방향이 없으면, 최급강하 방향을 선택한다.)
do with $k = 0, 1, 2, \cdots$

$\alpha_k \leftarrow \dfrac{\boldsymbol{s}_k^T \boldsymbol{r}_k}{\boldsymbol{s}_k^T \mathrm{A}\boldsymbol{s}_k}$

$\boldsymbol{x}_{k+1} \leftarrow \boldsymbol{x}_k + \alpha_k \boldsymbol{s}_k$

$\boldsymbol{r}_{k+1} \leftarrow \boldsymbol{b} - \mathrm{A}\boldsymbol{x}_{k+1}$

if $|\boldsymbol{r}_{k+1}| \le \varepsilon$ exit loop (ε는 허용오차)

$\beta_k \leftarrow -\dfrac{\boldsymbol{r}_{k+1}^T \mathrm{A}\boldsymbol{s}_k}{\boldsymbol{s}_k^T \mathrm{A}\boldsymbol{s}_k}$

$\boldsymbol{s}_{k+1} \leftarrow \boldsymbol{r}_{k+1} + \beta_k \boldsymbol{s}_k$

알고리즘에 의해 만들어진 잔차 벡터 $\boldsymbol{r}_1, \boldsymbol{r}_2, \boldsymbol{r}_3, \cdots$은 서로 직교한다. 즉, $\boldsymbol{r}_i \cdot \boldsymbol{r}_j = 0,\ (i \neq j)$이다. 이제 n개의 잔차 벡터를 계산할 정도로 충분한 수의 반복계산을 실행했다고 하자. 다음 반복에서 만들어지는 잔차는 영벡터($\boldsymbol{r}_{n+1} = 0$)이어야 하며, 해를 얻었다는 것을 의미한다. n회의 계산 주기 후에 정확해에 도달했기 때문에, 공액경사 알고리즘은 더 이상 반복법이 아닌 것으로 보인다. 그러나 실제로 수렴은 보통 n회보다 이전에 이루어진다.

연립방정식의 크기가 작을 때는 공액경사법은 직접법과 경쟁이 되지 않는다. 이 방법의 강점은 큰 성긴(A의 대부분의 요소가 0인) 시스템을 다룰 때 나타난다. A는 벡터에 의한 곱셈을 할 때만, 즉, $\mathrm{A}\boldsymbol{v}$의 형태로 알고리즘에 들어간다. 여기서 $\boldsymbol{v}$는 벡터($\boldsymbol{x}_{k+1}$ 또는 $\boldsymbol{s}_k$)이다. 만일

A가 성긴행렬이면, 공액경사 알고리즘에 A가 아니라 그 곱셈을 전달하는 효율적인 프로그램을 작성할 수 있다.

conjGrad( )

`conjGrad( )` 함수는 공액경사 알고리즘을 구현한 것이다. 최대가능 반복횟수는 n(미지수)으로 설정한다. `conjGrad( )` 메서드는 곱셈 Av를 반환하는 함수 `Av( )`를 호출한다. 이 함수는 이용자가 제공하여야 한다(**예제 3.19** 참조). 또한 이용자는 초기벡터 $\boldsymbol{x}_0$와 (우변의) 상수벡터 b를 제공하여야 한다. 이 함수는 해벡터 $\boldsymbol{x}$와 반복계산횟수를 반환한다.

코드 3.24 ConjGrad.py

```
## ConjGrad.py
## ConjGrad 모듈
''' x, it = conjGrad(Av,x,b,tol=1.0e-9)
        공액경사법으로 [A]{x} = {b} 풀기
        행렬 [A]는 성긴행렬이다
        이용자는 [A]{v}를 반환하는 함수 Av(v)와
        시작벡터 x를 제공해야 한다
'''
import math
import numpy as np

def conjGrad(Av, x, b, tol=1.0e-9):
    n = len(b)
    r = b - Av(x)
    s = r.copy()
    for i in range(n):
        u = Av(s)
        alpha = np.dot(s,r)/np.dot(s,u)
        x = x + alpha*s
        r = b - Av(x)
        if(math.sqrt(np.dot(r,r))) < tol:
            break
        else:
            beta = -np.dot(r,u)/np.dot(s,u)
            s = r + beta*s
    return x,i
```

예제 3.20 **공액경사법의 손계산**

예제 3.16의 방정식을 공액경사법으로 풀어라.

풀이

공액경사법은 3번의 반복계산 후에 수렴한다. 초기벡터를 $\boldsymbol{x}_0 = [0\ 0\ 0]^T$로 선택하면, 계산 결과는 다음과 같다.

1회 반복:

$$\boldsymbol{r}_0 = \boldsymbol{b} - \mathrm{A}\boldsymbol{x}_0 = \begin{bmatrix} 12 \\ -1 \\ 5 \end{bmatrix} - \begin{bmatrix} 4 & -1 & 1 \\ -1 & 4 & -2 \\ 1 & -2 & 4 \end{bmatrix}\begin{bmatrix} 0 \\ 0 \\ 0 \end{bmatrix} = \begin{bmatrix} 12 \\ -1 \\ 5 \end{bmatrix}$$

$$\boldsymbol{s}_0 = \boldsymbol{r}_0 = \begin{bmatrix} 12 \\ -1 \\ 5 \end{bmatrix}$$

$$\mathrm{A}\boldsymbol{s}_0 = \begin{bmatrix} 4 & -1 & 1 \\ -1 & 4 & -2 \\ 1 & -2 & 4 \end{bmatrix}\begin{bmatrix} 12 \\ -1 \\ 5 \end{bmatrix} = \begin{bmatrix} 54 \\ -26 \\ 34 \end{bmatrix}$$

$$\alpha_0 = \frac{\boldsymbol{s}_0^T \boldsymbol{r}_0}{\boldsymbol{s}_0^T \mathrm{A} \boldsymbol{s}_0} = \frac{12^2 + (-1)^2 + 5^2}{12(54) + (-1)(-26) + 5(34)} = 0.20142$$

$$\boldsymbol{x}_1 = \boldsymbol{x}_0 + \alpha_0 \boldsymbol{s}_0 = \begin{bmatrix} 0 \\ 0 \\ 0 \end{bmatrix} + 0.2142\begin{bmatrix} 12 \\ -1 \\ 5 \end{bmatrix} = \begin{bmatrix} 2.41704 \\ -0.20142 \\ 1.00710 \end{bmatrix}$$

2회 반복:

$$\boldsymbol{r}_0 = \boldsymbol{b} - \mathrm{A}\boldsymbol{x}_0 = \begin{bmatrix} 12 \\ -1 \\ 5 \end{bmatrix} - \begin{bmatrix} 4 & -1 & 1 \\ -1 & 4 & -2 \\ 1 & -2 & 4 \end{bmatrix}\begin{bmatrix} 2.41704 \\ -0.20142 \\ 1.00710 \end{bmatrix} = \begin{bmatrix} 1.12332 \\ 4.23692 \\ -1.84828 \end{bmatrix}$$

$$\beta_0 = -\frac{\boldsymbol{r}_1^T \mathrm{A} \boldsymbol{s}_0}{\boldsymbol{s}_0^T \mathrm{A}\, \boldsymbol{s}_0} = -\frac{1.12332(54) + 4.23692(-26) - 1.84828(34)}{12(54) + (-1)(-26) + 5(34)} = 0.133107$$

$$\boldsymbol{s}_1 = \boldsymbol{r}_1 + \beta_0 \boldsymbol{s}_0 = \begin{bmatrix} 1.12332 \\ 4.23692 \\ -1.84828 \end{bmatrix} + 0.133107\begin{bmatrix} 12 \\ -1 \\ 5 \end{bmatrix} = \begin{bmatrix} 2.72076 \\ 4.10380 \\ -1.18268 \end{bmatrix}$$

$$\mathrm{A}\boldsymbol{s}_1 = \begin{bmatrix} 4 & -1 & 1 \\ -1 & 4 & -2 \\ 1 & -2 & 4 \end{bmatrix}\begin{bmatrix} 2.72076 \\ 4.10380 \\ -1.18268 \end{bmatrix} = \begin{bmatrix} 5.59656 \\ 16.05980 \\ -10.21760 \end{bmatrix}$$

$$\alpha_1 = \frac{\boldsymbol{s}_1^T \boldsymbol{r}_1}{\boldsymbol{s}_1^T \mathrm{A} \boldsymbol{s}_1}$$

$$= \frac{2.72076(1.12332) + 4.10380(4.23692) + (-1.18268)(-1.84828)}{2.72076(5.59656) + 4.10380(16.05980) + (-1.18268)(-10.21760)}$$

$$= 0.24276$$

$$\boldsymbol{x}_2 = \boldsymbol{x}_1 + \alpha_1 \boldsymbol{s}_1 = \begin{bmatrix} 2.41704 \\ -0.20142 \\ 1.00710 \end{bmatrix} + 0.2142 \begin{bmatrix} 2.72076 \\ 4.10380 \\ -1.18268 \end{bmatrix} = \begin{bmatrix} 3.07753 \\ 0.79482 \\ 0.71999 \end{bmatrix}$$

3회 반복:

$$\boldsymbol{r}_1 = \boldsymbol{b} - \mathrm{A}\boldsymbol{x}_1 = \begin{bmatrix} 12 \\ -1 \\ 5 \end{bmatrix} - \begin{bmatrix} 4 & -1 & 1 \\ -1 & 4 & -2 \\ 1 & -2 & 4 \end{bmatrix} \begin{bmatrix} 3.07753 \\ 0.79482 \\ 0.71999 \end{bmatrix} = \begin{bmatrix} -0.23529 \\ 0.33823 \\ 0.63215 \end{bmatrix}$$

$$\beta_1 = -\frac{\boldsymbol{r}_2^T \mathrm{A} \boldsymbol{s}_1}{\boldsymbol{s}_1^T \mathrm{A} \boldsymbol{s}_{01}}$$

$$= -\frac{(-0.23529)(5.59655) + 0.33823(16.05980) + 0.63215(-10.21760)}{2.72076(5.59655) + 4.10380(16.05980) + (-1.18268)(-10.21760)}$$

$$= 0.025145$$

$$\boldsymbol{s}_2 = \boldsymbol{r}_2 + \beta_1 \boldsymbol{s}_2 = \begin{bmatrix} -0.23529 \\ 0.33823 \\ 0.63215 \end{bmatrix} + 0.025145 \begin{bmatrix} 2.72076 \\ 4.10380 \\ -1.18268 \end{bmatrix} = \begin{bmatrix} -0.166876 \\ 0.441421 \\ 0.602411 \end{bmatrix}$$

$$\mathrm{A}\boldsymbol{s}_2 = \begin{bmatrix} 4 & -1 & 1 \\ -1 & 4 & -2 \\ 1 & -2 & 4 \end{bmatrix} \begin{bmatrix} -0.166876 \\ 0.441421 \\ 0.602411 \end{bmatrix} = \begin{bmatrix} -0.506514 \\ 0.727738 \\ 1.359930 \end{bmatrix}$$

$$\alpha_2 = \frac{\boldsymbol{s}_2^T \boldsymbol{r}_2}{\boldsymbol{s}_2^T \mathrm{A} \boldsymbol{s}_2}$$

$$= \frac{(-0.23529)(-0.166876) + 0.33823(0.441421) + 0.63215(0.602411)}{(-0.166876)(-0.506514) + 0.441421(0.727738) + 0.602411(1.359930)}$$

$$= 0.46480$$

$$\boldsymbol{x}_3 = \boldsymbol{x}_2 + \alpha_2 \boldsymbol{s}_2 = \begin{bmatrix} 3.07753 \\ 0.79482 \\ 0.71999 \end{bmatrix} + 0.46480 \begin{bmatrix} -0.166876 \\ 0.441421 \\ 0.602411 \end{bmatrix} = \begin{bmatrix} 2.99997 \\ 0.99999 \\ 0.99999 \end{bmatrix}$$

이때 해 $\boldsymbol{x}_3$은 소수점 이하 5자리까지 거의 정확하다. 작은 오차는 계산 과정 중의 마무리오차 때문일 것이다.

예제 3.21 공액경사법 코드를 이용한 계산

$n = 20$을 이용하여 공액경사법으로 **예제 3.19**를 풀어라.

풀이

코드 3.25는 ConjGrad( ) 함수를 이용한다. 해벡터 $\boldsymbol{x}$는 프로그램에서 초기에 0으로 초기화된다. 함수 Ax(v)는 곱셈 $\mathrm{A}\boldsymbol{v}$를 반환한다. 여기서 A는 계수행렬이고 $\boldsymbol{v}$는 벡터이다. 주어진 A에 대해 벡터 $\mathrm{A}\,\boldsymbol{x}(\boldsymbol{v})$의 요소들은 다음과 같다.

$$(\mathrm{A}\boldsymbol{x})_1 = 2v_1 - v_2 + v_n$$

$$(\mathrm{A}\boldsymbol{x})_i = -v_{i-1} + 2v_i - v_{i+1}, \ (i = 2, 3, \cdots, n-1)$$

$$(\mathrm{A}\boldsymbol{x})_n = -v_{n-1} + 2v_n + v_1$$

이 풀이과정을 코드로 구현하면 다음과 같다.

코드 3.25 Ex0321.py

```
## 예제 3.21 공액경사법

import numpy as np
from ConjGrad import *

def Ax(v):
    n = len(v)
    Ax = np.zeros(n)
    Ax[0] = 2.0*v[0] - v[1]+v[n-1]
    Ax[1:n-1] = -v[0:n-2] + 2.0*v[1:n-1] -v[2:n]
    Ax[n-1] = -v[n-2] + 2.0*v[n-1] + v[0]
    return Ax

if __name__ == '__main__':
    n = int(input("방정식의 수 ==> "))
    b = np.zeros(n)
    b[n-1] = 1.0
    x = np.zeros(n)
    # print("상수벡터 = ", b)
    xe = np.zeros(n)
    # 정확해
    for i in range(n):
        xe[i] = -n / 4.0 + i / 2.0

```

코드 3.25 Ex0321.py(계속)

```
    # 연립방정식 풀이
    x, it = conjGrad(Ax, x, b)

    print("반복계산횟수 =", it)
    print("         해         정확해")
    for i in range(n):
        print("{0:12.8f} {0:12.8f}".format(x[i], xe[i]))
```

프로그램의 실행 결과는 다음과 같다.

```
방정식의 수 ==> 20
반복계산횟수 = 9
        해           정확해
 -4.50000000  -4.50000000
 -4.00000000  -4.00000000
 -3.50000000  -3.50000000
 -3.00000000  -3.00000000
 -2.50000000  -2.50000000
 -2.00000000  -2.00000000
 -1.50000000  -1.50000000
 -1.00000000  -1.00000000
 -0.50000000  -0.50000000
  0.00000000   0.00000000
  0.50000000   0.50000000
  1.00000000   1.00000000
  1.50000000   1.50000000
  2.00000000   2.00000000
  2.50000000   2.50000000
  3.00000000   3.00000000
  3.50000000   3.50000000
  4.00000000   4.00000000
  4.50000000   4.50000000
  5.00000000   5.00000000
```

단 9회의 계산 만에 수렴된 반면에 Gauss-Seidel법에서는 300회 이상의 반복계산이 필요하다.

3.8 역행렬

$n \times n$ 행렬 A의 역행렬은 A^{-1}로 표기하며, 다음 특성을 가진 $n \times n$ 행렬로 정의한다.

$$A^{-1}A = AA^{-1} = I \tag{3.81}$$

여기서 I는 앞서 설명한 항등행렬이다. 그런데 역행렬은 항상 존재하는 것이 아니라, 행렬의 특성($|A| = 0$)에 따라 존재하지 않을 수도 있다. 역행렬이 존재하는 행렬을 가역행렬invertible matrix, 정칙행렬regular matrix, 비특이행렬non-singular matrix이라 부르고, 반대로 역행렬이 존재하지 않는 행렬을 특이행렬singular matrix, 비가역행렬non-invertible matrix 또는 퇴화행렬degenerate matrix이라 부른다.

대각행렬의 역행렬은 각 대각성분의 역수로 이루어진 대각행렬과 같다.

$$\begin{bmatrix} a_{11} & 0 & 0 & 0 \\ 0 & a_{22} & 0 & 0 \\ 0 & 0 & \ddots & 0 \\ 0 & 0 & 0 & a_{nn} \end{bmatrix}^{-1} = \begin{bmatrix} 1/a_{11} & 0 & 0 & 0 \\ 0 & 1/a_{22} & 0 & 0 \\ 0 & 0 & \ddots & 0 \\ 0 & 0 & 0 & 1/a_{nn} \end{bmatrix} \tag{3.82}$$

NumPy의 `linalg` 부패키지에는 역행렬을 구하는 `inv( )` 함수가 있다. 이 함수의 원형은 다음과 같다.

```
linalg.inv(a) → ainv
```

이 함수는 인수로 비특이 정방행렬 **a**를 받고, 그 역행렬 **ainv**를 반환한다. 이 함수를 이용하여 역행렬을 계산하고, 행렬과 역행렬의 곱을 구한 결과는 다음과 같다.

```
>>> a = np.array([[1,2,3],[4,5,6],[4,8,9]])
>>> ainv = np.linalg.inv(a)
>>> ainv
array([[-0.33333333,  0.66666667, -0.33333333],
       [-1.33333333, -0.33333333,  0.66666667],
       [ 1.33333333,  0.        , -0.33333333]])
>>> id = np.dot(a, ainv)
>>> id
```

```
array([[ 1.00000000e+00,  0.00000000e+00,  5.55111512e-17],
       [-4.44089210e-16,  1.00000000e+00,  1.11022302e-16],
       [-6.66133815e-16,  0.00000000e+00,  1.00000000e+00]])
```

행렬의 역을 계산하는 것과 연립방정식을 푸는 것은 서로 관련이 있다. $n \times n$ 행렬 A의 역행렬을 계산하는 가장 경제적인 방법은 다음의 연립방정식을 푸는 것이다.

$$\mathrm{AX} = \mathrm{I} \tag{3.83}$$

여기서 I는 $n \times n$ 항등행렬이다. 역시 $n \times n$ 크기인 해 X는 A의 역행렬이 된다. 이것의 증명은 간단하다. 식 (3.82)의 양변의 좌측에 A^{-1}을 곱하면, $\mathrm{A}^{-1}\mathrm{AX} = \mathrm{A}^{-1}\mathrm{I}$가 되고, 이것은 다시 $\mathrm{X} = \mathrm{A}^{-1}$이 된다.

큰 행렬의 역행렬 계산에는 막대한 비용이 들므로, 이런 경우 역행렬 계산은 가급적 피해야 한다. 식 (3.83)에서 볼 수 있듯이 A의 역은 $(i = 1, 2, \cdots, n)$일 때 $\mathrm{A}\boldsymbol{x}_i = \boldsymbol{b}_i$를 푸는 것과 같다. 여기서 $\boldsymbol{b}_i$는 I의 i열이다. 풀이에 LU 분해를 이용한다면, 풀이 단계(전방대입과 후방대입)는 각 $\boldsymbol{s}_k$에 대해 한 번씩, n번 반복되어야 한다. 분해 단계에서 계산량은 n^3에 비례하고, 풀이 단계에서 n^2에 비례하므로, 역행렬 계산량은 연립방정식 $\mathrm{A}\boldsymbol{x} = \boldsymbol{b}$(상수벡터 $\boldsymbol{b}$ 한 개)를 푸는 것보다 훨씬 크게 된다. 역행렬 계산은 또 다른 단점이 있다. 대역행렬은 역행렬 계산을 하는 동안 그 구조를 잃게 된다. 다시 말하자면, 만일 A가 대역이거나 성기더라도, A^{-1}은 완전히 조밀할 수 있다.

예제 3.22 LU 분해를 이용한 역행렬 계산 함수

피봇팅과 LU 분해를 이용하여 역행렬을 계산하는 함수를 작성하라. 작성한 프로그램에 다음 행렬을 입력하여 시험해보라.

$$\mathrm{A} = \begin{bmatrix} 0.6 & -0.4 & 1.0 \\ -0.3 & 0.2 & 0.5 \\ 0.6 & -1.0 & 0.5 \end{bmatrix}$$

풀이

다음 함수 `matInv( )`는 LU 분해 모듈인 `LUPivot`의 풀이 과정을 이용한다.

코드 3.26 Ex0322.py

```
## 예제 3.22 LU 분해를 이용한 역행렬 계산

import numpy as np
from LUPivot import *

# 역행렬
def matInv(a):
    n = len(a[0])
    aInv = np.identity(n)
    a,seq = LUdecompPiv(a)
    for i in range(n):
        aInv[:,i] = LUsolve(a,aInv[:,i],seq)
    return aInv

if __name__ == '__main__':
    a = np.array([[ 0.6, -0.4, 1.0],\
        [-0.3, 0.2, 0.5], [ 0.6, -1.0, 0.5]])
    aOrig = a.copy() # 원행렬 [a] 복사

    aInv = matInv(a) # [a]의 역행렬 (원행렬 [a]는 파괴됨)

    print("\aInv =\n", aInv)
    print("\n검토 : a*aInv =\n", np.dot(aOrig, aInv))
```

이 프로그램의 출력은 다음과 같다.

```
aInv =
 [[ 1.66666667 -2.22222222 -1.11111111]
 [ 1.25       -0.83333333 -1.66666667]
 [ 0.5         1.          0.        ]]

검토 : a*aInv =
 [[ 1.00000000e+00 -4.44089210e-16 -1.11022302e-16]
 [ 0.00000000e+00  1.00000000e+00  5.55111512e-17]
 [ 0.00000000e+00 -3.33066907e-16  1.00000000e+00]]
```

예제 3.23 삼대각행렬의 역행렬

다음의 역행렬을 구하라.

$$A = \begin{bmatrix} 2 & -1 & 0 & 0 & 0 & 0 \\ -1 & 2 & -1 & 0 & 0 & 0 \\ 0 & -1 & 2 & -1 & 0 & 0 \\ 0 & 0 & -1 & 2 & -1 & 0 \\ 0 & 0 & 0 & -1 & 2 & -1 \\ 0 & 0 & 0 & 0 & -1 & 5 \end{bmatrix}$$

풀이

행렬이 삼대각행렬이므로, 삼대각행렬의 LU 분해 모듈인 LUdecomp3의 함수를 이용하여 $AX = I$를 푼다.

코드 3.27 Ex0323.py

```
## 예제 3.23 삼대각행렬의 역행렬

import numpy as np
from Lud3 import *

n = 6
d = np.ones((n))*2.0
e = np.ones((n-1))*(-1.0)
c = e.copy()
d[n-1] = 5.0

aInv = np.identity(n)

print("LU 분해전")
print("c = ", c)
print("d = ", d)
print("e = ", e)

c,d,e = decompLud3(c,d,e)
print("\nLU 분해후")
print("c = ", c)
print("d = ", d)
print("e = ", e)

for i in range(n):
    aInv[:,i] = solveLud3(c,d,e,aInv[:,i])

print("\n역행렬:\n",aInv)
```

프로그램을 실행한 결과는 다음과 같다. 여기서 A는 삼대각행렬이지만, A^{-1}는 완전히 조밀하다는 것을 볼 수 있다.

```
LU 분해전
c =  [-1. -1. -1. -1. -1.]
d =  [2. 2. 2. 2. 2. 5.]
e =  [-1. -1. -1. -1. -1.]

LU 분해후
c =  [-1. -0.5        -0.66666667 -0.75       -0.8        -0.83333333]
d =  [2.         1.5        1.33333333 1.25       1.2        4.16666667]
e =  [-1. -1. -1. -1. -1. -1.]

역행렬:
 [[0.84 0.68 0.52 0.36 0.2  0.04]
 [0.68 1.36 1.04 0.72 0.4  0.08]
 [0.52 1.04 1.56 1.08 0.6  0.12]
 [0.36 0.72 1.08 1.44 0.8  0.16]
 [0.2  0.4  0.6  0.8  1.   0.2 ]
 [0.04 0.08 0.12 0.16 0.2  0.24]]
```

3.9 기 타

(1) NumPy의 선형연립방정식 풀이

이제까지 선형연립방정식의 풀이에 대해서 살펴보았다. 그런데 이제까지는 **NumPy**로 배열을 작성하고 그 배열을 연산하는 데만 이용하였다. 그런데 **NumPy**에는 linalg라는 선형대수 부패키지가 있으며, 여기서 linalg.solve( ) 함수는 선형연립방정식을 푸는 기능을 제공한다. 이 함수의 원형은 다음과 같다.

```
linalg.solve(a,b) → x
```

여기서 a는 비특이 정방행렬이고, b는 우변 벡터이다. 그리고 반환값 x는 해벡터이다. 이 함수의 풀이에는 **LAPACK**의 _gesv( ) 루틴을 이용한다. 이것은 내부적으로 LU 분해를 이용하는 것으로 알려져 있으나, 필자는 상세한 내부 처리에 대해서는 알지 못한다. 만일 `a`가 비정방행렬일 경우에는 최소제곱풀이법인 `linalg.lstsq( )` 함수를 이용해야 한다.

(2) 기타 방법

행렬은 다양한 방법으로 분해될 수 있다. 몇몇은 일반적으로 유용하지만, 다른 것들은 특별한 응용에서만 이용할 수 있다. 후자에서 가장 중요한 것은 QR 인수분해QR factorization와 특이값 분해Singular Value Decomposition, SVD를 들 수 있다.

행렬 A의 QR 인수분해는 다음과 같다.

$$A = QR \tag{3.84}$$

여기서 Q는 직교행렬orthogonal matrix(행렬 Q가 $Q^{-1} = Q^T$이면 직교한다고 한다)이고, R은 상삼각행렬이다. LU 분해와 달리 QR 인수분해는 안정성을 유지하기 위해 피봇팅을 요구하지 않는다. 그러나 연산 횟수가 2배 많다. 상대적인 비효율성 때문에 QR 인수분해는 일반목적의 도구로는 이용되지 않는다. 그러나 안정성을 중시하는 응용문제(예를 들어, 고유값 문제의 해)에는 가치가 있다. `numpy` 모듈에는 QR 인수분해를 실행하는 함수 `qr( )`이 있다.

```
Q,R = numpy.linalg.qr(A)
```

특이값 분해는 특이 또는 악조건 행렬에 대해서는 유용한 진단도구이다. 여기서 인수분해는 다음과 같다.

$$A = U A V^T \tag{3.85}$$

여기서 U와 V는 직교행렬이고, A는 내각행렬이다.

$$A = \begin{bmatrix} \lambda_1 & 0 & 0 & \cdots \\ 0 & \lambda_2 & 0 & \cdots \\ 0 & 0 & \lambda_3 & \cdots \\ \vdots & \vdots & \vdots & \ddots \end{bmatrix} \tag{3.86}$$

여기서 λ는 행렬 A의 특이값singular value이라 부르며, 0 이상의 값이다. 만일 A가 대칭이고 정부호이면, λ들은 A의 고유값eigenvalues이다. 특이값 분해의 좋은 특성은 A가 특이거나 악조건이라도 작동된다는 점이다. λ의 크기에서 A의 상태를 진단할 수 있다. 만일 하나 이상의 λ가 0이면, 행렬은 특이이며, 만일 조건수 $\frac{\lambda_{max}}{\lambda_{min}}$가 매우 크면 악조건이다. numpy 모듈에 있는 특이값 분해함수는 svd( )이다.

```
U,lam,V = numpy.linalg.svd(A)
```

특이값 분해는 영상분석에 자주 쓰이며, 영상처리 라이브러리인 OpenCV에서도 관련 함수가 많이 제공된다.

(3) 선형연립방정식 풀이법의 비교

앞서 Gauss 소거법(3.2절), LU 분해법(3.3절), Gauss-Seidel법(3.6절), 공액경사법(3.7절) 등 여러 가지 선형연립방정식 해법을 살펴보았다. 각 방법의 특성과 적용 한계가 다르기 때문에 어느 방법이 좋다고 한마디로 말할 수는 없다. 특히 계수행렬이 삼대각행렬인지 오대각행렬인지, 대칭인지 비대칭인지, 어떤 성질을 갖는가에 따라 결과가 확연히 달라지므로, 이 부분은 독자의 선택에 맡긴다.

:: 연습문제

3.1 행렬식을 산정하고 다음 행렬들이 특이, 악조건 또는 호조건인지 분류하라.

(a) $A = \begin{bmatrix} 1 & 2 & 3 \\ 2 & 3 & 4 \\ 3 & 4 & 5 \end{bmatrix}$ (b) $A = \begin{bmatrix} 2.11 & -0.80 & 1.72 \\ -1.84 & 3.03 & 1.29 \\ -1.57 & 5.25 & 4.30 \end{bmatrix}$

(c) $A = \begin{bmatrix} 2 & -1 & 0 \\ -1 & 2 & -1 \\ 0 & -1 & 2 \end{bmatrix}$ (d) $A = \begin{bmatrix} 4 & 3 & -1 \\ 7 & -2 & 3 \\ 5 & -18 & 13 \end{bmatrix}$

3.2 주어진 $A = LU$의 LU 분해에서, A와 $|A|$를 결정하라.

(a) $L = \begin{bmatrix} 1 & 0 & 0 \\ 1 & 1 & 0 \\ 1 & 5/3 & 1 \end{bmatrix}, \ U = \begin{bmatrix} 1 & 2 & 4 \\ 0 & 3 & 21 \\ 0 & 0 & 0 \end{bmatrix}$

(b) $L = \begin{bmatrix} 2 & 0 & 0 \\ -1 & 1 & 0 \\ 1 & -3 & 1 \end{bmatrix}, \ U = \begin{bmatrix} 2 & -1 & 1 \\ 0 & 1 & -3 \\ 0 & 0 & 1 \end{bmatrix}$

3.3 LU 분해의 결과를 이용하여 $A\boldsymbol{x} = \boldsymbol{b}$를 풀어라. 여기서 $\boldsymbol{b}^T = [1 \ \ -1 \ \ 2]$이다.

$$A = LU = \begin{bmatrix} 1 & 0 & 0 \\ 3/2 & 1 & 0 \\ 1/2 & 11/13 & 1 \end{bmatrix} \begin{bmatrix} 2 & -3 & -1 \\ 0 & 13/2 & -7/2 \\ 0 & 0 & 32/13 \end{bmatrix}$$

3.4 Gauss 소거법을 이용하여 $A\boldsymbol{x} = \boldsymbol{b}$를 풀어라.

$$A = \begin{bmatrix} 2 & -3 & -1 \\ 3 & 2 & -5 \\ 2 & 4 & -1 \end{bmatrix}, \ b = \begin{bmatrix} 3 \\ -9 \\ -5 \end{bmatrix}$$

3.5 $A = LU = \begin{bmatrix} 4 & -1 & 0 \\ -1 & 4 & -1 \\ 0 & -1 & 4 \end{bmatrix}$이 되는 L과 U를 찾아라. 이때 (a) Doolittle 분해법, (b) Cholesky 분해법을 이용하라.

3.6 Gauss 소거법으로 $\mathrm{A}\boldsymbol{x} = \boldsymbol{b}$를 풀어라. 이때 계수행렬과 상수벡터는 다음과 같다.

$$\mathrm{A} = \begin{bmatrix} 0 & 0 & 2 & 1 & 2 \\ 0 & 1 & 0 & 2 & -1 \\ 1 & 2 & 0 & -1 & 0 \\ 0 & 0 & 0 & -1 & 1 \\ 0 & 1 & -1 & 1 & -1 \end{bmatrix}, \ \boldsymbol{b} = \begin{bmatrix} 1 \\ 1 \\ -4 \\ -2 \\ -1 \end{bmatrix}$$

[도움말] 풀기 전에 방정식을 재배열하라.

3.7 Doolittle 분해법을 이용하여 $\mathrm{A}\boldsymbol{x} = \boldsymbol{b}$를 풀어라.

$$\mathrm{A} = \begin{bmatrix} 3 & 6 & -4 \\ 9 & -8 & 24 \\ -12 & 24 & -26 \end{bmatrix}, \ \boldsymbol{b} = \begin{bmatrix} -3 \\ 65 \\ -42 \end{bmatrix}$$

3.8 Cholesky 분해법을 이용하여 $\mathrm{A}\boldsymbol{x} = \boldsymbol{b}$를 풀어라.

$$\mathrm{A} = \begin{bmatrix} 1 & 1 & 1 \\ 1 & 2 & 2 \\ 1 & 2 & 3 \end{bmatrix}, \ \boldsymbol{b} = \begin{bmatrix} 1 \\ 3/2 \\ 3 \end{bmatrix}$$

3.9 `GaussElimin( )` 함수를 수정하여 m개의 상수벡터에 대해 계산할 수 있도록 하라. 이 프로그램으로 다음과 같이 주어지는 $\mathrm{A}\,\mathrm{X} = \mathrm{B}$를 풀어서 결과를 확인하라.

$$\mathrm{A} = \begin{bmatrix} 2 & -1 & 0 \\ -1 & 2 & -1 \\ 0 & -1 & 2 \end{bmatrix}, \ \mathrm{B} = \begin{bmatrix} 1 & 0 & 0 \\ 0 & 1 & 0 \\ 0 & 0 & 1 \end{bmatrix}$$

3.10 방정식 $\mathrm{A}\boldsymbol{x} = \boldsymbol{b}$를 풀어라.

$$\mathrm{A} = \begin{bmatrix} 3.50 & 2.77 & -0.76 & 1.80 \\ -1.80 & 2.68 & 3.44 & -0.09 \\ 0.27 & 5.07 & 6.90 & 1.61 \\ 1.71 & 5.45 & 2.68 & 1.71 \end{bmatrix}, \ \boldsymbol{b} = \begin{bmatrix} 7.31 \\ 4.23 \\ 13.85 \\ 11.55 \end{bmatrix}$$

$|\mathrm{A}|$와 $\mathrm{A}\boldsymbol{x}$를 계산하여 해의 정확성을 검토하라.

3.11 악조건 행렬의 잘 알려진 예는 Hilbert 행렬이다.

$$A = \begin{bmatrix} 1 & 1/2 & 1/3 & \cdots \\ 1/2 & 1/3 & 1/4 & \cdots \\ 1/3 & 1/4 & 1/5 & \cdots \\ \vdots & \vdots & \vdots & \ddots \end{bmatrix}$$

Doolittle 분해법으로 $\mathrm{A}\boldsymbol{x} = \boldsymbol{b}$를 푸는 프로그램을 작성하라. 여기서 A는 임의 크기 $n \times n$의 Hilbert 행렬이고, $b_i = \sum_{j=1}^{n} A_{ij}$이다. 이 프로그램은 n 외에 다른 입력은 받지 않는다. 프로그램을 실행하여, 해가 엄밀해 $\boldsymbol{x} = [1\ \ 1\ \ 1\ \ 1]^T$의 소수점 아래 여섯 자리까지 정확한 최대의 n을 결정하라.

3.12 다음 행렬의 조건수를 계산하라.

$$A = \begin{bmatrix} 1 & -1 & -1 \\ 0 & 1 & -2 \\ 0 & 0 & 1 \end{bmatrix}$$

이때 (a) 유클리드노옴과 (b) 무한노옴에 기반을 두라. A의 역행렬을 결정하기 위해 **numpy.linalg** 모듈에서 **inv(A)** 함수를 이용해도 좋다.

3.13 유클리드노옴에 기반을 두어 행렬의 조건수를 반환하는 함수를 작성하라. 다음의 악조건 행렬의 조건수를 계산하여 함수를 검토하라.

$$A = \begin{bmatrix} 1 & 4 & 9 & 16 \\ 4 & 9 & 16 & 25 \\ 9 & 16 & 25 & 36 \\ 16 & 25 & 36 & 49 \end{bmatrix}$$

A의 역행렬을 결정하기 위해 **numpy.linalg** 모듈에서 **inv(A)** 함수를 이용하라.

3.14 크기조정 행피봇팅과 Gauss 소거법을 이용하여 다음 연립방정식을 풀어라.

$$\begin{bmatrix} 4 & -2 & 1 \\ -2 & 1 & -1 \\ -2 & 3 & 6 \end{bmatrix} \begin{bmatrix} x_1 \\ x_2 \\ x_3 \end{bmatrix} = \begin{bmatrix} 2 \\ -1 \\ 0 \end{bmatrix}$$

3.15 $\mathrm{A}\boldsymbol{x}=\boldsymbol{b}$를 풀어서 **GaussElimin( )** 함수를 검토하라. 여기서 A는 $n\times n$의 무작위 행렬이며, $b_i=\sum_{j=1}^{n}A_{ij}$(A의 i번째 행에서 요소의 합)이다. 무작위 행렬은 **numpy.random** 모듈에서 **rand( )** 함수로 생성할 수 있다.

```
from numpy.random import ran
a = rand(n,n)
```

해는 $\boldsymbol{x}=[1\ \ 1\ \ \cdots\ \ 1]^T$이어야 한다. $n=200$ 또는 그 이상의 값으로 프로그램을 실행하라.

3.16 삼대각 계수행렬과 상수벡터가 다음과 같을 때, Doolittle 분해를 이용하여 연립방정식 $\mathrm{A}\boldsymbol{x}=\boldsymbol{b}$를 풀어라.

$$\mathrm{A}=\begin{bmatrix} 6 & 2 & 0 & 0 & 0 \\ -1 & 7 & 2 & 0 & 0 \\ 0 & -2 & 8 & 2 & 0 \\ 0 & 0 & 3 & 7 & -2 \\ 0 & 0 & 0 & 3 & 5 \end{bmatrix},\ \boldsymbol{b}=\begin{bmatrix} 2 \\ -3 \\ 4 \\ -3 \\ 1 \end{bmatrix}$$

3.17 **GaussElimin( )** 함수는 또한 복소수에서도 실행할 수 있다. 계수행렬과 상수벡터가 다음과 같이 주어질 때 $\mathrm{A}\boldsymbol{x}=\boldsymbol{b}$를 풀어라.

$$\mathrm{A}=\begin{bmatrix} 5+i & 5+2i & -5+3i & 6-3i \\ 5+2i & 7-2i & 8-i & -1+3i \\ -5+3i & 8-i & -3-3i & 2+2i \\ 6-3i & -1+3i & 2+2i & 8+14i \end{bmatrix},\ \boldsymbol{b}=\begin{bmatrix} 15-35i \\ 2+10i \\ -2-34i \\ 8+14i \end{bmatrix}$$

단, **Python**에서는 $\sqrt{-1}$을 나타내기 위해 **j**를 이용한다는 점에 유의하라.

3.18 계수행렬과 상수벡터가 다음과 같을 때, 크기조정 행피봇팅과 Gauss 소거법을 이용하여 연립방정식 $\mathrm{A}\boldsymbol{x}=\boldsymbol{b}$를 풀어라.

$$\mathrm{A}=\begin{bmatrix} 2.34 & -4.10 & 1.78 \\ 1.98 & 3.47 & -2.22 \\ 2.36 & -15.17 & 6.81 \end{bmatrix},\ \boldsymbol{b}=\begin{bmatrix} 0.02 \\ -0.73 \\ -6.63 \end{bmatrix}$$

3.19 $n=10$일 때, 다음의 대칭 삼대각 연립방정식을 풀어라.

$$4x_1 - x_2 = 9$$
$$-x_{i-1} + 4x_i - x_{i+1} = 5, \ (i = 2, \cdots, n-1)$$
$$-x_{n-1} + 4x_n = 5$$

3.20 다음 연립방정식을 풀어라.

$$\begin{bmatrix} 10 & -2 & -1 & 2 & 3 & 1 & -4 & 7 \\ 5 & 11 & 3 & 10 & -3 & 3 & 4 & -4 \\ 7 & 12 & 1 & 5 & 3 & -12 & 2 & 3 \\ 8 & 7 & -2 & 1 & 3 & 2 & 2 & 4 \\ 2 & -15 & -1 & 1 & 4 & -1 & 8 & 3 \\ 4 & 2 & 9 & 1 & 12 & -1 & 4 & 1 \\ -1 & 4 & -7 & -1 & 1 & 1 & -1 & -3 \\ -1 & 3 & 4 & 1 & 3 & -4 & 7 & 6 \end{bmatrix} \begin{bmatrix} x_1 \\ x_2 \\ x_3 \\ x_4 \\ x_5 \\ x_6 \\ x_7 \\ x_8 \end{bmatrix} = \begin{bmatrix} 0 \\ 12 \\ -5 \\ 3 \\ -25 \\ -26 \\ 9 \\ 7 \end{bmatrix}$$

3.21 그림의 질량-용수철 시스템의 평형 방정식은 다음과 같다.

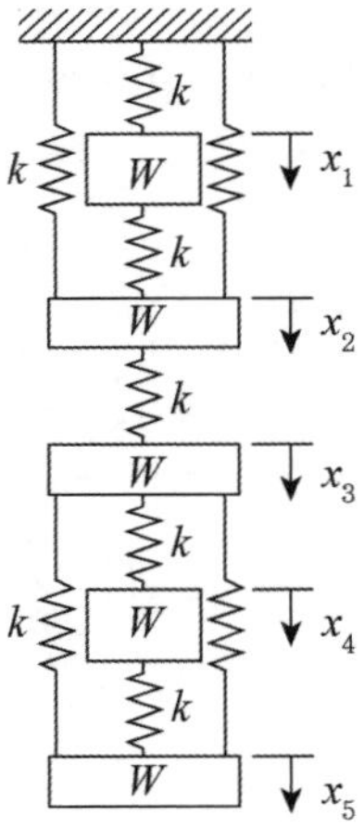

$$\begin{bmatrix} 2 & -1 & 0 & 0 & 0 \\ -1 & 4 & -1 & 0 & 0 \\ 0 & -1 & 4 & -1 & -2 \\ 0 & 0 & -1 & 2 & -1 \\ 0 & 0 & -2 & -1 & 3 \end{bmatrix} \begin{bmatrix} x_1 \\ x_2 \\ x_3 \\ x_4 \\ x_5 \end{bmatrix} = \begin{bmatrix} W/k \\ W/k \\ W/k \\ W/k \\ W/k \end{bmatrix}$$

여기서 k_i는 용수철 강성, W_i는 질량의 중량, x_i는 시스템의 변형 전 상태로부터 질량의 변위를 나타낸다. 변위를 결정하라.

3.22 주어진 그림과 같은 평면 트러스의 변위 정식화는 질량-용수철 시스템의 변위와 비슷하다.

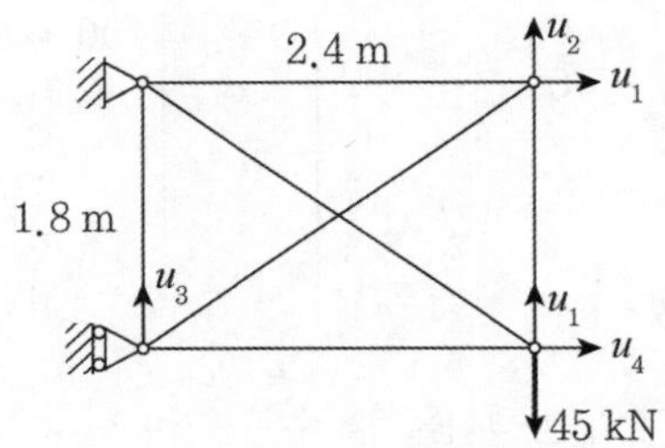

차이는 (1) 부재의 강성은 $k_i = (EA/L)_i$이며, 여기서 E는 탄성계수, A는 단면적, L은 부재의 길이다. 또 (2) 각 절점에는 변위의 두 성분이 있다. 부정정 트러스에 대해 변위를 정식화하면 대칭 연립방정식 $\mathrm{K}\boldsymbol{u} = \boldsymbol{p}$를 얻는다. 여기서 K, $\boldsymbol{p}$는 다음과 같다.

$$\mathrm{K} = \begin{bmatrix} 27.58 & 7.004 & -7.004 & 0 & 0 \\ 7.004 & 29.57 & -5.253 & 0 & -24/32 \\ -7.004 & -5.253 & 29.57 & 0 & 0 \\ 0 & 0 & 0 & 27.58 & -7.004 \\ 0 & -24.32 & 0 & -7.004 & 29.57 \end{bmatrix} \text{ (MN/m)}$$

$$\mathrm{p} = [0\ 0\ 0\ 0\ -45]^T \text{ (kN)}$$

각 절점의 변위 u_i를 결정하라.

3.23 다음에 그림에 보인 대칭 트러스에 대한 힘의 정식화는 각 절점에서 다음의 평형 방정식이 된다.

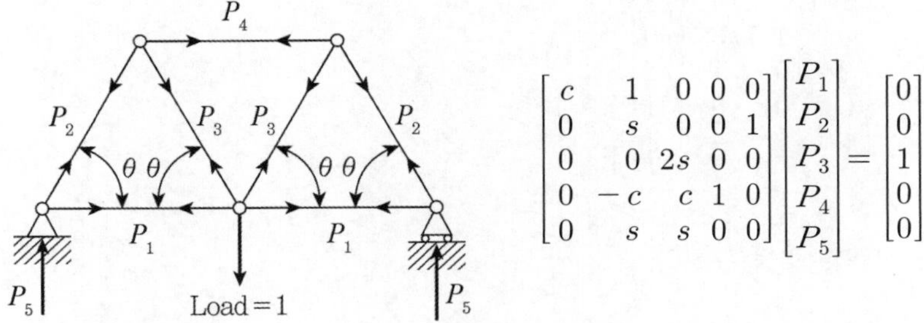

$$\begin{bmatrix} c & 1 & 0 & 0 & 0 \\ 0 & s & 0 & 0 & 1 \\ 0 & 0 & 2s & 0 & 0 \\ 0 & -c & c & 1 & 0 \\ 0 & s & s & 0 & 0 \end{bmatrix} \begin{bmatrix} P_1 \\ P_2 \\ P_3 \\ P_4 \\ P_5 \end{bmatrix} = \begin{bmatrix} 0 \\ 0 \\ 1 \\ 0 \\ 0 \end{bmatrix}$$

여기서 $s = \sin\theta$, $c = \cos\theta$, P_i는 미지 하중이다. 주어진 각 θ에 대해 힘을 계산하는 프로그램을 작성하라. $\theta = 53°$인 경우에 대해 프로그램을 실행하라.

3.24 복소수 삼대각 방정식 $\mathrm{A}\boldsymbol{x} = \boldsymbol{b}$를 푸는 프로그램을 작성하라. 여기서 A와 $\boldsymbol{b}$는 다음과 같다.

$$\mathrm{A} = \begin{bmatrix} 2 & -i & 0 & 0 & \cdots & 0 \\ -i & 2 & -i & 0 & \cdots & 0 \\ 0 & -i & 2 & -i & \cdots & 0 \\ \vdots & \vdots & \ddots & \ddots & \ddots & \vdots \\ 0 & 0 & \cdots & -i & 2 & -i \\ 0 & 0 & 0 & \cdots & -i & 1 \end{bmatrix}, \quad \boldsymbol{b} = \begin{bmatrix} 100+100i \\ 0 \\ 0 \\ \vdots \\ 0 \\ 0 \end{bmatrix}$$

프로그램은 임의의 수인 n개의 방정식을 풀 수 있어야 한다. $n=10$인 경우에 대해 시험해보라.

3.25 계수행렬과 상수행렬이 다음과 같다(여기서 B는 A의 첫 두 행을 교환하여 얻었다).

$$\mathrm{A} = \begin{bmatrix} 3 & -1 & 2 \\ 0 & 1 & 3 \\ -2 & 2 & -4 \end{bmatrix}, \quad \mathrm{B} = \begin{bmatrix} 0 & 1 & 3 \\ 3 & -1 & 2 \\ -2 & 2 & -4 \end{bmatrix}$$

A의 역행렬이 다음과 같을 때, B^{-1}을 결정하라.

$$\mathrm{A}^{-1} = \begin{bmatrix} 0.5 & 0.0 & 0.25 \\ 0.3 & 0.4 & 0.45 \\ -0.1 & 0.2 & -0.15 \end{bmatrix}$$

3.26 다음 삼대각행렬의 역행렬을 구하라.

$$\mathrm{A} = \begin{bmatrix} 1 & 1/2 & 1/4 & 1/8 \\ 0 & 1 & 1/3 & 1/9 \\ 0 & 0 & 1 & 1/4 \\ 0 & 0 & 0 & 1 \end{bmatrix}$$

3.27 다음 행렬의 역행렬을 구하라.

$$\mathrm{A} = \begin{bmatrix} 1 & 2 & 4 \\ 1 & 3 & 9 \\ 1 & 4 & 16 \end{bmatrix}, \quad \mathrm{B} = \begin{bmatrix} 4 & -1 & 0 \\ -1 & 4 & -1 \\ 0 & -1 & 4 \end{bmatrix}$$

3.28 어떤 방법을 이용하든지, 다음 행렬의 역행렬을 구하라.

$$A=\begin{bmatrix} 5 & -3 & -1 & 0 \\ -2 & 1 & 1 & 1 \\ 3 & -5 & 1 & 2 \\ 0 & 8 & -4 & -3 \end{bmatrix},\quad B=\begin{bmatrix} 4 & -1 & 0 & 0 \\ -1 & 4 & -1 & 0 \\ 0 & -1 & 4 & -1 \\ 0 & 0 & -1 & 4 \end{bmatrix}$$

3.29 $n\times n$ 하삼각행렬의 역행렬을 계산하는 프로그램을 작성하라. 역행렬 계산 과정은 전방대입만을 포함한다. 이 행렬의 역을 구해서 프로그램을 시험해보라.

$$A=\begin{bmatrix} 36 & 0 & 0 & 0 \\ 18 & 36 & 0 & 0 \\ 9 & 12 & 36 & 0 \\ 5 & 4 & 9 & 36 \end{bmatrix}$$

3.30 Gauss-Seidel법으로 다음 연립방정식을 풀어라.

$$\begin{bmatrix} 12 & -2 & 3 & 1 \\ -2 & 15 & 6 & -3 \\ 1 & 6 & 20 & -4 \\ 0 & -3 & 2 & 9 \end{bmatrix}\begin{bmatrix} x_1 \\ x_2 \\ x_3 \\ x_4 \end{bmatrix}=\begin{bmatrix} 0 \\ 0 \\ 20 \\ 0 \end{bmatrix}$$

3.31 계수행렬과 상수벡터가 다음과 같을 때 이완 Gauss-Seidel법으로 $A\boldsymbol{x}=\boldsymbol{b}$를 풀어라.

$$A=\begin{bmatrix} 4 & -1 & 0 & 0 \\ -1 & 4 & -1 & 0 \\ 0 & -1 & 4 & -1 \\ 0 & 0 & -1 & 3 \end{bmatrix},\quad \boldsymbol{b}=\begin{bmatrix} 15 \\ 10 \\ 10 \\ 10 \end{bmatrix}$$

$x_i=b_i/A_{ii}$을 초기벡터로 놓고, 이완계수로 $\omega=1.1$을 이용하라.

3.32 공액경사법으로 다음 연립방정식을 풀어라. 단, 초기벡터는 $\boldsymbol{x}=0$으로 놓아라.

$$\begin{bmatrix} 2 & -1 & 0 \\ -1 & 2 & -1 \\ 0 & -1 & 1 \end{bmatrix}\begin{bmatrix} x_1 \\ x_2 \\ x_3 \end{bmatrix}=\begin{bmatrix} 1 \\ 1 \\ 1 \end{bmatrix}$$

3.33 함수 `gaussSeidel( )`에 기반한 Gauss-Seidel법으로 $\mathrm{A}\boldsymbol{x} = \boldsymbol{b}$를 푸는 프로그램을 작성하라. 입력은 행렬 A와 벡터 $\boldsymbol{b}$로 이루어진다. 다음 값으로 프로그램을 시험하라.

$$\mathrm{A} = \begin{bmatrix} 3 & -2 & 1 & 0 & 0 & 1 \\ -2 & 4 & -2 & 1 & 0 & 0 \\ 1 & -2 & 4 & -2 & 1 & 0 \\ 0 & 1 & -2 & 4 & -2 & 1 \\ 0 & 0 & 1 & -2 & 4 & -2 \\ 1 & 0 & 0 & 1 & -2 & 3 \end{bmatrix}, \quad \boldsymbol{b} = \begin{bmatrix} 10 \\ -8 \\ 10 \\ 10 \\ -8 \\ 10 \end{bmatrix}$$

A는 대각지배적이 아니지만, 반드시 수렴이 불가능한 것은 아니다.

3.34 정사각형 판의 모서리는 주어진 온도로 유지된다. 정상상태 열전달을 가정하면, 내부에서 온도 T에 대한 미분방정식은 다음과 같다.

$$\frac{\partial^2 T}{\partial x^2} + \frac{\partial^2 T}{\partial y^2} = 0$$

$T=0°$

1	2	3
4	5	6
7	8	9

왼쪽: $T=0°$, 아래쪽: $T=200°$

만일 이 방정식을 주어진 격자에 대해 유한차분으로 근사하면, 다음과 같은 격자점에 대한 온도의 대수방정식을 얻을 수 있다.

$$\begin{bmatrix} -4 & 1 & 0 & 1 & 0 & 0 & 0 & 0 & 0 \\ 1 & -4 & 1 & 0 & 1 & 0 & 0 & 0 & 0 \\ 0 & 1 & -4 & 0 & 0 & 1 & 0 & 0 & 0 \\ 1 & 0 & 0 & -4 & 1 & 0 & 1 & 0 & 0 \\ 0 & 1 & 0 & 1 & -4 & 1 & 0 & 1 & 0 \\ 0 & 0 & 1 & 0 & 0 & -4 & 0 & 0 & 1 \\ 0 & 0 & 0 & 1 & 0 & 0 & -4 & 1 & 0 \\ 0 & 0 & 0 & 0 & 1 & 0 & 1 & -4 & 1 \\ 0 & 0 & 0 & 0 & 0 & 1 & 0 & 1 & -4 \end{bmatrix} \begin{bmatrix} T_1 \\ T_2 \\ T_3 \\ T_4 \\ T_5 \\ T_6 \\ T_7 \\ T_8 \\ T_9 \end{bmatrix} = \begin{bmatrix} 0 \\ 0 \\ 100 \\ 0 \\ 0 \\ 100 \\ 200 \\ 300 \\ 400 \end{bmatrix}$$

이 방정식을 공액경사법으로 풀어라.

CHAPTER

04 비선형방정식

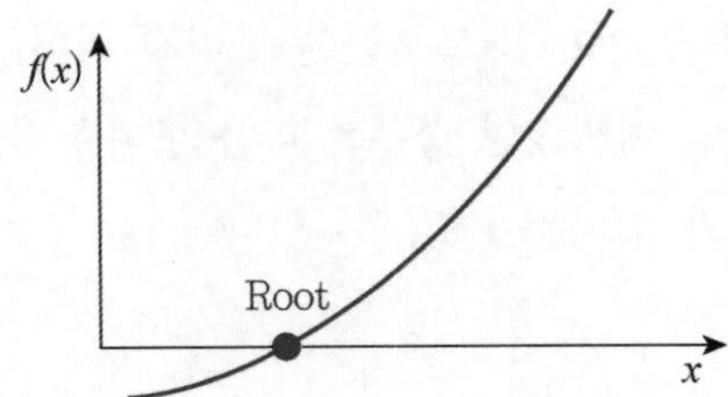

공학 분석에서 만나는 수많은 문제는 다음과 같다. '주어진 비선형함수 $f(x)$에 대해 $f(x)=0$인 x값을 결정하라.' 이 식을 만족하는 x의 값은 방정식 $f(x)=0$의 해(또는 근)로 알려져 있다. 이 x의 값을 찾는 것이 비선형방정식의 풀이이다.

4.1 단일 변수 비선형방정식

먼저, 비선형방정식의 개념을 살펴보는 것이 도움이 될 것이다. 방정식 $y = f(x)$는 입력값 x, 출력값 y, y를 계산하는 규칙 f의 세 가지 요소를 갖는다. 만일 규칙 f가 지정되면, 이 함수는 '주어졌다'고 한다. 수치계산에서는 이 규칙은 알고리즘이다. 알고리즘이란 다음과 같은 함수의 풀이 과정이나 수백~수천 줄의 코드로 이루어진 복잡한 과정이 될 수도 있다.

$$f(x) = \cosh(x)\cos(x) - 1 \tag{4.1}$$

이때 방정식의 해는 실수나 복소수이다. 복소근은 물리적 의미를 거의 갖지 않기 때문에, 실제로 계산하는 경우는 거의 없다. 예외적인 경우는 다음의 다항식에서(예를 들면, 감쇠진동의 해석과 같은 경우에서) 복소해가 의미를 가질 수 있다.

$$a_0 + a_1 x + a_2 x^2 + \cdots + a_n x^n = 0 \tag{4.2}$$

4장에서 다항식을 다루는 방법만 따로 4.4절에서 다루는 이유가 여기에 있다. 우선은 방정식의 실근을 찾는 데 집중하기로 한다. 다항식의 복소해에 대해서는 4.4절에서 다루기로 한다.

일반적으로 방정식은 여러 개의 실근을 갖거나 아예 실근을 갖지 않는다. 예를 들어, 다음 방정식은 단일근 $x = 0$을 갖는다.

$$\sin x - x = 0 \tag{4.3}$$

반면에 다음 방정식은 무한히 많은 해($x = 0,\ \pm 4.493,\ \pm 7.725,\ \cdots$)를 갖는다.

$$\tan x - x = 0 \tag{4.4}$$

해를 찾는 모든 방법은 반복과정으로 되어 있으며, 이것은 시작점(즉, 해의 추정값)을 필요로 한다. 이 추정은 매우 중요하다. 시작점이 나쁘면 수렴에 실패하거나 잘못된 해(구하고자 하는 해가 아닌 다른 해)에 수렴할 수도 있다. 해를 추정하는 범용적인 해결 방법은 없다. 만일 방정식이 물리적 문제와 관련이 있으면, 문제의 내용이 해의 근사적인 위치를 제안하기도 한다. 만일 물리적 통찰력이 있다면, 이 근사적인 위치를 쉽게 찾을 수도 있다. 그렇지 않으면, 해에 대한 체계적인 수치 탐색을 수행해야 한다. 이런 탐색 방법은 다음 절에서 설명한다. 따라서 해의 결정은 두 단계로 이루어진다. 첫 번째 단계는 찾고자 하는 해의 수와 근사적인 위치를 잡아야 한다. 그리고 두 번째 단계로 원하는 정확도로 해를 구해야 한다.

(1) 그래프의 이용

비선형방정식의 해법 첫 단계로 해의 위치를 찾는 방법으로는 여기서 제시하는 도해법과 다음 항에서 제시하는 구간별 방법의 두 가지가 있다. 먼저, 함수를 그래프로 그리는 것은 해의 위치를 찾는 하나의 방법이다.

코드 4.1은 일반적인 비선형방정식을 **Matplotlib**의 XY-차트로 그릴 수 있는 코드이다. 이 코드와 다음에 보일 해의 범위를 나타내는 함수는 모두 RangeRoots.py 코드 안에 넣었다.

코드 4.1 RangeRoots.py

```
import matplotlib as mpl
import matplotlib.pyplot as plt

# 일반적인 비선형방정식의 그래프를 그리는 함수
def plotXY(xp, yp, title = "XY 차트", strFn = None, locFn = None,
    strRoot = None, root = 0.0):

    # 그래프에 한글 사용
    mpl.rc('font', family='HYGraphic-Medium')
    mpl.rc('axes', unicode_minus=False)

    # XY-차트
    plt.plot(xp, yp)
    plt.title(title)
    plt.grid(True)

    # 함수 나타내기
    if strFn != None:
        ax = plt.gca()
        plt.text(0.05, 0.1, strFn, ha='left', va='center',
            transform = ax.transAxes)

    # 해의 값과 위치를 주석으로 표시
    if strRoot != None:
        root = strRoot[0]
        it = strRoot[1]
        plt.plot(root, 0.0, 'ro')
        strRoot = '해= {0:8.5f}, 반복횟수= {1:3d}'
```

코드 4.1 RangeRoots.py(계속)

```
29            .format(root, it)
30        plt.annotate(strRoot, xy=(root,0), xytext=(root, 0.5),
31            arrowprops=dict(facecolor='black',shrink=0.05,
32            width=1))
33
34    plt.show()
```

코드 4.1은 인수로 주어진 (xp, yp) 자료쌍에 대한 그래프를 **Maplotlib**의 plot( ) 함수로 그린다. 여기서 선택인수로 함수(strFn), 해에 대한 정보(strRoot), 해의 값(root)을 받아서 문자열(18~21행)과 주석(24~32행)으로 그려 넣는다. 이 선택인수들은 해를 완벽하게 찾은 다음에 표시하기 위한 것이다. 여기서 8~10행은 한글 사용을 위해 특별히 입력한 것이다. 이때 문제가 해찾기 알고리즘으로 진행하기 전에 해를 찾을 범위(하한과 상한)를 결정해두는 것이 좋은 방법이다. 사전에 범위를 결정하는 것은 실제로 이 장에서 설명하는 방법들에서 필수적이다.

예제 4.1 그래프로 해의 개략적인 위치 찾기

코드 4.1을 이용하여 다음 함수의 해의 범위와 개략적인 값을 정하라.

$$f(x) = \frac{1}{(x-0.5)^2+0.5} - \frac{1}{(x-1.5)^2+1.0} - 0.5$$

풀이

먼저 이 함수를 그래프를 그리는 프로그램을 작성해보자.

코드 4.2 Ex0401.py

```
# 예제 4.1 그래프로 해의 개략적인 위치 찾기

import numpy as np
from RangeRoots import *

def fn(x):                          # 그래프로 그릴 함수
    ax = (x - 0.5)**2 + 0.5
    bx = (x - 1.5)**2 + 1.0
    return 1.0 / ax - 1.0 / bx - 0.5

if __name__ == '__main__':
    # 주어진 자료
```

코드 4.2 Ex0401.py(계속)

```
13    x1 = -5.0           # 하한
14    x2 = 5.0            # 상한
15
16      # 그래프 그리기
17    xp = np.arange(x1, x2, 0.01)
18    yp = fn(xp)
19
20    title = "비선형방정식"
21    strFn = r'$\ f(x) = \frac {1}{\left(x-0.5\right)^2+0.5}' \
22            r'-\frac {1}{\left(x-1.5\right)^2+1.0} -0.5$'
23
24    # 그리기 함수 호출
25    plotXY(xp, yp, title, strFn = strFn)
```

이 코드 4.2에서 17행과 18행은 **NumPy**를 이용하여 주어진 범위 $\langle -5.0:5.0\rangle$ 사이의 (xp, yp) 자료쌍을 만든다. 21행은 **Matplotlib**에서 제공하는 수식을 문자열로 표현하는 기능(**LaTeX**으로 수식 표현)을 이용하여 식 (4.5)를 표현한 것이다. 그리고 25행에서 앞의 코드 4.1의 plotXY( ) 함수를 호출한다. 이 코드를 실행하면 다음과 같다. 단, 이때 코드 4.1의 Range Roots.py가 같은 폴더 안에 있어야 한다.

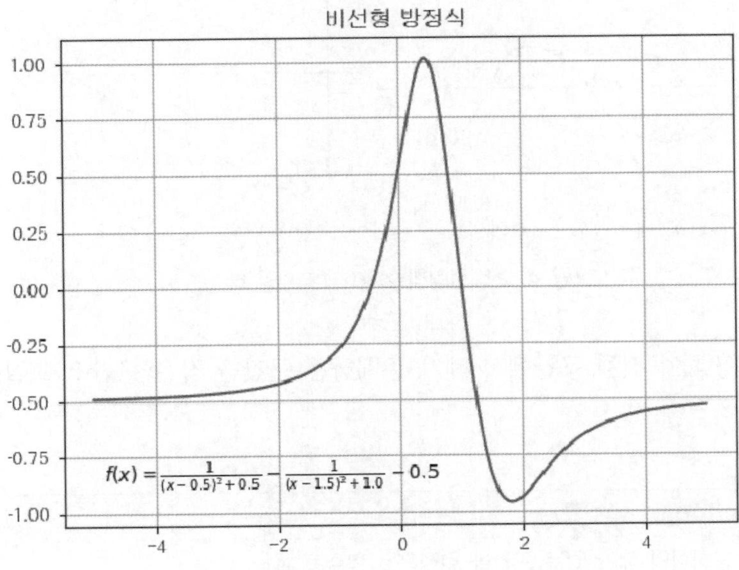

명백하게 $f(x)=0$의 해는 $\langle -1.0:0.0\rangle$ 사이에 하나, $\langle 0.5:1.5\rangle$ 사이에 또 하나 이렇게 두 개가

있다. 즉, $x=-0.5$와 $x=1.0$이 근사적인 해라고 볼 수 있다.

(2) 해의 범위 결정

찾고자 하는 해의 합리적인 근사값은 공학적 해석에서 이용할 수 있다. 예를 들어, 수심water depth은 절대로 음수가 될 수 없으며, 모든 음의 해는 관심 대상이 아니므로 즉시 제외한다. 이때 각 해는 반드시 다른 해와 분리되어야 한다. 즉, 두 개의 값이 이루는 특정 범위 안에는 반드시 하나의 해가 존재하도록 하여야 한다.

실용적인 방법으로 특정한 x의 값 a와 b가 이루는 구간, $\langle a:b \rangle$ 사이에서 $f(x)$의 부호를 검사한다. 만일 범위의 양단 a와 b에서 $f(x)$의 값 $f(a)$와 $f(b)$가 반대 부호를 가지면, 이 범위 안에 최소한 하나의 해가 존재한다. 아쉽지만 이 방법은 a와 b 사이에 있는 해의 개수에 대해서는 아무것도 말해주지 않는다. 이 질문에 답하기 위해서는 $f(x)$의 미분을 검사해야 한다. 만일 구간 $\langle a:b \rangle$에서 $f(x)$의 미분이 존재하고 부호가 바뀌지 않는다면 즉, $\langle a:b \rangle$에서 $f'(x)>0$ 또는 $f'(x)<0$이면, $\langle a:b \rangle$에 해가 하나 존재한다(**그림 4.1**).

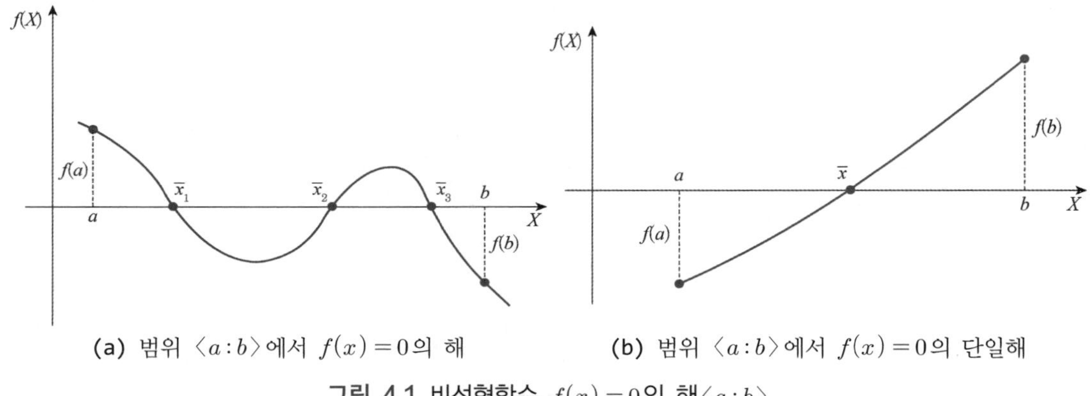

(a) 범위 $\langle a:b \rangle$에서 $f(x)=0$의 해

(b) 범위 $\langle a:b \rangle$에서 $f(x)=0$의 단일해

그림 4.1 비선형함수 $f(x)=0$**의 해**$\langle a:b \rangle$

이 방법을 이용하여 전체 구간에서 해가 존재하는 구간을 작은 구간으로 잘라내는 코드는 다음과 같다.

코드 4.3 RangeRoots.py(추가)

```
# 비선형방정식의 해가 있는 구간을 결정하는 함수
def rangeRoots(fn, xl, xu, space = 1.0):
    rng = []
```

코드 4.3 RangeRoots.py(추가)(계속)

```
    n = (int) ((xu - xl) / space)
    for i in range(n-1):
        a = xl + space * i
        b = a + space
        if fn(a) * fn(b) < 0.0:
            rng.append([a, b])
    return rng
```

[xl, xu] 구간을 space 간격의 n개의 소구간으로 나누고, 각 소구간별로 그 안에 해가 있으면, 그 소구간을 출력하는 알고리즘이다.

예제 4.2 해가 들어 있는 소구간 찾기

코드 4.3을 이용하여 다음 함수의 해의 범위와 개략적인 값을 정하라. 참고로 이 함수는 도해법을 이용한 **예제 4.1**의 함수와 같다.

$$f(x) = \frac{1}{(x-0.5)^2+0.5} - \frac{1}{(x-1.5)^2+1.0} - 0.5$$

풀이

여기서는 전체 구간을 **예제 4.1**과 마찬가지로 $\langle -5.0 : 5.0 \rangle$ 사이로 하고, 소구간의 폭을 1.0으로 한다. 이렇게 해의 소구간을 찾는 코드는 다음과 같다.

코드 4.4 Ex0402.py

```
# 예제 4.2 해가 들어있는 소구간 찾기

import numpy as np
from RangeRoots import *

def fn(x):                              # 해를 찾을 함수
    ax = (x - 0.5)**2 + 0.5
    bx = (x - 1.5)**2 + 1.0
    return 1.0 / ax - 1.0 / bx - 0.5

if __name__ == '__main__':
    # 구간과 간격
    x1 = -5.0
    x2 = 5.0
```

코드 4.4 Ex0402.py(계속)

```
    space = 1.0

    # 근이 있는 구간 구하기
    rng = rangeRoots(fn, x1, x2, space)

    # 결과 출력
    print("근이 있는 구간")
    print(rng)
```

이 코드의 출력 결과는 다음과 같으며, 이 함수의 구간 $\langle -5.0 : 5.0 \rangle$ 사이에는 $\langle -1.0 : 0.0 \rangle$과 $\langle 1.0 : 2.0 \rangle$의 두 소구간에 근이 들어 있다. 단, 본문 중의 범위 $\langle a : b \rangle$를 코드에서는 $[a : b]$로 나타내는 데 주의해야 한다.

```
근이 있는 구간
[[-1.0, 0.0], [1.0, 2.0]]
```

(3) 비선형방정식의 풀이법

해의 근사적인 위치를 알고 나면, 계산의 두 번째 단계로 나갈 수 있다. 필요한 정밀도로 해를 결정하는 데 적합한 방법을 선택해야 한다. 다음 논의에서는 단일 해가 존재하는 범위를 이미 알고 있다고 간주한다. 몇 가지 방법들은 해를 포함하는 범위의 양끝단을 이용하는 반면 어떤 방법은 이 범위 안의 한 점만을 이용한다. 전자를 구간법bracketing method, 후자를 개방법open methods이라 부르기도 한다.

해의 근사적인 위치는 함수를 그래프로 그려 결정할 수 있다. 적은 수의 자료점에 기반을 둔 거친 그래프로도 종종 적절한 시작값을 정하기에는 충분할 경우가 있다. 그러나 이 방법으로 정확한 해를 구할 수 없는 경우도 있다. 정확한 해를 구하는 다른 방법으로 여기서는 증가탐색법, 이분법, Ridders법, Newton법을 차례로 살펴볼 것이다.

비선형방정식의 해를 찾는 방법은 이분법과 증가탐색법과 같이 기초적인 방법에서 시작하여, 선형보간에 기반을 둔 방법, Newton-Raphson법(또는 간단히 Newton법이라 한다)의 세 가지로 나눌 수 있다. 이 코드들은 비선형방정식의 풀이 클래스인 `NonLinearEq.py` 모듈에 모두 한데 넣어 놓을 것이다.

또 다항식의 풀이(4.2절)에 대해서는 `Polynomial.py`에 해당하는 루틴을 한데 모을 것이다.

(4) 증가탐색법

해의 범위를 결정하는 다른 유용한 도구는 증가탐색법이다. 증가탐색법의 기본 발상은 간단하다. 만일 $f(x_1)$과 $f(x_2)$과 반대 부호를 가지면, 범위 $\langle x_1 : x_2 \rangle$ 안에 최소한 하나의 해가 있다는 것이다. 만일 간격이 충분히 작으면, 단일 해를 가질 것이다. 따라서 간격 Δx로 함수값을 계산하고 그 부호의 변화를 찾아서 $f(x)$의 해들은 찾을 수 있다. 이처럼 증가탐색법의 장점은 매우 간단하다는 데 있다. 반면, 증가탐색법에는 몇 가지 잠재적인 문제가 있다.

- 만일 증분 Δx가 해의 간격보다 크다면 두 개의 인접한 해를 놓칠 우려가 있다.
- 중근(두 개의 해가 일치)은 찾기 어렵다.
- $f(x)$에 어떤 특이성(극값)이 있으면 해를 찾을 수 없다. 예를 들어, **그림 4.2**에 보인 것처럼 $f(x) = \tan x$는 $x = \pm \frac{1}{2} n\pi \, (n = 1, 3, 5, \cdots)$에서 부호가 바뀐다. 그러나 이런 위치는 함수가 x축과 만나지 않으므로 실제 0이 아니다.

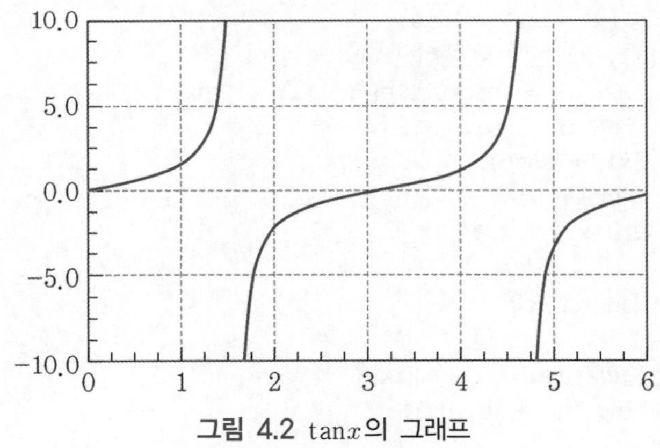

그림 4.2 $\tan x$의 그래프

■ incSearch( ) 함수

비선형방정식을 푸는 함수들은 모두 `NonLinearEq.py`에 계속 추가한다. 여기에는 증가탐색을 위한 주함수인 `incSearch( )` 함수와 해의 범위를 좁히는 `bracketing( )` 함수로 이루어져 있다.

코드 4.5 NonLinearEq.py

```
# 비선형방정식의 풀이 클래스

import sys
import math
import numpy as np

## 증가탐색법 모듈
#-----------------------------------------------------------
''' xs, iter = incSearch(f, a, b, tol).
    범위 (a,b)에서 해가 들어있는 범위가 tol 이하가 될 때까지
    f(x) = 0를 근사하는 해를 찾는다.
    반환값은 해의 근사값 xs와 반복계산횟수 iter이다.
'''
def incSearch(fn, x1, x2, tol=1.0e-9):
    iter = 0
    digit = int(-math.log10(tol))  # 소수점 이하 자릿수

     for i in range(digit):
        dx = (x2 - x1) / 10.0
        # [x1, x2]는 현재 좁혀진 해의 범위
        x1, x2, it = bracketing(fn, x1, x2, dx)
        iter += it
        if (x1 == None):
            return None
    xs = (x1 + x2) / 2.0

    return [xs, iter]

# 해의 범위 좁히기 [a:b] -> [x1:x2]
def bracketing(fn, a, b, dx):
    x1 = a
    f1 = fn(a)
    x2 = a + dx
    f2 = fn(x2)
    it = 0
    # dx만큼 건너뛰면서 부호 바뀌는 곳 찾기
    while np.sign(f1) == np.sign(f2):
        if x1  >=  b:
            return None, None, None
        x1 = x2
        f1 = f2
        x2 = x1 + dx
        f2 = fn(x2)
        it += 1
```

코드 4.5 NonLinearEq.py(계속)

```
    else:
        return x1, x2, it
```

이용자가 제공한 함수 $f(x)$에 대해 bracketing( ) 함수로 범위 [a : b]에서 증분 dx를 이용하여 범위를 좁힌다. 만일 탐색이 성공적이면, 새로운 해의 범위 [x1, x2]를 반환한다. 반면, x1 = x2 = None은 해를 찾을 수 없음을 의미한다. 이 과정이 해 하나를 찾는 과정이다. 첫 번째 해(a에 가장 가까운 해)를 찾았으면, 다음 해를 찾기 위해 a를 x2로 치환하고 incSearch( )를 다시 호출한다. 이 과정을 incSearch( )가 모든 해를 찾을 때까지 반복한다. 여기서는 주어진 범위 [a, b] 안에 있는 해 하나를 찾는 것만 소개한다.

예제 4.3 증가탐색법

코드 4.3을 이용하여 증가탐색법으로 다음 비선형방정식(**예제 4.1**)의 해 중에서 $\langle 0.0 : 1.0 \rangle$ 사이에 있는 해를 구하라. 그리고 그 결과를 그래프로 나타내어라.

$$f(x) = \frac{1}{(x-0.5)^2+0.5} - \frac{1}{(x-1.5)^2+1.0} - 0.5$$

풀이

이 문제를 푸는 코드는 다음과 같다.

코드 4.6 Ex0403.py

```
# 예제 4.3 증가탐색법에 의한 비선형방정식의 근찾기

import numpy as np
from NonLinearEq import *

def fn(x):
    a = (x - 0.5)**2 + 0.5
    b = (x - 1.5)**2 + 1.0
    return 1.0/a - 1.0/ b - 0.5

if __name__ == '__main__':
    # 주어진 자료
    x1 = 0.5
    x2 = 1.5
```

코드 4.6 Ex0403.py(계속)

```
    tol = 1.0e-5

    # 해 찾기
    root, it = incSearch(fn, x1, x2, tol)
    if root == None:
        sys.exit()

    # 결과 출력
    print('해 = {0:8.5f}, 반복횟수 = {1:3d}'.format(root, it))
```

이 코드를 실행한 결과는 다음과 같다.

```
해 =  1.01384, 반복횟수 =  21
```

이번에는 이 코드를 약간 수정하여 그 결과를 그래프로 나타내보자.

코드 4.7 Ex0403-1.py

```
# 예제 4.3 증가탐색법에 의한 비선형방정식의 근찾기와 그래프 출력

import numpy as np
from NonLinearEq import *
from RangeRoots import *

def fn(x):
    a = (x - 0.5)**2 + 0.5
    b = (x - 1.5)**2 + 1.0
    return 1.0/a - 1.0/ b - 0.5

if __name__ == '__main__':
    # 주어진 자료
    x1 = 0.5
    x2 = 1.5
    tol = 1.0e-5

    # 해 찾기
    lstRoot = incSearch(fn, x1, x2, tol)
    if lstRoot == None:
        print("해를 찾을 수 없음")
        sys.exit()
```

코드 4.7 Ex0403-1.py(계속)

```

# 그래프 그리기
xmin = -5.0
xmax = 5.01
xp = np.arange(xmin, xmax, 0.01)
yp = fn(xp)

title = "증가탐색법"
strFn = r'$\ f(x) = \frac {1}{\left(x-0.5\right)^2+0.5}'\
        r'-\frac {1}{\left(x-1.5\right)^2+1.0} -0.5$'

# 그리기 함수 호출
plotXY(xp, yp, title, strFn = strFn, strRoot = lstRoot)
```

이 코드에 의한 실행 결과는 **그림 4.3**과 같다.

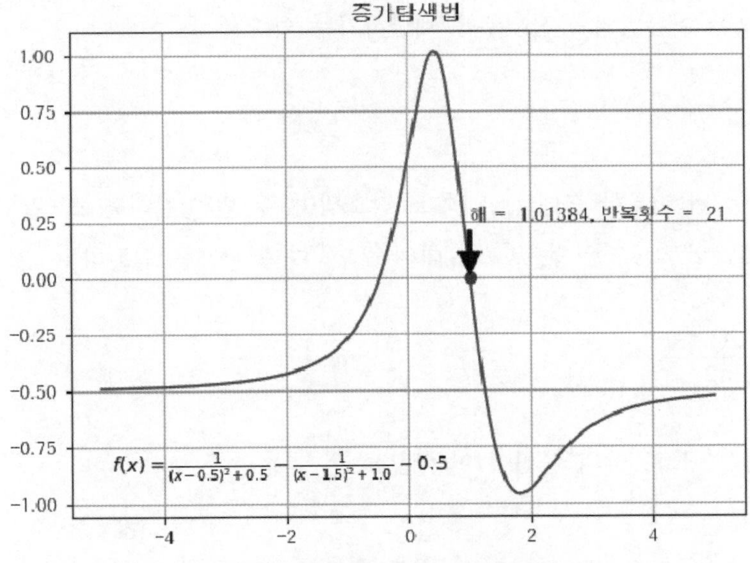

그림 4.3 증가탐색법에 의한 비선형방정식 풀이

이처럼 그래프를 이용하면, 그 계산 결과에 대해 확실하게 확인할 수 있는 장점이 있다. 따라서 앞으로 이 장의 모든 예제는 가급적 그래프를 활용한 결과 표시를 할 것이다.

(5) 이분법

$f(x)=0$의 해가 범위 $\langle x_1 : x_2 \rangle$로 결정되면, 이 범위를 좁히는 데는 여러 가지 방법이 있다. 이분법bisection method은 이 범위가 충분히 작게 될 때까지 범위를 계속 절반으로 만들어간다. 이 방법은 그래서 간격반분법interval halving method이라고도 한다. 이분법은 해를 계산하는 데 사용하는 방법 중 가장 빠른 방법은 아니지만, 가장 믿을 수 있는 방법이다. 일단 해의 범위가 결정되면, 이분법은 항상 그 범위를 좁혀나갈 수 있다.

만일 범위 $\langle x_1 : x_2 \rangle$ 안에 해가 있으면, $f(x_1)$과 $f(x_2)$는 반대부호를 갖는다. 범위를 절반으로 만들기 위해, $f(x_3)$를 계산한다. 여기서 $x_3=(x_1+x_2)/2$는 범위의 중앙점이다. 만일, $f(x_2)$와 $f(x_3)$가 반대부호이면 해는 $\langle x_3 : x_2 \rangle$ 안에 있어야 하며, 원래의 경계 x_1은 x_3로 대치된다. 그렇지 않으면 근은 $\langle x_1 : x_3 \rangle$ 안에 있으며, 이 경우 x_2는 x_3로 대치된다. 두 경우 모두 새로운 범위 $\langle x_1 : x_3 \rangle$ 또는 $\langle x_3 : x_2 \rangle$는 원래 범위 $\langle x_1 : x_2 \rangle$의 절반 크기이다. 이분법은 이 범위가 충분히 작은 값 ε으로 줄어들 때까지 반복한다. 즉, 다음 식이 사전에 설정된 ε에 이르는 데 필요한 이분법의 계산횟수를 계산하기는 쉽다.

$$|x_2 - x_1| \le \varepsilon$$

원범위 Δx는 한 번 이분한 후에는 $\Delta x/2$로 감소되며, 두 번 이분하면 $\Delta x/2^2$, n번 이분하면 $\Delta x/2^n$이다. $\Delta x/2^n=\varepsilon$으로 놓고 n에 대해 풀면, 다음 관계를 얻는다.

$$n = \frac{\ln(\Delta x/\varepsilon)}{\ln 2} \tag{4.7}$$

여기서 n은 정수이므로, n의 올림이 이용된다.

bisection( ) 함수

이 함수는 이분법을 이용하여 `f(x) = 0`의 근을 계산한다. 이때 근은 범위 `[x1, x2]` 안에 있다. 이 범위를 `tol`까지 줄이는 데 필요한 이분계산의 수 n은 식 (4.7)로 계산한다. `f(x)`의 크기가 각 범위 이분에 의해 감소되는지 확인하기 위해 `switch = 1`로 둔다. 만일 감소하지 않으면 무언가 잘못된 것이며(아마 '해'가 진짜 해가 아니고 극값일 것이다), 해로 x = None을 반환한다. 이 특성이 항상 필요한 것은 아니므로, 기본값은 `switch = 0`이다.

코드 4.8 NonLinearEq.py(추가)

```
## 이분법 모듈
#---------------------------------------------------------
''' root = bisection(f, a, b, tol=1.0e-9, switch=0).
    f(x) = 0의 해를 이분법으로 찾는다.
    해는 반드시 [a, b] 안에 있어야 한다.
'''
def bisection(fn, x1, x2, tol=1.0e-9, switch=0):
    iter = 0
    f1 = fn(x1)
    if (f1 == 0.0): return [x1, iter]
    f2 = fn(x2)
    if (f2 == 0.0): return [x2, iter]

    if (np.sign(f1) == np.sign(f2)):
        print("근이 이 범위 안에 없음")
        exit()

    # 대략의 계산횟수
    n = int(math.ceil(math.log(abs(x2 - x1)/tol)
        / math.log(2.0)))

    xOld = 0.0
    for i in range(n):
        x3 = 0.5 * (x1 + x2)
        f3 = fn(x3)
        if (switch == 1):   # 극값 검토
            if (abs(f3) > abs(f1)) and (abs(f3) > abs(f2)):
                return [None, None]
        iter += 1
        if abs(x3 - xOld) <= tol:
            return [(x1+x2)/2.0, iter]
        xOld = x3
        if np.sign(f2) != np.sign(f3):
            x1 = x3
            f1 = f3
        else:
            x2 = x3
            f2 = f3
    else:
        print('반복계산횟수 {0:3d} 안에 수렴하지 않음'.format(n))
        return [None, None]
```

예제 4.4 이분법

이분법을 이용하여 앞의 **예제 4.1**의 함수의 근을 다시 계산하라.

풀이

다음은 이 문제의 풀이를 위한 코드이다. 이 코드는 앞의 Ex0403.py에서 계산방법을 증가탐색법에서 이분법으로 바꾼 것이다.

코드 4.9 Ex0404.py

```
## 예제 4.4 이분법에 의한 비선형방정식의 근찾기

import numpy as np
from NonLinearEq import *
from RangeRoots import *

def fn(x):
    a = (x - 0.5)**2 + 0.5
    b = (x - 1.5)**2 + 1.0
    return 1.0/a - 1.0/ b - 0.5

if __name__ == '__main__':
    # 주어진 자료
    x1 = 0.5
    x2 = 1.5
    tol = 1.0e-5

    # 해 찾기
    lstRoot = bisection(fn, x1, x2, tol)
    if lstRoot == None:
        sys.exit()

    # 그래프 그리기
    xmin = -5.0
    xmax = 5.01
    xp = np.arange(xmin, xmax, 0.01)
    yp = fn(xp)

    title = "이분법"
    strFn = r'$\ f(x) = \frac {1}{\left(x-0.5\right)^2+0.5}'\
            r'-\frac {1}{\left(x-1.5\right)^2+1.0} -0.5$'

    # 그리기 함수 호출
    plotXY(xp, yp, title, strFn = strFn, strRoot = lstRoot)
```

이분법으로 계산한 결과는 다음과 같다.

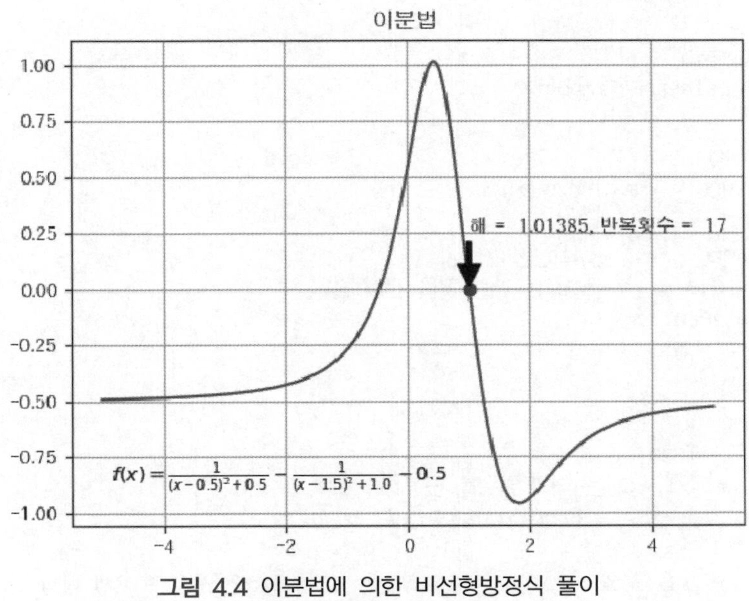

그림 4.4 이분법에 의한 비선형방정식 풀이

코드 4.9를 **코드 4.7**과 비교해보면, 호출하는 함수만이 다를 뿐 그 전체 형태가 거의 동일하다. 그리고 실제 실행횟수는 거의 비슷한 결과를 보였다.

예제 4.5 이분법으로 범위 안의 모든 해 찾기

이분법을 이용하여 범위 $\langle 0:20 \rangle$에 있는 $f(x) = x - \tan x$의 모든 해를 찾아라. 앞의 `bracketing( )` 함수와 `bisection( )` 함수를 이용하라.

풀이

이분법의 장점은 어느 구간 안에 근이 있다는 사실이 확인되면, 느리더라도 착실하게 그 근을 찾아낸다는 점이다. 이런 점을 이용하여 어떤 범위 안에 있는 모든 근을 찾아낼 수 있다. 주어진 문제에서 $\tan x$는 $x = \frac{\pi}{2}, \frac{3\pi}{2}, \cdots$에서 특이이고 부호가 변한다는 점에 유의한다. `bisection( )` 함수가 이런 점에서 해를 찾는 오류를 피하기 위해 `switch = 1`로 설정한다. 특이점에 가까워지는 것은 `bracketing( )` 함수에서 Δx값이 작아진다는 것을 이용하여 경감시킬 수 있는 또 다른 잠재적인 문제이다. $\Delta x = 0.01$을 선택하고, 다음 프로그램을 이용하였다.

코드 4.10 Ex0405.py

```python
## 예제 4.5 이분법으로 모든 해 찾기

import math
from NonLinearEq import *

def fn(x):
    return x - math.tan(x)

if __name__ == '__main__':
    a = 0.0      # (a,b)는 해를 찾을 전체 범위
    b = 20.0
    dx = 0.01
    i = 0

    while True:
        # (x1, x2)는 해의 범위를 좁힌 것
        x1, x2, _ = bracketing(fn, a, b, dx)

        if x1 != None:                          # 좁혀진 범위 안에서 탐색
            a = x2
            x, _ = bisection(fn, x1, x2, switch=1)
            if x != None:                       # 해를 구함
                print("<x1 : x2> = <{0:8.3f} :{1:8.3f}>"
                    .format(x1, x2))
                print('     x[{0:1d}] = {1:10.6f}'.format(i, x))
                i = i + 1
            #else:
                #    print('      이 사이에 해 없음')
        else:
            break
```

이 프로그램의 출력은 다음과 같다.

```
<x1 : x2> = <   0.000 :   0.010>
    x[0] =   0.000000
<x1 : x2> = <   4.490 :   4.500>
    x[1] =   4.493409
<x1 : x2> = <   7.720 :   7.730>
    x[2] =   7.725252
<x1 : x2> = <  10.900 :  10.910>
    x[3] =  10.904122
```

```
<x1 : x2> = <  14.060 :  14.070>
    x[4] =  14.066194
<x1 : x2> = <  17.220 :  17.230>
    x[5] =  17.220755
```

(6) 할선법과 허위법

할선법secant method과 허위법false position method은 밀접한 관계가 있다. 두 방법 모두 해에 대해 두 개의 초기 추정값 x_1과 x_2를 이용한다. 함수 $f(x)$는 해 근방에서 근사적으로 선형이라고 가정한다. 그래서 해에 대해 개선된 값 x_3는 x_1와 x_2 사이의 선형보간에 의해 추정할 수 있다. **그림 4.5**를 참고하면, (그림의 음영 부분) 닮은꼴 삼각형은 다음 관계를 얻는다.

$$\frac{f_2}{x_3 - x_2} = \frac{f_1 - f_2}{x_2 - x_1} \tag{4.8}$$

여기서 $f_i = f(x_i)$ 기호를 이용한다. 따라서 개선된 해의 추정값은 다음과 같다.

$$x_3 = x_2 - f_2 \frac{x_2 - x_1}{f_1 - f_2} \tag{4.9}$$

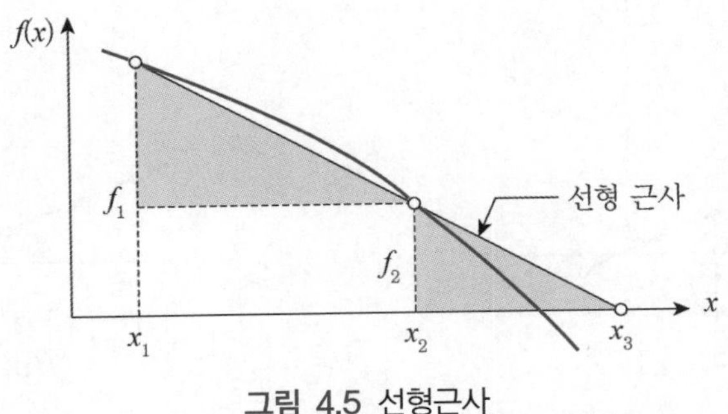

그림 4.5 선형근사

허위법(오차조정법regula falsi이라고도 함)은 x_1과 x_2가 해의 범위를 결정해야만 한다. 개선된 해를 식 (4.9)로 계산한 후에, x_1 또는 x_2는 x_3로 치환된다. 만일 f_3가 f_1과 같은 부호이면, $x_1 \leftarrow x_3$이고, 그렇지 않으면 $x_2 \leftarrow x_3$이다. 이런 방법으로 해는 항상 $\langle x_1 : x_2 \rangle$ 범위에 있게 된다. 이 과정은 수렴될 때까지 반복된다. 할선법은 두 가지 점에서 허위법과 다르다. 이 방법은 처음에 해의 범위를 결정하지 않아도 되며, 이전의 해의 추정값을 버린다(즉, x_3를 계산한 후에, $x_1 \leftarrow x_2$, $x_2 \leftarrow x_3$로 둔다).

할선법의 수렴성은 초선형superlinear이라고 볼 수 있으며, 오차는 $E_{k+1} = cE_k^{1.618\cdots}$으로 거동한다(지수 1.618 …은 황금비golden ratio이다). 허위법에 대한 수렴의 정확한 차수는 계산할 수 없다. 일반적으로 선형보다 좋지만, 훨씬 좋지는 않다. 그러나 허위법은 항상 해의 범위를 지정하므로, 훨씬 믿을 만하다. 수렴성에 관한한 Ridders법이 이들에 비해 훨씬 우수하므로, 이 두 방법에 대해서는 더 이상 깊이 다루지 않을 것이다.

(7) Ridders법

Ridders법[1)]은 허위법을 교묘하게 수정한 것이다. 해가 $\langle x_1 : x_2 \rangle$ 범위 안에 들어 있다고 가정하고, 먼저 $f_3 = f(x_3)$를 계산한다. 여기서 x_3는 **그림 4.6(a)**에 보인 것처럼 이 범위의 중앙값이다. 그리고 다음과 같은 함수를 도입한다.

$$g(x) = f(x)e^{(x - x_1)Q} \tag{4.10}$$

여기서 상수 Q는 **그림 4.6(b)**에 보인 것처럼 점 (x_1, g_1), (x_2, g_2), (x_3, g_3)가 일직선에 놓이도록 결정한다. 이전과 같이 $g_i = g(x_i)$ 기호를 사용한다. 해의 개선된 값은 $f(x)$가 아니라 $g(x)$의 선형보간으로 구할 수 있다.

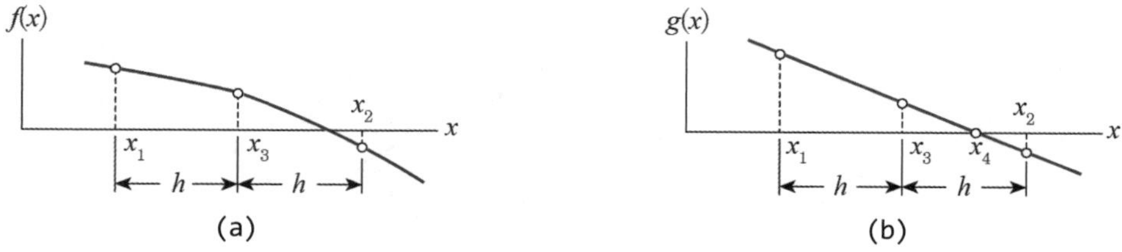

그림 4.6 Ridders법에 이용된 개념

이제 세부적인 것을 살펴보자. 식 (4.10)에서 다음 관계를 얻을 수 있다.

1) Ridders, C. J. F. (1979) "A new algorithm for computing a single root of a real continuous function", IEEE Transactions on Circuits and Systems, Vol. CAS-26, No.11, pp.979-978.

$$g_1 = f_1,\ g_2 = f_2 e^{2hQ},\ g_3 = f_3 e^{hQ} \tag{4.11}$$

여기서 $h = (x_2 - x_1)/2$ 이다. **그림 4.6(b)**에서 세 점이 일직선에 놓여야 한다는 요구사항은 $g_3 = (g_1 + g_2)/2$ 또는 다음과 같으며,

$$f_3 e^{hQ} = \frac{1}{2}(f_1 + f_2 e^{2hQ}) \tag{4.12}$$

이것은 e^{hQ}의 이차방정식이다. 그 해는 다음과 같다.

$$e^{hQ} = \frac{f_3 \pm \sqrt{f_3^2 - f_1 f_2}}{f_2} \tag{4.13}$$

(x_1, g_1)과 (x_3, g_3)에 기반을 둔 선형보간은 개선된 해를 얻을 수 있다.

$$x_4 = x_3 - g_3 \frac{x_3 - x_1}{g_3 - g_1} = x_3 - f_3 e^{hQ} \frac{x_3 - x_1}{f_3 e^{hQ} - f_1} \tag{4.14}$$

여기서 마지막 단계로 식 (4.11)을 이용하였다. 마지막으로, 식 (4.13)에서 e^{hQ}를 대입하고, 몇 가지 연산을 하면 다음 값을 구할 수 있다.

$$x_4 = x_3 \pm (x_3 - x_1) \frac{f_3}{\sqrt{f_3^2 - f_1 f_2}} \tag{4.15}$$

보정된 결과는 만일 $f_1 - f_2 > 0$ 이면 덧셈 부호, 만일 $f_1 - f_2 < 0$ 이면 뺄셈 부호를 선택하여 구할 수 있다. x_4를 계산한 후에, 해에 대한 새로운 범위를 결정하고 식 (4.15)를 다시 적용한다. 이 과정은 연속된 x_4 사이의 차이가 무시할 수 있을 정도까지 반복한다.

식 (4.15)에서 Ridders의 반복 공식은 매우 유용한 속성을 갖는다. 만일 x_1과 x_2가 해를 그 안에 포함하면, x_4는 항상 $\langle x_1 : x_2 \rangle$ 범위 안에 있다. 다시 말하자면, 한번 해의 범위를 지정하면, 계산된 해는 항상 그 범위 안에 있게 되며, 이 방법을 매우 신뢰성 있게 만든다. 단점은 각 반복계산에서 함수값을 두 번 계산한다는 점이다. Ridders법은 이차적으로 수렴하며, 할선법이나 허위법보다 빠르다. $f(x)$의 미분을 이용할 수 없거나 계산하기 어려울 때 이용하는 방법이다.

Ridders( ) 함수

다음은 Ridders법의 소스코드이다.

코드 4.11 NonLinearEq.py(추가)

```
## Ridders법 모듈
#--------------------------------------------------------
''' x, iter = Ridders(fn,a,b,tol=1.0e-9)
    Ridders법으로 fn(x) = 0의 근찾기
    근은 <a:b>안에 있어야 한다.
'''
def Ridders(fn, a, b, tol=1.0e-9):
    iter = 0
    fa = fn(a)
    if fa == 0.0:
        return a
    fb = fn(b)
    if fb == 0.0:
        return b
    if np.sign(fa) == np.sign(fb):
        print('해의 범위가 좁혀지지 않음')
        sys.exit()

    for i in range(30):
        # Ridders 법으로 개선된 해 x를 계산
        c = 0.5 * (a + b)
        fc = fn(c)
        s = math.sqrt(fc**2 - fa*fb)
        if s == 0.0:
            return None
        dx = (c - a)*fc/s
        if (fa - fb) < 0.0:
            dx = -dx
        x = c + dx
        fx = fn(x)
        iter += 1
        # 수렴성 검토
        if i > 0:
            if abs(x - xOld) < tol*max(abs(x),1.0):
                return x, iter
        xOld = x
        # 가능한 한 근의 범위를 좁히기
        if np.sign(fc) == np.sign(fx):
            if np.sign(fa) != np.sign(fx):
```

코드 4.11 NonLinearEq.py(추가)(계속)

```
                b = x
                fb = fx
            else:
                a = x
                fa = fx
        else:  # fc와 fx의 부호가 다름
            a = c
            b = x
            fa = fc
            fb = fx
    else:
        print('반복횟수 초과')
        return None, None
```

예제 4.6 Ridders법의 손계산

Ridders법을 이용하여 ⟨0.6 : 0.8⟩ 범위에서 손계산으로 $f(x)=x^3-10x^2+5=0$의 해를 결정하라.

풀이

시작점은 다음과 같다.

$$x_1=0.6,\ f_1=0.6^3-10(0.6)^2+5=1.6160$$

$$x_2=0.8,\ f_2=0.8^3-10(0.8)^2+5=-0.8880$$

첫 번째 반복: 이분법으로 다음 점을 구한다.

$$x_3=0.7,\ f_3=0.7^3-10(0.7)^2+5=0.4430$$

해의 개선된 추정값을 Ridders법으로 계산한다.

$$s=\sqrt{f_3^2-f_1f_2}=\sqrt{0.4330^2-1.6160(-0.8880)}=1.2738$$

$$x_4=x_3\pm(x_3-x_1)\frac{f_3}{s}$$

$f_1>f_2$이므로 덧셈 기호를 이용한다. 따라서

$$x_4 = 0.7 + (0.7 - 0.6)\frac{0.4430}{1.2738} = 0.7348$$

$$f_4 = 0.7348^3 - 10(0.7348)^2 + 5 = -0.0026$$

해가 $\langle x_3 : x_4 \rangle$ 범위 안에 있으므로, 다음과 같이 둔다.

$$x_1 \leftarrow x_3 = 0.7,\ f_1 \leftarrow f_3 = 0.4430$$

$$x_2 \leftarrow x_4 = 0.7348,\ f_2 \leftarrow f_4 = -0.0026$$

이 값들은 다음 반복을 위한 시작점들이다.

두 번째 반복:

$$x_3 = 0.5(x_1 + x_2) = 0.5(0.7 + 0.7348) = 0.7174$$

$$f_3 = 0.7174^3 - 10(0.7174)^2 + 5 = 0.2226$$

$$s = \sqrt{f_3^2 - f_1 f_2} = \sqrt{0.2226^2 - 0.4430(-0.0026)} = 0.2252$$

$$x_4 = x_3 \pm (x_3 - x_1)\frac{f_3}{s}$$

$f_1 > f_2$이므로, 다시 한번 덧셈 기호를 이용한다.

$$x_4 = 0.7174 + (0.7174 - 0.7)\frac{0.2226}{0.2252} = 0.7346$$

$$f_4 = 0.7346^3 - 10(0.7346)^2 + 5 = 0.0000$$

따라서 해는 $x = 0.7346$이며, 소수점 이하 네 자리까지 정확하다.

예제 4.7 Ridders법 코드의 이용

Ridders법(**코드 4.11**)을 이용하여 **예제 4.1**의 근을 계산하라.

풀이

`Ex0401.py`를 Ridders법을 이용하도록 약간 수정하면 다음과 같다.

코드 4.12 Ex0407.py

```
# 예제 4.7 Ridders법에 의한 비선형방정식의 근찾기

import numpy as np
from NonLinearEq import *
from RangeRoots import *

def fn(x):
    a = (x - 0.5)**2 + 0.5
    b = (x - 1.5)**2 + 1.0
    return 1.0/a - 1.0/ b - 0.5

if __name__ == '__main__':
    # 주어진 자료
    x1 = 0.5
    x2 = 1.5
    tol = 1.0e-5

    # 해 찾기
    lstRoot = Ridders(fn, x1, x2, tol)

    # 그래프 그리기
    xmin = -5.0
    xmax = 5.01
    xp = np.arange(xmin, xmax, 0.01)
    yp = fn(xp)

    title = "Ridders법"
    strFn = r'$\ f(x) = \frac {1}{\left(x-0.5\right)^2+0.5}'\
            r'-\frac {1}{\left(x-1.5\right)^2+1.0} -0.5$'

    # 그리기 함수 호출
    plotXY(xp, yp, title, strFn = strFn, strRoot = lstRoot)
```

계산 결과는 다음 그림과 같다. 이 결과를 보면 Ridders법은 불과 3회의 반복계산으로 수렴하였다. 앞의 증가탐색법이나 이분법의 결과와 비교해보면, Ridders법이 얼마나 빨리 수렴하는지 알 수 있다.

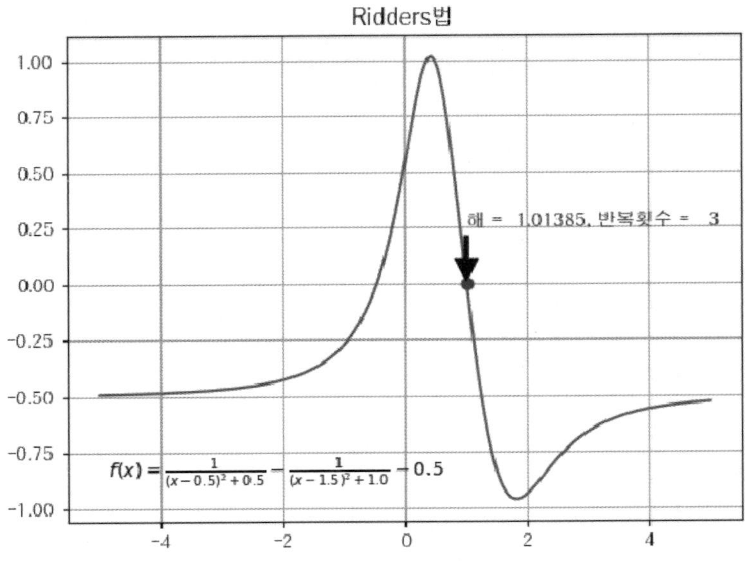

그림 4.7 Ridders법에 의한 비선형방정식 풀이

(8) Newton-Raphson법

Newton-Raphson 알고리즘은 몇 가지 이유로 해를 찾는 가장 잘 알려진 방법이다. 우선, 이 방법은 간단하고 빠르다. 이 방법의 유일한 단점은 함수 $f(x)$와 그 함수의 미분 $f'(x)$를 이용한다는 점이다. 따라서 Newton-Raphson법은 $f'(x)$를 쉽게 계산할 수 있는 문제에만 적용할 수 있다.

Newton-Raphson법은 $f(x)$를 x 주위로 테일러 급수 전개하여 유도할 수 있다.

$$f(x_{i+1}) = f(x_i) + f'(x_i)(x_{i+1} - x_i) + O(x_{i+1} - x_i)^2 \tag{4.16}$$

여기서 $O(z)$는 'z의 차수'라고 읽는다. 만일 x_{i+1}이 $f(x)=0$의 해이면, 식 (4.16)은 다음과 같다.

$$0 = f(x_i) + f'(x_i)(x_{i+1} - x_i) + O(x_{i+1} - x_i)^2 \tag{4.17}$$

x_i이 x_{i+1}에 가깝다고 가정하면, 식 (4.17)에서 마지막 항을 생략할 수 있으며, x_{i+1}에 대해 정리할 수 있다. 이것이 Newton-Raphson법이다.

$$x_{i+1} = x_i - \frac{f(x_i)}{f'(x_i)} \tag{4.18}$$

Newton-Raphson법의 도해적 표현은 **그림 4.8**과 같다. 이 방법은 x_i에서 곡선에 접하는 직선으로 $f(x)$를 근사한다. 따라서 x_{i+1}은 x축과 접선의 교점이다.

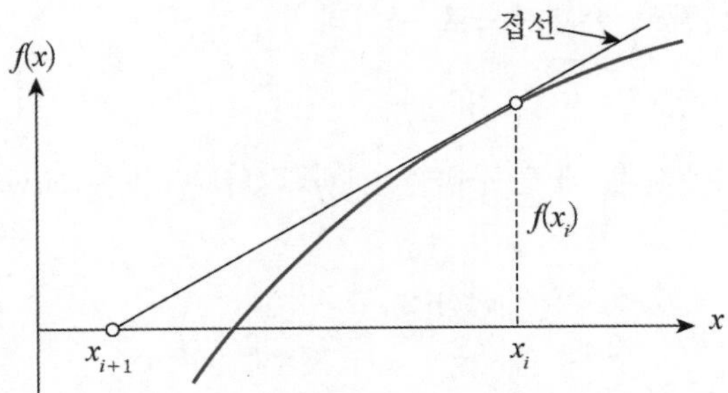

그림 4.8 Newton-Raphson법의 도해적 표현

Newton-Raphson법의 알고리즘은 간단하다. 초기값 x_0에서 시작하여 다음의 수렴조건을 만족할 때까지 식 (4.18)을 반복적으로 적용한다.

$$|x_{i+1} - x_i| < \varepsilon \tag{4.19}$$

여기서 ε는 허용오차error tolerance이다. 저장해야 할 값은 x의 마지막 값뿐이다. 다음은 그 알고리즘이다.

---

x가 $f(x)=0$의 해의 추정값이라 하자.
Do until $|\Delta x| < \varepsilon$:
 $\Delta x = -f(x)/f'(x)$을 계산한다.
 $x \leftarrow x + \Delta x$로 놓는다.

Newton-Raphson법에서 절단오차 E는 다음과 같이 거동한다.

$$E_{i+1} = -\frac{f''(x)}{2f'(x)} E_i^2 \tag{4.20}$$

여기서 x는 해이다. 이것은 이 방법이 이차적으로 수렴함을 의미한다(오차는 이전 단계 오차의 제곱). 따라서 각 반복계산에서 유효숫자의 수는 대략 두 배가 된다.

예제 4.8 Newton-Raphson법에 의한 $\sqrt{2}$ 근사 계산

Newton-Raphson법을 이용하여 $\sqrt{2}$를 두 정수의 비율로 나타내는 연속적인 근사를 구하라. 단, 계산은 코드를 이용하지 말고 손계산으로 구하라.

풀이

이 문제는 $f(x)=x^2-2=0$의 해를 구하는 것과 같다. 다음은 Newton-Raphson법이다.

$$x \leftarrow x-\frac{f(x)}{f'(x)}=x-\frac{x^2-2}{2x}=\frac{x^2+2}{2x}$$

$x=1$로 놓고 시작하면, 연속된 반복계산은 다음과 같다.

$$\begin{aligned} x &\leftarrow \frac{(1)^2+2}{2(1)}=\frac{3}{2} \\ x &\leftarrow \frac{(3/2)^2+2}{2(3/2)}=\frac{17}{12} \\ x &\leftarrow \frac{(17/12)^2+2}{2(17/12)}=\frac{577}{408} \\ &\vdots \end{aligned}$$

$x=\frac{577}{408}=1.1414216$은 이미 $\sqrt{2}=1.1414214$에 매우 가깝다는 데 유의하라. 이 결과는 x의 초기값에 따라 달라진다. 예를 들어, $x=2$로 놓으면 다른 비율의 수열이 된다.

NewtonRaphson0( ) 함수

먼저, 가장 단순한 Newton-Raphson법으로 비선형방정식을 푸는 코드를 작성해보자. 이것은 식 (4.18)을 그대로 구현한 것이다. 그래서 함수 이름에도 0을 붙였다.

코드 4.13 NonLinearEq.py(추가)

```
## NewtonRaphson 모듈
'''
    x, it = NewtonRaphson0(fn, df, x0, tol=1.0e-9)
        단순한 Newton-Raphson법으로 fn(x) = 0의 근을 찾는다.
        이때 초기값은 x0이다.
        이용자는 함수 fn(x)와 그의 도함수 df(x)를 제공해야 한다.
'''
def NewtonRaphson0(fn, df, x0, tol=1.0e-9):
    iter = 0
    x = x0
    for i in range(30):
        fx = fn(x)
        if fx == 0.0:
            return x, iter

        dfx = df(x)

        dx = - fx / dfx
        x = x + dx
        iter += 1

        # 수렴성 검토
        if abs(dx) < tol:
            return x, iter
    else:
        print('Newton-Raphson에서 반복횟수 초과')
        return None, None
```

예제 4.9 NewtonRaphson0( ) 함수의 이용

코드 4.13으로 주어진 NewtonRaphson0( ) 함수로 예제 4.1의 근을 계산하라.

풀이

Newton-Raphson법으로 식 (4.5)의 해를 구하기 위해서는 먼저 이 식의 미분을 구해야 한다. 식 (4.5)의 미분은 다음과 같다.

$$f'(x) = \frac{-2(x-0.5)}{\{(x-0.5)^2+0.5\}^2} + \frac{2(x-1.5)}{\{(x-1.5)^2+1.0\}^2} \tag{4.21}$$

이 예제를 푸는 코드는 다음과 같다.

코드 4.14 Ex0409.py

```
# 예제 4.9 Newton-Raphson법에 의한 비선형방정식의 근찾기와
# 그래프 출력

import numpy as np
from NonLinearEq import *
from RangeRoots import *

def fn(x):
    a = (x - 0.5)**2 + 0.5
    b = (x - 1.5)**2 + 1.0
    return 1.0/a - 1.0/ b - 0.5

def dfn(x):
    a = (x - 0.5)**2 + 0.5
    b = (x - 1.5)**2 + 1.0
    ap = 2.0 * (x - 0.5)
    bp = 2.0 * (x - 1.5)
    return -ap / (a * a) + bp / (b * b)

if __name__ == '__main__':
    # 주어진 자료
    x0 = 1.0
    tol = 1.0e-5

    # 해 찾기
    lstRoot = NewtonRaphson0(fn, dfn, x0, tol=tol)
    if lstRoot == None:
        print("해를 찾을 수 없음")
        sys.exit()

    # 그래프 그리기
    xmin = -5.0
    xmax = 5.01
    xp = np.arange(xmin, xmax, 0.01)
    yp = fn(xp)

    title = "Newton-Raphson법"
    strFn = r'$\ f(x) = \frac {1}{\left(x-0.5\right)^2+0.5}'\
            r'-\frac {1}{\left(x-1.5\right)^2+1.0} -0.5$'

    # 그리기 함수 호출
    plotXY(xp, yp, title, strFn = strFn, strRoot = lstRoot)
```

이 코드를 실행한 결과는 다음과 같다. **그림 4.9**의 결과를 보면, Newton-Raphson법이 이제까지의 다른 방법에 비해 현저하게 빨리 수렴한다는 것을 알 수 있다.

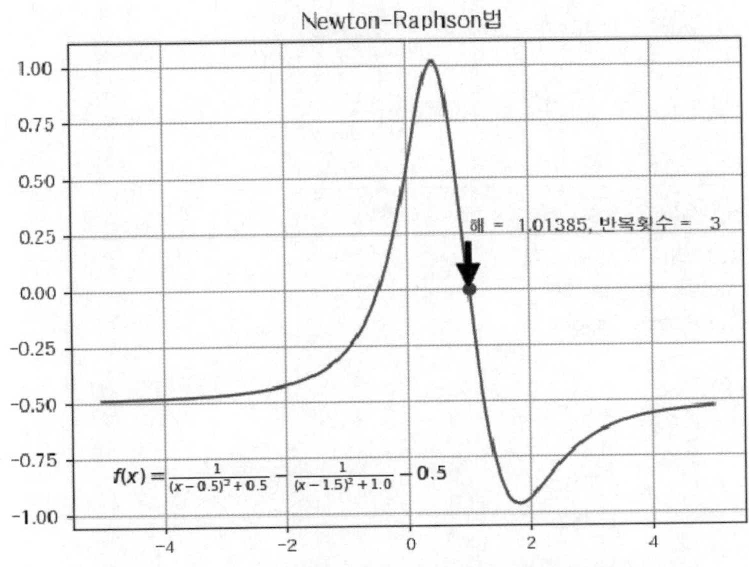

그림 4.9 Newton-Raphson법에 의한 비선형방정식 풀이

(9) 다중근이 있을 경우의 Newton-Raphson법

Newton-Raphson법이 해 근방에서 빠르게 수렴하지만, 전역 수렴성은 떨어진다. 그 이유는 **그림 4.10**의 두 사례에 보인 것처럼 접선이 항상 함수의 적절한 근사가 되는 것이 아니기 때문이다. 그러나 이 방법을 이분법과 조합하면 거의 절대적으로 안전하게 만들 수 있다.

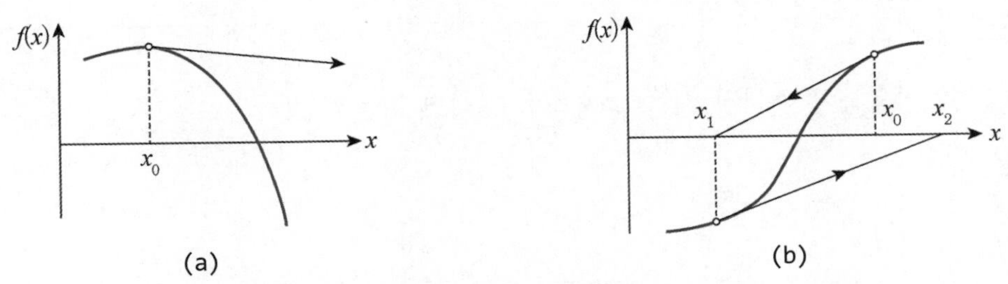

그림 4.10 Newton-Raphson법이 발산하는 예

예제 4.10 이중근에 대한 NewtonRaphson( ) 함수의 거동

코드 4.13으로 주어진 NewtonRaphson( ) 함수를 이용하여 다음 함수의 최소 양근을 구하라.

$$f(x) = x^4 - 6.4x^3 + 6.45x^2 + 20.538x - 31.752$$

이 식을 그래프로 그리는 코드는 다음과 같다.

코드 4.15 Ex0410.py

```
# 예제 4.10의 그래프 그리기
import numpy as np
from RangeRoots import *

def fn(x):
    f = x - 6.4
    f = f * x + 6.45
    f = f * x + 20.538
    f = f * x - 31.752
    return f

if __name__ == '__main__':
    # 자료값
    xp = np.arange(0.0, 5.1, 0.01)
    yp = fn(xp)

    # 그래프 그리기
    title = "중근이 있는 다항식"

    # 그리기 함수 호출
    plotXY(xp, yp, title)
```

코드 4.15를 이용하여 주어진 식을 그래프로 그리면 다음과 같다.

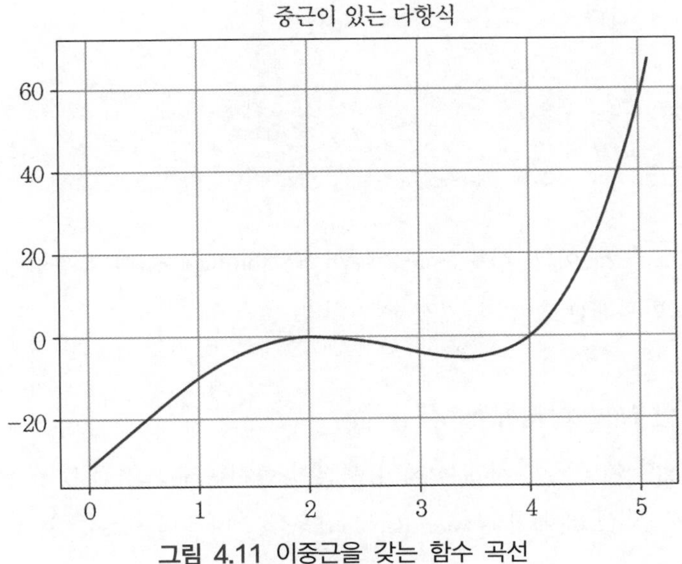

그림 4.11 이중근을 갖는 함수 곡선

풀이

함수의 그래프를 살펴보면, 최소 양근이 $x = 2$에서 이중근인 것으로 보인다. 이분법과 Ridders 법은 해에서 함수의 부호가 바뀌는 것을 이용하므로 여기서는 이용할 수 없다. 단순한 Newton-Raphson법을 적용해서 해와 반복횟수를 출력해보자.

코드 4.16 Ex0410-1.py

```
# 예제 4.10: 이중근에 대한 Newton-Raphson법 적용

from NonLinearEq import *

def f(x):
    return x**4 - 6.4*x**3 + 6.45*x**2 + 20.538*x - 31.752

def df(x):
    return 4.0*x**3 - 19.2*x**2 + 12.9*x + 20.538

if __name__ == '__main__':
    x0 = 2.5
    tol = 1.0e-5
    x, iter = NewtonRaphson0(f, df, x0, tol=tol)

    print('해 = {0:12.7f}'.format(x))
    print('반복횟수 = ', iter)
```

계산 결과는 다음과 같다.

```
해 =  2.1000052
반복횟수 =  16
```

해의 정확한 값은 $x = 2.1$이다. 다중근 근처에서 Newton-Raphson법의 수렴성은 이차가 아니라 선형이다. 이것이 반복계산 횟수가 커진 원인이다.

■ 이중근을 고려한 NewtonRaphson( ) 함수

앞의 **예제 4.10**에서 이중근 근처에서 해의 수렴이 현저하게 느려진 것을 볼 수 있었다. 다중근에 대한 수렴성은 식 (4.18)에서 Newton-Raphson 공식을 다음 식으로 대치하여 가속할 수 있다.

$$x_{i+1} = x_i - m\frac{f(x_i)}{f'(x_i)} \tag{4.22}$$

여기서 m은 해의 다중도multiplicity이다(이 문제에서는 $m = 2$). 프로그램을 수정한 후에는 단지 5회의 반복계산으로 같은 결과를 얻을 수 있다. 식 (4.22)를 반영한 Newton-Raphson법의 코드 `NewtonRaphson( )`는 다음과 같다. 앞의 **코드 4.16**과 비교하여 **코드 4.17**과 달라진 곳은 함수 원형 선언부에 선택인수 `m=1`이 추가되었고 식 (4.22)를 반영하여, 190행에 `m`이 추가되었다.

코드 4.17 NonLinearEq.py(추가)

```
172  # 이중근을 고려한 NewtonRaphson 함수
173  ''' x, it = NewtonRaphson(f, df, x0, m=1, tol=1.0e-9).
174      단순한 Newton-Raphson법으로 f(x) = 0의 근을 찾는다.
175      이때 초기값은 x0이다. m은 다중근을 나타낸다.
176      이용자는 함수 f(x)와 그의 도함수 df(x)를 제공해야 한다.
177  '''
178  def NewtonRaphson(f, df, x0, m=1, tol=1.0e-9):
179      iter = 0
180      x = x0
181      for i in range(30):
182          fx = f(x)
183          if fx == 0.0:
184              return x, iter
185
186          dfx = df(x)
```

코드 4.17 NonLinearEq.py(추가)(계속)

```python

        # 0으로 나누면, x를 범위 밖으로 보냄
        try:
            dx = -m * fx / dfx
        except ZeroDivisionError:
            print("오류: 미분값이 0임")
            sys.exit()
        x = x + dx
        iter += 1
        # 수렴성 검토
        if abs(dx) < tol:
            return x, iter
    else:
        print('Newton-Raphson에서 반복횟수 초과')
        return None, None
```

예제 4.11 이중근에 대한 Newton-Raphson법 적용

다중근이 있는 경우에 대해 Newton-Raphson법을 적용하여 예제 4.10을 다시 풀어라.

풀이

코드 4.16에서 m=2를 입력할 수 있도록 Ex0410.py를 약간 변경하면 다음과 같다.

코드 4.18 Ex0411.py

```python
## 예제 4.11: 이중근에 대한 Newton-Raphson법 적용

from NonLinearEq import *

def f(x):
    return x**4 - 6.4*x**3 + 6.45*x**2 + 20.538*x - 31.752

def df(x):
    return 4.0*x**3 - 19.2*x**2 + 12.9*x + 20.538

if __name__ == '__main__':
    x0 = 2.5
    tol = 1.0e-5
    x, iter = NewtonRaphson(f, df, x0, m=2, tol=tol)

    print('해 = {0:12.7f}'.format(x))
    print('반복횟수 = ', iter)
```

코드 4.16과 **코드 4.18**을 비교하면, 실제로 변경된 것은 14행의 함수 호출 부분 외에는 없다. **코드 4.18**을 실행하면, 그 결과는 다음과 같다.

```
해 =    2.1000002
반복횟수 =  4
```

예제 4.10의 결과와 비교해보면, 반복계산횟수가 16회에서 4회로 현격하게 줄었음을 알 수 있다. 즉, 다중근일 경우는 식 (4.22)를 이용하는 것이 타당함을 알 수 있다.

(10) 이분법과 결합한 Newton-Raphson법

앞서 언급하였듯이, Newton-Raphson법은 수렴속도가 다른 방법에 비해 훨씬 빠르다는 장점이 있다. 그렇지만 **그림 4.10**에 보인 것과 같이 발산할 위험성을 안고 있다. 그래서 확실하게 해의 수렴을 담보할 수 있는 안전한 Newton-Raphson 코드를 만들 필요가 있다.

다음의 Newton-Raphson법은 수렴을 보장하기 위해 계산해야 할 해가 초기에 $\langle a:b \rangle$ 안에 있다고 가정한다. 이 범위의 중앙점은 해의 초기 가정값으로 이용된다. 각 반복계산에서 이 범위는 갱신된다. 만일 Newton-Raphson 반복계산이 이 범위 내에 머물지 않으면, 이것은 무시하고 이분법으로 대치된다. `NewtonRaphson( )` 함수가 함수 $f(x)$ 그 미분 $f'(x)$를 이용하므로, 이용자들은 함수 루틴과 미분의 루틴(코드에서는 `f`와 `df`로 나타냄)을 둘 다 제공하여야 한다.

NewtonRaphsonBS( ) 함수

이분법과 결합한 Newton-Raphson법인 `NewtonRanpsonBS( )` 함수코드는 다음과 같다.

코드 4.19 NonLinearEq.py(추가)

```
# 이진법과 결합한 NewtonRaphsonBS()
'''
    x, iter = NewtonRaphsonBS(fn,df,a,b,tol=1.0e-9)
        Newton-Raphson법과 이분법을 조합하여 fn(x) = 0의 근을 찾는다.
        근은 <a:b>의 범위 안에 있어야 한다.
        이용자는 함수 fn(x)와 그의 도함수 df(x)를 제공해야 한다.
'''
def NewtonRaphsonBS(fn, df, a, b, m = 1, tol=1.0e-9):
    x = 0.5 * (a + b)
```

코드 4.19 NonLinearEq.py(추가)(계속)

```
    iter = 0
    for i in range(30):
        fx = fn(x)
        if fx == 0.0:
            return x, iter

        # Newton-Raphson 단계 시도
        dfx = df(x)

# 0으로 나누면, x를 범위 밖으로 보냄
        try:
            dx = - m * fx / dfx
        except ZeroDivisionError:
            dx = b - a
        x = x + dx
        iter += 1

        # 만일 결과가 범위 (a,b) 밖이면 이분법 이용
        if (b - x)*(x - a) < 0.0:
            dx = 0.5*(b - a)
            x = a + dx

        # 수렴성 검토
        if abs(dx) < tol:
            return x, iter
    else:
        print('Newton-Raphson에서 반복횟수 초과')
        return None, None
```

예제 4.12 이분법과 결합한 Newton-Raphson법

Newton-Raphson법(코드 4.19)을 이용하여 예제 4.10의 근을 다시 계산하라.

풀이

이 코드를 이용하여 예제 4.10을 다시 풀면 다음과 같다.

코드 4.20 Ex0412.py

```
# 예제 4.12: 이중근에 대한 Newton-Raphson법 적용
#            예제 4.10 다시 풀기

from NonLinearEq import *
```

코드 4.20 Ex0412.py(계속)

```

def f(x):
    return x**4 - 6.4*x**3 + 6.45*x**2 + 20.538*x - 31.752

def df(x):
    return 4.0*x**3 - 19.2*x**2 + 12.9*x + 20.538

if __name__ == '__main__':
    x1 = 1.5
    x2 = 2.5
    tol = 1.0e-5

    x, iter = NewtonRaphsonBS(f, df, x1, x2,  m=2, tol=tol)

    print('해 = {0:12.7f}'.format(x))
    print('반복횟수 = ', iter)
```

계산 결과는 다음과 같다.

```
해 =    2.1000000
반복횟수 =  3
```

4.2 다항식의 해

(1) 서론

n차 다항식은 다음 형태를 갖는다.

$$P_n(x) = a_0 + a_1 x + a_2 x^2 + \cdots + a_n x^n \tag{4.25}$$

여기서 계수 a_i는 실수 또는 복소수이다. 여기서는 실수 계수의 다항식에만 초점을 맞추지만, 이 절에 보인 알고리즘은 복소수 계수에도 적용할 수 있다.

다항방정식 $P_n(x) = 0$은 정확히 n개의 해(실수 또는 복소수)를 갖는다. 만일 계수가 실수이면, 복소수근은 반드시 공액쌍($x_r + ix_i$, $x_r - ix_i$)으로 나타난다. 여기서 x_r과 x_i는 각각 실수와 허수 부분이다. 실수 계수에 대해서 실근의 수는 Descartes의 규칙에 따라 추정할 수 있다.

- 양의 실근의 수는 $P_n(x)$에 대한 수식의 계수의 열 $a_0, a_1, a_2, \cdots, a_n$의 사이에서 나타나는 부호 변화의 개수(0은 생략)와 같거나 그 개수보다 짝수 개만큼 작다.
- 음의 실근의 수는 $P_n(-x)$에 대한 수식의 계수의 열의 사이에서 나타나는 부호 변화의 개수(0은 생략)와 같거나 그 개수보다 짝수 개만큼 작다.

예를 들어, $P_3(x) = x^3 - 2x^2 - 8x + 27$을 생각하자. 부호가 두 번 바뀌므로, $P_3(x) = 0$는 2개 또는 0개의 양의 실근을 갖는다. 반면에 $P_3(-x) = -x^3 - 2x^2 + 8x + 27$는 부호가 한 번 바뀐다. 따라서 1개의 음의 실근을 갖는다.

실수 계수의 다항식의 실근은 항상 앞서 설명한 방법들 중 하나로 계산할 수 있다. 만일 복소근을 계산하고자 해도, 다항식에 특화된 방법을 이용하는 것이 최적이다. 믿을 만하며 구현하기 쉬운 방법으로 Laguerre법을 소개한다. 이 방법을 진행하기 전에 먼저, 다항식의 근을 결정하는 모든 방법에 필요한 두 가지 수치도구를 개발해야 한다. 첫 번째 도구는 다항식과 그 미분을 계산하는 효율적인 알고리즘이다. 우리가 필요로 하는 두 번째 알고리즘은 다항식의 축약 deflation, 즉 r이 $P_n(x) = 0$의 해일 때 $P_n(x)$를 $x - r$로 나누는 것이다.

(2) 다항식의 계산

식 (4.25)에서 다항식을 계산할 때 다음 알고리즘과 같이 왼쪽 항에서 오른쪽 항으로 계산하는 것이 일반적이다(이때 계수는 배열 $\boldsymbol{a}$에 저장된다고 가정한다).

```
p = 0.0
for i in range(n+1):
    p = p + a[i] * x**i
```

x^k는 $x \times x \times \cdots \times x$ ($k-1$회 곱함)로 계산하므로, 이 알고리즘에서 곱셈의 횟수는 다음과 같이 유도할 수 있다.

$$1 + 2 + 3 + \cdots + (n-1) = \frac{1}{2} n(n-1)$$

만일 n이 큰 경우, 다항식을 왼쪽에서 오른쪽으로 계산하면, 곱셈의 횟수는 상당히 줄일 수

있다. 예를 들어,

$$P_4(x) = a_0 + a_1 x + a_2 x^2 + a_3 x^3 + a_4 x^4$$

다항식을 다음과 같이 다시 쓴다.

$$P_4(x) = a_0 + x\{a_1 + x[a_2 + x(a_3 + a_4 x)]\}$$

바람직한 계산 순서는 다음과 같다.

$$\begin{aligned}
P_0(x) &= a_4 \\
P_1(x) &= a_3 + xP_0(x) \\
P_2(x) &= a_2 + xP_1(x) \\
P_3(x) &= a_1 + xP_2(x) \\
P_4(x) &= a_0 + xP_3(x)
\end{aligned}$$

n차의 다항식에 대해, 이 과정은 다음과 같이 요약된다.

$$\begin{aligned}
&P_0(x) = a_n \\
&P_i(x) = a_{n-i} + xP_{i-1}(x), \ (i = 1,\ 2,\ \cdots,\ n)
\end{aligned} \tag{4.26}$$

이것을 알고리즘으로 쓰면,

```
p = a[n]
for i in range(1,n+1):
    p = a[n-i] + p * x
```

마지막 알고리즘은 n회의 곱셈만을 포함하면, $n > 3$인 경우에 훨씬 효율적이다. 이 알고리즘을 이용해야 하는 이유가 계산의 경제성만은 아니다. 각 계산의 결과는 반올림되므로, 곱셈을 최소한으로 수행하여 마무리오차를 최소화할 수 있다.

Laguerre법을 포함하여 몇 가지 해를 구하는 알고리즘은 $P_n(x)$의 일계 및 이계 미분을 필요로 한다. 식 (4.26)을 미분하면 다음과 같다.

$$P'_0(x) = 0,\ P'_i(x) = P_{i-1}(x) + xP'_{i-1}(x),\ (i = 1, 2, \cdots, n) \tag{4.27a}$$

$$P''_0(x) = 0,\ P''_i(x) = 2P'_{i-1}(x) + xP''_{i-1}(x),\ (i = 1, 2, \cdots, n) \tag{4.27b}$$

■ evalPoly( )

다항식에 대해서는 **Polynomial.py** 모듈에 모두 담기로 한다. 가장 먼저 넣을 것은 다항식 식 (4.21)과 그 미분식 (4.27)을 계산하는 함수 **evalPoly( )** 함수이다.

코드 4.21 Polynomial.py(일부)

```
# Polynomial.py
# 다항식 모듈

#-----------------------------------------------
# evalPoly

''' p,dp,ddp = evalPoly(a, x)
        x에서 다음 다항식과 그 미분을 계산
    p = a[0] + a[1]*x + a[2]*x^2 +...+ a[n]*x^n
'''
def evalPoly(a, x):
    n = len(a) - 1
    p = a[n]
    dp = 0.0 + 0.0j
    ddp = 0.0 + 0.0j
    for i in range(1, n+1):
        ddp = ddp * x + 2.0 * dp
        dp = dp * x + p
        p = p * x + a[n-i]
    return p, dp, ddp
```

(3) 다항식의 축약

$P_n(x) = 0$의 해 r을 계산한 후에, 다항식을 다음과 같이 인수분해하는 것이 바람직하다.

$$P_n(x) = (x - r)P_{n-1}(x) \tag{4.28}$$

이 과정은 축약 또는 조립제법synthetic division으로 알려져 있으며, $P_{n-1}(x)$의 계수를 계산하는 것이다. $P_n(x)$의 나머지 근도 또한 $P_{n-1}(x)$의 근이므로, 해 찾기 과정을 $P_n(x)$가 아닌

$P_{n-1}(x)$에 적용할 수 있다. 해를 찾을 때마다 다항식의 차수가 줄어들므로, 축약은 다음의 해를 찾는 과정을 점차적으로 더 쉽게 만든다. 또한 이미 찾은 해를 소거하므로, 같은 해를 한 번 이상 찾을 기회가 없어진다.

다항식을 다음과 같다고 하자.

$$P_{n-1}(x) = b_0 + b_1 x + b_2 x^2 + \cdots + b_{n-1} x^{n-1}$$

그러면 식 (4.28)은 다음과 같다.

$$\begin{aligned} & a_0 + a_1 x + a_2 x^2 + \cdots + a_n x^n \\ & \quad = (x - r)(b_0 + b_1 x + b_2 x^2 + \cdots + b_{n-1} x^{n-1}) \end{aligned}$$

x의 차수가 같은 계수를 등치로 놓으면, 다음 식을 얻는다.

$$b_{n-1} = a_n,\ b_{n-2} = a_{n-1} + r b_{n-1},\ \cdots,\ b_0 = a_1 + r b_1 \tag{4.29}$$

이렇게 하면, Horner의 축약 알고리즘이 된다.

```
b[n-1] = a[n]
for i in range(n-2,-1,-1):
    b[i] = a[i+1] + r * b[i+1]
```

예제 4.13 Horner 축약

$P_4(x) = 3x^4 - 10x^3 - 48x^2 - 2x + 12$의 해 중 하나는 $x = 6$이다. 이 다항식을 Horner의 알고리즘으로 축약하라. 즉, $(x-6)P_3(x) = P_4(x)$인 $P_3(x)$를 찾아라.

풀이

$r = 6$과 $n = 4$로 놓으면, 식 (4.29)는 다음과 같다.

$$b_3 = a_4 = 3$$

$$b_2 = a_3 + 6b_3 = -10 + 6(3) = 8$$

$$b_1 = a_2 + 6b_2 = -48 + 6(8) = 0$$

$$b_0 = a_a + 6b_1 = -2 + 6(0) = -2$$

$$\therefore \; P_3(x) = 3x^3 + 8x^2 - 2$$

(4) Laguerre법

Laguerre법은 일반적인 다항식 $P_n(x)$에 대해 쉽게 유도되지 않는다. 그러나 만일 다항식이 $x = r$에서 해 하나를 갖고, $x = q$에서 $(n-1)$개의 해를 갖는 특별한 경우를 가정하면, 매우 손쉽게 유도된다. 따라서 다항식은 다음과 같이 쓸 수 있다.

$$P_n(x) = (x-r)(x-q)^{n-1} \tag{4.30}$$

이 문제는 이제 이렇게 된다. 식 (4.30)에서 다항식이 다음 형식으로 주어질 때

$$P_n(x) = a_0 + a_1 x + a_2 x^2 + \cdots + a_n x^n \tag{4.31}$$

r을 결정한다(이때 q도 또한 미지수이다). 이 결과는 정확히 여기서 고려하는 특별한 경우이며, 어떤 다항식이든 반복식으로 잘 작동된다.

식 (4.30)을 x로 미분하면, 다음을 얻는다.

$$\begin{aligned} P'_n(x) &= (x-q)^{n-1} + (n-1)(x-r)(x-q)^{n-2} \\ &= P_n(x)\left(\frac{1}{x-r} + \frac{n-1}{x-q}\right) \end{aligned} \tag{4.32}$$

따라서

$$\frac{P'_n(x)}{P_n(x)} = \frac{1}{x-r} + \frac{n-1}{x-q} \tag{4.33}$$

이에 대한 미분은 다음 식이 된다.

$$\frac{P''_n(x)}{P_n(x)} - \left[\frac{P'_n(x)}{P_n(x)}\right]^2 = -\frac{1}{(x-r)^2} - \frac{n-1}{(x-q)^2} \tag{4.34}$$

다음 기호를 도입하면 편리하다.

$$G(x) = \frac{P'_n(x)}{P_n(x)},\ H(x) = G^2(x) = \frac{P''_n(x)}{P_n(x)} \tag{4.35}$$

그러면 식 (4.34)와 식 (4.35)는 다음과 같다.

$$G(x) = \frac{1}{x-r} + \frac{n-1}{x-q} \tag{4.36}$$

$$H(x) = -\frac{1}{(x-r)^2} - \frac{n-1}{(x-q)^2} \tag{4.37}$$

만일 식 (4.36)을 $x-q$에 대해 풀고, 그 결과를 식 (4.37)에 대입하면, $x-r$에 대한 이차방정식을 얻는다. 이 방정식의 해가 Laguerre 식이다.

$$x - r = \frac{n}{G(x) \pm \sqrt{(n-1)[nH(x) - G^2(x)]}} \tag{4.38}$$

Laguerre법에 의해 다항식의 해를 찾는 과정은 다음과 같다.

---

x를 $P_n(x) = 0$의 근이라 가정하자(어떤 값이든 괜찮다).

Do until $|P_n(x)| < \varepsilon$ or $|x-r| < \varepsilon$ (ε는 허용오차):

  evalPoly()를 이용하여 $P_n(x)$, $P'_n(x)$, $P''_n(x)$를 계산한다.

  $G(x) = \frac{P'_n(x)}{P_n(x)}$, $H(x) = G^2(x) = \frac{P''_n(x)}{P_n(x)}$를 계산한다.

  $x - r = \frac{n}{G(x) \pm \sqrt{(n-1)[nH(x) - G^2(x)]}}$의 분모가 큰 값이 되도록 부호를 선택하여 개선된 해 r을 결정한다.

$x \leftarrow r$로 놓는다.

Laguerre의 좋은 특성 하나는 어떤 x에서 시작하든지 몇 가지 예외를 제외하면 해에 수렴한다는 점이다.

예제 4.14 **Laguerre의 반복식**

$P_3(x)=x^3-4.0x^2-4.48x+26.1$의 한 해가 근사적으로 $x=3-i$이다. Laguerre의 반복식을 적용하여 이 해의 보다 정확한 값을 찾아라.

풀이

시작값으로 주어진 해의 추정값을 이용하자. 따라서

$$x=3-i,\ x^2=8-6i,\ x^3=18-26i$$

$P_3(x)$와 그 미분에 이 값을 대입하면 다음과 같다.

$$\begin{aligned}P_3(x)&=x^3-4.0x^2-4.48x+26.1\\&=(18-26i)-4.0(8-6i)-4.48(3-i)+26.1=-1.34+2.48i\\P'_3(x)&=x^2-8.0x-4.48\\&=3.0(8-6i)-8.0(3-i)-4.48=-4.48-10.0i\\P''_3(x)&=2x-8.0=6.0(3-i)-8.0=10.0-6.0i\end{aligned}$$

그러면 식 (4.36)과 식 (4.37)은 다음과 같다.

$$\begin{aligned}G(x)&=\frac{P'_n(x)}{P_n(x)}=\frac{-4.48-10.0i}{-1.34+2.48i}=-2.36557+3.08462i\\H(x)&=\frac{P''_n(x)}{P_n(x)}=(-2.36557+3.08462i)^2-\frac{10.0-6.0i}{-1.34+2.48i}\\&=0.35995-12.48452i\end{aligned}$$

식 (4.29)에서 분모의 제곱근 기호 안의 항은 다음과 같다.

$$\begin{aligned}F(x)&=\sqrt{(n-1)[nH(x)-G^2(x)]}\\&=\sqrt{2[3(0.35995-12.48452i)-(-2.36557+3.08462i)^2]}\\&=5.08670-4.49402i\end{aligned}$$

이제 식 (4.38)에서 분모가 최대 크기가 되도록 하는 부호를 찾아야 한다.

$$|G(x)+F(x)| = |(-2.36557+3.08462i)+(5.08670-4.49402i)|$$
$$= |2.732113-1.40940i| = 3.06448$$
$$|G(x)-F(x)| = |(-2.36557+3.08462i)-(5.08670-4.49402i)|$$
$$= |-7.45227+7.57864i| = 10.62884$$

뺄셈 기호를 이용하면, 식 (4.38)은 해에 대한 다음의 개선된 근사값을 얻는다.

$$r = x - \frac{n}{G(x)-F(x)} = (3-i) - \frac{3}{-7.45227+7.57864i}$$
$$= 3.19790 - 0.79875i$$

시작값이 좋아서 이 근사값은 정확해 $r = 3.20 - 0.80i$ 에 이미 상당히 근접해 있다.

polyRoots( )

이 모듈에서 함수 **polyRoots( )**은 $P_n(x)=0$의 모든 해를 계산한다. 여기서 $P_n(x)$의 계수는 배열 a $= [a_0, a_1, \cdots, a_n]$으로 정의된다. 내포된 함수 **laguerre( )**로 첫 번째 해를 계산한 뒤, 다항식은 **deflPoly( )**를 이용하여 축약되며, 이 축약된 다항식에 **laguerre( )**를 적용하여 다음 해를 계산한다. 이 과정을 모든 해를 다 찾을 때까지 반복한다. 만일 계산된 해가 매우 작은 허수부를 가지면, 이것은 아마 마무리오차일 것이다. 따라서 **PolyRoots( )**는 아주 작은 허수값은 0으로 치환한다.

코드 4.22 Polynomial.py(추가)

```
#-------------------------------------------------
## polyRoots 모듈
''' roots = polyRoots(a)
        Laguerre법을 이용하여 다음 다항식의 모든 근을 찾는다.
        Uses 's method to compute all the roots of
    a[0] + a[1]*x + a[2]*x^2 +...+ a[n]*x^n = 0
    근은 roots 배열로 반환된다.
'''
import cmath
import numpy as np
from random import random

def polyRoots(a,tol=1.0e-12):
```

코드 4.22 Polynomial.py(추가)(계속)

```

    def laguerre(a,tol):
        x = random()   # 시작값 (임의의 수)
        n = len(a) - 1
        for i in range(30):
            p,dp,ddp = evalPoly(a,x)
            if abs(p) < tol:
                return x
            g = dp/p
            h = g*g - ddp/p
            f = cmath.sqrt((n - 1)*(n*h - g*g))
            if abs(g + f) > abs(g - f):
                dx = n/(g + f)
            else:
                dx = n/(g - f)
            x = x - dx
            if abs(dx) < tol:
                return x
        print('반복계산횟수 초과')

    def deflPoly(a,root):  # 다항식 축약
        n = len(a)-1
        b = [(0.0 + 0.0j)]*n
        b[n-1] = a[n]
        for i in range(n-2,-1,-1):
            b[i] = a[i+1] + root*b[i+1]
        return b

    n = len(a) - 1
    roots = np.zeros((n),dtype=complex)
    for i in range(n):
        x = laguerre(a,tol)
        if abs(x.imag) < tol:
            x = x.real
        roots[i] = x
        a = deflPoly(a,x)
    return roots
```

해는 유한한 정확도로 계산되므로, 각 축약 과정은 축약된 다항식의 계수에 작은 오차를 도입하게 된다. 누적된 마무리오차는 다항식의 차수에 따라 증가하며, 만일 다항식이 (계수값의 작은 변화가 해에서 큰 변화를 유발하는) 악조건이라면, 이 오차가 심각하게 된다. 따라서 고차

의 다항식을 다룰 때는 그 결과를 주의 깊게 살펴보아야 한다.

원래의 비축약된 다항식을 이용하여 각각의 해를 재계산하면 축약에 의해 유발되는 오차를 감소시킬 수 있다. 축약과 공조하여 앞서 얻은 해를 다음의 시작값으로 이용한다.

예제 4.15 Laguerre법에 의한 다항식의 근

PolyRoots( )를 이용하여 $x^4 - 5x^3 - 9x^2 + 155x - 250 = 0$의 모든 해를 계산하라.

풀이

이 문제를 푸는 프로그램은 다음과 같다.

코드 4.23 Ex0415.py

```
## 예제 4.15 다항식의 근

import numpy as np
from Polynomial import *

# 다항식의 계수
a = np.array([-250.0, 155.0, -9.0, -5.0, 1.0])

x = polyRoots(a)
print('x = ', x)
```

프로그램의 실행 결과는 다음과 같다.

```
x =  [ 2.+0.j  4.-3.j  4.+3.j -5.+0.j]
```

(5) 기타 방법

이 장에서 생략하였지만, 해를 찾는 가장 유명한 알고리즘은 Brent법이다. 이것은 이분법과 이차 보간을 조합한 것이다. 이것은 1회 반복계산에 함수값 계산을 1회만 수행(Ridders법에서는 2회 계산하는 것과 비교)하므로, Ridders법보다 효율적이지만, 이런 장점은 번거로운 기록 때문에 상쇄된다.

다항식의 해를 찾는 데는 많은 방법이 있다. 이들 중 Jenkins-Traub 알고리즘[2)]은 그 견고성과 소프트웨어 패키지에서 널리 사용된다는 점에서 특별히 언급할 가치가 있다. 다항식의 해는

$n \times n$ 동반행렬companion matrix의 고유값eigenvalue을 계산해 구할 수 있다.

$$A = \begin{bmatrix} -\frac{a_{n-1}}{a_n} & -\frac{a_2}{a_n} & \cdots & -\frac{a_1}{a_n} & -\frac{a_\sigma}{a_n} \\ 1 & 0 & \cdots & 0 & 0 \\ 0 & 1 & \cdots & 0 & 0 \\ \vdots & \vdots & \ddots & \vdots & \vdots \\ 0 & 0 & \cdots & 1 & 0 \end{bmatrix} \tag{4.40}$$

여기서 a_i는 다항식의 계수이다. 이 행렬의 특성방정식characteristic equation은 다음과 같다.

$$x^n + \frac{a_{n-1}}{a_n}x^{n-1} + \frac{a_{n-2}}{a_n}x^{n-2} + \cdots + \frac{a_1}{a_n}x + \frac{a_0}{a_n} = 0 \tag{4.41}$$

이것은 $P_n(x) = 0$과 등치이다. 따라서 A의 고유값은 $P_n(x)$의 해이다. 고유값법은 견고하나 Laguerre법보다 상당히 느리다. 그러나 고유값 문제에 적용할 수 있는 좋은 프로그램이 있다면, 이 방법은 고려할 가치가 있다.

4.3 비선형연립방정식

지금까지는 방정식 $f(x) = 0$ 하나를 푸는 데 관심을 두었다. 이제는 같은 문제를 n차원으로 확장해보자. 즉,

$$\mathbf{f}(\mathbf{x}) = 0$$

또는 스칼라 수식으로 다음과 같다.

$$\begin{aligned} f_1(x_1, x_2, \cdots, x_n) &= 0 \\ f_2(x_1, x_2, \cdots, x_n) &= 0 \\ &\vdots \\ f_n(x_1, x_2, \cdots, x_n) &= 0 \end{aligned} \tag{4.42}$$

2) Jenkins, M. and Traub, J., SIAM Journal on Numerical Analysis, Vol. 7 (1970), p. 545.

n개의 비선형연립방정식의 풀이는 단일 방정식의 해를 찾는 것보다 훨씬 엄청난 일이다. 문제는 해벡터 $\boldsymbol{x}$의 범위를 지정할 믿을 만한 방법이 없다는 점이다. 따라서 문제의 물리적 특성에 따라 어떤 값을 제안하지 않는 한, $\boldsymbol{x}$의 좋은 초기값으로 풀이 알고리즘을 제시할 수 없다.

$\boldsymbol{x}$를 계산하는 가장 간단하고 효율적인 방법은 Newton-Raphson법이다. 이것은 시작점만 잘 제시하면, 연립방정식에도 잘 적용된다. 더 나은 전역 수렴 특성을 가지는 다른 방법들이 있지만, 이들도 모두 Newton-Raphson법의 변형이다.

(1) Newton-Raphson법

연립방정식에 대한 Newton-Raphson법을 유도하기 위해, 먼저 $f_i(\boldsymbol{x})$를 $\boldsymbol{x}$에 대해 테일러 급수 전개하자.

$$f_i(\boldsymbol{x}+\Delta\boldsymbol{x}) = f_i(\boldsymbol{x}) + \sum_{j=1}^{n} \frac{\partial f_i}{\partial x_j}\Delta x_j + O(\Delta x^2) \tag{4.43}$$

Δx^2차의 항을 생략하면, 식 (4.43)은 다음과 같이 쓸 수 있다.

$$\boldsymbol{f}(\boldsymbol{x}+\Delta\boldsymbol{x}) = \boldsymbol{f}(\boldsymbol{x}) + \mathrm{J}(\boldsymbol{x})\boldsymbol{\Delta x} \tag{4.44}$$

여기서 $\mathrm{J}(\boldsymbol{x})$는 (크기 $n \times n$의) 야코비행렬Jacobian matrix이며, 다음의 편미분으로 이루어진다.

$$J_{ij} = \frac{\partial f_i}{\partial x_j} \tag{4.45}$$

식 (4.44)는 벡터 함수 $\boldsymbol{f}$를 $\boldsymbol{x}$점 근방에서 선형근사(벡터 $\Delta\boldsymbol{x}$는 변수)한 것임에 유의하자.

$\boldsymbol{x}$는 $\boldsymbol{f}(\boldsymbol{x}) = 0$의 해의 현재 근사이며, $\boldsymbol{x} + \Delta\boldsymbol{x}$는 개선된 해라고 가정하자. 수정값 $\Delta\boldsymbol{x}$를 구하기 위해 식 (4.44)에서 $\boldsymbol{f}(\boldsymbol{x}+\Delta\boldsymbol{x}) = 0$으로 놓는다. 결과는 $\Delta\boldsymbol{x}$의 선형방정식의 집합이 된다.

$$\mathrm{J}(\boldsymbol{x})\Delta\boldsymbol{x} = -\boldsymbol{f}(\boldsymbol{x}) \tag{4.46}$$

각 $\dfrac{\partial f_i}{\partial x_j}$의 해석적 유도는 어렵거나 불가능하므로, 유한차분근사를 이용하여 이들을 컴퓨터로 계산하는 것이 선호된다.

$$\frac{\partial f_i}{\partial x_j} \approx \frac{f_i(\boldsymbol{x}+\boldsymbol{e}_j h)-f_i(\boldsymbol{x})}{h} \tag{4.47}$$

여기서 h는 x_j의 작은 증분이며, $\boldsymbol{e}_j$는 x_j 방향의 단위벡터를 나타낸다. 이 공식은 식 (4.43)에서 Δx^2차의 항을 생략하고 $\Delta \boldsymbol{x} = \boldsymbol{e}_j h$로 놓으면 얻을 수 있다. Newton-Raphson법은 $\mathrm{J}(\boldsymbol{x})$의 오차에 상당히 둔감하기 때문에 식 (4.46)으로 잘 근사된다. 이 근사를 이용함으로써, 컴퓨터 코드에 $\frac{\partial f_i}{\partial x_j}$에 대한 수식을 입력하는 지루함을 피할 수 있다.

다음은 비선형연립방정식에 대한 Newton-Raphson법의 알고리즘이다.

```
해벡터 x를 추정한다.
Do until |Δx|< ε:
    J(x)Δx =-f(x)에서 J(x) 행렬을 계산한다.
    Δx에 대해 J(x)Δx =-f(x)를 푼다.
    x←x+Δx로 놓는다.
```

여기서 ε는 허용오차이다. 1차원의 경우와 마찬가지로, Newton-Raphson법의 성공 여부는 전적으로 $\boldsymbol{x}$의 초기 추정값에 달려 있다. 만일 좋은 시작점을 선택하면, 해의 수렴은 매우 빠르다. 그렇지 않으면 결과를 예측할 수 없다.

예제 4.15 비선형연립방정식

원 $x^2+y^2=3$과 쌍곡선 $xy=1$의 교점을 결정하라.

풀이

이 연립방정식은 다음과 같이 풀 수 있다.

$$f_1(x,y) = x^2+y^2-3=0 \tag{a}$$

$$f_2(x,y) = xy-1=0 \tag{b}$$

야코비행렬은 다음과 같다.

$$\mathrm{J}(x,y)=\begin{bmatrix}\dfrac{\partial f_1}{\partial x} & \dfrac{\partial f_1}{\partial y}\\ \dfrac{\partial f_2}{\partial x} & \dfrac{\partial f_2}{\partial y}\end{bmatrix}=\begin{bmatrix}2x & 2y\\ y & x\end{bmatrix}$$

따라서 Newton-Raphson법과 관련된 선형방정식 $\mathrm{J}(\boldsymbol{x})\Delta\boldsymbol{x}=-\boldsymbol{f}(\boldsymbol{x})$는 다음과 같다.

$$\begin{bmatrix}2x & 2y\\ y & x\end{bmatrix}\begin{bmatrix}\Delta x\\ \Delta y\end{bmatrix}=\begin{bmatrix}-x^2-y^2+3\\ -xy+1\end{bmatrix} \tag{c}$$

원과 쌍곡선을 그래프로 그리면, 교점이 4개인 것을 알 수 있다. 그러나 이들 중 하나만 찾고, 나머지는 대칭성에서 유도할 수 있다. 그래프에서 교점의 대략적인 추정 좌표는 $x=0.5$, $y=1.5$이며, 이것을 시작점으로 이용하자.

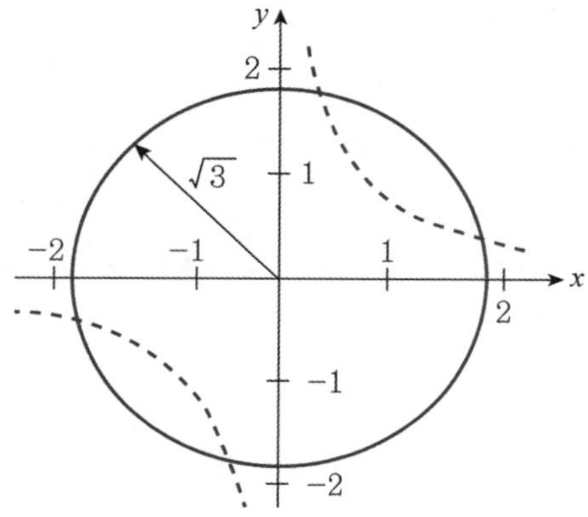

첫 번째 반복: $x=0.5$, $y=1.5$를 식 (c)에 대입하면, 다음을 얻는다.

$$\begin{bmatrix}1.0 & 3.0\\ 1.5 & 0.5\end{bmatrix}\begin{bmatrix}\Delta x\\ \Delta y\end{bmatrix}=\begin{bmatrix}0.50\\ 0.25\end{bmatrix}$$

이 방정식의 해는 $\Delta x=\Delta y=0.125$이다. 따라서 교점의 개선된 좌표값은 다음과 같다.

$$x=0.5+0.125=0.625,\quad y=1.5+0.125=1.625$$

두 번째 반복: 마지막 x와 y값을 이용하여, 이 과정을 반복하면 다음을 얻는다.

$$\begin{bmatrix}1.250 & 3.250\\1.625 & 0.625\end{bmatrix}\begin{bmatrix}\Delta x\\\Delta y\end{bmatrix}=\begin{bmatrix}-0.031250\\-0.015625\end{bmatrix}$$

그 결과는 $\Delta x=\Delta y=-0.00694$이다. 따라서

$$x=0.625-0.00694=0.61806,\ y=1.625-0.00694=1.61806$$

세 번째 반복: 마지막 x와 y값을 식 (c)에 대입하면,

$$\begin{bmatrix}1.23612 & 3.23612\\1.61806 & 0.61806\end{bmatrix}\begin{bmatrix}\Delta x\\\Delta y\end{bmatrix}=\begin{bmatrix}-0.000116\\-0.000058\end{bmatrix}$$

해는 $\Delta x=\Delta y=-0.00003$이고, 좌표는 다음과 같다.

$$x=0.61806-0.00003=0.71803,\ y=1.61806-0.00003=1.61803$$

다음의 반복계산은 유효숫자 자리 안에서 결과가 바뀌지 않는다. 따라서 4개의 교점의 좌표는 다음과 같다.

$$\pm(0.61803,\ 1.61803)\text{과 }\pm(1.61803,\ 0.61803)$$

newtonRaphsonNLS( )

이 함수는 비선형연립방정식을 풀기 위한 Newton-Raphson법을 구현한 것이다. 함수 **jacobian( )**은 식 (4.44)에서 유한차분근사로 야코비행렬을 계산한다. 함수 **f( )**는 배열 f(x)를 반환하며, 이용자들이 입력하여야 한다.

코드 4.24 NewtonRaphsonNLS.py

```
# NewtonRaphsonNLS.py
# 비선형연립방정식의 Newton-Raphson 풀이
''' soln, iter = NewtonRaphsonNLS(fn,x,tol=1.0e-9)
        벡터 {x}를 초기값으로 하여 Newton-Raphson법으로
        비선형연립방정식 fn(x) = 0을 푼다.
        여기서 {soln}은 근벡터, iter는 반복계산 횟수
'''

import numpy as np
```

코드 4.24 NewtonRaphsonNLS.py(계속)

```
from GaussPivot import *
import math
def NewtonRaphson(fn,x,tol=1.0e-9):

    for i in range(30):
        jac,f0 = jacobian(fn,x)
        if math.sqrt(np.dot(f0,f0)/len(x)) < tol:
            return x
        dx = GaussPivot(jac, -f0)
        x = x + dx
        if math.sqrt(np.dot(dx,dx)) < tol*max(max(abs(x)),1.0):
            return x, i
    print('반복계산횟수 초과')

def jacobian(fn, x):
    h = 1.0e-4
    n = len(x)
    jac = np.zeros((n,n))
    f0 = fn(x)
    for i in range(n):
        temp = x[i]
        x[i] = temp + h
        f1 = fn(x)
        x[i] = temp
        jac[:,i] = (f1 - f0)/h
    return jac, f0

```

연립방정식 (4.44)는 3.5절의 GaussPivot.py(코드 3.14)와 SwapRC.py(코드 3.13)을 이용하여 피봇 Gauss 소거법으로 푼다. 따라서 3장에서 사용한 SwapRC.py를 이 장의 작업폴더에 복사해 두어야 한다.

야코비행렬 $\mathrm{J}(x)$는 각 반복계산마다 재계산된다는 점에 유의하자. $\mathrm{J}(x)$의 각 계산은 $f(x)$를 $n+1$회 계산(여기서 n은 방정식의 수)하며, 계산 시간은 n의 크기와 $f(x)$의 복잡성에 크게 의존한다. 반복계산 사이에 야코비행렬의 변화를 무시하고, $\mathrm{J}(x)$를 한 번만 계산하면 계산 시간을 크게 줄일 수 있다. 만일 초기 x가 해에 충분히 가까운 경우에는 이런 접근법이 잘 작동한다.

예제 4.16 NewtonRaphsonNLS를 이용한 연립방정식 풀이

NewtonRaphsonNLS( )를 이용하여 다음 연립방정식의 해를 찾아라. 초기값은 $(1,1,1)$을 이용하라.

$$\sin x + y^2 + \ln z - 7 = 0$$

$$3x + 2^y - z^3 + 1 = 0$$

$$x + y + z - 5 = 0$$

풀이

$x_1 = x$, $x_2 = y$, $x_3 = z$로 놓고, 다음 프로그램으로 계산할 수 있다.

코드 4.25 Ex0416.py

```
# 예제 4.16 연립비선형방정식

import math
import numpy as np
from NewtonRaphsonNLS import *

def f(x):
    f = np.zeros(len(x))
    f[0] = math.sin(x[0]) + x[1]**2 + math.log(x[2]) - 7.0
    f[1] = 3.0*x[0] + 2.0**x[1] - x[2]**3 + 1.0
    f[2] = x[0] + x[1] + x[2] - 5.0
    return f

if __name__ == '__main__':
    x = np.array([1.0, 1.0, 1.0])

    x, iter = NewtonRaphson(f, x)
    print('x = ', x)
    print('반복횟수 = ', iter)
```

계산 결과는 다음과 같다.

```
x =  [0.59905376 2.3959314  2.00501484]
반복횟수 =  5
```

:: 연습문제

4.1 이분법으로 $x^3 - 3.23x^2 - 5.54x + 9.84 = 0$의 최소 양근을 구하라.

4.2 방정식 $\tan x - \tanh x = 0$의 해가 $\langle 7.0 : 7.4 \rangle$의 범위에 있다. 이 해를 이분법에 의해 세 자리 정확도로 구하라.

4.3 $\cosh x \cos x - 1 = 0$의 최소 양근이 범위 $\langle 4 : 5 \rangle$ 안에 있다. 이 해를 Ridders법으로 구하라.

4.4 범위 $\langle -2 : 2 \rangle$에 있는 $\sin x + 3\cos x - 2 = 0$의 해 두 개를 결정하라. Newton-Raphson법을 이용하라.

4.5 할선법 식 (4.8)을 이용하여 **연습문제 4.4**를 풀어라.

4.6 $0 \le x \le 10$ 범위 안에서 $f(x) = \cosh x \cos x - 1$을 그래프로 그려라. (a) 그래프에서 $f(x) = 0$의 최소 양근은 범위 $\langle 4 : 5 \rangle$에 있음을 보여라. (b) 만일 시작값이 $x = 4$이면 Newton-Raphson법은 이 해에 수렴하지 않음을 그래프로 보여라.

4.7 주어진 범위에서 $f(x) = 0$의 모든 해를 Ridders법으로 계산하는 프로그램을 작성하라. `rootsearch( )` 함수와 `Ridders( )` 함수를 이용하라. **예제 4.5**의 프로그램을 참고해도 좋다. $\langle -6 : 6 \rangle$의 범위에서 $x \sin x + 3\cos x - x = 0$의 해를 찾는 문제에 대해 프로그램을 시험해보라.

4.8 $\sin x - 0.1x = 0$의 모든 양의 해를 찾아라.

4.9 균등 외팔보의 고유주파수natural frequency는 주파수 방정식 $f(\beta)=\cosh\beta\cos\beta+1=0$의 해 β_i와 관련이 있다. 여기서 $\beta_i^4=(2\pi f_i)^2\dfrac{mL^3}{EI}$, $f_i=i$번째 자연주파수(cps), $m=$보의 질량, $L=$보의 길이, $E=$탄성계수modulus of elasticity, $I=$단면의 관성모멘트moment of inertia이다. 길이가 0.9 m이고, 직사각형 횡단면이 폭 25 mm, 높이 2.5 mm인 강철보의 최소 주파수 두 개를 결정하라. 강철의 질량밀도mass density는 7,850 kg/m^{3}이고 $E=200$ GPa이다.

4.10 그림에 보인 것처럼 케이블이 늘어져 있다.

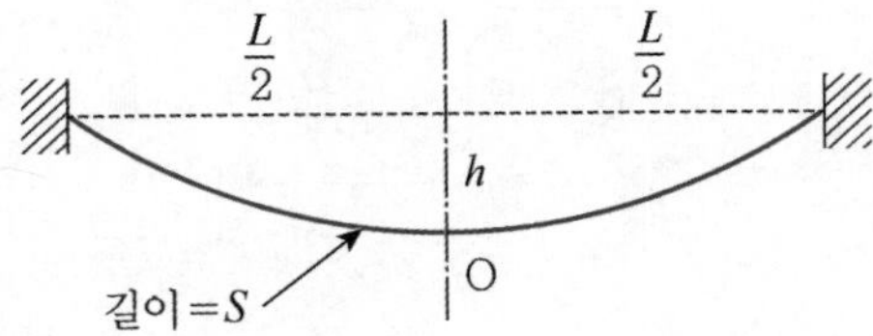

케이블의 길이 s와 처짐 h는 경간 L과 다음의 관계를 갖는다.

$$s=\frac{2}{\lambda}\sinh\frac{\lambda L}{2},\ h=\frac{1}{\lambda}\left(\cosh\frac{\lambda L}{2}-1\right)$$

여기서 $\lambda=\dfrac{w_0}{T_0}$, $w_0=$케이블 단위길이당 중량, $T_0=0$에서 케이블의 장력이다. $L=160$ m이고 $h=15$ m일 때, s를 계산하라.

4.11 개수로에서 작은 둔덕을 넘는 유체 흐름에 대한 베르누이 정리는 다음과 같다.

$$\frac{Q^2}{2gb^2h_0^2}+h_0=\frac{Q^2}{2gb^2h^2}+h+H$$

여기서 유량 $Q=1.2$ m^3/s, 중력가속도 $g=9.81$ m/s^2, 수로폭 $b=1.8$ m, 상류 수심 $h_0=0.6$ m, 둔덕 높이 $H=0.075$ m, 둔덕 위 수심 h이다. 주어진 자료를 이용하여 h를 결정하라.

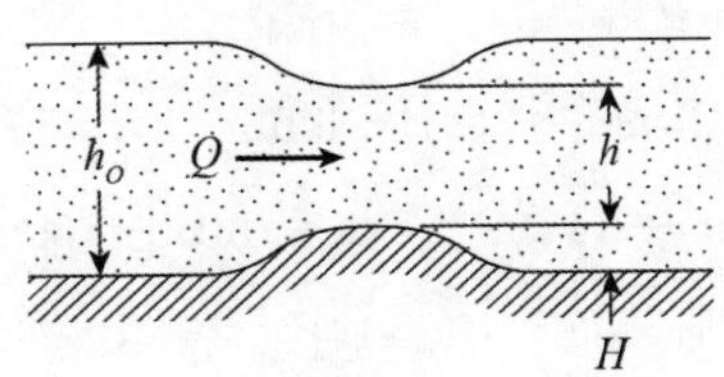

4.12 반경 r, 길이 L인 원통형 기름탱크가 깊이 h만큼 채워져 있다. 탱크에서 기름의 체적은 다음과 같다.

$$V = r^2 L\left[\phi - \left(1 - \frac{h}{r}\right)\sin\phi\right]$$

여기서 $\phi = \cos^{-1}\left(1 - \frac{h}{r}\right)$이다. 탱크가 3/4만큼 채워졌을 때, h/r를 결정하라.

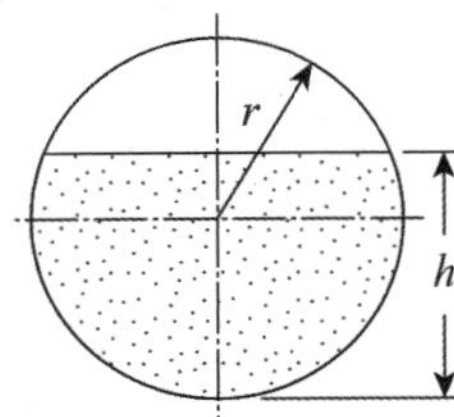

4.13 $P_n(x)$의 근 $x = r$이 주어져 있다. r이 실제로 해임을 보이고, 다항식을 축약하라. 즉, $P_n(x) = (x - r)P_{n-1}(x)$인 $P_{n-1}(x)$를 찾아라.

(a) $P_3(x) = 3x^3 + 7x^2 - 36x + 20,\ r = -5$

(b) $P_5(x) = x^5 - 30x^4 + 361x^3 - 2178x^2 + 6588x - 7992,\ r = 6$

(c) $P_3(x) = 3x^3 - 19x^2 + 45x - 13,\ r = 3 - 2i$

4.14 $P_n(x)$의 근 $x = r$이 주어져 있다. 탁상용 계산기를 이용하여 $P_n(x)$의 모든 해를 구하라. 축약과 이차공식 외 다른 도구를 사용해서는 안 된다.

(a) $P_3(x) = x^3 + 1.8x^2 - 9.01x - 13.398,\ r = -3.3$

(b) $P_3(x) = x^3 - 6.64x^2 + 16.84x - 8.32,\ r = 0.64$

(c) $P_3(x) = 2x^3 - 13x^2 + 32x - 13,\ r = 3 - 2i$

4.15 주어진 $P_n(x)$의 모든 해를 찾아라.

(a) $P_4(x) = x^4 + 2.1x^3 - 2.52x^2 + 2.1x - 3.52$

(b) $P_6(x) = x^6 + 4x^5 - 8x^4 - 34x^3 + 57x^2 + 130x - 150$

(c) $P_3(x) = 2x^3 - 6(1 + i)x^2 + x - 6(1 - i)$

4.16 자료점이 다음과 같이 주어졌다. $y(x)=0$의 0이 아닌 근을 결정하라.

x	0.00	0.25	0.50	0.75	1.00	1.25	1.25
y	0.0	-1.2233	-2.2685	-2.8420	-2.2130	2.5478	55.507

[도움말] 비례함수 보간을 이용하여 y를 계산하라.

4.17 Newton-Raphson법에 의해 다음의 비선형연립방정식의 해를 구하는 프로그램을 만들어라.

$$x^2 + xy^3 = 9,\ 3x^2y - y^3 = 4$$

또 다음의 초기값을 이용했을 때의 해와 수렴에 필요한 계산횟수를 비교하라.

$(x_0,\ y_0)=$(2.0, -2.5), (1.2, 2.5), (-1.2, 2.5), (-2.0, 2.5)

4.18 다음 비선형연립방정식의 해를 (1) 야코비행렬의 정수화, (2) 단일 변수화, (3) Newton-Raphson 법에 의해 푸는 프로그램을 만들고 수렴횟수를 비교하라. 초기값은 $x_0=3.4$, $y_0=2.2$로 한다.

$$x + 3\log_{10}x - y^2 = 0,\ 2x^2 - xy - 5x + 1 = 0$$

4.19 어떤 방법을 이용하든, 다음의 연립방정식에서 $0 \le x \le 1.5$에 있는 모든 실근을 구하라.

$$\tan x - y = 1,\ \cos x - 3\sin y = 0$$

4.20 원의 방정식이 다음과 같다.

$$(x-a)^2 + (y-b)^2 = R^2$$

여기서 R은 반경이고, $(a,\ b)$는 중심의 좌표이다. 만일 원의 3개 지점이 다음과 같이 주어졌다고 할 때, R과 $(a,\ b)$를 구하라.

x	8.21	0.34	5.96
y	0.00	6.62	-1.12

CHAPTER

05 보간

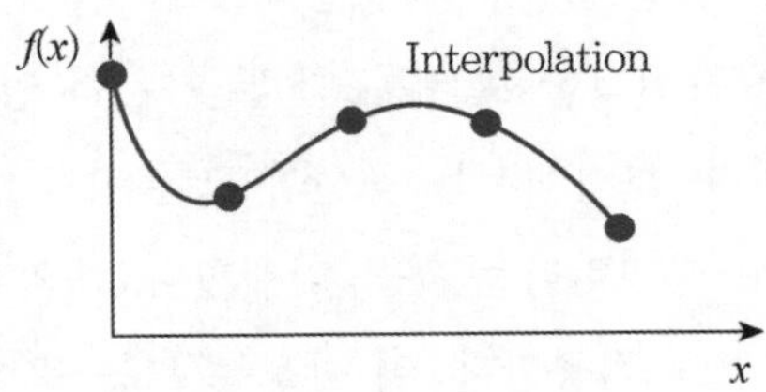

유한한 수의 자료점을 주고 이들을 매끄럽게 연결하여 그 중간의 점이나 바깥쪽 점을 구하고자 하는 경우가 있다. 중간에 있는 점을 구하는 것을 보간interpolation 또는 내삽이라고 하며, 바깥쪽에 있는 점을 구하는 것을 보외extrapolation 또는 외삽이라 한다. 이 장에서는 보간에 대해서 살펴볼 것이다.

5.1 보간

(1) 보간과 곡선적합

기술적 계산에서 많이 만나는 자료들은 보통 다음과 같은 표의 형태로 주어지는 이산자료집합이다.

x_0	x_1	x_2	$\cdots$	x_n
y_0	y_1	y_2	$\cdots$	y_n

실험 관측이나 수치계산에 의해 만들어진 이런 자료에서 임의의 위치에서 자료의 값을 구하는 방법에는 보간interpolation과 곡선적합curve fitting의 두 가지가 있다. 보간과 곡선적합은 상당히 비슷하지만 분명한 차이가 있다. 보간에서는 곡선이 모든 자료점을 정확히 통과하도록 구성한다. 이것은 자료점이 정확하고 분명하다는 것을 암시한다. 이와 대조적으로 '곡선적합'은 어떤 산포(잡음)를 갖고 있는 자료점에 적용한다. 이 산포는 보통 측정오차에 따라 생긴 것이다. 여기서 어떤 의미에서 자료점을 근사하는 매끄러운 곡선을 찾고자 한다. 따라서 곡선은 자료점을 정확하게 통과할 필요가 없다. 보간과 곡선적합을 **그림 5.1**에 예시하였다. 이 장에서는 보간만을 다루고, 곡선적합은 6장에서 다룰 것이다.

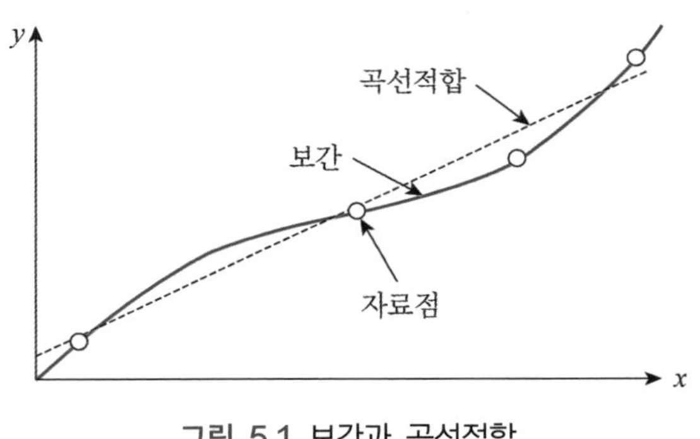

그림 5.1 보간과 곡선적합

(2) 여러 가지 보간법

보간법은 기본적으로 다항식 보간, 비례함수 보간(5.5절)과 운형곡선 보간(5.6절)으로 나눌 수 있다. 다항식 보간에는 Lagrange 보간(5.2절), Newton 보간(5.3절), Neville 보간(5.4절) 등이 있다.

5.2 Lagrange 보간

보간함수interpolant의 가장 간단한 형태는 다항식이다. $n+1$개의 자료점을 통과하는 유일한 n차 다항식은 언제나 구성할 수 있다. 이 다항식을 구하는 방법 중 하나가 Lagrange 공식이다.

$$P_n(x) = \sum_{i=0}^{n} y_i \ell_i(x) \tag{5.1a}$$

여기서 아래첨자 n은 다항식의 차수이고, 기본함수cardinal function인 $\ell_i(x)$는 다음과 같다.

$$\begin{aligned} \ell_i(x) &= \frac{x-x_0}{x_i-x_0} \times \frac{x-x_1}{x_i-x_1} \times \cdots \times \frac{x-x_{i-1}}{x_i-x_{i-1}} \times \cdots \times \frac{x-x_n}{x_i-x_n} \\ &= \prod_{\substack{j=0 \\ j\neq i}}^{n} \frac{x-x_j}{x_i-x_j}, \ (i=0,\ 1,\ \cdots,\ n) \end{aligned} \tag{5.1b}$$

예를 들어, 만일 $n=1$이면, 보간함수는 직선 $P_1(x) = y_0\ell_0(x) + y_1\ell_1(x)$이다. 여기서 기본함수는 다음과 같다.

$$\ell_0(x) = \frac{x-x_1}{x_0-x_1}$$

$$\ell_1(x) = \frac{x-x_0}{x_1-x_0}$$

$n=2$일 때 보간함수는 포물선 $P_2(x) = y_0\ell_0(x) + y_1\ell_1(x) + y_2\ell_2(x)$이며, 여기서 기본함수는 다음과 같다.

$$\ell_0(x) = \frac{(x-x_1)(x-x_2)}{(x_0-x_1)(x_0-x_2)}$$

$$\ell_1(x) = \frac{(x-x_0)(x-x_2)}{(x_1-x_0)(x_1-x_2)}$$

$$\ell_2(x) = \frac{(x-x_0)(x-x_1)}{(x_2-x_0)(x_2-x_1)}$$

기본함수는 n차의 다항식이며, 다음 성질을 갖는다.

$$\ell_i(x_j) = \delta_{ij} = \begin{cases} 0\,, (i \neq j) \\ 1\,, (i = j) \end{cases} \tag{5.2}$$

여기서 δ_{ij}는 Kronecker 델타이다. 이 특성은 **그림 5.2**에 세 점 $x_0 = 0$, $x_1 = 2$, $x_2 = 3$의 보간 $(n = 2)$으로 예시하였다.

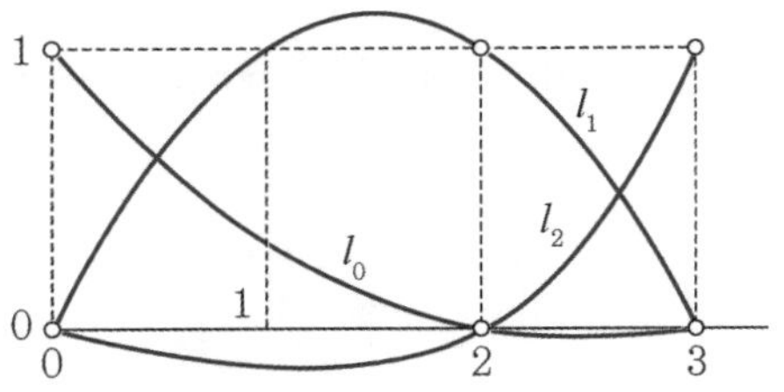

그림 5.2 이차 기본함수의 예

자료점을 지나는 보간 다항식을 만들기 위해 식 (5.1a)에 $x = x_j$를 대입하고 식 (5.2)를 이용한다. 결과는 다음과 같다.

$$P_n(x_j) = \sum_{i=0}^{n} y_i \ell_i(x_j) = \sum_{i=0}^{n} y_i \delta_{ij} = y_j$$

보간 다항식의 오차는 다음과 같다.

$$f(x) - P_n(x) = \frac{(x - x_0)(x - x_1) \cdots (x - x_n)}{(n+1)!} f^{(n+1)}(\xi) \tag{5.3}$$

여기서 ξ는 구간 $(x_0 : x_n)$ 안에 있다. 자료점이 x에서 멀어질수록 그 점은 x에서 오차에 더 많이 기여한다는 점에 유의해야 한다.

PlotInterpolation 모듈

여기서 보간 문제를 풀기 위해 먼저 자료점과 보간함수를 그릴 모듈을 만들어보자. 먼저 주어진 자료점을 표식으로 그리고 보간한 함수는 곡선으로 그린다. 그리고 이 자료점을 추출한 원래의 정확한 함수를 알고 있을 경우는 이를 표시하기 위해 선택인수로 정확함수exact function

를 그린다. 이를 위한 plotInterpol( ) 함수코드는 다음과 같다.

코드 5.1 PlotInterpol.py

```
# PlotInterpol.py
# 일반적인 보간곡선의 그래프를 그리는 함수
'''
    자료점과 보간곡선을 그린다.
    plotInterpol(xp, yp, xi, yi, title = "보간함수", \
        fnExact = None):
'''

import numpy as np
import matplotlib as mpl
import matplotlib.pyplot as plt

def plotInterpol(xp, yp, xi, yi, title = "보간함수", \
    fnExact = None):

    # 그래프에 한글 사용
    mpl.rc('font', family='HYGraphic-Medium')
    mpl.rc('axes', unicode_minus=False)

    # 자료점
    plt.plot(xp, yp, 'o', label = '자료점')
    plt.title(title)
    plt.grid(True)

    # 보간함수
    plt.plot(xi, yi, '-', label = '보간값')

    if fnExact != None:          # 정확함수가 있을 때
        yExact = fnExact(xi)
        plt.plot(xi, yExact, '--', label = '정확함수')

    # 그림의 범례 표시
    plt.legend(loc='upper left')

    plt.show()
```

Lagrange( ) 함수

Lagrange 보간법을 위한 Lagrange( ) 보간함수는 다음과 같다.

코드 5.2 LagrangeInterpol.py

```
# LagrangeInterpol.py
# Lagrange 보간
'''
    yi = Lagrange(xp, yp, xi).
        xi에서 라그란쥐 다항식의 값 계산
'''

import numpy as np

def Lagrange(xp, yp, xi):
    m = len(xi)     # 내삽점의 수
    yi = xi.copy()
    for i in range(m):
        yi[i] = evalLagrange(xp, yp, xi[i])
    return yi

def evalLagrange(xp, yp, x):
    n = len(xp)
    li = np.zeros_like(xp) # 라그란쥐 계수

    y = 0.0
    for i in range(n):
        num = 1.0   # 분자
        din = 1.0   # 분모
        for k in range(n):
            if (k == i) :
                continue
            num = num * (x - xp[k])
            din = din * (xp[i] - xp[k])
            li[i] = num / din

        y += yp[i] * li[i]

    return y
```

예제 5.1 Lagrange 보간

주어진 자료점이 다음과 같을 때 Lagrange 방법을 이용하여 $x=1$에서 y를 결정하고, **Python** 코드를 작성하라.

x	0	2	3
y	7	11	28

풀이

Lagrange 보간함수는 다음과 같다.

$$\ell_0(x) = \frac{(x-x_1)(x-x_2)}{(x_0-x_1)(x_0-x_2)} = \frac{(1-2)(1-3)}{(0-2)(0-3)} = \frac{1}{3}$$

$$\ell_1(x) = \frac{(x-x_0)(x-x_2)}{(x_1-x_0)(x_1-x_2)} = \frac{(1-0)(1-3)}{(2-0)(2-3)} = 1$$

$$\ell_2(x) = \frac{(x-x_0)(x-x_1)}{(x_2-x_0)(x_2-x_1)} = \frac{(1-0)(1-2)}{(3-0)(3-2)} = -\frac{1}{3}$$

$$y(x=1) = y_0 l_0 + y_1 l_1 + y_2 l_2 = \frac{7}{3} + 11 - \frac{28}{3} = 4$$

이 계산을 앞서 작성한 코드를 이용하면 $x=-0.5$에서 $x=3.5$까지 계산하는 예제 코드는 다음과 같다.

코드 5.3 Ex0501.py

```
# 예제 5.1 Lagrange 보간

import numpy as np
import matplotlib.pyplot as plt

from LagrangeInterpol import *
from PlotInterpol import *

if __name__ == '__main__':
    # 자료점
    xp = [0.0, 2.0, 3.0]
    yp = [7.0, 11.0, 28.0]

    # 보간점
    xi = np.arange(-0.5, 3.5, 0.1)
    yi = Lagrange(xp, yp, xi)

    # 그래프
    plotInterpol(xp, yp, xi, yi, title = '라그란쥐 보간')
```

이 코드를 실행하여 그림으로 출력한 결과는 다음과 같다.

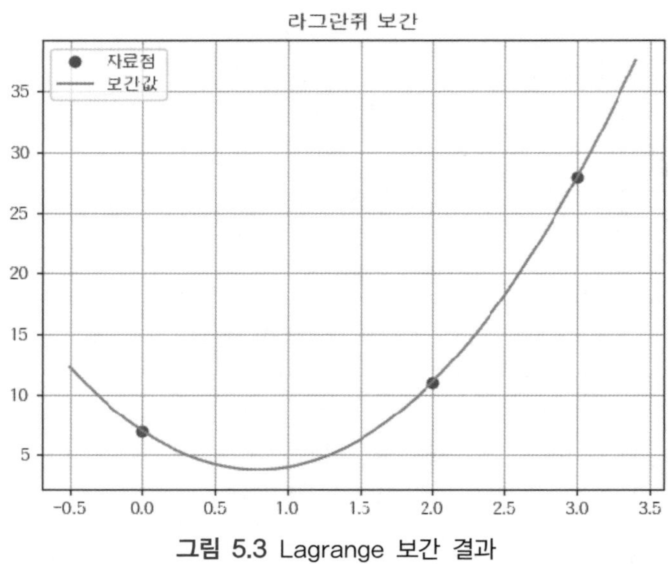

그림 5.3 Lagrange 보간 결과

5.3 Newton 보간

Lagrange 보간이 개념적으로 간단하지만, 이것은 그다지 효율적인 알고리즘이 아니다. 앞의 예제 코드에서 보듯이 y를 계산할 때마다 계수 l_i를 다시 계산해야 하기 때문이다. 더 나은 계산 과정은 Newton 보간으로 구할 수 있다. 여기서 보간 다항식은 다음의 형태를 갖는다.

$$P_n(x) = a_0 + (x - x_0)a_1 + (x - x_0)(x - x_1)a_2 + \cdots + (x - x_0)(x - x_1)\cdots(x - x_{n-1})a_n$$

이 다항식은 효율적인 계산 과정을 갖는다. 예를 들어, 네 점($n = 3$)을 생각하자. 보간 다항식은 다음과 같다.

$$\begin{aligned} P_3(x) &= a_0 + (x - x_0)a_1 + (x - x_0)(x - x_1)a_2 + (x - x_0)(x - x_1)(x - x_2)a_3 \\ &= a_0 + (x - x_0)\{a_1 + (x - x_1)[a_2 + (x - x_2)a_3]\} \end{aligned}$$

이것은 다음의 재귀식을 이용하여 후방으로 계산할 수 있다.

$$P_0(x) = a_3 \qquad P_1(x) = a_2 + (x - x_2)P_0(x)$$

$$P_2(x) = a_1 + (x - x_1)P_1(x) \qquad P_3(x) = a_0 + (x - x_0)P_2(x)$$

임의 n에 대해서는 다음 관계를 갖는다.

$$\begin{aligned} &P_0(x) = a_n \\ &P_k(x) = a_{n-k} + (x - x_{n-k})P_{k-1}(x), \ (k = 1, 2, \cdots, n) \end{aligned} \tag{5.4}$$

자료점의 x-좌표 배열을 xp라고 하고, 다항식의 차수를 n이라고 하면, $P_n(x)$를 계산하는 알고리즘은 다음과 같다.

```
p = a[n]
for k in range(1,n+1):
    p = a[n-k] + (x - xp[n-k]) * p
```

P_n의 계수는 다항식이 각 자료점을 통과하도록 하여 결정한다. 즉, $y_i = P_n(x_i)$, $(i = 0, 1, \cdots, n)$. 그러면 다음의 연립방정식을 얻는다.

$$\begin{aligned} &y_0 = a_0 \\ &y_1 = a_0 + (x_1 - x_0)a_1 \\ &y_2 = a_0 + (x_2 - x_0)a_1 + (x_2 - x_0)(x_2 - x_1)a_2 \\ &\quad\vdots \\ &y_n = a_0 + (x_n - x_0)a_1 + \cdots + (x_n - x_0)(x_n - x_1)\cdots(x_n - x_{n-1})a_n \end{aligned} \tag{a}$$

분할차분divided differences을 도입하면, 다음과 같다.

$$\begin{aligned} &\nabla y_i = \frac{y_i - y_0}{x_i - x_0}, \ (i = 1, 2, \cdots, n) \\ &\nabla^2 y_i = \frac{\nabla y_i - \nabla y_1}{x_i - x_1}, \ (i = 2, 3, \cdots, n) \\ &\nabla^3 y_i = \frac{\nabla^2 y_i - \nabla^2 y_2}{x_i - x_2}, \ (i = 3, 4, \cdots, n) \\ &\quad\vdots \\ &\nabla^n y_i = \frac{\nabla^{n-1} y_n - \nabla^{n-1} y_{n-1}}{x_n - x_{n-1}} \end{aligned} \tag{5.5}$$

식 (a)의 해는 다음과 같다.

$$\begin{aligned} a_0 &= y_0 \\ a_1 &= \nabla y_1 \\ a_2 &= \nabla^2 y_2 \\ &\vdots \\ a_n &= \nabla^n y_n \end{aligned} \tag{5.6}$$

만일 계수를 손계산하려면, **표 5.1**에 주어진 형태로 작업하는 것이 편리하다($n=4$에 대해 보임). **표 5.1**에서 대각항(y_0, ∇y_1, $\nabla^2 y_2$, $\nabla^3 y_3$, $\nabla^4 y_4$)은 다항식의 계수이다. 만일 자료점이 다른 차수로 나열되면, 표의 내용도 달라질 것이나, 결과로 만들어지는 다항식은 같을 것이다. $n+1$ 자료점을 보간하는 n차 다항식은 유일하다는 점을 상기하자.

표 5.1 Newton법의 계산표

x_0	y_0				
x_1	y_1	∇y_1			
x_2	y_2	∇y_2	$\nabla^2 y_2$		
x_3	y_3	∇y_3	$\nabla^2 y_3$	$\nabla^3 y_3$	
x_4	y_4	∇y_4	$\nabla^2 y_4$	$\nabla^3 y_4$	$\nabla^4 y_4$

다음의 알고리즘을 이용하여 1차원 배열에서 기계적인 계산을 할 수 있다(여기서 $m=n+1=$ (자료점의 수)라는 색인을 사용한다).

```
an = yp.copy()
for k in range(1,m):
    for i in range(k,m):
        an[i] = (an[i] - an[k-1]) / (xp[i] - xp[k-1])
```

초기에 an는 자료점의 y-좌표를 가지며, 따라서 **표 5.1**의 둘째 열과 같다. 바깥쪽 순환문을 실행하면 다음 열의 자료를 생성하고, 이것은 an의 대응하는 요소값에 덮어쓰기 된다. 따라서 an는 **표 5.1**의 대각항(즉, 다항식의 계수)을 덮어쓰기하고 끝난다.

예제 5.2 **Newton 보간 손계산**

다음과 같은 자료점이 다항식을 이룬다고 할 때, **표 5.1**과 비슷한 분할차분표를 구성하여 이 다항식의 차수를 결정하라.

x	-2	1	4	-1	3	-4
y	-1	2	59	4	24	-53

풀이

분할차분표는 다음과 같다.

i	x_i	y_i	∇y_i	$\nabla^2 y_i$	$\nabla^3 y_i$	$\nabla^4 y_i$	$\nabla^5 y_i$
0	-2	-1					
1	1	2	1				
2	4	59	10	3			
3	-1	4	5	-2	1		
4	3	24	5	2	1	0	
5	-4	-53	26	-5	1	0	0

이 표의 값을 계산한 몇 가지 예는 다음과 같다.

$$\nabla y_2 = \frac{y_2 - y_0}{x_2 - x_0} = \frac{59-(-1)}{4-(-2)} = 10$$

$$\nabla^2 y_2 = \frac{\nabla y_2 - \nabla y_1}{x_2 - x_1} = \frac{10-1}{4-1} = 3$$

$$\nabla^3 y_5 = \frac{\nabla^2 y_5 - \nabla^2 y_2}{x_5 - x_2} = \frac{-5-3}{-4-4} = 1$$

이 표에서 Newton 다항식의 마지막 0이 아닌 계수(마지막 비영 대각항)는 $\nabla^3 y_3$이며, 이것은 3차항의 계수이다. 따라서 다항식은 3차이다.

Newton( ) 함수

이 클래스는 Newton법으로 보간을 하는 데 필요한 두 개의 함수를 포함한다. 주어진 자료점 배열 xp와 yp에 대해, 함수는 계수배열 an을 반환한다. 계수를 한 번 계산한 뒤에는, 어떤 x의 값에 대한 보간함수 $P_n(x)$의 값은 함수 Newton( )로 계산한다.

코드 5.4 NewtonInterpol.py

```
# NewtonInterol.py
# Newton 보간법

import numpy as np

'''
    yi = Newton(xp, yp, xi)
    xi에서 Newton 다항식의 값 계산
    p = evalNewton(a, xp, x)
    x에서 Newton의 다항식 값 p를 계산한다.
    계수 벡터 a는 coeffs() 함수에서
    Newton의 다항식으로 계산한다.
    a = coeffs(xp, yp)
'''

def Newton(xp, yp, xi):
    m = len(xi)
    yi = xi.copy()
    a = coeffs(xp, yp)

    for i in range(m):
        yi[i] = evalNewton(a, xp, xi[i])
    return yi

def evalNewton(a, xp, x):
    n = len(xp) - 1  # 다항식의 차수
    p = a[n]
    for k in range(1,n+1):
        p = a[n-k] + (x - xp[n-k]) * p
    return p

def coeffs(xp, yp):
    m = len(xp)      # 자료점의 수
    a = yp.copy()
    for k in range(1,m):
        for i in range(k,m):
```

코드 5.4 NewtonInterpol.py(계속)

```
            a[i] = (a[i] - a[k-1]) / (xp[i] - xp[k-1])
    return a
```

예제 5.3 Newton 보간

주어진 자료점(**예제 5.1**의 자료)이 다음과 같을 때 Newton 보간의 **Python** 코드를 작성하고, 그래프로 출력하라.

x	0	2	3
y	7	11	28

풀이

예제 5.1의 **코드 5.3**을 약간 수정하면 다음과 같다.

코드 5.5 Ex0503.py

```
# 예제 5.3 Newton 보간

import numpy as np
import matplotlib.pyplot as plt

from NewtonInterpol import *
from PlotInterpol import *

if __name__ == '__main__':
    # 자료점
    xp = [0.0, 2.0, 3.0]
    yp = [7.0, 11.0, 28.0]

    # 보간점
    xi = np.arange(-0.5, 3.5, 0.1)
    yi = Newton(xp, yp, xi)

    # 그래프
    plotInterpol(xp, yp, xi, yi, title = 'Newton 보간')
```

이 코드를 실행한 결과는 다음과 같다.

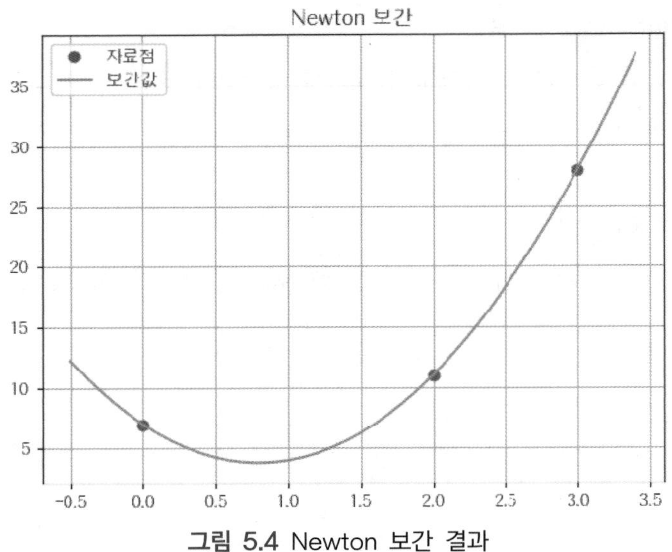

그림 5.4 Newton 보간 결과

예제 5.4 함수를 아는 경우의 Newton 보간법

다음 표의 자료점은 $f(x) = 4.8\cos\dfrac{\pi x}{20}$의 그래프 위의 점이다. Newton법으로 이 자료들을 보간하여 $x = 0.0,\ 0.5,\ 1.0,\ \cdots,\ 8.0$에서 함수값을 구하고, 그 결과를 $y_i = f(x_i)$의 '정확한' 값과 비교하라.

x	0.15	2.30	3.15	4.85	6.25	7.95
y	4.79867	4.49013	4.2243	3.47313	2.66674	1.51909

풀이

Newton법에 의한 풀이 코드는 다음과 같다.

코드 5.6 Ex0504.py

```
## 예제 5.4 함수를 알고 있는 경우의 Newton 보간

import numpy as np
import matplotlib as mpl
import matplotlib.pyplot as plt

from NewtonInterpol import *
from PlotInterpol import *
```

코드 5.6 Ex0504.py(계속)

```
 9
10 def fn(xi):
11     ye = 4.8 * np.cos(np.pi * xi / 20.0)
12     return ye
13
14 if __name__ == '__main__':
15     # 자료점
16     xp = np.array([0.15, 2.30, 3.15, 4.85, 6.25, 7.95])
17     yp = np.array([4.79867, 4.49013, 4.2243, 3.47313,
18         2.66674, 1.51909])
19
20     # 보간점
21     xi = np.arange(0.0, 8.1, 0.5)
22     yi = Newton(xp, yp, xi)
23
24     # 정확함수
25     ye = fn(xi)
26
27     # IDLE 출력
28     print("  x     yInterp   yExact")
29     print("-------------------------")
30     for i in range(len(xi)):
31         print("{0:4.1f} {1:10.5f} {2:10.5f}".\
32             format(xi[i], yi[i], ye[i]))
33
34     # 그래프 출력
35     plotInterpol(xp, yp, xi, yi, title = 'Newton 보간',
36         fnExact = fn)
```

이 코드의 21행부터 22행까지는 Newton 다항식을 계산하는 부분이며, 25행은 정확함수의 계산 부분이다. 계산된 결과는 쉘과 그래프로 출력하며, 28~32행은 쉘에 대한 출력, 35~36행은 그래프로 결과를 표시하는 부분이다. 코드를 실행하면 쉘의 출력은 다음과 같다.

```
  x     yInterp   yExact
-------------------------
 0.0    4.80003   4.80000
 0.5    4.78518   4.78520
 1.0    4.74088   4.74090
 1.5    4.66736   4.66738
 2.0    4.56507   4.56507
```

```
2.5    4.43462    4.43462
3.0    4.27683    4.27683
3.5    4.09267    4.09267
4.0    3.88327    3.88328
4.5    3.64994    3.64995
5.0    3.39411    3.39411
5.5    3.11735    3.11735
6.0    2.82137    2.82137
6.5    2.50799    2.50799
7.0    2.17915    2.17915
7.5    1.83687    1.83688
8.0    1.48329    1.48328
```

그리고 또 다른 출력인 그림은 다음과 같다.

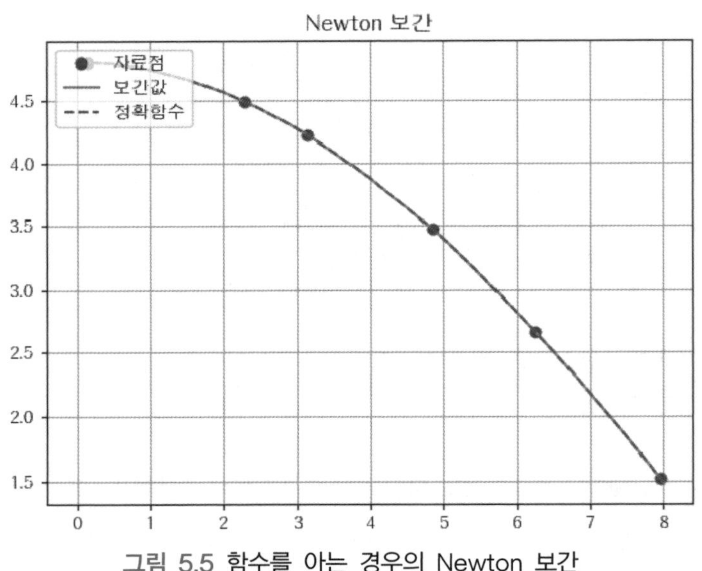

그림 5.5 함수를 아는 경우의 Newton 보간

5.4 Neville 보간

Newton 보간은 계수의 계산과 다항식의 계산이라는 두 단계로 이루어진다. 만일 같은 다항식을 이용하여 여러 가지 x값에서 반복적으로 수행하면 계산이 잘 된다. 그러나 만일 한 점만을 보간하려면, 한 단계로 보간값을 계산하는 Neville법이 훨씬 편리하다.

$k+1$개의 자료점 (x_i, y_i), (x_{i+1}, y_{i+1}), $\cdots$, (x_{i+k}, y_{i+k})를 통과하는 k차 다항식을 $P_k[x_i, x_{i+1}, \cdots, x_{i+k}]$라고 표기하자. 자료점 하나에 대해, 다음과 같이 쓸 수 있다.

$$P_0[x_i] = y_i \tag{5.7}$$

자료점 두 개에 기반을 둔 보간함수는 다음과 같다.

$$P_1[x_i, x_{i+1}] = \frac{(x-x_{i+1})P_0[x_i] + (x_i - x)P_0[x_{i+1}]}{x_i - x_{i+1}}$$

$P_1[x_i, x_{i+1}]$는 자료점 두 개를 통과한다는 것은 쉽게 증명할 수 있다. 즉, $x = x_i$일 때 $P_1[x_i, x_{i+1}] = y_i$이고, $x = x_{i+1}$일 때 $P_1[x_i, x_{i+1}] = y_{i+1}$이다.
세 점 보간함수는 다음과 같다.

$$P_2[x_i, x_{i+1}, x_{i+2}] = \frac{(x-x_{i+2})P_1[x_i, x_{i+1}] + (x_i - x)P_1[x_{i+1}, x_{i+2}]}{x_i - x_{i+2}}$$

이 보간함수가 자료점들을 가로지른다는 것을 보이기 위해, 먼저 $x = x_i$를 대입하면, 다음 식을 얻는다.

$$P_2[x_i, x_{i+1}, x_{i+2}] = P_1[x_i, x_{i+1}] = y_{i+1}$$

마찬가지로 $x = x_{i+2}$는 다음 식을 얻는다.

$$P_2[x_i, x_{i+1}, x_{i+2}] = P_2[x_{i+1}, x_{i+2}] = y_{i+2}$$

마지막으로 $x = x_{i+1}$일 때, 다음 관계를 얻는다.

$$P_1[x_i, x_{i+1}] = P_1[x_{i+1}, x_{i+2}] = y_{i+1}$$

그러면 다음의 관계가 된다.

$$P_2[x_i, x_{i+1}, x_{i+2}] = \frac{(x_{i+1} - x_{i+2})y_{i+1} + (x_i - x_{i+1})y_{i+1}}{x_i - x_{i+2}} = y_{i+1}$$

이 형태를 이용하면, 일반적인 재귀식을 추론할 수 있다.

$$P_k[x_i, x_{i+1}, \cdots, x_{i+k}] = \frac{(x - x_{i+k})P_{k-1}[x_i, x_{i+1}, \cdots, x_{i+k-1}] + (x_i - x)P_{k-1}[x_{i+1}, x_{i+2}, \cdots, x_{i+k}]}{x_i - x_{i+k}} \quad (5.8)$$

주어진 x의 값에 대한(자료점 4개에 대한) 계산은 다음의 표 형식으로 수행할 수 있다.

표 5.2 Neville법의 계산표

	$k=0$	$k=1$	$k=2$	$k=3$
x_0	$P_0[x_0]=y_0$	$P_1[x_0, x_1]$	$P_2[x_0, x_1, x_2]$	$P_3[x_0, x_1, x_2, x_3]$
x_1	$P_0[x_1]=y_1$	$P_1[x_1, x_2]$	$P_2[x_1, x_2, x_3]$	
x_2	$P_0[x_2]=y_2$	$P_1[x_2, x_3]$		
x_3	$P_0[x_3]=y_3$			

자료점의 수를 m이라고 하면, 표의 요소를 계산하는 알고리즘은 다음과 같다.

```
y = yData.copy()
for k in range (1,m):
    for i in range(m-k):
        y[i] = ((x - xData[i+k]) * y[i] + (xData[i] - x) * y[i+1]) \
            / (xData[i] - xData[i+k])
```

이 알고리즘은 1차원 배열 y로 작동되며, 이 배열은 처음에 자료점의 y값(표 5.2의 둘째 열)을 갖는다. 바깥 순환문은 다음 열에서 y의 요소를 계산하고, 이것은 이전 값에 덮어쓰기 된다. 이 과정의 끝에서 y는 표의 대각항의 값을 갖는다. 모든 자료점을 통과하는 보간함수에서 계산된 값은 y의 첫째 요소이다.

예제 5.5 Neville 보간

주어진 자료점에 대해, Neville 보간으로 $y(0)=0$의 근을 결정하라.

x	4.0	3.9	3.8	3.7
y	-0.06604	-0.02724	0.01282	0.05383

풀이

이것은 역보간의 예제이다. 여기서 x와 y의 역할은 서로 바뀐다. 주어진 x에서 y를 계산하는 대신에 주어진 y(여기서는 $y=0$)에 대응하는 x를 찾는다. **표 5.2**의 형식을 이용하면(x와 y는 서로 바뀌었다), 다음 결과를 얻는다.

i	y_i	$P_0[\ ]=x_i$	$P_1[\ ,\ ]$	$P_2[\ ,\ ,\ ]$	$P_3[\ ,\ ,\ ,\ ]$
0	-0.06604	4.0	3.8298	3.8316	3.8317
1	-0.02724	3.9	3.8320	0.8318	
2	0.01282	3.8	3.8313		
3	0.05383	3.7			

다음은 표에서 이용된 계산의 예이다.

$$P_1[y_0,\ y_1]=\frac{(y-y_1)P_0[y_0]+(y_0-y)P_0[y_1]}{y_0-y_1}$$

$$=\frac{(0+0.02724)(4.0)+(-0.06604-0)(3.9)}{-0.06604+0.02724}=3.8298$$

$$P_1[y_1,\ y_2,\ y_3]=\frac{(y-y_3)P_1[y_1,\ y_2]+(y_1-y)P_1[y_2,\ y_3]}{y_1-y_3}$$

$$=\frac{(0-0.05383)(3.8320)+(-0.02724-0)(3.8313)}{-0.02724-0.05383}=3.8318$$

표에서 모든 P는 서로 다른 자료점을 포함하는 여러 가지 보간함수에서 만들어진 근의 추정값이다. 예를 들어, $P_1[y_0,\ y_1]$은 처음 두 자료점에 기반을 둔 선형보간함수에서 얻은 근이며, $P_2[y_1,\ y_2,\ y_3]$는 마지막 세 점을 이용한 3차 보간함수에서 얻은 결과이다. 모든 4개 자료점에 대한 3차 보간함수에서 얻은 근은 $x=P_3[y_0,\ y_1,\ y_2,\ y_3]=3.8317$이다.

Neville( ) 함수

다음 함수는 Neville법을 구현한 것이다. 이것은 $P_n(x)$를 반환한다.

코드 5.7 NevilleInterpol.py

```
# NevilleInterpol.py
# Neville 다항식 보간

'''
    yi = Neville(xp, yp, xi)
        Neville법으로 보간점을 계산한다.

    y = Neville(xData,yData,x)
        Neville법으로 자료점을 지나는 다항식을 계산한다.
'''

import numpy as np

def Neville(xp, yp, xi):
    m = len(xi)     # 보간점의 수
    yi = xi.copy()

    for i in range(m):
        yi[i] = evalNeville(xp, yp, xi[i])

    return yi

def evalNeville(xData, yData, x):
    m = len(xData)   # 자료점의 수
    p = yData.copy()
    for k in range(1,m):
        p[0:m-k] = ((x - xData[k:m]) * p[0:m-k] \
            + (xData[0:m-k] - x) * p[1:m-k+1])  \
            / (xData[0:m-k] - xData[k:m])
    return p[0]
```

예제 5.6 Neville 보간

다음 표의 자료를 Neville 보간하여 x 증분 0.05로 값을 계산하고 결과를 그래프로 그려라. 계산은 코드 5.6의 Neville( ) 함수를 이용하라.

x	0.1	0.2	0.5	0.6	0.8	1.2	1.5
y	−1.5342	−1.0811	−0.4445	−0.3085	−0.0868	0.2281	0.3824

풀이

이 계산은 다음과 같은 코드를 작성하였다.

코드 5.8 Ex0506.py

```
## 예제 5.6 Neville 보간법

import numpy as np
import matplotlib as mpl
import matplotlib.pyplot as plt

from NevilleInterpol import *
from PlotInterpol import *

if __name__ == '__main__':
    # 자료점
    xp = np.array([0.1, 0.2, 0.5, 0.6, 0.8, 1.2, 1.5])
    yp = np.array([-1.5342, -1.0811, -0.4445, -0.3085, \
        -0.0868, 0.2281, 0.3824])

    # 보간점
    xi = np.arange(0.1, 1.55, 0.05)
    yi = Neville(xp, yp, xi)

    # 그래프 출력
    plotInterpol(xp, yp, xi, yi, title = 'Neville 보간')

```

이 코드의 실행 결과는 다음과 같다.

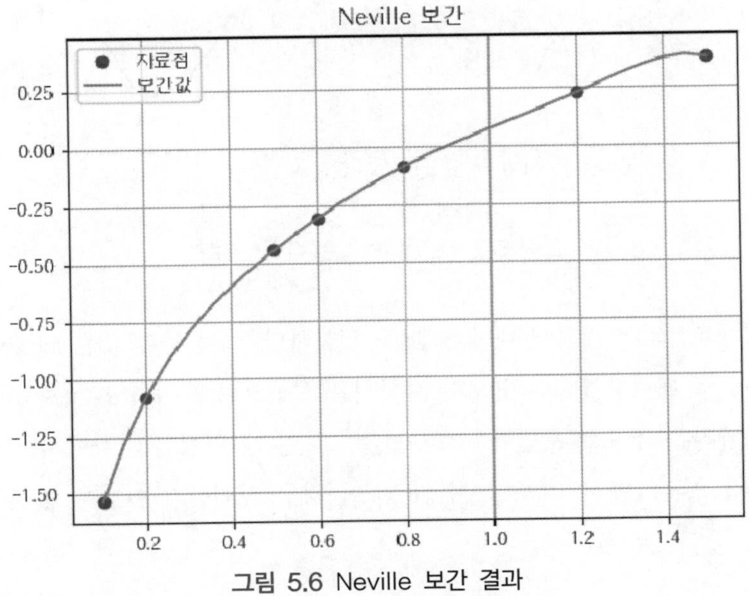

그림 5.6 Neville 보간 결과

5.5 비례함수 보간

(1) 다항식 보간의 한계

다항식 보간은 최소의 자료점에 대해 수행되어야 한다. 자료점들이 촘촘히 배치되어 있으면, 보통 가장 근접한 두 자료점을 이용한 선형보간만으로도 충분하다. 대부분의 경우에 3개에서 6개의 근접점들은 좋은 결과를 만들어낸다. 7점 이상을 지나는 보간함수는 의심스럽게 보아야 한다. 관심점으로부터 떨어진 자료점들은 보간함수의 정확도에 기여하지 않기 때문이며, 실제로 이들은 해로운 영향을 끼친다.

너무 많은 자료점을 이용한 경우의 위험성을 **그림 5.7**에 예시하였다. 일정하게 배치된 11개의 자료점은 작은 원으로 표시하였다. 실선은 보간함수이며, 모든 자료점을 통과하는 10차 다항식이다. 그림에서 보듯이 이처럼 고차 다항식은 자료점 사이에서 과다하게 진동하는 경향이 있다. 더 원만한 결과를 얻으려면 4개의 근접점을 통과하는 3차 보간함수를 이용할 수 있다.

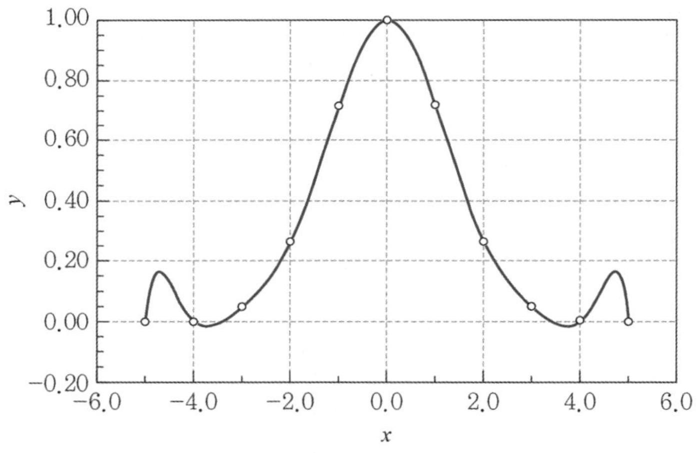

그림 5.7 진동을 보이는 다항식 보간

다항식 외삽(자료점의 바깥쪽에 대한 보간)은 위험하다. 예를 들어, **그림 5.8**을 살펴보자. 6개의 자료점을 원으로 표시하였다. 4차 보간 다항식은 실선으로 표시하였다. 자료점의 범위 안에서 보간함수는 괜찮은 것으로 보인다. 그러나 $x > 12$일 때 명백한 경향에서 극단적으로 벗어난다. 예를 들어, $x = 14$에서 y값을 계산하면, 이 경우 신뢰하기 어려운 값이 나온다.

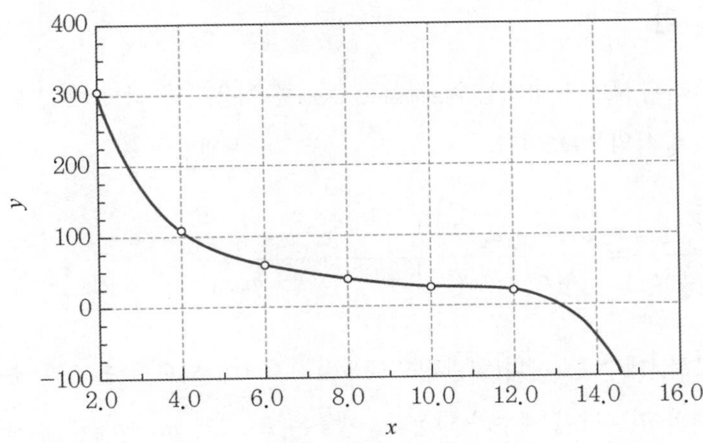

그림 5.8 자료점의 경향을 따르지 않는 외삽

만일 외삽을 피할 수 없다면, 다음의 대책이 유용할 수 있다.

- 자료를 그래프로 그리고 외삽된 값이 의미가 있는지 시각적으로 검증한다.
- 최인접 자료점에 기반을 둔 저차 다항식을 이용한다. 예를 들어, 선형 또는 2차 보간함수를 이용하면 **그림 5.8**에서 자료에 대한 $y(14.0)$의 합리적인 추정값을 얻을 수 있다.
- $\log x$ 대 $\log y$의 그래프로 작업한다. 이것은 보통 $x-y$곡선보다 훨씬 원만하며, 더 안전한 외삽이다. 종종 이 그래프는 대부분 직선이다. **그림 5.9**에 예시를 보인다. 이것은 **그림 5.8**의 자료점을 대수값으로 나타낸 것이다.

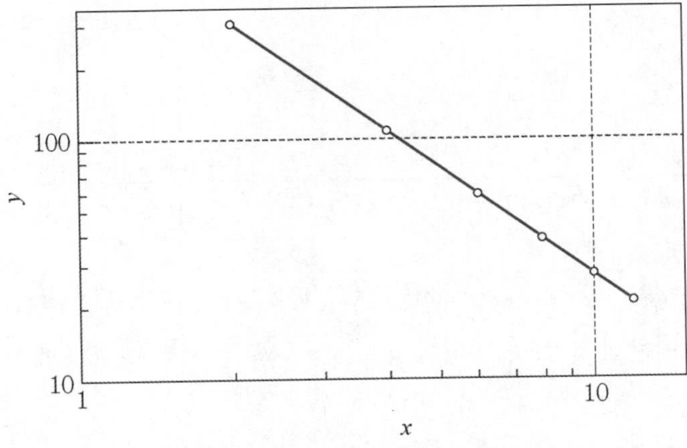

그림 5.9 그림 5.8의 자료점의 대수값 표시

(2) 비례함수 보간

어떤 자료들은 다항식보다 비례함수rational functions를 이용하면 더 잘 보간할 수 있다. 비례함수 $R(x)$는 두 다항식의 비율이다.

$$R(x) = \frac{P_m(x)}{Q_n(x)} = \frac{a_1x^m + a_2x^{m-1} + \cdots + a_mx + a_{m+1}}{b_1x^n + b_2x^{n-1} + \cdots + b_nx + b_{n+1}}$$

$R(x)$가 비율이므로, 계수 중 하나(일반적으로 b_{n+1})가 1이 되도록 크기를 조절할 수 있다. 그러면 $m+n+1$개의 미결정된 계수가 남는데, 이들은 $R(x)$가 $m+n+1$개 자료점을 통과하도록 하여 결정되어야만 한다.

$R(x)$의 인기 있는 함수는 이른바 대각비례함수diagonal rational function이며, 여기서 분자의 차수는 만일 $m+n$이 짝수이면 분모의 차수와 같고($m=n$), 만일 $m+n$이 홀수이면 분모의 차수보다 하나 작다($m=n-1$). 대각 형태를 이용하는 방법의 장점은 보간이 **표 5.2**에 개략 설명한 것과 비슷하게 Neville형의 알고리즘으로 수행될 수 있다는 점이다. 알고리즘의 기반인 재귀공식은 Stoer와 Bulirsch[1])이 제안한 것이다. 이것은 Neville법에 이용된 식 (5.8)보다 훨씬 복잡하다.

$$R[x_i, x_{i+1}, \cdots, x_{i+k}] = R[x_{i+1}, x_{i+2}, \cdots, x_{i+k}] + \frac{R[x_{i+1}, x_{i+2}, \cdots, x_{i+k}] - R[x_i, x_{i+1}, \cdots, x_{i+k-1}]}{S} \tag{5.9a}$$

여기서

$$S = \frac{x - x_i}{x - x_{i+k}}\left(1 - \frac{R[x_{i+1}, x_{i+2}, \cdots, x_{i+k}] - R[x_i, x_{i+1}, \cdots, x_{i+k-1}]}{R[x_{i+1}, x_{i+2}, \cdots, x_{i+k}] - R[x_{i+1}, x_{i+2}, \cdots, x_{i+k-1}]}\right) - 1 \tag{5.9b}$$

식 (5.9)에서 $R[x_i, x_{i+1}, \cdots, x_{i+k}]$은 자료점 (x_i, y_i), (x_{i+1}, y_{i+1}), ⋯, (x_{i+k}, y_{i+k})를 통과하는 대각비례함수를 나타낸다. 이것은 $R[x_i, x_{i+1}, \cdots, x_{i-1}] = 0$($k=-1$에 대응)이고 $R[x_i] = y_i$ ($k=0$인 경우)이라는 점도 이해할 수 있다.

계산은 Neville법에 이용된 **표 5.2**와 비슷하게 표 형식으로 실행할 수 있다. **표 5.3**은 4개 자료

1) Stoer, J., and Bulirsch, R. (1980) Introduction to Numerical Analysis, Springer.

점인 경우의 예를 표로 나타낸 것이다. 계산은 $k=-1$인 열을 0으로 채우고, $k=0$인 열의 y_i값을 입력하고 시작한다. 나머지 값들은 식 (5.9)를 이용하여 계산한다.

표 5.3 4개 자료점에 대한 비례함수의 표

	$k=-1$	$k=0$	$k=1$	$k=2$	$k=3$
x_0	0	$R[x_1]=y_1$	$R[x_1, x_2]$	$R[x_1, x_2, x_3]$	$R[x_1, x_2, x_3, x_4]$
x_1	0	$R[x_2]=y_2$	$R[x_2, x_3]$	$R[x_2, x_3, x_4]$	
x_2	0	$R[x_3]=y_3$	$R[x_3, x_4]$		
x_3	0	$R[x_4]=y_4$			

Rational 모듈

Neville의 알고리즘을 1차원 배열로 압축하여 표 형식으로 구현하였다. 이것은 비례함수 보간에서는 작동하지 않는다. 비례함수 보간에서는 k열에서 R을 계산하는 공식이 $k-1$열과 $k-2$의 값을 포함한다. 그러나 이것은 두 개의 1차원 배열로는 작업할 수 있다. 한 배열(프로그램에서 r)은 R의 최신값을 저장하고, 반면 다른 배열(rOld)은 이전값을 저장한다. 대각비례함수 보간에 대한 알고리즘은 다음과 같다.

코드 5.9 RationalInterpol.py

```
# RationalInterpol.py
# 비례함수 보간
'''
    yi = rational(xData, yData, xi)
        자료점을 지나는 보간점들 계산한다.
    p = evalRational(xData, yData, x)
        자료점을 지나는 비례다항식을 계산한다.
'''

import numpy as np

def rational(xp, yp, xi):
    n = len(xi) # 보간점의 수
    yi = xi.copy()
    for i in range(n):
        yi[i] = evalRational(xp, yp, xi[i])
    return yi

```

코드 5.9 RationalInterpol.py(계속)

```
def evalRational(xData, yData, x):
    m = len(xData)      # 자료점의 수
    r = yData.copy()
    rOld = np.zeros(m)
    for k in range(m-1):
        for i in range(m-k-1):
            if abs(x - xData[i+k+1]) < 1.0e-9:
                return yData[i+k+1]
            else:
                c1 = r[i+1] - r[i]
                c2 = r[i+1] - rOld[i+1]
                c3 = (x - xData[i]) / (x - xData[i+k+1])
                r[i] = r[i+1] + c1 / (c3 * (1.0 - c1 / c2) - 1.0)
                rOld[i+1] = r[i+1]
    return r[0]
```

예제 5.7 대각비례함수 보간

주어진 자료와 대각비례함수 보간을 이용하여 $y(0.5)$를 계산하라.

x	0.0	0.6	0.8	0.95
y	0.0	1.3764	3.0777	12.7062

풀이

자료점의 그래프는 y가 $x=1$ 근방에서 극값을 갖는다는 것을 보여준다. 이런 함수는 다항식 보간에 대해서는 매우 불량한 경우이지만, 비례함수로는 쉽게 나타낼 수 있다. 이 보간을 계산하고 그래프로 그리는 코드는 다음과 같다.

코드 5.10 Ex0507.py

```
# 예제 5.7 비례함수 보간

import numpy as np
import matplotlib.pyplot as plt

from RationalInterpol import *
from PlotInterpol import *
if __name__ == '__main__':
    # 자료점
```

코드 5.10 Ex0507.py(계속)

```
    xp = np.array([0.0, 0.6, 0.8, 0.95])
    yp = np.array([0.0, 1.3764, 3.0777, 12.7062])

    # 보간점
    xi = np.arange(0.05, 1.0, 0.05)
    yi = rational(xp, yp, xi)

    # 그래프 그리기
    plotInterpol(xp, yp, xi, yi, title = '비례함수 보간')
```

이 코드의 실행 결과는 다음과 같다.

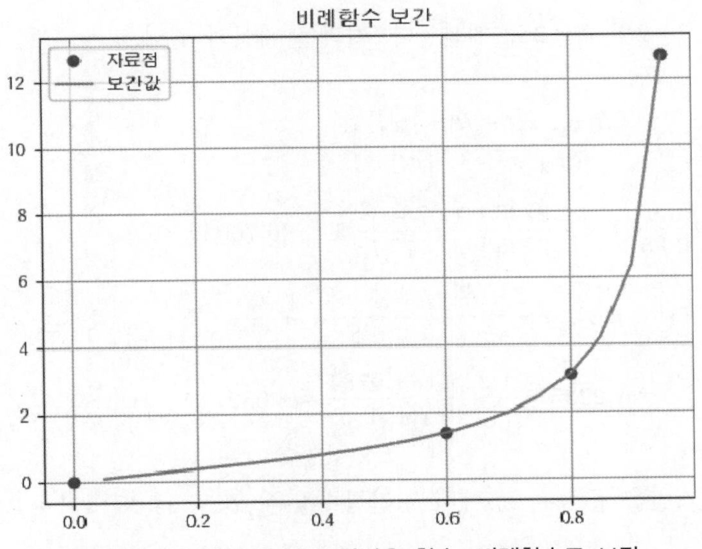

그림 5.10 다항식 보간이 어려운 함수. 비례함수로 보간

이 계산은 표 5.3의 형태로 작업한다. 계산을 마친 후의 표는 다음과 같다.

		$k=-1$	$k=0$	$k=1$	$k=2$	$k=3$
$i=1$	0.0	0	0	0	0.9544	1.0131
$i=2$	0.6	0	1.3764	1.0784	1.0327	
$i=3$	0.8	0	3.0777	1.2235		
$i=4$	0.95	0	12.7062			

몇 가지 계산을 살펴보자. 예를 들어, 식 (5.9)에 $i=3$과 $k=1$을 대입하여 $R[x_3, x_4]$를 얻는다. 이것은 다음과 같이 계산한다.

$$\begin{aligned} S &= \frac{x-x_3}{x-x_4}\left(1-\frac{R[x_4]-R[x_3]}{R[x_4]-R[x_4,\ \cdots,\ x_3]}\right)-1 \\ &= \frac{0.5-0.8}{0.5-0.95}\left(1-\frac{12.7062-3.0777}{12.7062-0}\right)-1=-0.83852 \\ R[x_3,\ x_4] &= R[x_4]+\frac{R[x_4]-R[x_3]}{S} \\ &= 12.7062+\frac{12.7062-3.0777}{-0.83852}=1.2235 \end{aligned}$$

$R[x_2,\ x_3,\ x_4]$는 $i=2$와 $k=2$로 계산한다. 결과는 다음과 같다.

$$\begin{aligned} S &= \frac{x-x_2}{x-x_4}\left(1-\frac{R[x_3,\ x_4]-R[x_2,\ x_3]}{R[x_3,\ x_4]-R[x_3]}\right)-1 \\ &= \frac{0.5-0.6}{0.5-0.95}\left(1-\frac{1.2235-1.0784}{1.2235-3.0777}\right)-1=-0.76039 \\ R[x_2,\ x_3,\ x_4] &= R[x_3,\ x_4]+\frac{R[x_3,\ x_4]-R[x_2,\ x_3]}{S} \\ &= 1.2235+\frac{1.2235-1.0784}{-0.76039}=1.0327 \end{aligned}$$

4개의 자료점에 기반을 둔 $x=0.5$에서 보간함수값은 $R[x_1,\ x_2,\ x_3,\ x_4]=1.0131$이다.

예제 5.8 비례함수 보간

다음 표에 보인 자료(**예제 5.5**와 같은 자료)를 비례함수로 보간하여 x 증분 0.05에서 값을 계산하고 결과를 그래프로 그려라. 이 결과를 **예제 5.5**의 결과와 비교하라.

x	0.1	0.2	0.5	0.6	0.8	1.2	1.5
y	−1.5342	−1.0811	−0.4445	−0.3085	−0.0868	0.2281	0.3824

풀이

이 계산은 다음과 같은 코드를 작성하였다.

코드 5.11 Ex0508.py

```
# 예제 5.8 비례함수 보간

import numpy as np
import matplotlib.pyplot as plt

from RationalInterpol import *
from PlotInterpol import *

if __name__ == '__main__':
    # 자료점
    xp = np.array([0.1,0.2,0.5,0.6,0.8,1.2,1.5])
    yp = np.array([-1.5342,-1.0811,-0.4445,-0.3085, \
        -0.0868,0.2281,0.3824])

    # 보간점
    xi = np.arange(0.1, 1.55, 0.05)
    yi = rational(xp, yp, xi)

    # 그래프 그리기
    plotInterpol(xp, yp, xi, yi, title = '비례함수 보간')

```

그림 5.11에 보인 계산 결과는 **예제 5.5**의 Neville 보간 결과(**그림 5.6**)보다 나은 결과를 보인다.

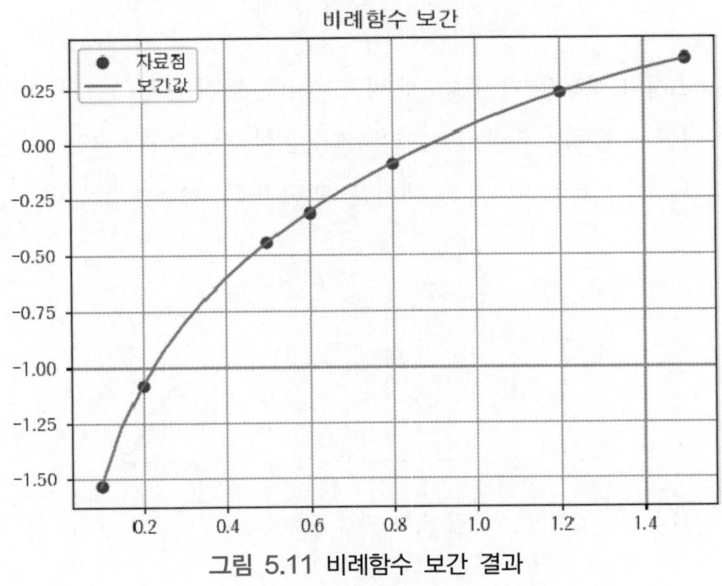

그림 5.11 비례함수 보간 결과

5.6 3차 운형곡선 보간

만일 적잖은 자료점이 있으면, 3차 운형곡선 보간cubic spline interpolant이 전역 보간함수로 적격이다. 이 함수는 다항식 보간보다 유연성이 적어서 자료점 사이에서 진동하는 경향이 작다. 3차 운형함수의 기계적 모형은 **그림 5.12**와 같다. 그림의 곡선은 자료점에 핀으로 고정한 가는 탄성 막대이다. 이 막대는 핀 사이에 하중을 가하지 않으므로, 3차 곡선의 각 구간은 3차 다항식이다. 보이론에서 $\dfrac{d^4y}{dx^4} = \dfrac{q}{EI}$이므로, $q=0$이므로 $y(x)$는 3차이다. 핀에서 경사와 휨모멘트(따라서 이차 미분)는 연속이다. 두 끝점에서는 휨모멘트가 없다. 따라서 운형함수의 2계 미분은 끝점에서 0이다. 이 끝단 조건은 보 모형beam model에서 자연적으로 일어나며, 결과적인 곡선은 자연 3차 운형곡선natural cubic spline이라 부른다. 그리고 핀(즉, 자료점)은 운형곡선의 절점knots이라고 부른다.

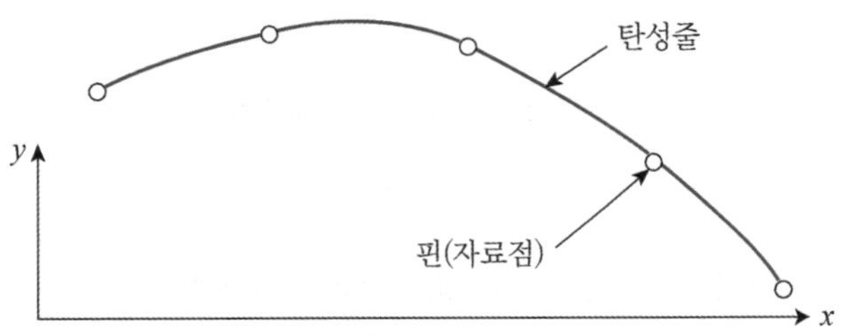

그림 5.12 자연 3차 운형곡선에 대한 기계적 모형

그림 5.13은 $n+1$개의 절점을 가진 3차 운형곡선이다. 절점 i와 $i+1$ 사이의 구간을 나타내는 3차 다항식에 대한 기호로 $f_{i,i+1}(x)$를 이용한다. 운형곡선은 구분적인 3차 곡선이며, n개의 3차 곡선들인 $f_{0,1}(x)$, $f_{1,2}(x)$, …, $f_{n-1,n}(x)$은 모두 다른 계수를 갖는다.

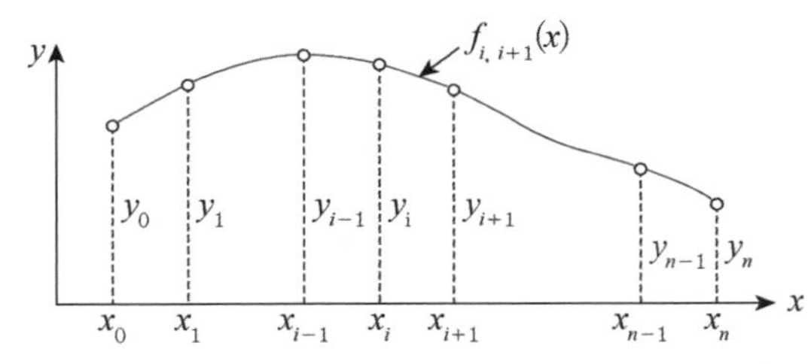

그림 5.13 3차 운형함수

절점 i에서 운형함수의 2계 미분을 k_i라고 표기하면, 2계 미분의 연속성은 다음을 필요로 한다.

$$f''_{i-1,i}(x_i) = f''_{i,i+1}(x_i) = k_i \tag{5.10}$$

이 단계에서 각 k는 다음을 제외하면 미지수이다.

$$k_0 = k_n = 0$$

$f_{i,i+1}(x)$의 계수 계산을 위한 시작점은 $f'_{i,i+1}(x)$에 대한 수식이며, 이것은 선형으로 알고 있다. Lagrange의 2점 보간을 이용하여 다음과 같이 쓸 수 있다.

$$f''_{i,i+1}(x) = k_i \ell_i(x) + k_{i+1} \ell_{i+1}(x)$$

여기서

$$\ell_i(x) = \frac{x - x_{i+1}}{x_i - x_{i+1}}, \ \ell_{i+1}(x) = \frac{x - x_i}{x_{i+1} - x_i}$$

따라서

$$f''_{i,i+1}(x) = \frac{k_i(x - x_{i+1}) - k_{i+1}(x - x_i)}{(x_i - x_{i+1})} \tag{5.11}$$

x에 대해 두 번 적분하면, 다음 식을 얻는다.

$$f_{i,i+1}(x) = \frac{k_i(x - x_{i+1})^3 - k_{i+1}(x - x_i)^3}{6(x_i - x_{i+1})} + A(x - x_{i+1}) - B(x - x_i) \tag{5.12}$$

여기서 A와 B는 적분상수이다. 적분에서 생기는 항들은 보통 $Cx + D$라고 쓴다. $C = A - B$와 $D = -Ax_{i+1} + Bx_i$로 놓으면, 결국 식 (5.12)의 마지막 두 항으로 마치게 되며, 다음의 계산에서 이용하는 것이 훨씬 편하다.

조건 $f_{i,i+1}(x_i) = y_i$를 사용하면, 식 (5.12)에서 다음 관계를 얻는다.

$$\frac{k_i(x_i - x_{i+1})^3}{6(x_i - x_{i+1})} + A(x_i - x_{i+1}) = y_i$$

따라서

$$A = \frac{y_i}{(x_i - x_{i+1})} - \frac{k_i}{6}(x_i - x_{i+1}) \tag{5.13}$$

마찬가지로, $f_{i,i+1}(x_{i+1}) = y_{i+1}$라는 조건에서 다음 관계를 얻는다.

$$B = \frac{y_{i+1}}{(x_i - x_{i+1})} - \frac{k_{i+1}}{6}(x_i - x_{i+1}) \tag{5.14}$$

식 (5.13)과 식 (5.14)를 식 (5.12)에 대입하면, 다음과 같다.

$$\begin{aligned} f_{i,i+1}(x) = & \frac{k_i}{6}\left[\frac{(x - x_{i+1})^3}{(x_i - x_{i+1})} - (x - x_{i+1})(x_i - x_{i+1})\right] \\ & - \frac{k_{i+1}}{6}\left[\frac{(x - x_i)^3}{(x_i - x_{i+1})} - (x - x_i)(x_i - x_{i+1})\right] \\ & + \frac{y_i(x - x_{i+1}) - y_{i+1}(x - x_i)}{(x_i - x_{i+1})} \end{aligned} \tag{5.15}$$

내부 절점에서 운형곡선의 2계 미분 k_i는 경사의 연속조건 $f'_{i,i+1}(x_i) = f'_{i,i+1}(x_i)$에서 구할 수 있다. 여기서 $(i = 1, 2, \cdots, n-1)$이다. 약간의 대수 계산을 하면, 다음의 연립방정식이 된다.

$$\begin{aligned} & k_{i-1}(x_{i-1} - x_i) + 2k_i(x_{i-1} - x_{i+1}) + k_{i+1}(x_i - x_{i+1}) \\ & = 6\left(\frac{y_{i-1} - y_i}{x_{i-1} - x_i} - \frac{y_i - y_{i+1}}{x_i - x_{i+1}}\right), \ (i = 1, 2, \cdots, n-1) \end{aligned} \tag{5.16}$$

식 (5.16)은 삼대각 계수행렬을 가지므로, 이들은 3.4절에서 설명한 LUdecomp3 모듈의 함수를 이용하여 경제적으로 풀 수 있다. 만일 자료점이 균등한 간격 h로 배치되어 있다면, $x_{i-1} - x_i = x_i - x_{i+1} = -h$이며 식 (5.16)은 다음과 같이 간략하게 된다.

$$k_{i-1}+4k_i(x_{i-1}-x_{i+1})+k_{i+1}=\frac{6}{h^2}(y_{i-1}-2y_i+y_{i+1}),\ (i=1,\ 2,\ \cdots,\ n-1) \quad (5.17)$$

예제 5.9 자연 3차 운형곡선

자연 3차 운형곡선을 이용하여 $x=1.5$에서 y를 결정하라. 자료점들은 다음과 같다.

x	1	2	3	4	5
y	0	1	0	1	0

풀이

5개의 절점이 $h=1$로 일정하게 배치되어 있다. 자연 3차 운형곡선의 2계 미분이 첫 번째와 마지막 절점에서 0이라는 점을 상기하면, $k_0=k_4=0$이다. 다른 절점에서 2계 미분은 식 (5.17)로 얻는다. $i=1, 2, 3$을 이용하면 다음의 연립방정식이 된다.

$$0+4k_1+k_2=6[0-2(1)+0]=-12$$
$$k_1+4k_2+k_3=6[1-2(0)+1]=12$$
$$k_2+4k_3+0=6[0-2(1)+0]=-12$$

이 연립방정식의 해는 $k_1=k_3=-30/7$, $k_2=36/7$이다. 점 $x=1.5$는 절점 0과 1 사이의 구간에 놓여 있다. 이에 대응하는 보간값은 식 (5.15)에서 $i=0$으로 놓아 구할 수 있다. $x_i-x_{i+1}=-h=-1$이므로, 식 (5.15)에서 다음과 같이 계산할 수 있다.

$$f_{0,1}(x)=-\frac{k_0}{6}[(x-x_1)^3-(x-x_1)]+\frac{k_1}{6}[(x-x_0)^3-(x-x_0)]$$
$$-[y_0(x-x_1)-y_1(x-x_0)]$$

따라서

$$y(1.5)=f_{0,1}(1.5)=0+\frac{1}{6}\left(-\frac{30}{7}\right)[(1.5-1)^3-(1.5-1)]-[0-1(1.5-1)]$$
$$=0.7679$$

보간값을 그래프로 그리면, 이 경우 4개의 3차 구간으로 만들어지며, 다음의 그림과 같다.

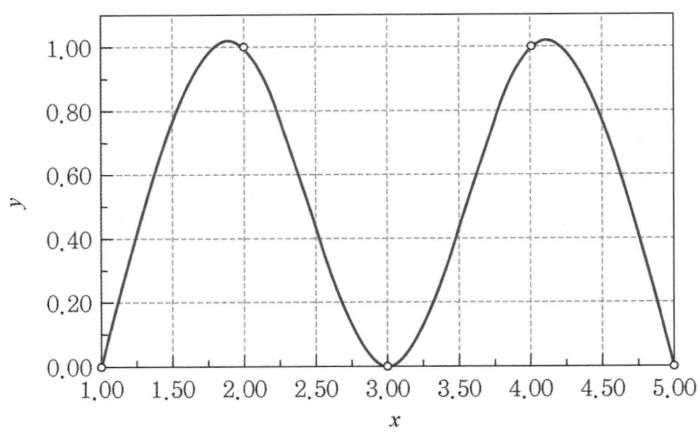

그림 5.14 자연 3차 운형곡선

예제 5.10 끝단조건이 주어진 경우의 3차 운형곡선

때때로 3차 운형곡선의 양쪽 끝을 자연조건이 아닌 다른 것으로 바꾸는 것이 나을 때도 있다. 끝단조건을 $f''_{0,1}(0)=0$(곡률이 0)이 아니라 $f'_{0,1}(0)=0$(경사가 0)으로 바꾸고, 주어진 자료점을 이용하여 $x=2.6$에서 3차 운형보간값을 결정하라.

x	1	2	3	4
y	1	1	0.5	0

풀이

먼저 새로운 끝단조건을 고려하여 식 (5.12)를 수정한다. 식 (5.10)에서 $i=0$으로 놓고 미분하면 다음 식을 얻는다.

$$f'_{0,1}(x)=\frac{k_0}{6}\left[3\frac{(x-x_1)^2}{x_0-x_1}-(x_0-x_1)\right]-\frac{k_1}{6}\left[3\frac{(x-x_0)^2}{x_0-x_1}-(x_0-x_1)\right]+\frac{y_0-y_1}{x_0-x_1}$$

따라서 끝단조건 $f'_{0,1}(x_0)=0$을 적용하면 다음과 같다.

$$\frac{k_0}{3}(x_0-x_1)-\frac{k_1}{6}(x_0-x_1)+\frac{y_0-y_1}{x_0-x_1}=0$$

또는

$$2k_0 + k_1 = -6\frac{y_0 - y_1}{(x_0 - x_1)^2}$$

주어진 자료에서 $y_0 = y_1 = 1$이므로, 마지막 방정식은 다음과 같다.

$$2k_0 + k_1 = 0 \tag{a}$$

식 (5.12)에서 다른 방정식들은 바뀌지 않는다. $k_3 = 0$이므로, 이들은 다음과 같다.

$$k_0 + 4k_1 + k_2 = 6[1 - 2(1) + 0.5] = -3 \tag{b}$$

$$k_1 + 4k_2 = 6[1 - 2(0.5) + 0] = 0 \tag{c}$$

식 (a)~식 (c)의 해는 $k_0 = 0.4615$, $k_1 = -0.9231$, $k_2 = 0.2308$이다. 보간값은 식 (5.15)에서 계산할 수 있다. $x = 2.6$이므로, $i = 1$을 대입하고 $x_i - x_{i+1} = -1$로 놓으면, 다음 관계를 얻는다.

$$f_{1,2}(x) = \frac{k_1}{6}\left[-(x - x_2)^3 + (x - x_2)\right] - \frac{k_2}{6}\left[-(x - x_1)^3 + (x - x_1)\right]$$
$$- y_1(x - x_2) + y_2(x - x_1)$$

따라서

$$\begin{aligned} y(2.6) = f_{1,2}(x) &= \frac{-0.9231}{6}\left[-(2.6 - 3.0)^3 + (2.6 - 3.0)\right] \\ &\quad - \frac{0.2308}{6}\left[-(2.6 - 2.0)^3 + (2.6 - 2.0)\right] \\ &\quad - 1.0(2.6 - 3.0) + 0.5(2.6 - 2.0) \\ &= 0.7369 \end{aligned}$$

CubicSpline 모듈

3차 운형보간의 첫 번째 단계는 식 (5.16)을 수립하고, 이들을 미지수 k(이때 $k_0 = k_n = 0$임을 상기하자)에 대해 푸는 것이다. 이 작업은 함수의 곡률에 따라 수행한다. 두 번째 단계는 식 (5.15)를 이용해 x에서 보간값을 계산하는 것이다. 이 단계는 함수 **evalSpline( )**를 이용하여 여러 가지 x값에 대해 몇 번이고 반복할 수 있다. **evalSpline( )** 메서드 안에 들어 있는 **findSegment( )**는 이분법을 이용하여 x를 포함한 운형곡선의 구간을 찾는 함수이다. 이것은 구간 번호를 반환한다. 즉, 식 (5.15)에서 아래첨자 i의 값이다.

코드 5.12 CubicSpline.py

```
# CubicSpline.py
# 3차 운형곡선 모듈
'''
    yi = cubicSpline(xp, yp, xi)
        주어진 (xp, yp)에서 곡률을 계산하고,
        이 곡률을 이용하여 보간점 yi를 계산한다.
    k = curvatures(xData,yData)
        이 절점에서 3차 운형곡선의 곡률을 반환한다.

    y = evalSpline(xData,yData,k,x)
        x에서 3차 운형곡선을 계산한다.
        곡률 k는 함수 curvatures()에서 계산된 것이다.
'''
import numpy as np
from LUdecomp3 import *

def cubicSpline(xp, yp, xi):
    k = curvatures(xp, yp)  # 곡률 계산
    m = len(xi)             # 보간점의 수

    yi = xi.copy()
    for i in range(m):
        yi[i] = evalSpline(xp, yp, k, xi[i])

    return yi

def curvatures(xData,yData):
    n = len(xData) - 1
    c = np.zeros(n)
    d = np.ones(n+1)
    e = np.zeros(n)
    k = np.zeros(n+1)
    c[0:n-1] = xData[0:n-1] - xData[1:n]
    d[1:n] = 2.0*(xData[0:n-1] - xData[2:n+1])
    e[1:n] = xData[1:n] - xData[2:n+1]
    k[1:n] = 6.0 * (yData[0:n-1] - yData[1:n]) \
        / (xData[0:n-1] - xData[1:n]) \
        - 6.0 * (yData[1:n] - yData[2:n+1])    \
        / (xData[1:n] - xData[2:n+1])
    LUdecomp3(c,d,e)
    LUsolve3(c,d,e,k)
    return k

def evalSpline(xData,yData,k,x):
```

코드 5.12 CubicSpline.py(계속)

```
    i = findSegment(xData,x)
    h = xData[i] - xData[i+1]
    y = ((x - xData[i+1])**3/h - (x - xData[i+1])*h) * k[i] / 6.0 \
      - ((x - xData[i])**3/h - (x - xData[i])*h) * k[i+1] / 6.0  \
      + (yData[i]*(x - xData[i+1]) - yData[i+1]*(x - xData[i])) / h
    return y

def findSegment(xData,x):
    iLeft = 0
    iRight = len(xData)- 1
    while 1:
        if (iRight-iLeft) <= 1:
            return iLeft
        i =(iLeft + iRight) // 2
        if x < xData[i]:
            iRight = i
        else:
            iLeft = i
```

이 모듈에서 불러들인 LUdecomp3 모듈은 다음과 같다.

코드 5.13 LUdecomp3.py

```
## LUdecomp3 모듈
''' c,d,e = LUdecomp3(c,d,e)
        삼대각행렬 [a]의 LU 분해
        여기서 {c}, {d}, {e}는 [a]의 대각선
        출력 {c},{d}, {e}는 분해행렬의 대각선

    x = LUsolve3(c,d,e,b)
        [a]{x} {b}의 해
        여기서 {c}, {d}, {e}는 LUdecomp3()의 반환벡터
'''

def LUdecomp3(c, d, e):
    n = len(d)
    for k in range(1, n):
        lam = c[k-1] / d[k-1]
        d[k] = d[k] - lam * e[k-1]
        c[k-1] = lam
    return c, d, e

```

코드 5.13 LUdecomp3.py(계속)

```
def LUsolve3(c, d, e, b):
    n = len(d)
    for k in range(1, n):
        b[k] = b[k] - c[k-1] * b[k-1]
    b[n-1] = b[n-1] / d[n-1]
    for k in range(n-2, -1, -1):
        b[k] = (b[k] - e[k] * b[k+1]) / d[k]
    return b
```

예제 5.11 3차 운형보간

모듈 CubicSpline을 이용하여 주어진 자료점 사이를 자연 3차 운형함수로 보간하는 프로그램을 작성하라. 프로그램은 하나 이상의 x에서 보간값을 계산할 수 있어야 한다. 시험적으로 **예제 5.4**에서 지정한 자료점을 이용하여 $x = 1.0$과 $x = 5.0$에서 보간값을 계산하라(대칭이기 때문에 이들 값은 같아야 한다).

풀이

작성한 프로그램은 다음과 같다.

코드 5.14 Ex0511.py

```
## 예제 5.11 3차 운형보간

import numpy as np
import matplotlib.pyplot as plt

from CubicSpline import *
from PlotInterpol import *

if __name__ == '__main__':
    # 자료점
    xp = np.array([1,2,3,4,5],float)
    yp = np.array([0,1,0,1,0],float)

    # 보간점
    xi = np.arange(1.0, 5.05, 0.05)
    yi = cubicSpline(xp, yp, xi)

    # 그래프 그리기
    plotInterpol(xp, yp, xi, yi, title = '운형곡선 보간')
```

프로그램의 실행 결과는 다음과 같다.

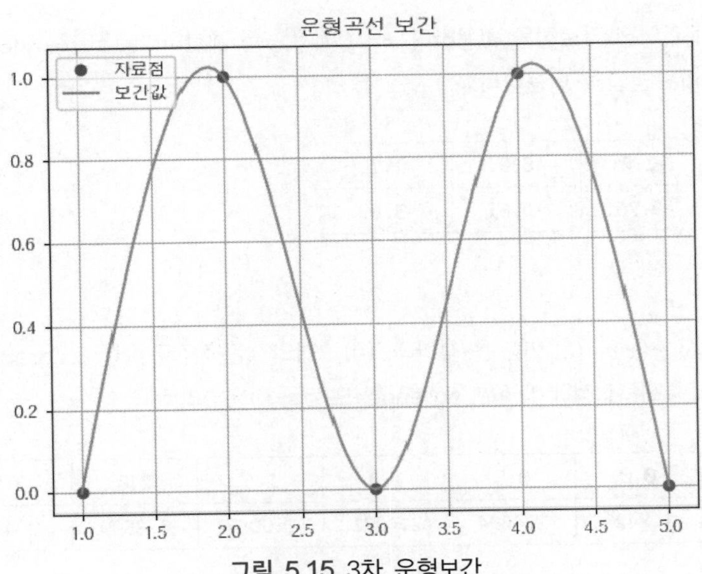

그림 5.15 3차 운형보간

:: 연습문제

5.1 다음과 같이 주어진 자료점을 이용하여 $x=0$에서 y를 계산하라. (a) Neville 방법을 이용하라. (b) Lagrange 방법을 이용하라.

x	-1.2	0.3	1.1
y	-5.76	-5.61	-3.69

5.2 다음 자료에서 $y(x)=0.0$인 x를 찾아라. (a) 3개의 최근접점에 대한 Lagrange 보간을 이용하라. (b) 4개의 최근접점에 대한 Lagrange 보간을 이용하라.

x	0.0	0.5	1.0	1.5	2.0	2.5	3.0
y	1.8421	2.4694	2.4921	1.9047	0.8509	-0.4112	-1.5727

[도움말] (a)를 끝내고 나면, (b)는 상대적으로 작은 노력으로 계산할 수 있다.

5.3 주어진 자료점과 Neville의 방법을 이용하여 $x=\pi/4$에서 y를 계산하라.

x	0.0	0.5	1.0	1.5	2.0
y	-1.00	1.75	4.00	5.75	7.00

5.4 다항식으로 주어진 자료점이 다음과 같다. Neville 방법의 분할차분표를 이용하여 다항식의 차수를 결정하라.

x	-2	1	4	-1	3	-4
y	-1	2	59	4	24	-53

5.5 Newton의 방법을 이용하여 다음 자료점을 적합시키는 다항식을 찾아라.

x	-3	2	-1	3	1
y	0	5	-4	12	0

5.6 공기의 밀도 ρ가 고도 h에 따라 다음과 같이 달라진다. Lagrange 방법을 이용하여 $\rho(h)$를 2차 함수로 표현하라.

h(km)	-1	1	3
ρ(kg/m^3)	17	-7	-15

5.7 다음 자료점을 통과하는 자연 3차 운형함수를 결정하라. 보간값은 두 개의 3차식으로 이루어진다. 하나는 $0 \leq x \leq 1$에서 유효하고, 다른 하나는 $1 \leq x \leq 2$에서 유효하다. 이러한 3차 함수는 $x = 1$에서 같은 1계와 2계 미분을 가진다는 것을 증명하라.

x	0	1	2
y	0	2	1

5.8 주어진 자료점이 다음과 같다. $x = 3.4$에서 자연 3차 운형의 보간값을 결정하라.

x	1	2	3	4	5
y	13	15	12	9	13

5.9 다음 주어진 자료에서 $y(x)$가 0이 되는 x값을 계산하라. 자연 3차 운형의 역보간을 이용하라.

x	0.2	0.4	0.6	0.8	1.0
y	1.150	0.855	0.377	-0.266	-1.049

[도움말] y의 값이 오름차순이 되도록 자료점을 재배열하라.

5.10 다음 자료를 이용하여 $x=0$에서 $x=1$까지 비례함수 보간식을 그래프로 그려라.

x	0	0.0204	0.1055	0.241	0.582	0.712	0.981
y	0.385	1.04	1.79	2.63	4.39	4.99	5.27

5.11 다음 표는 구의 항력계수 c_D는 레이놀즈수 Re의 함수[2]로 주어지는 것을 보인다. 자연 3차 운형을 이용하여 $Re=5$, 50, 500, 5,000에서 c_D를 구하라.

Re	0.2	2	20	200	2,000	20,000
c_D	103	13.9	2.72	0.8	0.401	0.433

[도움말] 대수-대수 척도를 이용하라.

5.12 물의 동점성계수 μ_k는 온도 T에 따라 다음과 같이 변한다. $T=10$°C, 30°C, 60°C, 90°C에서 μ_k를 보간하라.

T(°C)	0.0	21.1	37.8	54.4	71.1	87.8	100.0
μ_k(10^{-3} m^2/s)	1.790	1.130	0.696	0.519	0.338	0.321	0.296

5.13 구동축의 진동진폭을 다양한 속력에서 측정하였다. 측정결과는 다음과 같다. 비례함수 보간을 이용하여 0부터 2,500 rpm 사이의 진폭과 속력의 관계를 그래프로 그려라. 그래프에서 공진에서 구동축의 속력을 추정하라.

속력(rpm)	0	400	800	1,200	1,600
진폭(mm)	0.000	0.072	0.233	0.712	3.400

2) Kreith, F., Principles of Heat Transfer, Harper & Row, 1973.

CHAPTER
06 곡선적합

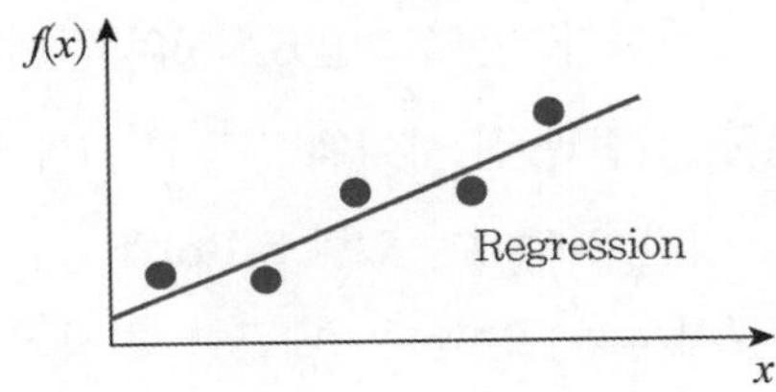

보간과 곡선적합curve fitting의 차이에 대해서는 앞서 5장에서 설명하였다. 보간과 곡선적합의 근본적인 차이는 자료점의 수와 함수의 미지수 개수의 관계이다. 보간의 경우 자료점의 수는 보간함수의 미지수의 수와 정확히 일치해야 한다. 반면, 곡선적합은 자료점의 수가 적합함수의 미지수의 수보다 많다. 따라서 정확히 선형연립방정식의 입장에서 보면 과다결정over determined이 되어 해가 존재하지 않는다. 따라서 자료점에 일부 오차가 있다고 가정하여, 이 모든 자료점들을 가장 최적으로 근사하는 곡선을 찾아내는 작업이 된다. 그래서 곡선적합은 보통 회귀분석regression analysis으로 많이 알려져 있다.

6.1 최소제곱법

일반적으로 실험자료는 실험오차 때문에 측정된 모든 점을 지나는 방정식을 구하는 것보다 자료점을 가깝이 지나면서(즉, 오차를 최소로 하면서) 그 자료의 일반적인 특징을 잘 나타내는 곡선의 방정식을 찾아내는 것이 중요하다. 오차를 최소로 한다는 점에서 가장 최적인 방법이 최소제곱법least square method이다. 여기서 제시하는 최소제곱법에 대한 개론적인 설명은 이관수(2003)[1]가 제시한 내용을 요약한 것이다.

(1) 최소제곱법의 개요

그림 6.1은 온도에 따른 비열의 변화를 측정한 8개의 실험결과이다. **그림 6.1(a)**에서 온도(T)가 상승함에 따라 비열(c_p)은 증가한다. 만일 **그림 6.1(b)**와 같이 모든 점을 지나도록 7차 보간 다항식으로 각 자료점을 연결하면, 점과 점 사이에 진동이 크게 발생하여 실험결과의 일반적인 흐름을 파악할 수 없게 된다. 이런 경우에는 **그림 6.1(c)와** 같이 실험결과의 일반적인 경향을 잘 살리면서 자료점을 가장 근사하게 구현하는 매끈한 최적의 적합곡선을 구해야 한다.

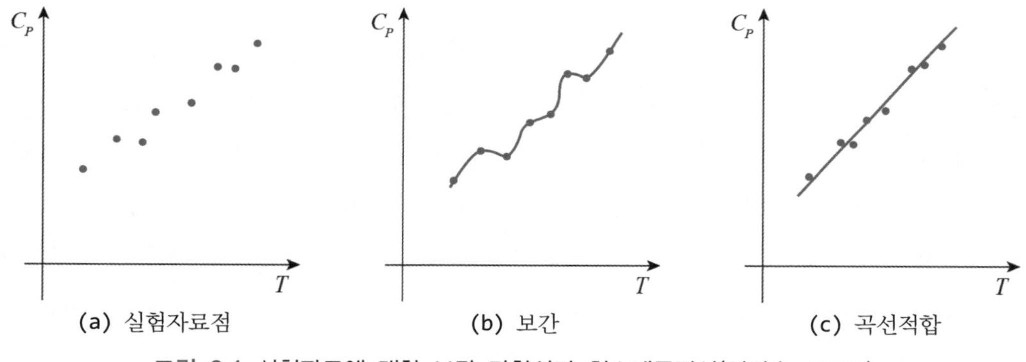

(a) 실험자료점 (b) 보간 (c) 곡선적합

그림 6.1 실험자료에 대한 보간 다항식과 최소제곱직선(이관수, 2003)

어떤 이산자료 $(X_i,\ Y_i)$에 대한 최적의 근사곡선을 $y(x)$라고 하자. 이때 이산자료와 근사곡선 사이의 편차deviation, 즉 오차error는 다음과 같이 나타낼 수 있다.

$$e_i = Y_i - y(X_i) = Y_i - y_i \tag{6.1}$$

1) 이관수(2003), 공학도를 위한 수치해석, 원화.

이 오차에 대한 최적의 근사곡선을 찾는 판정기준은 **그림 6.2**와 같이 네 가지 방법이 있다.

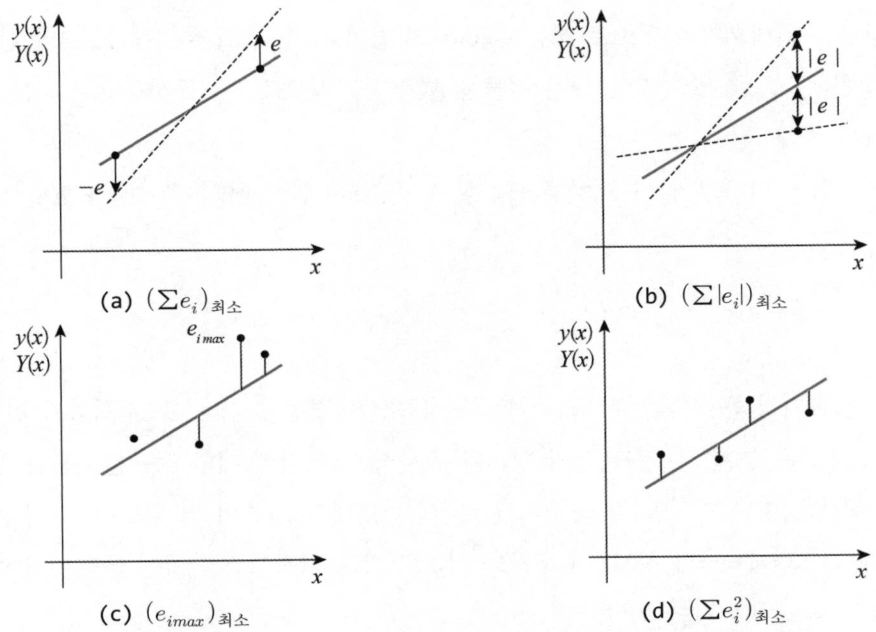

그림 6.2 최적의 적합곡선을 찾는 판정기준(•는 주어진 자료점)(이관수, 2003)

첫째 방법은 n개의 이산자료가 주어졌을 때, 오차의 합을 최소화하는 것이다.

$$\sum_{i=1}^{n} e_i = \sum_{i=1}^{n} (Y_i - y_i)$$

만일 **그림 6.2(a)**에서 보듯이, 두 점이 주어졌을 때, 최적의 근사곡선은 두 점을 지나는 직선(실선)이 된다. 그러나 두 점을 잇는 선분의 이분점을 지나는 모든 직선(예를 들어, 점선)들은 오차들이 서로 상쇄되기 때문에 $\sum e_i$의 최소값(즉, 0)이 된다. 이처럼 이 방법은 최적의 근사곡선을 '유일하게' 결정하지 못하므로, 판정기준으로 적합하지 못하다.

둘째 방법은 **그림 6.2(b)**와 같이 오차의 절대값의 합을 최소와하는 것이다.

$$\sum_{i=1}^{n} |e_i| = \sum_{i=1}^{n} |Y_i - y_i|$$

그러나 이 방법도 두 개의 점선 사이에 놓여 있는 모든 직선(예를 들어, 실선)도 오차의 절대값의 합을 최소로 하기 때문에 유일한 근사곡선을 결정하지 못한다. 또한 절대값의 합을 사용하면 회귀식을 구하는 데 어려움이 있다.

셋째 방법은 최대오차를 최소로 하는 minmax 방법이다. 이 방법은 **그림 6.2(c)**와 같이 단 한 점의 큰 오차($e_{i,\max}$)를 줄이지만, 다른 점들은 오차가 커지므로 적합곡선을 결정하는 기준으로는 적합하지 않다.

마지막 방법은 다음과 같이 오차제곱의 합을 최소로 하는 판정기준(**그림 6.2(d)** 참조)이다.

$$S = \sum_{i=1}^{n}(e_i)^2 = \sum_{i=1}^{n}(Y_i - y_i)^2 \tag{6.3}$$

이 판정기준의 가장 큰 장점은 유일한 최적 근사곡선을 결정할 수 있고, 수식화가 편리하다는 점이다. 이 조건은 통계학에서 분산의 정의와 유사하고, 오차에 대한 정규분포에서 주어진 이산자료에 대해 얼마나 곡선을 잘 근사시켰는지를 판단하는 기준이 되기도 한다. 식 (6.3)을 최소제곱오차least square error라 하고, 이 오차를 최소로 하는 최적의 적합곡선을 찾는 방법을 최소제곱법least square method이라 한다.

자료를 실험에서 얻었다면, 이 자료들은 일반적으로 측정오차 때문에 생기는 상당한 양의 무작위 잡음noise을 포함한다. 곡선적합 작업은 '평균적으로' 이 자료점들을 적합시키는 매끄러운 곡선을 찾아내는 것이다. 일반적으로 이 곡선은 간단한 형태(예를 들어, 저차의 다항식)를 사용한다.

다음의 곡선 $f(x)$를 $n+1$개의 자료점 $(x_i,\ y_i)$, $(i=0,\ 1,\ \cdots,\ n)$에 적합시킨다고 하자.

$$f(x) = f(x;\ a_0,\ a_1,\ \cdots,\ a_m) \tag{6.4}$$

이 기호에 따르면, 이 함수는 $a_0,\ a_1,\ \cdots,\ a_m$의 $m+1$(여기서 $m < n$)개의 매개변수를 갖는 x의 함수이다. $f(x)$의 형태는 일반적으로 자료를 얻은 실험과 관련된 이론에서 사전에 결정된다. 이 경우 적합을 조정하는 유일한 방법은 매개변수이다. 곡선적합은 $f(x)$의 형태를 선정하는 과정과 그다음에 자료를 최적으로 적합시키는 매개변수의 계산 과정의 두 단계로 이루어진다.

여기서 질문이 하나 생긴다. '최적적합best fit'이라는 것이 어떤 의미인가? 만일 잡음이 y좌표에만 국한한다면, 가장 널리 이용되는 척도는 각 a_j에 대하여 다음의 최소제곱합을 최소화하는 최소제곱적합least-squares fit이다.

$$S(a_0, a_1, \cdots, a_m) = \sum_{i=0}^{n} [y_i - f(x_i)]^2 \tag{6.5}$$

따라서 매개변수의 최적값은 다음과 같이 주어진다.

$$\frac{\partial S}{\partial a_k} = 0, \ (k = 0, 1, \cdots, m) \tag{6.6}$$

식 (6.5)에서 $r_i = y_i - f(x_i)$항은 잔차residuals라고 부른다. 잔차는 x_i에서 자료점과 적합함수 사이의 불일치 정도를 나타낸다. 따라서 최소화해야 할 함수 S는 잔차의 제곱합이다. 식 (6.6)은 일반적으로 a_j에 대해 비선형이며, 풀기가 어려울 수 있다. 때때로 적합함수는 다음과 같이 특정한 함수 $f_j(x)$의 선형 조합으로 선택된다.

$$f(x) = a_0 f_0(x) + a_1 f_1(x) + \cdots + a_m f_m(x) \tag{6.7}$$

이 경우 식 (6.7)은 선형이다. 만일 적합함수가 다항식이면, $f_0(x) = 1$, $f_1(x) = x$, $f_2(x) = x^2$ 이런 식으로 계속된다.

(2) 적합도 판정

적합 곡선에 대한 자료점의 산포는 다음과 같이 정의되는 표준편차standard deviation로 정량화할 수 있다.

$$\sigma = \sqrt{\frac{S}{n-m}} \tag{6.8}$$

만일 $n = m$이면, 곡선적합을 하는 것이 아니라 내삽을 하는 것이다. 이 경우 식 (6.8)에서 분자와 분모 모두 0이며, σ는 0이 된다.

이렇게 구한 최소제곱곡선이 주어진 자료에 대해 어느 정도 적합한지를 나타내는 정량화된 척도로는 다음의 결정계수coefficient of determination를 사용한다.

$$r^2 = \frac{S_t - S}{S_t} \tag{6.9}$$

여기서 $S_t = \sum_{i=1}^{n}(Y_i - \overline{Y})^2$ 이다.

만일 $r^2 = 1$ 이면, 계산에서 얻은 최소제곱곡선이 주어진 자료의 변화를 완전하게 나타낼 수 있다는 의미이다. 그러나 실제 상황에서는 실험오차 때문에 자료값 Y_i가 계산값 y_i와 완벽하게 일치하는 경우는 있을 수 없으며, r^2이 1.0이 되는 경우는 없다고 보는 것이 현실적이다. 실제 경험에 따르면, r^2이 0.65 또는 0.70 정도는 되어야 유의성이 있다고 본다. 그러나 후술하는 비선형방정식을 선형화하여 회귀분석할 때는 r^2이 0.90 이상, 심한 경우는 0.95 이상이 되어야 유의성이 있다고 볼 수 있는 경우도 있다.

6.2 직선적합

(1) 선형회귀

주어진 자료를 다음의 직선에 적합시키는 것은 선형회귀linear regression라고도 한다.

$$f(x) = a + bx \tag{6.10}$$

이 경우 최소화해야 할 함수는 다음과 같다.

$$S(a,b) = \sum_{i=0}^{n}[y_i - f(x_i)]^2 = \sum_{i=0}^{n}[y_i - a - bx_i]^2$$

그러면 식 (6.6)은 다음과 같다.

$$\frac{\partial S}{\partial a} = \sum_{i=0}^{n}[-2(y_i - a - bx_i)] = 2\left[a(n+1) + b\sum_{i=0}^{n}x_i - \sum_{i=0}^{n}y_i\right] = 0$$

$$\frac{\partial S}{\partial b} = \sum_{i=0}^{n}[-2(y_i - a - bx_i)x_i] = 2\left[a\sum_{i=0}^{n}x_i + b\sum_{i=0}^{n}x_i^2 - \sum_{i=0}^{n}x_iy_i\right] = 0$$

두 식을 모두 $2(n+1)$로 나누고 항을 정리하면, 다음과 같다.

$$a + \overline{x}b = \overline{y}$$

$$\bar{x}a+\left(\frac{1}{n+1}\sum_{i=0}^{n}x_i^2\right)b=\frac{1}{n+1}\sum_{i=0}^{n}x_iy_i$$

여기서 식 (6.11)은 자료의 x와 y값의 평균이다.

$$\bar{x}=\frac{1}{n+1}\sum_{i=0}^{n}x_i,\ \bar{y}=\frac{1}{n+1}\sum_{i=0}^{n}y_i \tag{6.11}$$

매개변수의 해는 다음과 같다.

$$a=\frac{\bar{y}\sum x_i^2-\bar{x}\sum x_iy_i}{\sum x_i^2-n\bar{x}^2},\ b=\frac{\sum x_iy_i-\bar{x}\sum y_i}{\sum x_i^2-n\bar{x}^2} \tag{6.12}$$

정리하면 다음과 같이 간단히 표현할 수 있다.

$$b=\frac{\sum y_i(x_i-\bar{x})}{\sum x_i(x_i-\bar{x})},\ a=\bar{y}-\bar{x}\,b \tag{6.13}$$

이것은 식 (6.12)와 등치이지만, 마무리오차에 훨씬 둔감하다.

예제 6.1 선형회귀

손계산으로 주어진 자료를 직선에 적합시키고 표준편차를 계산하라.

x	0.0	1.0	2.0	2.5	3.0
y	2.9	3.7	4.1	4.4	5.0

풀이

자료의 평균은 다음과 같다.

$$\bar{x}=\frac{1}{5}\sum x_i=\frac{0.0+1.0+2.0+2.5+3.0}{5}=1.7$$

$$\bar{y}=\frac{1}{5}\sum y_i=\frac{2.9+3.7+4.1+4.4+5.0}{5}=4.02$$

보간식의 절편 a와 경사 b는 식 (6.7)을 사용하여 결정할 수 있다.

$$\begin{aligned} b &= \frac{\sum y_i(x_i-\bar{x})}{\sum x_i(x_i-\bar{x})} \\ &= \frac{2.9(-1.7)+3.7(-0.7)+4.1(0.3)+4.4(0.8)+5.0(1.3)}{0.0(-1.7)+1.0(-0.7)+2.0(0.3)+2.5(0.8)+3.0(1.3)} \\ &= \frac{3.73}{5.8}=0.6431 \end{aligned}$$

$$a=\bar{y}-b\bar{x}=4.02-0.6431(1.7)=2.927$$

따라서 회귀직선은 $f(x)=2.927+0.6431x$이며, 이것을 자료점과 함께 그리면 다음 그림과 같다.

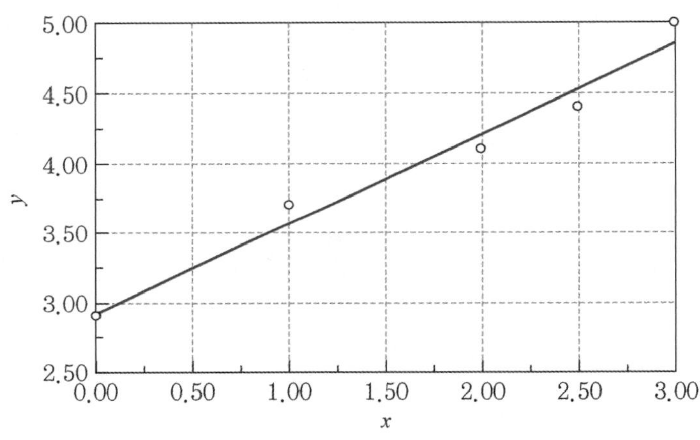

그림 6.3 선형회귀

먼저 잔차를 계산하여 표준편차를 평가해보자.

x	0.000	1.000	2.000	2.500	3.000
y	2.900	3.700	4.100	4.400	5.000
$f(x)$	2.927	3.570	4.213	4.535	4.856
$y-f(x)$	-0.027	0.130	-0.113	-0.135	0.144

잔차제곱합은 다음과 같다.

$$S = \sum [y_i - f(x_i)]^2$$
$$= (-0.027)^2 + (0.130)^2 + (-0.113)^2 + (-0.135)^2 + (0.144)^2 = 0.06936$$

그러면 식 (6.3)에서 표준편차는 다음과 같다.

$$\sigma = \sqrt{\frac{S}{n-2}} = \sqrt{\frac{0.06936}{5-2}} = 0.1520$$

■ LinearReg( ) 함수

식 (6.13)을 계산하는 코드는 다음과 같다.

코드 6.1 LinearReg.py

```
# LinearReg.py
# 선형회귀
'''
    c0, c1, r2 = LinearReg(xp, yp)
    회귀직선 y = c0 + c1 * x를 반환
    r2는 결정계수
'''

import numpy as np

def LinearReg(xp, yp):
    n = len(xp) # 자료점의 수
    # x와 y의 평균
    xm = 0.0
    ym = 0.0
    for i in range(n):
        xm += xp[i]
        ym += yp[i]

    xm /= float(n)
    ym /= float(n)

    bu = 0.0    # c1의 분자
    bd = 0.0    # c1의 분모
    for i in range(n):
        bu += yp[i] * (xp[i] - xm)
        bd += xp[i] * (xp[i] - xm)

```

코드 6.1 LinearReg.py(계속)

```

    c1 = bu / bd
    c0 = ym - c1 * xm

    # 결정계수 계산
    St = 0.0
    S = 0.0
    for i in range(n):
        St += (yp[i] - ym) * (yp[i] - ym)
        yi = (c0 + c1* xp[i])
        S  += (yp[i] - yi) * (yp[i] - yi)
    r2 = (St - S) / St

    return c0, c1, r2
```

예제 6.2 LinearReg에 의한 선형회귀

예제 6.1의 코드 6.1에 적용하여 회귀직선을 계산해보라.

풀이

이 문제를 푸는 코드는 다음과 같다(단, 이때 그래프를 그리기 위해 코드 5.1 PlotInterpol.py가 같은 폴더에 있어야 한다).

코드 6.2 Ex0602.py

```
# 예제 6.2 선형회귀

import numpy as np
from LinearReg import *
from PlotInterpol import *

if __name__ == '__main__':
    # 자료점
    xp = np.array([0.0, 1.0, 2.0, 2.5, 3.0])
    yp = np.array([2.9, 3.7, 4.1, 4.4, 5.0])

    # 선형회귀
    # 주의: 이 회귀식의 반환값은 ax+b가 아닌 a+bx임
    c0, c1, r2 = LinearReg(xp, yp)
    print("회귀식: y =  {0:10.6f} + {1:10.6f} x". \
        format(c0, c1))
```

코드 6.2 Ex0602.py(계속)

```
print("결정계수 r2 = {0:10.6f}".format(r2))

# 보간점
xi = np.arange(0.0, 3.05, 0.05)
yi = xi.copy()
for i in range(len(xi)):
    yi[i] = c0 + c1 * xi[i]

# 그래프 출력
plotInterpol(xp, yp, xi, yi, title = '선형회귀')
```

이 코드를 실행하면 IDLE에 다음과 같은 수식이 표현된다.

```
회귀식: y =    2.926724 +   0.643103 x
결정계수 r2 =   0.971951
```

또 이 결과를 나타낸 그래프는 다음과 같다.

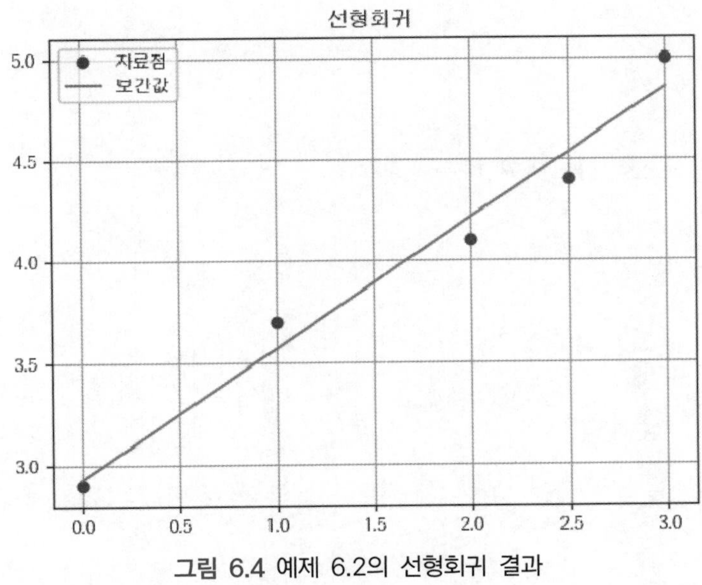

그림 6.4 예제 6.2의 선형회귀 결과

(2) NumPy의 선형회귀

NumPy에는 선형연립방정식을 푸는 `linalg.solve( )` 함수가 제공된다. 그런데 이 함수에 주어지는 행렬 인수는 반드시 비특이 정방행렬이어야 한다. 만일 행렬인수가 정방행렬이 아닌 경우는 `linalg.listsq( )` 함수를 이용해야 한다. 이 함수의 원형은 다음과 같다.

```
linalg.listsq(a, b [, rcond='warn'] ) → x
```

여기서 a는 $m \times n$의 계수행렬 A 이며, b는 $n \times 1$의 우변벡터 $\boldsymbol{b}$이다. 이 함수는 $\mathrm{A}\boldsymbol{x} = \boldsymbol{b}$를 푼다. 만일 a에서 $m > n$이면, 이 함수는 내부적으로 $(\mathrm{A}^T\mathrm{A})\boldsymbol{x} = \mathrm{A}^T\boldsymbol{b}$를 풀어서 $n \times 1$의 해벡터 $\boldsymbol{x}$를 구한다.

이 방법을 이용하기 위해서는 식 (6.10)에 주어진 자료점 $(x_i,\ y_i)$ $(i=1,\ \cdots, n)$을 대입하여 다음과 같은 연립방정식을 구성한다.

$$
\begin{aligned}
a + bx_1 &= y_1 \\
a + bx_2 &= y_2 \\
&\vdots \\
a + bx_n &= y_n
\end{aligned} \tag{6.14}
$$

이를 행렬 방정식으로 나타내면 다음과 같다.

$$\mathrm{A}\boldsymbol{x} = \boldsymbol{b} \tag{6.15}$$

여기서 $\mathrm{A} = \begin{bmatrix} 1.0 & x_1 \\ 1.0 & x_2 \\ \vdots & \vdots \\ 1.0 & x_n \end{bmatrix}$ 인 $n \times 2$ 행렬이고, $\boldsymbol{x} = \begin{bmatrix} a \\ b \end{bmatrix}$ 이며, $\boldsymbol{b} = \begin{bmatrix} y_1 \\ y_2 \\ \vdots \\ y_n \end{bmatrix}$ 이다. 이 방정식은 계수행렬이 정방행렬이 아니므로 그대로 풀 수 없으며, 다음과 같은 형태로 바꾸어야 한다.

$$\mathrm{A}^T\mathrm{A}\boldsymbol{x} = \mathrm{A}^T\boldsymbol{b} \tag{6.16}$$

다만 앞서 언급한 것처럼, `linalg.listsq( )` 함수는 식 (6.15)를 내부적으로 식 (6.16)처럼 변환하여 풀 수 있다.

예제 6.3 linalg.listsq( )에 의한 선형회귀

예제 6.1의 자료를 linalg.leastsq( ) 함수에 적용하여 회귀직선을 계산해보라.

풀이

이 문제를 푸는 코드는 다음과 같다.

코드 6.3 Ex0603.py

```
# 예제 6.3 linalg.lstsq() 함수를 이용한 선형회귀

import numpy as np
from PlotInterpol import *

if __name__ == '__main__':
    # 자료점
    xp = np.array([0.0, 1.0, 2.0, 2.5, 3.0])
    A = np.array([[1.0, 0.0], [1.0, 1.0],
        [1.0, 2.0], [1.0, 2.5], [1.0, 3.0]])
    yp = np.array([2.9, 3.7, 4.1, 4.4, 5.0])

    # 선형회귀
    # 주의: 이 회귀식의 반환값은 ax+b가 아닌 c0 + c1 * x임
    coeff = np.linalg.lstsq(A, yp, rcond=None)
    c0 = coeff[0][0]
    c1 = coeff[0][1]

    print("회귀식: y =  {0:10.6f} + {1:10.6f} x". \
        format(c0, c1))

    # 보간점
    xi = np.arange(0.0, 3.05, 0.05)
    yi = xi.copy()
    for i in range(len(xi)):
        yi[i] = c0 + c1 * xi[i]

    # 그래프 출력
    plotInterpol(xp, yp, xi, yi, title ='linalg.lstsq() 선형회귀')
```

이 함수는 실제로 앞서 제시한 **LinearReg( )** 함수와 같은 작업을 수행한다. 이 코드의 콘솔 출력 결과는 다음과 같다.

```
회귀식: y =    2.926724 +   0.643103 x
```

그래프 출력 결과는 다음과 같다.

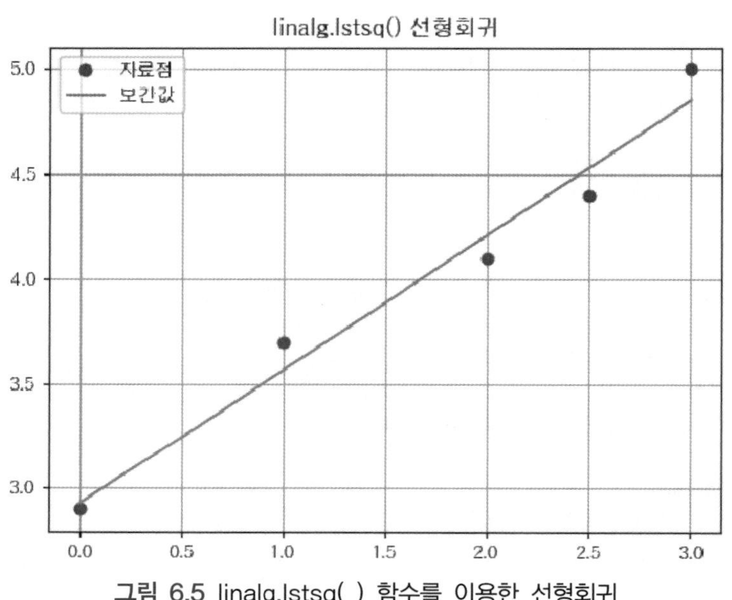

그림 6.5 linalg.lstsq( ) 함수를 이용한 선형회귀

6.3 선형함수 적합

다음과 같은 선형함수의 최소제곱적합을 고려하자.

$$f(x) = a_0 f_0(x) + a_1 f_1(x) + \cdots + a_m f_m(x) = \sum_{j=0}^{m} a_j f_j(x) \tag{6.17}$$

여기서 함수 $f_j(x)$는 사전에 결정되어 있는 x의 함수이며, 기저함수basis function라고 부른다. 식 (6.17)을 식 (6.10)에 대입하면, 다음 식을 얻는다.

$$S=\sum_{i=0}^{n}\left[y_i-\sum_{j=0}^{m}a_jf_j(x_i)\right]^2$$

따라서 식 (6.6)은 다음과 같다.

$$\frac{\partial S}{\partial a_k}=-2\left\{\sum_{i=0}^{n}\left[y_i-\sum_{j=0}^{m}a_jf_j(x_i)\right]f_k(x_i)\right\}=0,\ (k=0,\ 1,\ \cdots,\ m)$$

상수 -2를 없애고, 합산의 순서를 서로 바꾸면, 다음 식을 얻는다.

$$\sum_{j=0}^{m}\left[\sum_{i=0}^{n}f_j(x_i)f_k(x_i)\right]a_j=\sum_{i=0}^{n}f_k(x_i)y_i,\ (k=0,\ 1,\ \cdots,\ m)$$

행렬 형식으로 쓰면, 이 방정식은 다음과 같다.

$$\mathrm{A}\mathrm{a}=\mathrm{b} \tag{6.18a}$$

여기서

$$A_{kj}=\sum_{i=0}^{n}f_j(x_i)f_k(x_i),\ b_k=\sum_{i=0}^{n}f_k(x_i)y_i \tag{6.18b}$$

최소제곱적합의 정규방정식normal equations으로 알려진 식 (6.18a)는 3장에서 설명한 선형연립방정식의 풀이법으로 풀 수 있다. 계수행렬이 대칭(즉, $A_{kj}=A_{jk}$)이라는 점에 유의하자.

6.4 다항식 적합

일반적으로 이용되는 선형함수는 다항식이다. 만일 다항식의 차수가 m이면, 이 함수는 $f(x)=\sum_{j=0}^{m}a_jx^j$이 된다. 여기서 기저함수는 다음과 같다.

$$f_j(x)=x^j,\ (j=0,\ 1,\ \cdots,\ m) \tag{6.19}$$

그러면 식 (6.18b)는 다음과 같다.

$$A_{kj} = \sum_{i=0}^{n} x_i^{j+k}, \; b_k = \sum_{i=0}^{n} x_i^k y_i$$

또는

$$\mathrm{A} = \begin{bmatrix} n & \Sigma x_i & \Sigma x_i^2 & \cdots & \Sigma x_i^m \\ \Sigma x_i & \Sigma x_i^2 & \Sigma x_i^3 & \cdots & \Sigma x_i^{m+1} \\ \vdots & \vdots & \vdots & \ddots & \vdots \\ \Sigma x_i^{m-1} & \Sigma x_i^m & \Sigma x_i^{m+1} & \cdots & \Sigma x_i^{2m} \end{bmatrix}, \; \mathrm{b} = \begin{bmatrix} \Sigma y_i \\ \Sigma x_i y_i \\ \vdots \\ \Sigma x_i^m y_i \end{bmatrix} \tag{6.20}$$

여기서 Σ는 $\sum_{i=0}^{n}$를 나타낸다. m이 커지면 정규방정식은 점차적으로 악조건이 된다. 다행히도 곡선적합에서는 저차 다항식만이 유용하므로, 실용적인 결과에서는 거의 영향을 미치지 않는다. 고차 다항식은 자료에서 생긴 잡음을 재생산하는 경향이 있기 때문에, 그다지 권장하지 않는다.

PolyFit( )

이 모듈에서 **polyFit( )** 함수는 m차 다항식의 계수에 대한 정규방정식을 설정하고 푼다. 이 함수는 다항식의 계수를 반환한다. 계산이 가능하도록 하기 위해, 식 (6.20)에서 계수행렬을 만드는 항들인 n, Σx_i, Σx_i^2, ⋯, Σx_i^{2m}은 먼저 벡터 s에 저장하고 그다음에 A에 넣는다. 그 다음에 정규방정식은 피봇 Gauss 소거법으로 푼다. 해를 구한 후, 함수 **stdDev( )**를 이용하여 표준편차 σ를 계산할 수 있다. **stdDev( )**에서 다항식은 내장된 함수 **evalPoly( )**로 계산된다.

코드 6.4 PolyFit.py

```
# PolyFit.py
# 다항식 적합 모듈
''' c = PolyFit(xData,yData,m).
        주어진 자료를 최소제곱법으로 적합하여 다음과
        같은 다항식의 계수를 반환한다.
    p(x) = c[0] + c[1]x + c[2]x^2 +...+ c[m]x^m

    sigma = stdDev(c,xData,yData)
```

코드 6.4 PolyFit.py(계속)

```
        p(x)와 자료점 사이의 표준편차를 계산한다.
'''
import math
import numpy as np
from GaussPivot import *

def PolyFit(xData, yData, m):
    nd = len(xData)            # 자료쌍 수
    a = np.zeros((m + 1, m + 1))
    b = np.zeros(m + 1)
    s = np.zeros(2 * m + 1)
    for i in range(nd):
        temp = yData[i]
        for j in range(m+1):
            b[j] = b[j] + temp
            temp = temp * xData[i]
        temp = 1.0
        for j in range(2 * m + 1):
            s[j] = s[j] + temp
            temp = temp * xData[i]
    for i in range(m+1):
        for j in range(m+1):
            a[i,j] = s[i+j]

    c = GaussPivot(a,b)

    # 결정계수 계산
    ym = 0.0
    for i in range(nd):
        ym += yData[i]
    ym /= float(nd)

    St = 0.0
    S = 0.0
    for k in range(nd):
        St += (yData[k] - ym) * (yData[k] - ym)

        yk = c[0]
        for j in range(1, m+1):
            yk += c[j] * math.pow(xData[k], j)

        S  += (yData[k] - yk) * (yData[k] - yk)

    r2 = (St - S) / St
```

코드 6.4 PolyFit.py(계속)

```

    return c, r2

def stdDev(c, xData, yData):
    n = len(xData) - 1
    m = len(c) - 1
    sigma = 0.0
    for i in range(n+1):
        p = evalPoly(c, xData[i])
        sigma = sigma + (yData[i] - p)**2
    sigma = math.sqrt(sigma / (n - m))
    return sigma

def evalPoly(c,x):
    m = len(c) - 1
    p = c[m]
    for j in range(m):
        p = p * x + c[m-j-1]
    return p
```

PlotPoly( ) 다항식 그리기 함수

다음에 보인 **PlotPoly( )**는 손쉽게 자료점을 그래프로 그리고 다항식을 적합하는 함수이다.

코드 6.5 PlotPoly.py

```
# PlotPoly.py
# 다항회귀곡선 그리기 모듈
'''
    PlotPoly(xData,yData,xi, yi, title = '다항회귀',
        xlab = 'x', ylab = 'y', std = 0.0)
    자료점과 회귀곡선을 그린다.
'''

import numpy as np
import matplotlib as mpl
import matplotlib.pyplot as plt

def plotPoly(xData, yData, xi, yi, \
    title = '다항회귀', xlab = 'x', ylab = 'y', std = 0.0):

    # 그래프에 한글 사용
```

코드 6.5 PlotPoly.py(계속)

```
    mpl.rc('font', family='HYGraphic-Medium')
    mpl.rc('axes', unicode_minus=False)

    plt.plot(xData, yData,'o', label='원자료')
    plt.plot(xi, yi, '-', label='회귀식')
    plt.title(title)

    plt.xlabel(xlab)
    plt.ylabel(ylab)
    plt.legend(loc='upper left')
    str = '표준편차 = {0:7.4f}'.format(std)
    plt.text(0.1, 0.1, str)
    plt.grid (True)

    plt.show()
```

예제 6.4 다항회귀

다음 표에 보인 자료점에 대해 임의 차수 m의 다항식을 적합시키는 프로그램을 작성하라. 프로그램을 이용하여 최소제곱의 견지에서 이 자료를 최적으로 적합시키는 m을 결정하라.

x	-0.04	0.93	1.95	2.90	3.83	5.00
y	-8.66	-6.44	-4.36	-3.27	-0.88	0.87
x	5.98	7.05	8.21	9.08	10.09	
y	3.31	4.63	6.19	7.40	8.85	

풀이

프로그램은 다음에 보인 것과 같으며, 이용자에게 계산할 m을 요청한다. 한 값을 입력하여 실행한 뒤, 그래픽 화면을 닫으면 다음 입력을 요구한다. 이때 다항식의 차수로 부적합한 숫자(예를 들어, 0)가 입력되면 프로그램은 종료된다(이 코드를 실행할 때는 3장의 `GaussPivot.py`와 `SwapRC.py`를 같은 폴더 안에 넣어야 한다).

코드 6.6 Ex0604.py

```
# 예제 6.4 다항회귀 모듈

import sys
```

코드 6.6 Ex0604.py(계속)

```
import math
import numpy as np
from PolyFit import *
from PlotPoly import *

if __name__ == '__main__':
    # 자료점
    xp = np.array([-0.04, 0.93, 1.95, 2.90, 3.83, 5.00, \
        5.98, 7.05, 8.21, 9.08, 10.9])
    yp = np.array([-8.66, -6.44, -4.36, -3.27, -0.88, 0.87,\
        3.31, 4.63, 6.19, 7.40, 8.85])

    while (True):
        # 다항식의 차수
        m = int(input('다항식의 차수 => '))
        if (m < 1): sys.exit()

        c = np.zeros((m+1,1), dtype=float)

        coeff, r2 = PolyFit(xp, yp, m)
        print("계수 = ", coeff)
        for i in range(m+1):
            c[i] = float(coeff[i])

        std = stdDev(coeff, xp, yp)
        print("결정계수 = {0:10.5f}".format(r2))
        print("표준편차 = {0:10.5f}\n".format(std))

        # 보간점
        xi = np.arange(0.0, 11.05, 0.05)
        yi = xi.copy()
        for i in range(len(xi)):
            yi[i] = c[0]
            for j in range(1, m+1):
                yi[i] = yi[i] + c[j] * math.pow(xi[i], j)

        # 그래프 출력
        sTitle = str(m) + "차 다항회귀"
        plotPoly(xp, yp, xi, yi, title = sTitle, std = std)
```

셸에 출력된 실행 결과는 다음과 같다.

```
다항식의 차수 => 1
계수 =  [-7.71718801  1.65852425]
결정계수 =    0.98459
표준편차 =    0.77000

다항식의 차수 => 2
계수 =  [-8.70700086  2.28616797  -0.05930205]
결정계수 =    0.99679
표준편차 =    0.37252

다항식의 차수 => 3
계수 =  [-8.42013050e+00  1.86482079e+00  4.27372740e-02  -6.27112553e-03]
결정계수 =    0.99807
표준편차 =    0.30925

다항식의 차수 => 4
계수 =  [-8.46686961e+00  2.02078179e+00 -3.01680050e-02  4.52968897e-03
 -4.97062064e-04]
결정계수 =    0.99813
표준편차 =    0.32890

다항식의 차수 => 0
```

그림으로 출력된 결과는 각각 다음과 같다.

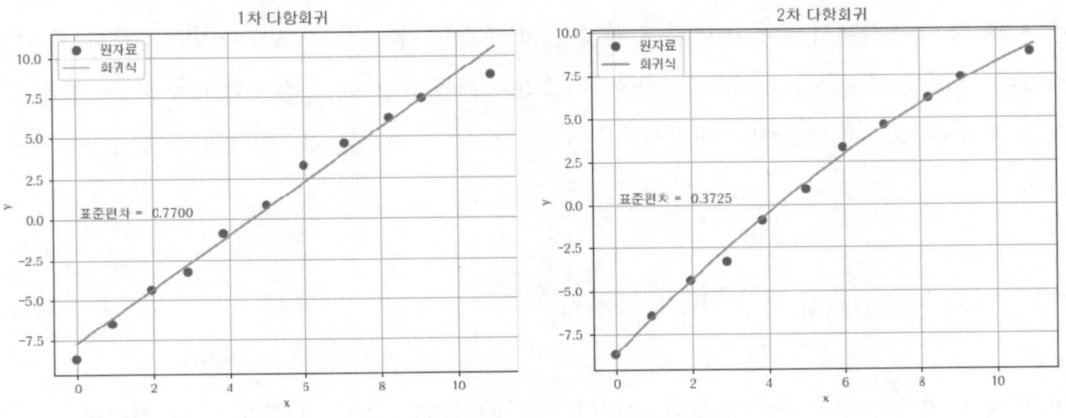

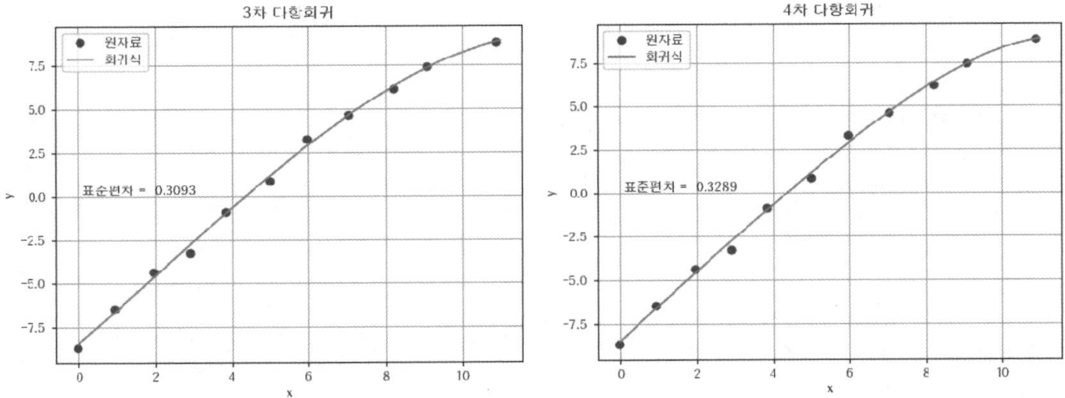

이 결과에서 보면, 3차식이 표준편차가 최소이므로 '최적' 적합이라 생각할 수 있다. 그러나 주의할 것은 표준편차가 적합도 goodness-of-fit에 대한 믿을 만한 척도는 아니라는 점이다. 결정계수로 보면 4차식의 결정계수가 최대이므로 이것이 '최적'이라 생각할 수도 있다. 항상 최종 결정을 하기 전에 자료점과 $f(x)$를 함께 그래프로 그려보는 것이 좋은 생각이다. 자료점을 그려보면, 이차식(실선)이 실제로 적합곡선으로 타당한 선택이라는 것을 알 수 있다.

6.5 가중선형회귀

때때로 자료점의 정확성에 대한 신뢰도가 자료점에 따라 달라지는 경우가 있다. 예를 들어, 어떤 자료를 측정하는 장비가 어떤 자료 범위에서 훨씬 더 민감해질 수 있다. 때때로 자료 각각은 서로 다른 조건에서 실행된 여러 가지 실험의 결과를 나타내기도 한다. 이런 경우에, 각각의 자료에 대해 신뢰계수confidence factor 또는 가중값weight을 주고, 가중잔차합 $r_i = W_i[y_i - f(x_i)]$을 최소화하고자 하기도 한다. 여기서 W_i는 가중값이다. 따라서 최소화해야 할 함수는 다음과 같다.

$$S(a_0, a_1, \cdots, a_m) = \sum_{i=0}^{n} W_i^2[y_i - f(x_i)]^2 \tag{6.21}$$

이 과정은 가중값이 큰 자료점들이 적합함수 $f(x)$에 더 가깝게 되도록 하는 것이다.

만일 적합함수가 직선 $f(x) = a + bx$이면, 식 (6.21)은 다음과 같다.

$$S(a,\, b) = \sum_{i=0}^{n} W_i^2 (y_i - a - bx_i)^2 \tag{6.22}$$

S를 최소화하는 조건은

$$\frac{\partial S}{\partial a} = -2\sum_{i=0}^{n} W_i^2 (y_i - a - bx_i) = 0$$

$$\frac{\partial S}{\partial b} = -2\sum_{i=0}^{n} W_i^2 (y_i - a - bx_i)x_i = 0$$

또는

$$a\sum_{i=0}^{n} W_i^2 + b\sum_{i=0}^{n} W_i^2 x_i = \sum_{i=0}^{n} W_i^2 y_i \tag{6.23a}$$

$$a\sum_{i=0}^{n} W_i^2 x_i + b\sum_{i=0}^{n} W_i^2 x_i^2 = \sum_{i=0}^{n} W_i^2 x_i y_i \tag{6.23b}$$

식 (6.14a)를 $\Sigma\, W_i^2$로 나누고 가중평균을 도입하면,

$$\hat{x} = \frac{\Sigma\, W_i^2 x_i}{\Sigma\, W_i^2},\ \ \hat{y} = \frac{\Sigma\, W_i^2 y_i}{\Sigma\, W_i^2} \tag{6.24}$$

다음의 결과를 얻는다.

$$a = \hat{y} - b\hat{x} \tag{6.25a}$$

이 값을 식 (6.25a)에 대입하고 b에 대해 푼다. 수식을 정리하면,

$$b = \frac{\Sigma\, W_i^2 y_i (x_i - \hat{x})}{\Sigma\, W_i^2 x_i (x_i - \hat{x})} \tag{6.25b}$$

식 (6.25)는 비가중 자료인 식 (6.13)과 상당히 비슷하다.

6.6 비선형방정식의 선형화

(1) 비선형방정식의 선형화

때로는 실험자료를 다항식으로 적합곡선을 표현하는 것보다 비선형함수로 나타내는 것이 더 나을 경우가 있다. 예를 들어, 주어진 자료에 대해 두 개의 상수 α와 β를 갖는 다음과 같은 형태의 함수로 나타내려고 한다.

$$y = \alpha e^{\beta x}, \ y = \alpha x^{\beta}, \ y = \frac{\alpha}{\beta + x}$$

먼저, 다음과 같은 지수함수를 생각하자.

$$y = \alpha e^{\beta x} \tag{6.26}$$

이 식의 양변에 대수를 취하면 다음과 같다.

$$\ln y = \ln \alpha + \beta x$$

여기서 $z = \ln y$, $a = \ln \alpha$, $b = \beta$로 놓으면 다음과 같이 되어,

$$z = a + bx \tag{6.27}$$

x와 $z(= \ln y)$의 좌표에서 직선의 방정식이 된다. 따라서 주어진 자료점을 $(X_i, \ln Y_i)$로 바꾸고, 앞 절의 직선에 대한 최소제곱법을 사용하여 a와 b를 구한다. 그리고 $a = \ln \alpha$와 $b = \beta$에서 다음을 구한다.

$$\alpha = e^{a}, \ \beta = b$$

마찬가지로 함수 $y = \alpha x^{\beta}$도 양변에 대수를 취하면 다음과 같이 선형화된다.

$$z = a + bu \tag{6.28}$$

여기서 $z = \ln y$, $a = \ln \alpha$, $b = \beta$, $u = \ln x$이다.

분수식 $y = \dfrac{\alpha}{\beta + x}$ 는 다음과 같이 선형화할 수 있다. 이 식을 다시 쓰면 다음과 같다.

$$\frac{1}{y} = \frac{\beta}{\alpha} + \frac{1}{\alpha}x$$

여기서 $z = \dfrac{1}{y}$, $a = \dfrac{\alpha}{\alpha}$, $b = \dfrac{1}{\alpha}$ 로 놓으면, 분수식은 다음과 같이 선형화된다.

$$z = a + bx \tag{6.29}$$

(2) 지수함수의 적합

가중선형회귀의 특별한 응용은 자료점에 대해 여러 가지 지수함수를 적합시킬 때 발생한다. 예를 들어, 다음과 같은 적합함수를 생각하자.

$$f(x) = ae^{bx} \tag{6.30}$$

일반적으로 최소제곱적합은 a와 b에 비선형인 방정식이 된다. 그러나 y 대신에 $\ln y$로 적합시키면, 문제는 선형회귀로 변환된다. 자료점 $(x_i, \ln y_i)$, $(i = 0, 1, \cdots, n)$을 다음 함수로 적합시켜보자.

$$F(x) = \ln f(x) = \ln a + bx$$

이렇게 단순화하면 이에 따라 문제가 생긴다. 자료의 대수값에 대한 최소제곱적합은 원 자료에 대한 최소제곱적합과 완전히 같지 않다. 대수적합의 잔차는 다음과 같다.

$$R_i = \ln y_i - F(x_i) = \ln y_i - (\ln a + bx_i) \tag{6.31}$$

반면에 원 자료에 대한 적합에 이용된 잔차는 다음과 같다.

$$r_i = y_i - f(x_i) = y_i - ae^{bx_i} \tag{6.32a}$$

이 불일치는 대수적합에 가중값을 두어 크게 줄일 수 있다. 식 (6.32)에서 다음 식을 얻는다.

$$\ln(y_i - r_i) = \ln\left(ae^{bx_i}\right) = \ln a + bx_i \tag{6.32b}$$

따라서 식 (6.31)은 다음과 같이 쓸 수 있다.

$$R_i = \ln y_i - \ln(y_i - r_i) = \ln\left(1 - \frac{r_i}{y_i}\right) \tag{6.33}$$

만일 잔차 r_i가 충분히 작다면($r_i \ll y_i$), 근사 $\ln\left(1 - \frac{r_i}{y_i}\right) \approx -\frac{r_i}{y_i}$을 이용할 수 있다. 그러면 다음과 같다.

$$R_i \approx \frac{r_i}{y_i} \tag{6.34}$$

이제는 $\sum r_i^2$를 최소화함으로써 의도치 않게 $1/y_i$라는 가중값을 도입했다는 것을 알았다. $F(x)$를 $(\ln y_i,\ x_i)$에 적합시킬 때, 만일 가중값 $W_i = y_i$를 적용하면 이 효과를 상쇄시킬 수 있을 것이다. 즉, 다음을 최소화하는 것은 $\sum R_i^2$를 최소화하는 것의 좋은 근사이다.

$$S = \sum_{i=0}^{n} y_i^2 R_i^2 \tag{6.35}$$

가중값 $W_i = y_i$를 적용하는 데 따른 이득에 대한 몇 가지 예를 **표 6.4**에 보인다.

표 6.4 지수함수의 적합

$f(x)$	$F(x)$	$F(x)$에 적합시킬 자료
axe^{bx}	$\ln\left[\frac{f(x)}{x}\right] = \ln a + bx$	$\left[x_i,\ \ln\left(\frac{y_i}{x_i}\right)\right]$
ax^b	$\ln[f(x)] = \ln a + b\ln x$	$(\ln x_i,\ \ln y_i)$

예제 6.5 지수함수의 선형화 적합

$f(x) = ae^{bx}$가 다음의 자료를 최소제곱적합되도록 상수 a와 b를 결정하라.

x	1.2	2.8	4.3	5.4	6.8	7.9
y	7.5	16.1	38.9	67.0	146.6	266.2

이 자료를 $\ln y_i$로 적합시키고 표준편차를 계산하라.

풀이

문제는 함수 $\ln(ae^{bx}) = \ln a + bx$를 자료점에 적합시키는 것이다.

x	1.2	2.8	4.3	5.4	6.8	7.9
$z = \ln y$	2.015	2.779	3.661	4.205	4.988	5.584

선형회귀를 다루어보자. 여기서 계수들은 $A = \ln a$와 b이다. **예제 6.2**의 단계를 따라가면, 다음의 값들을 얻을 수 있다(상세한 산술계산은 생략한다).

$$\bar{x} = \frac{1}{6}\sum x_i = 4.733$$

$$\bar{z} = \frac{1}{6}\sum z_i = 3.872$$

$$b = \frac{\sum z_i(x_i - \bar{x})}{\sum x_i(x_i - \bar{x})} = \frac{16.716}{31.153} = 0.5366$$

$$A = \bar{z} - b\bar{x} = 1.3323$$

따라서 $a = e^A = 3.790$이고 적합함수는 $f(x) = 3.790e^{0.5366}$이 된다. $f(x)$의 그래프와 자료점을 **그림 6.6**에 보였다.

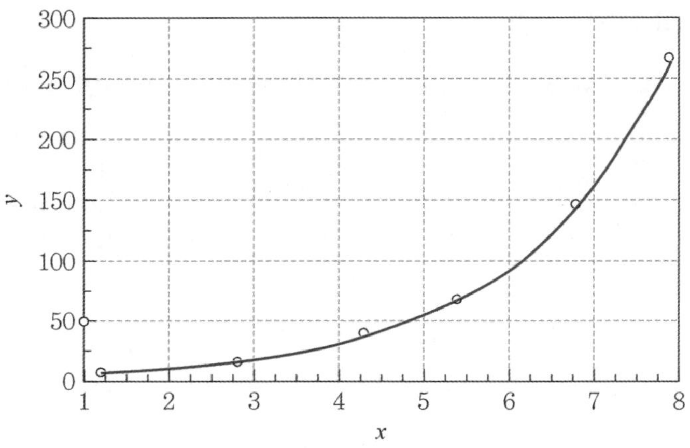

그림 6.6 지수함수의 선형화 회귀

다음은 표준편차의 계산이다.

x	1.20	2.80	4.30	5.40	6.80	7.90
y	7.50	16.10	38.90	67.00	146.60	266.20
$f(x)$	7.21	17.02	38.07	68.69	145.60	262.72
$y-f(x)$	0.29	-0.92	0.83	-1.69	1.00	3.48

$$S = \sum [y_i - f(x_i)]^2 = 17.59$$

$$\sigma = \sqrt{\frac{S}{n-2}} = 2.10$$

앞서 지적한 것처럼, $\ln y_i$가 아닌 y_i로 적합시켰기 때문에, 이것은 주어진 문제의 근사해법이다. 그래프로 판단해보면, 적합은 상당히 좋은 것으로 보인다.

예제 6.6 **지수함수의 가중선형회귀**

예제 6.5의 자료를 가중값을 $W_i = y_i$로 하고 $\ln y_i$로 적합시켜라. 그리고 표준편차를 계산하라.

풀이

다시 한번 $\ln(ae^{bx}) = \ln a + bx$을 $z = \ln y$로 놓고 적합시켜보자. 이때는 가중값 $W_i = y_i$를 이용한다. 식 (6.15)에서 자료의 가중평균($z = \ln y$로 적합시킨다는 것을 상기하자)은 다음과 같다.

$$\hat{x} = \frac{\sum y_i^2 x_i}{\sum y_i^2} = \frac{737.5 \times 10^3}{98.67 \times 10^3} = 7.747$$

$$\hat{z} = \frac{\sum y_i^2 z_i}{\sum y_i^2} = \frac{528.2 \times 10^3}{98.67 \times 10^3} = 5.333$$

그리고 식 (6.16)에서 상수를 구한다.

$$b = \frac{\sum y_i^2 z_i (x_i - \overline{x})}{\sum y_i^2 x_i (x_i - \overline{x})} = \frac{35.39 \times 10^3}{65.05 \times 10^3} = 0.5440$$

$$\ln a = \hat{z} - b\hat{x} = 5.333 - 0.5440(7.474) = 1.287$$

따라서

$$A = e^{\ln a} = e^{1.287} = 3.622$$

마지막으로 적합함수는 $f(x) = 3.633e^{0.5440x}$ 이다. 기대했듯이 이 결과는 **예제 6.5**에서 얻은 것과 사뭇 다르다. 잔차와 표준편차를 계산하면 다음과 같다.

x	1.20	2.80	4.30	5.40	6.80	7.90
y	7.50	16.10	38.90	67.00	146.60	266.20
$f(x)$	6.96	16.61	37.56	68.33	146.33	266.20
$y-f(x)$	0.54	-0.51	1.34	-1.33	0.267	0.00

$$S = \sum [y_i - f(x_i)]^2 = 4.186$$

$$\sigma = \sqrt{\frac{S}{n-2}} = 1.023$$

잔차와 표준편차가 **예제 6.5**의 결과보다 작으며, 역시 기대한 대로 더 좋은 적합임을 의미한다. (초월함수의 해를 포함하여) y_i를 직접 적합시키면 $f(x) = 3.614e^{0.5442x}$ 를 얻을 수 있음을 알았다. 대응하는 표준편차는 $\sigma = 1.022$ 이다.

:: 연습문제

6.1 가중을 하지 않은 자료의 최소제곱적합으로 구한 직선은 항상 점 $(\bar{x}, \bar{y})$를 통과함을 보여라. 자료점과 적합곡선을 그래프로 그려서 계산 결과가 적절한지 확인하라.

6.2 선형회귀를 이용하여 다음 자료를 적합시키는 직선을 구하라. 그리고 표준편차를 계산하라.

x	-1.0	-0.5	0.0	0.5	1.0
y	-1.00	-0.55	0.00	0.45	1.00

6.3 알루미늄막대에 인장시험을 실시하였다. 각 경우에 같은 응력stress에서 변형strain을 측정하였다. 그 결과는 다음과 같다. 여기서 변형의 단위는 (mm/m)이다. 선형회귀를 이용하여 막대의 탄성계수(응력/변형)를 추정하라.

응력(MPa)	34.5	69.0	103.5	138.0
변형(Test 1)	0.46	0.95	1.48	1.93
변형(Test 2)	0.34	1.02	1.51	2.09
변형(Test 3)	0.73	1.10	1.62	2.12

6.4 다음 표는 어느 지역에서 측정한 대기 중의 연간 CO_2 농도(ppm)이다. 자료에 직선을 적합시키고, 연도별 농도의 평균 증가를 결정하라.

연도	1994	1995	1996	1997	1998	1999	2000	2001
ppm	356.8	358.2	360.3	361.8	364	365.7	366.7	368.2
연도	2002	2003	2004	2005	2006	2007	2008	2009
ppm	370.5	372.2	374.9	376.7	378.7	381	382.9	384.7

6.5 물의 동점성계수 μ_k는 온도 T에 따라 다음의 표와 같이 변화한다. 자료를 최적적합시키는 3차 곡선을 결정하고, 이를 이용하여 $T=10°C$, $30°C$, $60°C$, $90°C$에서 μ_k를 계산하라.

T(°C)	0.0	21.1	37.8	54.4	71.1	87.8	100.0
μ_k(10^{-3} m^2/s)	1.790	1.130	0.696	0.519	0.338	0.321	0.296

6.6 $f(x)=a\sin\left(\dfrac{\pi x}{2}\right)+b\cos\left(\dfrac{\pi x}{2}\right)$가 최소제곱으로 다음 자료들을 적합시키는 계수 a와 b를 구하라.

x	-0.50	-0.19	0.02	0.20	0.35	0.50
y	-3.558	-2.874	-1.995	-1.040	-0.068	0.677

6.7 $f(x)=ax^b$가 최소제곱으로 다음 자료들을 적합시키는 계수 a와 b를 구하라.

x	0.5	1.0	1.5	2.0	2.5
y	0.49	1.60	3.36	6.44	10.16

6.8 함수 $f(x)=axe^{bx}$를 다음 자료에 적합시키고, 표준편차를 계산하라.

x	0.5	1.0	1.5	2.0	2.5
y	0.541	0.398	0.232	0.106	0.052

6.9 선형회귀는 둘 이상의 변수에 의존하는 자료로 확장(다중선형회귀multiple linear regression라 부른다)할 수 있다. 만일 종속변수가 z이고, 독립변수가 x와 y라면, 자료는 다음과 같은 형태로 적합시켜야 한다.

x_1	y_1	z_1
x_2	y_2	z_2
x_3	y_3	z_3
$\vdots$	$\vdots$	$\vdots$
x_n	y_n	z_n

그러면 적합곡선은 직선 대신에 다음과 같이 평면을 나타내는 식이 된다.

$$f(x,\ y) = a + bx + cy$$

계수에 대한 정규방정식이 다음과 같이 되는 것을 보여라.

$$\begin{bmatrix} n & \sum x_i & \sum y_i \\ \sum x_i & \sum x_i^2 & \sum x_i y_i \\ \sum y_i & \sum x_i y_i & \sum y_i^2 \end{bmatrix} \begin{bmatrix} a \\ b \\ c \end{bmatrix} = \begin{bmatrix} \sum z_i \\ \sum x_i z_i \\ \sum y_i z_i \end{bmatrix}$$

6.10 **문제** 6.9에서 설명한 다중선형회귀를 이용하여 다음 자료를 함수 $f(x,\ y) = a + bx + cy$에 적합시켜라.

x	y	z
0	0	1.42
0	1	1.85
1	0	0.78
2	0	0.18
2	1	0.60
2	2	1.05

CHAPTER

07 고유값 문제

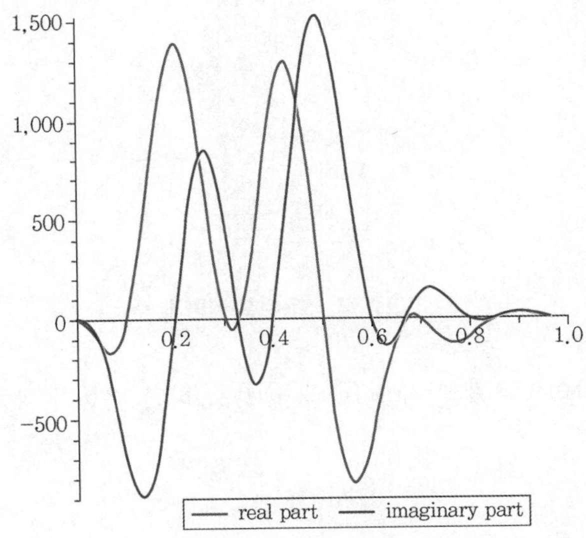

구조물의 내진설계나 자동차의 소음과 진동 문제 등과 같이 물리계의 동적 문제를 이해하는 데는 이 문제들의 수학모형에 대한 고유값(고유진동수)이나 고유벡터(고유진동모드)를 구해야 한다. 이런 종류의 문제를 행렬의 고유값 문제eigenvalue problem라고 한다.

7.1 고유값 문제

(1) 용수철-질량계의 본 진동

고유값 문제를 이해하기 쉽도록 용수철-질량계[1]를 예로 들어 살펴보자. 다음 **그림 7.1**에서 용수철 1(용수철상수 $k_1 = 3$), 질점 1(질량 $m_1 = 1$), 용수철 2(용수철상수 $k_2 = 2$), 질점 2(질량 $m_2 = 1$)가 직렬로 연결되어 있다.

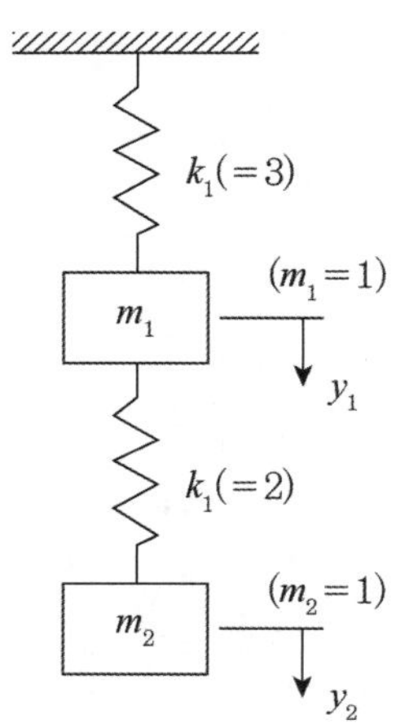

그림 7.1 용수철-질량계

각 질점의 연직방향의 변위를 각각 $y_1(t)$와 $y_2(t)$로 하면, 운동은 다음의 연립미분방정식으로 나타낼 수 있다.

$$m_1\ddot{y}_1 = -k_1y_1 + k_2(y_2 - y_1) \quad (7.1a)$$

$$m_2\ddot{y}_2 = -k_2(y_2 - y_1) \quad (7.1b)$$

감쇠는 없고, 용수철의 질량은 무시할 수 있다고 가정하여, 정적 평형일 때는 $y_1 = 0$, $y_2 = 0$이라고 한다. m_1과 k_1 등에 구체적 수치를 대입하여 식 (7.1)을 행렬 표기하면, 다음 식과 같다.

$$\begin{Bmatrix} \ddot{y}_1 \\ \ddot{y}_2 \end{Bmatrix} = \begin{bmatrix} -5 & 2 \\ 2 & -2 \end{bmatrix} \begin{Bmatrix} y_1 \\ y_2 \end{Bmatrix} \text{ 또는 } \ddot{\boldsymbol{y}} = \mathrm{A}\boldsymbol{y} \quad (7.2)$$

1) 이관수(2003), 공학도를 위한 수치해석, 원화.

위 식은 상수계수 선형미분방정식이므로, 특수해는 다음 식과 같다.

$$\boldsymbol{y} = \boldsymbol{x}e^{\omega t} \tag{7.3}$$

이것을 식 (7.2)의 두 번째 식에 대입하면 다음과 같고 λ를 고유값으로 하는 고유값 문제가 된다.

$$\omega^2\boldsymbol{x}e^{\omega t} = \mathrm{A}\boldsymbol{x}e^{\omega t} \text{ 또는 } \mathrm{A}\boldsymbol{x} = \lambda\boldsymbol{x},\ (\lambda = \omega^2) \tag{7.4}$$

위 식은 $|\mathrm{A}-\lambda\mathrm{I}|=0$인 경우에만 $\boldsymbol{x}\neq\mathbf{0}$의 비자명해를 가지므로, 다음을 풀어서 $\lambda=-1,\ -6$을 얻는다.

$$\begin{bmatrix} -5-\lambda & 2 \\ 2 & -2-\lambda \end{bmatrix}\boldsymbol{x} = 0 \text{에서 } (-5-\lambda)(-2-\lambda)-4=0 \tag{7.5}$$

이때 ω는 복소수이므로, 식 (7.3)의 해는 주기함수인 것을 알 수 있다($e^{i\omega t} = \cos\omega t + i\sin\omega t$).

이들 고유값을 식 (7.5)의 첫째 식에 대입하면, 고유벡터 $\boldsymbol{x}$는 각각 다음을 만족하는 해이다.

$$\begin{bmatrix} -4 & 2 \\ 2 & -1 \end{bmatrix}\begin{Bmatrix} \alpha_1 \\ \beta_1 \end{Bmatrix} = 0 \text{ 및 } \begin{bmatrix} 1 & 2 \\ 2 & 4 \end{bmatrix}\begin{Bmatrix} \alpha_2 \\ \beta_2 \end{Bmatrix} = 0 \tag{7.6}$$

이것에서 $2\alpha_1 = \beta_1,\ \alpha_2 = -2\beta_2$를 갖는다. 따라서 식 (7.3)의 일반해는 고유벡터의 최대값을 1로 취하면 다음 식을 얻는다.

$$\begin{Bmatrix} y_1 \\ y_2 \end{Bmatrix} = c_1\begin{Bmatrix} 0.5 \\ 1.0 \end{Bmatrix}e^{it} + c_2\begin{Bmatrix} -1.0 \\ 0.5 \end{Bmatrix}e^{i\sqrt{6}t} \tag{7.7}$$

여기서 c_1과 c_2는 초기조건에 의해 정해지는 상수이다.

식 (7.7)은 이 계에 외력이 작용하지 않을 때 나타나는 운동, 즉 일정 진폭으로 진동을 계속하고, 증폭과 감쇠하지 않는 진동을 나타낸다. 각진동수 ω는 계의 고유진동수, $\boldsymbol{x}$는 고유진동모드이며, A의 고유값 문제로서 해가 주어짐을 알 수 있다.

(2) 행렬 고유값 문제

행렬 고유값 문제의 표준 형태는 다음과 같다.

$$\mathrm{A}\boldsymbol{x} = \lambda \boldsymbol{x} \tag{7.8}$$

여기서 A는 주어진 $n \times n$ 행렬이다. 문제는 스칼라 λ와 벡터 $\boldsymbol{x}$를 찾는 것이다. 식 (7.8)을 벡터 $\boldsymbol{x}$에 대한 선형연립방정식의 형태로 다시 쓸 수 있다.

$$(\mathrm{A} - \lambda \mathrm{I})\boldsymbol{x} = 0 \tag{7.9}$$

이제는 n개의 제차homogeneous 연립방정식을 다루는 것이 분명하게 된다. 이 연립방정식의 가장 분명한 해는 자명해trivial solution인 $\boldsymbol{x} = 0$이다. 만일 계수행렬의 행렬식이 0이 되면, 즉

$$|\mathrm{A} - \lambda \mathrm{I}| = 0 \tag{7.10}$$

이 되면, 비자명해nontrivial solution가 존재한다.

행렬식을 전개하면 특성방정식characteristic equation이라는 다항방정식이 된다.

$$a_0 + a_1\lambda + a_2\lambda^2 + \cdots + a_n\lambda^n = 0$$

이것은 행렬 A의 고유값eigenvalue이라 부르는 해 $\lambda_i(i = 1, 2, \cdots, n)$를 갖는다. $(\mathrm{A} - \lambda_i \mathrm{I})\boldsymbol{x} = 0$의 해 $\boldsymbol{x}_i$는 고유벡터eigenvector라고 한다.

예를 들어, 다음 행렬을 생각하자.

$$\mathrm{A} = \begin{bmatrix} 1 & -1 & 0 \\ -1 & 2 & -1 \\ 0 & -1 & 1 \end{bmatrix} \tag{7.11}$$

특성방정식은 다음과 같다.

$$|\mathrm{A} - \lambda \mathrm{I}| = \begin{vmatrix} 1-\lambda & -1 & 0 \\ -1 & 2-\lambda & -1 \\ 0 & -1 & 1-\lambda \end{vmatrix} = -3\lambda + 4\lambda^2 - \lambda^3 = 0 \tag{7.12}$$

이 방정식의 해는 $\lambda_1 = 0$, $\lambda_2 = 1$, $\lambda_3 = 3$이다. λ_3에 대응하는 고유벡터를 계산하기 위해, 식 (7.9)에 $\lambda = \lambda_3$을 대입하면, 다음 식이 된다.

$$\begin{bmatrix} -2 & -1 & 0 \\ -1 & -1 & -1 \\ 0 & -1 & -2 \end{bmatrix} \begin{bmatrix} x_1 \\ x_2 \\ x_3 \end{bmatrix} = \begin{bmatrix} 0 \\ 0 \\ 0 \end{bmatrix} \tag{7.13}$$

이 계수행렬의 행렬식이 0이며, 방정식은 선형독립이 아니라는 것을 알고 있다. 따라서 x의 한 요소에 임의의 값을 지정하고, 두 방정식을 이용하여 다른 두 요소를 계산한다. $x_1 = 1$을 선택하면, 식 (7.13)의 처음 방정식에서 $x_2 = -2$를, 세 번째 방정식에서 $x_3 = 1$을 얻는다. 따라서 λ_3와 관련된 고유벡터는

$$\boldsymbol{x}_3 = \begin{bmatrix} 1 \\ -2 \\ 1 \end{bmatrix}$$

마찬가지 방법으로 다른 두 고유벡터를 구할 수 있다.

$$\boldsymbol{x}_2 = \begin{bmatrix} 1 \\ 0 \\ -1 \end{bmatrix}, \ \boldsymbol{x}_1 = \begin{bmatrix} 1 \\ 1 \\ 1 \end{bmatrix}$$

고유벡터를 행렬 X의 열로 표시하는 것도 때때로 편리하다. 지금 주어진 문제에서 이 행렬은 다음과 같다.

$$\mathrm{X} = [\boldsymbol{x}_1 \ \ \boldsymbol{x}_2 \ \ \boldsymbol{x}_3] = \begin{bmatrix} 1 & 1 & 1 \\ 1 & 0 & -2 \\ 1 & -1 & 1 \end{bmatrix}$$

이 예제에서 고유벡터의 크기가 불확정임이 분명하다. 식 (7.9)에서 그 방향만 계산할 수 있다. 관습적으로 각 벡터를 단위 길이로 지정하여 고유벡터를 정규화한다. 따라서 이 예제에서 정규화된 고유벡터normalized eigenvector는 다음과 같다.

$$\mathrm{X} = \begin{bmatrix} \frac{1}{\sqrt{3}} & \frac{1}{\sqrt{2}} & \frac{1}{\sqrt{6}} \\ \frac{1}{\sqrt{3}} & 0 & -\frac{2}{\sqrt{6}} \\ \frac{1}{\sqrt{3}} & -\frac{1}{\sqrt{2}} & \frac{1}{\sqrt{6}} \end{bmatrix}$$

이 장 전체에서 고유벡터는 정규화되어 있다고 가정한다. 고유값과 고유벡터의 몇 가지 유용한 특성은 다음과 같다. 단, 여기서 증명은 제시하지 않는다.

- 대칭행렬의 모든 고유값은 실수이다.
- 대칭 정부호 행렬의 모든 고유값은 양의 실수이다.
- 대칭행렬의 고유벡터는 직교orthonormal한다. 즉, $X^T X = I$이다.
- A의 고유값이 λ_i이면, A^{-1}의 고유값은 λ_i^{-1}이다.

물리 문제에서 생겨난 고유값 문제는 종종 대칭행렬 A로 된다. 대칭 고유값 문제는 비대칭 고유값 문제(이것은 복소수 고유값을 가질 수 있다)보다 쉽게 풀 수 있다는 점은 다행스럽다. 이 장에서는 논의를 대칭행렬의 고유값과 고유벡터로 제한할 것이다.

고유값 문제의 공통적인 기원은 진동과 안정성 해석이다. 이 문제들은 종종 다음 특성을 지닌다.

- 행렬은 크고 성기다(즉, 대역 구조를 갖는다).
- 고유값만 알 필요가 있다. 만일 고유벡터가 필요해도, 그중 몇 개만 관심이 있다.

유용한 고유값 해석기는 이들 특성을 이용하여 계산을 최소화할 수 있어야 한다. 특히 우리가 필요한 것만 계산할 수 있도록 충분히 유연해야 한다.

예제 7.1 **응력행렬**

다음 그림에 보인 응력상태에 대응하는 응력행렬(텐서)은 다음과 같다(행렬의 각 행은 좌표평면에 작용하는 3개의 응력성분으로 구성된다). S의 고유값은 주응력principal stresses이고, 고유벡터는 주평면에 수직한 고유벡터이다. 주응력과 고유벡터를 결정하라.

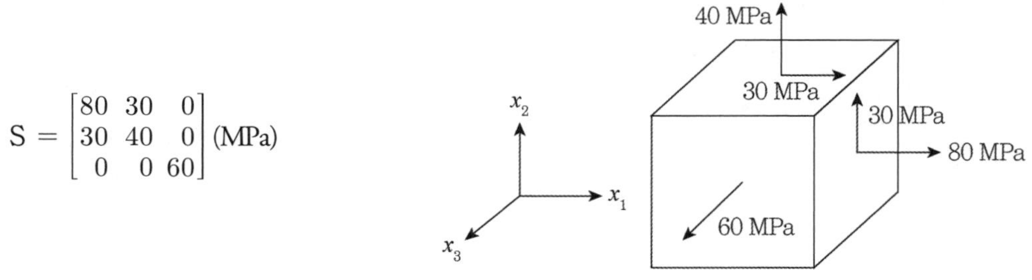

$$S = \begin{bmatrix} 80 & 30 & 0 \\ 30 & 40 & 0 \\ 0 & 0 & 60 \end{bmatrix} \text{(MPa)}$$

풀이

특성방정식 $|S - \lambda I| = 0$은

$$\begin{vmatrix} 80-\lambda & 30 & 0 \\ 30 & 40-\lambda & 0 \\ 0 & 0 & 60-\lambda \end{vmatrix} = 0$$

행렬식을 전개하면 다음과 같다.

$$(60-\lambda)[(80-\lambda)(40-\lambda)-900]=0$$

$$(60-\lambda)(\lambda^2-120\lambda+2300)=0$$

여기서 주응력을 구하면 다음과 같다.

$$\lambda_1 = 23.944(\text{MPa}),\ \lambda_2 = 60(\text{MPa}),\ \lambda_3 = 96.056(\text{MPa})$$

첫 번째 고유벡터는 $(\mathrm{S}-\lambda_1\mathrm{I})\boldsymbol{x}=\mathbf{0}$의 해이다.

$$\begin{bmatrix} 56.056 & 30.0 & 0.0 \\ 30.0 & 16.056 & 0.0 \\ 0.0 & 0.0 & 36.056 \end{bmatrix} \begin{bmatrix} x_1 \\ x_2 \\ x_3 \end{bmatrix} = \begin{bmatrix} 0 \\ 0 \\ 0 \end{bmatrix}$$

$x_1 = 1$을 선택하면, $x_2 = \dfrac{-56.056}{30} = -1.8685$와 $x_3 = 0$이다. 따라서 정규화된 고유벡터는 다음과 같다.

$$\boldsymbol{x}_1 = [0.4719\ \ -0.8817\ \ 0.0]^T$$

두 번째 고유벡터는 방정식 $(\mathrm{S}-\lambda_2\mathrm{I})\boldsymbol{x}=\mathbf{0}$에서 구할 수 있다.

$$\begin{bmatrix} 20 & 30 & 0 \\ 30 & -20 & 0 \\ 0 & 0 & 0 \end{bmatrix} \begin{bmatrix} x_1 \\ x_2 \\ x_3 \end{bmatrix} = \begin{bmatrix} 0 \\ 0 \\ 0 \end{bmatrix}$$

이 방정식은 임의의 x_3에 대해 $x_1 = x_2 = 0$을 만족한다. $x_3 = 1$을 선택하면, 고유벡터는 다음과 같다.

$$\boldsymbol{x}_2 = [0\ \ 0\ \ 1]^T$$

세 번째 고유벡터는 $(S-\lambda_3 I)\boldsymbol{x}=\mathbf{0}$을 풀어 구한다.

$$\begin{bmatrix} -16.056 & 30.0 & 0.0 \\ 30.0 & -56.056 & 0.0 \\ 0.0 & 0.0 & -36.056 \end{bmatrix} \begin{bmatrix} x_1 \\ x_2 \\ x_3 \end{bmatrix} = \begin{bmatrix} 0 \\ 0 \\ 0 \end{bmatrix}$$

$x_1 = 1$을 택하면, $x_2 = \dfrac{16.056}{30} = 0.5352$와 $x_3 = 0$을 얻는다. 정규화 후의 고유벡터는 다음과 같다.

$$\boldsymbol{x}_3 = [0.8817 \ \ 0.4719 \ \ 0.0]^T$$

7.2 Jacobi법

Jacobi법은 상대적으로 간단한 반복과정이며, 대칭행렬의 모든 고유값과 고유벡터를 추출한다. 행렬의 크기에 따라 계산 시간이 급격히 증가하므로, 이 방법은 작은 행렬(예를 들어, 50×50 이하)에만 유용하다고 볼 수 있다. 이 방법의 주요 장점은 견고함robustness이다. 다시 말하자면, 이 방법은 고유값과 고유벡터를 찾는 데 거의 실패하지 않는다.

(1) 닮음변환과 대각화

다음의 표준적인 행렬 고유값 문제를 생각하자.

$$A\boldsymbol{x} = \lambda \boldsymbol{x} \tag{7.14}$$

여기서 A는 대칭이다. 이제 다음과 같이 변환을 적용해보자.

$$\boldsymbol{x} = P\boldsymbol{x}^* \tag{7.15}$$

여기서 P는 비특이행렬이다. 식 (7.15)를 식 (7.14)에 대입하고, 양변의 왼쪽에 P^{-1}을 곱하면, 다음 식이 된다.

$$\mathrm{P}^{-1}\mathrm{AP}\boldsymbol{x}^* = \lambda\mathrm{P}^{-1}\mathrm{P}\boldsymbol{x}^* \text{ 또는 } \mathrm{A}^*\boldsymbol{x}^* = \lambda\boldsymbol{x}^* \tag{7.16}$$

여기서 $\mathrm{A}^* = \mathrm{P}^{-1}\mathrm{AP}$이다. 다만 이 변환에서 λ값은 건드리지 않았으므로, A의 고유값은 또한 A^*의 고유값이다. 같은 고유값을 갖는 행렬들은 비슷하다고 여겨지며, 이들 사이의 변화는 닮음변환similarity transformation이라 부른다.

닮음변환은 고유값 문제를 풀기 쉬운 형태로 변경하기 위해 빈번히 이용된다. 만일 어떤 방법으로 A^*를 대각화하는 P를 찾았다고 하자. 그러면 식 (7.16)은 다음과 같다.

$$\begin{bmatrix} A_{11}^* - \lambda & 0 & \cdots & 0 \\ 0 & A_{22}^* - \lambda & \cdots & 0 \\ \vdots & \vdots & \ddots & \vdots \\ 0 & 0 & \cdots & A_{nn}^* - \lambda \end{bmatrix} \begin{bmatrix} x_1^* \\ x_2^* \\ \vdots \\ x_n^* \end{bmatrix} = \begin{bmatrix} 0 \\ 0 \\ \vdots \\ 0 \end{bmatrix}$$

이것은 다음과 같은 해를 갖는다.

$$\lambda_1 = A_{11}^*,\ \lambda_2 = A_{22}^*,\ \cdots,\ \lambda_n = A_{nn}^* \tag{7.17}$$

$$\boldsymbol{x}_1^* = \begin{bmatrix} 1 \\ 0 \\ \vdots \\ 0 \end{bmatrix},\ \boldsymbol{x}_2^* = \begin{bmatrix} 0 \\ 1 \\ \vdots \\ 0 \end{bmatrix},\ \cdots,\ \boldsymbol{x}_n^* = \begin{bmatrix} 0 \\ 0 \\ \vdots \\ 1 \end{bmatrix} \text{ 또는 } \mathrm{X}^* = [\boldsymbol{x}_1^*\ \boldsymbol{x}_2^*\ \cdots\ \boldsymbol{x}_n^*] = \mathrm{I}$$

식 (7.15)에 따라서 A의 고유벡터는 다음과 같다.

$$\mathrm{X} = \mathrm{PX}^* = \mathrm{PI} = \mathrm{P} \tag{7.18}$$

따라서 변환행렬 P는 A의 고유벡터를 포함하며, A의 고유값들은 A^*의 대각항이다.

(2) Jacobi 회전

여러 가지 닮음변환 중에서 특별한 것으로 평면회전을 들 수 있다.

$$\boldsymbol{x} = \mathrm{R}\boldsymbol{x}^* \tag{7.19}$$

여기서 R은 Jacobi 회전행렬이다.

$$
R=\begin{bmatrix}
1 & 0 & 0 & 0 & 0 & 0 & 0 & 0 \\
0 & 1 & 0 & 0 & 0 & 0 & 0 & 0 \\
0 & 0 & \cos\theta & 0 & 0 & \sin\theta & 0 & 0 \\
0 & 0 & 0 & 1 & 0 & 0 & 0 & 0 \\
0 & 0 & 0 & 0 & 1 & 0 & 0 & 0 \\
0 & 0 & -\sin\theta & 0 & 0 & \cos\theta & 0 & 0 \\
0 & 0 & 0 & 0 & 0 & 0 & 1 & 0 \\
0 & 0 & 0 & 0 & 0 & 0 & 0 & 1
\end{bmatrix}
\begin{matrix} \\ \\ k \\ \\ \\ \ell \\ \\ \\ \end{matrix}
\quad (\text{columns } k, \ell) \tag{7.20}
$$

R은 k와 ℓ번째 행과 열의 교점에서 나타나는 $c=\cos\theta$와 $s=\sin\theta$항으로 수정된 항등행렬이다. 여기서 θ는 회전각이다. 회전행렬은 직교가 되는 유용한 속성을 지니며, 직교의 의미는 다음과 같다.

$$
R^{-1}=R^T \tag{7.21}
$$

직교성의 한 결과는 식 (7.15)에서 변환이 회전의 주요 특성을 갖는다는 점이다. 이 변환은 벡터의 크기를 유지한다. 즉, $|\boldsymbol{x}|=|\boldsymbol{x}^*|$이다.

식 (7.19)에서 평면회전에 대응하는 닮음변환은 다음과 같다.

$$
A^*=R^{-1}AR=R^TAR \tag{7.22}
$$

행렬 A^*는 원행렬 A와 같은 고유값을 가질 뿐만 아니라, R의 직교성 때문에 이 행렬도 또한 대칭이다. 식 (7.22)의 변환은 A의 k번째 행과 열만을 변화시킨다. 이 변화의 공식은 다음과 같다(여기서 $c=\cos\theta$, $s=\sin\theta$를 의미한다).

$$
\begin{aligned}
&A^*_{kk}=c^2A_{kk}+s^2A_{\ell\ell}-2csA_{k\ell}\\
&A^*_{\ell\ell}=c^2A_{\ell\ell}+s^2A_{kk}+2csA_{k\ell}\\
&A^*_{k\ell}=A^*_{\ell k}=(c^2-s^2)A_{k\ell}+cs(A_{kk}-A_{\ell\ell})\\
&A^*_{ki}=A^*_{ik}=cA_{ki}-sA_{\ell i},\ (i\neq k,\ i\neq\ell)\\
&A^*_{\ell i}=A^*_{i\ell}=cA_{\ell i}+sA_{ki},\ (i\neq k,\ i\neq\ell)
\end{aligned} \tag{7.23}
$$

(3) Jacobi 대각화

Jacobi 회전행렬에서 각 θ는 $A^*_{k\ell} = A^*_{\ell k} = 0$이 되도록 선택할 수 있다. 여기서 다음과 같은 발상이 나왔다. '왜 모든 비대각항을 반복하여 0으로 하나씩 만들어서 A를 대각화하지 않는가?' 이것이 정확히 Jacobi법이 하는 역할이다. 그러나 여기에는 곤란한 문제가 있다. 비대각항을 무효화하는 변환도 또한 앞서 만들어진 영요소를 원상태로 되돌린다는 것이다. 다행히도, 다시 나타나는 비대각항은 이전보다 작다는 것이 밝혀졌다. 따라서 Jacobi법은 비대각항이 가상적으로 사라질 때까지 Jacobi 회전을 되풀이하여 적용하는 반복과정이다. 최종적인 변환행렬 P는 개별적인 회전 R_i이 누적된 것이다.

$$\mathrm{P} = \mathrm{R}_1\mathrm{R}_2\mathrm{R}_3 \cdots \tag{7.24}$$

P의 열은 A의 고유벡터로 마무리되며, $\mathrm{A}^* = \mathrm{P}^T\mathrm{AP}$의 대각요소는 고유벡터가 된다.

Jacobi 회전의 상세히 살펴보자. 만일 식 (7.23)에서

$$(c^2 - s^2)A_{k\ell} + cs(A_{kk} - A_{\ell\ell}) = 0 \tag{a}$$

이 성립하면, $A^*_{k\ell} = 0$임을 알 수 있다. 삼각함수 공식 $c^2 - s^2 = \cos^2\theta - \sin^2\theta = \cos 2\theta$과 $cs = \cos\theta\sin\theta = \frac{1}{2}\sin 2\theta$에서 식 (a)는 다음 관계를 얻는다.

$$\tan 2\theta = -\frac{2A_{k\ell}}{A_{kk} - A_{\ell\ell}} \tag{b}$$

이것은 θ에 대해 풀 수 있으며, 그다음에 $c = \cos\theta$와 $s = \sin\theta$를 계산한다.

다음에 설명하는 과정은 더 나은 알고리즘[2)]이 된다. 다음 표기를 도입하자.

$$\phi = \cot 2\theta = -\frac{A_{kk} - A_{\ell\ell}}{2A_{k\ell}} \tag{7.25}$$

삼각함수를 이용하면,

2) Press, W. H. et al.(2007) Numerical Recipes, 3rd ed., Cambridge University Press, 2007.

$$\tan 2\theta = \frac{2t}{(1-t^2)}$$

여기서 $t = \tan\theta$이며, 식 (b)는 다음과 같이 쓸 수 있다.

$$t^2 + 2\phi t - 1 = 0$$

이 식의 해는 다음과 같다.

$$t = -\phi \pm \sqrt{\phi^2 + 1}$$

$|t| \le 1$이며, 이것은 $|\theta| \le 45°$이며, 이것은 보다 안정적인 변환이 된다는 것이 알려져 있다. 따라서 $\phi > 0$이면 덧셈 부호를, $\phi \le 0$이면 뺄셈 부호를 선택하며, 이것은 다음 식을 이용하는 것과 등치이다.

$$t = sgn(\phi)(-|\phi| + \sqrt{\phi^2 + 1})$$

만일 ϕ가 크면 과도한 마무리오차를 미연에 방지하기 위하여 방정식의 양변에 $|\phi| + \sqrt{\phi^2 + 1}$를 곱하여, 다음 식을 얻는다.

$$t = \frac{sgn(\phi)}{|\phi| + \sqrt{\phi^2 + 1}} \tag{7.26a}$$

ϕ가 매우 큰 경우에, ϕ^2의 계산에서 수치의 자릿수가 지나치게 커지는 것을 막기 위해 식 (7.26a)를 다음의 근사로 치환해야만 한다.

$$t = \frac{1}{2\phi} \tag{7.26b}$$

계산된 t를 가지고, $\tan\theta = \frac{\sin\theta}{\cos\theta} = \frac{\sqrt{1-\cos^2\theta}}{\cos\theta}$을 이용하면, 다음의 관계를 얻는다.

$$c = \frac{1}{\sqrt{1+t^2}}, \quad s = tc \tag{7.27}$$

이제 식 (7.23)에서 변환공식을 개선할 수 있다. 식 (a)를 $A_{\ell\ell}$에 대해 풀면, 다음 식을 얻는다.

$$A_{\ell\ell} = A_{kk} + A_{k\ell}\frac{c^2 - s^2}{cs} \tag{c}$$

$A_{\ell\ell}$의 모든 값을 식 (c)로 치환하고, 간략하게 하면, 식 (7.23)에서 변환공식은 다음과 같이 쓸 수 있다.

$$\begin{aligned}
&A^*_{kk} = A_{kk} - tA_{k\ell} \\
&A^*_{\ell\ell} = A_{\ell\ell} + tA_{k\ell} \\
&A^*_{k\ell} = A^*_{\ell k} = 0 \\
&A^*_{ki} = A^*_{ik} = A_{ki} - s(A_{\ell i} + \tau A_{ki}),\ (i \neq k,\ i \neq \ell) \\
&A^*_{\ell i} = A^*_{i\ell} = A_{\ell i} + s(A_{ki} - \tau A_{\ell i}),\ (i \neq k,\ i \neq \ell)
\end{aligned} \tag{7.28}$$

여기서

$$\tau = \frac{s}{1+c} \tag{7.29}$$

τ를 도입하면, 모든 공식을 '(원래 값)+(변화)'의 형태로 쓸 수 있으며, 이것은 마무리오차를 줄이는 데 도움이 된다.

Jacobi의 대각화 과정의 시작에서, 변환행렬 P는 항등행렬로 초기화된다. 각 Jacobi 회전은 이 행렬을 P에서 $P^* = PR$로 변경한다. P의 요소에서 이에 대응하는 변화는 다음과 같이 보일 수 있다(k열과 ℓ열만 영향을 받는다).

$$\begin{aligned}
&P^*_{ik} = P_{ik} - s(P_{i\ell} + \tau P_{ik}) \\
&P^*_{i\ell} = P_{i\ell} + s(P_{ik} - \tau P_{i\ell})
\end{aligned} \tag{7.30}$$

여전히 A의 비대각 요소가 소거될 순서를 결정해야만 한다. Jacobi의 원래 발상은 최대 요소를 먼저 찾아내는 것이었으며, 그 이유는 이렇게 하면 회전수를 최소로 하는 결과가 되기 때문이다. 이 경우 매 회전에 앞서 A에서 최대 요소를 찾아야 하는 문제가 있다. 이것은 시간이 많이 소요되는 과정이기 때문이다. 만일 행렬이 크다면, 행 단위나 열 단위로 살펴보고 어떤 역치 이상의 모든 요소를 0으로 하는 것이 훨씬 빠르다. 다음 단계에서 이 역치를 낮추고 이 과정을 반복한다.

이 역치를 선택하는 데는 여러 가지 방법이 있다. 여기 제시한 방법에서는 A의 주대각 위의 요소의 합 S를 계산하는 것부터 시작한다.

$$S = \sum_{i=1}^{n-1} \sum_{j=i+1}^{n} |A_{ij}| \tag{a}$$

그런 요소가 $n(n-1)/2$개 있으므로, 비대각 요소의 평균 크기는 다음과 같다.

$$\frac{2S}{n(n-1)}$$

이용하는 역치는 다음과 같으며, 이것은 비대각 요소의 평균 크기의 0.25배를 나타낸다.

$$\mu = \frac{0.5S}{n(n-1)} \tag{b}$$

요약하면, Jacobi 대각화 과정을 한 번 실행하는 것(행렬의 위 절반만을 이용)은 다음과 같다.

식 (a)와 식 (b)를 이용하여 역치 μ를 계산한다.
A의 비대각항에 대해 다음 과정을 실행한다:
만일 $|A_{ij}| \geq \mu$이면:
    식 (7.25)~식 (7.27)에서 ϕ, t, c, s를 계산한다.
    식 (7.29)에서 τ를 계산한다.
    식 (7.28)에 따라서 A의 요소들을 수정한다.
    식 (7.30)을 이용하여 변환행렬 P를 갱신한다.

이 과정은 $\mu \leq \varepsilon$일 때까지 반복한다. 여기서 ε는 허용오차이다. 이 알고리즘은 수렴하는 데 보통 6~10회 반복실행해야 한다.

예제 7.2 주응력과 고유벡터

예제 7.1에서 응력행렬(텐서)은 다음과 같다.

$$S = \begin{bmatrix} 80 & 30 & 0 \\ 30 & 40 & 0 \\ 0 & 0 & 60 \end{bmatrix} (\text{MPa})$$

(1) 한 번의 Jacobi 회전으로 S를 대각화하여 주응력을 결정하라.

(2) 고유벡터를 계산하라.

풀이

S_{12}를 소거하기 위해 1-2 평면에서 회전을 적용한다. $k=1$과 $\ell=2$일 때, 식 (7.15)는

$$\phi = -\frac{S_{11}-S_{22}}{2S_{12}} = -\frac{80-40}{2(30)} = -\frac{2}{3}$$

그러면 식 (7.26a)는 다음과 같다.

$$t = \frac{sgn(\phi)}{|\phi| + \sqrt{\phi^2+1}} = \frac{-1}{2/3+\sqrt{(2/3)^2+1}} = -0.53518$$

식 (7.28)에 따라, 회전에 의해 S에서의 변화는 다음과 같다.

$$S_{11}^* = S_{11} - tS_{12} = 80-(-0.53318)(30) = 96.055(\text{MPa})$$

$$S_{22}^* = S_{22} + tS_{12} = 40+(-0.53318)(30) = 23.945(\text{MPa})$$

$$S_{12}^* = S_{21}^* = 0$$

따라서 대각화 응력행렬은 다음과 같다.

$$S^* = \begin{bmatrix} 96.055 & 0 & 0 \\ 0 & 23.945 & 0 \\ 0 & 0 & 60 \end{bmatrix}$$

여기서 대각항이 주응력이다.

다른 풀이

고유값을 계산하기 위해 식 (7.27)과 식 (7.29)로 시작한다. 여기서 다음 결과를 얻는다.

$$c=\frac{1}{\sqrt{1+t^2}}=\frac{1}{\sqrt{1+(-0.53518)^2}}=0.88168$$

$$s=tc=(-0.53518)(0.88168)=-0.47186$$

$$\tau=\frac{s}{1+c}=\frac{-0.47186}{1+0.88168}=-0.25077$$

식 (7.30)에서 변환행렬 P의 변화를 얻는다. P가 항등행렬로 초기화되었음을 상기하면, 첫 번째 방정식은 다음과 같다.

$$\begin{aligned} P_{11}^* &= P_{11}-s(P_{12}+\tau P_{11}) \\ &= 1-(-0.47186)\{0+(-0.25077)(1)\}=0.88167 \\ P_{21}^* &= P_{21}-s(P_{22}+\tau P_{21}) \\ &= 01-(-0.47186)\{1+(-0.25077)(0)\}=0.47186 \end{aligned}$$

마찬가지로, 식 (7.30)의 두 번째 방정식은

$$P_{12}^*=-0.47186,\ P_{22}^*=0.88167$$

P의 셋째 행과 열은 변환의 영향을 받지 않는다. 따라서

$$\mathrm{P}^*=\begin{bmatrix} 0.88167 & -0.47186 & 0 \\ 0.47186 & 0.88167 & 0 \\ 0 & 0 & 1 \end{bmatrix}$$

P^*의 열은 S의 고유값이다.

jacobi( ) 함수

이 함수는 Jacobi법으로 $n\times n$ 행렬 A의 모든 고유값 λ_i와 고유벡터 $\boldsymbol{x}_i$를 계산한다. 알고리즘은 A의 상삼각 부분만으로 작동하며, 계산 과정에서 원래 값이 변경된다. A의 주대각선은 고유값으로 바뀌며, 변환행렬 P의 열은 정규화 고유벡터로 바뀐다.

코드 7.1 EigenJacobi.py

```python
# EigenJacobi.py
## 고유값 문제를 위한 Jacobi 모듈
''' lam,x = jacobi(a,tol = 1.0e-8)
    Solution of std. eigenvalue problem [a]{x} = lam{x}
    by Jacobi's method. Returns eigenvalues in vector {lam}
    and the eigenvectors as columns of matrix [x]
'''
import numpy as np
import math

def jacobi(a,tol = 1.0e-8): # Jacobi법

    def threshold(a):
        sum = 0.0
        for i in range(n-1):
            for j in range (i+1,n):
                sum = sum + abs(a[i,j])
        return 0.5*sum/n/(n-1)

    def rotate(a,p,k,l): # a[k,l] = 0을 만들기 위해 회전
        aDiff = a[l,l] - a[k,k]

        if abs(a[k,l]) < abs(aDiff)*1.0e-36:
            t = a[k,l]/aDiff
        else:
            phi = aDiff/(2.0*a[k,l])
            t = 1.0/(abs(phi) + math.sqrt(phi**2 + 1.0))
            if phi < 0.0:
                t = -t

        c = 1.0/math.sqrt(t**2 + 1.0); s = t*c
        tau = s/(1.0 + c)
        temp = a[k,l]
        a[k,l] = 0.0
        a[k,k] = a[k,k] - t*temp
        a[l,l] = a[l,l] + t*temp

        for i in range(k):      # i < k인 경우
            temp = a[i,k]
            a[i,k] = temp - s*(a[i,l] + tau*temp)
            a[i,l] = a[i,l] + s*(temp - tau*a[i,l])

        for i in range(k+1,l):  # k < i < l인 경우
            temp = a[k,i]
```

코드 7.1 EigenJacobi.py(계속)

```
            a[k,i] = temp - s*(a[i,l] + tau*a[k,i])
            a[i,l] = a[i,l] + s*(temp - tau*a[i,l])

        for i in range(l+1,n):  # i > l인 경우
            temp = a[k,i]
            a[k,i] = temp - s*(a[l,i] + tau*temp)
            a[l,i] = a[l,i] + s*(temp - tau*a[l,i])

        for i in range(n):      # 변환행렬 갱신
            temp = p[i,k]
            p[i,k] = temp - s*(p[i,l] + tau*p[i,k])
            p[i,l] = p[i,l] + s*(temp - tau*p[i,l])

    n = len(a)
    p = np.identity(n,float)
    for k in range(20):
        mu = threshold(a)      # 새 임계값 계산
        for i in range(n-1):   # Sweep through matrix
            for j in range(i+1,n):
                if abs(a[i,j]) >= mu:
                    rotate(a,p,i,j)
        if mu <= tol:
            return np.diagonal(a),p
    else:
        print('Jacobi법이 수렴하지 않음')
        return None, None
```

sortJacobi( )

jacobi( ) 함수에 의해 반환된 고유값과 고유벡터는 순서대로 되어 있지 않다. 다음의 함수는 고유값의 오름차순으로 고유값과 고유벡터를 정렬하는 데 이용한다.

코드 7.2 SortJacobi.py

```
# SortJacobi.py
# 고유값과 고유벡터를 오름차순 정렬
''' sortJacobi(lam,x)
    고유값 {lam}과 고유벡터 {x}를
    고유값이 오름차순이 되도록 정렬한다.
'''
import SwapRC
```

코드 7.2 SortJacobi.py(계속)

```

def sortJacobi(lam,x):
    n = len(lam)

    for i in range(n-1):
        index = i
        val = lam[i]
        for j in range(i+1,n):
            if lam[j] < val:
                index = j
                val = lam[j]
        if index != i:
            lam = SwapRC.swapRows(lam, i, index)
            x   = SwapRC.swapCols(x, i, index)
    return lam, x
```

여기서 불러들인 SwapRC 모듈은 앞서 3장의 **코드 3.13 SwapRC.py**이다.

예제 7.3 전기회로 해석(1)

그림에 보인 전기회로 해석이 행렬 고유값 문제가 되는 것을 보여라.

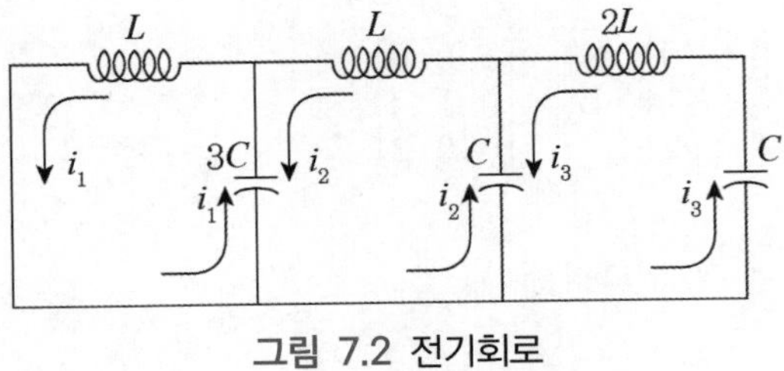

그림 7.2 전기회로

풀이

3개의 회로에 대한 Kirchoff 방정식은 다음과 같다.

$$L\frac{di_1}{dt}+\frac{q_1-q_2}{3C}=0$$

$$L\frac{di_2}{dt}+\frac{q_2-q_1}{3C}+\frac{q_2-q_3}{C}=0$$

$$2L\frac{di_3}{dt} + \frac{q_3 - q_2}{C} + \frac{q_3}{C} = 0$$

이 식들을 시간 미분하고 $\frac{dq_k}{dt} = i_k$를 대입하면, 다음 식을 얻는다.

$$\frac{1}{3}i_1 - \frac{1}{3}i_2 = -LC\frac{d^2 i_1}{dt^2}$$

$$-\frac{1}{3}i_1 + \frac{4}{3}i_2 - i_3 = -LC\frac{d^2 i_2}{dt^2}$$

$$-i_2 + 2i_3 = -2LC\frac{d^2 i_3}{dt^2}$$

이 방정식들의 해는 다음과 같다.

$$i_k(t) = u_k \sin\omega t$$

여기서 ω는 진동의 각주파수(rad/s로 측정)이고, u_k는 전류의 상대 진폭이다. Kirchoff 방정식을 대입하면, $\mathrm{A}\boldsymbol{u} = \lambda\mathrm{B}\boldsymbol{u}$를 얻는다($\sin\omega t$는 소거된다). 여기서 다음과 같은 식으로 나타낼 수 있다.

$$\mathrm{A} = \begin{bmatrix} 1/3 & -1/3 & 0 \\ -1/3 & 4/3 & -1 \\ 0 & -1 & 2 \end{bmatrix}, \ \mathrm{B} = \begin{bmatrix} 1 & 0 & 0 \\ 0 & 1 & 0 \\ 0 & 0 & 2 \end{bmatrix}, \ \lambda = LC\omega^2$$

이것은 비표준형 고유값 문제를 나타낸다.

(4) 표준형으로 변환

물리 문제들은 종종 다음과 같은 형태의 고유값 문제를 만들어낸다.

$$\mathrm{A}\boldsymbol{x} = \lambda\mathrm{B}\boldsymbol{x} \tag{7.31}$$

여기서 A와 B는 대칭인 $n \times n$ 행렬이다. 또한 B도 양정부호라고 가정한다. 그런 문제는 Jacobi 대각화로 풀기 전에, 표준형으로 변환되어야 한다.

B가 대칭이고 양정부호이므로, Cholesky 분해를 적용하여 $\mathrm{B} = \mathrm{LL}^T$로 할 수 있다. 여기서 L

은 하삼각 행렬이다. 그리고 다음 변환을 도입하자.

$$x = (\mathrm{L}^{-1})^T \mathrm{z} \tag{7.32}$$

식 (7.31)에 대입하면 다음 식을 얻는다.

$$\mathrm{A}(\mathrm{L}^{-1})^T \mathrm{z} = \lambda \mathrm{L}\mathrm{L}^T (\mathrm{L}^{-1})^T \mathrm{z}$$

양변의 왼쪽에 L^{-1}을 곱하면 다음과 같다.

$$\mathrm{L}^{-1}\mathrm{A}(\mathrm{L}^{-1})^T \mathrm{z} = \lambda \mathrm{L}^{-1}\mathrm{L}\mathrm{L}^T (\mathrm{L}^{-1})^T \mathrm{z}$$

$\mathrm{L}^{-1}\mathrm{L} = \mathrm{L}^T(\mathrm{L}^{-1})^T = \mathrm{I}$를 생각하면, 마지막 방정식은 표준형으로 된다.

$$\mathrm{Hz} = \lambda \mathrm{z} \tag{7.33}$$

따라서

$$\mathrm{H} = \mathrm{L}^{-1}\mathrm{A}(\mathrm{L}^{-1})^T \tag{7.34}$$

이 변환의 중요한 속성은 행렬의 대칭을 파괴하지 않는다(즉, 대칭인 A는 대칭인 H를 만든다)는 점이다.

$\mathrm{A}x = \lambda \mathrm{B}x$ 형태의 고유값 문제를 푸는 일반적인 과정은 다음과 같다.

Cholesky 분해 $\mathrm{B} = \mathrm{L}\mathrm{L}^T$을 이용하여 L을 계산한다.
L^{-1}을 계산한다(삼각 행렬은 역행렬을 구하기 쉽다).
$\mathrm{H} = \mathrm{L}^{-1}\mathrm{A}(\mathrm{L}^{-1})^T$을 계산한다.
표준 고유값 문제 $\mathrm{H}z = \lambda z$를 푼다.
$\mathrm{X} = (\mathrm{L}^{-1})^T\mathrm{Z}$에서 원 문제의 고유벡터를 계산한다.

고유값은 변환에 의해서 변경되지 않았다는 데 유의하자.

중요한 특별한 경우는 B가 대각행렬인 경우이다.

$$B = \begin{bmatrix} \beta_1 & 0 & \cdots & 0 \\ 0 & \beta_2 & \cdots & 0 \\ \vdots & \vdots & \ddots & \vdots \\ 0 & 0 & \cdots & \beta_n \end{bmatrix} \tag{7.35}$$

여기서

$$L = \begin{bmatrix} \beta_1^{1/2} & 0 & \cdots & 0 \\ 0 & \beta_2^{1/2} & \cdots & 0 \\ \vdots & \vdots & \ddots & \vdots \\ 0 & 0 & \cdots & \beta_n^{1/2} \end{bmatrix}, \ L^{-1} = \begin{bmatrix} \beta_1^{-1/2} & 0 & \cdots & 0 \\ 0 & \beta_2^{-1/2} & \cdots & 0 \\ \vdots & \vdots & \ddots & \vdots \\ 0 & 0 & \cdots & \beta_n^{-1/2} \end{bmatrix} \tag{7.36a}$$

$$H_{ij} = \frac{A_{ij}}{\sqrt{\beta_i \beta_j}} \tag{7.36b}$$

■ stdForm( )

주어진 행렬 A와 B에 대해, 함수 **stdForm( )**는 H와 변환행렬 $T = (L^{-1})^T$을 반환한다. L의 역행렬 계산은 **invert( )** 함수가 수행한다(L은 삼각 행렬이므로 후방대입에 의해 손쉽게 계산할 수 있다). A, B, L의 원래 값은 변경된다는 점에 유의하자.

코드 7.3 StandardForm.py

```
# standardForm.py
## 표준형
''' h,t = stdForm(a,b)
    고유값 문제 [a]{x} = lam[b]{x}를 표준형
    [h]{z} = lam{z}으로 변환한다.
    고유벡터는 {x} = [t]{z}의 관계를 갖는다.
'''
import numpy as np
from Cholesky import *

def stdForm(a,b):

    def invert(L): # 하삼각행렬 L로 변환한다.
        n = len(L)
        for j in range(n-1):
            L[j,j] = 1.0/L[j,j]
            for i in range(j+1,n):
                L[i,j] = -np.dot(L[i,j:i],L[j:i,j])/L[i,i]
        L[n-1,n-1] = 1.0/L[n-1,n-1]
```

코드 7.3 StandardForm.py(계속)

```

    n = len(a)
    L = Cholesky(b)
    invert(L)
    h = np.dot(b,np.inner(a,L))
    return h,np.transpose(L)
```

Cholesky 분해(3장)를 위한 코드는 다음과 같다.

코드 7.4 Cholesky.py

```
# Cholesky.py
# module Cholesky
''' L = Cholesky(a)
        Cholesky 분해: [L][L]transpose = [a]
    x = CholeskySol(L,b)
        Cholesky 분해된 행렬방정식의 풀이
'''

import math
import numpy as np

def Cholesky(a):
    n = len(a)
    for k in range(n):
        try:
            a[k,k] = math.sqrt(a[k,k] \
                - np.dot(a[k,0:k],a[k,0:k]))
        except ValueError:
            print('행렬이 정부호가 아님')
            sys.exit()
        for i in range(k+1,n):
            a[i,k] = (a[i,k] - np.dot(a[i,0:k],a[k,0:k]))/a[k,k]
    for k in range(1,n):
        a[0:k,k] = 0.0
    return a

def CholeskySol(L,b):
    n = len(b)
    # 풀이 [L]{y} = {b}
    for k in range(n):
        b[k] = (b[k] - np.dot(L[k,0:k],b[0:k]))/L[k,k]
```

코드 7.4 Cholesky.py(계속)

```
    # 풀이 [L_transpose]{x} = {y}
    for k in range(n-1,-1,-1):
        b[k] = (b[k] - np.dot(L[k+1:n,k],b[k+1:n]))/L[k,k]
    return b
```

예제 7.4 **전기회로 해석(2)**

예제 7.3에서 보인 전기회로에서 회로 주파수와 전류의 상대 진폭을 결정하라.

풀이

B가 대각행렬이므로, 식 (7.36)을 이용하여 문제를 손쉽게 표준형 $Hz = \lambda z$로 변환할 수 있다. 그렇지만 컴퓨터가 모든 작업을 하도록 선택하였다.

코드 7.5 Ex0704.py

```
# 예제 7.4 전기회로 해석

import math
import numpy

from EigenJacobi import *
from SortJacobi import *
from StandardForm import *

A = np.array([[ 1/3, -1/3, 0.0], \
    [-1/3, 4/3, -1.0], \
    [ 0.0, -1.0, 2.0]])
B = np.array([[1.0, 0.0, 0.0], \
    [0.0, 1.0, 0.0], \
    [0.0, 0.0, 2.0]])

H,T = stdForm(A,B)  # 표준형으로 변환
lam,Z = jacobi(H)   # Z = H의 고유벡터
X = np.dot(T,Z)     # 원문제의 고유벡터
lam, X = sortJacobi(lam,X)  # 고유벡터를 오름차순으로 정렬

for i in range(3):  # 고유벡터의 정규화
    X[:,i] = X[:,i] / math.sqrt(np.dot(X[:,i], X[:,i]))

print('고유값:\n', lam)
print('고유벡터:\n', X)
```

프로그램의 실행 결과는 다음과 같다.

```
고유값:
[ 0.1477883 0.58235144 1.93652692]
고유벡터:
[[ 0.84021782 -0.65122529 -0.18040571]
[ 0.46769473 0.48650067 0.86767582]
[ 0.27440056 0.58242829 -0.46324126]]
```

각진동수는 $\omega_i = \sqrt{\dfrac{\lambda_i}{LC}}$ 로 주어진다.

$$\omega_1 = \frac{0.3844}{\sqrt{LC}},\ \omega_2 = \frac{0.7631}{\sqrt{LC}},\ \omega_3 = \frac{1.3916}{\sqrt{LC}}$$

7.3 멱승법과 역멱승법

(1) 역멱승법

역멱승법inverse power method은 다음과 같은 표준형 고유값 문제의 최소고유값 λ_1와 대응하는 고유벡터 $\boldsymbol{x}_1$을 찾아내는 간단하고 효율적인 알고리즘이다.

$$\mathrm{A}\boldsymbol{x} = \lambda \boldsymbol{x} \tag{7.37}$$

이 방법은 다음과 같이 작동된다.

---

v를 단위벡터(임의 벡터)라 하자.
v에서 변화를 무시할 수 있을 때까지 다음 처리를 한다.
    $\mathrm{A}z = v$를 풀어 z를 구한다.
    $|z|$를 계산한다.
    $v = \dfrac{z}{|z|}$를 계산한다.

이 과정을 마무리하면, $|\boldsymbol{z}|=\pm\dfrac{1}{\lambda_1}$와 $\boldsymbol{v}=\boldsymbol{x}_1$을 얻는다. λ_1의 부호는 다음과 같이 결정된다. 만일 $\boldsymbol{z}$가 연속된 반복 사이에서 부호가 변경되면, λ_1은 음수이고, 그렇지 않으면 양수이다.

이 방법이 어떻게 작동되는지 살펴보자. A의 고유벡터 $\boldsymbol{x}_i$는 직교(선형 독립)하며, n차원 벡터의 기저로 이용될 수 있다. 그러면 $\boldsymbol{v}$와 $\boldsymbol{z}$는 다음과 같이 표현할 수 있다.

$$\boldsymbol{v}=\sum_{i=1}^{n}v_i\boldsymbol{x}_i,\ \ \boldsymbol{z}=\sum_{i=1}^{n}z_i\boldsymbol{x}_i \tag{7.38}$$

여기서 v_i와 z_i는 고유벡터 $\boldsymbol{x}_i$에 대한 $\boldsymbol{v}$와 $\boldsymbol{z}$의 성분이다. $\mathrm{A}\boldsymbol{z}=\boldsymbol{v}$를 대입하면 다음을 얻는다.

$$\mathrm{A}\sum_{i=1}^{n}z_i\boldsymbol{x}_i-\sum_{i=1}^{n}v_i\boldsymbol{x}_i=\mathbf{0}$$

그렇지만 $\mathrm{A}\boldsymbol{x}_i=\lambda_i\boldsymbol{x}_i$이므로,

$$\sum_{i=1}^{n}(z_i\lambda_i-v_i)\boldsymbol{x}_i=\mathbf{0}$$

따라서

$$z_i=\frac{v_i}{\lambda_i}$$

식 (7.38)에서 다음과 같다.

$$\begin{aligned}\boldsymbol{z}&=\sum_{i=1}^{n}\frac{v_i}{\lambda_i}\boldsymbol{x}_i=\frac{1}{\lambda_1}\sum_{i=1}^{n}v_i\frac{\lambda_1}{\lambda_i}\boldsymbol{x}_i\\&=\frac{1}{\lambda_1}\left(v_1\boldsymbol{x}_1+v_2\frac{\lambda_1}{\lambda_2}\boldsymbol{x}_2+v_3\frac{\lambda_1}{\lambda_3}\boldsymbol{x}_3+\cdots\right)\end{aligned} \tag{7.39}$$

$\dfrac{\lambda_1}{\lambda_i}<1\,(i\neq 1)$이므로, $\boldsymbol{x}_1$의 계수는 $\boldsymbol{v}$에서보다 $\boldsymbol{z}$에서 훨씬 중요하며, 따라서 $\boldsymbol{z}$는 $\boldsymbol{x}_1$에 대한 더 좋은 근사이다. 이것으로 첫 번째 반복을 마친다.

다음 반복에서 $v = \dfrac{z}{|z|}$ 로 놓고, 이 과정을 되풀이한다. 각 반복은 식 (7.39)에서 첫 번째 항의 지배성을 증가시키며, 이 과정은 다음 값에 수렴한다.

$$z = \frac{1}{\lambda_1} v_1 \boldsymbol{x}_1 = \frac{1}{\lambda_1} \boldsymbol{x}_1$$

$\boldsymbol{v} = \boldsymbol{x}_1$이므로 이 단계에서 $v_1 = 1$이다. 그러면 $v_1 = 1$, $v_2 = v_3 = \cdots = 0$이다.

역멱승법은 비표준형 고유값 문제에도 잘 적용된다.

$$\mathrm{A}\boldsymbol{x} = \lambda \mathrm{B}\boldsymbol{x} \tag{7.40}$$

알고리즘에서 $\mathrm{A}\boldsymbol{z} = \boldsymbol{v}$로 치환하면, 다음과 같다.

$$\mathrm{A}\boldsymbol{z} = \mathrm{B}\boldsymbol{v} \tag{7.41}$$

물론 그 대안은 멱승법을 적용하기 전에 문제를 표준형으로 바꾸는 것이다.

(2) 고유값 이동

식 (7.39)를 조사하면, 수렴의 속도는 부등식 $|\lambda_1/\lambda_2| < 1$(방정식에서 두 번째 항)의 강도에 의해 결정된다는 것을 알 수 있다. 만일 $|\lambda_2|$이 $|\lambda_1|$에서 잘 분리되면, 이 부등호는 강하며, 수렴은 빠르다. 반면에 이 두 고유값이 근접해 있으면, 매우 느리게 수렴된다.

수렴률은 고유값 이동eigenvalue shifting이라는 기법을 이용하여 개선할 수 있다. 고유값을 다음과 같이 놓자.

$$\lambda = \lambda^* + s \tag{7.42}$$

여기서 s는 미리 정해진 이동shift이다. 식 (7.37)에서 고유값 문제는 다음과 같이 변환된다.

$$\mathrm{A}\boldsymbol{x} = (\lambda^* + s)\boldsymbol{x} \quad \text{또는} \quad \mathrm{A}^*\boldsymbol{x} = \lambda^*\boldsymbol{x} \tag{7.43}$$

여기서

$$A^* = A - sI \tag{7.44}$$

식 (7.43)에서 변환된 문제를 역멱승법으로 풀면 λ_1^*과 $\boldsymbol{x}_1$를 얻는다. 여기서 λ_1^*는 A^*의 최소고유값이다. 원 문제에 대응하는 고유값 $\lambda = \lambda_1^* + s$는 s에 가장 가까운 고유값이다.

고유값 이동은 두 가지로 응용된다. 분명한 하나는 어떤 값 s에 가장 가까운 고유값의 결정이다. 예를 들어, 만일 어떤 축의 회전속도가 s rpm이면, 이 속도에 가까운 고유진동수는 없다고 판단하는 것도 중요하다. 고유값 이동은 또한 수렴속도를 증가시키는 데도 이용할 수 있다. 행렬 A의 최소고유값 λ_1을 계산한다고 생각하자. 발상은 λ_1^*/λ_2^*을 가능한 작게 만드는 이동 s를 도입하는 것이다. $\lambda_1^* = \lambda_1 - s$이므로, $s \approx \lambda_1$로 선택해야 한다(0으로 나누는 것을 막기 위해 $s = \lambda_1$은 피해야 한다). 물론 이 방법은 λ_1에 대한 사전 추정값이 있으면 잘 작동한다.

고유값 이동을 이용한 역멱승법은 고유값을 알고 있을 때 고유벡터를 찾아내는 특히 강력한 도구이다. 고유값에 매우 가깝게 이동시킴으로써, 대응하는 고유벡터는 한두 번의 반복으로 계산할 수 있다.

(3) 멱승법

멱승법power method은 0에서 가장 먼 고유값과 관련된 고유벡터에 수렴한다. 역멱승법과 매우 흡사하며, 두 방법 사이의 유일한 차이는 식 (7.38)에서 v와 z의 교환이다. 이 방법의 개요는 다음과 같다.

---

v를 단위벡터라고 하자(임의 벡터라도 좋다).
v의 변화를 무시할 수 있을 때까지 다음 과정을 반복한다.
  벡터 $z = Av$를 계산한다.
  $|z|$를 계산한다.
  $v = \dfrac{z}{|z|}$를 계산한다.

이 과정의 결론에서 $|z| = \pm\lambda_n$과 $\boldsymbol{v} = \boldsymbol{x}_n$를 얻는다($\lambda_n$의 부호는 역멱승법과 같은 방법으로 결정된다).

■ inversePower( )

주어진 행렬 A와 s만큼 이동된 행렬 A^*를 나타내는 함수 inversePower( )는 s에 가장 가까운 고유값 A와 대응하는 고유벡터를 반환한다. 행렬 $A^* = A - sI$는 바로 분해되며, 반복계산에서 풀이 단계(전방대입과 후방대입)만 필요로 한다. 만일 A가 대역이면, LUdecomp( )와 LUsolve( )를 대역행렬에 특화된 함수, 예를 들어 decompLudSym5( )와 solveLudSym5( )로 치환하여 프로그램의 효율을 개선할 수 있다(**예제 7.6**을 참조하라). A^*를 만드는 프로그램은 또한 A에 이용되는 저장기법과 호환되도록 수정하여야 한다.

코드 7.6 InversePower.py

```
# InversePower.py
# 역역승법 모듈
''' lam,x = inversePower(a,s,tol=1.0e-6).
    고유값 문제 [a]{x} = lam{x}를 역역승법으로 푼다.
    's'에 가장 가까운 'lam'과 대응하는 고유벡터 {x}를 반환
'''
import math
import numpy as np
from LudDoolitle import *
from random import random

def inversePower(a,s,tol=1.0e-6):
    n = len(a)
    aStar = a - np.identity(n)*s        # Form [a*] = [a] - s[I]
    aStar = decompDoolitle(aStar)       # [a*]의 분해

    x = np.zeros(n)
    for i in range(n):           # 난수로 [x]를 초기화
        x[i] = random()
    xMag = math.sqrt(np.dot(x,x))  # [x]를 정규화
    x = x / xMag

    for i in range(50):          # 반복계산 시작
        xOld = x.copy()          # 현재의 [x] 저장
        x = solveDoolitle(aStar,x) # [a*][x] = [xOld] 풀기

        xMag = math.sqrt(np.dot(x,x))   # [x] 정규화
        x = x/xMag

        if np.dot(xOld,x) < 0.0:   # [x]의 부호 변화 탐지
            sign = -1.0
```

코드 7.6 InversePower.py(계속)

```
            x = -x
        else:
            sign = 1.0
        if math.sqrt(np.dot(xOld - x,xOld - x)) < tol:
            return s + sign/xMag,x
    else:
        print('역멱승법이 수렴하지 않음')
        return None, None
```

예제 7.5 역멱승법(1)

어떤 지점에서 응력의 상태를 나타내는 응력행렬은 다음과 같다.

$$\mathrm{S}=\begin{bmatrix}-30 & 10 & 20\\ 10 & 40 & -50\\ 20 & -50 & -10\end{bmatrix}(\mathrm{MPa})$$

멱승법으로 최대 주응력(0에서 가장 먼 S의 고유값)을 결정하라.

풀이

첫 번째 반복:

$v=[1\ \ 0\ \ 0]^T$가 고유벡터의 초기 추정이라 하자. 그러면

$$z=\mathrm{S}v=\begin{bmatrix}-30 & 10 & 20\\ 10 & 40 & -50\\ 20 & -50 & -10\end{bmatrix}\begin{bmatrix}1\\0\\0\end{bmatrix}=\begin{bmatrix}-30.0\\10.0\\20.0\end{bmatrix}$$

$$|z|=\sqrt{(-30)^2+10^2+20^2}=37.417$$

$$v=\frac{z}{|z|}=\frac{1}{37.417}\begin{bmatrix}-30.0\\10.0\\20.0\end{bmatrix}=\begin{bmatrix}-0.80177\\0.26726\\0.53452\end{bmatrix}$$

두 번째 반복:

$$z=\mathrm{S}v=\begin{bmatrix}-30 & 10 & 20\\ 10 & 40 & -50\\ 20 & -50 & -10\end{bmatrix}\begin{bmatrix}-0.80177\\0.26726\\0.53452\end{bmatrix}=\begin{bmatrix}37.416\\-24.053\\-34.744\end{bmatrix}$$

$$|z|=\sqrt{37.316^2+(-24.053)^2+(-34.744)^2}=56.442$$

$$v = \frac{z}{|z|} = \frac{1}{56.442}\begin{bmatrix} 37.416 \\ -24.053 \\ -34.744 \end{bmatrix} = \begin{bmatrix} 0.66291 \\ -0.42615 \\ -0.61557 \end{bmatrix}$$

세 번째 반복:

$$z = Sv = \begin{bmatrix} -30 & 10 & 20 \\ 10 & 40 & -50 \\ 20 & -50 & -10 \end{bmatrix}\begin{bmatrix} 0.66291 \\ -0.42615 \\ -0.61557 \end{bmatrix} = \begin{bmatrix} -36.460 \\ 20.362 \\ 40.721 \end{bmatrix}$$

$$|z| = \sqrt{(-36.460)^2 + 20.362^2 + 40.721^2} = 58.325$$

$$v = \frac{z}{|z|} = \frac{1}{58.328}\begin{bmatrix} -36.460 \\ 20.362 \\ 40.721 \end{bmatrix} = \begin{bmatrix} -0.62509 \\ 0.34909 \\ 0.69814 \end{bmatrix}$$

이 단계에서 우리가 찾는 고유값의 근사는 $\lambda = -58.328$ MPa이다(음의 부호는 반복계산 사이에서 z의 부호 변화에 의해 결정된다). 이것은 실제로 두 번째로 큰 고유값 $\lambda_2 = -58.39$ MPa와 가깝다. 반복 과정을 계속하여, 결국은 최대고유값 $\lambda_3 = 70.94$ MPa로 마무리한다. $|\lambda_2|$와 $|\lambda_3|$가 상당히 가까우므로, 수렴은 손계산에서 이 점에서 매우 느리다. 다음은 이 계산을 위한 프로그램이다.

코드 7.7 Ex0705.py

```
# 예제 7.5 역멱승법

import math
import numpy as np

if __name__ == '__main__':
    s = np.array([[-30.0, 10.0, 20.0], \
        [ 10.0, 40.0, -50.0], \
        [ 20.0, -50.0, -10.0]])
    v = np.array([1.0, 0.0, 0.0])

    for i in range(100):
        vOld = v.copy()
        z = np.dot(s,v)
        zMag = math.sqrt(np.dot(z,z))
        v = z / zMag

        if np.dot(vOld,v) < 0.0:
```

코드 7.7 Ex0705.py(계속)

```
            sign = -1.0
            v = -v
        else:
            sign = 1.0
        if math.sqrt(np.dot(vOld - v,vOld - v)) < 1.0e-6:
            break

    lam = sign*zMag

    print("반복횟수 =", i)
    print("고유값   =", lam)
```

이 프로그램의 출력은 다음과 같다.

```
반복횟수 = 92
고유값   = 70.94348330679053
```

예제 7.6 **역멱승법(2)**

다음 행렬의 최소고유값 λ_1과 대응하는 고유벡터를 결정하라.

$$A = \begin{bmatrix} 11 & 2 & 3 & 1 & 4 \\ 2 & 9 & 3 & 5 & 2 \\ 3 & 3 & 15 & 4 & 3 \\ 1 & 5 & 4 & 12 & 4 \\ 4 & 2 & 3 & 4 & 17 \end{bmatrix}$$

$\lambda_1 \approx 5$임을 알고 고유값 이동과 역멱승법을 이용하라.

풀이

이 예제의 프로그램은 다음과 같다.

코드 7.8 Ex0706.py

```
# 예제 7.6: 고유값 이동과 역멱승법

import numpy as np
from inversePower import *
```

코드 7.8 Ex0706.py(계속)

```

s = 5.0
a = np.array([[ 11.0, 2.0, 3.0, 1.0, 4.0], \
    [ 2.0, 9.0, 3.0, 5.0, 2.0], \
    [ 3.0, 3.0, 15.0, 4.0, 3.0], \
    [ 1.0, 5.0, 4.0, 12.0, 4.0], \
    [ 4.0, 2.0, 3.0, 4.0, 17.0]])

lam, x = inversePower(a,s)

print("고유값= {0:10.3f}".format(lam))
with np.printoptions(precision=3, suppress=False):
    print("고유벡터 =", x)
```

다음은 이 프로그램의 출력이다. 4회의 반복계산으로 수렴된다. 고유값 이동이 없으면, 26회의 반복계산이 필요하다.

```
고유값   = 4.874
고유벡터 = [0.267 -0.741 -0.050  0.595 -0.15]
```

예제 7.7 외팔보

한쪽이 롤러로 지지된 외팔보가 압축하중 P를 받는다.

보의 횡방향 변위 $u(x)$는 다음의 미분방정식을 만족하는 것을 보일 수 있다.

$$u^{(4)} + \frac{P}{EI}u'' = 0 \tag{a}$$

여기서 EI는 휨강성이다. 경계조건은 다음과 같다.

$$u(0) = u'(0) = 0, \ u(L) = u'(L) = 0 \tag{b}$$

만일 미분을 유한차분법으로 근사하면 보의 좌굴해석은 행렬 고유값 문제가 된다는 것을 보여라.

풀이

그림처럼 보를 길이 $L/(n+1)$인 $n+1$개의 단면으로 나눈다. 식 (a)의 u에 대한 미분방정식을 내부점(절점 1부터 n)에서 $O(h^2)$인 중앙차분하면, 다음의 식이 된다.

$$\frac{u_{i-2}-4u_{i-1}+6u_i-4u_{i+1}+u_{i+2}}{h^4}=\frac{P}{EI}\frac{-u_{i-1}+2u_i-u_{i+1}}{h^2},\ (i=1,\ 2,\ \cdots,\ n)$$

h^4를 곱하면, 이 방정식은

$$\begin{aligned}
&u_{-1}-4u_0+6u_1-4u_2+u_3=\lambda(-u_0+2u_1-u_2)\\
&u_0-4u_1+6u_2-4u_3+u_4=\lambda(-u_1+2u_2-u_3)\\
&\qquad\vdots\\
&u_{n-3}-4u_{n-2}+6u_{n-1}-4u_n+u_{n+1}=\lambda(-u_{n-2}+2u_{n-1}-u_n)\\
&u_{n-2}-4u_{n-1}+6u_n-4u_{n+1}+u_{n+2}=\lambda(-u_{n-1}+2u_n-u_{n+1})
\end{aligned}$$

여기서

$$\lambda=\frac{Ph^2}{EI}=\frac{PL^2}{(n+1)^2EI}$$

변위 u_{-1}, u_0, u_{n+1}, u_{n+2}는 사전에 지정된 경계조건을 소거할 수 있다. **표 7.1**을 참고하면, 경계조건에 대한 유한차분근사는 다음과 같다.

$$u_0=0,\ u_{-1}=-u_1,\ u_{n+1}=0,\ u_{n+2}=u_n$$

식 (c)에 대입하면, 행렬 고유값 문제 $\mathrm{A}\boldsymbol{x}=\lambda\mathrm{B}\boldsymbol{x}$를 얻는다. 여기서

$$\mathrm{A}=\begin{bmatrix}
5 & -4 & 1 & 0 & 0 & \cdots & 0\\
-4 & 6 & -4 & 1 & 0 & \cdots & 0\\
1 & -4 & 6 & -4 & 1 & \cdots & 0\\
\vdots & \ddots & \ddots & \ddots & \ddots & \ddots & \vdots\\
0 & \cdots & 1 & -4 & 6 & -4 & 1\\
0 & \cdots & 0 & 1 & -4 & 6 & -4\\
0 & \cdots & 0 & 0 & 1 & -4 & 7
\end{bmatrix}$$

$$
\mathrm{B} = \begin{bmatrix} 2 & -1 & 0 & 0 & 0 & \cdots & 0 \\ -2 & 2 & -1 & 0 & 0 & \cdots & 0 \\ 0 & -1 & 2 & -1 & 0 & \cdots & 0 \\ \vdots & \ddots & \ddots & \ddots & \ddots & \ddots & \vdots \\ 0 & \cdots & 0 & -1 & 2 & -1 & 0 \\ 0 & \cdots & 0 & 0 & -1 & 2 & -1 \\ 0 & \cdots & 0 & 0 & & 1 & 2 \end{bmatrix}
$$

예제 7.8 좌굴하중 계산

예제 7.7에 주어진 자료와 결과를 이용하여, 대역행렬을 최대로 이용하여 보의 최소좌굴하중을 계산하는 프로그램을 작성하라. 100개의 내부절점($n = 100$)으로 프로그램을 실행하라.

풀이

다음에 제시되는 inversePower5( ) 함수는 $\mathrm{A}\boldsymbol{x} = \lambda \mathrm{B}\boldsymbol{x}$의 최소고유값과 대응하는 고유벡터를 반환한다. 여기서 A는 오대각행렬이고 B는 성긴행렬(이 문제에서는 삼대각행렬)이다. 행렬 A는 분해와 함께 3장에서 한 것처럼 대각선 $\boldsymbol{d}$, $\boldsymbol{e}$, $\boldsymbol{f}$로 입력된다. 이 알고리즘은 B를 직접 이용하지 않으나, Bv를 지원하는 함수 Bv(v)를 호출한다. 고유값 이동은 이용하지 않는다. 대칭오대각행렬을 이용하므로, 이 코드는 대칭오대각행렬을 LU 분해로 푸는 **LudSym5** 모듈(코드 3.10)이 필요하다. 역멱승법의 코드는 다음과 같다.

코드 7.9 InversePower5.py

```
# InversePower5.py
## 5대각행렬을 이용하는 역멱승법 모듈
''' lam,x = inversePower5(Bv,d,e,f,tol=1.0e-6)
        고유값 문제 [A]{x} = lam[B]{x}를 푸는 멱승법
        여기서 [A]가 5대각행렬이며, [B]는 성긴행렬이다.
        벡터 [B]{v}를 반환하는 Bv(v)를 제공해야 한다.
'''
import math
import numpy as np
from LudSym5 import *
from numpy.random import rand

def inversePower5(Bv,d,e,f,tol=1.0e-6):
    n = len(d)
    d,e,f = decompLudSym5(d,e,f)

    x = rand(n)                         # 난수 생성
    xMag = math.sqrt(np.dot(x,x))       # {x} 정규화
```

코드 7.9 InversePower5.py(계속)

```
    x = x/xMag
    for i in range(30):              # 반복시작
        xOld = x.copy()              # 현재의 {x} 저장
        x = Bv(xOld)                 # [B]{x} 계산
        x = solveLudSym5(d,e,f,x)        # [A]{z} = [B]{x} 풀기

        xMag = math.sqrt(np.dot(x,x))   # {z}를 정규화
        x = x/xMag

        if np.dot(xOld,x) < 0.0:         # {x}의 부호가 변하는지
            sign = -1.0                  # 확인
            x = -x
        else:
            sign = 1.0
        if math.sqrt(np.dot(xOld - x,xOld - x)) < tol:
            return sign/xMag,x
    else:
        print('역멱승법이 수렴하지 않음')
        return None, None
```

이 예제를 푸는 코드는 다음과 같다. 이 코드에서 역멱승법에 대한 코드인 InversePower5.py를 이용한다.

코드 7.10 Ex0708.py

```
# 예제 7.8 역멱승법. 좌굴해석

import numpy as np
from InversePower5 import *

def Bv(v): # {z} = [B]{v} 계산
    n = len(v)
    z = np.zeros(n)
    z[0] = 2.0*v[0] - v[1]
    for i in range(1,n-1):
        z[i] = -v[i-1] + 2.0*v[i] - v[i+1]
    z[n-1] = -v[n-2] + 2.0*v[n-1]
    return z

if __name__ == '__main__':
    n = 100                 # 내부점의 수
    d = np.ones(n)*6.0 # 대각선 지정 [A] = [f\e\d\e\f]
```

코드 7.10 Ex0708.py(계속)

```
    d[0] = 5.0
    d[n-1] = 7.0
    e = np.ones(n-1)*(-4.0)
    f = np.ones(n-2)*1.0

    # 역멱승법으로 고유값 계산
    lam,x = inversePower5(Bv,d,e,f)

    print("PL^2/EI =",lam*(n+1)**2)
```

출력은 해석값과 일치한다.

```
PL^2/EI = 20.1867306935764
```

7.4 Householder 축약

고유값 문제를 더 풀기 쉬운 형태로 변환하는 데 닮음변환을 이용할 수 있음을 앞서 언급하였다. 가장 바람직한 '쉬운' 형태는 물론 Jacobi법에서 나오는 대각형이다. 그러나 Jacobi법은 약 $10n^3$회에서 $20n^3$회의 곱셈을 필요로 하며, 계산량은 n에 따라 매우 급격히 증가한다. 일반적으로 행렬을 대각행렬로 축소하는 것이 훨씬 좋다. 이것은 Householder법에 의해 정확히 $n-2$회 변환하면 수행할 수 있다. 일단 대각형이 만들어진 후에, 고유값과 고유벡터를 추출해야 하며, 이것을 다룰 수 있는 여러 가지 효율적인 방법들이 있다. 이 방법들은 다음 절에서 살펴볼 것이다.

(1) Householder 행렬

각 Householder 변환은 Householder 행렬을 이용한다.

$$\mathrm{Q} = \mathrm{I} - \frac{uu^T}{H} \tag{7.46}$$

여기서 $\boldsymbol{u}$는 벡터이고, 다음은 Householder 행렬이다.

$$H = \frac{1}{2}\boldsymbol{u}^T\boldsymbol{u} = \frac{1}{2}|\boldsymbol{u}|^2 \tag{7.47}$$

식 (7.46)에서 $\boldsymbol{u}\boldsymbol{u}^T$은 외적outer product임에 유의하자. 즉, $(\boldsymbol{u}\boldsymbol{u}^T)_{ij} = u_i u_j$인 행렬이다. Q는 분명히 대칭($Q^T = Q$)이므로, 다음과 같이 쓸 수 있다.

$$Q^TQ = QQ = \left(I - \frac{\boldsymbol{u}\boldsymbol{u}^T}{H}\right)\left(I - \frac{\boldsymbol{u}\boldsymbol{u}^T}{H}\right) = I - 2\frac{\boldsymbol{u}\boldsymbol{u}^T}{H} + \frac{\boldsymbol{u}(\boldsymbol{u}^T\boldsymbol{u})\boldsymbol{u}^T}{H^2}$$

$$= I - 2\frac{\boldsymbol{u}\boldsymbol{u}^T}{H} + \frac{\boldsymbol{u}(2H)\boldsymbol{u}^T}{H^2} = I$$

이것은 Q가 또한 직교임을 보여준다.

$\boldsymbol{x}$가 임의의 벡터라 하고, 변환 $Q\boldsymbol{x}$를 생각하자. $\boldsymbol{u}$를 다음과 같이 선택하자.

$$\boldsymbol{u} = \boldsymbol{x} + k\boldsymbol{e}_1 \tag{7.48}$$

여기서

$$k = \pm|\boldsymbol{x}|, \quad \boldsymbol{e}_1 = [1 \quad 0 \quad \cdots \quad 0]^T$$

그러면 다음 식을 얻는다.

$$Q\boldsymbol{x} = \left(I - \frac{\boldsymbol{u}\boldsymbol{u}^T}{H}\right)\boldsymbol{x} = \left[I - \frac{\boldsymbol{u}(\boldsymbol{x} + k\boldsymbol{e}_1)^T}{H}\right]\boldsymbol{x}$$

$$= \boldsymbol{x} - \frac{\boldsymbol{u}(\boldsymbol{x}^T\boldsymbol{x} + k\boldsymbol{e}_1^T\boldsymbol{x})}{H} = \boldsymbol{x} - \frac{\boldsymbol{u}(k^2 + kx_1)}{H}$$

$$2H = (\boldsymbol{x} + k\boldsymbol{e}_1)^T(\boldsymbol{x} + k\boldsymbol{e}_1) = |\boldsymbol{x}|^2 + k(\boldsymbol{x}^T\boldsymbol{e}_1 + \boldsymbol{e}_1^T\boldsymbol{x}) + k^2\boldsymbol{e}_1^T\boldsymbol{e}_1$$

$$= k^2 + 2kx_1 + k^2 = 2(k^2 + kx_1)$$

$$Q\boldsymbol{x} = \boldsymbol{x} - \boldsymbol{u} = -k\boldsymbol{e}_1 = [-k \quad 0 \quad \cdots \quad 0]^T \tag{7.49}$$

따라서 변환은 첫 번째를 제외한 $\boldsymbol{x}$의 모든 요소를 소거한다.

(2) 대칭행렬의 Householder 축약

대칭인 $n \times n$ 행렬 A에 다음의 변환을 적용해보자.

$$\mathrm{P}_1\mathrm{A} = \begin{bmatrix} 1 & \mathbf{0}^T \\ \mathbf{0} & \mathrm{Q} \end{bmatrix} \begin{bmatrix} A_{11} & \boldsymbol{x}^T \\ \boldsymbol{x} & \mathrm{A}' \end{bmatrix} = \begin{bmatrix} A_{11} & \boldsymbol{x}^T \\ \mathrm{Q}\boldsymbol{x} & \mathrm{QA}' \end{bmatrix} \tag{7.50}$$

여기서 $\boldsymbol{x}$는 A의 첫 열을 나타내며, A′은 단순히 A에서 첫 행과 첫 열을 제거한 것이다. $(n-1) \times (n-1)$ 행렬인 Q는 식 (7.46)~식 (7.48)을 이용하여 구성한다. 식 (7.49)를 참조하면, 변환은 A의 첫 열을 다음과 같이 축약한다.

$$\begin{bmatrix} A_{11} \\ \mathrm{Qx} \end{bmatrix} = \begin{bmatrix} A_{11} \\ -k \\ 0 \\ \vdots \\ 0 \end{bmatrix}$$

이 변환은 다음과 같다.

$$\mathrm{A} \leftarrow \mathrm{P}_1\mathrm{AP}_1 = \begin{bmatrix} \mathrm{A}_{11} & (\mathrm{Q}\boldsymbol{x})^T \\ \mathrm{Q}\boldsymbol{x} & \mathrm{QA}'\mathrm{Q} \end{bmatrix} \tag{7.51}$$

따라서 A의 첫 행과 첫 열을 대각화한다. 여기에 4×4 행렬에 대한 변환의 개요를 보인다.

$$\left[\begin{array}{c|ccc} 1 & 0 & 0 & 0 \\ \hline 0 & & & \\ 0 & & \mathrm{Q} & \\ 0 & & & \end{array}\right] \left[\begin{array}{c|ccc} A_{11} & A_{12} & A_{13} & A_{14} \\ \hline A_{21} & & & \\ A_{31} & & \mathrm{A}' & \\ A_{41} & & & \end{array}\right] \left[\begin{array}{c|ccc} 1 & 0 & 0 & 0 \\ \hline 0 & & & \\ 0 & & \mathrm{Q} & \\ 0 & & & \end{array}\right] = \left[\begin{array}{c|ccc} A_{11} & -k & 0 & 0 \\ \hline -k & & & \\ 0 & & \mathrm{QA}'\mathrm{Q} & \\ 0 & & & \end{array}\right]$$

A의 둘째 행과 열은 변환을 적용하면, 행렬의 3×3 오른쪽 아랫부분으로 축약된다. 이 변환은 $\mathrm{A} \leftarrow \mathrm{P}_2\mathrm{AP}_2$로 쓸 수 있으며, 여기서 변환행렬은 다음과 같다.

$$\mathrm{P}_2 = \begin{bmatrix} \mathrm{I}_2 & \mathbf{0}^T \\ \mathbf{0} & \mathrm{Q} \end{bmatrix} \tag{7.52}$$

식 (7.52)에서 I_2는 2×2 항등행렬이고, Q는 A의 둘째 열의 $n-2$ 요소인 **x**를 선택하여 구성한

$(n-2)\times(n-2)$ 행렬이다. 다음 변환을 $n-2$회 실행하면, 삼대각행렬을 얻을 수 있다.

$$\mathrm{P}_i = \begin{bmatrix} \mathrm{I}_i & \mathbf{0}^T \\ \mathbf{0} & \mathrm{Q} \end{bmatrix}, \ (i=1,\ 2,\ \cdots,\ n-2)$$

P_i를 형성하고 행렬 곱셈 $\mathrm{P}_i\mathrm{AP}_i$를 실행하는 것은 낭비이다. 다음 사항을 유념하자.

$$\mathrm{A}'\mathrm{Q} = \mathrm{A}'\left(\mathrm{I} - \frac{\boldsymbol{u}\boldsymbol{u}^T}{H}\right) = \mathrm{A}' - \frac{\mathrm{A}'\boldsymbol{u}}{H}\boldsymbol{u}^T = \mathrm{A}' - \boldsymbol{v}\boldsymbol{u}^T$$

여기서

$$\boldsymbol{v} = \frac{\mathrm{A}'\boldsymbol{u}}{H} \tag{7.53}$$

따라서

$$\begin{aligned}
\mathrm{QA}'\mathrm{Q} &= \left(\mathrm{I} - \frac{\boldsymbol{u}\boldsymbol{u}^T}{H}\right)(\mathrm{A}' - \boldsymbol{v}\boldsymbol{u}^T) = \mathrm{A}' - \boldsymbol{v}\boldsymbol{u}^T - \frac{\boldsymbol{u}\boldsymbol{u}^T}{H}(\mathrm{A}' - \boldsymbol{v}\boldsymbol{u}^T) \\
&= \mathrm{A}' - \boldsymbol{v}\boldsymbol{u}^T - \frac{\boldsymbol{u}(\boldsymbol{u}^T\mathrm{A}')}{H} + \frac{\boldsymbol{u}(\boldsymbol{u}^T\boldsymbol{v})\boldsymbol{u}^T}{H} \\
&= \mathrm{A}' - \boldsymbol{v}\boldsymbol{u}^T - \boldsymbol{u}\boldsymbol{v}^T + 2g\boldsymbol{u}\boldsymbol{u}^T
\end{aligned}$$

여기서

$$g = \frac{\boldsymbol{u}^T\boldsymbol{v}}{2H} \tag{7.54}$$

다음 관계를 갖는다고 하자.

$$\boldsymbol{w} = \boldsymbol{v} - g\boldsymbol{u} \tag{7.55}$$

그러면 이 변환은 다음과 같이 쓸 수 있음을 쉽게 증명할 수 있다.

$$\mathrm{QA}'\mathrm{Q} = \mathrm{A}' - \boldsymbol{w}\boldsymbol{u}^T - \boldsymbol{u}\boldsymbol{w}^T \tag{7.56}$$

이 관계를 이용하여, 다음의 계산 과정은 $(i=1,\ 2,\ \cdots,\ n-2)$에 대해 수행할 수 있다.

$(i=1, 2, \cdots, n-2)$에 대해 다음의 과정을 실행한다:

A′을 A의 $(n-i)\times(n-i)$ 오른쪽 아랫 부분이라 하자.

$\boldsymbol{x}=[A_{i+1,i}\ A_{i+2,i}\ \cdots\ A_{n,i}]^T$이라 놓는다(A의 왼쪽의 $n-i$인 열).

$|\boldsymbol{x}|$를 계산한다. $x_1>0$이면 $k=|\boldsymbol{x}|$, $x_1<0$이면 $k=-|\boldsymbol{x}|$이다(부호를 이렇게 선택하면 마무리 오차가 최소화된다).

$\boldsymbol{u}=[k+x_1\ x_2\ x_3\ \cdots\ x_{n-i}]^T$로 놓는다.

$H=\dfrac{|\boldsymbol{u}|}{2}$를 계산한다.

$\boldsymbol{v}=\dfrac{\mathrm{A}'\boldsymbol{u}}{H}$를 계산한다.

$g=\dfrac{\boldsymbol{u}^T\boldsymbol{v}}{2H}$를 계산한다.

$\boldsymbol{w}=\boldsymbol{v}-g\boldsymbol{u}$를 계산한다.

변환 $\mathrm{A}'\leftarrow\mathrm{A}'-\boldsymbol{w}^T\boldsymbol{u}-\boldsymbol{u}^T\boldsymbol{w}$를 계산한다.

$A_{i,i+1}=A_{i+1,i}=-k$로 놓는다.

---

(3) 누적변환행렬

닮음변환을 이용하였으므로 대각행렬의 고유값은 원행렬의 것과 같다. 그러나 원행렬 A의 고유벡터 X를 결정하기 위해, 다음 변환을 이용해야 한다.

$$\mathrm{X}=\mathrm{PX}_{\mathrm{tridiag}} \tag{a}$$

여기서 P는 개별적인 변환의 누적이며, 다음과 같다.

$$\mathrm{P}=\mathrm{P}_1\mathrm{P}_2\cdots\ \mathrm{P}_{n-2}$$

누적변환행렬은 P를 $n\times n$ 항등행렬로 초기화하고, 다음 변환을 적용하여 만든다.

$$\mathrm{P}\leftarrow\mathrm{PP}_i=\begin{bmatrix}\mathrm{P}_{11} & \mathrm{P}_{12}\\ \mathrm{P}_{21} & \mathrm{P}_{22}\end{bmatrix}\begin{bmatrix}\mathrm{I}_i & \mathrm{0}^T\\ \mathrm{0} & \mathrm{Q}\end{bmatrix}=\begin{bmatrix}\mathrm{P}_{11} & \mathrm{P}_{12}\mathrm{Q}\\ \mathrm{P}_{21} & \mathrm{P}_{22}\mathrm{Q}\end{bmatrix},\ (i=2,\ 3,\ \cdots,\ n-2) \tag{b}$$

각 곱셈은 P의 가장 오른쪽 끝의 $n-i$열에만 영향을 미친다는 것을 알 수 있다(P_{12}의 첫 행은 0만을 포함하므로, 곱셈에서 생략할 수 있다). 다음의 기호를 이용하면,

$$\mathrm{P}' = \begin{bmatrix} \mathrm{P}_{12} \\ \mathrm{P}_{22} \end{bmatrix}$$

다음과 같이 쓸 수 있다.

$$\begin{bmatrix} \mathrm{P}_{12}\mathrm{Q} \\ \mathrm{P}_{22}\mathrm{Q} \end{bmatrix} = \mathrm{P}'\mathrm{Q} = \mathrm{P}'\left(\mathrm{I} - \frac{\boldsymbol{u}\boldsymbol{u}^T}{H}\right) = \mathrm{P}' - \frac{\mathrm{P}'\boldsymbol{u}}{H}\boldsymbol{u}^T = \mathrm{P}' - \boldsymbol{y}\boldsymbol{u}^T \tag{7.57}$$

여기서

$$\boldsymbol{y} = \frac{\mathrm{P}'\boldsymbol{u}}{H} \tag{7.58}$$

식 (b)에서 행렬곱을 수행하는 과정은 다음과 같다.

$\boldsymbol{u}$를 불러온다($\boldsymbol{u}$는 A의 주대각 아래의 열에 저장된다).
$H = \dfrac{|\boldsymbol{u}|}{2}$를 계산한다.
$\boldsymbol{y} = \dfrac{\mathrm{P}'\boldsymbol{u}}{H}$를 계산한다.
변환 $\mathrm{P}' \leftarrow \mathrm{P}' - \boldsymbol{y}\boldsymbol{u}^T$를 계산한다.

예제 7.9 Householder 축약

다음 행렬을 삼대각 형태로 변환하라.

$$\mathrm{A} = \begin{bmatrix} 7 & 2 & 3 & -1 \\ 2 & 8 & 5 & 1 \\ 3 & 5 & 12 & 9 \\ -1 & 1 & 9 & 7 \end{bmatrix}$$

풀이

첫 행과 열을 축약한다.

$$\mathrm{A}' = \begin{bmatrix} 8 & 5 & 1 \\ 5 & 12 & 9 \\ 1 & 9 & 7 \end{bmatrix}, \; \boldsymbol{x} = \begin{bmatrix} 2 \\ 3 \\ -1 \end{bmatrix}, \; k = |\boldsymbol{x}| = 3.7417$$

$$\boldsymbol{u} = \begin{bmatrix} k+x_1 \\ x_2 \\ x_3 \end{bmatrix} = \begin{bmatrix} 5.7417 \\ 3 \\ -1 \end{bmatrix},\ H = \frac{1}{2}|\boldsymbol{u}|^2 = 21.484$$

$$\boldsymbol{u}\boldsymbol{u}^T = \begin{bmatrix} 32.967 & 17.225 & -5.7417 \\ 17.225 & 9 & -3 \\ -5.7417 & -3 & 1 \end{bmatrix}$$

$$\mathrm{Q} = \mathrm{I} - \boldsymbol{u}\boldsymbol{u}^T = \begin{bmatrix} -0.53450 & -0.80176 & 0.26725 \\ -0.80176 & 0.58108 & 0.13964 \\ 0.26725 & 0.13964 & 0.95345 \end{bmatrix}$$

$$\mathrm{QA'Q} = \begin{bmatrix} 10.6420 & -0.1388 & -9.1294 \\ -0.1388 & 5.9087 & 4.8429 \\ -9.1294 & 4.8429 & 10.4480 \end{bmatrix}$$

$$\mathrm{A} \leftarrow \begin{bmatrix} \mathrm{A}_{11} & (\mathrm{Q}\boldsymbol{x})^T \\ \mathrm{Q}\boldsymbol{x} & \mathrm{QA'Q} \end{bmatrix} = \begin{bmatrix} 7 & -3.7417 & 0 & 0 \\ -3.7417 & 10.6420 & -0.1388 & -9.1294 \\ 0 & -0.1388 & 5.9087 & 4.8429 \\ 0 & -9.1294 & 4.8429 & 10.4480 \end{bmatrix}$$

마지막 단계에서 공식 $\mathrm{Q}\boldsymbol{x} = [-k\ \ 0\ \ \cdots\ \ 0]^T$을 이용하였다. 둘째 행과 열을 축약한다.

$$\mathrm{A}' = \begin{bmatrix} 5.9087 & 4.8429 \\ 4.8429 & 10.4480 \end{bmatrix},\ \boldsymbol{x} = \begin{bmatrix} -0.1388 \\ -9.1294 \end{bmatrix},\ k = -|\boldsymbol{x}| = -9.1305$$

여기서 k의 음의 부호는 x_1의 부호에서 정해졌다.

$$\boldsymbol{u} = \begin{bmatrix} k+x_1 \\ -9.1294 \end{bmatrix} = \begin{bmatrix} -9.2693 \\ -9.1294 \end{bmatrix},\ H = \frac{1}{2}|\boldsymbol{u}|^2 = 84.633$$

$$\boldsymbol{u}\boldsymbol{u}^T = \begin{bmatrix} 85.920 & 84.623 \\ 84.623 & 83.346 \end{bmatrix}$$

$$\mathrm{Q} = \mathrm{I} - \boldsymbol{u}\boldsymbol{u}^T = \begin{bmatrix} 0.01521 & -0.99988 \\ -0.99988 & 0.01521 \end{bmatrix}$$

$$\mathrm{QA'Q} = \begin{bmatrix} 10.594 & 4.772 \\ 4.772 & 5.762 \end{bmatrix}$$

$$\mathrm{A} \leftarrow \begin{bmatrix} A_{11} & A_{12} & 0^T \\ A_{21} & A_{22} & (\mathrm{Q}\boldsymbol{x})^T \\ \mathbf{0} & \boldsymbol{Qx} & \mathrm{QA'Q} \end{bmatrix} = \begin{bmatrix} 7 & -3.742 & 0 & 0 \\ -3.742 & 10.642 & 9.131 & 0 \\ 0 & 9.131 & 10.594 & 4.772 \\ 0 & 0 & 4.772 & 5.762 \end{bmatrix}$$

householder( ) 함수

이 모듈에서 함수 householder( )는 삼대각 형태로 축약하지 않는다. 이 함수는 (d, c)를 반환하며, 여기서 d와 c는 각각 주대각과 부대각의 요소를 가진 벡터이다. 상삼각 부분만 삼대각 형태로 축약된다. 주대각 아래 부분은 벡터 u를 저장하는 데 이용된다. 이것은 문장 u = a[k+1:n,k]에 의해 자동적으로 수행되며, 이것은 새 객체 u를 생성하는 것이 아니라, a[k+1:n,k]에 대한 참조(복사를 만든다)를 설정한다. 따라서 u에 어떤 변화가 생기면, 곧바로 a[k+1:n,k]에 반영된다. 함수 computeP( )는 누적변환행렬 P를 반환한다. 고유벡터만을 계산한다면, 이 함수를 호출할 필요가 없다.

코드 7.11 Householder.py

```
# Householder.py
# Householder 모듈
''' d,c = householder(a)
        행렬 [a]를 삼대각 형태로 닮음변환하는 Householder 축약
    p = computeP(a)
        householder(a)를 호출한 후 누적된 변환행렬
        [p]를 계산
'''
import math
import numpy as np

def householder(a):
    n = len(a)
    for k in range(n-2):
        u = a[k+1:n,k]
        uMag = math.sqrt(np.dot(u,u))

        if u[0] < 0.0:
            uMag = -uMag
        u[0] = u[0] + uMag
        h = np.dot(u,u)/2.0
        v = np.dot(a[k+1:n,k+1:n],u)/h
        g = np.dot(u,v)/(2.0*h)
        v = v - g*u
        a[k+1:n,k+1:n] = a[k+1:n,k+1:n] - np.outer(v,u) \
                         - np.outer(u,v)
        a[k,k+1] = -uMag
    return np.diagonal(a), np.diagonal(a,1)

def computeP(a):
```

코드 7.11 Householder.py(계속)

```
    n = len(a)
    p = np.identity(n)*1.0
    for k in range(n-2):
        u = a[k+1:n,k]
        h = np.dot(u,u)/2.0
        v = np.dot(p[1:n,k+1:n],u)/h
        p[1:n,k+1:n] = p[1:n,k+1:n] - np.outer(v,u)
    return p
```

예제 7.10 householder( ) 함수를 이용

행렬을 삼대각화하는 householder( ) 함수를 이용하여 예제 7.9를 풀고, 변환행렬 P를 결정하라.

풀이

이 문제의 풀이 코드는 다음과 같다.

코드 7.12 Ex0710.py

```
# 예제 7.10 Householder 모듈 이용

import numpy as np
from Householder import *

if __name__ == '__main__':
    a = np.array([[ 7.0, 2.0, 3.0, -1.0], \
        [ 2.0, 8.0, 5.0, 1.0], \
        [ 3.0, 5.0, 12.0, 9.0], \
        [-1.0, 1.0, 9.0, 7.0]])

    d,c = householder(a)
    P = computeP(a)

    print("주대각 {d}:\n", d)
    print("\n부대각 {c}:\n", c)
    print("\n변환행렬 [P]:\n", P)

```

이 코드의 실행 결과는 다음과 같다.

```
주대각 {d}:
 [ 7.         10.64285714 10.59421525  5.76292761]

부대각 {c}:
 [-3.74165739  9.13085149  4.77158058]

변환행렬 [P]:
 [[ 1.          0.          0.          0.        ]
 [ 0.         -0.53452248 -0.25506831  0.80574554]
 [ 0.         -0.80178373 -0.14844139 -0.57888514]
 [ 0.          0.26726124 -0.95546079 -0.12516436]]
```

7.5 대칭삼각행렬의 고유값

(1) Sturm 수열

원칙적으로 A의 고유값은 특성방정식 $|A-\lambda I|=0$을 찾아서 결정할 수 있다. 이 방법은 큰 행렬에 대해서는 비현실적이다. 왜냐하면 행렬식의 계산이 $n^3/3$회의 곱셈을 포함하기 때문이다. 그러나 행렬이 대칭삼대각행렬이면, 이 특성 다항식은 다음과 같은 형태가 된다.

$$P_n(\lambda)=|A-\lambda I|=\begin{bmatrix} d_1-\lambda & c_1 & 0 & 0 & \cdots & 0 \\ c_1 & d_2-\lambda & c_2 & 0 & \cdots & 0 \\ 0 & c_2 & d_3-\lambda & c_3 & \cdots & 0 \\ 0 & 0 & c_3 & d_4-\lambda & \cdots & 0 \\ \vdots & \vdots & \vdots & \vdots & \ddots & \vdots \\ 0 & 0 & \cdots & 0 & c_{n-1} & d_n-\lambda \end{bmatrix}$$

이 경우 다음의 수열 연산을 이용하여 $3(n-1)$회의 곱셈만으로 계산할 수 있다.

$$\begin{aligned} &P_0(\lambda)=1 \\ &P_1(\lambda)=d_1-\lambda \\ &P_i(\lambda)=(d_i-\lambda)P_{i-1}(\lambda)-c_{i-1}^2P_{i-2}(\lambda),\ (i=2,\ 3,\ \cdots,\ n) \end{aligned} \tag{7.59}$$

다항식 $P_0(\lambda)$, $P_1(\lambda)$, ⋯, $P_n(\lambda)$은 Sturm 수열을 형성한다. 이 수열은 다음의 특성을 갖는다. $P_0(a)$, $P_1(a)$, ⋯, $P_n(a)$에서 부호가 변화되는 수는 a보다 작은 $P_n(\lambda)$의 해의 수와 같다.

만일 $P_i(a)$의 요소 중 하나가 0이면, 그 부호는 $P_{i-1}(a)$의 부호의 반대이다. 나중에 보겠지만, Sturm 수열의 이런 특성이 삼대각행렬의 고유값의 범위를 지정할 수 있게끔 한다.

예제 7.11 Sturm 수열의 특성

Sturm 수열의 특성을 이용하여 다음 행렬 A의 최소고유값이 범위 $\langle 0.25 : 0.50 \rangle$에 있음을 보여라.

$$
\mathrm{A} = \begin{bmatrix} 2 & -1 & 0 & 0 \\ -1 & 2 & -1 & 0 \\ 0 & -1 & 2 & -1 \\ 0 & 0 & -1 & 2 \end{bmatrix}
$$

풀이

$\lambda = 0.5$로 놓으면, $d_i - \lambda = 1.5$이고 $c_{i-1}^2 = 1$이며, 식 (7.49)에서 Sturm 수열은 다음과 같다.

$$
\begin{aligned}
P_0(0.5) &= 1 \\
P_1(0.5) &= 1.5 \\
P_2(0.5) &= 1.5(1.5) - 1 = 1.25 \\
P_3(0.5) &= 1.5(1.25) - 1.5 = 0.375 \\
P_4(0.5) &= 1.5(0.375) - 1.25 = -0.6875
\end{aligned}
$$

이 수열의 부호는 한 번 바뀌므로, 0.5보다 작은 고유값은 하나 존재한다. $\lambda = 0.25$로 놓고 이 과정을 반복하면, $d_i - \lambda = 1.75$이고 $c_i^2 = 1$이며, 이 경우 Sturm 수열은 다음과 같다.

$$
\begin{aligned}
P_0(0.25) &= 1 \\
P_1(0.25) &= 1.75 \\
P_2(0.25) &= 1.75(1.75) - 1 = 2.0625 \\
P_3(0.25) &= 1.75(2.0625) - 1.75 = 1.8594 \\
P_4(0.25) &= 1.75(1.8594) - 2.0625 = 1.1915
\end{aligned}
$$

이 수열에서는 부호 변경이 없으므로, 모든 고유값은 0.25보다 크다. 따라서 $0.25 < \lambda_1 < 0.5$로 결론지을 수 있다.

sturmSeq( )

주어진 d, c, λ에 대해, 함수 **sturmSeq( )**는 Sturm 수열을 반환한다.

$$P_0(\lambda),\ P_1(\lambda),\ \cdots,\ P_n(\lambda)$$

함수 **numLambdas( )**는 수열에서 부호가 바뀌는 횟수를 반환한다(앞서 지적한 것처럼, 이것은 λ보다 작은 고유값의 수와 같다).

코드 7.13 SturmSequence.py

```
# StSequen.py
# Sturm 수열 모듈
''' p = sturmSeq(c,d,lam)
        특성 다항식 |[A] - lam[I]| = 0과 관련된
        Sturm 수열 \ {p[0],p[1],...,p[n]}를 반환한다.
        여기서 [A]는 n x n 삼대각행렬
    numLam = numLambdas(p)
        'lam'보다 작은 삼대각행렬의 고유값의 수를 반환
        sturmSeq()에서 얻은 Sturm 수열 {p}를 이용
'''
import numpy as np

def sturmSeq(d,c,lam):
    n = len(d) + 1
    p = np.ones(n)
    p[1] = d[0] - lam
    for i in range(2,n):
        p[i] = (d[i-1] - lam)*p[i-1] - (c[i-2]**2)*p[i-2]
    return p

def numLambdas(p):
    n = len(p)
    signOld = 1
    numLam = 0
    for i in range(1,n):
        if p[i] > 0.0:
            sign = 1
        elif p[i] < 0.0:
            sign = -1
        else:
            sign = -signOld
        if sign*signOld < 0:
```

코드 7.13 SturmSequence.py(계속)

```
            numLam = numLam + 1
        signOld = sign
    return numLam
```

(2) Gerschgorin 정리

Gerschgorin 정리는 $n \times n$ 행렬 A의 고유값의 전역 범위를 결정하는 데 유용하다. 여기서 '전역'이라는 의미는 모든 고유값을 포함한 범위를 의미한다. 여기서는 대칭행렬에 대한 간략화된 정리를 보인다.

만일 λ가 A의 고유값이면, 다음 관계를 갖는다.

$$a_i - r_i \le \lambda \le a_i + r_i, \ (i = 1, 2, \cdots, n)$$

여기서

$$a_i = A_{ii}, \ r_i = \sum_{\substack{j=1 \\ j \ne i}}^{n} |A_{ij}| \tag{7.60}$$

이에 따라 최소고유값과 최대고유값의 한계는 다음과 같이 주어진다.

$$\lambda_{\min} \ge \min_i (a_i - r_i), \ \lambda_{\max} \le \max_i (a_i + r_i) \tag{7.61}$$

gerschgorin( )

함수 **gerschgorin( )**은 대칭 삼대각행렬 $\mathbf{A} = [\mathbf{c} \backslash \mathbf{d} \backslash \mathbf{c}]$의 고유값의 하한과 상한을 반환한다.

코드 7.14 Gerschgorin.py

```
# Gerschgorin.py
# Gerschgorin 모듈
''' lamMin,lamMax = gerschgorin(d,c)
        대칭삼대각행렬의 고유값의 전역경계를 찾는
        Gerschgorin 정리를 적용
'''
```

코드 7.14 Gerschgorin.py(계속)

```
def gerschgorin(d,c):
    n = len(d)
    lamMin = d[0] - abs(c[0])
    lamMax = d[0] + abs(c[0])
    for i in range(1,n-1):
        lam = d[i] - abs(c[i]) - abs(c[i-1])
        if lam < lamMin:
            lamMin = lam
        lam = d[i] + abs(c[i]) + abs(c[i-1])
        if lam > lamMax:
            lamMax = lam
    lam = d[n-1] - abs(c[n-2])
    if lam < lamMin:
        lamMin = lam
    lam = d[n-1] + abs(c[n-2])
    if lam > lamMax:
        lamMax = lam
    return lamMin, lamMax
```

예제 7.12 Gerschgorin 정리

Gerschgorin 정리를 이용하여 다음 행렬의 고유값의 범위를 결정하라.

$$A = \begin{bmatrix} 4 & -2 & 0 \\ -2 & 4 & -2 \\ 0 & -2 & 5 \end{bmatrix}$$

풀이

식 (7.60)을 참조하면, 다음을 얻는다.

$$a_1 = 4,\ a_2 = 4,\ a_3 = 5$$

$$r_1 = 2,\ r_2 = 4,\ r_3 = 2$$

따라서

$$\lambda_{\min} \geq \min(a_i - r_i) = 4 - 4 = 0$$

$$\lambda_{\max} \leq \max(a_i + r_i) = 4 + 4 = 8$$

(3) 고유값의 범위 지정

Sturm 수열의 특성을 Gerschgorin 정리와 함께 이용하면, 대칭 삼대각행렬의 각 고유값의 범위를 지정하는 편리한 도구를 만들 수 있다.

■ lamRange( )

함수 **lamRange( )**은 대칭 삼대각행렬 $\mathrm{A} = [\boldsymbol{c} \backslash \boldsymbol{d} \backslash \boldsymbol{c}]$의 N개의 최소고유값의 범위를 지정한다. 이 함수는 수열 $r_0, r_1, \cdots, r_N$을 반환하며, 각 구간 $\langle r_{i-1} : r_i \rangle$는 정확히 하나의 고유값을 포함한다. 이 알고리즘은 먼저 Gerschgorin의 정리에 따라 모든 고유값을 포함하는 범위를 찾는다. 그다음에 Sturm 수열의 특성과 이분법을 함께 적용하여 $r_N, r_{N-1}, \cdots, r_0$를 차례로 결정한다.

코드 7.15 LambdaRange.py

```
# LambdaRange.py
# 고유값의 범위 모듈
''' r = lamRange(d,c,N)
        대칭삼대각행렬의 N개의 최소고유값
        {r[0],r[1],...,r[N]}을 반환
        여기서 r[i] < lam[i] < r[i+1]
'''
import numpy as np
from SturmSequence import *
from Gerschgorin import *

def lamRange(d,c,N):
    lamMin,lamMax = gerschgorin(d,c)
    r = np.ones(N+1)
    r[0] = lamMin

    # 고유값을 내림차순으로 찾기
    for k in range(N,0,-1):

        # 구간 (lamMin,lamMax)의 첫번째 이분
        lam = (lamMax + lamMin)/2.0
        h = (lamMax - lamMin)/2.0

        for i in range(1000):

            # lam 보다 작은 고유값의 수 찾기
            p = sturmSeq(d,c,lam)
```

코드 7.15 LambdaRange.py(계속)

```
            numLam = numLambdas(p)

            # 이분과 lam을 포함한 절반을 찾기 반복
            h = h/2.0
            if numLam < k:
                lam = lam + h
            elif numLam > k:
                lam = lam - h
            else:
                break

        # 만일 고유값이 존재하면 상한을 변경하고
        # [r]에 그것을 기록한다.
        lamMax = lam
        r[k] = lam
    return r
```

예제 7.13 고유값의 범위

행렬 A가 다음과 같이 주어질 때, 각 고유값의 범위를 지정하라(앞의 **예제 7.12**와 같음).

$$A = \begin{bmatrix} 4 & -2 & 0 \\ -2 & 4 & -2 \\ 0 & -2 & 5 \end{bmatrix}$$

풀이

예제 7.12에서 모든 고유값이 $\langle 0:8 \rangle$의 범위에 있음을 알았다. 이 범위를 절반으로 나누고, Sturm 수열을 이용하여 $\langle 0:4 \rangle$에서 고유값의 수를 결정한다. $\lambda = 4$일 때 이 수열(식 (7.59) 참조)은 다음과 같다.

$$P_0(4) = 1$$

$$P_1(4) = 4 - 4 = 0$$

$$P_2(4) = (4-4)(0) - 2^2(1) = -4$$

$$P_3(4) = (5-4)(-4) - 2^2(0) = -4$$

수열이 0이면 앞의 수의 부호를 반대로 지정하므로 이 수열의 부호는 $(+, -, -, -)$이다. 부호가 한 번 바뀌었으므로 $\langle 0:4 \rangle$에는 고유값이 하나 존재한다. 다음에 범위 $\langle 4:8 \rangle$을 이분하고,

$\lambda = 6$에서 Sturm 수열을 계산한다.

$$P_0(6) = 1$$
$$P_1(6) = 4 - 6 = -2$$
$$P_2(6) = (4-6)(-2) - 2^2(1) = 0$$
$$P_3(6) = (5-6)(0) - 2^2(-2) = 8$$

이 수열에서 부호는 (+, −, +, +)이므로, ⟨0 : 6⟩ 범위 안에 두 개의 고유값이 있다. 따라서

$$0 \le \lambda_1 \le 4,\ 4 \le \lambda_2 \le 6,\ 6 \le \lambda_3 \le 8$$

(4) 고유값의 계산(Ridders법)

원하는 고유값의 범위가 결정되면, 이분법이나 Ridders법으로 $P_n(\lambda) = 0$의 해를 결정할 수 있다.

EigenVals3 모듈

함수 **eigenvals3( )**은 Ridders법으로 대칭삼대각행렬의 N개의 최소고유값을 결정한다. 따라서 4장에서 만든 최종적인 **NonLinearEq.py** 모듈을 불러들여야 한다.

코드 7.16 EigenVals3.py

```
# EigenVals3.PY
# EigenVals3 모듈
''' lam = eigenVals3(d,c,N)
        대각 d, c로 정의된 대칭삼대각행렬의
        최소고유값 N개를 반환
'''
from numpy import zeros

from LambdaRange import *
from NonLinearEq import *
from SturmSequence import sturmSeq

def eigenVals3(d,c,N):

```

코드 7.16 EigenVals3.py(계속)

```
    def fn(x):              # fn(x) = |[A] - x[I]|
        p = sturmSeq(d,c,x)
        return p[len(p)-1]

    lam = zeros(N)
    r = lamRange(d,c,N)   # 고유값의 경계

    for i in range(N):    # Brent 방법으로 풀이
        lam[i], _ = Ridders(fn,r[i],r[i+1])

    return lam
```

예제 7.14 최소고유값

eigenVals3( ) 함수를 이용하여 다음 100×100 행렬의 최소고유값 3개를 결정하라.

$$A = \begin{bmatrix} 2 & -1 & 0 & \cdots & 0 \\ -1 & 2 & -1 & \cdots & 0 \\ 0 & -1 & 2 & \cdots & 0 \\ \vdots & \vdots & \vdots & \ddots & \vdots \\ 0 & 0 & \cdots & -1 & 2 \end{bmatrix}$$

풀이

이 예제를 푸는 코드는 다음과 같다.

코드 7.17 Ex0714.py

```
# 예제 7.14 최소고유값 3개

import numpy as np
from EigenVals3 import *

if __name__ == '__main__':
    N = 3
    n = 100
    d = np.ones(n)*2.0
    c = np.ones(n-1)*(-1.0)

    lambdas = eigenVals3(d, c, N)
    print("최소고유값 :", lambdas)
```

다음은 계산된 고유값이다.

```
최소고유값 : [0.00096744 0.00386881 0.0087013]
```

(5) 고유값의 계산(역멱승법)

만일 고유값을 알면, 대응하는 고유벡터를 계산하는 최적의 방법은 고유값 이동을 이용한 역멱승법이다. 이 방법은 앞서 논의하였지만, 여기에 보인 알고리즘은 대역화의 이점이 없다. 여기서는 대칭 삼대각행렬에 대해 작성한 방법으로 된 코드를 보인다.

inversePower3( )

이 함수는 7.3절의 inversePower( ) 함수와 비슷하다. 그러나 행렬의 삼대각 구조를 이용하므로, 이 함수가 훨씬 빨리 수행된다.

코드 7.18 InversePower3.py

```
# InversePower3.py
# InversePower3 모듈
''' lam,x = inversePower3(d, c, s, tol=1.0e-6)
        대칭삼대각행렬에 역멱승법을 적용
        's'에 가까운 고유값과 대응하는 고유벡터를 반환
'''
import math
import numpy as np
from numpy.random import rand
from Lud3 import *

def inversePower3(d, c, s, tol=1.0e-6):
    n = len(d)

    e = np.zeros(n)               # decompLud3() 함수에 맞게 인수 변경
    cc = np.zeros(n)
    for i in range(n-1):
        e[i] = c[i]
        cc[i+1] = c[i]

    dStar = d - s                 # [A*] = [A] - s[I]을 형성한다.
    decompLud3(cc,dStar,e)        # [A*]을 분해한다.
```

코드 7.18 InversePower3.py(계속)

```
    x = rand(n)                          # 난수로 x를 초기화한다.
    xMag = math.sqrt(np.dot(x,x))        # [x]를 정규화한다.
    x = x/xMag

    for i in range(30):                  # 반복계산을 시작한다.
        xOld = x.copy()                  # 현재의 [x]를 저장한다.

        solveLud3(cc,dStar,e,x)          # [A*][x] = [xOld]를 푼다.

        xMag = math.sqrt(np.dot(x,x))    # [x]를 저장한다.
        x = x/xMag

        if np.dot(xOld,x) < 0.0:         # [x]의 부호의 변경을 탐색한다.
            sign = -1.0
            x = -x
        else:
            sign = 1.0
        if math.sqrt(np.dot(xOld - x,xOld - x)) < tol:
            return s + sign/xMag,x
    else:
        print('역멱승법이 수렴하지 않음')
        return None, None
```

예제 7.15 **10번째 최소고유값**

예제 7.14에 주어진 행렬 A의 10번째 최소고유값을 계산하라.

풀이

다음은 고유값 이동을 이용하여 역멱승법으로 A의 N번째 고유값을 추출하는 코드이다. 실행을 위해서는 코드 3.2(PrintMatrix.py)와 코드 3.8(Lud3.py)이 필요하다.

코드 7.19 Ex0715.py

```
# 예제 7.15 10번째 최소고유값

import numpy as np
from LambdaRange import *
from InversePower3 import *

if __name__ == '__main__':
    N = 10
```

코드 7.19 Ex0715.py(계속)

```
    n = 100
    d = np.ones(n)*2.0
    c = np.ones(n)*(-1.0)

    r = lamRange(d,c,N)                 # N개의 최소고유값의 범위 결정

    s = (r[N-1] + r[N])/2.0             # N번째 경계의 중앙으로 이동

    lam,x = inversePower3(d,c,s)        # 역멱승법

    print("고유값 No.", N, " =", lam)
```

실행 결과는 다음과 같다.

```
고유값 No. 10  = 0.09597378493454022
```

예제 7.16 **고유값과 고유벡터**

예제 7.6에 주어진 행렬 A의 3개의 고유값과 대응하는 고유벡터를 계산하라.

$$A = \begin{bmatrix} 11 & 2 & 3 & 1 & 4 \\ 2 & 9 & 3 & 5 & 2 \\ 3 & 3 & 15 & 4 & 3 \\ 1 & 5 & 4 & 12 & 4 \\ 4 & 2 & 3 & 4 & 17 \end{bmatrix}$$

풀이

이 예제를 푸는 코드는 다음과 같다.

코드 7.20 Ex0716.py

```
# 예제 7.16 고유값과 고유벡터

import numpy as np
from Householder import *
from EigenVals3 import *
from InversePower3 import *

if __name__ == '__main__':
```

코드 7.20 Ex0716.py(계속)

```
N = 3                            # 구하고자 하는 고유값의 수
a = np.array([[ 11.0, 2.0, 3.0, 1.0, 4.0], \
    [ 2.0, 9.0, 3.0, 5.0, 2.0], \
    [ 3.0, 3.0, 15.0, 4.0, 3.0], \
    [ 1.0, 5.0, 4.0, 12.0, 4.0], \
    [ 4.0, 2.0, 3.0, 4.0, 17.0]])
xx = np.zeros((len(a),N))

d,c = householder(a)             # [A]를 삼대각화
p = computeP(a)                  # 변환행렬 계산
lambdas = eigenVals3(d,c,N)      # 고유값 계산
for i in range(N):
    s = lambdas[i]*1.0000001         # 고유값에 매우 가깝게 이동
    lam,x = inversePower3(d, c, s)  # 고유벡터 [x] 계산
    xx[:,i] = x                      # 배열 [xx]에 [x] 넣기
    xx = np.dot(p,xx)                # [A]의 고유벡터 발견

print("고유값:\n", lambdas)
print("\n고유벡터:\n", xx)
```

이 코드의 실행 결과는 다음과 같다.

```
고유값:
 [ 4.87394638  8.66356791 10.93677451]

고유벡터:
 [[ 0.26726603  0.72910002  0.50579164]
 [ 0.28253469 -0.36945783 -0.31882387]
 [-0.45982048  0.04455987  0.52077788]
 [-0.3724289   0.29925499 -0.60290543]
 [ 0.70611958 -0.49028047 -0.08843985]]
```

:: 연습문제

7.1 주어진 행렬에 대해 고유값 문제 $\mathrm{A}\boldsymbol{x} = \lambda \mathrm{B}\boldsymbol{x}$를 표준형 $\mathrm{H}\boldsymbol{z} = \lambda \boldsymbol{z}$로 변환하라. $\boldsymbol{x}$와 $\boldsymbol{z}$ 사이의 관계는 무엇인가?

$$\mathrm{A} = \begin{bmatrix} 7 & 3 & 1 \\ 13 & 9 & 6 \\ 1 & 6 & 8 \end{bmatrix},\ \mathrm{B} = \begin{bmatrix} 4 & 0 & 0 \\ 0 & 9 & 0 \\ 0 & 0 & 4 \end{bmatrix}$$

7.2 고유값 문제 $\mathrm{A}\boldsymbol{x} = \lambda \mathrm{B}\boldsymbol{x}$를 표준형으로 변환하라. 여기서 주어진 벡터는 다음과 같다.

$$\mathrm{A} = \begin{bmatrix} 4 & -1 & 0 \\ -1 & 4 & -1 \\ 0 & -1 & 4 \end{bmatrix},\ \mathrm{B} = \begin{bmatrix} 2 & -1 & 0 \\ -1 & 2 & -1 \\ 0 & -1 & 1 \end{bmatrix}$$

7.3 한 점의 응력행렬이 다음과 같을 때, 주응력(S의 고유값)을 계산하라.

$$\mathrm{S} = \begin{bmatrix} 150 & -60 & 0 \\ -60 & 120 & 0 \\ 0 & 0 & 80 \end{bmatrix} \text{(MPa)}$$

7.4 진자가 연직일 때는 변형되지 않은 길이인 용수철로 두 개의 진자가 연결되어 있다.

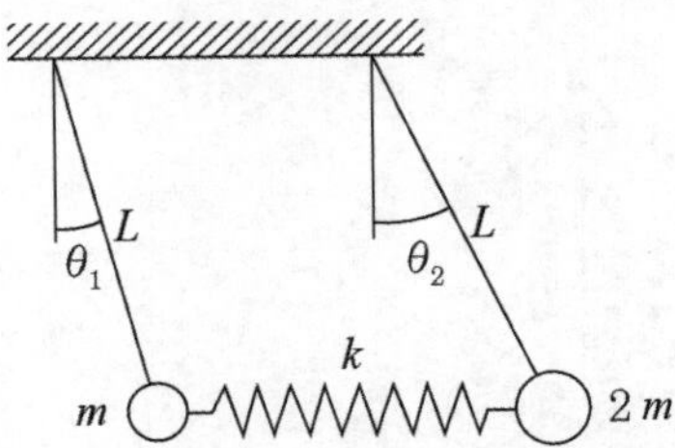

이 시스템의 운동 방정식은 다음과 같다.

$$kL(\theta_2 - \theta_1) - mg\theta_1 = mL\ddot{\theta}_1$$
$$-kL(\theta_2 - \theta_1) - 2mg\theta_2 = 2mL\ddot{\theta}_2$$

여기서 θ_1와 θ_2는 각변위이며, k는 용수철의 강성이다. 진동의 각진동수와 각변위의 상대진폭을 결정하라. $m=0.25$ kg, $k=20$ N/m, $L=0.75$ m, $g=9.8$ m/s^{2}를 이용하라.

7.5 주어진 행렬에서 A_{14}와 A_{41}를 소거한 행렬 A^*를 Jacobi법으로 계산하라.

$$\mathrm{A} = \begin{bmatrix} 4 & -1 & 0 & 1 \\ -1 & 6 & -2 & 0 \\ 0 & -2 & 3 & 2 \\ 1 & 0 & 2 & 4 \end{bmatrix}$$

7.6 Jacobi법을 이용하여 주어진 행렬의 고유값과 고유벡터를 계산하라.

$$\mathrm{A} = \begin{bmatrix} 4 & -1 & 2 \\ -1 & 3 & 3 \\ -2 & 3 & 1 \end{bmatrix}$$

7.7 주어진 행렬이 다음과 같다. Jacobi법으로 $\mathrm{A}\boldsymbol{x} = \lambda \mathrm{B}\boldsymbol{x}$의 고유값과 고유벡터를 찾아라.

$$\mathrm{A} = \begin{bmatrix} 1.4 & 0.8 & 0.4 \\ 0.8 & 6.6 & 0.8 \\ 0.4 & 0.8 & 5.0 \end{bmatrix}, \quad \mathrm{B} = \begin{bmatrix} 0.4 & -0.1 & 0.0 \\ -0.1 & 0.4 & -0.1 \\ 0.0 & -0.1 & 0.4 \end{bmatrix}$$

7.8 Jacobi법을 이용하여 다음 행렬의 고유값과 고유벡터를 계산하라.

$$\mathrm{A} = \begin{bmatrix} 11 & 2 & 3 & 1 & 4 & 2 \\ 2 & 9 & 3 & 5 & 2 & 1 \\ 3 & 3 & 15 & 4 & 3 & 2 \\ 1 & 5 & 4 & 12 & 4 & 3 \\ 4 & 2 & 3 & 4 & 17 & 5 \\ 2 & 1 & 2 & 3 & 5 & 8 \end{bmatrix}$$

7.9 **그림 (a)**의 단순지지 기둥은 그림에 보인 휨강성을 가진 3개의 단면으로 이루어져 있다. 첫 번째 좌굴모드만이 관심이 있으며, 이것은 **그림 (b)**에 보인 보의 절반만 모형화해도 충분하다. 횡변위 $u(x)$에 대한 미분방정식은 다음과 같다.

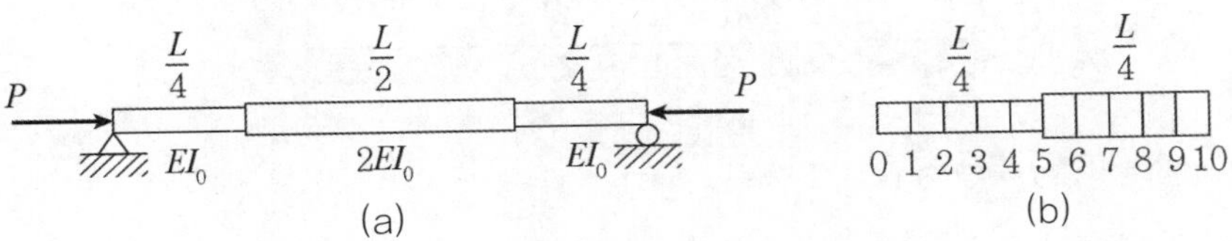

(a) (b)

$$u' = -\frac{P}{EI}u$$

여기서 경계조건은 $u(0) = u'(0) = 0$이다. 대응하는 유한차분방정식은 다음과 같다.

$$\begin{bmatrix} 2 & -1 & 0 & 0 & 0 & 0 & 0 & \cdots & 0 \\ -1 & 2 & -1 & 0 & 0 & 0 & 0 & \cdots & 0 \\ 0 & -1 & 2 & -1 & 0 & 0 & 0 & \cdots & 0 \\ 0 & 0 & -1 & 2 & -1 & 0 & 0 & \cdots & 0 \\ 0 & 0 & 0 & -1 & 2 & -1 & 0 & \cdots & 0 \\ 0 & 0 & 0 & 0 & -1 & 2 & -1 & \cdots & 0 \\ \vdots & \vdots & \vdots & \vdots & \vdots & \ddots & \ddots & \ddots & \vdots \\ 0 & \cdots & 0 & 0 & 0 & 0 & -1 & 2 & -1 \\ 0 & \cdots & 0 & 0 & 0 & 0 & 0 & -1 & 1 \end{bmatrix} \begin{bmatrix} u_1 \\ u_2 \\ u_3 \\ u_4 \\ u_5 \\ u_6 \\ \vdots \\ u_9 \\ u_{10} \end{bmatrix} = \lambda \begin{bmatrix} u_1 \\ u_2 \\ u_3 \\ u_4 \\ u_5/1.5 \\ u_6/2 \\ \vdots \\ u_9/2 \\ u_{10}/4 \end{bmatrix}$$

여기서

$$\lambda = \frac{P}{EI_0}\left(\frac{L}{20}\right)^2$$

기둥의 최소좌굴하중 P를 역멱승법으로 계산하는 프로그램을 작성하라. 대역행렬을 이용하라.

7.10 그림에 주어진 질량-용수철 시스템의 운동에 대한 미분방정식은 다음과 같다.

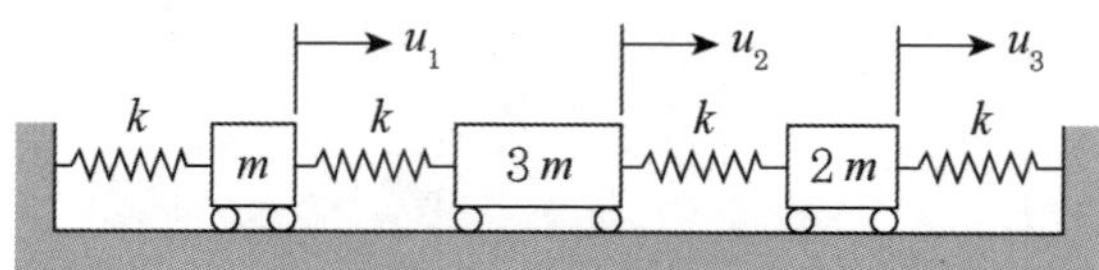

$$k(-2u_1 + u_2) = m\ddot{u}_1$$

$$k(u_1 - 2u_2 + u_3) = 3m\ddot{u}_2$$

$$k(u_2 - 2u_3) = 2m\ddot{u}_3$$

여기서 $u_i(t)$는 평형위치에서 질량 i의 변위이며, k는 용수철의 강성이다. 진동의 각진동수와 대응하는 모드형상을 결정하라.

7.11 그림에 보인 회로에 대한 Kirchhoff 방정식은 다음과 같다.

$$L\frac{d^2 i_1}{dt^2} + \frac{1}{C}i_1 + \frac{2}{C}(i_1 - i_2) = 0$$

$$L\frac{d^2 i_2}{dt^2} + \frac{2}{C}(i_2 - i_1) + \frac{3}{C}(i_2 - i_3) = 0$$

$$L\frac{d^2 i_3}{dt^2} + \frac{3}{C}(i_3 - i_2) + \frac{4}{C}(i_3 - i_4) = 0$$

$$L\frac{d^2 i_4}{dt^2} + \frac{4}{C}(i_4 - i_3) + \frac{5}{C}i_4 = 0$$

전류의 각진동수를 찾아라.

7.12 행렬 A의 고유값 문제를 찾는 여러 가지 반복법이 존재한다. 이들 중 하나는 LR법이다. 이 방법은 행렬이 대칭이며 정부호이어야 한다. 그 알고리즘은 다음과 같이 매우 간단하다.

A의 변화를 무시할 수 있을 때까지 다음 과정을 반복한다.

  $A = LL^T$을 Cholesky 분해하여 L을 계산한다.

  $A = L^TL$을 계산한다.

A의 대각 요소는 A의 고유값에 수렴함을 보일 수 있다. LR법을 구현한 프로그램을 작성하고 다음 행렬로 시험하라.

$$A = \begin{bmatrix} 4 & 3 & 1 \\ 3 & 4 & 2 \\ 1 & 2 & 3 \end{bmatrix}$$

7.13 Gerschgorin의 정리를 이용하여 다음 행렬의 고유값의 범위를 결정하라.

(a) $A = \begin{bmatrix} 10 & 4 & -1 \\ 4 & 2 & 3 \\ -1 & 3 & 6 \end{bmatrix}$ (b) $B = \begin{bmatrix} 4 & 2 & -2 \\ 4 & 5 & 3 \\ -2 & 3 & 4 \end{bmatrix}$

7.14 Sturm 수열을 이용하여 다음 행렬이 범위 $\langle 2:4 \rangle$ 안에서 하나의 고유값을 가짐을 보여라.

$$A = \begin{bmatrix} 5 & -2 & 0 & 0 \\ -2 & 4 & -1 & 0 \\ 0 & -1 & 4 & -2 \\ 0 & 0 & -2 & 5 \end{bmatrix}$$

7.15 다음 행렬의 각 고유값의 범위를 지정하라.

$$A = \begin{bmatrix} 4 & -1 & 0 \\ -1 & 4 & -1 \\ 0 & -1 & 4 \end{bmatrix}$$

7.16 다음 행렬의 각 고유값의 범위를 지정하라.

$$A = \begin{bmatrix} 2 & -1 & 0 & 0 \\ -1 & 2 & -1 & 0 \\ 0 & -1 & 2 & -1 \\ 0 & 0 & -1 & 1 \end{bmatrix}$$

7.17 Householder 축약으로 다음 행렬을 삼대각화하라.

$$A = \begin{bmatrix} 12 & 4 & 3 \\ 4 & 9 & 3 \\ 3 & 3 & 15 \end{bmatrix}$$

7.18 Householder 축약을 이용하여 다음 행렬을 삼대각행렬로 변환하라.

$$A = \begin{bmatrix} 4 & -2 & 1 & -1 \\ -2 & 4 & -2 & 1 \\ 1 & -2 & 4 & -2 \\ -1 & 1 & -2 & 4 \end{bmatrix}$$

7.19 다음 행렬의 두 최소고유값을 찾아라.

$$A = \begin{bmatrix} 4 & -1 & 0 & 1 \\ -1 & 6 & -2 & 0 \\ 0 & -2 & 3 & 2 \\ 1 & 0 & 2 & 4 \end{bmatrix}$$

7.20 다음의 6×6 Hilbert 행렬의 두 최소고유값을 찾아라. 이 행렬은 악조건임을 상기하라.

$$A = \begin{bmatrix} 1 & 1/2 & 1/3 & \cdots & 1/6 \\ 1/2 & 1/3 & 1/4 & \cdots & 1/7 \\ 1/3 & 1/4 & 1/5 & \cdots & 1/7 \\ \vdots & \vdots & \vdots & \ddots & \vdots \\ 1/8 & 1/9 & 1/10 & \cdots & 1/11 \end{bmatrix}$$

7.21 다음 그림에 주어진 질량-용수철 시스템의 자유진동을 지배하는 미분방정식은 다음과 같다.

$$k(-2u_1+u_2)=m_1\ddot{u}_1$$
$$k(u_{i-1}-2u_i+u_{i+1})=m_i\ddot{u}_i,\ (i=2,\ 3,\ \cdots,\ n-1)$$
$$k(u_{n-1}-u_n)=m_n\ddot{u}_n$$

여기서 $u_i(t)$는 질량 i가 평형상태에서의 변위이고, k는 용수철 강성이다. 주어진 k와 질량 $\boldsymbol{m}=[m_1\ m_2\ \cdots\ m_n]^T$에 대해, 시스템의 N개의 최소 각진동수와 이에 대응하는 질량의 상대 변위를 계산하는 코드를 작성하라. $N=2$, $k=500$ kN/m, $\boldsymbol{m}=[1.0\ \ 1.0\ \ 1.0\ \ 8.0\ \ 1.0\ \ 1.0\ \ 8.0]^T$ (kg)으로 이 코드를 실행하라.

7.22 축방향으로 진동하는 막대의 운동에 대한 미분방정식은 다음과 같다.

$$u''=\frac{\rho}{E}\ddot{u}$$

여기서 $u(x,\ t)$는 축방향 변위이며, ρ는 막대의 밀도, E는 탄성계수이다. 경계조건은 $u(0,\ t)=u'(L,\ t)=0$이다. $u(x,\ t)=y(x)\sin\omega t$로 놓으면, 다음 값을 얻는다.

$$y''=-\omega^2\frac{\rho}{E}y,\ \ y(0)=y'(L)=0$$

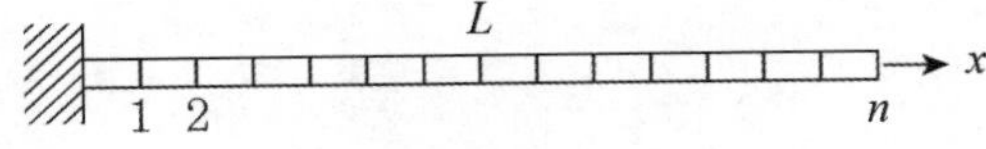

대응하는 유한차분방정식은 다음과 같다.

$$\begin{bmatrix} 2 & -1 & 0 & 0 & \cdots & 0 \\ -1 & 2 & -1 & 0 & \cdots & 0 \\ 0 & -1 & 2 & -1 & \cdots & 0 \\ \vdots & \vdots & \ddots & \ddots & \ddots & \vdots \\ 0 & 0 & 0 & -1 & 2 & -1 \\ 0 & 0 & 0 & 0 & -1 & 1 \end{bmatrix} \begin{bmatrix} y_1 \\ y_2 \\ y_3 \\ \vdots \\ y_{n-1} \\ y_n \end{bmatrix} = \left(\frac{\omega L}{n}\right)^2 \frac{\rho}{E} \begin{bmatrix} y_1 \\ y_2 \\ y_3 \\ \vdots \\ y_{n-1} \\ y_n \end{bmatrix}$$

(a) 만일 이 방정식의 표준형이 $\mathrm{H}\boldsymbol{z} = \lambda\boldsymbol{z}$이면, H와 $\boldsymbol{y} = \mathrm{P}\boldsymbol{z}$에서 변형행렬 P를 써 보라.

(b) **inversePower3( )** 모듈을 이용하여 $n=10$, 100, 1,000일 때 막대의 최소 각진동수를 계산하라.

[주의] 해석해는 $\omega_1 = \dfrac{\pi}{2L}\sqrt{\dfrac{E}{\rho}}$ 이다.

7.23 다음 행렬의 최소고유값이 1.0이 되도록 z의 값을 결정하라.

$$\begin{bmatrix} z & 4 & 3 & 5 & 2 & 1 \\ 4 & z & 2 & 4 & 3 & 4 \\ 3 & 2 & z & 4 & 1 & 8 \\ 5 & 4 & 4 & z & 2 & 5 \\ 2 & 3 & 1 & 2 & z & 3 \\ 1 & 4 & 8 & 5 & 3 & z \end{bmatrix}$$

[도움말] 이것은 해탐색 문제이다.

CHAPTER

08 수치미분

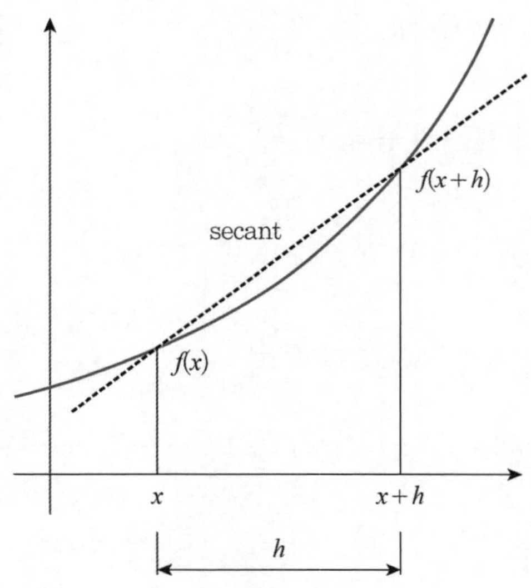

수치미분은 주어진 함수 $f(x)$에 대해, 주어진 x에서 $\dfrac{d^n f}{dx^n}$를 수치적으로 계산하는 것이다. 점 $x = x_k$에서 주어진 함수 $y = f(x)$와 이 함수의 도함수 값을 구하고자 한다. '주어진'은 함수를 계산하는 알고리즘을 우리가 갖고 있거나, 함수값의 순서쌍의 집합 $(x_i,\ y_i)$, $(i = 0,\ 1,\ \cdots,\ n)$을 알고 있다는 것을 의미한다.

8.1 유한차분근사

함수 $f(x)$의 유한차분근사식 유도는 x에 대한 함수 $f(x)$의 전방 또는 후방 테일러 급수에 기초하며, 테일러 급수 전개식은 다음과 같다.

$$f(x+h)=f(x)+hf'(x)+\frac{h^2}{2!}f''(x)+\frac{h^3}{3!}f^{(3)}(x)+\frac{h^4}{4!}f^{(4)}(x)+\cdots \tag{8.1a}$$

$$f(x-h)=f(x)-hf'(xR)+\frac{h^2}{2!}f''(x)-\frac{h^3}{3!}f^{(3)}(x)+\frac{h^4}{4!}f^{(4)}(x)-\cdots \tag{8.1b}$$

$$f(x+2h)=f(x)+2hf'(x)+\frac{(2h)^2}{2!}f''(x)+\frac{(2h)^3}{3!}f^{(3)}(x)+\frac{(2h)^4}{4!}f^{(4)}(x)+\cdots \tag{8.1c}$$

$$f(x-2h)=f(x)-2hf'(x)+\frac{(2h)^2}{2!}f''(x)-\frac{(2h)^3}{3!}f^{(3)}(x)+\frac{(2h)^4}{4!}f^{(4)}(x)-\cdots \tag{8.1d}$$

급수의 합과 차에 대한 표현은 다음과 같다.

$$f(x+h)+f(x-h)=2f(x)+h^2f''(x)+\frac{h^4}{12}f^{(4)}(x)+\cdots \tag{8.2a}$$

$$f(x+h)-f(x-h)=2hf'(x)+\frac{h^3}{3}f^{(3)}(x)+\cdots \tag{8.2b}$$

$$f(x+2h)+f(x-2h)=2f(x)+4h^2f''(x)+\frac{4h^4}{3}f^{(4)}(x)+\cdots \tag{8.2c}$$

$$f(x+2h)-f(x-2h)=4hf'(x)+\frac{8h^3}{3}f^{(3)}(x)+\cdots \tag{8.2d}$$

합은 짝수계 도함수만을 포함하며, 차는 홀수계 도함수만을 가지고 있다. 식 (8.1)～식 (8.2)는 함수 $f(x)$의 다양한 미분들을 구하기 위한 식들이다. 방정식의 개수와 각 방정식에 포함된 항의 수는 미분의 계수와 필요한 정확도에 따라 결정된다.

(1) 일차 중앙차분근사

함수 $f(x)$에 대한 식 (8.2b)의 해는 다음과 같다:

$$f'(x) = \frac{f(x+h)-f(x-h)}{2h} - \frac{h^2}{6}f^{(3)}(x) - \cdots$$
$$= \frac{f(x+h)-f(x-h)}{2h} + O(h^2) \tag{8.3}$$

위의 식을 1계 도함수 $f'(x)$에 대한 일차 중앙차분근사the first-order central difference approximation라고 한다. $O(h^2)$는 h^2 규모의 절단오차truncation error라고 한다.

마찬가지로, $f''(x)$에 대한 일차 중앙차분근사는 식 (8.2a)를 이용하여 구한다.

$$f''(x) = \frac{f(x+h)-2f(x)+f(x-h)}{h^2} - \frac{h^2}{12}f^{(4)}(x) + \cdots$$
$$= \frac{f(x+h)-2f(x)+f(x-h)}{h^2} + O(h^2) \tag{8.4}$$

다른 미분들에 대한 중앙차분근사식은 같은 방법으로 식 (8.1)~식 (8.2)로부터 구한다. 예를 들면, 식 (8.2b)와 식 (8.2d)에서 $f'(x)$를 소거하고 정리하면 $f^{(3)}(x)$는 다음과 같다.

$$f^{(3)}(x) = \frac{f(x+2h)-2f(x+h)+2f(x-h)-f(x-2h)}{2h^3} + O(h^2) \tag{8.5}$$

식 (8.2a)와 (8.2c)를 더한 후 식 (8.4)를 대입하여 $f^{(4)}(x)$에 대해 정리하면 다음과 같다.

$$f^{(4)}(x) = \frac{f(x+2h)-4f(x+h)+6f(x)-4f(x-h)+f(x-2h)}{h^4} + O(h^2) \tag{8.6}$$

표 8.1은 위의 결과를 정리한 것이다.

표 8.1 $O(h^2)$ 정확도의 중앙차분근사식의 계수

	$f(x-2h)$	$f(x-h)$	$f(x)$	$f(x+h)$	$f(x+2h)$
$2hf'(x)$		-1	0	1	
$h^2f''(x)$		1	-2	1	
$2h^3f^{(3)}(x)$	-1	2	0	-2	1
$h^4f^{(4)}(x)$	1	-4	6	-4	1

(2) 일차 전방/후방차분근사

중앙차분근사를 항상 사용할 수 있는 것은 아니다. 예를 들면, 함수값이 n개의 불연속점 x_0, x_1, ⋯, x_n에서 주어졌다고 가정하자. 중앙차분은 x의 양쪽의 함수값을 사용하기 때문에, x_0와 x_n에서 도함수를 계산할 수 없다. x의 한쪽 방향에 위치한 함수값으로만 표현된 차분식이 필요하다. 이런 표현을 전방과 후방차분근사라고 한다.

전방/후방차분은 식 (8.1)~식 (8.2)로부터 구할 수 있다. 식 (8.1a)에서 $f'(x)$는 다음과 같다.

$$f'(x)=\frac{f(x+h)-f(x)}{h}-\frac{h}{2}f''(x)-\frac{h^2}{6}f^{(3)}(x)-\frac{h^3}{4!}f^{(4)}(x)-\cdots \tag{8.7a}$$

우변의 첫 항까지만 사용하면 단순 전방차분은 다음과 같다.

$$f'(x)=\frac{f(x+h)-f(x)}{h}+O(h) \tag{8.7b}$$

같은 방법으로 식 (8.1b)로부터 단순 후방차분은 다음과 같다.

$$f'(x)=\frac{f(x)-f(x-h)}{h}+O(h) \tag{8.8}$$

전방/후방차분의 절단오차는 중앙차분의 절단오차 $O(h^2)$보다 좋지 않은 $O(h)$가 된다.

고계 도함수에 대한 식도 같은 방법으로 유도할 수 있다. 예를 들면, 식 (8.1a)와 (8.1c)에서 $f''(x)$에 대한 근사식을 구할 수 있다.

$$f''(x)=\frac{f(x+2h)-2f(x+h)+f(x)}{h^2}+O(h) \tag{8.9}$$

3계 및 4계 도함수도 같은 방법으로 유도할 수 있다. **표 8.2**는 위의 결과를 정리한 것이다.

표 8.2 $O(h)$ 정확도의 전방/후방차분근사식의 계수

(a) 전방차분근사

	$f(x)$	$f(x+h)$	$f(x+2h)$	$f(x+3h)$	$f(x+4h)$
$hf'(x)$	-1	1			
$h^2f''(x)$	1	-2	1		
$h^3f^{(3)}(x)$	-1	3	-3	1	
$h^4f^{(4)}(x)$	1	-4	6	-4	1

(b) 후방차분근사

	$f(x-4h)$	$f(x-3h)$	$f(x-2h)$	$f(x-h)$	$f(x)$
$hf'(x)$				-1	1
$h^2f''(x)$			1	-2	1
$h^3f^{(3)}(x)$		-1	3	-3	1
$h^4f^{(4)}(x)$	1	-4	6	-4	1

(3) 이차 전방/후방차분근사

앞에서 간단히 언급한 바와 같이 절단오차가 크기 때문에 정확도가 $O(h)$인 차분근사식은 일반적인 방법이 아니며, $O(h^2)$인 표현을 사용하는 것이 일반적이다. $O(h^2)$인 전방/후방차분식을 얻기 위해서는 테일러 급수에 있는 항을 더 사용하여야 한다. $f(x)$에 대한 표현을 먼저 구해보자.

식 (8.1a)에 4를 곱하고, 식 (8.1c)와의 차를 구하자.

$$f(x+2h)-4f(x+h)=-3f(x)-2hf'(x)+\frac{2h^3}{3}f^{(3)}(x)+\cdots$$

따라서

$$\begin{aligned} f'(x) &= \frac{-f(x+2h)+4f(x+h)-3f(x)}{2h}+\frac{h^2}{3}f^{(3)}(x)+\cdots \\ &= \frac{-f(x+2h)+4f(x+h)-3f(x)}{2h}+O(h^2) \end{aligned} \tag{8.10}$$

식 (8.10)을 확장된 전방차분근사식이라 한다. 고계 미분에 대한 차분근사식 유도에는 테일러 급수의 항이 추가로 사용된다. 그래서 $f''(x)$의 전방차분근사식에는 $f(x+h)$, $f(x+2h)$, $f(x+3h)$에 대한 테일러 급수가 사용되며, $f^{(3)}(x)$에는 $f(x+h)$, $f(x+2h)$, $f(x+3h)$, $f(x+4h)$에 대한 테일러 급수가 사용된다. 보는 바와 같이, 고계 도함수로 갈수록 작업이 복잡해진다. **표 8.3**에 전방 및 후방차분에 대한 결과를 정리하였다.

표 8.3 $O(h^2)$ 정확도의 전방/후방차분근사식의 계수

(a) 전방차분근사

	$f(x)$	$f(x+h)$	$f(x+2h)$	$f(x+3h)$	$f(x+4h)$	$f(x+5h)$
$2hf'(x)$	-3	4	-1			
$h^2f''(x)$	2	-5	4	-1		
$2h^3f^{(3)}(x)$	-5	18	-24	14	-3	
$h^4f^{(4)}(x)$	3	-14	26	-24	11	-2

(b) 후방차분근사

	$f(x-5h)$	$f(x-4h)$	$f(x-3h)$	$f(x-2h)$	$f(x-h)$	$f(x)$
$2hf'(x)$				1	-4	3
$h^2f''(x)$			-1	4	-5	2
$2h^3f^{(3)}(x)$		3	-14	24	-18	5
$h^4f^{(4)}(x)$	-2	11	-24	26	-14	3

(4) 차분근사식의 오차

반올림오차의 영향이 심각해질 수 있다. 만약 h가 아주 작으면, $f(x)$, $f(x\pm h)$, $f(x\pm 2h)$ 등의 값이 영에 가까워질 것이다. 이런 값들을 연산하다 보면 유효숫자 몇 개가 줄어들 수도 있다. 그렇지만 h를 너무 크게 잡을 수는 없다. 왜냐하면 절단오차의 영향이 과도하게 커질 수 있기 때문이다. 이런 불행한 상황에 대한 구제 방법은 없지만, 다음과 같은 대비를 통해 완화시킬 수는 있다.

- 배정도double-precision 실수 연산 사용
- 정확도가 적어도 $O(h^2)$ 이상인 차분식 사용

오차를 표현하기 위해, $x=1$에서 함수 $f(x)=e^{-x}$의 2계 도함수를 중앙차분식 (8.4)로 계산

해보자. 여기서는 여러 h값에 대하여 소수점 6자리까지와 8자리까지를 사용한 연산을 수행하였으며, 연산 결과를 **표 8.4**에 정리하였다. 오차는 이론식으로 구한 $f''(1) = e^{-1} = 0.36787944$와의 차이로 확인할 수 있다.

표 8.4 중앙차분근사로 구한 $x = 1$에서의 $(e^{-x})''$ 값

h	6자리 정밀도	8자리 정밀도
0.64	0.380 610	0.380 609 11
0.32	0.371 035	0.371 029 39
0.16	0.368 711	0.368 664 84
0.08	0.368 281	0.368 076 56
0.04	0.368 750	0.367 931 25
0.02	0.37	0.367 9
0.01	0.38	0.367 9
0.005	0.40	0.367 6
0.0025	0.5	0.368 0
0.00125	1.0	0.371 2

소수점 6자리 계산에서의 최적치는 h가 0.08인 경우로 유효숫자 3자리까지 정확한 결과가 나왔다. 따라서 절단오차와 반올림오차의 조합에 의해 유효숫자 3개의 정확도가 상실되었다. h가 최적치보다 클 때는 절단오차가 지배적이며, 작은 경우는 반올림오차가 지배적이다. 소수점 6자리 계산에서는 유효숫자 4자리까지 정확한 결과가 나왔다. 계산에 사용하는 자리수를 늘이면 반올림오차가 감소하기 때문에 최적치는 h가 6자리 계산보다 더 작은(약 0.02) 값이 되었다.

8.2 Richardson 외삽법

Richardson 외삽법은 차분근사를 포함한 수치해석의 정확도를 향상시키는 단순한 방법이다. 이 방법은 이후 다른 사례에도 적용될 것이다.

어떤 물리량 G를 계산하기 위한 근사 도구가 있다고 가정하자. 또한 계산 결과는 파라미터 h에 지배된다고 가정하자. 근사값을 $g(h)$로 표시하면 참값은 근사값과 오차 $E(h)$의 합이므로

$G = g(h) + E(h)$가 된다. Richardson 외삽법은 오차를 $E(h) = ch^p$로 대체하는데, c와 p는 상수이다. 우리는 $h = h_1$인 어떤 h값을 사용하여 $g(h)$ 계산을 시작한다.

이 경우에 대한 식은 다음과 같다.

$$G = g(h_1) + ch_1^p \tag{8.11a}$$

$h = h_2$를 사용하여 다시 계산한다.

$$G = g(h_2) + ch_2^p \tag{8.11b}$$

식 (8.11b)를 c에 대한 표현으로 바꾸고 c를 식 (8.11a)에 대입하여 G에 대한 표현으로 정리하면 다음과 같은 Richardson 외삽식을 구할 수 있다.

$$G = \frac{(h_1/h_2)^p g(h_2) - g(h_1)}{(h_1/h_2)^p - 1} \tag{8.12}$$

일반적으로 $h_2 = h_1/2$의 관계를 사용하므로 식 (8.12)는 다음과 같다.

$$G = \frac{2^p g(h_1/2) - g(h_1)}{2^p - 1} \tag{8.13}$$

$x = 1$에서 $(e^{-x})''$의 유한차분근사에 적용할 Richardson 외삽법을 표현해보자. 6자리수로 계산을 하며, **표 8.3**의 결과를 사용할 것이다. 외삽 작업을 통해서는 오직 절단오차의 영향만이 개선되기 때문에, h를 반올림 영향이 무시 가능한 범위로 제한한다. **표 8.4**에서,

$$g(0.64) = 0.380610, \; g(0.32) = 0.371035$$

중앙차분근사의 절단오차는 다음과 같다.

$$E(h) = O(h^2) = c_1h^2 + c_2h^4 + c_3h^6 + \cdots.$$

중앙차분근사의 지배적인 오차는 $O(h^2)$이므로 $p = 2$가 되며, 식 (8.13)에 $h_1 = 0.64$를 대입하면 다음과 같다.

$$G = \frac{2^2 g(0.32) - g(0.64)}{2^2 - 1} = \frac{4(0.371035) - 0.380610}{2^2 - 1} = 0.367843$$

$(e^{-x})''$의 근사에 $O(h^2)$가 반영되었으므로 절단오차는 $O(h^4)$가 된다. 이 결과는 표 8.4의 8자리 최적값만큼의 정확도를 갖게 됨을 보여준다.

예제 8.1

균일한 간격을 갖는 위치에 대한 함수값이 다음 표와 같이 주어졌다. $x = 0$과 0.2에서 $f'(x)$와 $f''(x)$를 유한차분근사법으로 계산하라.

x	0.0	0.1	0.2	0.3	0.4
$f(x)$	0.0000	0.0819	0.1341	0.1646	0.1797

풀이

정확도가 $O(h^2)$인 유한차분근사식을 사용하자. 전방차분 표 8.3에서,

$$f'(0) = \frac{-3f(0.0) + 4f(0.1) - f(0.2)}{2(0.1)} = \frac{-3(0.0) + 4(0.0819) - 0.1341}{0.2}$$

$$= 0.967$$

$$f''(0) = \frac{2f(0.0) - 5f(0.1) + 4f(0.2) - f(0.3)}{(0.1)^2}$$

$$= \frac{2(0.0) - 5(0.0819) + 4(0.1341) - 0.1646}{(0.1)^2}$$

$$= -3.77$$

중앙차분 표 8.1에서,

$$f'(0.2) = \frac{-f(0.1) + f(0.3)}{2(0.1)} = \frac{-0.0819 + 0.1646}{0.2}$$

$$= 0.4135$$

$$f''(0.2) = \frac{f(0.1) - 2f(0.2) + f(0.3)}{(0.1)^2} = \frac{0.0819 - 2(0.1341) + (0.1646)}{(0.1)^2}$$

$$= -2.17$$

예제 8.2

예제 8.1의 자료를 사용하여 정확도가 높은 $f'(0)$을 계산하라.

풀이

유한차분근사에 Richardson 외삽법을 적용하여 해를 구하자. $f'(0)$을 구하기 위해 정확도가 $O(h^2)$인 전방차분을 두 가지 h로 시작한다. (1) $h=0.2$ 사용, (2) $h=0.1$ 사용. $O(h^2)$의 차분식은 **표 8.3**에서 찾을 수 있다.

$$g(0.2)=\frac{-3f(0.0)+4f(0.2)-f(0.4)}{2\times(0.2)}=\frac{-3\times0.0+4\times0.1341-0.1797}{0.4}=0.8918$$

$$g(0.1)=\frac{-3f(0.0)+4f(0.1)-f(0.2)}{2(0.1)}=\frac{-3(0.0)+4(0.0819)-0.1341}{0.2}=0.9675$$

차분근사의 절단오차는 다음과 같다.

$$E(h)=c_1h^2+c_2h^4+c_3h^6+\cdots$$

Richardson 외삽식 (8.13)에서 지배적인 절단오차는 $O(h^2)$이므로 $p=2$가 된다. 따라서

$$f'(0)=G=\frac{2^2g(0.1)-g(0.2)}{2^2-1}=\frac{4(0.9675)-8.918}{3}=0.9927$$

유한차분의 절단오차는 $O(h^4)$가 된다.

예제 8.3

그림과 같이 연결된 보의 치수는 $a=100$ mm, $b=120$ mm, $c=150$ mm, $d=180$ mm이다.

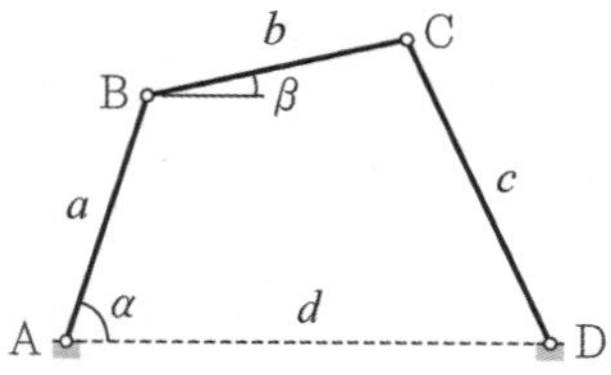

구조물 부재 사이의 각도 α와 β 사이의 관계는 다음과 같다.

α(deg)	0	5	10	15	20	25	30
β(rad)	1.6595	1.5434	1.4186	1.2925	1.1712	1.0585	0.9561

만약 AB가 25 rad/s의 일정한 각속도로 회전한다면, $O(h^2)$ 정확도의 유한차분근사를 사용하여 α에 대한 BC의 각속도 $(d\beta/dt)$를 표로 정리하라.

풀이

BC의 각속도 $\dot{\beta}$는 다음과 같다.

$$\dot{\beta} = \frac{d\beta}{dt} = \frac{d\beta}{d\alpha}\frac{d\alpha}{dt} = 25\frac{d\beta}{d\alpha} \text{ (rad/s)}$$

여기서 $(d\beta/d\alpha)$는 문제의 표에 있는 자료를 사용하여 유한차분근사법으로 계산할 수 있다. $O(h^2)$ 정확도를 갖는 전방차분 및 후방차분을 시작점과 끝점에, 그 사이에는 중앙차분을 적용한다. α의 증분(표의 α의 간격) h를 rad 단위로 구하면 다음과 같다.

$$h = (5\,\text{deg})\left(\frac{\pi}{180}\text{rad/deg}\right) = 0.087266\text{ rad}$$

이 계산의 결과는 다음과 같다.

$$\dot{\beta}(0°) = \frac{2f(0.0) - 5f(0.1) + 4f(0.2) - f(0.3)}{(0.1)^2}$$

$$= 25\frac{-3(1.6595) + 4(1.5434) - 1.4186}{2(0.087266)} = -32.01\text{ rad/s}$$

$$\dot{\beta}(5°) = 25\frac{\beta(10°) - \beta(0°)}{2h} = 25\frac{1.4186 - 1.6595}{2(0.087266)} = -34.51\text{ rad/s}$$

⋮

완성된 결과는 다음과 같다.

α(deg)	0	5	10	15	20	25	30
$\dot{\beta}$(rad/s)	-32.01	-34.51	-35.94	-35.44	-33.52	-30.81	-27.86

8.3 보간에 의한 미분

만약 $f(x)$가 불연속적인 자료값으로 주어져 있다면, 보간은 미분 계산에 아주 효과적인 도구가 될 수 있다. $f(x)$의 미분을 보간함수interpolant의 미분을 이용하여 근사적으로 구할 수 있다는 데 착안하였다. 이 방법은 x의 간격이 일정하지 않을 때 특히 유용하며, 8.1절의 유한차분 근사 결과표를 적용할 수 있다.

(1) 다항보간함수

자료가 $n+1$개 있다면 n차 다항식을 다음과 같이 설정하고 주어진 점 x에서 도함수를 산정한다.

$$P_{n-1}(x) = a_0 + a_1 x + a_2 x^2 + \cdots + a_n x^2$$

5.5절에서 지적한 것처럼, 보간함수가 부적합한(또는 과도한) 진동을 일으키는 것을 피하기 위해 보간 다항식의 차수를 6차식 미만으로 제한하는 것은 일반적으로 도움이 된다. 이런 진동현상은 개별 미분에 의해 증폭되기 때문에, 이 영향은 파괴적일 수 있다. 이런 한계를 볼 때, 보간은 보통 국부적으로 인접한 몇 점에 대해서만 수행한다.

균일한 간격을 갖는 자료에 대해 다항외삽과 유한차분근사는 동일한 결과를 준다. 실제로 유한차분식은 다항보간과 동등하다.

다항보간의 여러 방법은 5장에서 소개하였다. 불행하게도, 보간함수의 미분 계산에 만족스러운 방법은 없다. 우리한테 필요한 방법은 다항식의 계수 a_0, a_1, ⋯, a_n을 결정하는 것이다. 6장에서 논의한 최소제곱법이 거의 유일한 방법이다. 비록 이 방법은 주로 자료를 평활화시키는 데 이용할 목적으로 설계되었지만, 식 (6.19)에서 $m = n$을 사용하면 보간을 수행하는 데도 사용할 수 있다. m은 보간 다항식의 차수이고 $n+1$은 적합할(적합한 곡선을 찾는 데 사용할) 자료의 개수임을 상기하자. 만약 자료가 잡음을 포함한다면, 모드 평탄화에 최소제곱법을 사용해야 한다. 즉, $m < n$일 때 다항식의 계수를 찾은 이후, 다항식과 1계, 2계 도함수는 4.2절에서 정리한 `evalPoly( )` 함수를 사용하여 효과적으로 구할 수 있다.

(2) 3차 운형보간함수

강성 때문에 3차 운형함수는 우수한 전역 보간함수이며, 또한 미분하기도 쉽다. 첫 단계는 식 (5.16)을 풀어서 절점의 운형의 2계 도함수 k_i를 결정하는 것이다. 이것은 5.6절에 정리한 `CubicSpline` 모듈 안에 있는 `curvatures( )` 함수를 가지고 작업할 수 있다. 1계 도함수와 2계 도함수는 식 (5.15)를 미분해서 얻은 다음의 식으로 계산할 수 있다.

$$\begin{aligned} f'_{i,i+1}(x) = & \frac{k_i}{6}\left[\frac{3(x-x_{i+1})^2}{x_i - x_{i+1}} - (x_i - x_{i+1})\right] \\ & - \frac{k_{i+1}}{6}\left[\frac{3(x-x_i)^2}{x_i - x_{i+1}} - (x_i - x_{i+1})\right] + \frac{y_i - y_{i+1}}{x_i - x_{i+1}} \end{aligned} \tag{8.14}$$

$$f''_{i,i+1}(x) = k_i \frac{x - x_{i+1}}{x_i - x_{i+1}} - k_{i+1}\frac{x - x_i}{x_i - x_{i+1}} \tag{8.15}$$

예제 8.4

다음 표에 주어진 자료에 대해, (방법-1) 가장 가까운 3점의 자료에 대해 다항식 보간 방법과 (방법-2) 모든 점에 걸친 3차 운형 보간 방법을 사용하여 $f'(2)$와 $f''(2)$를 계산하라.

x	1.5	1.9	2.1	2.4	2.6	3.1
$f(x)$	1.0628	1.3961	1.5432	1.7349	1.8423	2.0397

풀이

방법 1:

$x=1.9$, 2.1, 2.4에 걸친 영역의 보간함수는 $P_2(x) = a_0 + a_1 x + a_2 x^2$이다. 최소제곱적합의 정규 방정식은 다음과 같다.

$$\begin{bmatrix} n & \sum x_i & \sum x_i^2 \\ \sum x_i & \sum x_i^2 & \sum x_i^3 \\ \sum x_i^2 & \sum x_i^3 & \sum x_i^4 \end{bmatrix}\begin{bmatrix} a_0 \\ a_1 \\ a_2 \end{bmatrix} = \begin{bmatrix} \sum y_i \\ \sum x_i y_i \\ \sum x_i^2 y_i \end{bmatrix}$$

표의 x와 $f(x)$값을 대입하면,

$$\begin{bmatrix} 3 & 6.4 & 13.78 \\ 6.4 & 13.78 & 29.944 \\ 13.78 & 29.944 & 65.6578 \end{bmatrix} \begin{bmatrix} a_0 \\ a_1 \\ a_2 \end{bmatrix} = \begin{bmatrix} 4.6742 \\ 10.0571 \\ 21.8385 \end{bmatrix}$$

계수값은 a $= [-0.7714 \;\; 1.5075 \;\; -0.1930]^T$이다. 보간함수의 도함수는 다음과 같다.

$$P'_2(x) = a_1 + 2a_2x$$
$$P''_2(x) = 2a_2$$

그러므로

$$f'(2) \approx P'_2(2) = 1.5075 + 2(-0.1930)(2) = 0.7355$$
$$f''(2) \approx P''_2(2) = 2(-0.1930) = -0.3860$$

방법 2:

절점에서의 운형함수의 2계 도함수 k_i를 먼저 결정하고, 이어서 $f(x)$의 도함수를 식 (8.14)와 식 (8.15)를 사용하여 계산한다. 앞부분의 작업은 다음의 간단한 프로그램으로 수행할 수 있다. 이 코드를 수행하는 데는 코드 5.12(`CubicSpline.py`)와 코드 3.9(`Lud3.py`)가 필요하다.

코드 8.1 Ex0804.py

```
# 예제 8.4

import numpy as np
from CubicSpline import curvatures

if __name__ == '__main__':
    xData = np.array([1.5, 1.9, 2.1, 2.4, 2.6, 3.1])
    yData = np.array([1.0628, 1.3961, 1.5432,
                      1.7349, 1.8423, 2.0397])

    print(curvatures(xData,yData))
```

k_0에서 k_5까지의 프로그램 수행 결과는 다음과 같다.

```
[ 0.         -0.4258431  -0.37744139 -0.38796663 -0.55400477  0.        ]
```

$x=2$는 1번과 2번 절점 사이에 위치하므로 식 (8.14)와 식 (8.15)를 $i=1$에 대하여 적용한다.

$$
\begin{aligned}
f'(2) &\approx f'_{1,2}(x) \\
&= \frac{k_i}{6}\left[\frac{3(x-x_2)^2}{x_1-x_2}-(x_1-x_2)\right]-\frac{k_2}{6}\left[\frac{3(x-x_1)^2}{x_1-x_2}-(x_1-x_2)\right]+\frac{y_1-y_2}{x_1-x_2} \\
&= \frac{(-0.4258)}{6}\left[\frac{3(2-2.1)^2}{(-0.2)}-(-0.2)\right]-\frac{(-0.3774)}{6}\left[\frac{3(2-1.9)^2}{(-0.2)}-(-0.2)\right] \\
&\quad +\frac{1.3961-1.5432}{(-0.2)} \\
&= 0.7351
\end{aligned}
$$

$$
\begin{aligned}
f''(2) &\approx f''_{1,2}(x) = k_1\frac{x-x_2}{x_1-x_2}-k_2\frac{x-x_1}{x_1-x_2} \\
&= (-0.4258)\frac{2-2.1}{(-0.2)}-(-0.3774)\frac{2-1.9}{(-0.2)} = -0.4016
\end{aligned}
$$

$f'(2)$에 대한 '방법 1'과 '방법 2'의 해는 소수점 넷째 자리에서 다르게 나오지만, $f''(2)$는 상당한 차이가 발생한다. 이것은 일반적인 규칙을 고려할 때 예상치 못한 일이 아니다(도함수의 계수가 높을수록 계산할 수 있는 정밀도가 떨어진다). $f(x)$에 대한 식을 모르고서 두 방법 중 어느 것이 더 좋다고 말하는 것은 불가능하다. 예제의 자료는 곡선 $f(x)=x^2e^{-x/2}$ 위에 위치하며, 곡선을 특정하였을 때의 참값은 $f'(2)=0.7358$과 $f''(2)=-0.3679$가 된다.

예제 8.5

다음의 잡음 자료로부터 $f'(0)$과 $f'(1)$을 계산하라.

x	0.0	0.2	0.4	0.6
$f(x)$	1.9934	2.1465	2.2129	2.179
x	0.8	1.0	1.2	1.4
$f(x)$	2.0683	1.9448	1.7655	1.5891

풀이

주어진 자료에 최적인 다항식(최소제곱 관점의)을 찾기 위해 **예제 6.4**에서 사용한 `Ex0604.py`를 가져다 다음과 같이 수정한다. 이 코드를 실행하려면 코드 3.2(`PrintMatrix.py`), 코드 3.13(`SwapRC.py`), 코드 3.14(`GaussPivot.py`), 코드 6.4(`PolyFit.py`), 코드 6.5(`PlotPoly.py`)가 필요하다.

코드 8.2 Ex0805.py

```
# 예제 8.5 다항회귀 모듈
# Ex0604.py를 수정

import sys
import math
import numpy as np
from PolyFit import *
from PlotPoly import *

if __name__ == '__main__':
    # 자료점
    xp = np.array([0.0, 0.2, 0.4, 0.6, \
        0.8, 1.0, 1.2, 1.4])
    yp = np.array([1.9934, 2.1465, 2.2129, 2.179,\
        2.0683, 1.9448, 1.7655, 1.5891])

    while (True):
        # 다항식의 차수
        m = int(input('다항식의 차수 => '))
        if (m < 1): sys.exit()

        c = np.zeros((m+1,1), dtype=float)

        coeff = PolyFit(xp, yp, m)
        print("계수 = ", coeff)
        for i in range(m+1):
            c[i] = float(coeff[i])

        std = stdDev(coeff, xp, yp)
        print("표준편차 = {0:10.4f}\n".format(std))

        # 보간점
        xi = np.arange(0.0, 1.45, 0.05)
        yi = xi.copy()
```

코드 8.2 Ex0805.py(계속)

```
    for i in range(len(xi)):
        yi[i] = c[0]
        for j in range(1, m+1):
            yi[i] = yi[i] + c[j] * math.pow(xi[i], j)

    # 그래프 출력
    sTitle = str(m) + "차 다항회귀"
    plotPoly(xp, yp, xi, yi, title = sTitle, std = std)
```

이 프로그램을 1차부터 4차까지 실행하면 결과는 다음과 같다. 이때 주의할 것은 다음 차수로 넘어가기 위해서는 현재 열려 있는 그래프 창을 닫아야 한다. 그리고 프로그램을 종료하려면 다항식의 차수에 0을 입력한다.

```
다항식의 차수 => 1
계수 =  [ 2.22285833 -0.33631548]
표준편차 =     0.1523

다항식의 차수 => 2
계수 =  [ 2.0261875   0.64703869 -0.70239583]
표준편차 =     0.0361

다항식의 차수 => 3
계수 =  [ 1.99215     1.09276786 -1.55333333  0.40520833]
표준편차 =     0.0083

다항식의 차수 => 4
계수 =  [ 1.99185568  1.10282373 -1.59056108  0.44812973 -0.01532907]
표준편차 =     0.0095

다항식의 차수 => 0
```

표준편차에 근거하여, 3차식이 보간에 최적인 후보로 생각할 수 있다. 결과를 받아들이기 전에, 불연속한 자료와 보간함수를 다음 그림처럼 그려서 비교한다. 이 적합은 만족스럽게 나타났다.

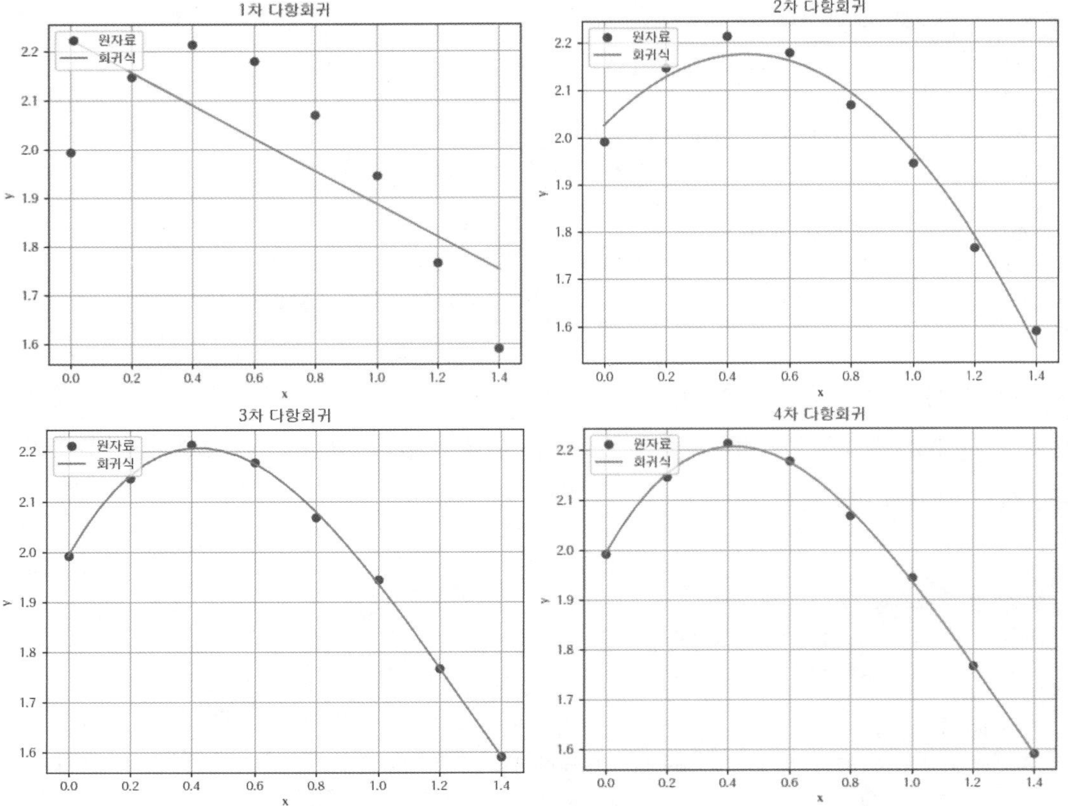

보간함수로 $f(x)$를 근사하면, 다음과 같다.

$$f(x) \approx a_0 + a_1 x + a_2 x^2 + a_3 x^3$$

따라서

$$f'(x) \approx a_1 + 2a_2 x + 3a_3 x^2$$

그러므로

$$f'(0) \approx a_1 = 1.093$$

$$f'(1) = a_1 + 2a_2 + 3a_3 = 1.093 + 2(-1.553) + 3(0.405) = -0.798$$

일반적으로, 잡음 자료에서 얻은 도함수는 개략적인 근사값이다. 이 문제에서 자료는 무작위 잡음이 추가된 함수 $f(x) = (x+2)/\cosh x$를 나타낸다. 따라서

$$f'(x) = \frac{1-(x+2)\tanh x}{\cosh x}$$

도함수의 참값은 $f'(0) = 1.000$, $f'(1) = -0.833$이 된다.

:: 연습문제

8.1 $h_1 \neq h_2$이고, x, $x-h_1$, $x+h_2$에서 함수 $f(x)$의 값이 주어졌을 때, $f''(x)$에 대한 유한차분근사식을 결정하라. 절단오차의 차수를 구하라.

8.2 $f'(x)$와 $f''(x)$에 대한 단순 후방 유한차분근사식이 주어졌을 때, 연산 관계식 $f^{(3)}(x) = [f''(x)]'$을 사용하여 $f^{(3)}(x)$에 대한 단순 후방 유한차분근사식을 유도하라.

8.3 $O(h^2)$인 중앙차분근사에 대한 Richardson 외삽법을 적용하여 정확도가 $O(h^4)$인 $f''(x)$의 중앙차분근사식을 유도하라.

8.4 테일러 급수로부터 $f^{(3)}(x)$의 확장 전방 유한차분근사식을 유도하라.

8.5 테일러 급수로부터 $f^{(4)}(x)$의 일차 중앙 유한차분근사식을 유도하라.

8.6 $O(h^2)$인 차분근사를 사용하여, 다음 자료로부터 $f'(2.36)$과 $f''(2.36)$을 계산하라.

x	2.36	2.37	2.38	2.39
$f(x)$	0.85866	0.86289	0.8671	0.87129

8.7 다음 자료로부터 $f'(1)$과 $f''(1)$을 추정하라.

x	0.97	1.00	1.05
$f(x)$	0.8504	0.84147	0.82612

8.8 다음 자료로부터 $f''(1)$을 가능한 정확하게 산정하라.

x	0.84	0.92	1.00	1.08	1.16
$f(x)$	0.431711	0.398519	0.367879	0.339596	0.313486

8.9 다음 자료로부터 $f'(0.2)$를 가능한 정확하게 산정하라.

x	0.0	0.1	0.2	0.3	0.4
$f(x)$	0.000000	0.078348	0.138910	0.192916	0.244981

8.10 소수점 다섯 자리까지의 유효숫자를 사용하여, $x=0.8$에서 $d(\sin x)/dx$를 결정하라. (1) 단순 전방차분근사식 사용, (2) 일차 중앙차분근사식 사용. 각 경우에 가장 정확한 결과(시험이 필요하다)를 주는 h를 각각 사용하라.

8.11 다음 자료와 다항식 보간을 사용하여 $x=0$에서의 f'과 f''을 구하라.

x	-2.2	-0.3	0.8	1.9
$f(x)$	15.180	10.962	1.920	-2.040

$f(x)=x^3-0.3x^2-8.56x+8.448$일 때, 결과의 정확도를 검토하라.

8.12 길이가 $R=90$ mm인 크랭크 AB가 일정한 각속도($d\theta/dt=5{,}000$ rev/min)로 회전하고 있다.

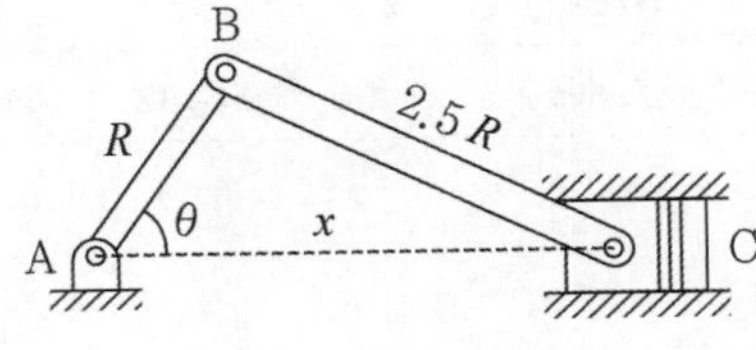

피스톤 C의 위치는 다음과 같이 각도 θ의 함수이다.

$$x=R(\cos\theta+\sqrt{2.5^2-\sin^2\theta})$$

가속도 계산을 위한 수치미분을 사용하여 $\theta = 0°$, $5°$, $10°$, $\cdots$, $180°$에서의 피스톤의 가속도를 도시하는 프로그램을 작성하라.

8.13 아래의 그림에 보이는 것과 같이, $a = 500$ m 떨어진 두 레이더 관측소 A와 B에서 1초 간격으로 α와 β를 측정하여 비행기의 위치 C를 기록하고 있다. 만약 3개의 연속된 기록이 다음 표와 같을 때, 시간 $t = 10$ s에서 비행기의 속도 v와 상승각 γ를 계산하라. 비행기의 좌표는 다음과 같이 표현된다.

$$x = a\frac{\tan\beta}{\tan\beta - \tan\alpha},\quad y = a\frac{\tan\alpha\tan\beta}{\tan\beta - \tan\alpha}$$

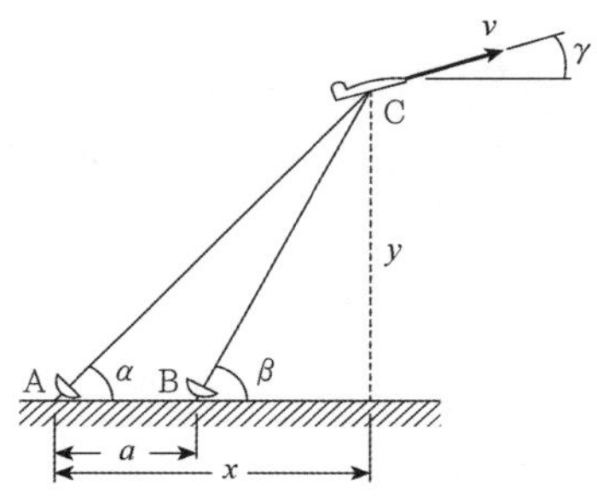

t(s)	9	10	11
α	54.80	54.06	53.34
β	65.59	64.59	63.62

8.14 다음 그림의 구조물 연결에 대하여 기하학적 해석 결과를 각도 θ와 β에 대한 표로 정리하였다. 부재 AB가 일정한 각속도 $d\theta/dt = 1$ rad/s로 회전할 때, 3차 운형 보간법을 사용하여, 다음 표에 있는 θ값에 대해서 $d\beta/dt$를 rad/s의 단위로 계산하라.

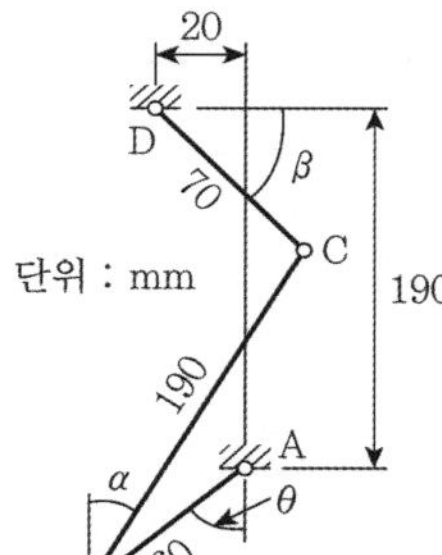

θ(deg)	0	30	60	90	120	150
β(deg)	59.96	56.42	44.10	25.72	-0.27	-34.29

CHAPTER 09

수치적분

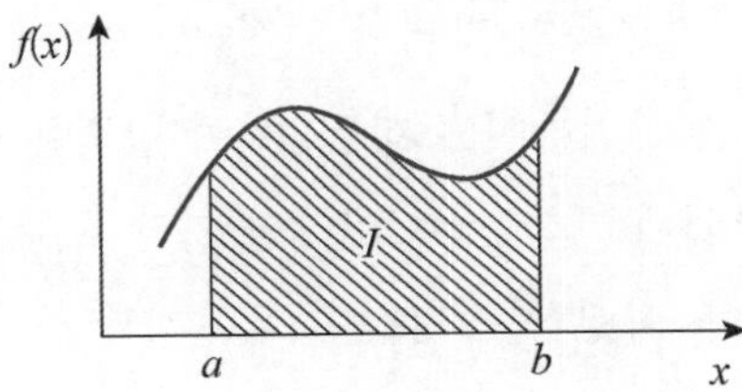

수치적분은 주어진 함수 $f(x)$에 대해, 주어진 구간 $\langle a:b \rangle$에서, $\int_a^b f(x)dx$를 수치적으로 계산하는 것이다. 수치적분은 크게 Newton-Cotes 적분식과 Gauss 구적법Gaussian quadrature 두 가지로 구분된다.

9.1 수치적분

수치적분(구적법으로도 알려진)은 정적분을 다음과 같은 구분구적법으로 구하는 것이다.

$$\int_a^b f(x)dx \Rightarrow I = \sum_{i=0}^{n} A_i f(x_i)$$

여기서 절점 횡좌표 x_i와 가중값weight A_i는 구적을 위해 사용되는 특정한 방법에 따라 그 표현이 달라진다. 구적 공식은 피적분함수의 다항식 보간을 통해 유도된다. 그러므로 $f(x)$가 다항식으로 근사될 수 있는 경우 가장 좋은 결과를 준다.

수치적분 방법들은 Newton-Cotes 적분공식과 Gauss 구적법Gaussian quadrature의 두 가지로 구분된다. Newton-Cotes 적분공식은 가로축의 간격이 일정하며, 여기에는 사다리꼴법과 Simpson 공식Simpson's rule과 같이 잘 알려진 방법들이 포함된다. 이 방법은 동일한 간격을 갖는 x에 대해 $f(x)$가 이미 계산되어 있거나 쉽게 계산할 수 있다면 가장 유용하다. 이 방법은 국부적인 적분에 기초하기 때문에 구간단위로 다항식 적합만이 필요하다.

Gauss 구적법에서 가로축의 위치는 가장 정확한 결과를 얻을 수 있도록 선택한다. Gauss 구적법은 주어진 정확도의 수준에서 피적분함수의 계산이 적기 때문에, $f(x)$를 계산하는 데 비용이 많이 드는 경우에 많이 사용한다. Gauss 구적법의 다른 장점은 적분 특이점을 처리할 수 있다는 점이다.

이 장에서는 9.2절에서 Newton-Cotes 식을, 9.3절에서는 Gauss 적분을 다루고 9.4절에서는 다중적분을 다룬다.

9.2 Newton-Cotes 식

다음과 같은 정적분을 생각해보자.

$$\int_a^b f(x)dx \tag{9.1}$$

그림 9.1처럼 적분구간 $\langle a:b \rangle$를 등간격 $h=(b-a)/n$을 가진 n개의 구간으로 나누고, 가로축

의 좌표를 x_0, x_1, ⋯, x_n로 표시하자. 가로좌표값에 대응하는 $f(x)$를 n차 다항식으로 근사한다.

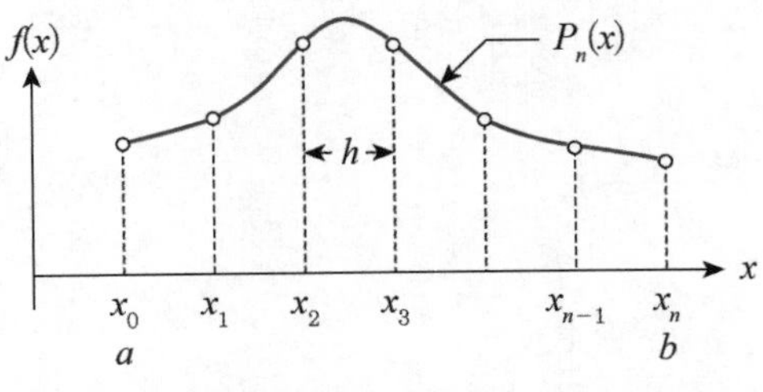

그림 9.1 $f(x)$의 다항식 근사

이 다항식을 식 (5.1a)의 Lagrange 형태Lagrange's form로 나타내면 다음과 같다.

$$P_n(x) = \sum_{i=0}^{n} f(x_i)\ell_i(x)$$

여기서 $\ell_i(x)$는 식 (5.1b)로 정의된 기본함수cardinal function이다. 그러므로 식 (9.1)의 적분에 대한 근사는 다음과 같다.

$$\begin{aligned} I &= \int_a^b P_n(x)dx \\ &= \sum_{i=0}^{n} \left[f(x_i) \int_a^b \ell_i(x)dx \right] \\ &= \sum_{i=0}^{n} A_i f(x_i) \end{aligned} \tag{9.2a}$$

여기서 가중값 A_i는 다음과 같다.

$$A_i = \int_a^b \ell_i(x)dx, \ (i = 0, 1, \cdots, n) \tag{9.2b}$$

식 (9.2)가 Newton-Cotes 적분공식이다. 이 공식에 대한 전통적인 예는 사다리꼴법($n = 1$), Simpson법($n = 2$), 3/8 Simpson법($n = 3$)이다. 이 중에서 가장 중요한 것은 사다리꼴법이다. 또 사다리꼴법은 Richardson 외삽법과 결합하면 Romberg 적분이라 하는 효율적인 알고리즘이 된다.

(1) 사다리꼴법

그림 9.2와 같이 $n=1$(한 구간)일 때 다음 식과 같으므로

$$\ell_0 = \frac{(x-x_1)}{(x_0-x_1)} = -\frac{(x-b)}{h}$$

$$\ell_1 = \frac{(x-x_0)}{(x_1-x_0)} = \frac{(x-a)}{h}$$

가중값 A_0와 A_1은 다음과 같다.

$$A_0 = \frac{1}{h}\int_a^b (x-b)dx = \frac{1}{2h}(b-a)^2 = \frac{h}{2}$$

$$A_1 = \frac{1}{h}\int_a^b (x-a)dx = \frac{1}{2h}(b-a)^2 = \frac{h}{2}$$

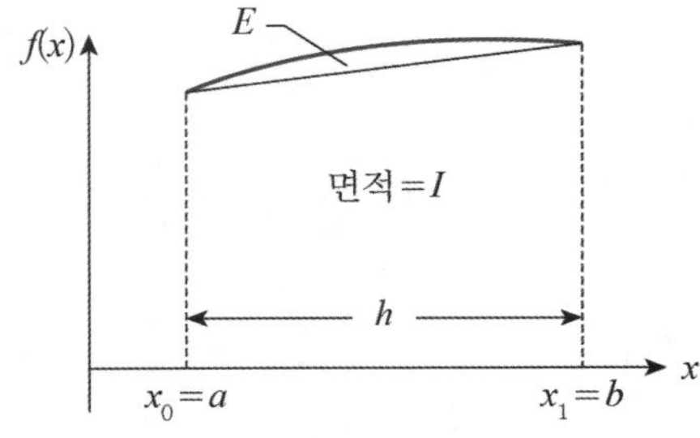

그림 9.2 사다리꼴법

식 (9.2a)에 대입하면, 적분은 다음과 같다.

$$I = [f(a)+f(b)]\frac{h}{2} \tag{9.3}$$

이것이 사다리꼴법이며, **그림 9.2**의 사다리꼴의 면적이다. 사다리꼴법의 오차는 $f(x)$와 직선 피적분함수 사이의 면적(**그림 9.2**의 활모양 부분)이 되므로 식으로 표현하면 다음과 같다.

$$E = \int_a^b f(x)dx - I$$

이 오차는 식 (5.3)의 다항보간오차를 적분하여 구할 수 있다.

$$\begin{aligned} E &= \frac{1}{2!}\int_a^b (x-x_0)(x-x_1)f''(\xi)dx \\ &= \frac{1}{2}f''(\xi)\int_a^b (x-a)(x-b)dx \\ &= -\frac{1}{12}(b-a)^3 f''(\xi) = -\frac{h^3}{12}f''(\xi) \end{aligned} \tag{9.4}$$

(2) 복합 사다리꼴법

실제로 사다리꼴법은 구간 단위로 적용된다. **그림 9.3**은 n개의 구역으로 나누어진 구간 $\langle a:b \rangle$를 보여주고 있으며, 각 구간의 폭은 모두 h이다. 각 구간의 변이 직선이라고 보고 함수 $f(x)$를 근사적으로 적분한다.

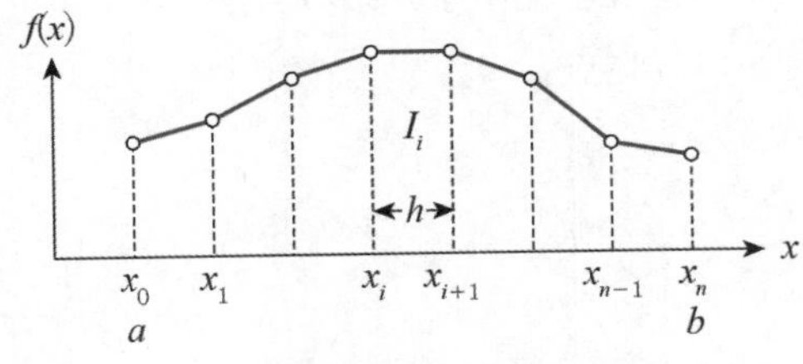

그림 9.3 복합 사다리꼴법

사다리꼴법으로부터 i번째 구간의 면적은 근사적으로 다음과 같다.

$$I_i = [f(x_i) + f(x_{i+1})]\frac{h}{2}$$

그러므로 정적분 $\int_a^b f(x)dx$를 의미하는 전체 면적은 다음의 식과 같으며, 이것을 복합 사다리꼴법composite trapezoidal rule이라 한다.

$$I = \sum_{i=0}^{n-1} I_i = [f(x_0) + 2f(x_1) + 2f(x_2) + \cdots + 2f(x_{n-1}) + f(x_n)]\frac{h}{2} \tag{9.5}$$

식 (9.4)에서 보듯이 각 구간의 절단오차는 다음과 같다.

$$E_i = -\frac{h^3}{12} f''(\xi_i)$$

여기서 ξ_i는 (x_i, x_{i+1})에 놓인다. 그래서 식 (9.5)의 절단오차는 다음과 같다.

$$E = \sum_{i=0}^{n-1} E_i = -\frac{h^3}{12} \sum_{i=0}^{n-1} f''(\xi_i) \tag{9.6}$$

식 (9.6)의 우변은 다음과 같다.

$$\sum_{i=0}^{n-1} f''(\xi_i) = n\overline{f''(\xi)}$$

여기서 $\overline{f''(\xi)}$는 2계 도함수의 산술평균이다. $f''(x)$가 연속이면, 구간 $\langle a : b \rangle$ 내에 $f''(\xi) = \overline{f''}$이 만족하는 점 ξ가 존재해야만 하므로,

$$\sum_{i=0}^{n-1} f''(\xi_i) = nf''(\xi) = \frac{b-a}{h} f''(\xi)$$

그러므로 식 (9.6)은 다음과 같다.

$$E = -\frac{(b-a)h^2}{12} f''(\xi) \tag{9.7}$$

식 (9.7)로부터 $E = ch^2$(여기서 c는 상수)이라고 결론짓는 것은 맞지 않을 것이다. 왜냐하면 $f''(\xi)$이 h에 전적으로 독립은 아니기 때문이다. $f(x)$와 그 도함수들이 구간 $\langle a : b \rangle$에서 유한할 때의 더 심도 있는 오차분석 결과는 다음과 같다.

$$E = c_1 h^2 + c_2 h^4 + c_3 h^6 + \cdots \tag{9.8}$$

(3) 귀납적 사다리꼴법

I_k가 2^{k-1}개의 구간을 사용하여 복합 사다리꼴법으로 산정할 적분이라고 하자. k가 1씩 증가한다면, 구간의 수는 두 배가 된다. 구간의 길이를 $H=b-a$로 표시하면, $k=1, 2, 3$일 때, 식 (9.5)는 다음과 같이 정리할 수 있다.

$k=1$ (한 구간):

$$I_1 = [f(a)+f(b)]\frac{H}{2} \tag{9.9a}$$

$k=2$ (두 구간):

$$I_2 = \left[f(a)+2f\left(a+\frac{H}{2}\right)+f(b)\right]\frac{H}{4} = \frac{1}{2}I_1 + f\left(a+\frac{H}{2}\right)\frac{H}{2} \tag{9.9b}$$

$k=3$ (네 구간):

$$\begin{aligned} I_3 &= \left[f(a)+2f\left(a+\frac{H}{4}\right)+2f\left(a+\frac{H}{2}\right)+2f\left(a+\frac{3H}{4}\right)+f(b)\right]\frac{H}{8} \\ &= \frac{1}{2}I_2 + \left[f\left(a+\frac{H}{4}\right)+f\left(a+\frac{3H}{4}\right)\right]\frac{H}{4} \end{aligned} \tag{9.9c}$$

따라서 $k>1$일 때의 귀납적 사다리꼴법recursive trapezoidal rule의 관계식은 다음과 같다.

$$I_k = \frac{1}{2}I_{k-1} + \frac{H}{2^{k-1}}\sum_{i=1}^{2^{k-2}} f\left[a+\frac{(2i-1)H}{2^{k-1}}\right], \ (k=2,\ 3,\ \cdots) \tag{9.9d}$$

식 (9.9d)의 합에는 구간의 수가 두 배가 되었을 때 만들어진 새로운 절점node만이 포함되었음에 알 수 있다. 그러므로 식 (9.9)에 의한 I_1, I_2, I_3, …, I_k의 계산하는 데 필요한 계산의 양은 식 (9.5)로 I_k를 직접 계산하는 것과 같은 양의 대수식을 포함한다. 귀납적 사다리꼴법 사용의 장점은 수렴하는 것을 보면서 I_{k-1}와 I_k의 차이가 충분히 작아질 때 계산을 종료할 수 있다는 점이다. 보다 쉽게 기억할 수 있는 식 (9.9d)의 형태는 다음과 같다.

$$I(h) = \frac{1}{2}I(2h) + h\sum f(x_{new}) \tag{9.9e}$$

여기서 $h = H/n$은 각 구간의 폭이다.

trapezoid( )

함수 **trapezoid( )**는 식 (9.9)를 사용하여 사다리꼴법을 재귀적으로 이용하여 원하는 정확도의 적분을 계산한다. 여기서 재귀적인 계산을 위해 주어진 I_{k-1}(**Iold**)에 대한 I_k(**Inew**)를 계산한다. 원하는 정확도에 이를 때까지, $k = 1,\ 2,\ \cdots$에 대해 **trapezoid( )**를 사용하여 $\int_a^b f(x)dx$를 계산할 수 있다.

코드 9.1 Trapezoid.py

```
# Trapezoid.py
# 사다리꼴 모듈
''' Inew = trapezoid(f, a, b, Iold, k)
        재귀적 사다리꼴법:
        Iold = 2^(k-1) 구간으로 된 사다리꼴법으로
         x = a에서 x=b까지 f(x) 적분
        Inew = 2^k 구간으로 계산한 적분
'''
def trapezoid(f, a, b, Iold, k):
    if k == 1:
        Inew = (f(a) + f(b))*(b - a)/2.0
    else:
        n = 2**(k -2 )  # 새 절점의 수
        h = (b - a)/n   # 새 절점의 간격
        x = a + h/2.0
        sum = 0.0
        for i in range(n):
            sum = sum + f(x)
            x = x + h
        Inew = (Iold + h*sum)/2.0
    return Inew
```

예제 9.1

재귀적 사다리꼴법을 사용하여 $\int_0^\pi \sqrt{x}\cos x dx$를 소수점 6자리까지 계산하라. 이 결과를 얻는데 얼마나 많은 구간이 필요한가?

풀이

이 문제를 푸는 프로그램은 다음과 같다.

코드 9.2 Ex0901.py

```
# 예제 9.1

import math
from Trapezoid import *

def f(x):
    return math.sqrt(x)*math.cos(x)

if __name__ == '__main__':
    Iold = 0.0
    for k in range(1,21):
        Inew = trapezoid(f,0.0,math.pi,Iold,k)
        if (k > 1) and (abs(Inew - Iold)) < 1.0e-6:
            break
        Iold = Inew

    print("적분   = ", Inew)
    print("구간수 = ", 2**(k-1))
```

프로그램 수행 결과는 다음과 같다.

```
적분 = -0.8948316648532865
구간수 = 32768
```

그러므로 $\int_0^{\pi} \sqrt{x}\cos x dx = -0.894832$를 소수점 이하 6자리 정확도로 구하기 위해서는 32,768개의 구간이 필요하다. 수렴속도가 느린 것은 $f(x)$의 모든 도함수가 $x=0$에서 특이점을 갖기 때문이다. 따라서 오차는 식 (9.8)에서 보는 것과 같이 거동하지 않는다. $E = c_1 h^2 + c_2 h^4 + \cdots$, 그러나 오차를 예측할 수는 없다. 이러한 성질의 어려움은 종종 변수를 변화시켜서 해결할 수 있다. 이 경우, $t=\sqrt{x}$를 도입하면, $dt = \frac{dx}{2\sqrt{x}} = \frac{dx}{t}$ 또는 $dx = 2tdt$가 되며,

$$\int_0^{\pi} \sqrt{x}\cos x dx = \int_0^{\sqrt{\pi}} 2t^2 \cos t^2 dt$$

따라서 우변의 적분 계산에는 4,096개의 구간이 있으면 완료된다.

(4) Simpson법

Simpson 1/3법은 $n = 2$일 때의 Newton-Cotes 적분식으로부터 구할 수 있다. 즉, **그림 9.4**처럼 세 인접 격자점을 통과하는 포물선 보간함수를 통과한다. $\int_a^b f(x)dx$의 근사인 포물선 아래 면적은 다음과 같다.

$$I = \left[f(a) + 4f\left(\frac{a+b}{2}\right) + f(b)\right]\frac{h}{3} \tag{9.10}$$

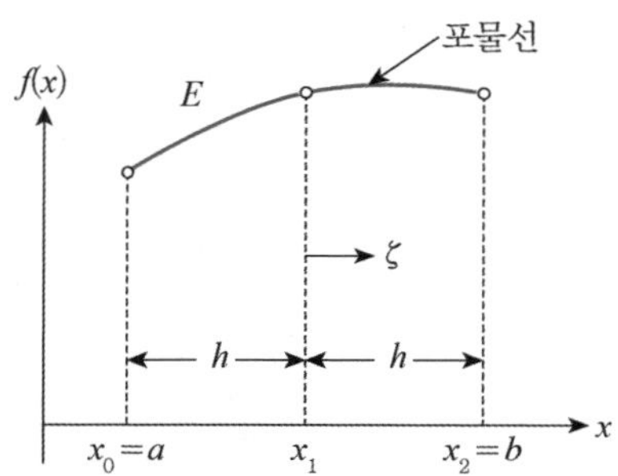

그림 9.4 Simpson 1/3법

복합 Simpson 1/3법을 구하기 위해, **그림 9.5**와 같이 적분한계 $\langle a : b \rangle$를 n(짝수)개의 구간으로 나누며, 구간의 폭은 모두 $h = \dfrac{(b-a)}{n}$가 된다. 인접한 두 구간에 식 (9.10)을 적용하면 다음과 같다.

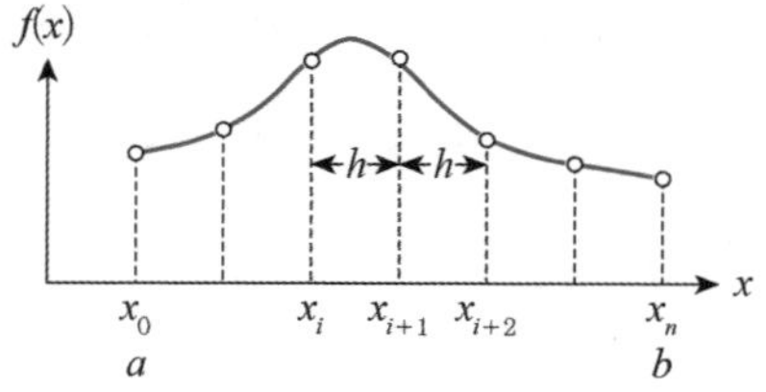

그림 9.5 복합 Simpson 1/3법

$$\int_{x_i}^{x_{i+2}} f(x)dx \approx [f(x_i) + 4f(x_{i+1}) + f(x_{i+2})]\frac{h}{3} \tag{9.11}$$

식 (9.1)에 식 (9.11)을 대입하면,

$$\begin{aligned}\int_a^b f(x)dx = \int_{x_0}^{x_m} f(x)dx &= \sum_{i=0,2,\cdots}\left[\int_{x_i}^{x_{i+2}} f(x)dx\right] \\ &\approx [f(x_0) + 4f(x_1) + 2f(x_2) + 4f(x_3) + \cdots \\ &\quad + 2f(x_{n-2}) + 4f(x_{n-1}) + f(x_n)]\frac{h}{3}\end{aligned} \tag{9.12}$$

식 (9.12)의 복합 Simpson 1/3법은 수치적분에서 아마 가장 잘 알려진 식일 것이다. 그렇지만 사다리꼴법이 더 강력하고 Romberg 적분이 더 효율적이기 때문에 이 명성은 다소 어울리지 않는 점이 있다.

복합 Simpson법의 오차는 다음과 같다.

$$E = \frac{(b-a)h^4}{180} f^{(4)}(\xi) \tag{9.13}$$

여기서 $f(x)$가 3차 이하인 다항식이면 식 (9.12)는 정확하다고 결론지을 수 있다.

Simpson 1/3법에서 구간의 수 n은 짝수이어야 한다. 이 조건이 만족되지 않으면, 다음 식과 같이 Simpson 3/8법을 사용하여 처음(또는 마지막) 3구간에 걸쳐 적분할 수 있다.

$$I = [f(x_0) + 3f(x_1) + 3f(x_2) + f(x_3)]\frac{3h}{8} \tag{9.14}$$

그리고 나머지 구간에는 Simpson 1/3법을 사용한다. 식 (9.14)의 오차는 식 (9.12)와 같은 차수를 갖는다.

예제 9.2

Newton-Cotes 적분식으로부터 Simpson 1/3법을 유도하라.

풀이

그림 9.4를 보면, Simpson 1/3법은 $x_0 = a$, $x_1 = (a+b)/2$, $x_2 = b$에 위치한 세 격자점을 사용한다. 격자점의 간격은 $h = \dfrac{(b-a)}{2}$이다. Lagrange의 3점 보간의 기본함수(5.2절 참조)는 다음과 같다.

$$\ell_0(x) = \frac{(x-x_1)(x-x_2)}{(x_0-x_1)(x_0-x_2)}$$

$$\ell_1(x) = \frac{(x-x_0)(x-x_2)}{(x_1-x_0)(x_1-x_2)}$$

$$\ell_2(x) = \frac{(x-x_0)(x-x_1)}{(x_2-x_0)(x_2-x_1)}$$

점 x_1을 기준점으로 하는 변수 ξ를 도입하면 이 함수를 쉽게 적분할 수 있다. 격자점의 좌표는 $\xi_0 =-h$, $\xi_1 = 0$, $\xi_2 = h$이고, 식 (9.2b)는 다음과 같다.

$$A_i = \int_a^b \ell_i(x)dx = \int_{-h}^h \ell_i(\xi)d\xi$$

그러므로

$$A_0 = \int_{-h}^h \frac{(\xi-0)(\xi-h)}{(-h)(-2h)}d\xi = \frac{1}{2h^2}\int_{-h}^h (\xi^2 - h\xi)d\xi = \frac{h}{3}$$

$$A_1 = \int_{-h}^h \frac{(\xi-h)(\xi-h)}{(h)(-h)}d\xi =- \frac{1}{h^2}\int_{-h}^h (\xi^2 - h^2)d\xi = \frac{4h}{3}$$

$$A_2 = \int_{-h}^h \frac{(\xi+h)(\xi-0)}{(2h)(h)}d\xi = \frac{1}{2h^2}\int_{-h}^h (\xi^2 + h\xi)d\xi = \frac{h}{3}$$

식 (9.2a)는 다음과 같으며, 이것이 Simpson 1/3법이다.

$$I= \sum_{i=0}^{2} A_i f(x_i) = \left[f(a) + 4f\left(\frac{a+b}{2}\right) + f(b)\right]\frac{h}{3}$$

예제 9.3

8구간에 대하여 복합 사다리꼴법을 사용해서 다음 적분값의 범위를 계산하라.

$$\int_0^\pi \sin(x)dx$$

풀이

문제에는 간격이 $h=\pi/8$인 구간 8개와 9개의 격자점이 있다. 격자점의 좌표는 $x_i = i\pi/8\,(i=0,$ $1,\ \cdots,\ 8)$이다. 식 (9.5)에서 다음의 결과를 얻는다.

$$I=\left[\sin 0+2\sum_{i=1}^{7}\sin\frac{i\pi}{8}+\sin\pi\right]\frac{\pi}{16}=1.97423$$

식 (9.6)에서 오차를 구할 수 있다.

$$E=-\frac{(b-a)h^2}{12}f''(\xi)=-\frac{(\pi-0)(\pi/8)^2}{12}(-\sin\xi)=\frac{\pi^2}{768}\sin\xi$$

여기서 $0<\xi<\pi$이다. ξ값을 모르기 때문에, E를 계산할 수 없으나, 범위는 결정할 수 있다.

$$E_{\min}=\frac{\pi^3}{768}\sin(0)=0,\ E_{\max}=\frac{\pi^3}{768}\sin\left(\frac{\pi}{2}\right)=0.04037$$

그러므로

$$I+E_{\min}<\int_0^\pi \sin(x)dx<I+E_{\max}$$

또는

$$1.97423<\int_0^\pi \sin(x)dx<2.01460$$

해석해는 2이다.

예제 9.4

16구간에 대하여 복합 사다리꼴법을 사용해서 다음 적분값의 범위를 계산하라.

$$\int_0^{\pi} \sin(x)dx$$

풀이

구간의 수를 두 배로 늘임에 따라 생긴 새로운 격자점들은 기존 구간들의 중앙에 위치하며, 좌표는 다음과 같다.

$$x_j = \frac{\pi}{16} + j\frac{\pi}{8} = (1+2j)\frac{\pi}{16}, \ (j=0, 1, \cdots, 7)$$

식 (9.9b)의 재귀적 사다리꼴법을 사용하면 다음과 같다.

$$I = \frac{1.97423}{2} + \frac{\pi}{16}\sum_{j=0}^{7}\sin\frac{(1+2j)\pi}{16} = 1.99358$$

그리고 오차의 경계는 $E_{\min} = 0$, $E_{\max} = 0.04037/4 = 0.01009$이 된다($h$가 반으로 줄면, E는 1/4이 된다). 그러므로

$$1.99358 < \int_0^{\pi}\sin(x)dx < 2.00367$$

예제 9.5

다음 표의 자료를 사용하여 $\int_0^{2.5} f(x)dx$를 추정하라.

x	0.0	0.5	1.0	1.5	2.0	2.5
$f(x)$	1.5000	2.0000	2.0000	1.6364	1.2500	0.9565

풀이

사다리꼴법보다 정확하기 때문에 Simpson법을 사용한다. 구간의 개수가 홀수이기 때문에, 처음 세 구간에 걸쳐서는 Simpson 3/8법을 사용하여 적분을 계산하고, 마지막 두 구간에는 Simpson

1/3법을 사용한다.

$$I = [f(0.0) + 3f(0.5) + 3f(1.0) + f(1.5)]\frac{3(0.5)}{8} + [f(1.5) + 4f(2.0) + f(2.5)]\frac{0.5}{3}$$

$$= 2.8381 + 1.2655 = 4.1036$$

(5) Romberg 적분

Romberg 적분은 사다리꼴법과 Richardson 외삽법(8.2절 참조)이 결합된 것이다. 먼저 다음과 같이 기호를 정의하자.

$$R_{i,1} = I_i \tag{9.15a}$$

이제까지는 I_i는 2^{i-1}개의 구간을 사용하여 재귀적 사다리꼴법으로 계산된 $\int_a^b f(x)dx$의 근사치를 의미하였다. 이 근사법의 오차는 $E = c_1h^2 + c_2h^4 + \cdots$ 임을 상기하자. 이때 $h = (b-a)/2^{i-1}$는 구간의 폭이다.

Romberg 적분은 사다리꼴법에서 $R_{1,1} = I_1$(한 구간)과 $R_{2,1} = I_2$(두 구간)에 대한 계산으로 시작된다. 맨 앞의 오차 항 c_1h^2은 Richardson 외삽법에 의해 제거된다. 식 (8.12)에서 $p = 2$(맨 앞의 오차 항의 지수)를 사용하고 결과를 $R_{2,2}$로 표현하면 다음과 같다.

$$R_{2,2} = \frac{2^2 R_{2,1} - R_{1,1}}{2^{2-1}} = \frac{4}{3}R_{2,1} - \frac{1}{3}R_{1,1} \tag{9.15b}$$

결과를 배열로 저장하는 것이 편리하다.

$$\begin{bmatrix} R_{1,1} & \\ R_{2,1} & R_{2,2} \end{bmatrix}$$

다음 단계에서는 $R_{3,1} = I_3$(4구간)를 계산하고 $R_{2,1}$과 $R_{3,1}$에 대한 Richardson 외삽법을 반복하여 $R_{3,2}$에 저장한다:

$$R_{3,2} = \frac{4}{3}R_{3,1} - \frac{1}{3}R_{2,1} \tag{9.15c}$$

지금까지 계산된 행렬 R의 성분은 다음과 같다.

$$\begin{bmatrix} R_{1,1} & & \\ R_{2,1} & R_{2,2} & \\ R_{3,1} & R_{3,2} & - \end{bmatrix}$$

두 번째 열의 성분은 c_2h^4 형태의 오차를 가지며, 이 또한 Richardson 외삽법에 의해 제거된다. 식 (8.12)에서 $p = 4$를 사용하면 다음을 구할 수 있다.

$$R_{3,3} = \frac{2^4 R_{3,2} - R_{2,2}}{2^{4-1}} = \frac{16}{15}R_{3,2} - \frac{1}{15}R_{2,2} \tag{9.15d}$$

이 결과는 $O(h^6)$의 오차를 갖는다. 이 행렬을 다음과 같이 확장할 수 있다.

$$\begin{bmatrix} R_{1,1} & & \\ R_{2,1} & R_{2,2} & \\ R_{3,1} & R_{3,2} & R_{3,3} \end{bmatrix}$$

더 진행하면, 다음과 같은 결과를 얻을 수 있다.

$$\begin{bmatrix} R_{1,1} & & & \\ R_{2,1} & R_{2,2} & & \\ R_{3,1} & R_{3,2} & R_{3,3} & \\ R_{4,1} & R_{4,2} & R_{4,3} & R_{4,4} \end{bmatrix}$$

여기서 $R_{4,4}$의 오차의 규모는 $O(h^8)$이다. 적분에 대한 가장 정확한 추정치는 행렬의 마지막 대각성분이다. 이 과정은 연속된 두 대각성분의 차이가 충분히 작아질 때까지 이어진다. 이 기법에 사용되는 일반적인 외삽법 공식은 다음과 같다.

$$R_{i,j} = \frac{4^{j-1}R_{i,j-1} - R_{i-1,j-1}}{4^{j-1} - 1}, \ (i > 1, \ j = 2, 3, \ \cdots, i) \tag{9.16a}$$

식 (9.16a)의 도식적 표현은 다음과 같다.

$$\begin{array}{ccccc} \boxed{R_{i-1,j-1}} & & & & \\ & \searrow & & & \\ & & \alpha & & \\ & & & \searrow & \\ \boxed{R_{i,j-1}} & \rightarrow & \beta & \rightarrow & \boxed{R_{i,j}} \end{array} \tag{9.16b}$$

여기서 곱셈연산자 α와 β는 j에 따라 다음과 같은 값을 갖는다.

j	2	3	4	5	6
α	-1/3	-1/15	-1/63	-1/255	-1/1023
β	4/3	16/15	64/63	256/255	1024/1023

(9.16c)

삼각행렬은 손계산이 편리하지만, Romberg 알고리즘의 컴퓨터 구현은 1차원 행렬 R′ 내에서 수행될 수 있다. 첫 외삽(식 (9.15a) 참고)이 끝나면 $R_{1,1}$은 더 이상 사용하지 않고, 그래서 $R_{2,2}$로 대체될 수 있다. 결론적으로, 다음과 같은 행렬을 얻는다.

$$\begin{bmatrix} R'_1 = R_{2,2} \\ R'_2 = R_{2,1} \end{bmatrix}$$

식 (9.15b)와 식 (9.15c)에 의해 정의된 두 번째 외삽에서, $R_{3,2}$를 $R_{2,1}$ 자리에 덮어쓰고, $R_{3,3}$ $R_{2,2}$를 $R_{3,3}$로 대체하면, 배열은 다음과 같은 성분으로 구성된다.

$$\begin{bmatrix} R'_1 = R_{3,3} \\ R'_2 = R_{3,2} \\ R'_3 = R_{3,1} \end{bmatrix}$$

이와 같은 과정을 계속하면, R'_1은 현재의 단계에서 항상 가장 좋은 값을 갖게 된다. k번째 단계의 외삽공식은 다음과 같다.

$$R'_j = \frac{4^{k-j}R'_{j+1} - R'_j}{4^{k-j}-1}, \ (i > 1, \ j = 2, \ 3, \ \cdots, \ i) \tag{9.17}$$

예제 9.6

Romberg 적분에서 $R_{k,2}$는 2^{k-1}개의 구간에 대한 복합 Simpson 1/3법과 동일함을 보여라.

풀이

Romberg 적분에서 근사적인 적분을 표시하는 $R_{k,1}=I_k$는 $n=2^{k-1}$인 복합 사다리꼴법에 의해 얻어진다는 것을 상기하자. 격자점의 좌표를 x_0, x_1, ⋯, x_n으로 표시하면, 식 (9.5)의 복합 사다리꼴법을 얻을 수 있다.

$$R_{k,1}=I_k=\left[f(x_0)+2\sum_{i=1}^{n-1}f(x_i)+f(x_n)\right]\frac{h}{2}$$

구간의 수를 얻을 때(구간의 폭은 $2h$), 오직 짝수 개의 좌표만 복합 사다리꼴법에 들어가므로

$$R_{k-1,1}=I_{k-1}=\left[f(x_0)+2\sum_{i=2,4,\cdots}^{n-2}f(x_i)+f(x_n)\right]h$$

Richardson 외삽법은 다음과 같다.

$$\begin{aligned}R_{k,2}&=\frac{4}{3}R_{k,1}-\frac{1}{3}R_{k-1,1}\\&=\left[\frac{1}{3}f(x_0)+\frac{4}{3}\sum_{i=1,3,\cdots}^{n-1}f(x_i)+\frac{2}{3}\sum_{i=2,4,\cdots}^{n-2}f(x_i)+\frac{1}{3}f(x_n)\right]h\end{aligned}$$

이 결과는 식 (9.12)에 부합한다.

romberg( )

Romberg 적분을 위한 알고리즘은 함수 `romberg( )`에서 수행된다. 이 함수는 적분값과 사용한 구간의 수를 반환한다. Richardson 외삽법은 하위함수 `richardson( )`에서 수행된다.

코드 9.3 Romberg.py

```
# Romberg.py
# Romberg 모듈
'''
    I,nPanels = romberg(f,a,b,tol=1.0e-6)
        x = a 에서 b까지 f(x)의 Romberg 적분
        반환값은 정적분과 구간의 수
'''
import numpy as np
from Trapezoid import *

def romberg(f,a,b,tol=1.0e-6):
    def richardson(r,k):
        for j in range(k-1,0,-1):
            const = 4.0**(k-j)
            r[j] = (const*r[j+1] - r[j])/(const - 1.0)
        return r

    r = np.zeros(21)
    r[1] = trapezoid(f,a,b,0.0,1)
    r_old = r[1]
    for k in range(2,21):
        r[k] = trapezoid(f,a,b,r[k-1],k)
        r = richardson(r,k)
        if abs(r[1]-r_old) < tol*max(abs(r[1]),1.0):
            return r[1],2**(k-1)
        r_old = r[1]
    else:
        print("Romberg 구적법이 수렴하지 않음")
```

예제 9.7

Romberg 적분을 사용하여 $\int_0^\pi f(x)dx$를 구하라. 여기서 $f(x) = \sin x$이다. 소수점 넷째 자리까지 계산하라.

풀이

재귀적 사다리꼴법 식 (9.9b)로부터 다음을 구한다.

$$R_{1,1} = I(\pi) = \frac{\pi}{2}[f(0) + f(\pi)] = 0$$

$$R_{2,1} = I\left(\frac{\pi}{2}\right) = \frac{1}{2}I(\pi) + \frac{\pi}{2}f\left(\frac{\pi}{2}\right) = 1.5708$$

$$R_{3,1} = I\left(\frac{\pi}{4}\right) = \frac{1}{2}I\left(\frac{\pi}{2}\right) + \frac{\pi}{4}\left[f\left(\frac{\pi}{4}\right) + f\left(\frac{3\pi}{4}\right)\right] = 1.8961$$

$$R_{4,1} = I\left(\frac{\pi}{8}\right) = \frac{1}{2}I\left(\frac{\pi}{4}\right) + \frac{\pi}{8}\left[f\left(\frac{\pi}{8}\right) + f\left(\frac{3\pi}{8}\right) + f\left(\frac{5\pi}{8}\right) + f\left(\frac{7\pi}{8}\right)\right] = 1.9742$$

식 (9.16)의 외삽공식을 사용하여, 다음의 결과를 구한다:

$$\begin{bmatrix} R_{1,1} & & & \\ R_{2,1} & R_{2,2} & & \\ R_{3,1} & R_{3,2} & R_{3,3} & \\ R_{4,1} & R_{4,2} & R_{4,3} & R_{4,4} \end{bmatrix} = \begin{bmatrix} 0.0000 & & & \\ 1.5708 & 2.0944 & & \\ 1.8961 & 2.0046 & 1.9986 & \\ 1.9742 & 2.0003 & 2.0000 & 2.0000 \end{bmatrix}$$

수렴되었음을 볼 수 있다. 그러므로 $\int_0^{\pi} \sin(x)dx = R_{4,4} = 2.0000$, 이것은 물론 맞는 결과이다.

예제 9.8 Romberg 적분

Romberg 적분을 사용하여 $\int_0^{\sqrt{\pi}} 2x^2\cos(x^2)dx$를 구하고, **예제 9.1**의 결과와 비교하라.

풀이

이 문제를 푸는 프로그램은 다음과 같다.

코드 9.4 Ex0908.py

```
# 예제 9.8: Romberg 적분

import math
from Romberg import *

def f(x):
    return 2.0*(x**2)*math.cos(x**2)

if __name__ == '__main__':
    I,n = romberg(f,0,math.sqrt(math.pi))

    print("적분     = ", I)
    print("계산횟수 = ", n)
```

프로그램 수행 결과는 다음과 같다.

```
적분 = -0.8948314695044126
계산횟수 = 64
```

Romberg 적분은 사다리꼴법보다 더 효과적이라는 것은 분명하다. **예제 9.1**에서 사다리꼴법은 4,096개의 구간이 필요했는데, Romberg 적분은 단지 64개만 필요했다.

9.3 Gauss 적분

(1) Gauss 적분공식

$\int_a^b f(x)dx$ 을 근사적으로 계산하는 Newton-Cotes 적분공식은 $f(x)$가 다항식과 같은 평활한 함수smooth function일 때 가장 좋은 결과를 준다. 이것은 또한 Gauss 구적법에서도 맞는다. 그렇지만 Gauss 공식은 또한 다음과 같은 형태의 적분을 계산할 때도 잘 맞는다.

$$\int_a^b w(x)f(x)dx \tag{9.18}$$

여기서 가중함수weighting function라 부르는 $w(x)$는 적분이 가능한 범위에서 특이점을 포함할 수 있다. 이런 적분의 한 예는 $\int_0^1 (1+x^2)\ln x dx$ 이다. 때로는 $\int_0^\infty e^{-x}\sin x dx$ 와 같이 무한대를 포함할 수도 있다.

Gauss 적분공식은 다음과 같은 Newton-Cotes 적분법과 동일한 형태를 갖는다.

$$I = \sum_{i=0}^{n} A_i f(x_i) \tag{9.19}$$

여기서 I는 앞에서와 같이 식 (9.18)의 적분근사를 나타낸다. 그렇지만 가중값 A_i와 절점 좌표 x_i를 결정하는 방법에 차이가 있다. Newton-Cotes 적분에는 범위 $\langle a : b \rangle$ 안에 짝수 개의 절점이 존재한다(즉, 절점의 위치가 먼저 결정된다). Gauss 구적법에서는 절점과 가중값은 차수가 $2n+1$ 이하의 다항식인 경우 식 (9.19)가 정확한 적분을 산출하도록 선택된다. 즉,

$$\int_a^b w(x)P_m(x)dx = \sum_{i=0}^{n} A_i P_m(x_i), \ (m \le 2n+1) \tag{9.20}$$

가중값과 좌표를 결정하는 한 가지 방법은 식 (9.20)에 $P_1(x)=x$, $P_0(x)=1$, …, $P_{2n+1}(x)=x^{2n+1}$을 대입하고 그 결과로 나오는 다음의 $2n+2$개의 방정식을 미지수 A_i와 x_i에 대해 푸는 것이다.

$$\int_a^b w(x)x^j dx = \sum_{i=0}^{n} A_i x_i^j, \ (j=0, 1, \cdots, 2n+1) \tag{9.21}$$

실례로, $w(x)=e^{-x}$, $a=0$, $b=\infty$, $n=1$인 경우를 보자. x_0, x_1, A_0, A_1을 결정하기 위한 4개의 식은 다음과 같다.

$$\int_0^\infty e^{-x}dx = A_0 + A_1$$

$$\int_0^1 e^{-x}xdx = A_0x_0 + A_1x_1$$

$$\int_0^1 e^{-x}x^2dx = A_0x_0^2 + A_1x_1^2$$

$$\int_0^1 e^{-x}x^3dx = A_0x_0^3 + A_1x_1^3$$

적분을 수행하면, 다음과 같은 결과를 얻는다.

$$A_0 + A_1 = 1$$

$$A_0x_0 + A_1x_1 = 1$$

$$A_0x_0^2 + A_1x_1^2 = 2$$

$$A_0x_0^3 + A_1x_1^3 = 6$$

해는 다음과 같다.

$$x_0 = 2-\sqrt{2},\ A_0 = \frac{\sqrt{2}+1}{2\sqrt{2}}$$

$$x_1 = 2+\sqrt{2},\ A_1 = \frac{\sqrt{2}-1}{2\sqrt{2}}$$

따라서 적분공식은 다음과 같다.

$$\int_0^{\infty} e^{-x} f(x)dx \approx \frac{1}{2\sqrt{2}}[(\sqrt{2}+1)f(2-\sqrt{2})+(\sqrt{2}-1)f(2+\sqrt{2})]$$

방정식의 비선형성 때문에 이 접근법은 n이 큰 경우에는 잘 수행되지 않는다. x_i와 A_i를 찾는 실용적인 방법은 직교 다항식들과 이 다항식들과 Gauss 구적법 사이의 관계에 대한 지식이 필요하다. 그렇지만 좌표와 가중값을 높은 정확도로 계산하여 표로 만든 다양한 고전적인 Gauss 적분공식이 나와 있다. 이 공식들은 다음에 나올 이론을 몰라도 사용할 수 있는데, 이는 Gauss 적분에 필요한 것들이 모두 x_i와 A_i의 값이기 때문이다. 고전적인 수식들을 사용하지 않겠다고 모험하지 않을 것이면, 다음의 두 주제는 넘어가도 된다.

(2) 직교다항식

직교다항식은 수학 및 수치해석의 많은 영역에서 사용된다. 그것들은 깊이 연구되었으며, 그들의 특성은 많이 알려져 있다. 다음은 많은 주제의 아주 일부이다. 다음의 관계가 성립한다면, 다항식 $\varphi_n(x)(j=0, 1, \cdots, 2n+1)$($n$은 다항식의 자유도)은 가중함수 $w(x)$에 대해 구간 $\langle a:b \rangle$ 내에서 직교 집합을 형성한다고 말한다.

$$\int_a^b w(x)\varphi_m(x)\varphi_n(x)dx = 0,\ (m \neq n) \tag{9.22}$$

집합은 상수인 성분을 제외하고, 가중함수와 적분한계의 선택에 의해 결정된다. 즉, 각각의 직교방정식 집합은 $w(x)$, a, b와 관련이 있다. 상수 성분은 표준화를 통해 결정된다. 잘 알려진 수학자의 이름을 따서 명명된 고전적인 직교다항식 중 일부는 **표 9.1**에 정리되어 있다. 표의 마지막 열은 표준적인 사용법을 보여준다.

표 9.1 고전적인 직교다항식

이름	기호	a	b	$w(x)$	$\int_a^b w(x)[\varphi_n(x)]^2 dx$
Legendre	$p_n(x)$	-1	1	1	$2/(2n+1)$
Chebyshev	$T_n(x)$	-1	1	$(1-x^2)^{-1/2}$	$\pi/2$, $(n>0)$
Laguerre	$L_n(x)$	0	∞	e^{-x}	1
Hermite	$H_n(x)$	$-\infty$	∞	e^{-x^2}	$\sqrt{\pi}2^n n!$

직교다항식들은 다음과 같은 형태의 재현 관계를 따른다.

$$a_n\varphi_{n+1}(x) = (b_n + c_n x)\varphi_n(x) - d_n\varphi_{n-1}(x) \tag{9.23}$$

집합의 첫 두 다항식을 안다면, 집합의 다른 성분들은 식 (9.23)으로부터 계산할 수 있다. 재현 공식의 계수는 $\varphi_0(x)$, $\varphi_1(x)$와 함께 표 9.2에 주어져 있다.

표 9.2 재현계수

이름	$\varphi_0(x)$	$\varphi_1(x)$	a_n	b_n	c_n	d_n
Legendre	1	x	$n+1$	0	$2n+1$	n
Chebyshev	1	x	1	0	2	1
Laguerre	1	$1-x$	$n+1$	$2n+1$	-1	n
Hermite	1	$2x$	1	0	2	2

또한 고전적인 직교다항식은 이런 공식으로부터 얻을 수도 있다.

$$\begin{aligned} p_n(x) &= \frac{(-1)^n}{2^n n!}\frac{d^n}{dx^n}[(1-x^2)^n] \\ T_n(x) &= \cos(n\cos^{-1}x),\ (n>0) \\ L_n(x) &= \frac{e^x}{n!}\frac{d^n}{dx^n}(x^n e^{-x}) \\ H_n(x) &= (-1)^n e^{x^2}\frac{d^n}{dx^n}(e^{-x^2}) \end{aligned} \tag{9.24}$$

그리고 도함수들도 다음과 같이 계산할 수 있다.

$$\begin{aligned}
&(1-x^2)p'_n(x) = n[-xp_n(x)+p_{n-1}(x)] \\
&(1-x^2)T'_n(x) = n[-xT_n(x)+nT_{n-1}(x)] \\
&xL'_n(x) = n[L_n(x)-L_{n-1}(x)] \\
&H'_n(x) = 2nH_{n-1}(x)
\end{aligned} \tag{9.25}$$

Gauss 적분과 관련된 직교다항식의 다른 속성은 다음과 같다.

- $\varphi_n(x)$는 구간 $\langle a:b \rangle$ 내에서 n개의 0을 갖는다.
- $\varphi_n(x)$의 0들은 $\varphi_{n+1}(x)$의 0들 사이에 놓인다.
- 임의의 n차 다항식 $P_n(x)$는 다음과 같은 형태로 표현할 수 있다.

$$P_n(x) = \sum_{i=0}^{n} c_i \varphi_i(x) \tag{9.26}$$

- 식 (9.26)과 식 (9.22)의 직교성에서 다음 식이 성립한다.

$$\int_a^b w(x)P_n(x)\varphi_{n+m}(x)dx = 0, \ (m \geq 0) \tag{9.27}$$

(3) 절점 및 가중값 결정

[정리]

절점좌표 $x_0, x_1, \cdots, x_n$은 식 (9.22)에서 정의된 직교집합에 속하는 다항식 $\varphi_{n+1}(x)$의 영이다.

[증명]

$f(x) = P_{2n+1}(x)$가 $2n+1$차 다항식이라 두고 증명을 시작한다. 절점과 Gauss 적분은 이 다항식에 대해 정확하기 때문에, 식 (9.28a)와 같이 쓸 수 있고 $2n+1$차 다항식은 식 (9.28b)와 같은 형태로 표현할 수 있다.

$$\int_a^b w(x)P_{2n+1}(x)dx = \sum_{i=0}^{n} A_i P_{2n+1}(x_i) \tag{9.28a}$$

$$P_{2n+1}(x) = Q_n(x) + R_n(x)\varphi_{n+1}(x) \tag{9.28b}$$

여기서 $Q_n(x)$, $R_n(x)$, $\varphi_{n+1}(x)$는 첨자[1]로 표시된 차수의 다항식이다. 그러므로

$$\int_a^b w(x)P_{2n+1}(x)dx = \int_a^b w(x)Q_n(x)dx + \int_a^b w(x)R_n(x)\varphi_{n+1}(x)dx$$

그러나 식 (9.27)에 의하면 우변의 둘째 적분은 사라진다.

$$\int_a^b w(x)P_{2n+1}(x)dx = \int_a^b w(x)Q_n(x)dx \tag{9.28c}$$

n차 다항식은 $n+1$개의 점에 의해 결정되기 때문에 다음 식에서 A_i를 찾는 것은 항상 가능하다.

$$\int_a^b w(x)Q_n(x)dx = \sum_{i=0}^{n} A_i Q_n(x_i) \tag{9.28d}$$

식 (9.28a)로 돌아가기 위해, $\varphi_{n+1}(x)=0$의 근인 절점좌표 x_i를 선택해야만 한다. 식 (9.28b)에 따라 다음 식을 얻을 수 있다.

$$P_{2n+1}(x_i) = Q_n(x_i),\ (i=0, 1,\ \cdots,\ n) \tag{9.28e}$$

식 (9.28c)와 식 (9.28d)를 이용하면 다음 식 (9.28f)를 얻을 수 있다.

$$\int_a^b w(x)P_{2n+1}(x)dx = \int_a^b w(x)Q_n(x)dx = \sum_{i=0}^{n} A_i P_{2n+1}(x_i) \tag{9.28f}$$

이것으로 증명이 완료되었다.

[정리]

$$A_i = \int_a^b w(x)\ell_i(x)dx,\ (i=0,\ 1,\ \cdots,\ n) \tag{9.29}$$

여기서 $\ell_i(x)$는 절점 x_0, x_1, $\cdots$, x_n에 걸친 Lagrange 기본함수이다. 이 함수는 식 (5.2)에 정의되어 있다.

1) $Q_n(x)$와 $R_n(x)$는 주어진 $P_{2n+1}(x)$와 $\varphi_{n+1}(x)$와 동일하다는 것을 보일 수 있다.

[증명]

$Q_n(x)$에 Lagrange 공식 (5.1)을 적용하면 다음과 같다.

$$Q_n(x)=\sum_{i=0}^{n}Q_n(x_i)\ell_i(x)$$

식 (9.28d)에 대입하면 다음과 같다.

$$\sum_{i=0}^{n}\left[Q_n(x_i)\int_a^b w(x)\ell_i(x)dx\right]=\sum_{i=0}^{n}A_iQ_nT(x_i)$$

또는

$$\sum_{i=0}^{n}Q_n(x_i)\left[A_i-\int_a^b w(x)\ell_i(x)dx\right]=0$$

이 식은 다음과 같은 경우에만 n차의 임의의 $Q(x)$에 대해 만족될 수 있다.

$$A_i-\int_a^b w(x)\ell_i(x)dx=0,\ (i=0,\ 1,\ \cdots,\ n)$$

이것은 식 (9.28)과 동등하다.

5장에서 논의된 보간방법 중 하나에 의해 직교집합에 속하는 다항식 $\varphi_{n+1}(x)$이 0이 되는 $x_i(i=0,\ 1,\ \cdots,\ n)$을 계산하는 것은 어렵지 않다. 일단 x_i을 결정하면, 가중값 $A_i(i=0,\ 1,\ \cdots,\ n)$는 식 (9.28)로부터 찾을 수 있다. 그렇지만 다음 식(증명 없이 주어진)은 계산하기가 더 쉽다.

$$\text{Gauss-Legendre}\ \ A_i=\frac{2}{(1-x_i^2)[p'_{n+1}(x_i)]^2} \tag{9.30a}$$

$$\text{Gauss-Laguerre}\ \ A_i=\frac{1}{x_i[L'_{n+1}(x_i)]^2} \tag{9.30b}$$

$$\text{Gauss-Hermite}\ \ A_i=\frac{2^{n+2}(n+1)!\sqrt{\pi}}{[H'_{n+1}(x_i)]^2} \tag{9.30c}$$

(4) 고전적인 Gauss 구적법에 대한 좌표 및 가중값

몇 가지 고전적인 Gauss 적분공식을 정리해보자. 1에서 5까지의 n에 대한 절점좌표와 가중값을 정리한 표는 소수점 여섯째 자리에서 반올림된 것이다. 이런 표는 손계산에 적합하지만, 프로그래밍에서는 더 많은 정밀도 또는 더 많은 수의 절점이 필요할 수 있다. 이 경우 다른 참고문헌[2)]을 참조하거나 적분 프로그램 내에서 좌표와 가중값을 계산하는 부프로그램[3)]을 사용해야 한다.

다음과 같은 Gauss 구적법의 절단오차는 $E=K(n)f^{(2n+2)}(c)$의 형태를 갖는다.

$$E=\int_{a}^{b} w(x)f(x)dx-\sum_{i=0}^{n} A_i f(x_i)$$

여기서 $a<c<b$이다. c는 미지값이며, 양쪽 경계는 기지값이다. $K(n)$에 대한 표현은 사용되는 특정 구적법에 따라 다르다. $f(x)$의 도함수를 구할 수 있는 경우에 오차에 대한 공식은 오차의 범위를 추정하는 데 유용하다.

(5) Gauss-Legendre 구적법

Gauss-Legendre 구적법은 가장 잘 알려진 Gauss 적분공식이다. **표 9.3**에서 보인 것처럼, 절점들은 $\xi=0$에 대해 대칭으로 배열되고, 절점들의 대칭 쌍과 관련된 가중값들은 동일하다. 예를 들면, $n=1$인 경우 $\xi_0=-\xi_1$와 $A_0=A_1$을 얻는다. 식 (9.31)의 절단오차는 식 (9.32)와 같다.

$$\int_{-1}^{1} f(\xi)d\xi \approx \sum_{i=0}^{n} A_i f(\xi_i) \tag{9.31}$$

$$E=\frac{2^{2n+3}[(n+1)!]^4}{(2n+3)[(2n+2)!]^3} f^{(2n+2)}(c),\ (-1<c<1) \tag{9.32}$$

2) Abramowitz, M. and Stegun, I. A, Handbook of Mathematical Functions, Dover Publications, 1965; Stroud, A. H. and Secrest, D., Gaussian Quadrature Formulas, Prentice-Hall, 1966.

3) 여러 가지 부프로그램이 다음 책에 포함되어 있다: Press, W. H. et al (2007) Numerical recipes, the art of scientific computing, third ed., Cambridge University Press.

표 9.3 Gauss-Legendre 구적법의 절점과 가중값

$\pm\xi_i$	A_i	$\pm\xi_i$	A_i
$n=1$		$n=4$	
0.577350	1.000000	0.000000	0.568889
$n=2$		0.538469	0.478629
0.000000	0.888889	0.906180	0.236927
0.774597	0.555556	$n=5$	
$n=3$		0.238619	0.467914
0.339981	0.652145	0.661209	0.360762
0.861136	0.347855	0.932470	0.171324

Gauss-Legendre 구적법을 $\int_a^b f(x)dx$에 적용하기 위해, 먼저 표준구간 $\langle -1:1 \rangle$ 내에 적분한 계 $\langle a:b \rangle$를 배치해야 한다. 다음의 변환을 통해 이를 달성할 수 있다.

$$x = \frac{b+a}{2} + \frac{b-a}{2}\xi \tag{9.33}$$

이제 $dx = d\xi(b-a)/2$, 구적법은 다음과 같다.

$$\int_a^b f(x)dx \approx \frac{b-a}{2}\sum_{i=1}^{n} A_i f(x_i) \tag{9.34}$$

여기서 좌표 x_i는 식 (9.33)으로 계산해야만 한다. 절단오차는 다음과 같다.

$$E = \frac{(b-a)^{2n+3}[(n+1)!]^4}{(2n+3)[(2n+2)!]^3} f^{(2n+2)}(c),\ (a < c < b) \tag{9.35}$$

(6) Gauss-Chebyshev 구적법

다음과 같은 Gauss-Chebyshev 구적법에서 모든 가중값은 $A_i = \pi/(n+1)$로 같은 크기이다.

$$\int_{-1}^{1} (1-x^2)^{-1/2} f(x)dx \approx \frac{\pi}{n+1}\sum_{i=0}^{n} f(x_i) \tag{9.36}$$

$x=0$에 대해 대칭인 절점좌표는 다음과 같이 주어진다.

$$x_i = \cos\frac{(2i+1)\pi}{2n+2} \tag{9.37}$$

절단오차는 다음과 같다.

$$E = \frac{2\pi}{(2n+3)(2n+2)!}f^{(2n+2)}(c),\ (-1<c<1) \tag{9.38}$$

(7) Gauss-Laguerre 구적법

Gauss-Laguerre 구적법은 다음과 같으며, **표 9.4**는 이 구적법의 절점과 가중값을 정리한 것이다.

$$\int_0^\infty e^{-x}f(x)dx \approx \sum_{i=0}^{n} A_i f(x_i) \tag{9.39}$$

$$E = \frac{[(n+1)!]^2}{(2n+2)!}f^{(2n+2)}(c),\ (0<c<\infty) \tag{9.40}$$

표 9.4 Gauss-Laguerre 구적법의 절점과 가중값(숫자에 10^k를 곱한다. 여기서 k는 괄호 안의 숫자)

$\pm x_i$	A_i	$\pm x_i$	A_i
$n=1$		$n=4$	
0.585786	0.853554	0.263560	0.521756
3.414214	0.146447	1.413403	0.398667
$n=2$		3.596426	(-1)0.759424
0.415775	0.711093	7.085810	(-2)0.361175
2.294280	0.278517	12.640801	(-4)0.233670
6.289945	(-1)0.103892	$n=5$	
$n=3$		0.222847	0.458964
0.322548	0.603154	1.188932	0.417000
1.745761	0.357418	2.992736	0.113373
4.536620	(-1)0.388791	5.775144	(-1)0.103992
9.395071	(-3)0.539295	9.837467	(-3)0.261017
		15.982874	(-6)0.898548

(8) Gauss-Hermit 구적법

다음 Gauss-Hermite 구적법의 식 (9.41)에서 절점과 가중값은 **표 9.5**와 같다.

$$\int_{-\infty}^{\infty} e^{-x^2} f(x)\,dx \approx \sum_{i=0}^{n} A_i f(x_i) \tag{9.41}$$

절점은 $x=0$에 대해 대칭이며, 절단오차는 다음과 같다.

$$E = \frac{\sqrt{\pi}\,(n+1)!}{2^2\,(2n+2)!} f^{(2n+2)}(c),\ \ (0 < c < \infty) \tag{9.42}$$

표 9.5 Gauss-Hermit 구적법의 절점과 가중값(숫자에 10^k를 곱한다. 여기서 k는 괄호 안의 숫자이다.)

$\pm x_i$	A_i	$\pm x_i$	A_i
$n=1$		$n=4$	
0.707107	0.886227	0.000000	0.945308
$n=2$		0.958572	0.393619
0.000000	1.181636	2.020183	(-1)0.199532
1.224745	0.295409	$n=5$	
$n=3$		0.436077	0.724629
0.524648	0.804914	1.335849	0.157067
1.650680	(-1)0.813128	2.350605	(-2)0.453001

(9) 대수 특이를 갖는 Gauss 구적법

다음 식에 대한 Gauss 구적법은 대수 특이성logarithmic singularity을 가지며, 이 식에 대한 절점과 가중값은 **표 9.6**과 같다.

$$\int_0^1 f(x)\ln(x)\,dx \approx -\sum_{i=0}^{n} A_i f(x_i) \tag{9.43}$$

표 9.6 대수 특이를 갖는 Gauss 구적법의 절점과 가중값(숫자에 10^k를 곱한다. 여기서 k는 괄호 안의 숫자)

$\pm x_i$	A_i	$\pm x_i$	A_i
$n=1$		$n=4$	
0.112009	0.718539	(-1)0.291345	0.297893
0.602277	0.281461	0.173977	0.349776
$n=2$		0.411703	0.234488
(-1)0.638907	0.513405	0.677314	(-1)0.989305
0.368997	0.391980	0.894771	(-1)0.189116
0.766880	(-1)0.946154	$n=5$	
$n=3$		(-1)0.216344	0.238764
(-1)0.414485	0.383464	0.129583	0.308287
0.245275	0.386875	0.314020	0.245317
0.556165	0.190435	0.538657	0.142009
0.848982	(-1)0.392255	0.756916	(-1)0.554546
		0.922669	(-1)0.101690

gaussNodes( )

함수 **gaussNodes( )**[4]는 표준구간 $\langle -1:1 \rangle$에 걸쳐 Gauss-Legendre 구적법에 사용되는 절점 좌표 x_i와 이에 대응하는 가중값 A_i를 계산한다. 좌표의 근사치는 다음과 같음을 보인 바 있다.

$$x_i = \cos\frac{\pi(i+0.75)}{m+0.5}$$

여기서 $m=n+1$은 적분차수라고도 하는 절점 개수이다. 시작값으로 이 근사를 사용하면, 절점좌표는 Newton의 방법으로 Legendre 다항식 $p_m(x)$의 음이 아닌 0을 찾는 방법으로 계산한다(음의 0은 대칭으로부터 얻어진다). **gaussNodes( )**가 하위함수 **legendre( )**를 부르면, 하위함수는 $p_m(x)$와 그 도함수를 튜플 **(p,dp)**로 반환한다.

4) Press, W. H et al. (2007) Numerical recipes, the art of scientific computing, Cambridge University Press.

코드 9.5 GaussNodes.py

```
# GaussNodes.py
## module gaussNodes
'''
    x, A = gaussNodes(m,tol=10e-9)
        Gauss-Legendre m점 구적법의 절점 {x}와
        가중값 {A}를 반환
'''
import math
import numpy as np

def gaussNodes(m,tol=10e-9):
    def legendre(t,m):
        p0 = 1.0; p1 = t
        for k in range(1,m):
            p = ((2.0*k + 1.0)*t*p1 - k*p0)/(1.0 + k )
            p0 = p1; p1 = p
        dp = m*(p0 - t*p1)/(1.0 - t**2)
        return p,dp

    A = np.zeros(m)
    x = np.zeros(m)
    nRoots = int((m + 1)/2)             # 0이 아닌 해의 수

    for i in range(nRoots):
        t = math.cos(math.pi*(i + 0.75)/(m + 0.5))  # 근사해
        for j in range(30):
            p,dp = legendre(t,m)            # Newton-Raphson법
            dt = -p/dp; t = t + dt
            if abs(dt) < tol:
                x[i] = t; x[m-i-1] = -t
                A[i] = 2.0/(1.0 - t**2)/(dp**2) # 식 (9.25)
                A[m-i-1] = A[i]
                break
    return x, A
```

gaussQuad( )

함수 **gaussQuad( )**는 m개의 절점을 사용하여 Gauss-Legendre 구적법으로 $\int_a^b f(x)dx$를 계산하는 **gaussNodes( )**를 사용한다. $f(x)$를 위한 함수 루틴은 사용자가 작성해야만 한다.

코드 9.6 GaussQuad.py

```
# GaussQuad.py
# Gauss 구적법 모듈
'''
    I = gaussQuad(f,a,b,m)
        m 절점을 이용하여 Gauss-Legendre 구적법으로
        x = a에서 b까지 f(x)의 적분을 계산
'''
from GaussNodes import *

def gaussQuad(f,a,b,m):
    c1 = (b + a)/2.0
    c2 = (b - a)/2.0
    x, A = gaussNodes(m)

    sum = 0.0
    for i in range(len(x)):
        sum = sum + A[i]*f(c1 + c2*x[i])
    return c2*sum
```

예제 9.9

Gauss 적분을 이용하여 $\int_{-1}^{1}(1-x^2)^{3/2}dx$를 가능한 한 정확히 계산하라.

풀이

피적분함수가 평탄하고 특이점이 없기 때문에 Gauss-Legendre 구적법을 사용할 수 있다. 그렇지만 정확한 적분은 Gauss-Chebyshev 공식으로 얻을 수 있다. 적분식을 변형하면 다음과 같다.

$$\int_{-1}^{1}(1-x^2)^{3/2}dx = \int_{-1}^{1}\frac{(1-x^2)^2}{\sqrt{1-x^2}}dx$$

분자 $f(x)=(1-x^2)^2$은 4차식이며, 따라서 Gauss-Chebyshev 구적법은 3개의 절점과 정확히 일치한다. 절점좌표는 식 (9.32)로부터 구한다. $n=2$를 대입하면,

$$x_i = \cos\frac{(2i+1)\pi}{2},\ (i=0,\ 1,\ 2)$$

그러므로

$$x_0 = \cos\frac{\pi}{6} = \frac{\sqrt{3}}{2},\ x_1 = \cos\frac{\pi}{2} = 0,\ x_2 = \cos\frac{5\pi}{6} = \frac{\sqrt{3}}{2}$$

그리고 식 (9.36)은 다음과 같다.

$$\int_{-1}^{1}(1-x^2)^{3/2}\,dx \approx \frac{\pi}{3}\sum_{i=0}^{2}(1-x_i^2)^2$$
$$= \frac{\pi}{3}\left[\left(1-\frac{3}{4}\right)^2 + (1-0)^2 + \left(1-\frac{3}{4}\right)^2\right] = \frac{3\pi}{8}$$

예제 9.10

Gauss 적분을 이용하여 $\int_0^{0.5}\cos\pi x\ln x dx$를 계산하라.

풀이

적분을 분리하면 다음과 같다.

$$\int_0^{0.5}\cos\pi x\ln x dx = \int_0^1 \cos\pi x\ln x dx - \int_{0.5}^1 \cos\pi x\ln x dx$$

$x = 0$에서 대수 특이점을 포함하는 우변의 첫 번째 적분은 식 (9.43)의 특별한 Gauss 구적법으로 계산할 수 있다. $n = 3$을 선택하면,

$$\int_0^1 \cos\pi x\ln x dx \approx -\sum_{i=0}^{3} A_i\cos\pi x_i$$

합계는 다음 표에서 계산된다.

x_i	$\cos\pi x_i$	A_i	$A_i\cos\pi x_i$
0.041448	0.991534	0.383464	0.380218
0.245275	0.717525	0.386875	0.277592
0.556165	-0.175533	0.190435	-0.033428
0.848982	-0.889550	0.039225	-0.034892
		Σ = 0.589490	

따라서

$$\int_0^1 \cos\pi x \ln x dx \approx -0.589490$$

두 번째 적분은 특이점이 없으므로 Gauss-Legendre 구적법으로 계산할 수 있다. $n=3$을 대입하면,

$$\int_{0.5}^1 \cos\pi x \ln x dx \approx 0.25\sum_{i=0}^{3} A_i \cos\pi x_i \ln x_i$$

여기서 절점좌표는 다음과 같다(식 (9.33) 참조).

$$x_i = \frac{1+0.5}{2} + \frac{1-0.5}{2}\xi_i = 0.75 + 0.25\xi_i$$

표 9.3의 ξ_i와 A_i를 보면 다음과 같은 계산이 이루어진다.

ξ_i	x_i	$\cos\pi x_i \ln x_i$	A_i	$A_i \cos\pi x_i \ln x_i$
-0.861136	0.534716	0.068141	0.347855	0.023703
-0.339981	0.665005	0.202133	0.652145	0.131820
0.339981	0.834995	0.156638	0.652145	0.102151
0.861136	0.965284	0.035123	0.347855	0.012218
			Σ =0.269892	

그래서

$$\int_{0.5}^1 \cos\pi x \ln x dx \approx 0.25(0.269892) = 0.067473$$

그러므로

$$\int_0^1 \cos\pi x \ln x dx \approx -0.589490 - 0.067473 = -0.656963$$

이것은 소수점 여섯 자리까지 정확하다.

예제 9.11

$F=\int_0^{\infty}\frac{x+3}{\sqrt{x}}e^{-x}dx$를 가능한 정확히 계산하라.

풀이

현재의 형태에서, 적분은 이 절에서 제시된 어떤 Gauss 구적법에도 적합하지 않다. 그러나 다음의 변환식을 사용하면,

$$x=t^2,\ dx=2tdt$$

적분식은 다음과 같이 변한다.

$$F=2\int_0^{\infty}(t^2+3)e^{-t^2}dt=\int_{-\infty}^{\infty}(t^2+3)e^{-t^2}dt$$

이 식은 단지 두 개의 절점($n=1$)을 사용하여 Gauss-Hermit 공식으로 정확하게 계산할 수 있다. 따라서

$$\begin{aligned}F&=A_0(t_0^2+3)+A_1(t_1^2+3)\\&=0.886227[(0.707107)^2+3]+0.886227[(-0.707107)^2+3]\\&=6.20359\end{aligned}$$

예제 9.12

Gauss-Legendre 구적법을 사용하여 소수점 이하 여섯 자리까지 $\int_0^{\pi}\left(\frac{\sin x}{x}\right)^2dt$를 계산하는 데 필요한 절점 수를 결정하라. 여섯 자리로 반올림한 정확한 적분은 1.41815이다.

풀이

피적분함수가 평활하기 때문에, Gauss-Legendre 적분이 적합하다. $x=0$가 특이점이지만, 이 점에서 피적분 함수를 계산하지 않기 때문에 이것이 구적법을 어렵게 만들지는 않는다. 원하는 정확도에 도달할 때까지 2, 3, …번 절점에서 구적법을 계산하는 다음의 프로그램을 사용했다.

코드 9.7 Ex0912.py

```
# 예제 9.12 Gauss-Legendre 구적법

import math
from GaussQuad import *

def f(x):
    return (math.sin(x)/x)**2

if __name__ == '__main__':
    a = 0.0
    b = math.pi
    Iexact = 1.41815

    for m in range(2,12):
        I = gaussQuad(f,a,b,m)
        if abs(I - Iexact) < 0.00001:
            print("절점의 수 = ", m)
            print("적분값    = ", I)
            break
```

프로그램 수행 결과는 다음과 같다.

```
절점의 수 =  5
적분값    =  1.418150267782668
```

예제 9.13

$f(x)$가 다음의 표와 같이 간격이 일정하지 않은 자료로 주어질 때, $\int_{1.5}^{3} f(x)dx$를 수치적으로 계산하라.

x	1.2	1.7	2.0	2.4	2.9	3.3
$f(x)$	-0.36236	0.12884	0.41615	0.73739	0.97096	0.98748

자료의 점들이 곡선 $f(x) = -\cos x$ 위에 놓여 있음을 알면 해의 정확성을 평가할 수 있다.

풀이

모든 자료의 점들과 교차하는 다항식 $P_5(x)$로 $f(x)$를 근사한 다음, Gauss-Legendre 공식으로 $\int_{1.5}^{3} f(x)dx \approx \int_{1.5}^{3} P_5(x)dx$를 계산한다. 다항식은 5차이므로 3개의 절점($n=2$)만이 구적법에 필요하다. 식 (9.32)와 **표 9.5**로부터 절점 좌표를 구한다.

$$x_0 = \frac{3+1.5}{2} + \frac{3-1.5}{2}(-0.774597) = 1.6691$$

$$x_1 = \frac{3+1.5}{2} = 2.25$$

$$x_2 = \frac{3+1.5}{2} + \frac{3-1.5}{2}(0.774597) = 2.8309$$

이제 절점에서 보간함수 $P_5(x)$의 값을 계산한다. 이것은 6.2절에서 설명한 `newtonPoly( )` 또는 `neville( )` 함수를 사용하여 수행할 수 있다. 결과는 다음과 같다.

$$P_5(x_0) = 0.09808,\ P_5(x_1) = 0.62816,\ P_5(x_2) = 0.95216$$

Gauss-Legendre 구적법을 적용하면 다음과 같다.

$$I = \int_{1.5}^{3} P_5(x)dx = \frac{3-1.5}{2}\sum_{i=0}^{2} A_i P_5(x_i)$$

따라서

$$\begin{aligned} I &= 0.75[0.555556(0.09808) + 0.888889(0.62816) + 0.555556(0.95216)] \\ &= 0.85637 \end{aligned}$$

$-\int_{1.5}^{3} \cos x dx = 0.85638$과 비교하면 차이는 반올림오차 범위 내에 있음을 알 수 있다.

9.4 다중적분

면적분 $\iint_A f(x,y)dxdy$와 같은 다중적분은 구적법으로도 계산할 수 있다. 적분 영역이 삼각형이나 사변형과 같은 단순한 기하학적 형상을 갖는 경우 직접적인 계산이 된다. 적분 범위를 지정하는 데 있어서의 복잡성 때문에, 구적법은 불규칙한 영역에 걸친 적분을 계산하는 실질적인 방법이 아니다. 그렇지만 불규칙한 영역 A는 **그림 9.6**에서와 같이, 유한요소라고 불리는 삼각형 또는 사각형 부분 영역 A_1, A_2, …의 모음으로 근사될 수 있다. A에 대한 적분은 유한요소에 대한 적분을 합산하여 계산할 수 있다.

$$\iint_A f(x,y)dxdy \approx \sum_i \iint_{A_i} f(x,y)dxdy$$

체적적분은 유한요소에 대해 사면체 또는 직사각 기둥을 사용하여 유사한 방식으로 계산할 수 있다.

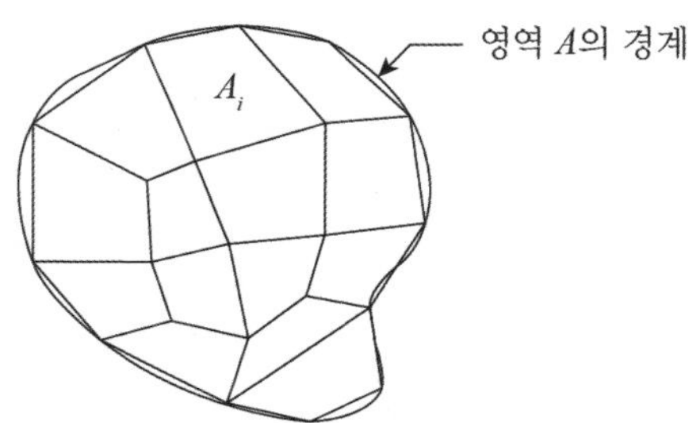

그림 9.6 불규칙 영역에 대한 유한요소 모형

(1) 사변형 요소 Gauss-Legendre 구적법

그림 9.7(a)에 표시된 직사각형 요소 위에 이중적분 $I=\int_{-1}^{1}\int_{-1}^{1} f(\xi,\ \eta)d\eta d\xi$를 생각하자. 각 좌표축 방향에서 $n+1$개의 적분점을 사용하여 Gauss-Legendre 구적법으로 각 적분을 계산하면 다음과 같다.

$$I=\int_{-1}^{1}\sum_{i=0}^{n} A_i f(\xi_i,\ \eta)d\eta = \sum_{j=0}^{n} A_j\left[\sum_{i=0}^{n} A_i f(\xi_i,\ \eta_j)\right] = \sum_{i=0}^{n}\sum_{j=0}^{n} A_i A_j f(\xi_i,\ \eta_j) \qquad (9.44)$$

앞에서 언급했듯이, 각 좌표축 방향에 대한 적분점의 수 $m = n+1$을 적분차수라고 한다. **그림 9.7(a)**는 3차 적분($m = 3$)에서 사용된 적분점의 위치를 보여준다. 적분한계는 Gauss-Legendre 구적법의 표준한계이기 때문에, 적분점의 가중값과 좌표는 **표 9.3**에 나와 있다.

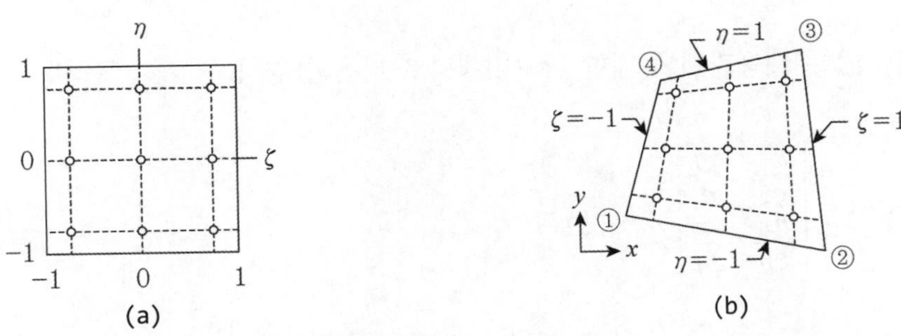

그림 9.7 사변형을 직사각형으로 사상

그림 9.7(b)의 사변형 요소에 구적법을 적용하려면, **그림 9.7(a)**의 표준 직사각형으로 먼저 사상mapping시켜야 한다. 사상이란 사변형과 직사각형의 점들 사이에 일대일로 대응하는 좌표변환 $x = x(\xi, \eta)$와 $y = y(\xi, \eta)$를 의미한다. 이 작업을 수행하는 변환은 다음과 같다.

$$x(\xi, \eta) = \sum_{k=1}^{4} N_k(\xi, \eta) x_k, \ y(\xi, \eta) = \sum_{k=1}^{4} N_k(\xi, \eta) y_k \tag{9.45}$$

여기서 (x_k, y_k)는 사변형의 k번째 모서리의 좌표이며, 그리고 형상함수라고 하는 함수 $N_k(\xi, \eta)$는 이중선형(두 좌표축에 대해 각각 선형)이다.

$$\begin{aligned} N_1(\xi, \eta) &= \frac{1}{4}(1-\xi)(1-\eta) \\ N_2(\xi, \eta) &= \frac{1}{4}(1+\xi)(1-\eta) \\ N_3(\xi, \eta) &= \frac{1}{4}(1+\xi)(1+\eta) \\ N_4(\xi, \eta) &= \frac{1}{4}(1-\xi)(1+\eta) \end{aligned} \tag{9.46}$$

따라서 직선은 대응 후에도 직선으로 유지된다. 특히 사변형의 변이 직선 $\xi = \pm 1$과 $\eta = \pm 1$에 대응된다.

비틀어진 영역에 대한 대응이기 때문에, 사변형의 미소면적 $dA = dxdy$는 직사각형에 대응된 영역과의 면적 $dA' = d\xi d\eta$와 크기가 같지 않다. 면적들 사이의 관계는 다음과 같다.

$$dxdy = |J(\xi, \eta)| d\xi d\eta \tag{9.47}$$

여기서 $J(\xi, \eta)$는 대응관계에 대한 야코비행렬로 다음과 같다.

$$J(\xi, \eta) = \begin{bmatrix} \dfrac{\partial x}{\partial \xi} & \dfrac{\partial y}{\partial \xi} \\ \dfrac{\partial x}{\partial \eta} & \dfrac{\partial x}{\partial \eta} \end{bmatrix} \tag{9.48a}$$

식 (9.45)와 식 (9.47) 그리고 미분을 대입하면, 야코비행렬의 성분은 다음과 같다.

$$\begin{aligned} J_{11} &= \frac{1}{4}[-(1-\eta)x_1 + (1-\eta)x_2 + (1+\eta)x_3 - (1+\eta)x_4] \\ J_{12} &= \frac{1}{4}[-(1-\eta)y_1 + (1-\eta)y_2 + (1+\eta)y_3 - (1+\eta)y_4] \\ J_{21} &= \frac{1}{4}[-(1-\xi)x_1 - (1+\xi)x_2 + (1+\xi)x_3 + (1-\xi)x_4] \\ J_{22} &= \frac{1}{4}[-(1-\xi)y_1 - (1+\xi)y_2 + (1+\xi)y_3 + (1-\xi)y_4] \end{aligned} \tag{9.48b}$$

따라서 면적분을 다음과 같이 쓸 수 있다.

$$\iint_A f(x, y)dxdy = \int_{-1}^{1}\int_{-1}^{1} f[x(\xi, \eta), y(\xi, \eta)]\,|J(\xi, \eta)|\,d\xi d\eta \tag{9.49}$$

우변의 적분은 표준 직사각형을 대신하므로 식 (9.44)를 사용하여 계산할 수 있다. 식 (9.44)의 $f(\xi, \eta)$를 식 (9.49)의 피적분함수로 대체하면, 사변형 영역에 대해 Gauss-Legendre 구적법에 대한 다음 공식을 얻는다.

$$I = \sum_{i=0}^{n}\sum_{j=0}^{n} A_i A_j f[x(\xi_i, \eta_j), y(\xi_i, \eta_j)]\,|J(\xi_i, \eta_j)| \tag{9.50}$$

적분점의 ξ와 η 좌표 그리고 가중값은 **표 9.3**에서 다시 구할 수 있다.

(2) gaussQuad2( )

이 모듈의 함수 gaussQuad2( )는 적분차수가 m인 Gauss-Legendre 구적법으로 사변형 요소에 대한 $\iint_A f(x,\, y)dxdy$를 계산한다. 사변형은 배열 x와 y로 정의되며, 요소 주위에 반시계방향으로 정렬된 네 꼭지점의 좌표를 포함한다. Jacobi 행렬의 행렬식은 함수 jac( )를 호출하여 얻을 수 있다. 사상은 map( )에 의해 수행된다. 적분점 ξ와 η에서의 가중값과 값은 앞 절의 gaussNodes( )에 의해 계산된다(ξ와 η는 s와 t로 표시됨).

코드 9.8 GaussQuad2.py

```
# GaussQuad2.py
# gaussQuad2 모듈
'''
    I = gaussQuad2(f,xc,yc,m)
        m차 적분을 이용하여 사변형에 대한
        f(x,y)의 Gauss-Legendre 적분
        {xc},{yc}은 사변형의 꼭지점
'''
import numpy as np
from GaussNodes import *

def gaussQuad2(f,x,y,m):
    def jac(x,y,s,t):
        J = np.zeros((2,2))
        J[0,0] = -(1.0 - t)*x[0] + (1.0 - t)*x[1] \
            + (1.0 + t)*x[2] - (1.0 + t)*x[3]
        J[0,1] = -(1.0 - t)*y[0] + (1.0 - t)*y[1] \
            + (1.0 + t)*y[2] - (1.0 + t)*y[3]
        J[1,0] = -(1.0 - s)*x[0] - (1.0 + s)*x[1] \
            + (1.0 + s)*x[2] + (1.0 - s)*x[3]
        J[1,1] = -(1.0 - s)*y[0] - (1.0 + s)*y[1] \
            + (1.0 + s)*y[2] + (1.0 - s)*y[3]
        return (J[0,0]*J[1,1] - J[0,1]*J[1,0])/16.0

    def map(x,y,s,t):
        N = np.zeros(4)
        N[0] = (1.0 - s)*(1.0 - t)/4.0
        N[1] = (1.0 + s)*(1.0 - t)/4.0
        N[2] = (1.0 + s)*(1.0 + t)/4.0
        N[3] = (1.0 - s)*(1.0 + t)/4.0
        xCoord = np.dot(N,x)
        yCoord = np.dot(N,y)
```

코드 9.8 GaussQuad2.py(계속)

```
        return xCoord,yCoord

    s,A = gaussNodes(m)
    sum = 0.0
    for i in range(m):
        for j in range(m):
            xCoord,yCoord = map(x,y,s[i],s[j])
            sum = sum + A[i]*A[j]*jac(x,y,s[i],s[j]) \
                *f(xCoord,yCoord)
    return sum
```

예제 9.14

다음 그림에 표시된 사각형 영역 A를 표준 직사각형으로 변환하는 방법을 사용하여 적분 $\iint_A (x^2+y)dxdy$를 해석적으로 계산하라.

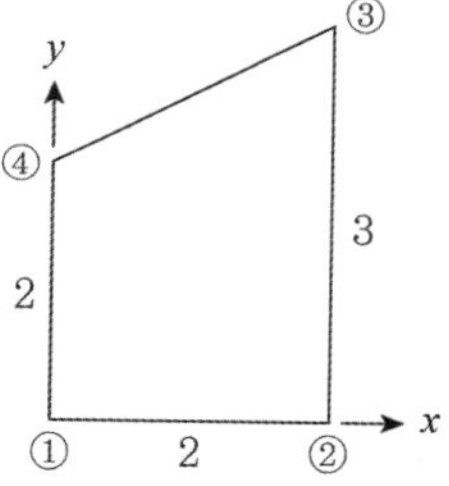

풀이

사변형의 꼭지점 좌표는 다음과 같다.

$$\boldsymbol{x}^T = [0\ \ 2\ \ 2\ \ 0],\ \boldsymbol{y}^T = [0\ \ 0\ \ 3\ \ 2]$$

대응식은 다음과 같다.

$$x(\xi,\, \eta) = \sum_{k=1}^{4} N_k(\xi,\, \eta)x_k = 0 + \frac{(1+\xi)(1-\eta)}{4}(2) + \frac{(1+\xi)(1+\eta)}{4}(2) + 0 = 1+\xi$$

$$y(\xi,\, \eta) = \sum_{k=1}^{4} N_k(\xi,\, \eta)y_k$$

$$= 0 + 0 + \frac{(1+\xi)(1+\eta)}{4}(3) + \frac{(1-\xi)(1+\eta)}{4}(2) = \frac{(5+\xi)(1+\eta)}{4}$$

Jacobi 행렬은 다음과 같다.

$$J(\xi, \eta) = \begin{bmatrix} \dfrac{\partial x}{\partial \xi} & \dfrac{\partial y}{\partial \xi} \\ \dfrac{\partial x}{\partial \eta} & \dfrac{\partial x}{\partial \eta} \end{bmatrix} = \begin{bmatrix} 1 & \dfrac{1+\eta}{4} \\ 0 & \dfrac{5+\xi}{4} \end{bmatrix}$$

따라서 면적축척계수area scale factor는 다음과 같다.

$$|J(\xi, \eta)| = \frac{5+\xi}{4}$$

이제 사변형에서 적분을 표준 직사각형으로 대응할 수 있다. 식 (9.49)를 참조하면,

$$\begin{aligned} I &= \int_{-1}^{1}\int_{-1}^{1}\left[\left(\frac{1+\xi}{2}\right)^2 + \frac{(5+\xi)(1+\eta)}{4}\right]\frac{5+\xi}{4}d\xi d\eta \\ &= \int_{-1}^{1}\int_{-1}^{1}\left(\frac{15}{8} + \frac{21}{16}\xi + \frac{1}{2}\xi^2 + \frac{1}{16}\xi^3 + \frac{25}{16}\eta + \frac{5}{8}\xi\eta + \frac{1}{16}\xi^2\eta\right)d\xi d\eta \end{aligned}$$

ξ와 η의 차수만이 적분에 기여한다는 것을 주목하면 적분은 다음과 같이 단순화된다.

$$I = \int_{-1}^{1}\int_{-1}^{1}\left(\frac{15}{8} + \frac{1}{2}\xi^2\right)d\xi d\eta = \frac{49}{6}$$

예제 9.15

3차 Gauss-Legendre 구적법으로 다음의 적분을 계산하라.

$$\int_{-1}^{1}\int_{-1}^{1}\cos\frac{\pi x}{2}\cos\frac{\pi y}{2}dxdy$$

풀이

구적법 공식 (9.40)으로부터

$$I = \sum_{i=0}^{2}\sum_{j=0}^{2} A_i A_j \cos\frac{\pi x_i}{2}\cos\frac{\pi y_i}{2}$$

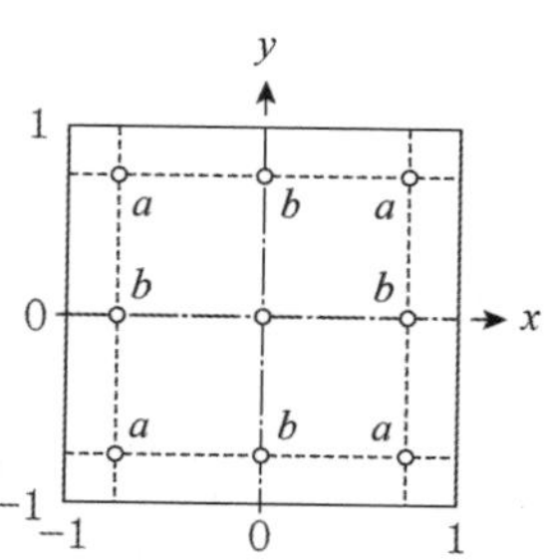

위 그림에 표시되어 있는 적분점의 좌표와 해당 가중값은 **표 9.3**에 나와 있다. 피적분함수, 적분점, 가중값은 모두 좌표축에 대해 대칭이다. 따라서 a로 표시된 점들은 I와 같은 크기로 기여하며, b점들도 마찬가지다. 그러므로

$$\begin{aligned} I &= 4(0.555556)^2\cos^2\frac{\pi(0.774597)}{2} \\ &\quad + 4(0.555556)(0.888889)\cos\frac{\pi(0.774597)}{2}\cos\frac{\pi(0)}{2} + (0.888889)^2\cos^2\frac{\pi(0)}{2} \\ &= 1.623391 \end{aligned}$$

적분의 정확한 값은 $16/\pi^2 \approx 1.621139$이다.

예제 9.16

다음 그림과 같은 사변형에 대해 $I = \iint_A f(x, y)dxdy$를 `gaussQuad2( )`를 사용하여 계산하라. 여기서 $f(x, y) = (x-2)^2(y-2)^2$이다. 정확한 답을 얻기 위해 적분점을 충분히 사용하라.

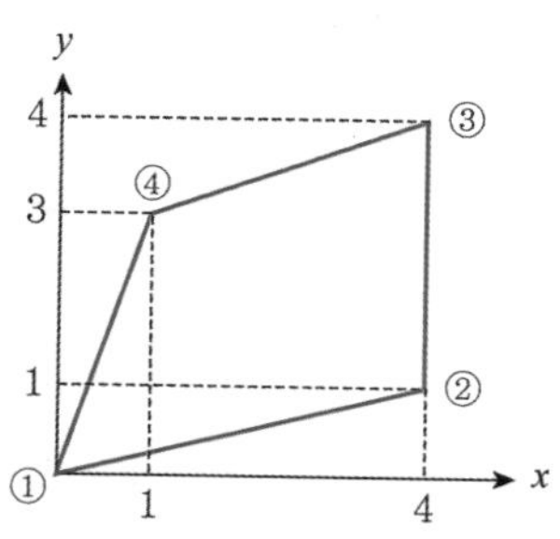

풀이

필요한 적분차수는 식 (9.49)의 피적분함수에 의해 정의된다.

$$I = \int_{-1}^{1}\int_{-1}^{1} f[x(\xi,\eta), y(\xi,\eta)]\,|J(\xi,\eta)|\,d\xi d\eta \tag{9.50}$$

식 (9.49)에서 정의된 $|J(\xi,\eta)|$는 4차식이다. 지정된 $f(x, y)$ 또한 4차이기 때문에, 식 (9.50)의 피적분함수는 ξ와 η 모두에 대해 4차 다항식이다.

코드 9.9 Ex0916.py

```
# 예제 9.16 Gauss-Legendre 구적법

import numpy as np
from GaussQuad2 import *

def f(x,y):
    return ((x - 2.0)**2)*((y - 2.0)**2)

if __name__ == '__main__':
    x = np.array([0.0, 4.0, 4.0, 1.0])
    y = np.array([0.0, 1.0, 4.0, 3.0]
    m = eval(input("적분 차수 ==> "))
    I = gaussQuad2(f,x,y,m)

    print("적분 = ", I)
```

프로그램 수행 결과는 다음과 같다.

```
적분 차수 ==> 3
적분 =  11.377777777777666
```

(3) 삼각형 요소 구적법

그림 9.8처럼 삼각형은 사변형의 두 꼭지점을 하나의 점에 위치시킨 도형(퇴화된 사변형 degenerate quadrilateral)으로 생각할 수 있다. 따라서 사변형에 대한 적분공식을 삼각형 요소에도 사용할 수 있다. 그렇지만 삼각형을 위해 특별히 개발된 적분공식을 사용하는 것이 계산에 유

리하며, 유도과정[5]은 생략하고 결과만 제시한다.

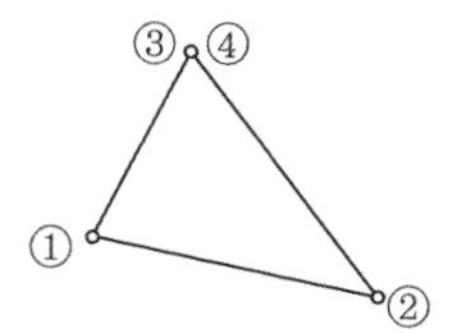

그림 9.8 퇴화된 사변형

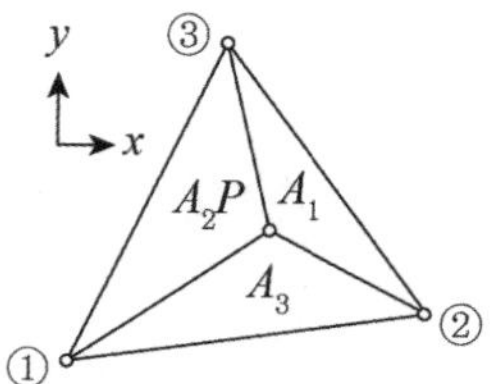

그림 9.9 삼각형 요소

그림 9.9의 삼각형 요소를 보자. 삼각형 내부의 점 P에서 각 모서리까지 직선을 그려서 삼각형을 세 부분 A_1, A_2, A_3으로 나눈다. 이른바 P의 면적좌표라 불리는 α_i는 다음과 같다.

$$\alpha_i = \frac{A_i}{A}, \ (i = 1, 2, 3) \tag{9.51}$$

여기서 A는 요소의 면적이다. $A_1 + A_2 + A_3 = A$이기 때문에, 좌표화된 면적은 다음과 같다.

$$\alpha_1 + \alpha_2 + \alpha_3 = 1 \tag{9.52}$$

α_i는 0(P가 꼭지점 i의 반대쪽에 있을 때)에서 1(P가 꼭지점 i에 있을 때)의 범위에 있음을 기억하자. 꼭지점 좌표 (x_i, y_i)로부터 A를 계산하는 편리한 공식은 다음과 같다.

$$A = \frac{1}{2}\begin{vmatrix} 1 & 1 & 1 \\ x_1 & x_2 & x_3 \\ y_1 & y_2 & y_3 \end{vmatrix} \tag{9.53}$$

면적좌표는 다음과 같은 방법으로 직교좌표에 대응된다.

$$x(\alpha_1, \alpha_2, \alpha_3) = \sum_{i=1}^{3} \alpha_i x_i, \ y(\alpha_1, \alpha_2, \alpha_3) = \sum_{i=1}^{3} \alpha_i y_i \tag{9.54}$$

요소에 대한 적분공식은 다음과 같다.

5) 삼각형 공식은 유한요소법에서 광범위하게 사용된다. 참고문헌: Zienkiewicz, O.C. and Taylor, R.L., The Finite Element Method, Vol. 1, 4th ed., McGraw-Hill, 1989.

$$\iint_A f[x(\alpha),\ y(\alpha)]dA = A\sum_k W_k f[x(\alpha_k),\ y(\alpha_k)] \tag{9.55}$$

α_k는 적분점의 면적좌표를 나타내고, A는 가중값이다. 적분점의 위치는 **그림 9.10**에 있으며, 해당 값은 **표 9.7**에 정리되어 있다. 식 (9.55)의 구적법은 $f(x,\ y)$가 표시된 차수의 다항식이면 구적법은 정확하다.

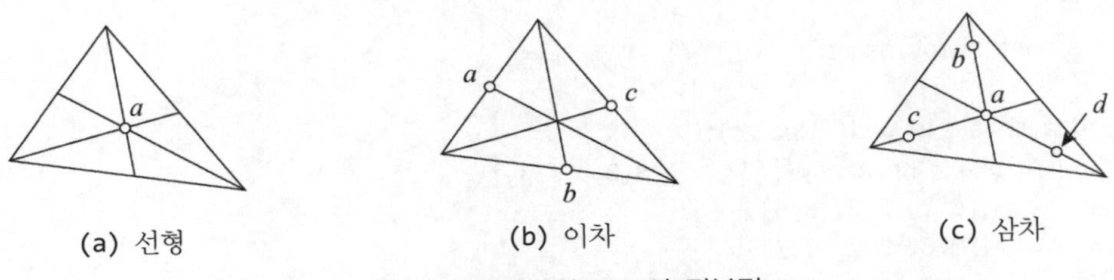

그림 9.10 삼각형 요소의 적분점

표 9.7 삼각형에 대한 구적법의 절점과 가중값

$f(x,\ y)$의 차수	점	α_k	W_k
(a) 선형	a	1/3, 1/3, 1/3	1
(b) 이차	a	1/2, 0, 1/2	1/3
	b	1/2, 1/2, 0	1/3
	c	0, 1/2, 1/2	1/3
(c) 삼차	a	1/3, 1/3, 1/3	-27/48
	b	1/5, 1/5, 3/5	25/48
	c	3/5, 1/5, 1/5	25/48
	d	1/5, 3/5, 1/5	25/48

triangleQuad( )

함수 `triangleQuad( )`는 3차 공식을 사용하여 **그림 9.10(c)**의 3차 삼각형 요소에 대해 $\iint_A f(x,\ y)dxdy$를 계산한다. 삼각형의 꼭지점 좌표는 배열 xc와 yc에 정의되며, 좌표는 삼각형 주위에 반시계 방향으로 기록된다.

코드 9.10 TriangleQuad.py

```
# TriangleQuad.py
# triangleQuad 모듈
'''
    integral = triangleQuad(f,xc,yc)
        3차 공식을 이용하여 삼각형에 대해
        f(x,y)의 적분을 계산
        {xc},{yc}은 삼각형의 꼭지점
'''
import numpy as np

def triangleQuad(f,xc,yc):
    alpha = np.array([[1/3, 1/3.0, 1/3], \
        [0.2, 0.2, 0.6], \
        [0.6, 0.2, 0.2], \
        [0.2, 0.6, 0.2]])
    W = np.array([-27/48,25/48,25/48,25/48])
    x = np.dot(alpha,xc)
    y = np.dot(alpha,yc)
    A = (xc[1]*yc[2] - xc[2]*yc[1] \
        - xc[0]*yc[2] + xc[2]*yc[0] \
        + xc[0]*yc[1] - xc[1]*yc[0])/2.0

    sum = 0.0
    for i in range(4):
        sum = sum + W[i] * f(x[i],y[i])
    return A*sum
```

예제 9.17

다음 그림의 정삼각형에 대해 $I=\iint_A f(x,\ y)dxdy$를 계산하라.

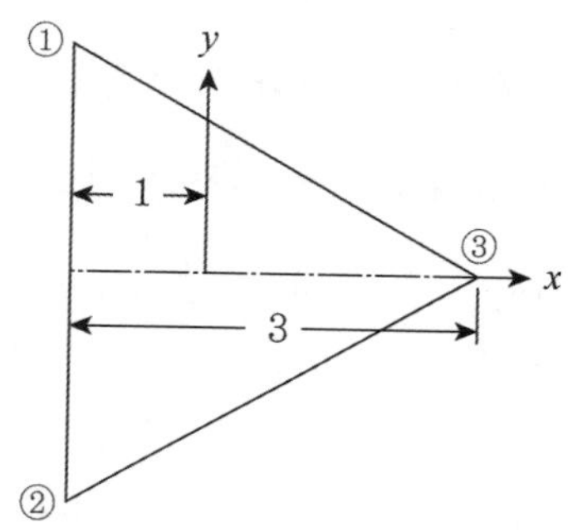

피적분함수 $f(x,\, y)$[6]는 다음과 같다.

$$f(x,\, y) = \frac{1}{2}(x^2 + y^2) - \frac{1}{6}(x^3 - 3xy^2) - \frac{2}{3}$$

사변형에 대한 구적 공식을 사용하라.

풀이

사변형의 꼭지점 3과 4를 일치시켜서 삼각형을 형성한다. 사변형의 꼭지점의 좌표는 $\boldsymbol{x} = [-1 \;\; -1 \;\; 2 \;\; 2]^T$와 $\boldsymbol{y} = [\sqrt{3} \;\; -\sqrt{3} \;\; 0 \;\; 0]^T$이다. 정확한 결과를 얻기 위해 필요한 최소의 적분차수를 결정하기 위해, 식 (9.48)의 피적분함수인 $f[x(\xi,\, \eta),\, y(\xi,\, \eta)]\,|\,J(\xi,\, \eta)\,|$를 시험해야 한다. $|\,J(\xi,\, \eta)\,|$는 4차식이고 $f(x,\, y)$는 x에 대해 3차이므로, 피적분함수는 x에 대한 5차 다항식이다. 따라서 3차 적분이면 충분하다.

코드 9.11 Ex0917.py

```
# 예제 9.17 삼각형 면적 적분

import math
import numpy as np
from GaussQuad2 import *

def f(x,y):
    fxy = (x**2 + y**2)/2.0 \
        - (x**3 - 3.0*x*y**2)/6.0 \
        - 2.0/3.0
    return fxy

if __name__ == '__main__':
    x = np.array([-1.0,-1.0,2.0,2.0])
    y = np.array([math.sqrt(3.0),-math.sqrt(3.0),0.0,0.0])

    m = eval(input("적분 차수 ==> "))
    I = gaussQuad2(f,x,y,m)
    print("적분 = ", I)
```

6) 이 함수는 단면이 표시된 막대의 비틀림에 대한 프란틀 응력 함수와 동일하다. 적분은 막대의 비틀림 강성과 관련이 있다. 참고문헌: Timoshenko, S.P and Goodier, J.N., Theory of Elasticity, 3rd ed., McGraw-Hill, 1970.

프로그램 수행 결과는 다음과 같다.

```
적분 차수 ==> 3
적분 =  -1.5588457268119833
```

예제 9.18

삼각형에 대한 구적 공식을 사용하여 **예제 9.17**을 다시 풀어라.

풀이

다음의 프로그램은 `triangleQuad( )` 함수를 사용한다.

코드 9.12 Ex0918.py

```
# 예제 9.18 삼각형 구적법

import math
import numpy as np
from TriangleQuad import *

def f(x,y):
    fxy = (x**2 + y**2)/2.0 \
        -(x**3 - 3.0*x*y**2)/6.0 \
        -2.0/3.0
    return fxy

if __name__ == '__main__':
    xCorner = np.array([-1.0, -1.0, 2.0])
    yCorner = np.array([math.sqrt(3.0), -math.sqrt(3.0), 0.0])
    I = triangleQuad(f,xCorner,yCorner)
    print("적분 = ", I)
```

피적분함수가 3차식이기 때문에 이 구적법은 정확하고, 결과는 다음과 같다.

```
적분 =  -1.5588457268119895
```

삼각형 공식을 사용할 때는 함수 4개에 대한 계산만 필요하다는 점에 유의하자. 반대로 함수는 풀이(1)에서 9개의 점에서 계산해야 한다.

예제 9.19

꼭지점 좌표가 (0, 0), (16, 10), (12, 20)인 삼각형에 대해 $\iint_A (x^2 - y^2)dxdy$를 계산하라.

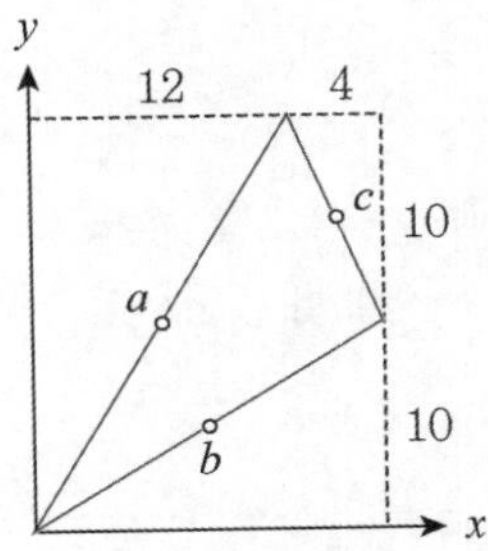

풀이

$f(x, y)$가 이차이므로, **그림 9.10(b)**의 세 적분점에 대한 구적법은 충분히 정확한 결과를 준다. 적분점이 각 변의 중간에 있다는 것을 주목하면, 좌표는 (6, 10), (8, 5), (14, 15)이다. 삼각형의 면적은 식 (9.53)으로 구한다.

$$A = \frac{1}{2}\begin{vmatrix} 1 & 1 & 1 \\ x_1 & x_2 & x_3 \\ y_1 & y_2 & y_3 \end{vmatrix} = \frac{1}{2}\begin{vmatrix} 1 & 1 & 1 \\ 0 & 16 & 12 \\ 0 & 10 & 20 \end{vmatrix} = 100$$

식 (9.55)로부터

$$\begin{aligned} I &= A\sum_{k=a}^{c} W_k f(x_k, y_k) \\ &= 100\left[\frac{1}{3}f(6, 10) + \frac{1}{3}f(8, 5) + \frac{1}{3}f(14, 15)\right] \\ &= \frac{100}{3}[(6^2 - 10^2) + (8^2 - 5^2) + (14^2 - 15^2)] = 1,800 \end{aligned}$$

:: 연습문제

9.1 재귀적 사다리꼴법을 사용하여 $\int_0^{\pi/4} \ln(1+\tan x)dx$를 구하고, 결과를 설명하라.

9.2 다음의 표는 자동차 바퀴에 공급되는 동력 P를 속도 v의 함수로 보여주고 있다. 자동차의 질량이 $m=$2,000 kg일 때, 속도가 1 m/s에서 6 m/s로 가속되는 데 필요한 시간 t를 결정하라. 적분에 사다리꼴법을 사용하라.

v(m/s)	0.0	1.0	1.8	2.4	3.5	4.4	5.1	6.0
P(kW)	0.0	4.7	12.2	19.0	31.8	40.1	43.8	43.2

[도움말] Newton 제2법칙 $F=m(dv/dt)$와 동격의 정의 $P=Fv$로부터 $t=m\int_{1s}^{8s}\left(\frac{v}{P}\right)dv$가 된다.

9.3 2구간, 4구간, 6구간을 사용하는 Simpson 1/3 법칙으로부터 $\int_{-1}^{1} \cos(2\cos^{-1}x)dx$를 구하고, 결과를 설명하라.

9.4 5구간을 사용하는 사다리꼴법을 사용하여 $\int_1^{\infty}(1+x^4)^{-1}dx$를 구하고, 그 결과를 해석치 0.24375와 비교하라.
[도움말] 변수변환 $x^3=1/t$을 이용하라.

9.5 Romberg 적분법으로 $\int_0^2 (x^5+3x^3-2)dx$를 계산하라.

9.6 Romberg 적분법으로 $\int_0^1 \frac{\sin x}{\sqrt{x}}dx$를 계산하라.
[도움말] $x=0$에서 이상치가 제거되는 변수변환을 사용하라.

9.7 Romberg 적분법으로 $\int_0^{\pi/4} \frac{1}{\sqrt{\sin x}} dx$를 계산하라.

[도움말] 변수변환 $\sin x = t^2$을 이용하라.

9.8 질량이 $m = 0.8$ kg인 물체가 길이가 $b = 0.4$ m이고 강성이 $k = 80$ N/m인 용수철에 붙어 있다.

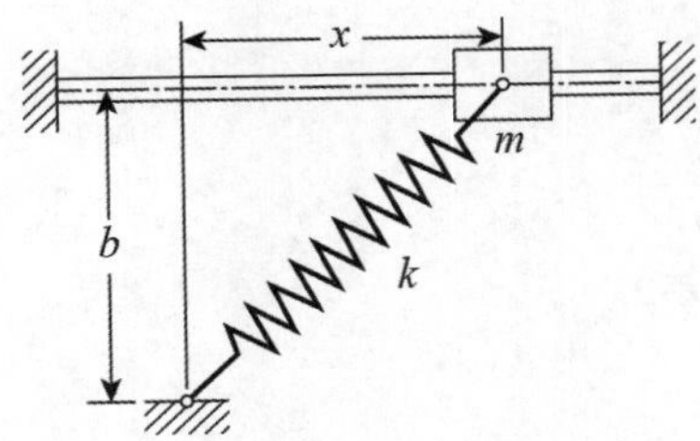

물체와 막대 사이의 마찰계수는 $\mu = 0.3$이다. 물체의 가속도는 $\ddot{x} = -f(x)$로 표현되며, $f(x)$는 다음과 같다(증명이 가능함).

$$f(x) = \mu g + \frac{k}{m}(\mu b + x)\left(1 - \frac{b}{\sqrt{b^2 + x2}}\right)$$

$x = b$에서 물체가 정지상태이면, $x = 0$에서의 속도는 다음과 같이 표현된다.

$$v_0 = \sqrt{2\int_0^b f(x)dx}$$

수치적분법으로 v_0를 계산하라. 중력가속도 $g = 9.8$ m/s^{2}이다.

9.9 임의로 주어진 x에 대해 다음의 적분을 계산하는 함수를 작성하라.

$$Si(x) = \int_0^x t^{-1} \sin t dt$$

$Si(1.0)$을 계산하여 프로그램을 시험하고 참값인 0.94608과 비교하라.

9.10 Gauss-Legendre 구적법으로 다음의 적분을 (a) 2절점과 (b) 4절점을 사용하여 계산하라.

$$\int_1^\pi \frac{\ln(x)}{x^2-2x+2}dx$$

9.11 6절점 Gauss-Chebyshev 구적법으로 다음의 적분을 계산하고, 결과를 해석해 2.62206과 비교하라.

$$\int_0^{\pi/2} \frac{1}{\sqrt{\sin x}}dx$$

[도움말] $\sin x = t^2$을 대입하라.

9.12 4개의 절점을 사용하는 Gauss-Legendre 구적법으로 다음의 적분을 계산하였을 때, 구적법의 절단오차의 범위를 구하라.

$$\int_0^\pi \sin x dx$$

9.13 Gauss-Laguerre 구적법으로 다음의 적분을 소수점 여섯 자리까지 계산하는 데 필요한 절점의 개수를 구하라.

$$\int_0^\infty e^{-x}\sin x dx$$

9.14 3개의 절점을 사용하는 Gauss-Legendre 구적법으로 다음의 적분을 계산할 때의 절단오차의 범위를 구하라. 실제 오차actual error는 얼마인가?

$$\int_0^\pi x\sin x dx$$

9.15 소수점 네 자리까지 다음의 적분을 계산하라.

$$\int_0^2 \frac{\sinh x}{x}\,dx$$

9.16 Gauss-Legendre 구적법으로 소수점 여섯째 자리까지 다음의 적분을 계산하라.

$$\int_0^\infty \frac{x}{e^x+1}\,dx$$

[도움말] $e^x = \ln\left(\frac{1}{t}\right)$을 대입하라.

9.17 타원의 방정식 $x^2/a^2 + y^2/b^2 = 1$과 a와 b가 주어졌을 때, 다음 식과 같은 원주의 길이 S를 소수점 다섯째 자리까지 계산하는 프로그램을 작성하고, $a=2$이고 $b=1$인 경우에 대하여 프로그램을 시험하라.

$$S = 2\int_{-a}^{a} \sqrt{1+(dy/dx)^2}\,dx$$

9.18 통계학에서 중요한 오차함수는 다음과 같이 정의된다. Gauss-Legendre 구적법으로 $\mathrm{erf}(x)$를 소수점 여섯 자리까지 계산하는 프로그램을 작성하라. $x>5$일 때, $\mathrm{erf}(x)=1.000000$(소수점 여섯째 자리까지)이다. $\mathrm{erf}(1.0)=0.842701$임을 확인하는 방법으로 프로그램을 시험하라.

$$\mathrm{erf}(x) \equiv \frac{2}{\sqrt{\pi}}\int_0^x e^{-t^2}\,dt$$

9.19 다음 표의 자료로부터 $\int_{x_1}^{x_n} y(x)dx$를 계산하는 함수를 작성하라.

x_1	x_2	x_3	⋯	x_n
y_1	y_2	y_3	⋯	y_n

이 함수는 간격이 일정하지 않은 x값에 대해 수행될 수 있어야 한다. **연습문제 9.17**에 주어진 자료로 함수를 시험하라.

[도움말] 3차 운형곡선을 자료의 점에 맞추고 운형곡선의 각 부분에 Gauss-Legendre 구적법을 적용한다.

9.20 Gauss-Legendre 구적법을 사용하여 다음 적분을 계산하라.

$$\int_{-1}^{1}\int_{-1}^{1}(1-x^2)(1-y^2)dxdy$$

9.21 Gauss-Legendre 구적법을 사용하여 다음 적분의 근사값을 계산하라. 적분차수는 (a) 2, (b) 3을 사용하라(참값은 2.230985이다).

$$\int_{-1}^{1}\int_{-1}^{1}e^{-(x^2+y^2)}dxdy$$

9.22 그림의 사변형 영역을 표준 직사각형에 대응시켜서 다음의 적분을 구한 다음, 해석적으로 구하라.

$$\iint_A xydxdy$$

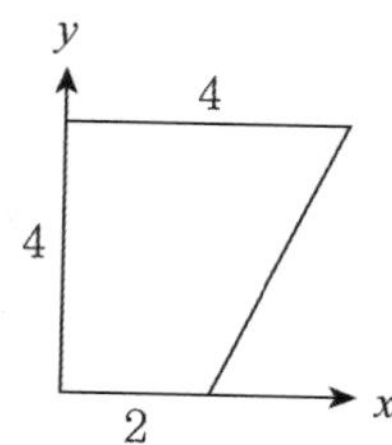

9.23 그림의 사변형 영역을 표준 직사각형에 대응시켜서 다음의 적분을 구한 다음, 해석적으로 적분하라.

$$\iint_A x dx dy$$

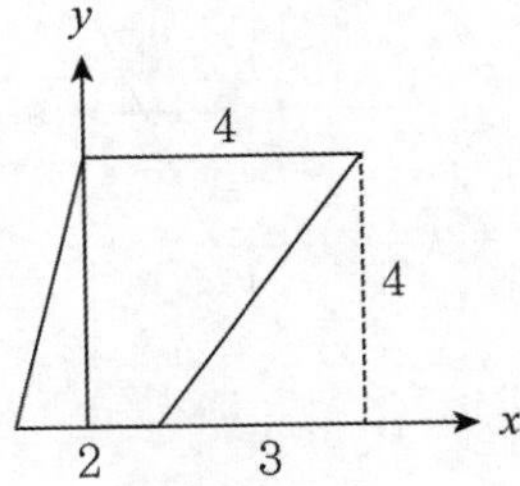

9.24 그림의 삼각형에 대하여 구적법을 사용하여 적분 $\iint_A x^2 dx dy$를 계산하라.

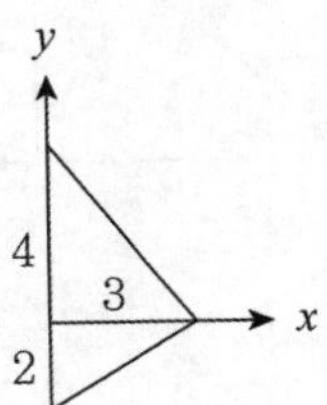

9.25 그림의 영역에 대하여 구적법을 사용하여 적분 $\iint_A (3-x) y dx dy$를 계산하라. 영역을 (a) 삼각형 요소, (b) 퇴화된 사변형 요소로 처리하라.

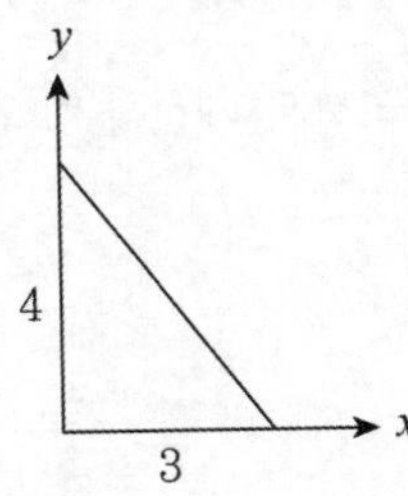

9.26 그림의 영역에 대하여 적분 $\iint_A xy(2-x^2)(2-xy)dxdy$를 계산하라.

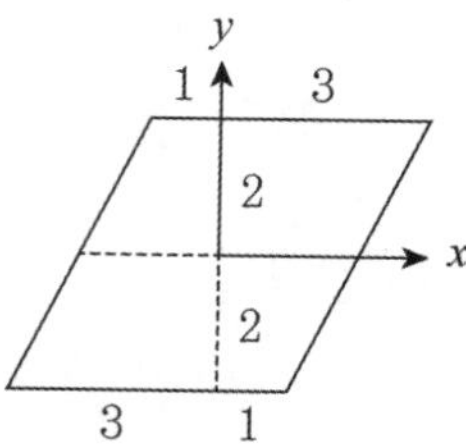

9.27 그림의 삼각형에 대하여 적분 $\iint_A (1-x)(y-x)ydxdy$를 계산하라.

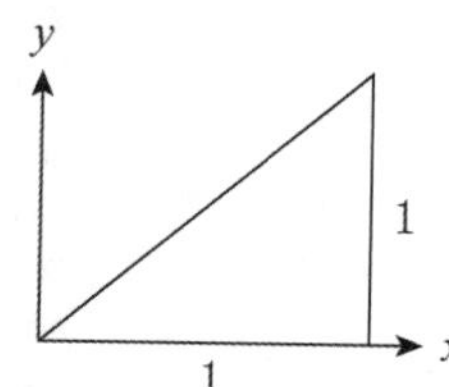

9.28 삼각형에 대한 3차 적분공식을 사용하여 **문제 9.27**의 영역에 대하여 적분 $\iint_A \sin\pi x dxdy$를 계산하라(참값은 $1/\pi$이다).

9.29 삼각형에 대한 3차 적분공식을 사용하여 **문제 9.27**의 영역 A에 대하여 적분 $\iint_A \sin\pi x \sin\pi(y-x)dxdy$를 소수점 여섯째 자리까지 계산하라. 단, 삼각형을 퇴화된 사변형으로 간주하라.

CHAPTER 10

초기값 문제

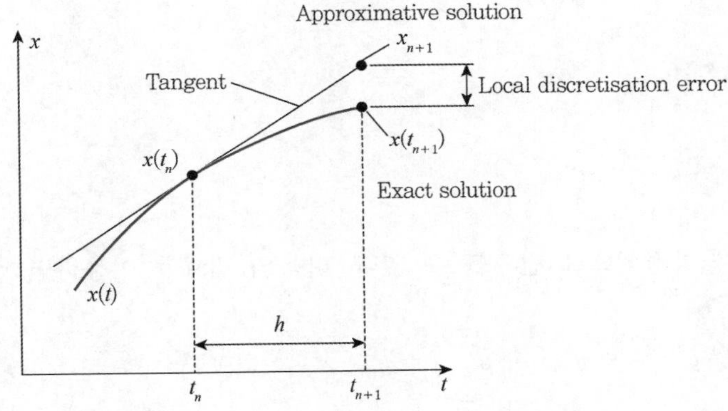

초기값 문제는 보조조건 $y(a)=\alpha$로 방정식 $y = F(x, y)$를 푸는 것을 말한다. 방정식은 보통 연립미분방정식의 형태로 주어진다.

10.1 초기값 문제

1계 미분방정식의 일반적인 형태는 다음과 같다.

$$y' = f(x,\ y) \tag{10.1a}$$

여기서 $y' = \dfrac{dy}{dx}$와 $f(x,\ y)$는 주어진 함수이다. 이 방정식의 해는 임의의 상수(적분상수)를 포함한다. 이 상수를 찾기 위해 해곡선solution curve에서 한 점을 알아야 한다. 즉, y값은 어떤 x값(예를 들어, $x = a$)에서 지정되어야 한다. 이 보조조건auxiliary condition을 다음과 같이 쓴다.

$$y(a) = \alpha \tag{10.1b}$$

n차 상미분방정식

$$y^{(n)} = f(x,\ y,\ y',\ \cdots,\ y^{(n-1)}) \tag{10.2}$$

은 항상 n개의 1차 방정식으로 변환할 수 있다. 다음의 기호를 이용하면,

$$y_0 = y,\ y_1 = y',\ y_2 = y'',\ \cdots,\ y_{n-1} = y^{(n-1)} \tag{10.3}$$

등가인 1차 방정식들은 다음과 같다.

$$y'_0 = y_1,\ y'_1 = y_2,\ y'_2 = y_3,\ \cdots,\ y'_n = f(x,\ y_0,\ y_1,\ \cdots,\ y_{n-1}) \tag{10.4a}$$

이 해를 푸는 데는 n개의 보조조건이 필요하다. 만일 이 조건들이 같은 x값에서 지정되면, 이 문제를 초기값 문제initial value problem라 한다. 초기조건initial condition이라고도 하는 보조조건은 다음 형태를 갖는다.

$$y_0(a) = \alpha_0,\ y_1(a) = \alpha_1,\ \cdots,\ y_{n-1}(a) = \alpha_{n-1} \tag{10.4b}$$

만일 다른 x의 값에서 y_i가 주어지면, 이런 문제는 경계값 문제boundary value problem라고 부른다. 예를 들어,

$$y'' = -y, \; y(0) = 1, \; y'(0) = 0$$

풀이에서 두 개의 보조조건이 $x=0$에서 주어졌으므로, 이 문제는 초기값 문제이다. 반면에 다음 식은 두 조건이 다른 x값에서 주어지므로, 경계값 문제이다.

$$y'' = -y, \; y(0) = 1, \; y(\pi) = 0$$

이 장에서는 초기값 문제만을 대상으로 한다. 좀 더 풀기 어려운 경계값 문제는 다음 장에서 논할 것이다. 이제부터는 일계미분방정식의 집합을 간략한 형태로 다룰 수 있는 벡터 표시를 광범위하게 이용할 것이다. 예를 들어, 식 (10.4)는 다음과 같이 쓸 수 있다.

$$\boldsymbol{y}' = \boldsymbol{F}(x, \boldsymbol{y}) = \begin{bmatrix} y_1 \\ y_2 \\ \vdots \\ f(x, \boldsymbol{y}) \end{bmatrix}, \; \boldsymbol{y}(a) = \boldsymbol{\alpha} \tag{10.5}$$

미분방정식의 수치해법은 주로 x의 이산적인 간격에 대해 x와 y값을 표 형태로 배치하여 나타낸다.

10.2 Euler법

(1) Euler법

미분방정식의 풀이에 대한 Euler의 방법은 개념적으로 간단하다. 그 기반은 다음과 같이 x에 대한 $\boldsymbol{y}$의 절단 테일러 급수truncated Taylor series이다.

$$\boldsymbol{y}(x+h) \approx \boldsymbol{y}(x) + \boldsymbol{y}'(x)h \tag{10.6}$$

식 (10.6)이 x에서 이용할 수 있는 정보로부터 $x+h$의 $\boldsymbol{y}$를 예측하므로, 주어진 초기값 x와 $\boldsymbol{y}$에서 시작하여, h 간격의 전방으로 해를 이동하는 데도 이용할 수 있다.

테일러 급수의 절단에 의해 발생하는 식 (10.6)의 오차는 다음과 같이 주어진다.

$$\boldsymbol{E} = \frac{1}{2}\boldsymbol{y}''(\xi)h^2 = O(h^2),\ \boldsymbol{y}(a) = \alpha \tag{10.7}$$

누적오차accumulated error $\boldsymbol{E}_{acc}$에 대한 개략적인 크기는 적분을 수행하는 동안 한 단계당 오차 per-step error가 상수라고 가정하여 얻을 수 있다. x_0부터 x_n까지의 범위에서 n회의 적분단계 후에는 누적오차가 다음과 같다.

$$\boldsymbol{E}_{acc} = n\boldsymbol{E} = \frac{x_n - x_0}{h}\boldsymbol{E} = O(h) \tag{10.8}$$

따라서 누적오차는 단계당 오차보다 한 차수 적다.

Euler법을 도식적 표현으로 살펴보자. 간단히 하기 위해, 종속변수 y가 하나이고, 미분방정식이 $y' = f(x, y)$라고 하자. x와 $x+h$ 사이의 해 y의 변화는 다음과 같다.

$$y(x+h) - y(h) = \int_x^{x+h} y'dx = \int_x^{x+h} f(x,y)dx$$

이것은 **그림 10.1**에 보인 $y(x)$ 그래프의 아래 부분 면적이다. Euler법은 이 면적을 빗금 친 직사각형 면적으로 근사한다. 직사각형과 그림에 보인 면적 사이의 차이가 절단오차이다. 분명히 절단오차는 그래프의 경사에 비례한다. 즉, $(y')' = y''(x)$에 비례한다.

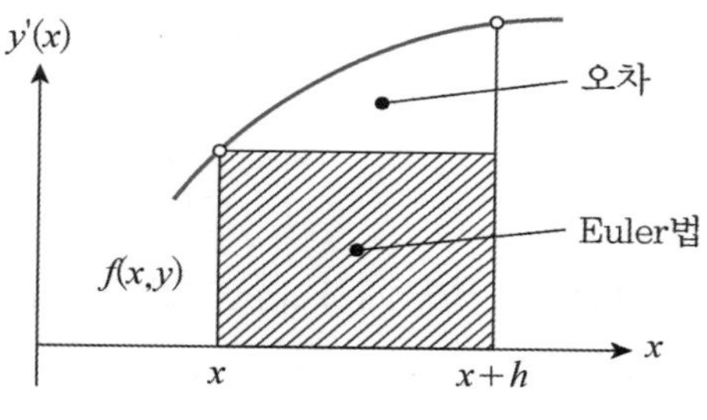

그림 10.1 Euler법의 도해적 표현

Euler법은 계산이 비효율적이어서 실제에서는 거의 이용되지 않는다. 절단오차를 허용수준으로 억제하려면 h가 매우 작아야 하며, 이렇게 적분 단계가 많아지면, 마무리오차가 증가하는 결과를 낳는다. 이 방법의 가치는 주로 그 단순성에 있으며, 안정성stability과 같은 중요한 주제에 대한 논의를 용이하게 한다.

예제 10.1 **초기값 문제**

$h=0.01$ 간격으로 $x=0$에서 0.03까지 다음의 초기값 문제를 적분하라.

$$y'+4y=x^2,\ y(0R)=1$$

또한 다음과 같은 해석해를 계산하고, 각 단계에서 누적절단오차를 계산하라.

$$y=\frac{31}{32}e^{-4x}+\frac{1}{4}x^2-\frac{1}{8}x+\frac{1}{32}$$

풀이

다음 표기법을 이용하는 것이 편리하다.

$$x_i=ih,\ y_i=y(x_i)$$

그러면 Euler법은 다음의 형태를 갖는다.

$$y_{i+1}=y_i+y'_ih$$

여기서

$$y'_i=x_i^2-4y_i$$

단계 1 ($x_0=0$부터 $x_1=0.01$까지):

$$y_0=0$$

$$y'_0=x_0^2-4y_0=0^2-4(1)=-4$$

$$y_1=y_0+y'_0h=1+(-4)(0.01)=0.96$$

$$(y_1)_{exact}=\frac{31}{32}e^{-4(0.01)}+\frac{1}{4}0.01^2-\frac{1}{8}0.01+\frac{1}{32}=0.9608$$

$$E_{acc}=0.96-0.9608=-0.0008$$

단계 2 ($x_1=0.01$부터 $x_2=0.02$까지):

$$y'_1=x_1^2-4y_1=0.01^2-4(0.96)=-3.840$$

$$y_2 = y_1 + y'_1 h = 0.96 + (-3.840)(0.01) = 0.9216$$

$$(y_2)_{exact} = \frac{31}{32}e^{-4(0.02)} + \frac{1}{4}0.02^2 - \frac{1}{8}0.02 + \frac{1}{32} = 0.9231$$

$$E_{acc} = 0.9216 - 0.9231 = -0.0015$$

단계 3 ($x_2 = 0.02$부터 $x_3 = 0.03$까지):

$$y'_2 = x_2^2 - 4y_2 = 0.02^2 - 4(0.9216) = -3.686$$

$$y_3 = y_2 + y'_2 h = 0.9216 + (-3.686)(0.01) = 0.8847$$

$$(y_3)_{exact} = \frac{31}{32}e^{-4(0.03)} + \frac{1}{4}0.03^2 - \frac{1}{8}0.03 + \frac{1}{32} = 0.8869$$

$$E_{acc} = 0.8847 - 0.8869 = -0.0022$$

단계당 오차의 크기는 대략 0.008로 상수이다. 따라서 10회의 적분단계 후의 누적오차는 근사적으로 0.08이며, 따라서 해의 정확도를 한 자릿수 떨어뜨린다. 100단계 수행 후에는 모든 유효한 자릿수를 잃게 될 것이다.

Euler( ) 함수

이 함수는 Euler법을 구현한 것으로 임의의 수의 일차 미분방정식을 다룰 수 있다. 이용자들은 배열의 형태로 미분방정식을 지정하는 함수 F(x,y)를 제공해야 한다.

$$\boldsymbol{F}(x, \boldsymbol{y}) = \begin{bmatrix} y'_0 \\ y'_1 \\ y'_2 \\ \vdots \end{bmatrix}$$

이 함수 F(x,y)는 간격 h로 x와 $\boldsymbol{y}$의 값을 담은 배열 X와 Y를 반환한다.

코드 10.1 Euler.py

```
# Euler 모듈
''' X,Y = integrate(F, x0, y0, xStop,h)
        초기값 문제 {y}' = {F(x,{y})}를 푸는 Euler법
        여기서 {y} = {y[0],y[1],...y[n-1]}
        x,y = 초기조건
        xStop = x의 최종값
```

코드 10.1 Euler.py(계속)

```
        h = 적분을 계산하는 데 이용되는 x의 증분
        F = 이용자가 입력한 함수
        배열을 반환
        F(x,y) = {y'[0],y'[1],...,y'[n-1]}
'''
import numpy as np

def Euler(F, x, y, xStop,h):
    X = []
    Y = []
    X.append(x)
    Y.append(y)
    while x < xStop:
        h = min(h,xStop - x)
        y = y + h*F(x,y)
        x = x + h
        X.append(x)
        Y.append(y)
    return np.array(X), np.array(Y)
```

printSoln( ) 함수

수치적분에서 얻은 x와 y를 출력하는 데 이 함수를 이용한다. 자료의 양은 인수 freq로 통제한다. 예를 들어, freq = 5이면 매 5회째 적분단계의 값이 출력된다. 만일 freq = 0이면, 초기값과 최종값만 출력된다.

코드 10.2 PrintSoln.py

```
# PrintSoln.py
# 해 출력 모듈
''' printSoln(X,Y,freq)
        미분방정식 해석기에서 반환된 X와 Y를 출력
        출력 빈도는 freq로 조절
        freq = n일 경우 n번째 단계마다 출력
        freq = 0 초기값과 최종값만 출력
'''
def printSoln(X,Y,freq):
    def printHead(n):
        print("\n        x ", end=" ")
        for i in range (n):
            print("     y[",i,"] ", end=" ")
```

코드 10.2 PrintSoln.py(계속)

```
        print("\n-------------", end = " ")
        for i in range (n):
            print("-------------", end=" ")
        print()

    def printLine(x,y,n):
        print("{:13.4e}".format(x),end=" ")
        for i in range (n):
            print("{:13.4e}".format(y[i]),end=" ")
        print()

    m = len(Y)
    try:
        n = len(Y[0])
    except TypeError:
        n = 1
    if freq == 0:
        freq = m
    printHead(n)
    for i in range(0,m,freq):
        printLine(X[i],Y[i],n)
    if i != m - 1:
        printLine(X[m - 1],Y[m - 1],n)
```

예제 10.2 Euler( ) 함수를 이용한 초기값 문제 풀이

다음 초기값 문제를 적분하라.

$$y'' = -0.1y' - x, \ y(0) = 0, \ y'(0) = 1$$

이때 범위는 $x = 0$부터 2까지이며, $h = 0.05$ 간격으로 Euler법을 이용하라. 계산된 y와 해석해를 함께 그래프에 그려라.

$$y = 100x - 5x^2 + 990(e^{-0.1x} - 1)$$

풀이

$y_0 = y$와 $y_1 = y'$ 기호로 쓰면, 등치인 1차 방정식과 초기조건은 다음과 같다.

$$\boldsymbol{F}(x,\ \boldsymbol{y}) = \begin{bmatrix} y'_0 \\ y'_1 \end{bmatrix} = \begin{bmatrix} y_1 \\ -0.1y_1 - x \end{bmatrix},\ \boldsymbol{y}(0) = \begin{bmatrix} 0 \\ 1 \end{bmatrix}$$

다음은 함수 **euler( )**를 이용한 프로그램이다.

코드 10.3 Ex1002.py

```
# 예제 10.2 Euler법에 의한 초기값 문제 풀이

import numpy as np
from Euler import *
import matplotlib.pyplot as plt

def F(x,y):
    F = np.zeros(2)
    F[0] = y[1]
    F[1] = -0.1*y[1] - x
    return F

if __name__ == '__main__':
    x = 0.0                    # 적분 하한
    xStop = 2.0                # 적분 상한
    y = np.array([0.0, 1.0])   # {y}의 초기값
    h = 0.05                   # x의 증분
    X,Y = Euler(F,x,y,xStop,h)
    yExact = 100.0*X - 5.0*X**2 + 990.0*(np.exp(-0.1*X) - 1.0)

    # 그리기
    plt.plot(X,Y[:,0],'o',X,yExact,'-')
    plt.grid(True)
    plt.xlabel('x'); plt.ylabel('y')
    plt.legend(('Numerical','Exact'),loc=0)
    plt.show()
```

계산 결과로 만들어진 그래프는 다음과 같다. 그래프에서 처음 부분은 거의 직선이다. 수치해에서 절단오차는 y에 비례하므로, 두 해 사이의 불일치는 작다. 그래프의 곡률이 증가함에 따라 절단오차도 증가한다. $h = 0.025$로 프로그램을 실행하면, h의 변화에 따른 효과도 볼 수 있을 것이다. 이렇게 하면 절단오차도 절반으로 된다.

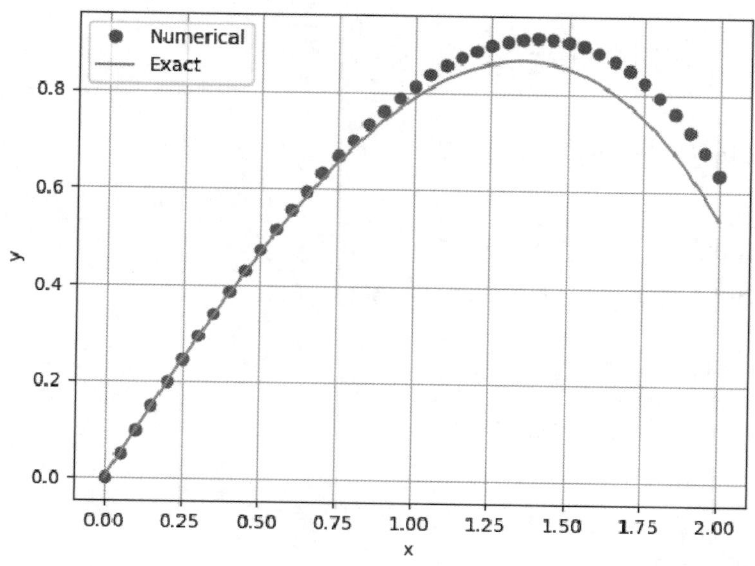

(2) 안정성

국부오차의 영향이 극단적으로 누적되지 않는다면, 즉 전역오차가 어떤 경계 안에 계속 남게 된다면, 수치적분법은 안정적이라 할 수 있다. 어떤 방법이 불안정이면, 전역오차는 지수적으로 증가하며, 결국 수치발산numerical overflow을 일으킨다. 안정성은 정확성과 관계가 없으며, 실제로 부정확한 기법이 매우 안정적일 수도 있다.

안정성은 미분방정식, 풀이 기법, 증분 h의 크기의 세 가지 요소에 의해 결정된다. 불행히도, 미분방정식이 선형이 아닌 경우, 안정성을 사전에 결정하기는 쉽지 않다. 안정성의 간단한 예시로 다음의 선형 문제를 생각하자.

$$y' =- \lambda y,\ y(0) = \beta \tag{10.9}$$

여기서 λ는 양의 상수이다. 이 문제의 해석해는 다음과 같다.

$$y(x) = \beta e^{-\lambda x}$$

식 (10.8)을 Euler법으로 수치적으로 풀려고 시도하면 어떤 일이 벌어질지 살펴보자.

$$y(x+h) = y(x) + hy'(x) \tag{10.10}$$

$y'(x) = -\lambda y(x)$를 대입하면, 다음 식을 얻는다.

$$y(x+h) = (1-\lambda h)y(x)$$

만일 $|1-\lambda h| > 1$이면, 적분 단계를 거칠 때마다 $|y|$이 증가하므로 이 기법은 명백히 불안정이다. 따라서 Euler법은 $|1-\lambda h| \le 1$ 또는 $h \le \dfrac{2}{\lambda}$인 경우에 안정이다.

이 결과는 다음 형태의 n개의 연립 미분방정식으로도 확장할 수 있다.

$$\boldsymbol{y}' = -\boldsymbol{\Lambda}\boldsymbol{y} \tag{10.11}$$

여기서 상수 행렬 $\boldsymbol{\Lambda}$는 양의 고유값인 λ_i, $(i = 1, 2, \cdots, n)$을 갖는다. 만일 다음과 같으면,

$$h < \frac{2}{\lambda_{\max}} \tag{10.12}$$

Euler법에 의한 적분은 안정적임을 볼 수 있다. 여기서 $\lambda_{\max}$은 $\boldsymbol{\Lambda}$의 최대고유값이다.

(3) 강성

해벡터 $\boldsymbol{y}(x)$에서 어떤 항이 다른 항보다 x에 따라 훨씬 급하게 변화하면, 이 초기값 문제는 '강직하다stiff'라고 말한다. 상수계수행렬로 된 미분방정식 $\boldsymbol{y}' = -\boldsymbol{\Lambda}\boldsymbol{y}$의 강성은 쉽게 예측할 수 있다. 이 방정식의 해는 $\boldsymbol{y}(x) = \sum_i C_i \boldsymbol{v}_i \exp(-\lambda_i x)$의 형태이다. 여기서 λ_i는 $\boldsymbol{\Lambda}$의 고유값이고, $\boldsymbol{v}_i$는 대응하는 고유벡터이다. 양의 고유값의 크기에 큰 차이가 있다면, 문제는 강직한 것이 분명하다.

강성 방정식의 수치적분은 특별한 처리를 필요로 한다. 안정성을 위해 필요한 간격 크기 h는 최대고유값 $\lambda_{\max}$에 의해 결정되며, 해에서 $\exp(-\lambda_{\max}x)$가 급격히 감쇠되며, 원점에서 멀리 떨어지면 무시할 수 있을 정도가 된다.

예를 들어, 다음의 미분방정식[1]을 생각하자.

$$y'' + 1001y' + 1000y = 0 \tag{10.13}$$

$y_0 = y$와 $y_1 = y'$을 이용하면, 등치인 1차 미분방정식은

$$\boldsymbol{y}' = \begin{bmatrix} y_1 \\ -1000y_0 - 1001y_1 \end{bmatrix}$$

이 경우 Λ는 다음과 같다.

$$\Lambda = \begin{bmatrix} 0 & -1 \\ 1000 & 1000 \end{bmatrix}$$

Λ의 고유값은 다음 방정식의 해이다.

$$|\Lambda - \lambda \mathrm{I}| = \begin{vmatrix} -\lambda & -1 \\ 1000 & 1000-\lambda \end{vmatrix} = 0$$

행렬식을 전개하면, 다음 식을 얻는다.

$$-\lambda(1001 - \lambda) + 1000 = 0$$

이 식은 $\lambda_1 = 1$과 $\lambda_2 = 1,000$의 해를 갖는다. 이 방정식들은 분명히 강직하다. 식 (10.12)에 따라서 Euler법이 안정하기 위해서는 $h \le 2/\lambda_2 = 0.002$일 필요가 있다. Runge-Kutta법은 근사적으로 단계 크기에서 같은 제한을 받을 것이다.

문제가 매우 강직하면, 안정성을 위해 매우 작은 h를 필요로 하므로 다음 절에서 소개할 Runge-Kutta법과 같은 보통의 풀이법은 비현실적이 된다. 이런 문제들은 강성 방정식을 위해 특별히 설계된 방법으로 풀어야 한다. 강성 문제 해석기는 이 책의 범위를 벗어나지만, 훨씬 나은 안정성 특성을 가지며, 몇몇은 무조건 안정이다. 그러나 고차 안정성에는 이에 따른 대가가 있다. 일반적인 규칙은 방법의 차수를 줄여야(따라서 절단오차를 증가시켜야)만 안정성을 개선할 수 있다.

---

1) 이 예제는 Pearson, C. E.(1986) Numerical Methods in Engineering and Science, van Nostrand and Reinhold.에서 인용한 것이다.

10.3 Runge-Kutta법

Euler법은 누적절단오차가 $O(h)$로 거동하므로 1차 정확도법으로 분류된다. 이의 기반은 절단 테일러 급수이다.

$$\boldsymbol{y}(x+h)=\boldsymbol{y}(x)+\boldsymbol{y}'(x)h$$

수치적분의 정확도는 급수에서 더 많은 항을 유지하면 크게 개선될 수 있다. 따라서 n차 정확도법은 다음과 같은 절단 테일러 급수를 이용한다.

$$\boldsymbol{y}(x+h)=\boldsymbol{y}(x)+\boldsymbol{y}'(x)h+\frac{1}{2!}\boldsymbol{y}''(x)h^2+\cdots+\frac{1}{n!}\boldsymbol{y}^{(n)}(x)h^n$$

그러면 $\boldsymbol{y}'=\boldsymbol{F}(x,\,\boldsymbol{y})$를 반복적으로 미분하여 $\boldsymbol{y}''$, $\boldsymbol{y}'''$, ⋯, $\boldsymbol{y}^{(n)}$에 대한 수식을 유도하고, 이들을 계산하는 함수를 구현해야만 한다. 그런데 마찬가지로 절단 테일러 급수에 기반을 둔 Runge-Kutta법을 이용하면, $\boldsymbol{y}(x)$의 고차 미분의 계산을 필요로 하지 않으면서, 여분의 작업을 피할 수 있다.

(1) 2차 Runge-Kutta법

2차 Runge-Kutta법을 유도하기 위해, 다음과 같은 형태의 적분 수식을 가정하자.

$$\boldsymbol{y}(x+h)=\boldsymbol{y}(x)+c_0\boldsymbol{F}(x,\,\boldsymbol{y})h+c_1\boldsymbol{F}[x+ph,\,\boldsymbol{y}+qh\boldsymbol{F}(x,\,\boldsymbol{y})]h \tag{10.14}$$

식 (10.14)를 테일러 급수에 일치시켜서 매개변수 c_0, c_1, p, q를 찾고자 시도한다.

$$\begin{aligned}\boldsymbol{y}(x+h)&=\boldsymbol{y}(x)+\boldsymbol{y}'(x)h+\frac{1}{2!}\boldsymbol{y}''(x)h^2\\&=\boldsymbol{y}(x)+\boldsymbol{F}(x,\,\boldsymbol{y})h+\frac{1}{2!}\boldsymbol{F}'(x,\,\boldsymbol{y})h^2\end{aligned} \tag{10.15}$$

이때 미분은 다음과 같다.

$$\boldsymbol{F}'(x,\, \boldsymbol{y}) = \frac{\partial \boldsymbol{F}}{\partial x} + \sum_{i=0}^{n-1} \frac{\partial \boldsymbol{F}}{\partial y_i} y'_i = \frac{\partial \boldsymbol{F}}{\partial x} + \sum_{i=0}^{n-1} \frac{\partial \boldsymbol{F}}{\partial y_i} F_i(x,\, \boldsymbol{y})$$

여기서 n은 1계 미분방정식의 수이며, 식 (10.15)는 다음과 같이 쓸 수 있다.

$$\boldsymbol{y}(x+h) = \boldsymbol{y}(x) + \boldsymbol{F}(x,\, \boldsymbol{y})h + \frac{1}{2!}\left(\frac{\partial \boldsymbol{F}}{\partial x} + \sum_{i=0}^{n-1} \frac{\partial \boldsymbol{F}}{\partial y_i} F_i(x,\, \boldsymbol{y})\right)h^2 \tag{10.16}$$

식 (10.14)로 되돌아오면, 여러 변수에 테일러 급수를 적용하여 마지막 항을 다시 쓸 수 있다.

$$\boldsymbol{F}[x+ph,\, qh\, \boldsymbol{F}(x,\, \boldsymbol{y})] = \boldsymbol{F}(x,\, \mathrm{y}) + \frac{\partial \boldsymbol{F}}{\partial x} ph + qh \sum_{i=1}^{n-1} \frac{\partial \boldsymbol{F}}{\partial y_i} F_i(x,\, \boldsymbol{y})$$

그러면 식 (10.14)는 다음과 같다.

$$\boldsymbol{y}(x+h) = \boldsymbol{y}(x) + (c_0 + c_1)\boldsymbol{F}(x,\, \boldsymbol{y})h + c_1\left[\frac{\partial \boldsymbol{F}}{\partial x} ph + qh \sum_{i=1}^{n-1} \frac{\partial \boldsymbol{F}}{\partial y_i} F_i(x,\, \boldsymbol{y})\right]h \tag{10.17}$$

식 (10.16)과 식 (10.17)을 비교하면, 이 두 식은 같아야 하므로, 다음과 같다.

$$c_0 + c_1 = 1,\ c_1 p = \frac{1}{2},\ c_1 q = \frac{1}{2} \tag{10.18}$$

식 (10.18)은 미지수가 4개인 3개의 방정식을 나타내므로, 매개변수 중 하나로 다른 값들을 나타낼 수 있다. 가장 인기 있는 선택과 그 결과 만들어지는 방법들은 다음과 같다.

$c_0 = 0,\ c_1 = 1,\ p = \frac{1}{2},\ q = \frac{1}{2}$ 수정 Euler법

$c_0 = \frac{1}{2},\ c_1 = \frac{1}{2},\ p = 1,\ q = 1$ Heun법

$c_0 = \frac{1}{3},\ c_1 = \frac{2}{3},\ p = \frac{3}{4},\ q = \frac{3}{4}$ Ralston법

이들 식은 모두 2차 Runge-Kutta법으로 분류되며, 서로 다른 것에 비해 수치적 우월성은 없다. 수정 Euler법을 선택하고, 대응하는 매개변수를 식 (10.14)에 대입하면 다음과 같다.

$$\boldsymbol{y}(x+h)=\boldsymbol{y}(x)+\boldsymbol{F}\left[x+\frac{h}{2},\ \boldsymbol{y}+\frac{h}{2}\boldsymbol{F}(x,\ \boldsymbol{y})\right]h \tag{10.19}$$

이 적분식은 다음의 연산을 차례로 수행하여 편리하게 계산할 수 있다.

$$\begin{aligned}\boldsymbol{K}_0 &= h\boldsymbol{F}(x,\ \boldsymbol{y})\\ \boldsymbol{K}_1 &= h\boldsymbol{F}\left(x+\frac{h}{2},\ \boldsymbol{y}+\frac{1}{2}\boldsymbol{K}_0\right)\\ \boldsymbol{y}(x+h) &= \boldsymbol{y}(x)+\boldsymbol{K}_1\end{aligned} \tag{10.20}$$

그림 10.2는 단일 미분방정식 $y'=f(x,\ y)$에 대한 수정 Euler법의 그래프 표현을 보여준다. 식 (10.4) 첫 부분은 Euler법에 의한 판의 중앙점에서 y의 추정값을 얻는다.

$$y\left(x+\frac{h}{2}\right)=y(x)+f(x,\ y)\frac{h}{2}=y(x)+\frac{K_0}{2}$$

그다음 두 번째 방정식은 판의 면적을 빗금 친 직사각형의 면적 K_1으로 근사한다. 여기서 오차는 그래프의 곡률 $(y')''=y'''$에 비례한다.

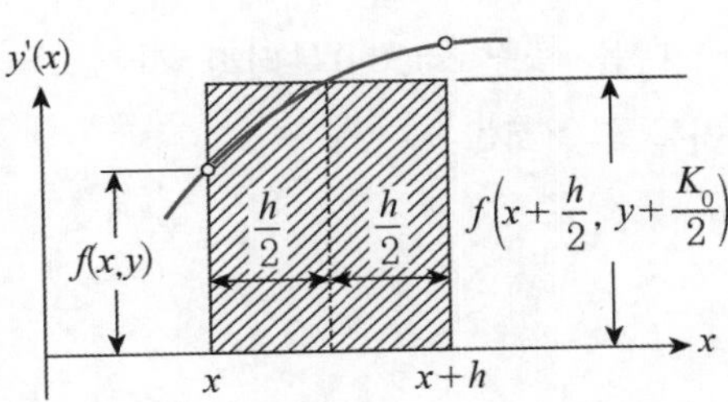

그림 10.2 수정 Euler법의 도식적 표현

2차 기법은 전산 응용에서는 보편적이지 않다. 대부분의 프로그램 개발자들은 더 적은 계산 노력으로 주어진 정확도를 얻을 수 있는 4차의 적분법을 선호한다.

(2) 4차 Runge-Kutta법

4차 Runge-Kutta법은 2차 Runge-Kutta법과 같은 선상에서 테일러 급수로부터 얻는다. 유도과정이 상당히 길고, 별로 유익하지 않으므로 생략한다. 적분법의 최종적인 형태는 역시 매개변수의 선택에 의존한다. 즉, 4차 Runge-Kutta법은 유일하지 않다. 가장 보편적인 형태는 그냥 단순히 Runge-Kutta법으로 알려져 있으며, 다음과 같은 일련의 연산을 이용한다.

$$\begin{aligned} \boldsymbol{K}_0 &= h\boldsymbol{F}(x, \boldsymbol{y}) \\ \boldsymbol{K}_1 &= h\boldsymbol{F}\left(x+\frac{h}{2}, \boldsymbol{y}+\frac{\boldsymbol{K}_0}{2}\right) \\ \boldsymbol{K}_2 &= h\boldsymbol{F}\left(x+\frac{h}{2}, \boldsymbol{y}+\frac{\boldsymbol{K}_1}{2}\right) \\ \boldsymbol{K}_3 &= h\boldsymbol{F}(x+h, \boldsymbol{y}+\boldsymbol{K}_2) \\ \boldsymbol{y}(x+h) &= \boldsymbol{y}(x)+\frac{1}{6}(\boldsymbol{K}_0+2\boldsymbol{K}_1+2\boldsymbol{K}_2+\boldsymbol{K}_3) \end{aligned} \tag{10.21}$$

이 방법의 주요 단점은 절단오차를 추정하기에 적합하지 않다는 점이다. 따라서 먼저 적분간격 h를 가정하고 시산법trial and error으로 절단오차를 결정해야 한다. 반면에 적응법adaptive method은 각 적분 단계에서 절단오차를 계산하고, 이에 따라 h의 값을 조정한다(그러나 계산량이 많아진다). 이런 적응법은 다음 절에서 소개한다.

예제 10.3 Runge-Kutta법에 의한 초기값 문제 풀이

2차 Runge-Kutta법을 이용하여 다음 식을 $x=0.0$부터 0.5까지 $h=0.1$ 간격으로 적분하라. 계산 동안 소수점 아래 네 자리를 유지하라.

$$y' = \sin y, \quad y(0)=1$$

풀이

이 문제에서 다음과 같이 두자.

$$F(x, y) = \sin y$$

식 (10.20)에서 적분식은 다음과 같다.

$$\begin{aligned} K_0 &= hF(x, y) = 0.1\sin y \\ K_1 &= hF\left(x+\frac{h}{2}, y+\frac{1}{2}K_0\right) = 0.1\sin\left(y+\frac{1}{2}K_0\right) \\ y(x+h) &= y(0)+K_1 \end{aligned}$$

$y(0)=1$에 유의하면, 적분은 다음과 같이 진행된다.

$$K_0 = 0.1\sin(1.0000) = 0.0841$$

$$K_1 = 0.1\sin\left(1.0000 + \frac{0.0841}{2}\right) = 0.0863$$

$$y(0.1) = 1.0 + 0.0863 = 1.0863$$

$$K_0 = 0.1\sin(1.0863) = 0.0885$$

$$K_1 = 0.1\sin\left(1.0863 + \frac{0.0885}{2}\right) = 0.0905$$

$$y(0.2) = 1.0863 + 0.0905 = 1.1768$$

다음 표에 계산 결과를 요약하였다.

x	y	K_0	K_1
0.0	1.0000	0.0841	0.0863
0.1	1.0863	0.0885	0.0905
0.2	1.1768	0.0923	0.0940
0.3	1.2708	0.0955	0.0968
0.4	1.3676	0.0979	0.0988
0.5	1.4664		

엄밀해는 다음과 같다.

$$x(y) = \ln(\csc y - \cot y) + 0.604582$$

여기서 $x(1.4664) = 0.5000$을 얻는다. 따라서 현재까지 수치해는 소수점 네 자리까지이다. 그러나 우리가 계속 적분을 진행하면 이 정밀도는 유지될 것 같지 않다. 절단오차와 마무리오차 때문에 생긴 오차들이 누적되는 경향이 있기 때문에, 긴 적분범위는 계산에서 더 나은 적분 공식과 더 많은 유효자리를 필요로 한다.

RungeKutta4 모듈

이 모듈에서 **RungeKutta4( )** 함수는 4차 Runge-Kutta법을 구현한 것이다. 이용자들은 1차 미분방정식들인 $y' = F(x, y)$를 정의하는 함수 F(x,y)와 RungeKutta4( )를 제공해야 한다.

코드 10.4 RungeKutta4.py

```
# RungeKutta4.py
# 4차 Runge-Kutta 모듈
''' X,Y = integrate(F,x,y,xStop,h)
        초기값 문제 {y}' = {F(x,{y})}를 푸는 4차 RK법
        여기서 {y} = {y[0],y[1],...y[n-1]}
        x,y = 초기조건
        xStop = x의 최종값
        h = 적분을 계산하는 데 이용되는 x의 증분
        F = 이용자가 입력한 함수
        배열을 반환
        F(x,y) = {y'[0],y'[1],...,y'[n-1]}
'''
import numpy as np

def RungeKutta4(F, x, y, xStop,h):
    def run_kut4(F,x,y,h):
        K0 = h*F(x,y)
        K1 = h*F(x + h/2.0, y + K0/2.0)
        K2 = h*F(x + h/2.0, y + K1/2.0)
        K3 = h*F(x + h, y + K2)
        return (K0 + 2.0*K1 + 2.0*K2 + K3)/6.0

    X = []
    Y = []
    X.append(x)
    Y.append(y)
    while x < xStop:
        h = min(h,xStop - x)
        y = y + run_kut4(F,x,y,h)
        x = x + h
        X.append(x)
        Y.append(y)
    return np.array(X),np.array(Y)
```

예제 10.4 RungeKutta4 모듈을 이용한 초기값 문제 풀이

다음의 초기값 문제를 4차 Runge-Kutta법을 이용하여, $x = 0$부터 2까지, 증분 $h = 0.2$로 적분하라. 계산된 y와 다음 해석해를 비교하라.

$$y'' = -0.1y' - x, \quad y(0) = 0, \quad y'(0) = 1$$

$$y = 100x - 5x^2 + 990(e^{-0.1x} - 1)$$

풀이

$y_0 = y$와 $y_1 = y'$으로 놓으면, 등가 1차 방정식은 다음과 같다.

$$\boldsymbol{F}(x, \boldsymbol{y}) = \begin{bmatrix} y'_0 \\ y'_1 \end{bmatrix} = \begin{bmatrix} y_1 \\ -0.1y_1 - x \end{bmatrix}$$

두 문장을 제외하고, 다음에 보인 프로그램은 **예제 10.2**에서 이용한 것과 같다.

코드 10.5 Ex1004.py

```
# 예제 10.4 RK4를 이용한 초기값 문제 풀이

import numpy as np
from RungeKutta4 import *
import matplotlib.pyplot as plt

def F(x,y):
    F = np.zeros(2)
    F[0] = y[1]
    F[1] = -0.1*y[1] - x
    return F

if __name__ == '__main__':
    x = 0.0                   # 적분 하한
    xStop = 2.0               # 적분 상한
    y = np.array([0.0, 1.0])  # {y}의 초기값
    h = 0.05                  # x의 증분
    X,Y = RungeKutta4(F,x,y,xStop,h)
    yExact = 100.0*X - 5.0*X**2 + 990.0*(np.exp(-0.1*X) - 1.0)

    # 그리기
    plt.plot(X,Y[:,0],'o',X,yExact,'-')
    plt.grid(True)
    plt.xlabel('x'); plt.ylabel('y')
    plt.legend(('Numerical','Exact'),loc=0)
    plt.show()
```

이 코드를 실행한 결과는 다음과 같다.

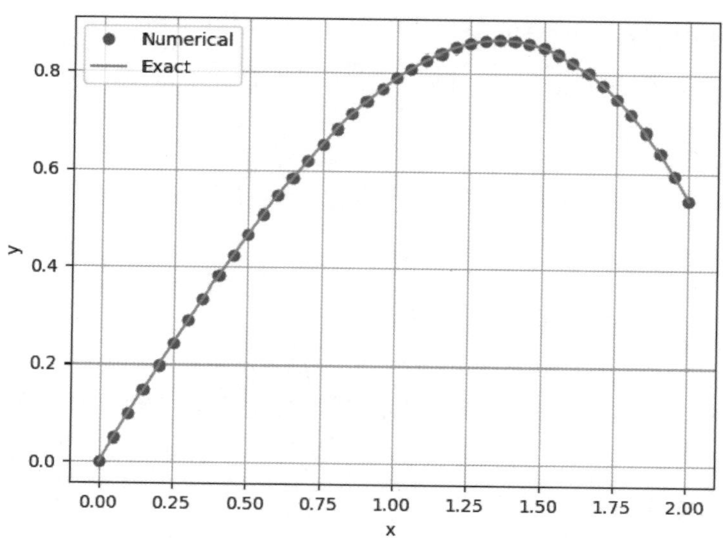

이 그림을 **예제 10.2**의 그림과 비교하면, 4차 Runge-Kutta법이 Euler법에 명백히 우월함을 볼 수 있다. 이 문제에서, 두 방법은 대략 같은 양의 계산을 포함한다. Euler법은 단계당 1회 $\boldsymbol{F}(x, \boldsymbol{y})$를 계산하는 반면, Runge-Kutta법은 4회 계산한다. 반면 Euler법은 4배나 많은 계산단계를 거친다. 결과의 정확도에서 생기는 큰 차이를 고려하면, 4차 Runge-Kutta법이 훨씬 더 정확하다고 결론지을 수 있다.

예제 10.5 4차 Runge-Kutta법과 해석해 비교

4차 Runge-Kutta법을 이용하여 $x=0$부터 10까지 $h=0.1$의 간격으로 다음 식을 적분하고, 계산 결과를 해석해 $y=e^{-x}$와 비교하라.

$$y' = 3y - 4e^{-x}, \quad y(0) = 1$$

풀이

다음에 보인 프로그램을 이용하였다. `RungeKutta4( )`에서 `y`가 배열이라는 점을 상기하면, 초기값도 `y = 1.0`이 아니라 `y = np.array([1.0])`으로 입력해야 한다.

코드 10.6 Ex1005.py

```
# 예제 10.5 4차 Runge-Kutta법과 해석해 비교

from math import exp
```

코드 10.6 Ex1005.py(계속)

```
import numpy as np
from RungeKutta4 import *
from PrintSoln import *


def F(x,y):
    F = np.zeros(1)
    F[0] = 3.0*y[0] - 4.0 * exp(-x)
    return F

if __name__ == '__main__':
    x = 0.0                  # 적분 하한
    xStop = 10.0             # 적분 상한
    y = np.array([1.0])      # {y}의 초기값
    h = 0.1                  # 계산 간격
    freq = 20                # 출력 빈도

    # 적분계산
    X,Y = RungeKutta4(F, x, y, xStop, h)

    # 출력
    printSoln(X, Y, freq)
```

프로그램을 실행하면 다음의 결과를 얻는다(적분단계 20번째마다 출력하였다).

```
       x           y[ 0 ]
-------------- -------------
   0.0000e+00    1.0000e+00
   2.0000e+00    1.3250e-01
   4.0000e+00   -1.1237e+00
   6.0000e+00   -4.6056e+02
   8.0000e+00   -1.8575e+05
   1.0000e+01   -7.4912e+07
   1.0000e+01   -7.4912e+07
```

무엇인가 잘못된 것이 틀림없다. 해석해에 따르면, x가 증가함에 따라 y는 0에 접근해야 하는데, 출력은 반대 경향을 보인다. 초기에 감소된 후에 y의 크기는 극적으로 증가한다. 해석해를 세밀하게 살펴보면 그 이유를 찾을 수 있다. 주어진 미분방정식의 일반해general solution는 다음과 같다.

$$y = Ce^{3x} + e^{-x}$$

이것은 값을 대입하여 증명할 수 있다. 초기조건 $y(0) = 1$을 대입하면 $C = 0$을 얻는다. 그래서 문제에 대한 해는 실제로 $y = e^{-x}$이다.

수치해numerical solution에서 문제를 일으킨 원인은 잠재적인 항 Ce^{3x}이다. 만일 초기조건이 작은 오차 ε를 포함해서, $y(0) = 1 + \varepsilon$이라고 하자. 이것은 해석해를 다음과 같이 변화시킨다.

$$y = \varepsilon e^{3x} + e^{-x}$$

x가 커짐에 따라 오차 ε를 포함한 항이 지배적이 된다. 수치해에서 내재하는 오차는 초기조건의 작은 변화와 같은 효과가 있으므로, 이 수치해는 초기조건에 대한 해의 민감도sensitivity 때문에 생긴 수치 불안정성numerical instability에 희생된 것이라 결론지을 수 있다. 따라서 수치적분의 결과를 맹목적으로 믿어서는 안 된다는 교훈을 얻을 수 있다.

예제 10.6 우주선의 궤적

우주선이 해발 $H = 772$ km 상공에서 $v_0 = 6{,}700$ m/s의 속도로 다음 그림에 보인 방향으로 발사되었다.

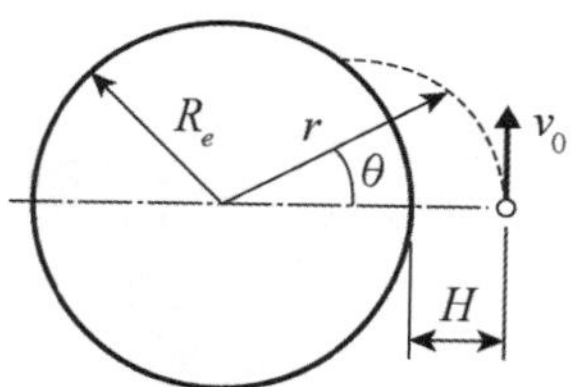

우주선의 궤적을 기술하는 미분방정식은 다음과 같다.

$$\ddot{r} = r\dot{\theta}^2 - \frac{GM_e}{r^2}, \quad \ddot{\theta} = -\frac{2\dot{r}\dot{\theta}}{r}$$

여기서 r과 θ는 우주선의 극좌표이다. 이 운동에 포함된 상수들은 다음과 같다.

$$G = 6.672 \times 10^{-11}\ (\mathrm{m^3/kg^{-1}s^{-2}}) = (\text{만유인력 상수})$$

$$M_e = 5.9742 \times 10^{24}\ (\text{kg}) = (\text{지구의 질량})$$

$$R_e = 6378.14(\text{km}) = (\text{해면에서 지구의 반경})$$

(1) $\dot{\boldsymbol{y}} = \boldsymbol{F}(t, \boldsymbol{y})$, $\boldsymbol{y}(0) = \boldsymbol{b}$와 같은 형태의 1차 미분방정식과 초기조건을 유도하라.

(2) 4차 Runge-Kutta법을 이용하여 발사부터 우주선이 지구에 충돌할 때까지 방정식을 적분하라. 충돌 지점에서 θ를 결정하라.

풀이

(1)의 풀이

주어진 자료에서

$$GM_e = (6.672 \times 10^{-11})(5.9742 \times 10^{24}) = 3.9860 \times 10^{14}\ (\text{m}^3/\text{s}^2)$$

변수를 다음과 같이 놓자.

$$\boldsymbol{y} = \begin{bmatrix} \dot{y}_0 \\ \dot{y}_1 \\ \dot{y}_2 \\ \dot{y}_3 \end{bmatrix} = \begin{bmatrix} r \\ \dot{r} \\ \theta \\ \dot{\theta} \end{bmatrix}$$

등치인 1차 미분방정식은 다음과 같다.

$$\boldsymbol{F}(t, \boldsymbol{y}) = \begin{bmatrix} y_0 \\ y_1 \\ y_2 \\ y_3 \end{bmatrix} = \begin{bmatrix} y_1 \\ y_0 y_3^2 - 3.9860 \times 10^{14}/y_0^2 \\ y_3 \\ -2y_1 y_3/y_0 \end{bmatrix}$$

그리고 초기조건은

$$r(0) = R_e + H = (6378.14 + 772) \times 10^3 = 7.1014 \times 10^6\ (\text{m})$$

$$\dot{r}(0) = 0$$

$$\theta(0) = 0$$

$$\dot{\theta}(0) = \frac{v_0}{r(0)} = \frac{6700}{7.1514 \times 10^6} = 0.937045 \times 10^{-3}\ (\text{rad/s})$$

따라서

$$\mathbf{y}(0)=\begin{bmatrix} 7.1504\times 10^{6} \\ 0 \\ 0 \\ 0.937045\times 10^{-3} \end{bmatrix}$$

(2)의 풀이

수치적분에 이용한 프로그램을 다음에 보인다. 독립변수 t는 x로 표시하였다. 적분기간 **xStop** (우주선이 지구에 충돌하는 시각)은 프로그램의 이전 실행에서 추정하였다.

코드 10.7 Ex1006.py

```
# 예제 10.6 우주선의 궤적

import numpy as np
from RungeKutta4 import *
from PrintSoln import *

def F(x,y):
    F = np.zeros(4)
    F[0] = y[1]
    F[1] = y[0]*(y[3]**2) - 3.9860e14/(y[0]**2)
    F[2] = y[3]
    F[3] = -2.0*y[1]*y[3]/y[0]
    return F

if __name__ == '__main__':
    x = 0.0
    xStop = 1200.0
    y = np.array([7.15014e6, 0.0, 0.0, 0.937045e-3])
    h = 50.0
    freq = 2

    # 적분
    X,Y = RungeKutta4(F, x, y, xStop, h)

    # 출력
    printSoln(X, Y, freq)
```

다음은 출력 결과이다.

```
      x             y[ 0 ]        y[ 1 ]        y[ 2 ]        y[ 3 ]
-------------- ------------- ------------- ------------- -------------
  0.0000e+00    7.1501e+06    0.0000e+00    0.0000e+00    9.3704e-04
  1.0000e+02    7.1426e+06   -1.5173e+02    9.3771e-02    9.3904e-04
  2.0000e+02    7.1198e+06   -3.0276e+02    1.8794e-01    9.4504e-04
  3.0000e+02    7.0820e+06   -4.5236e+02    2.8292e-01    9.5515e-04
  4.0000e+02    7.0294e+06   -5.9973e+02    3.7911e-01    9.6951e-04
  5.0000e+02    6.9622e+06   -7.4393e+02    4.7697e-01    9.8832e-04
  6.0000e+02    6.8808e+06   -8.8389e+02    5.7693e-01    1.0118e-03
  7.0000e+02    6.7856e+06   -1.0183e+03    6.7950e-01    1.0404e-03
  8.0000e+02    6.6773e+06   -1.1456e+03    7.8520e-01    1.0744e-03
  9.0000e+02    6.5568e+06   -1.2639e+03    8.9459e-01    1.1143e-03
  1.0000e+03    6.4250e+06   -1.3708e+03    1.0083e+00    1.1605e-03
  1.1000e+03    6.2831e+06   -1.4634e+03    1.1269e+00    1.2135e-03
  1.2000e+03    6.1329e+06   -1.5384e+03    1.2512e+00    1.2737e-03
```

우주선이 지구와 충돌할 때 r은 $R_e = 6.37814 \times 10^6$ m와 같다. 이것은 $t = 1{,}000$ s와 $1{,}100$ s 사이에 일어난다. 보다 정확한 t의 값은 다항식 보간에서 구할 수 있다. 만일 더 정밀한 값이 필요하지 않다면, 선형보간으로 구할 수 있을 것이다. $1{,}000 + \Delta t$를 충돌시각이라 놓으면 다음과 같이 쓸 수 있다.

$$r(1{,}000 + \Delta t) = R_e$$

r을 테일러 급수 두 항으로 쓰면, 다음과 같다.

$$r(1{,}000) + r'(1{,}000)\Delta t = R_e$$

$$6.4250 \times 10^6 + (-1.3708 \times 10^3)x = 6378.14 \times 10^3$$

여기서

$$\Delta t = 34.184 \text{ (s)}$$

충돌지점의 좌표 θ도 비슷한 방법으로 추정할 수 있다. 또 다시 테일러 급수의 항 두 개를 이용하면, 다음과 같다.

$$\theta(1{,}000 + \Delta t) = \theta(1{,}000) + \theta'(1{,}000)\Delta t$$

$$= 1.0083 + (1.1605 \times 10^{-3})(34.184)$$
$$= 1.0480\ (\text{rad}) = 60.00°$$

예제 10.7 강성

(1) 다음 문제가 적당히 강성임을 보이고, Runge-Kutta법이 안정된 간격 h의 최대값인 $h_{\max}$를 추정하라.

$$y'' = -\frac{19}{4}y - 10y',\ \ y(0) = -9,\ \ y'(0) = 0$$

(2) $h \approx \frac{h_{\max}}{2}$와 $h \approx 2h_{\max}$에서 $y(10)$를 계산하여 그 추정값을 확인하라.

풀이

(1)의 풀이

$y_0 = y$와 $y_1 = y'$ 수식을 이용하면, 등치인 1차 미분방정식은 다음과 같다.

$$\mathbf{y}' = \begin{bmatrix} y_1 \\ -\frac{19}{4}y_0 - 10y_1 \end{bmatrix} = -\mathbf{\Lambda}\begin{bmatrix} y_0 \\ y_1 \end{bmatrix}$$

여기서

$$\mathbf{\Lambda} = \begin{bmatrix} 0 & -1 \\ \frac{19}{4} & 10 \end{bmatrix}$$

이 행렬의 고유값은 다음과 같다.

$$|\mathbf{\Lambda} - \lambda \mathrm{I}| = \begin{vmatrix} -\lambda & -1 \\ \frac{19}{4} & 10-\lambda \end{vmatrix} = 0$$

이 행렬식을 풀면, 고유값 $\lambda_1 = \frac{1}{2}$과 $\lambda_2 = \frac{19}{2}$를 얻는다. λ_2가 λ_1보다 상당히 크므로, 이 방정식은 보통으로 강직하다.

(2)의 풀이

h의 안정 범위의 상한에 대한 추정값은 식 (10.12)에서 얻을 수 있다.

$$h_{\max} = \frac{2}{\lambda_{\max}} = \frac{2}{19/2} = 0.2153$$

이 공식이 Euler법에 대해 엄격하게 유효하지만, 일반적으로 고차 적분공식에 대해서는 그 간격이 지나치게 큰 것은 아니다.

다음 코드는 다음은 $h = 0.1$일 때 Runge-Kutta법으로 위 문제를 적분하기 위한 코드이다.

코드 10.8 Ex1007.py

```
# 예제 10.7 강성

import numpy as np
from RungeKutta4 import *
from PrintSoln import *

def F(x,y):
    F = np.zeros(2)
    F[0] = y[1]
    F[1] = -4.75*y[0] - 10.0*y[1]
    return F

if __name__ == '__main__':
    x = 0.0
    xStop = 10.0
    y = np.array([-9.0, 0.0])
    h = 0.1
    freq = 0

    X,Y = RungeKutta4(F, x, y, xStop, h)

    # 결과 출력
    printSoln(X,Y,freq)
```

이때 `printSoln( )`에서 `freq = 0`으로 지정하여 초기와 최종값만 출력하였다. 출력은 다음과 같다.

```
      x          y[ 0 ]       y[ 1 ]
0.0000e+000 -9.0000e+000 0.0000e+000
1.0000e+001 -6.4011e-002 3.2005e-002
```

해석해는 다음과 같다.

$$y(0) = -\frac{19}{2}e^{-x/2} + \frac{1}{2}e^{-19x/2}$$

여기서 $y(10) = -0.064011$이며, 이것은 수치적으로 얻은 값과 일치한다. 만일 앞의 **코드 10.8**에서 $h = 0.5$(17행 수정)이면, 예상대로 불안정하게 된다.

```
      x          y[ 0 ]       y[ 1 ]
0.0000e+000 -9.0000e+000  0.0000e+000
1.0000e+001  2.7030e+020 -2.5678e+021
```

10.4 적응 Runge-Kutta법

적절한 계산간격 h의 결정은 수치적분에서 가장 골치 아픈 사항일 것이다. 만일 h가 너무 크면, 절단오차를 용납할 수 없을 것이며, 만일 h가 너무 작으면 계산 자원을 낭비하게 될 것이다. 또한 일정한 계산간격은 적분 전체 범위에 대해서는 적절하지 않을 수도 있다. 예를 들어, (강성 문제에서처럼) 해곡선이 평활하게 되기 전에는 급격한 변화로 시작한다면, 시작 단계에서는 작은 h를 이용하고 평활한 영역에 가까워지면, 계산간격을 증가시킬 수 있다. 이것이 바로 적응법adaptive methods이 관련된 부분이다. 적응법은 각 적분단계에서 절단오차를 추정하고 미리 정해진 한계 안에 오차를 유지할 수 있도록 계산간격을 자동적으로 조정한다.

적응 Runge-Kutta법은 이른바 내장된 적분공식embedded integration formulas을 이용한다. 이 공식은 쌍으로 나온다. 한 식은 m차의 적분을 갖고 다른 하나는 $m+1$차의 적분을 갖는다. 발상은 해가 x부터 $x+h$로 전진하기 전에 두 공식을 모두 이용하는 것이다. 결과를 $\mathbf{y}_m(x+h)$과 $\mathbf{y}_{m+1}(x+h)$로 표기하고, m차의 공식에서 절단오차의 추정값은 다음 식에서 구한다.

$$\boldsymbol{E}(h) = \boldsymbol{y}_{m+1}(x+h) - \boldsymbol{y}_m(x+h) \tag{10.17}$$

내장공식을 매력적으로 만드는 것은 이들이 $\boldsymbol{F}(x, \boldsymbol{y})$가 계산된 지점을 공유한다는 것이다. 이것은 한번 $\boldsymbol{y}_{m+1}(x+h)$를 계산하면, $\boldsymbol{y}_m(x+h)$를 계산하는 데는 상대적으로 작은 추가 노력이 필요하다는 것이다.

다음은 5차의 Runge-Kutta 공식이다.

$$\begin{aligned} \boldsymbol{K}_0 &= h\boldsymbol{F}(x, y) \\ \boldsymbol{K}_i &= h\boldsymbol{F}\left(x + A_i h, y + \sum_{j=0}^{i-1} B_{ij}\boldsymbol{K}_j\right), \ (i = 1, 2, \cdots, 6) \end{aligned} \tag{10.18}$$

$$\boldsymbol{y}_5(x+h) = \boldsymbol{y}(x) + \sum_{i=0}^{6} C_i \boldsymbol{K}_i \tag{10.19a}$$

내장 4차 공식은 다음과 같다.

$$\boldsymbol{y}_4(x+h) = \boldsymbol{y}(x) + \sum_{i=0}^{6} D_i \boldsymbol{K}_i \tag{10.19b}$$

이들 공식에 나타난 계수들은 유일하지 않다. **표 10.1**은 Dormand와 Prince[2)]가 제안한 계수를 보인다. 이들은 이 방법이 대안적인 값보다 우수한 오차 예측을 한다고 주장하였다.

해는 식 (10.19a)에서 5차 공식으로 전진한다. 4차 공식은 내재되어 절단오차를 추정하는 데만 이용된다.

$$\boldsymbol{E}(h) = \boldsymbol{y}_5(x+h) - \boldsymbol{y}_4(x+h) = \sum_{i=0}^{6} (C_i - D_i)\boldsymbol{K}_i \tag{10.20}$$

식 (10.20)은 실제로 4차 공식에 적용하므로, 5차 공식에서 오차를 과대추정하는 경향이 있다. $\boldsymbol{E}(h)$는 벡터임에 유의하자. 그 성분 $E_i(h)$는 종속변수 y_i의 오차를 나타낸다. 여기서 '우리가 통제하고자 하는 오차의 척도 $e(h)$는 무엇인가?' 하는 질문이 생긴다. 모든 문제에 다 잘 적용

2) Dormand, J.R. and Prince, P.J. (1980) "A family of embedded Runge-Kutta formulae", Journal of Computational and Applied Mathematics, Vol.6, No.(1), pp.19-26.

되는 단일 선택은 없다. 만일 $\boldsymbol{E}(h)$의 최대 성분을 통제하고자 한다면, 오차 척도는 다음과 같다.

표 10.1 Dormand와 Prince의 계수

i	A_i	B_{ij}						C_i	D_i
0	-	-	-	-	-	-	-	$\frac{35}{384}$	$\frac{5,178}{57,600}$
1	$\frac{1}{5}$	$\frac{1}{5}$	-	-	-	-	-	0	0
2	$\frac{3}{10}$	$\frac{3}{40}$	$\frac{9}{40}$	-	-	-	-	$\frac{500}{1,113}$	$\frac{7,571}{16,695}$
3	$\frac{4}{5}$	$\frac{44}{45}$	$-\frac{56}{15}$	$\frac{32}{9}$	-	-	-	$\frac{125}{192}$	$\frac{393}{640}$
4	$\frac{8}{9}$	$\frac{19,372}{6,561}$	$-\frac{25,360}{2,187}$	$\frac{64,448}{6,561}$	$-\frac{212}{729}$	-	-	$-\frac{2,187}{6,784}$	$-\frac{92,097}{339,200}$
5	1	$\frac{9,017}{3,168}$	$-\frac{355}{33}$	$\frac{46,732}{5,247}$	$\frac{49}{176}$	$-\frac{5,103}{18,656}$	-	$\frac{11}{84}$	$\frac{187}{2,100}$
6	1	$\frac{35}{384}$	0	$\frac{500}{1,113}$	$\frac{125}{192}$	$-\frac{2,187}{6,784}$	$\frac{11}{84}$	0	$\frac{1}{40}$

$$e(h) = \max_i |E_i(h)| \tag{10.21}$$

어떤 오차의 총체적인 척도를 제어하고자 할 경우, 제곱평균오차root-mean-square error는 다음과 같이 정의된다.

$$\overline{E}(h) = \sqrt{\frac{1}{n}\sum_{i=0}^{n-1} E_i^2(h)} \tag{10.22}$$

여기서 n은 1차 미분방정식의 수이다. 그러면 오차의 척도로 다음을 이용할 수 있다.

$$e(h) = \overline{E}(h) \tag{10.23}$$

제곱평균오차가 더 다루기 쉬우므로, 앞으로 프로그램에서는 이것을 채택한다.

오차 제어는 단계당 오차 $e(h)$가 사전에 정의된 허용오차 ε와 근사적으로 같도록 증분 h를 조정하는 것이다. 4차 공식에서 절단오차는 $O(h^5)$임을 생각하면, 다음과 같이 결론내릴 수 있다.

$$\frac{e(h_1)}{e(h_2)} \approx \left(\frac{h_1}{h_2}\right)^5 \tag{10.24}$$

적분 간격을 h_1으로 하여 적분한 결과 오차가 $e(h_1)$이었다고 하자. 식 (10.30)에서 $e(h_2) = \varepsilon$로 놓으면 우리가 이용해야 할 계산 간격 h_2를 구할 수 있다.

$$h_2 = h_1 \left[\frac{\varepsilon}{e(h_1)}\right]^{1/5} \tag{10.25}$$

만일 $h_2 \geq h_1$이면, 시간간격 h_2로 적분을 반복한다. 그러나 오차는 허용한계 이하이므로, 완전히 계산시간의 낭비가 될 것이다. 그래서 현재 간격을 채택하고 다음 단계에서는 h_2를 시도한다. 그러나 만일 $h_2 < h_1$이면, 현재 간격을 폐기하고 h_2로 이것을 반복한다.

식 (10.25)는 다만 대략의 근사일 뿐이므로, 이것은 안전성에 작은 여유를 포함시키는 것이 적절하다. 이 책의 코드에서는 다음의 식을 사용할 것이다.

$$h_2 = 0.9 h_1 \left[\frac{\varepsilon}{e(h_1)}\right]^{1/5} \tag{10.26}$$

또한 h에 지나치게 큰 변화를 방지하기 위해 다음의 제약을 가한다.

$$0.1 \leq \frac{h_2}{h_1} \leq 10$$

$e(h)$가 한 적분간격에 적용된다는 점, 즉 이것은 국부절단오차의 척도임을 상기하자. 지극히 중요한 전역 절단오차는 국부오차의 누적에 의한 것이다. 전역오차가 허용값 ε_{global} 안에 들도록 하려면 ε를 어떻게 설정해야 하는가? $e(h)$가 실제 오차의 보수적인 추정값이므로, 보통 $\varepsilon = \varepsilon_{global}$로 설정하는 것이 적절하다. 만일 적분단계수가 너무 크면, 그에 따라 ε를 줄이기를 권한다.

비적응법을 이용하지 않아야 하는 이유가 있을까? 그러나 일반적으로 답은 '아니요'이다. 적응법이 실패하는 특별한 경우가 있다. 예를 들어, 적응법은 일반적으로 $\boldsymbol{F}(x, \boldsymbol{y})$가 불연속을 포함하는 경우에는 효과가 별로 없다. 오차가 불연속 부분에서 불규칙적으로 거동하므로, 적당한 h값을 찾기 위해 프로그램이 무한반복할 수도 있다. 만일 출력이 등간격의 x값을 갖는다면 비적응법이 편리하다.

RungeKutta5 모듈

이 모듈은 앞 절에서 설명한 `RungeKutta4` 모듈과 호환성이 있다. `integrate( )` 함수를 호출하는 모든 프로그램은 적응법인 `RungeKutta5`와 비적응법인 `RungeKutta4` 중에서 선택할 수 있다. 입력인수 h는 첫 번째 적분간격에 대한 증분의 시험값이다. $\boldsymbol{K}_0$는 첫 번째 적분단계에서만 아무런 사전준비 없이 계산된다. 그다음부터는 식을 이용하여 계산한다. 만일 m번째 단계가 채택되면, 다음과 같이 계산된다.

$$(\boldsymbol{K}_0)_{m+1} = \frac{h_{m+1}}{h_m}(\boldsymbol{K}_6)_m \tag{10.27}$$

만일 지나친 절단오차 때문에 m번째 단계가 기각되면, 다음과 같이 계산된다.

$$(\boldsymbol{K}_0)_{m+1} = \frac{h_{m+1}}{h_m}(\boldsymbol{K}_0)_m \tag{10.28}$$

식 (10.27)을 증명하기 위해, 식 (10.18)에서 $i=6$으로 놓으면, 다음 식을 얻는다.

$$(\boldsymbol{K}_6)_m = h_m\boldsymbol{F}\left[x_m + A_6 h_m,\ \boldsymbol{y}_m + \sum_{i=0}^{5} B_{6i}(\boldsymbol{K}_i)_m\right]$$

표 10.1은 계수 B의 마지막 행이 계수 C와 일치함(즉, $B_{6i} = C_i$)을 보인다. 또한 $A_6 = 1$이라는 것도 유의한다. 따라서

$$(\boldsymbol{K}_6)_m = h_m\boldsymbol{F}\left[x_m + h_m,\ \boldsymbol{y}_m + \sum_{i=0}^{5} C_i(\boldsymbol{K}_i)_m\right] \tag{10.29}$$

그러나 식 (10.26)에 따라서, 5차 공식은 다음과 같다.

$$\boldsymbol{y}_{m+1} = \boldsymbol{y}_m + \sum_{i=0}^{6} C_i(\boldsymbol{K}_i)_m$$

$C_6 = 0$(**표 10.1** 참조)이므로, 합의 상한을 6에서 5로 줄일 수 있다. 따라서 식 (10.29)는 다음과 같다.

$$(\boldsymbol{K}_6)_m = h_m \boldsymbol{F}(x_{m+1}, \boldsymbol{y}_{m+1}) = \frac{h_m}{h_{m+1}}(\boldsymbol{K}_0)_m$$

이것으로 증명이 완료되었다. 식 (10.28)의 유효성은 식 (10.18)의 첫 번째 방정식을 조사하면 다소 분명하다. 단계 $m+1$은 h의 다른 값으로 단계 m을 반복하므로, 다음 식을 얻는다.

$$(\boldsymbol{K}_0)_m = h_m \boldsymbol{F}(x_m, \boldsymbol{y}_m), \ (\boldsymbol{K}_0)_{m+1} = h_{m+1}\boldsymbol{F}(x_m, \boldsymbol{y}_m)$$

이것은 직접 식 (10.28)이 된다.

코드 10.9 RungeKutta5.py

```
# RungeKutta5.py
# RungeKutta5 모듈
''' X,Y = RungeKutta5(F,x,y,xStop,h,tol=1.0e-6)
        초기값 문제 {y}' = {F(x,{y})}를 푸는
        Dormand-Price 계수의 적응형 Runge-Kutta법
        여기서        {y} = {y[0],y[1],...y[n-1]}
        x,y = 초기조건
        xStop = x의 최종값
        h = 적분을 계산하는 데 이용되는 x의 증분
        tol = 단계당 허용오차
        F = 이용자가 입력한 함수
        F(x,y) = {y’[0],y’[1],...,y’[n-1]} 배열을 반환
'''
import math
import numpy as np

def RungeKutta5(F,x,y,xStop,h,tol=1.0e-6):

    a1 = 0.2; a2 = 0.3; a3 = 0.8; a4 = 8/9; a5 = 1.0
    a6 = 1.0

    c0 = 35/384; c2 = 500/1113; c3 = 125/192
```

코드 10.9 RungeKutta5.py(계속)

```
    c4 = -2187/6784; c5 = 11/84

    d0 = 5179/57600; d2 = 7571/16695; d3 = 393/640
    d4 = -92097/339200; d5 = 187/2100; d6 = 1/40

    b10 = 0.2
    b20 = 0.075; b21 = 0.225
    b30 = 44/45; b31 = -56/15; b32 = 32/9
    b40 = 19372/6561; b41 = -25360/2187; b42 = 64448/6561
    b43 = -212/729
    b50 = 9017/3168; b51 =-355/33; b52 = 46732/5247
    b53 = 49/176; b54 = -5103/18656
    b60 = 35/384; b62 = 500/1113; b63 = 125/192;
    b64 = -2187/6784; b65 = 11/84

    X = []
    Y = []
    X.append(x)
    Y.append(y)
    stopper = 0  # 적분 종료자(0 = off, 1 = on)
    k0 = h*F(x,y)

    for i in range(10000):
        k1 = h*F(x + a1*h, y + b10*k0)
        k2 = h*F(x + a2*h, y + b20*k0 + b21*k1)
        k3 = h*F(x + a3*h, y + b30*k0 + b31*k1 + b32*k2)
        k4 = h*F(x + a4*h, y + b40*k0 + b41*k1 + b42*k2 + b43*k3)
        k5 = h*F(x + a5*h, y + b50*k0 + b51*k1 + b52*k2 + b53*k3 \
                + b54*k4)
        k6 = h*F(x + a6*h, y + b60*k0 + b62*k2 + b63*k3 + b64*k4 \
                + b65*k5)

        dy = c0*k0 + c2*k2 + c3*k3 + c4*k4 + c5*k5
        E = (c0 - d0)*k0 + (c2 - d2)*k2 + (c3 - d3)*k3  \
                + (c4 - d4)*k4 + (c5 - d5)*k5 - d6*k6
        e = math.sqrt(np.sum(E**2)/len(y))
        hNext = 0.9*h*(tol/e)**0.2

        # 만일 오차 e가 허용한계 안에 있으면 적분단계 채택
        if  e <= tol:
            y = y + dy
            x = x + h
            X.append(x)
            Y.append(y)
```

코드 10.9 RungeKutta5.py(계속)

```
            if stopper == 1:   # x 범위의 끝에 도달
                break
            if abs(hNext) > 10.0*abs(h): hNext = 10.0*h

            # 다음 단계가 마지막인지 검토.
            # 이 경우 h를 조정
            if (h > 0.0) == ((x + hNext) >= xStop):
                hNext = xStop - x
                stopper = 1
            k0 = k6*hNext/h
        else:
            if abs(hNext) < 0.1*abs(h): hNext = 0.1*h
            k0 = k0*hNext/h

        h = hNext
    return np.array(X),np.array(Y)
```

예제 10.8 **항력**

자유낙하 중인 어떤 물체에 작용하는 공기역학적 항력은 근사적으로 다음과 같다.

$$F_D = av^2 e^{-by}$$

여기서 $v=$물체의 속도(m/s), $y=$물체의 고도(m), $a=7.45$ (kg/m), $b=10.53\times10^{-5}$ (m^{-1})이며, 지수항은 고도에 따른 공기밀도의 변화를 고려한다. 낙하를 기술하는 미분방정식은 다음과 같다.

$$m\ddot{y} = -mg + F_D$$

여기서 $g = 9.80665$ m/s^{2}이고, $m = 114$ kg은 물체의 질량이다. 물체를 고도 9 km에서 놓았을 때, 적응 Runge-Kutta법에 의해 10초 낙하 후의 고도와 속도를 결정하라.

풀이

미분방정식과 초기조건은 다음과 같다.

$$\begin{aligned}\ddot{y} &= -g + \frac{a}{m}\dot{y}^2\exp(-by) \\ &= -9.80665 + \frac{7.45}{114}\dot{y}^2\exp(-10.53\times10^{-5}y)\end{aligned}$$

$$y(0) = 9{,}000(\mathrm{m}),\ \dot{y}(0) = 0$$

$y_0 = y$와 $y_1 = \dot{y}$로 놓으면, 등치인 1차 미분방정식은 다음과 같다.

$$\dot{\mathbf{y}} = \begin{bmatrix} \dot{y}_0 \\ \dot{y}_1 \end{bmatrix} = \begin{bmatrix} y_1 \\ -9.80665 + (65.351 \times 10^{-3}) y_1^2 \exp(-10.53 \times 10^{-5} y_0) \end{bmatrix}$$

$$\mathbf{y}(0) = \begin{bmatrix} 9{,}000 \\ 0 \end{bmatrix}$$

`RungeKutta5` 모듈에 대한 시험용 코드를 다음에 보인다. `integrate( )` 함수에서 단계당 허용 오차를 10^{-2}로 지정하였다. y의 크기를 고려하면 5자리 정확도로 충분하다.

코드 10.10 Ex1008.py

```
# 예제 10.8 RK5 모듈의 시험

import math
import numpy as np
from RungeKutta5 import *
from PrintSoln import *

def F(x,y):
    F = np.zeros(2)
    F[0] = y[1]
    F[1] = -9.80665 + 65.351e-3 * y[1]**2 \
        * math.exp(-10.53e-5*y[0])
    return F

if __name__ == '__main__':
    x = 0.0                     # 적분하한
    xStop = 10.0                # 적분상한
    y = np.array([9000, 0.0])
    h = 0.5                     # 계산증분
    freq = 1                    # 출력빈도

    # 적분
    X,Y = RungeKutta5(F,x,y,xStop,h,1.0e-2)

    # 결과 출력
    printSoln(X,Y,freq)
```

프로그램의 실행 결과는 다음과 같다.

```
       x          y[ 0 ]       y[ 1 ]
-------------- ------------- -------------
  0.0000e+00    9.0000e+03    0.0000e+00
  5.0000e-01    8.9988e+03   -4.8043e+00
  2.4229e+00    8.9763e+03   -1.6440e+01
  3.4146e+00    8.9589e+03   -1.8388e+01
  4.6318e+00    8.9359e+03   -1.9245e+01
  5.9739e+00    8.9098e+03   -1.9501e+01
  7.6199e+00    8.8777e+03   -1.9549e+01
  9.7063e+00    8.8369e+03   -1.9524e+01
  1.0000e+01    8.8312e+03   -1.9519e+01
```

첫 단계는 사전에 설명한 시험값 $h=0.5$ s로 수행하였다. 분명히 오차는 허용값 안에 들어 있으며, 이 단계는 채택된다. 식 (10.26)으로 결정된 다음의 계산간격은 상당히 크다. 출력을 살펴보면, $t=10$ s에서 물체는 고도 $y=8{,}831$ m에서 $v=-\dot{y}=19.52$ m/s의 속도로 움직이고 있음을 알 수 있다.

예제 10.9 중간 강성

다음의 중간 강성 문제(**예제 10.7**)를 적분하라. 적분은 $x=0$에서 10까지 적응 Runge-Kutta법으로 하고, 결과를 그래프로 그려라.

$$y''=-\frac{19}{4}y-10y',\ y(0)=-9,\ y'(0)=0$$

풀이

적응법을 이용하므로, **예제 10.7**에서 한 것처럼 h의 안정 범위에 대해 염려할 필요가 없다. 단계당 오차에 대한 합리적인 허용값을 지정(이 경우 기본값 10^{-6}이 적절)하는 한 알고리즘은 적절한 계산간격을 찾을 것이다. 다음은 이 예제를 푸는 프로그램이다.

코드 10.11 Ex1009.py

```
# 예제 10.9 중간 강성 문제

import numpy as np
```

코드 10.11 Ex1009.py(계속)

```
import matplotlib.pyplot as plt
from RungeKutta5 import *
from PrintSoln import *

def F(x,y):
    F = np.zeros(2)
    F[0] = y[1]
    F[1] = -4.75*y[0] - 10.0*y[1]
    return F

if __name__ == '__main__':
    x = 0.0
    xStop = 10.0
    y = np.array([-9.0, 0.0])
    h = 0.1
    freq = 4

    X,Y = RungeKutta5(F,x,y,xStop,h)

    # 결과 출력
    printSoln(X,Y,freq)

    # 그래프 그리기
    plt.plot(X,Y[:,0],'o',X,Y[:,1],'-')
    plt.xlabel('x')
    plt.legend(('y','dy/dx'),loc=0)
    plt.grid(True)
    plt.show()
```

다음은 4번째 적분단계마다 출력한 것이다.

```
       x            y[ 0 ]         y[ 1 ]
-------------- ------------- -------------
   0.0000e+00   -9.0000e+00   0.0000e+00
   7.7774e-02   -8.8988e+00   2.2999e+00
   1.6855e-01   -8.6314e+00   3.4083e+00
   2.7656e-01   -8.2370e+00   3.7933e+00
   4.0945e-01   -7.7311e+00   3.7735e+00
   5.8108e-01   -7.1027e+00   3.5333e+00
   8.2045e-01   -6.3030e+00   3.1497e+00
   1.2036e+00   -5.2043e+00   2.6021e+00
```

```
2.0486e+00   -3.4110e+00    1.7055e+00
3.5357e+00   -1.6216e+00    8.1081e-01
4.9062e+00   -8.1724e-01    4.0862e-01
6.3008e+00   -4.0694e-01    2.0347e-01
7.7202e+00   -2.0012e-01    1.0006e-01
9.1023e+00   -1.0028e-01    5.0137e-02
1.0000e+01   -6.4010e-02    3.2005e-02
```

계산 결과는 해석해와 잘 일치한다. y와 y'를 그래프로 그리면 다음 그림과 같다. y'이 급격히 변화되는 $x=0$ 근처에서 점들이 빽빽이 밀집되어 있음에 유의하라. y 곡선이 평활하게 되면 점들 사이의 거리도 증가한다.

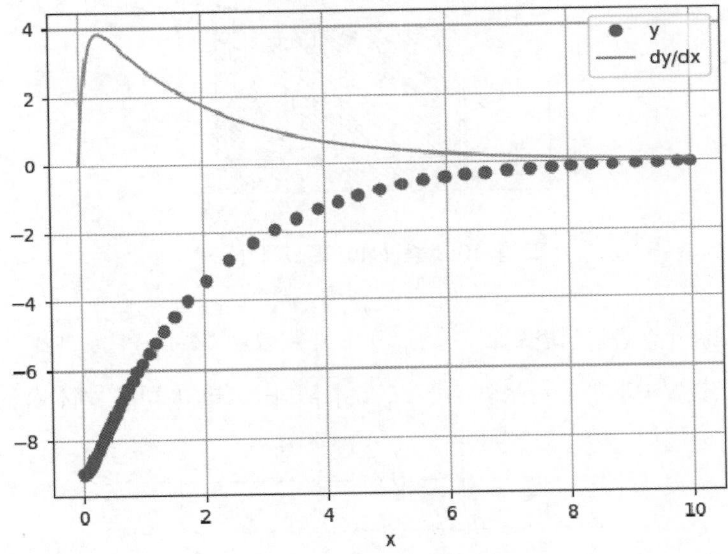

10.5 Bulirsch-Stoer법

(1) 중앙점법

$\boldsymbol{y}' = \boldsymbol{F}(x, \boldsymbol{y})$의 수치적분의 중앙점법은 다음과 같다.

$$\boldsymbol{y}(x+h) = \boldsymbol{y}(x-h) + 2h\boldsymbol{F}[x, \boldsymbol{y}(x)] \tag{10.30}$$

이것은 수정 Euler법과 같이 2차 공식이다. 이것은 Bulirsch-Stoer법의 기반이 되기 때문에 여기서 설명한다. Bulirsch-Stoer법은 높은 정확도가 필요한 문제에서 반드시 선택하는 기법이다.

그림 10.3은 단일 미분방정식 $y' = f(x, y)$에 대한 중앙점법을 예시한다. 그림에 보인 두 개의 빗금 친 부분의 y값의 변화는 다음과 같다.

$$y(x+h) - y(x-h) = \int_{x-h}^{x+h} y'(x)dx$$

이것은 $y'(x)$ 곡선 아래의 면적과 같다. 중앙점법은 이 면적을 빗금 친 직사각형의 면적인 $2hf(x, y)$로 근사한다.

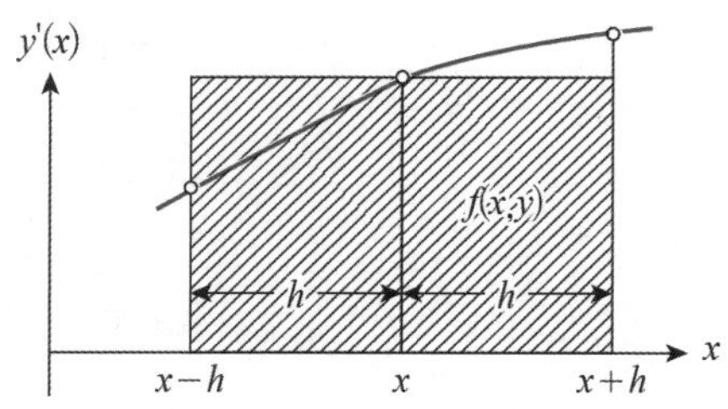

그림 10.3 중앙점법의 도해적 표현

$\boldsymbol{y}' = \boldsymbol{F}(x, \boldsymbol{y})$의 해를 중앙점법으로 $x = x_0$에서 $x_0 + H$로 전진한다고 하자. **그림 10.4**에 보인 것처럼 적분 구간을 n단계로 나누면 $h = H/n$이 된다. 그리고 다음 계산을 실행한다.

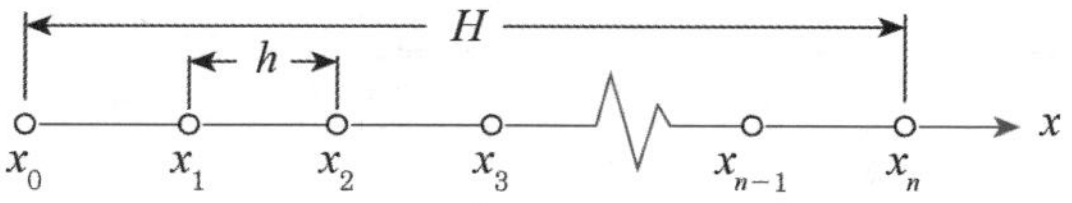

그림 10.4 중앙점법에 이용되는 격자

$$\begin{aligned}
\boldsymbol{y}_1 &= \boldsymbol{y}_0 + h\boldsymbol{F}_0 \\
\boldsymbol{y}_2 &= \boldsymbol{y}_0 + 2h\boldsymbol{F}_1 \\
\boldsymbol{y}_3 &= \boldsymbol{y}_1 + 2h\boldsymbol{F}_2 \\
&\vdots \\
\boldsymbol{y}_n &= \boldsymbol{y}_{n-2} + 2h\boldsymbol{F}_{n-1}
\end{aligned} \tag{10.31}$$

여기서 $\boldsymbol{y}_i = \boldsymbol{y}(x_i)$와 $\boldsymbol{F}_i = \boldsymbol{F}(x_i, \boldsymbol{y}_i)$로 표기하였다. 식 (10.31)의 첫 부분은 중앙점법의 '시작'을 위해 Euler법을 이용한다. 다른 방정식은 중앙점법이다. 최종결과는 식 (10.31)에서 $\boldsymbol{y}_n$을 평균하여 얻으며, 추정값 $\boldsymbol{y}_n \approx \boldsymbol{y}_{n-1} + h\boldsymbol{F}_n$은 Euler법에서 이용할 수 있다. 결과는 다음과 같다.

$$\boldsymbol{y}(x_0 + H) = \frac{1}{2}[\boldsymbol{y}_n + (\boldsymbol{y}_{n-1} + h\boldsymbol{F}_n)] \tag{10.32}$$

(2) Richardson 외삽

식 (10.20)에서 오차는 다음과 같음을 보일 수 있다.

$$\boldsymbol{E} = \boldsymbol{c}_1 h^2 + \boldsymbol{c}_2 h^4 + \boldsymbol{c}_3 h^6 + \cdots$$

여기에 중앙점법의 큰 유용성이 있다. Richarson 외삽에 의해 우리가 원하는 만큼 많은 가장 중요한 오차항을 소거할 수 있다. 예를 들어, 어떤 h값으로 $\boldsymbol{y}(x_0 + H)$를 계산하고, 그다음에 이 과정을 $h/2$로 반복할 수 있다. 이에 대응하는 값을 각각 $\boldsymbol{g}(h)$와 $\boldsymbol{g}(h/2)$라고 표기하면, Richardson 외삽(식 (8.13) 참조)으로 다음과 같은 개선된 결과를 얻을 수 있다.

$$\boldsymbol{y}_{better}(x_0 + H) = \frac{4\boldsymbol{g}(h/2) - \boldsymbol{g}(h)}{3}$$

이것은 4차 정확도이다. $h/4$로 한 번 더 적분하고 Richardson 외삽을 하면, 6차 정확도를 얻게 되며, 이런 방식으로 계속된다. 연속된 적분에서 간격을 절반으로 줄이기보다는, 수열 $h/2$, $h/4$, $h/6$, $h/8$, $h/10$, …을 이용하는 것이 훨씬 경제적이다. $\boldsymbol{y}(x_0 + H)$와 달리, $\boldsymbol{y}$는 Richardson 외삽에 의해 개선할 수 없으므로, 식 (10.31)에서 $\boldsymbol{y}$는 임시변수라고 보아야 한다.

MidPoint 모듈

이 모듈에서 함수 `integrate( )`는 중앙점법과 Richardson 외삽을 조합한다. 중앙점범의 첫 번 적용은 두 적분단계를 이용한다. 다음 적분에서 계산단계의 수는 2배로 증가하며, 각 적분 뒤에는 Richardson 외삽을 한다. 두 연속된 해의 (평균제곱의 의미에서) 차이가 사전에 설정된 허용값보다 작은 경우에 이 과정은 중단된다.

코드 10.12 MidPoint.py

```
# MidPoint.py
# 중앙점법 모듈
''' yStop = integrate (F,x,y,xStop,tol=1.0e-6)
        초기값 문제 y' = F(x,y}를 푸는 수정 중앙점법
        x,y   = 초기조건
        xStop = x의 최종값
        yStop = y(xStop)
        F = 배열 F(x,y) = {y'[0],y'[1],...,y'[n-1]}를
            반환하는 이용자 입력 함수
'''
import numpy as np
import math
def integrate(F,x,y,xStop,tol):

    # 중앙점법
    def midpoint(F,x,y,xStop,nSteps):

        h = (xStop - x)/nSteps
        y0 = y
        y1 = y0 + h*F(x,y0)
        for i in range(nSteps-1):
            x = x + h
            y2 = y0 + 2.0*h*F(x,y1)
            y0 = y1
            y1 = y2
        return 0.5*(y1 + y0 + h*F(x,y2))

    # Richardson 외삽법
    def richardson(r,k):
        for j in range(k-1,0,-1):
            const = (k/(k - 1.0))**(2.0*(k-j))
            r[j] = (const*r[j+1] - r[j])/(const - 1.0)
        return

    kMax = 51
    n = len(y)
    r = np.zeros((kMax,n))

    # 두 적분단계로 시작
    nSteps = 2
    r[1] = midpoint(F,x,y,xStop,nSteps)
    r_old = r[1].copy()

    # 적분점의 수를 2배로 증가시키고
```

코드 10.12 MidPoint.py(계속)

```
    # Richardson 외삽에 의해 정밀도 증가
    for k in range(2,kMax):
        nSteps = 2*k
        r[k] = midpoint(F,x,y,xStop,nSteps)
        richardson(r,k)

        # 해에서 RMS 변화를 계산
        e = math.sqrt(np.sum((r[1] - r_old)**2)/n)

        # 수렴성 검토
        if e < tol:
            return r[1]
        r_old = r[1].copy()
    else:
        print("중앙점법은 수렴하지 않음")
        return None
```

(3) Bulirsch-Stoer 알고리즘

Bulirsch-Stroer법의 기본적인 발상은 간단하다. 중앙점법을 구분적인 방식으로 적용하는 것이다. 즉, 각 단계에서 적분을 수행하기 위해, 중앙점법과 Richardson 외삽을 이용하여 길이 H의 단계에서 해를 전진시킨다. 결과의 정밀도는 H가 아닌 중앙점법의 계산간격 h에 의해 결정되기 때문에, H의 값은 상당히 클 수 있다. 그러나 만일 H가 지나치게 크면, 중앙점법은 수렴하지 않는다. 이런 일이 생기면, 작은 H값이나 더 큰 허용오차로 시도한다.

원래의 Bulirsch와 Stoer의 기법[3]은 H의 최적값을 결정하는 것과 같이, 알고리즘에서 빠진 많은 개선점을 포함시킨, 복잡한 과정이다. 그러나 다음에 보인 함수 **bulStoer( )**은 Bulirsch와 Stoer법의 핵심적인 발상만을 담고 있다.

적응 Runge-Kutta법과 Bulirsch-Stoer법의 상대적인 이점은 무엇인가? Runge-Kutta법은 더 견고하며, 비평활함수나 강성 문제에 더 높은 허용값을 갖는다. (원래 형태의) Bulirsch-Stoer 알고리즘은 주로 높은 정확도가 가장 중요한 문제에 주로 이용된다. 여기서 제시한 단순화된 Bulirsch-Stoer법은 적응 Runge-Kutta법보다 정확하지 않으나, 등간격의 x에 대해 출력을 하는 경우에 유용하다.

---

3) Stoer, J. and Bulirsch, R., Introduction to Numerical Analysis, Springer, 1980.

BulirschStoer( ) 함수

이 함수는 Bulirsch-Stoer법의 단순화된 알고리즘을 포함한다.

코드 10.13 BulirschStoer.py

```
# BulirschStoer.py
# BulirschStoer 모듈
''' X,Y = BulirschStoer(F,x,y,xStop,H,tol=1.0e-6).
        초기값 문제 {y}' = {F(x,{y})}를 푸는
        간략 Bulirsch-Stoer법
        여기서 {y} = {y[0],y[1],...y[n-1]}
        x,y = 초기조건
        xStop = x의 최종값
        h = 적분을 계산하는 데 이용되는 x의 증분
        tol = 단계당 허용오차
        F = 이용자가 입력한 함수
        F(x,y) = {y'[0],y'[1],...,y'[n-1]} 배열을 반환
'''
import numpy as np
from MidPoint import *

def BulirschStoer(F,x,y,xStop,H,tol=1.0e-6):
    X = []
    Y = []
    X.append(x)
    Y.append(y)
    while x < xStop:
        H = min(H,xStop - x)
        y = integrate(F,x,y,x + H,tol)  # 중앙점법
        x = x + H
        X.append(x)
        Y.append(y)
    return np.array(X),np.array(Y)
```

예제 10.10

$x = 0.5$에서 다음 초기값 문제(**예제 10.3**)의 해를 계산하라. 중앙점법에 $n = 2$와 $n = 4$를 이용하고, Richardson 외삽을 하라.

$$y' = \sin y, \ \ y(0) = 1$$

풀이

$n=2$일 때 계산간격 $h=0.25$이다. 중앙점법의 식 (10.20)과 식 (10.21)은 다음과 같다.

$$y_1 = y_0 + hf_0 = 1 + 0.25\sin(1.0) = 1.210368$$
$$y_2 = y_0 + 2hf_1 = 1 + 2(0.25)\sin(1.210368) = 1.467873$$
$$y_h(0.5) = \frac{1}{2}(y_1 + y_0 + hf_2)$$
$$= \frac{1}{2}[1.210368 + 1.467873 + 0.25\sin(1.467873)] = 1.463459$$

$n=4$일 때, $h=0.125$이며, 중앙점법은 다음과 같다.

$$y_1 = y_0 + hf_0 = 1 + 0.125\sin(1.0) = 1.105184$$
$$y_2 = y_0 + 2hf_1 = 1 + 2(0.125)\sin(1.105184) = 1.223387$$
$$y_3 = y_1 + 2hf_2 = 1.105184 + 2(0.125)\sin(1.223387) = 1.340248$$
$$y_4 = y_0 + 2hf_3 = 1.223387 + 2(0.125)\sin(1.340248) = 1.466772$$
$$y_{h/2}(0.5) = \frac{1}{2}(y_4 + y_3 + hf_4)$$
$$= \frac{1}{2}[1.466772 + 1.340248 + 0.125\sin(1.466772)] = 1.465672$$

Richardson 외삽을 하면 다음의 결과를 얻는다. 이것은 정확해 $y(0.5)=1.466404$와 상당히 일치한다.

$$y(0.5) = \frac{4y_{h/2}(0.5) - y_h(0.5)}{3} = \frac{4(1.465672) - 1.463459}{3} = 1.466410$$

예제 10.11 전기회로

다음 그림에 보인 전기회로의 축전기에서 회로전류 i와 전하 q에 대한 미분방정식은 다음과 같다.

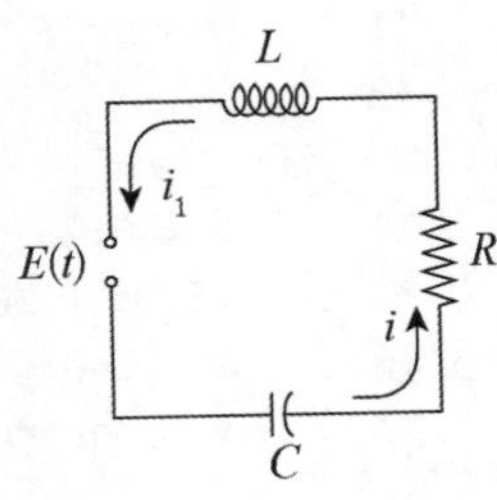

$$L\frac{di}{dt} + Ri + \frac{q}{C} = E(t), \ \frac{dq}{dt} = i$$

만일 전압 E가 갑자기 0에서 9V로 증가되면, 10초 동안에 회로 전류는 어떻게 되는지 그래프로 그려라. $R = 1.0\,\Omega$, $L = 2\mathrm{H}$, $C = 0.45\,\mathrm{F}$를 이용하라.

풀이

변수를 다음과 같이 놓자.

$$\boldsymbol{y} = \begin{bmatrix} y_0 \\ y_1 \end{bmatrix} = \begin{bmatrix} q \\ i \end{bmatrix}$$

주어진 자료를 대입하면, 미분방정식은 다음과 같다.

$$\dot{\boldsymbol{y}} = \begin{bmatrix} \dot{y}_0 \\ \dot{y}_1 \end{bmatrix} = \begin{bmatrix} y_1 \\ (-Ry_1 - y_0/C + E)/L \end{bmatrix}$$

초기조건은

$$\boldsymbol{y}(0) = \begin{bmatrix} 0 \\ 0 \end{bmatrix}$$

이 문제는 증분 $H = 0.25\ \mathrm{s}$로 놓고 BulirschStoer( ) 함수로 푼다.

코드 10.14 Ex1011.py

```
# 예제 10.11 전기회로

import numpy as np
import matplotlib.pyplot as plt
from BulirschStoer import *

def F(x,y):
    F = np.zeros(2)
    F[0] = y[1]
    F[1] =(-y[1] - y[0]/0.45 + 9.0)/2.0
    return F

if __name__ == '__main__':
    H = 0.25
    xStop = 10.0
    x = 0.0
    y = np.array([0.0, 0.0])
```

코드 10.14 Ex1011.py(계속)

```

    X,Y = BulirschStoer(F,x,y,xStop,H)

    # 그래프 그리기
    plt.plot(X,Y[:,1],'o-')
    plt.xlabel('Time (s)')
    plt.ylabel('Current (A)')
    plt.grid(True)
    plt.show()
```

프로그램의 실행 결과는 다음과 같다. 각 계산간격 H(그래프로서 점 사이의 간격)에서 적분은 중앙점법으로 수행되고, Richardson 외삽을 하였다는 점에 유의하라.

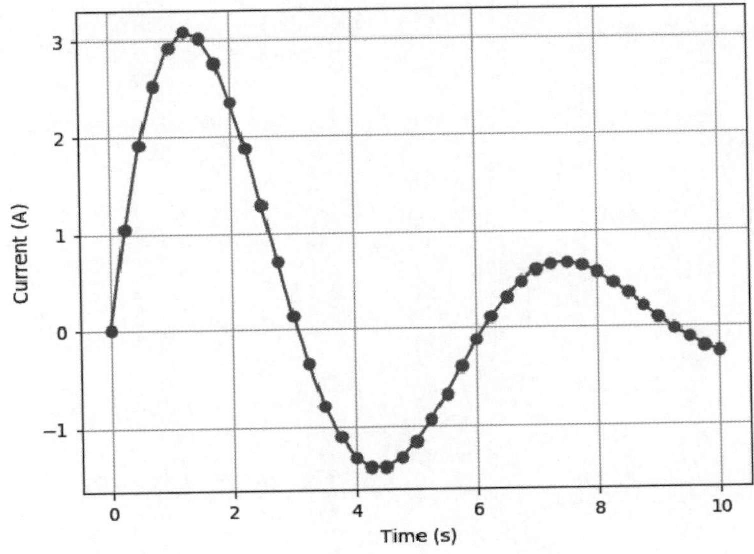

(4) 기타 방법

이제까지 서술한 방법들은 단단계single-step method로 알려진 방법들에 속한다. 이 이름은 다음 점을 계산하는 데 해곡선에서 한 점에서의 정보로 충분하다는 사실에서 유래한 것이다. 다음 단계의 해를 외삽하는 데 해곡선에서 여러 점을 필요로 하는 다단계법multistep method도 있다. 이 그룹에 속하는 것 중 잘 알려진 방법은 Adams법, Milne법, Hamming법, Gere법이 있다. 이 방법들은 한때 인기가 많았으나, 지난 몇 년 동안 인기가 많이 시들었다.

다단계법은 그들의 구현을 어렵게 만드는 두 가지 단점이 있다.

① 이 방법들은 자기시동self-starting이 안 되므로, 처음의 몇 점에서 단단계법에 의한 해를 제공받아야 한다.
② 적분식들은 등간격을 가정한다. 따라서 계산간격을 변경하기가 어렵다.

두 단점 모두 극복할 수는 있지만, 그 대가로 알고리즘이 복잡해지고, 기법을 구현하기가 점점 어려워진다. 다단계법의 이득은 아주 적으며, 최고의 방법은 어떤 문제에서 그들에 대응하는 단단계법보다 성능이 우수할 수도 있으나, 이런 경우는 매우 드물다.

:: 연습문제

10.1 다음 미분방정식에 대해 2차 Runge-Kutta법의 두 단계를 이용하여 $y(0.03)$을 계산하라. **예제 10.1**에 주어진 해석해와 비교하라.

$$y' + 4y = x^2,\ y(0) = 1$$

10.2 Euler법을 이용하여 다음 방정식을 $x = 0$에서 0.5까지 $h = 0.1$ 단계로 풀고, 계산 결과를 **예제 10.3**의 결과와 비교하라.

$$y' = \sin y,\ y(0) = 1$$

10.3 다음 문제는 $y = 0$과 $y = (2x/3)^{3/2}$의 두 개의 해를 가짐을 입증하라. 만일 초기조건이 (a) $y = 0$과 (b) $y = 10^{-16}$이면 수치적분에 의해 어느 해를 얻겠는가? 어떤 수치적 방법으로든 적분하여 위의 결론을 증명하라.

$$y' = y^{1/3},\ y(0) = 0$$

10.4 다음의 미분방정식을 $\boldsymbol{y}' = \boldsymbol{F}(x, \boldsymbol{y})$의 1차 방정식 형태로 변환하라.

(a) $\ln y' + y = \sin x$

(b) $y''y - xy' - 2y^2 = 0$

(c) $y^{(4)} - 4y''\sqrt{1 - y^2} = 0$

(d) $(y'')^2 = |32y'x - y^2|$

10.5 단진자의 운동에 대한 미분방정식은 다음과 같다.

$$\frac{d^2\theta}{dt^2} = -\frac{g}{L}\sin\theta$$

여기서 $\theta =$ 연직에서 각변위, $g =$ 중력가속도, $L =$ 진자의 길이이다. 변환 $\tau = t\sqrt{\frac{g}{L}}$ 을 이용하

면, 방정식은 다음과 같다.

$$\frac{d^2\theta}{d\tau^2} = -\sin\theta$$

수치적분을 이용하여 진폭 $\theta_0 = 1$ rad인 경우의 진자의 주기를 결정하라. 작은 진폭($\sin\theta \approx \theta$)인 경우 주기는 $2\pi\sqrt{\frac{L}{g}}$ 임에 유의하라.

10.6 그림과 같이 정지상태에 있는 용수철-질량 시스템이 있다.

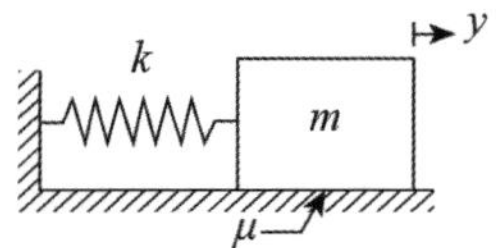

이 시스템에 다음의 하중 $P(t)$N이 재하되었다.

$$P(t) = \begin{cases} 10t & (t < 2) \\ 20 & (t \geq 2) \end{cases}$$

뒤이은 운동의 미분방정식은 다음과 같다.

$$\ddot{y} = \frac{P(t)}{m} - \frac{k}{m}y$$

질량의 최대 변위를 결정하라. $m = 2.5$ kg과 $k = 75$ N/m을 이용하라.

10.7 다음 그림과 같이 미끄럼추와 안내봉으로 이루어진 시스템이 정지상태에 있다.

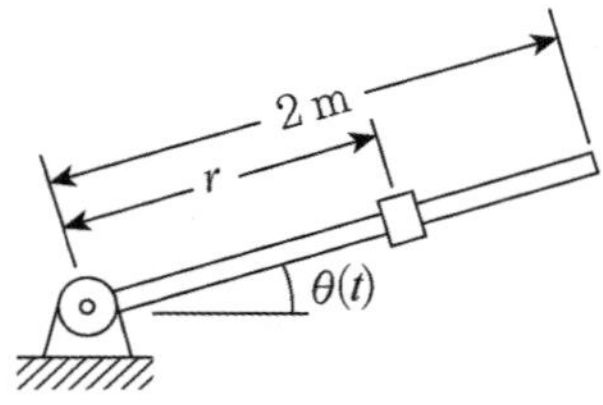

이때 질량이 $r = 0.75$ m에 놓였다. $t = 0$에서 모터가 회전을 시작하여 막대에 $\theta(t) = \frac{\pi}{12}\cos\pi t$

의 운동을 일으켰다. 미끄럼추의 운동을 나타내는 미분방정식은 다음과 같다.

$$\ddot{r} = \left(\frac{\pi^2}{12}\right)^2 r\sin^2\pi t - g\sin\left(\frac{\pi}{12}\cos\pi t\right)$$

미끄럼추가 막대의 끝에 도달하는 시각을 결정하라. $g = 9.8\ \mathrm{m/s^2}$을 이용하라.

10.8 질량 $m = 0.25\ \mathrm{kg}$인 구가 그림에 보인 방향으로 $v_0 = 50\ \mathrm{m/s}$의 속도로 발사되었다.

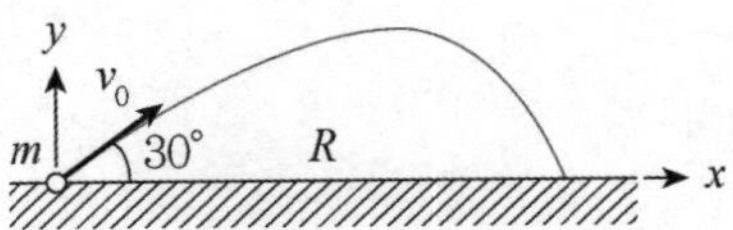

구에 작용하는 공기역학적 항력이 $F_D = C_D v^{3/2}$라고 가정하면, 구의 운동을 기술하는 미분방정식은 다음과 같다.

$$\ddot{x} = -\frac{C_D}{m}\dot{x}v^{1/2},\quad \ddot{y} = -\frac{C_D}{m}\dot{y}v^{1/2} - g$$

여기서 $v = \sqrt{\dot{x}^2 + \dot{y}^2}$이다. 비행시각과 비행범위 R을 결정하라. $C_D = 0.03\ \mathrm{kg/(m \cdot s)^{1/2}}$과 $g = 9.8\ \mathrm{m/s^2}$을 이용하라.

10.9 블록과 수평면 사이에 건조 마찰이 있는 데 놓인 질량-용수철 시스템을 생각하자.

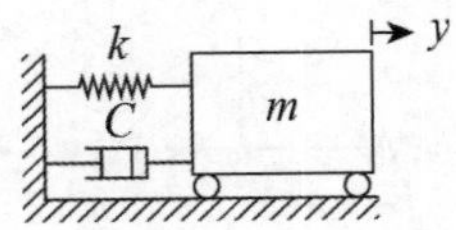

마찰력은 일정 크기 μmg(μ는 마찰계수)를 가지며 항상 운동과 반대 방향이다. 블록의 운동에 대한 미분방정식은 다음과 같다.

$$\ddot{y} = -\frac{k}{m}y - \mu g\frac{\dot{y}}{|\dot{y}|}$$

여기서 y는 용수철이 당겨지지 않은 상태부터 측정한 것이다. 만일 블록이 $y = y_0$에서 정지상태라면, 다음의 y의 양의 첨두값이 $y_0 - 4\mu mg/k$임을 수치적분으로 입증하라(이 관계는 해석적으로 유도할 수 있다). $k=3{,}000$ N/m, $m=6$ kg, $\mu=0.5$, $g=9.8$ m/s^2, $y_0=0.1$ m를 이용하라.

10.10 다음 문제를 $x=0$부터 20까지 적분하고, y와 x의 그래프를 그려라.

(a) $y''+0.5(y^2-1)+y=0$, $y(0)=1$, $y'(0)=0$

(b) $y''=y\cos 2x$, $y(0)=0$, $y'(0)=1$

이 미분방정식들은 비선형 진동 해석에서 나타난다.

10.11 다음의 초기값 문제를 고려하자.

$$y''=16.81y,\ y(0)=1.0,\ y'(0)=-4.1$$

(a) 해석해를 유도하라.

(b) 이 문제의 수치해를 구하는 데 어떤 어려움이 예상되는가?

(c) $x=0$부터 8까지 수치적분하여 (b)의 어려움에 대한 염려가 적절한지 살펴보라.

10.12 $t=0$ s에서 다음에 보인 회로의 전원을 켰더니, 두 회로에 천이전류 i_1와 i_2가 나타나서 0.05 s 간 지속되었다.

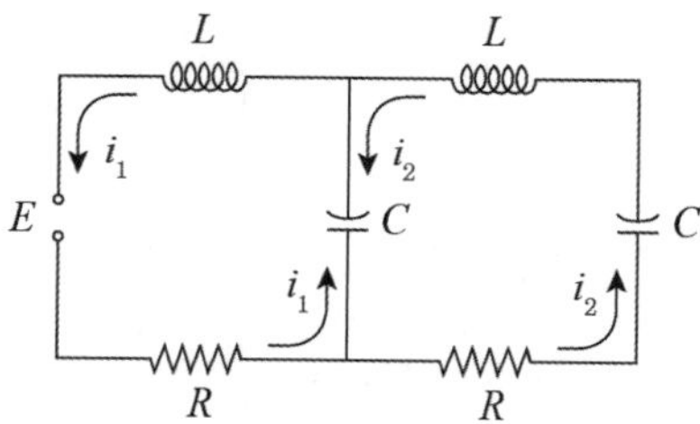

다음 자료를 이용하여 이 전류를 $t=0$ s부터 0.05 s까지 그래프로 그려라. $E=9$ V, $R=0.25\,\Omega$, $L=1.2\times10^{-3}$ H, $C=5\times10^{-3}$ F. 두 회로에 대한 Kirchhoff 방정식은 다음과 같다.

$$L\frac{di_1}{dt}+Ri_1+\frac{q_1-q_2}{C}=E$$

$$L\frac{di_2}{dt}+Ri_2+\frac{q_2-q_1}{C}+\frac{q_2}{C}=0$$

두 개의 추가적인 방정식은 전류-전하 관계이다.

$$\frac{dq_1}{dt} = i_1, \ \frac{dq_2}{dt} = i_2$$

10.13 $x=0$부터 3.6까지 증분 0.2로 다음 정현함수의 적분표를 출력하라.

$$Si(x) = \int_0^x \frac{\sin t}{t} dt$$

10.14 다음 문제를 생각하자.

$$y' = x - 10y, \ y(0) = 10$$

(a) 해석해가 $yL(x) = 0.1x - 0.001 + 10.01e^{-10x}$임을 증명하라.
(b) (비적응) Runge-Kutta법에 의한 수치해를 구할 때 계산간격 h를 결정하라.

10.15 연습문제 10.14의 초기값 문제를 $x=0$부터 5까지 Runge-Kutta법으로 적분하라. 이때 계산간격을 (a) $h=0.1$, (b) $h=0.25$, (c) $h=0.5$로 하라. 계산 결과에 대해 논하라.

10.16 연습문제 10.14의 초기값 문제를 $x=0$부터 10까지 적응 Runge-Kutta법으로 적분하고, 결과를 그래프로 나타내라.

10.17 다음 미분방정식의 수치해를 계산하라.

$$y'' = 16.81y$$

$x=0$부터 2까지 적응 Runge-Kutta법으로 적분하고 결과를 그래프로 그려라. 초기조건은 (a) $y(0)1.0$, $y'(0)-4.1$과 (b) $y(0)=1.0$, $y'(0)=-4.11$을 이용하라. 두 수치해 사이의 큰 차이를 설명하라.
[도움말] 해석해를 유도하고 그래프로 그려라.

10.18 식 (10.13)을 참고하여, 다음의 강성 문제를 풀어라.

$$y'' + 1001y' + 1000y = 0,\ y(0) = 1,\ y'(0) = 0$$

$x = 0$부터 0.2까지 적응 Runge-Kutta법으로 적분하고, y' 대 x의 그래프를 그려라.

10.19 다음 문제를 풀어라.

$$y'' + 2y' + 3y = 0,\ y(0) = 0,\ y'(0) = \sqrt{2}$$

적응 Runge-Kutta법을 이용하여 $x = 0$부터 5까지 적분하라(해석해는 $y = e^{-x}\sin\sqrt{2}\,x$이다).

10.20 초기조건 $y(0) = 0$, $y'(0) = 1$으로 **연습문제 10.11**을 풀어라. 적분범위는 $x = 0$부터 1.5까지이다.

10.21 적응 Runge-Kutta법을 이용하여 다음 미분방정식을 $x = 0$부터 4까지 적분하라.

$$y' = \left(\frac{9}{y} - y\right)x,\ y(0) = 5$$

결과는 x에 대한 y의 그래프로 그려라.

10.22 다음 미분방정식을 $x = 1$부터 20까지 적분하라.

$$x^2y'' + xy' + y = 0,\ y(1) = 0,\ y'(1) = -2$$

y와 y'을 x에 대한 그래프로 그려라. 적분법은 Bulirsch-Stoer법을 이용하라.

10.23 막대 ABC가 연직막대에 수평핀으로 부착되어 있다.
이 장치는 막대의 축에 따라 자유롭게 회전할 수 있다. 마찰을 무시하면, 이 시스템의 운동방정식은 다음과 같다.

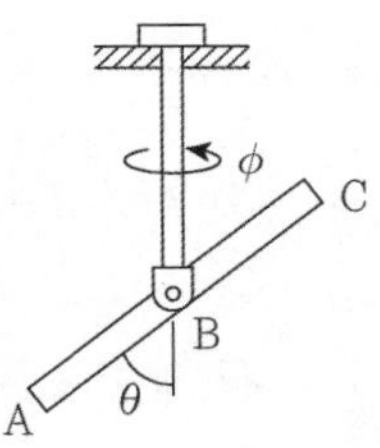

$$\ddot{\theta} = \dot{\phi}^2 \sin\theta \cos\theta, \ \ddot{\phi} = -2\dot{\theta}\dot{\phi}\cot\theta$$

이 시스템은 초기조건 $\theta(0) = \frac{\pi}{12}$, $\dot{\theta}(0) = 0$, $\phi(0) = 0$, $\dot{\theta}(0) = 20$ rad/s으로 설정되었다. 적응 Runge-Kutta법으로 시간 $t = 0$ s부터 1.5 s까지 수치해를 구하라. 결과를 $\dot{\phi}$ 대 t의 그래프로 그려라.

10.24 피식자수 M과 포식자수 N인 폐쇄된 생태계를 고려하자. Volterra는 두 모집단이 다음의 미분방정식의 관계를 갖는다고 제안하였다.

$$\dot{M} = aM - bMN$$
$$\dot{N} = -cN + dMN$$

여기서 a, b, c, d는 상수이다. 이 방정식의 정상상태 해는 $M_0 = c/d$, $N_0 = a/b$이다. 만일 이와 다른 값이 시스템에 도입되면, 개체수는 주기적 변동을 한다. 다음의 기호를 이용하면

$$y_0 = \frac{M}{M_0}, \ y_1 = \frac{N}{N_0}$$

미분방정식은 다음과 같이 쓸 수 있다.

$$\dot{y}_0 = a(y_0 - y_0 y_1)$$
$$\dot{y}_1 = b(-y_1 + y_0 y_1)$$

$a = 1.0\,(\mathrm{yr}^{-1})$, $b = 0.2\,(\mathrm{yr}^{-1})$, $y_0(0) = 0.1$, $y_1(0) = 1.0$을 이용하라. $t = 0$부터 5년까지 두 개체수를 그래프로 그려라.

10.25 다음 미분방정식은 Lorenz 방정식으로 알려져 있으며, 유체 동역학의 이론에서 접할 수 있다.

$$\dot{u} = -au + av$$
$$\dot{v} = cu - v - uw$$

$$\dot{w} = -bw + uv$$

여기서 $a = 5.0$, $b = 0.9$, $c = 8.2$로 놓고, 초기조건 $u(0) = 0$, $v(0) = 1.0$, $w(0) = 2.0$일 때, $t = 0$부터 10까지 풀어라. $u(t)$를 그래프로 그려라. $c = 8.3$인 경우에 대해 다시 풀어라. 이 결과에서 어떤 결론을 내릴 수 있는가?

10.26 4개의 혼합탱크가 그림과 같이 관으로 연결되어 있다.

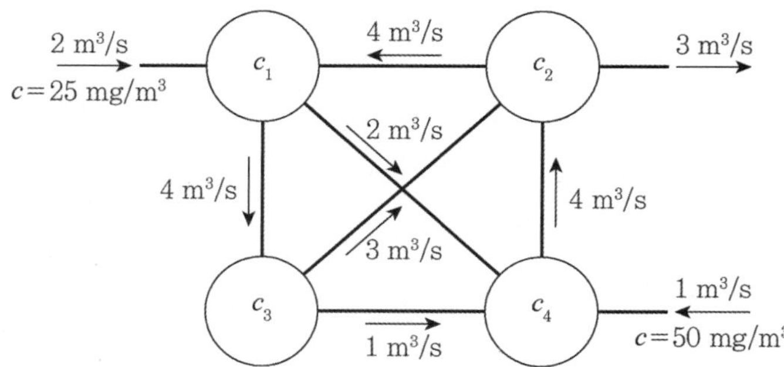

이 시스템에서 유체는 그림에 보인 유량으로 관을 통하여 양수된다. 시스템에 들어가는 유체는 화학물질을 농도 c만큼 포함한다. 탱크 i에서 화학물질의 질량 변화는 다음과 같다.

$$V_i \frac{dc_i}{dt} = \Sigma (Qc)_{in} - \Sigma (Qc)_{out}$$

여기서 V_i는 탱크의 체적이며, Q는 이 탱크에 연결된 관의 유량을 나타낸다. 이 방정식을 각 탱크에 적용하면 다음의 관계를 얻는다.

$$V_1 \frac{dc_1}{dt} = -6c_1 + 4c_2 + 2(25)$$

$$V_2 \frac{dc_2}{dt} = -7c_2 + 3c_3 + 4c_4$$

$$V_3 \frac{dc_3}{dt} = 4c_1 - 4c_3$$

$$V_1 \frac{dc_4}{dt} = 2c_1 + c_3 - 4c_4 + 50$$

시간 $t = 0$부터 100 s까지 탱크 1과 탱크 2의 화학물질의 농도를 시간 t에 대해 그래프로 그려라. $V_1 = V_2 = V_3 = V_4 = 10\ \text{m}^3$로 두고, 각 탱크의 농도는 $t = 0$에서 0이라고 가정하라.

CHAPTER

11 경계값 문제

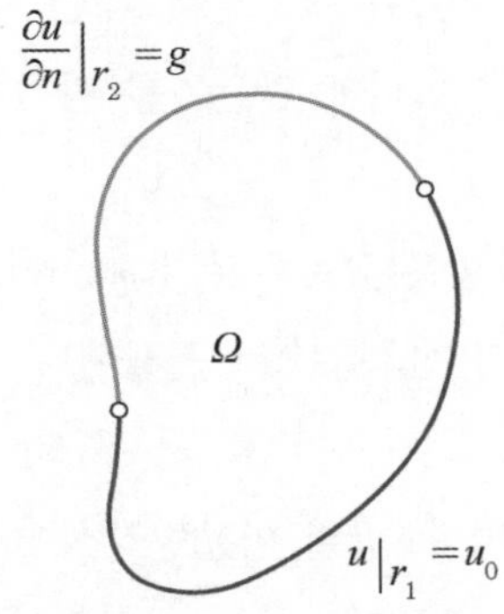

경계값 문제는 주어진 경계 $y(a)=\alpha$, $y(b)=\beta$의 값을 이용하여 방정식 $y''=f(x, y, y')$를 푸는 문제이다.

11.1 경계값 문제

2점 경계값 문제에서 미분방정식과 관련 있는 보조조건을 경계조건이라 부르며 두 다른 x값에서 지정된다. 초기값 문제에서 초기값이 주어진 점에서 시작하여 필요한 만큼 해를 전진시킬 수 있었다. 경계값 문제에서는 유일한 해를 만들어내는 데 양쪽 경계에서 이용할 수 있는 충분한 시동조건이 충분하지 않기 때문에, 이 기법은 경계값 문제에는 통하지 않으며, 이 때문에 경계값 문제를 풀기가 훨씬 어렵다.

시동조건의 부족을 극복하는 한 방법은 누락된 값을 추정하는 것이다. 이렇게 만들어진 해는 양끝단에서 경계조건을 거의 만족하지 않을 것이다. 그러나 이 불일치를 조사하여 다시 적분을 하기 전에 초기조건에 만들어주어야 할 변경 사항을 추정할 수 있다. 이 반복과정은 사격법 shooting method으로 알려져 있다. 이 이름은 목표물에 대한 사격과의 유사성에서 붙여진 것이다. 사격을 하고, 발사된 총알이 목표의 어디에 맞는가를 관찰하고, 그다음에 조준을 수정하고 다시 사격을 하는 것이다.

2점 경계값 문제를 푸는 다른 방법은 유한차분법finite difference method이다. 여기서 미분방정식은 등간격으로 배치된 격자점에서 유한차분으로 근사된다. 결과적으로 미분방정식이 연립대수방정식으로 변환된다.

두 방법은 공통된 문제를 안고 있다. 만일 미분방정식이 비선형이면, 이 방법들은 비선형연립방정식을 만들어낸다. 4장에서 언급하였듯이, 비선형방정식을 푸는 모든 방법들은 많은 전산자원을 소비하는 반복 과정이다. 따라서 비선형 경계값 문제를 푸는 비용은 저렴하지 않다. 또 다른 문제는 반복법은 수렴하기 위해서는 상당히 좋은 시동값을 필요로 한다는 점이다. 이들 시동값을 결정하는 정해진 방식이 없으므로, 비선형 경계값 문제를 풀기 위한 알고리즘은 입력정보를 필요로 하며, 이것은 암흑상자black box처럼 처리될 수 없다.

11.2 사격법

(1) 2차 미분방정식

가장 간단한 2점 경계값 문제는 $x = a$에서 한 조건이 지정되고 $x = b$에서 다른 조건이 지정된 2차 미분방정식이다. 여기에 그런 문제의 예가 있다.

$$y'' = f(x, y, y'), \ y(a) = \alpha, \ y(b) = \beta \tag{11.1}$$

식 (11.1)을 초기값 문제로 바꾸려 시도해보자.

$$y'' = f(x, y, y'), \ y(a) = \alpha, \ y'(a) = u \tag{11.2}$$

문제의 핵심은 u의 정확한 값을 찾는 것이며, 시산법trial and error으로 수행할 수 있다. u를 추정하고 $x = a$에서 b까지 전진하여 초기값 문제를 푼다. 만일 해가 사전에 기술한 경계조건 $y(b) = \beta$을 만족하면, 문제 풀이가 끝난 것이다. 그렇지 않으면, u를 조정하고 다시 시도해야 한다. 분명히 이 과정은 매우 지루하다.

만일 u를 결정하는 것이 해탐색 문제root-finding problem라는 것을 깨닫는다면, 좀 더 체계적인 방법을 이용할 수 있다. 초기값 문제의 해가 u에 의존하므로, 계산된 $y(b)$값은 u의 함수이다. 즉,

$$y(b) = \theta(u)$$

따라서 u는 다음 식의 해이다.

$$r(u) = \theta(u) - \beta = 0 \tag{11.3}$$

여기서 $r(u)$는 경계잔차boundary residual로, $x = b$에서 계산된 값과 지정된 경계값 사이의 차이이다. 식 (11.3)은 4장에서 논의한 해탐색 기법 중 하나로 풀 수 있다. 이분법은 $\theta(u)$의 계산을 너무 많이 포함하므로, 기각한다. Newton-Raphson법에서 $\dfrac{d\theta}{du}$를 계산해야만 하는 문제에 부딪히면, 계산을 할 수는 있지만 쉽지는 않다. 따라서 앞으로 이용할 방법으로 Ridder 알고리즘을 선택한다. 비선형 경계값 문제를 푸는 데 이용하는 과정은 다음과 같다.

시작값 u_1과 u_2를 지정하고, 식 (11.3)의 해의 범위를 결정한다.
Ridder법을 적용하여 u에 대해 식 (11.3)을 푼다. 각 반복에서는 초기값 문제로 미분방정식을 풀어서 $\theta(u)$를 계산해야 한다.
u의 값을 결정하고, 한 번 더 미분방정식을 풀고 그 결과를 기록한다.

만일 미분방정식이 선형이면, 모든 해탐색법은 u를 결정하기 위해 보간함수 하나만 필요할 것이다. Ridder법이 세 점(u_1, u_2, u_3)을 이용하므로, 두 점(u_1, u_2)만 이용하는 선형보간과 비교

하는 것은 낭비이다. 따라서 미분방정식이 선형일 때는 언제나 Ridder법을 선형보간으로 대체한다.

■ lineInterp( ) 함수

다음은 선형보간을 이용하는 알고리즘이다.

코드 11.1 LineInterp.py

```
# 선보간 모듈
''' root = lineInterp(f,x1,x2)
        x = x1과 x2에 기반한 선보간으로
        선형함수 f(x)의 해를 찾는다.
'''
def lineInterp(f,x1,x2):
    f1 = f(x1)
    f2 = f(x2)
    x = x2 - f2*(x2 - x1)/(f2 - f1)
    return x
```

예제 11.1 사격법에 의한 경계값 문제 풀이

다음 경계값 문제를 선형보간으로 풀어라.

$$y'' + 3yy' = 0, \ y(0) = 0, \ y(2) = 1$$

풀이

등치 1차 미분방정식은 다음과 같다.

$$\mathbf{y}' = \begin{bmatrix} y'_0 \\ y'_1 \end{bmatrix} = \begin{bmatrix} y_1 \\ -3y_0y_1 \end{bmatrix}$$

경계조건은 다음과 같다.

$$y_0(0) = 0, \ y_0(2) = 1$$

이제는 $y'(0)$의 시험값trial value을 결정해야 한다. 임의로 두 수를 선택하고 최선이기를 바랄 수도 있다. 그러나 약간의 탐색작업으로 운에 좌우되는 요소를 줄일 수 있다. y가 $0 \le x \le 2$의 범위에서 (진동하지 않고) 평활하다는 합리적인 가정을 하고 시작한다. 다음에 y는 0에서 1까지 증가해야 하며, 이것은 $y' > 0$을 필요로 한다. y와 y'이 둘 다 양이므로, 미분방정식을 만족하기 위해서 y''은 반드시 음이어야 한다. 이제는 y에 대한 대략의 개요를 다음과 같이 그릴 수 있는 상태에 있다.

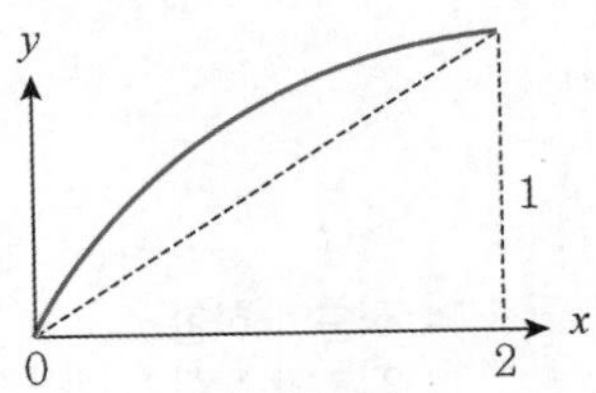

이 그림에서 $y'(0) > 0.5$임이 분명하며, $y'(0) = 1$과 2는 $y'(0)$의 범위를 결정하는 합리적인 값으로 보인다. 만일 그렇지 않으면, Ridder법은 오류 알림글을 표시할 것이다.

다음에 보인 프로그램에서 적분을 위해 4차 Runge-Kutta법을 선택하였다. `import`문에서 `RungeKutta4` 대신에 `RungeKutta5`로 치환하면 적응법으로 바뀐다. 이 문제를 바로 설명하는 데 필요한 3개의 함수를 사용자가 제공해야 한다는 데 유의한다. 미분방정식을 지정하는 함수 `F(x,y)` 외에도 적분의 초기값을 지정하는 `initCond(u)`를 필요로 하며, Ridder법에 경계조건 잔차를 제공하는 `r(u)` 함수가 필요하다. 이들 함수에서 몇 문장을 수정하면, 프로그램은 어떤 2차 경계값 문제에도 적용될 수 있다. 만일 세 경계조건 중 두 개가 지정된 끝단에서 적분이 시작되면, 3차 미분방정식에 대해서도 작동한다. 이 코드를 실행하기 위해서는 코드 10.4(`RungeKultta4.py`), 코드 4.5(`NonLinearEq.py`), 코드 10.2(`PrintSoln.py`)가 필요하다.

코드 11.2 Ex1101.py

```
# 예제 11.1 사격법에 의한 경계값 문제 풀이

import numpy as np
from RungeKutta4 import *
from NonLinearEq import *
from PrintSoln import *

def initCond(u0):  # [y,y’]의 초기값. 만일 미지이면 u0을 이용
    return np.array([0.0, u0])

def r(u): # 경계조건잔차. 식 (11.3) 참조
    X,Y = RungeKutta4(F, xStart, initCond(u), xStop,h)
    y = Y[len(Y) - 1]
```

코드 11.2 Ex1101.py(계속)

```
    r = y[0] - 1.0
    return r

def F(x,y): # 1차 미분방정식
    F = np.zeros(2)
    F[0] = y[1]
    F[1] = -3.0*y[0]*y[1]
    return F

if __name__ == '__main__':
    xStart = 0.0                  # 적분의 하한
    xStop = 2.0                   # 적분의 상한
    u1 = 1.0                      # 미지 초기조건의 첫 번째 시험값
    u2 = 2.0                      # 미지 초기조건의 두 번째 시험값
    h = 0.1                       # 계산간격
    freq = 2                      # 출력빈도
    u0, _ = Ridders(r,u1,u2)      # 정확한 초기조건 계산

    # 수치 미분
    X,Y = RungeKutta4(F, xStart, initCond(u0), xStop, h)

    # 결과 출력
    printSoln(X,Y,freq)
```

다음은 계산 결과이다.

```
      x            y[ 0 ]         y[ 1 ]
-------------- ------------- -------------
  0.0000e+00    0.0000e+00    1.5145e+00
  2.0000e-01    2.9404e-01    1.3848e+00
  4.0000e-01    5.4170e-01    1.0743e+00
  6.0000e-01    7.2187e-01    7.3287e-01
  8.0000e-01    8.3944e-01    4.5752e-01
  1.0000e+00    9.1082e-01    2.7013e-01
  1.2000e+00    9.5227e-01    1.5429e-01
  1.4000e+00    9.7572e-01    8.6471e-02
  1.6000e+00    9.8880e-01    4.7948e-02
  1.8000e+00    9.9602e-01    2.6430e-02
  2.0000e+00    1.0000e+00    1.4522e-02
```

$y'(0) = 1.5145$ 이며, 시작값인 1.0과 2.0은 적중하였음에 유의하라.

예제 11.2

초기값 문제의 수치적분은 $y'(2) = 1.65364$인 결과를 얻는다.

$$y'' + 4y = 4x, \ y(0) = 0, \ y'(0) = 0$$

이 정보를 이용하여 $y'(2) = 0$인 결과를 만드는 $y'(0)$의 값을 결정하라.

풀이

다음과 같은 선형보간함수를 이용하자.

$$u = u_2 - \theta(u_2)\frac{u_2 - u_1}{\theta(u_2) - \theta(u_1)}$$

여기서 $u = y'(0)$과 $\theta(u) = y'(2)$이다. 여태까지 주어진 정보로는 $u_1 = 0$과 $\theta(u_1) = 1.65364$이다. 두 번째 점을 얻기 위해 초기값 문제의 다른 해가 필요하다. 분명한 해는 $y = x$이며, 여기서 $y(0) = 0$과 $y'(0) = y'(2) = 1$이다. 따라서 두 번째 점은 $u_1 = 1$과 $\theta(u_2) = 1$이다. 선형보간함수는 다음과 같다.

$$y'(0) = u = 1 - (1)\frac{1-0}{1-1.65364} = 2.52989$$

예제 11.3 **3차 경계값 문제**

다음의 3차 경계값 문제를 풀고 y와 y'을 x에 대한 그래프로 그려라.

$$y^{(3)} = 2y'' + 6xy, \ y(0) = 2, \ y(5) = y'(5) = 0$$

풀이

1계 미분방정식과 경계조건은 다음과 같다.

$$\mathbf{y}' = \begin{bmatrix} y'_0 \\ y'_1 \\ y'_2 \end{bmatrix} = \begin{bmatrix} y_1 \\ y_2 \\ 2y_2 + 6xy_0 \end{bmatrix}$$

$$y_0(0) = 2, \ y_0(5) = y_1(5) = 0$$

다음 프로그램은 **Ex1101.py**에 기반을 둔 것이다. 3개의 경계조건 중 2개는 오른쪽 끝에서 지정되므로, $x=5$에서 적분을 시작하여 $x=0$을 향해 음의 h로 진행한다. 3개의 초기값 중 2개인 $y_0(5)=y_1(5)=0$는 미리 지정되어 있으며, 반면에 세 번째 조건 $y_2(5)$는 미지이다. 미분방정식이 선형이므로, **Ridders( )** 함수를 **lineInterp( )** 함수로 치환한다. 선형보간함수에서 $y_2(5)$에 대한 두 가지 추측(u_1와 u_2)은 중요하지 않으며, 이들은 **예제 11.1**에서와 같이 남겨둔다. 적분을 위해서는 적응 Runge-Kutta법(RungeKutta5)을 선택하였다. 따라서 이 코드를 실행하려면 코드 10.9(RungeKutta5.py)가 필요하다.

코드 11.3 Ex1103.py

```
# 예제 11.3 3차 경계값 문제

import numpy as np
import matplotlib.pyplot as plt
from RungeKutta5 import *
from LineInterp import *

def initCond(u): # 초기값 [y,y',y"];
    # use 'u' if unknown
    return np.array([0.0, 0.0, u])

def r(u): # 경계조건잔차. 식 (11.3) 참조
    X,Y = RungeKutta5(F,xStart,initCond(u),xStop,h)
    y = Y[len(Y) - 1]
    r = y[0] - 2.0
    return r

def F(x,y): # 1차 미분방정식
    F = np.zeros(3)
    F[0] = y[1]
    F[1] = y[2]
    F[2] = 2.0*y[2] + 6.0*x*y[0]
    return F

if __name__ == '__main__':
    xStart = 5.0    # 적분 하한
    xStop = 0.0     # 적분 상한
    u1 = 1.0        # 미지 초기조건의 첫 번째 시험값
    u2 = 2.0        # 미지 초기조건의 두 번째 시험값
    h = -0.1        # 초기 계산간격
    freq = 2        # 출력 빈도
```

코드 11.3 Ex1103.py(계속)

```
    u = lineInterp(r,u1,u2)

    # 적분
    X,Y = RungeKutta5(F,xStart,initCond(u),xStop,h)

    # 그래프출력
    plt.plot(X, Y[:,0], 'o', X, Y[:,1], '-')
    plt.xlabel('x')
    plt.legend(('y','dy/dx'),loc = 3)
    plt.grid(True)
    plt.show()
```

계산 결과는 다음과 같다.

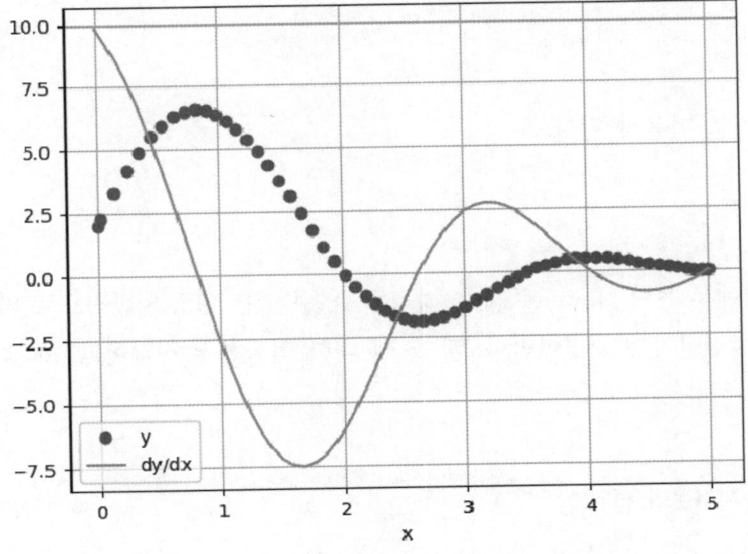

(2) 고차 방정식

다음의 4차 미분방정식을 생각하자.

$$y^{(4)} = f(x, y, y', y'', y''') \tag{11.4a}$$

경계조건은 다음과 같다.

$$y(a)=\alpha_1,\ y''(a)=\alpha_2,\ y(b)=\beta_1,\ y''(b)=\beta_2 \tag{11.4b}$$

사격법으로 식 (11.4)를 풀기 위해, $x=a$에서 4개의 초기조건이 필요하지만, 그중 2개만이 지정되었다. 미지 초기값을 u_1과 u_2라고 하면, 초기조건들은 다음과 같다.

$$y(a)=\alpha_1,\ y'(a)=u_1,\ y''(a)=\alpha_2,\ y^{(3)}(a)=u_2 \tag{11.5}$$

식 (11.4a)는 식 (11.5)의 초기값을 이용하여 사격법으로 푼다면, $x=b$에서 계산된 경계값은 u_1과 u_2의 선택에 따라 좌우된다. 이 종속성은 다음과 같이 표기한다.

$$y(b)=\theta_1(u_1,\ u_2),\ y''(b)=\theta_2(u_1,\ u_2) \tag{11.6}$$

정확한 값 u_1과 u_2는 $x=b$에서 주어진 경계조건을 만족한다.

$$\theta_1(u_1,\ u_2)=\beta_1,\ \theta_2(u_1,\ u_2)=\beta_2$$

또는 벡터 표기로 다음과 같다.

$$\boldsymbol{\theta}(\mathrm{u})=\boldsymbol{\beta} \tag{11.7}$$

이들은 3.6절에서 논한 Newton-Raphson법으로 풀 수 있는 연립(일반적으로 비선형)방정식이다. 만일 미분방정식이 비선형이면, u_1과 u_2에 대한 적절한 추정값이 필요하다는 것은 다시 한번 지적해야 한다.

예제 11.4 단순지지보의 변위

다음 그림과 같은 단순지지보에 하중이 작용하고 있다.

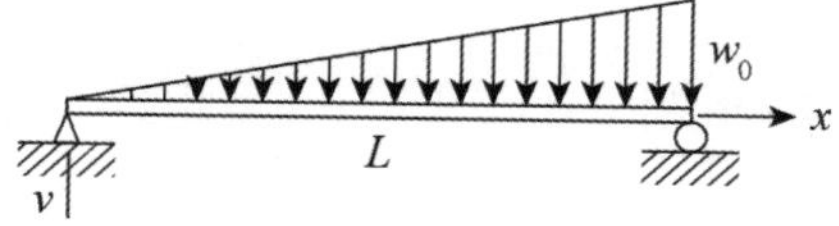

이 보의 변위 v는 경계값 문제를 풀어서 구할 수 있다.

$$\frac{d^4v}{dx^4} = \frac{w_0}{EI}\frac{x}{L}, \quad v = \frac{d^2v}{dx^2} = 0 \text{ at } x = 0 \text{ and } x = L$$

여기서 EI는 휨강성이다. 양끝의 경사와 경간중앙의 변위를 수치적분으로 결정하라.

풀이

다음과 같은 무차원 변수를 도입하자.

$$\xi = \frac{x}{L}, \quad y = \frac{EI}{w_0 L^4}v$$

이 문제는 다음과 같이 변환된다.

$$\frac{d^4y}{d\xi^4} = \xi, \quad y = \frac{d^2y}{d\xi^2} = 0, \quad (\xi = 0\text{과 } \xi = 1\text{에서})$$

등치인 1차 미분방정식(여기서 프라임(′)은 $d/d\xi$를 나타냄)과 경계조건은 다음과 같다.

$$\mathbf{y}' = \begin{bmatrix} y'_0 \\ y'_1 \\ y'_2 \\ y'_3 \end{bmatrix} = \begin{bmatrix} y_1 \\ y_2 \\ y_3 \\ \xi \end{bmatrix}$$

$$y_0(0) = y_2(0) = y_0(1) = y_2(1) = 0$$

다음 프로그램은 **예제 11.1**의 프로그램과 비슷하다. 함수 `F(x,y)`, `initCond(u)`, `r(u)`에서 적절한 수정을 하면, 프로그램은 2차 이상의 모든 차수의 경계값 문제를 풀 수 있다. 현재의 문제를 풀기 위해, 적분은 Bulirsch-Stoer 알고리즘으로 수행하도록 선택하였다. 이것이 출력을 통제할 수 있기 때문이다(경간 중앙에서 정확한 y를 알 필요가 있다). 여기서는 또한 비적응 Runge-Kutta법을 이용하므로 적합한 계산간격 h를 추정해야만 한다. 이 코드를 실행하려면 **코드 3.13**(`SwapRC.py`), **코드 3.14**(`GaussPivot.py`), **코드 4.24**(`NewtonRaphsonNLS.py`), **코드 10.12**(`MidPoint.py`), **코드 10.13**(`BulirschStoer.py`)가 필요하다. 미분방정식이 선형이므로, 풀이에서는 Newton-Raphson법을 한 번만 실행하면 된다. 이 경우 초기값 $u_1 = \left.\frac{dy}{d\xi}\right|_{x=0}$, $u_2 = \left.\frac{d^3y}{d\xi^3}\right|_{x=0}$와는 무관하며, 한 번 반복으로 항상 수렴한다.

코드 11.4 Ex1104.py

```
# 예제 11.4 단순지지보

import numpy as np
from BulirschStoer import *
from NewtonRaphsonNLS import *
from PrintSoln import *

def initCond(u): # 초기값 [y,y',y",y"']. 만일 미지이면 'u' 이용
    return np.array([0.0, u[0], 0.0, u[1]])

def r(u): # 경계조건잔차. 식 (11.7) 참조
    r = np.zeros(len(u))
    X,Y = BulirschStoer(F,xStart,initCond(u),xStop,H)
    y = Y[len(Y) - 1]
    r[0] = y[0]
    r[1] = y[2]
    return r

def F(x,y): # 1차 미분방정식
    F = np.zeros(4)
    F[0] = y[1]
    F[1] = y[2]
    F[2] = y[3]
    F[3] = x
    return F

if __name__ == '__main__':
    xStart = 0.0                # 적분 하한
    xStop = 1.0                 # 적분 상한
    u = np.array([0.0, 1.0])    # {u}의 초기 추정값
    H = 0.5                     # 출력 증분
    freq = 1                    # 출력 빈도

    # 비선형방정식 풀이
    u = NewtonRaphson(r,u,1.0e-4)

    # Bulirsch-Stoer
    X,Y = BulirschStoer(F,xStart,initCond(u),xStop,H)

    # 결과 출력
    printSoln(X,Y,freq)
```

프로그램의 실행 결과는 다음과 같다.

```
      x             y[ 0 ]          y[ 1 ]          y[ 2 ]   y[ 3 ]
------------- ------------- ------------- ------------- -------------
 0.0000e+00    0.0000e+00    1.9444e-02    0.0000e+00   -1.6667e-01
 5.0000e-01    6.5104e-03    1.2150e-03   -6.2500e-02   -4.1667e-02
 1.0000e+00    7.6881e-12   -2.2222e-02    7.5002e-11    3.3333e-01
```

다음에 유의하면,

$$\frac{dv}{dx} = \frac{dv}{d\xi}\frac{d\xi}{dx} = \left(\frac{w_0 L^4}{EI}\frac{dy}{d\xi}\right)\frac{1}{L} = \frac{w_0 L^3}{EI}\frac{dy}{d\xi}$$

계산 결과는 다음과 같다.

$$\left.\frac{dv}{dx}\right|_{x=0} = 19.444 \times 10^{-3}\frac{w_0 L^3}{EI}$$

$$\left.\frac{dv}{dx}\right|_{x=L} = -22.222 \times 10^{-3}\frac{w_0 L^3}{EI}$$

$$v|_{x=0.5L} = 6.5104 \times 10^{-3}\frac{w_0 L^4}{EI}$$

이들은 해석해와 잘 일치한다(해석해는 미분방정식의 직접 적분에 의해 손쉽게 구할 수 있다).

예제 11.5

다음 미분방정식과 경계조건을 생각하자. 수치적분을 이용하여 $y(1)$을 결정하라.

$$y^{(4)} + \frac{4}{x}y^3 = 0,\ y(0) = y'(0) = 0,\ y''(1) = 0,\ y^{(3)}(1) = 1$$

풀이

첫 번째 작업은 원점 $x = y = 0$에서 미분방정식의 불확정성을 처리하는 것이다. 로피탈의 정리 L'Hospital's rule를 이용하면, 문제는 $x \to 0$일 때 $4y^3/x \to 12y^2y'$로 풀어진다. 따라서 등치인 1계 미분방정식과 풀이에서 이용할 경계조건은 다음과 같다.

$$\mathbf{y}' = \begin{bmatrix} y'_0 \\ y'_1 \\ y'_2 \\ y'_3 \end{bmatrix} = \begin{bmatrix} y_1 \\ y_2 \\ y_3 \\ \begin{cases} -12y_0^2 y_1, & (x=0) \\ -4y_0^3/x, & (\text{otherwise}) \end{cases} \end{bmatrix}$$

$$y_0(0) = y_1(0) = 0,\ y_2(1) = 0,\ y_3(1) = 1$$

문제가 비선형이므로, $y''(0)$과 $y^{(3)}(0)$에 대한 합리적인 추정이 필요하다. 경계값 $y''(1) = 0$과 $y^{(3)}(1) = 1$에 기반을 두어, y''를 그래프로 그리면 다음과 같다.

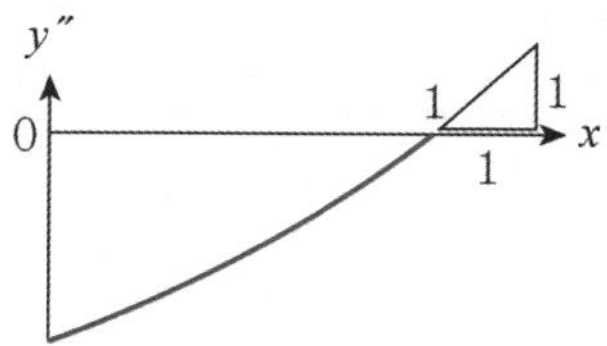

만일 우리가 옳다면, $y''(0) < 0$과 $y^{(3)}(0) > 0$이다. 이 조금은 빈약한 정보에 기반을 두어 $y''(0) = -1$과 $y^{(3)}(0) = 1$을 시험해보자. 다음 프로그램은 적응 Runge-Kutta법을 이용하여 적분한다.

코드 11.5 Ex1105.py

```
# 예제 11.5

import numpy as np
from RungeKutta5 import *
from NewtonRaphsonNLS import *
from PrintSoln import *

def initCond(u):    # 초기값 [y, y', y", y''']
    # 미지이면 'u' 이용
    return np.array([0.0, 0.0, u[0], u[1]])

def r(u):   # 경계조건 잔차 - 식 (11.7)
    r = np.zeros(len(u))
    X,Y =  RungeKutta5(F,x,initCond(u),xStop,h)
    y = Y[len(Y) - 1]
    r[0] = y[2]
    r[1] = y[3] - 1.0
    return r

```

코드 11.5 Ex1105.py(계속)

```
def F(x,y): # 1차 미분방정식
    F = np.zeros(4)
    F[0] = y[1]
    F[1] = y[2]
    F[2] = y[3]
    if x == 0.0:
        F[3] = -12.0*y[1]*y[0]**2
    else:
        F[3] = -4.0*(y[0]**3)/x
    return F

if __name__ == '__main__':
    x = 0.0                        # 적분 하한
    xStop = 1.0                    # 적분 상한
    u = np.array([-1.0, 1.0])  # u의 초기값
    h = 0.1                        # 초기 계산간격
    freq = 0                       # 출력 빈도

    u = NewtonRaphson(r,u,1.0e-5)

    X,Y = RungeKutta5(F,x,initCond(u),xStop,h)

    # 결과출력
    printSoln(X,Y,freq)
```

실행 결과는 다음과 같다. 출력에 따르면, $y(1) = -0.32607$이다. 다행히도, 초기 추정값 $y''(0) = -1$과 $y^{(3)}(0) = 1$은 최종값과 매우 근접하였다.

```
      x          y[ 0 ]       y[ 1 ]       y[ 2 ]       y[ 3 ]
------------- ------------ ------------ ------------ ------------
 0.0000e+00   0.0000e+00   0.0000e+00  -9.7607e-01   9.7132e-01
 1.0000e+00  -3.2607e-01  -4.8975e-01  -6.7408e-11   1.0000e+00
```

11.3 유한차분법

유한차분법에서는 **그림 11.1**에 보인 것과 같이 적분범위 $\langle a : b \rangle$를 길이 h인 m개의 등간격의 구간으로 나눈다. 격자점mesh points에서 수치해의 값은 y_i, $(i = 0, 1, \cdots, m)$로 표기한다. y_{m-1}과 y_{m+1}의 목적은 간략히 설명한다. 이제 두 가지 근사를 만든다.

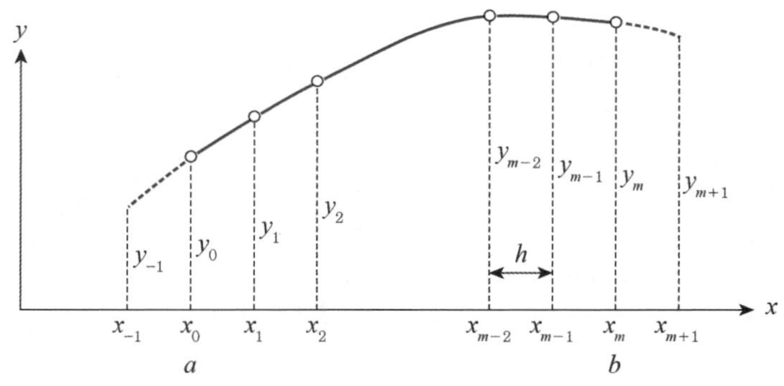

그림 11.1 유한차분격자

① 미분방정식에서 y의 미분은 유한차분 수식으로 치환된다. 일차 중앙차분근사를 이용하는 것이 보통이다(제4장 참조).

$$y'_i = \frac{y_{i+1} - y_{i-1}}{2h}, \; y''_i = \frac{y_{i-1} - 2y_i + y_{i+1}}{h^2} \text{ 등} \tag{11.8}$$

② 미분방정식은 격자점에서만 시행된다.

결과적으로 미분방정식은 $m+1$개의 연립대수방정식과 $m+1$개의 미지수 $y_i (i = 0, 1, \cdots, m)$로 변환된다. 만일 미분방정식이 비선형이면, 대수방정식도 또한 비선형이며, Newton- Raphson법과 같은 비선형 해석법으로 풀어야만 한다.

일차 중앙차분근사에서 절단오차는 $O(h^2)$이므로, 유한차분법은 사격법처럼 정확하지는 않다. Runge-Kutta법이 $O(h^5)$의 절단오차를 가진다는 점을 상기하자. 따라서 Newton-Raphson법에서 지정된 수렴조건은 지나치게 엄격한 것은 아니다.

(1) 2계 미분방정식

다음의 2계 미분방정식을 생각하자.

$$y'' = f(x, y, y') \tag{11.9}$$

여기서 경계조건은

$$y(a) = \alpha \text{ 또는 } y'(a) = \alpha \tag{11.10a}$$

$$y(b) = \beta \text{ 또는 } y'(b) = \beta \tag{11.10b}$$

격자점에서 유한차분에 의해 미분을 근사하면, 주어진 문제는 다음과 같다.

$$\frac{y_{i-1} - 2y_i + y_{i+1}}{h^2} = f\left(x_i, y_i, \frac{y_{i+1} - y_{i-1}}{2h}\right), \ (i = 0, 1, \cdots, m) \tag{11.9}$$

$$y_0 = \alpha \text{ 또는 } \frac{y_1 - y_{-1}}{2h} = \alpha \tag{11.10a}$$

$$y_m = \beta \text{ 또는 } \frac{y_{m+1} - y_{m-1}}{2h} = \beta \tag{11.10b}$$

y_{-1}과 y_{m+1}이 나타나는 데 유의하자. 이들은 해 영역 $\langle a : b \rangle$ 바깥쪽의 점들과 관련이 있다. 이처럼 계산값이 해 영역 바깥쪽의 값이 되면, 경계조건을 이용하여 소거할 수 있다. 이렇게 하기 전에 식 (11.9)를 다시 써보면 y에 대한 경계조건은 쉽게 다룰 수 있다.

$$y_{-1} - 2y_0 + y_1 - h^2 f\left(x_0, y_0, \frac{y_1 - y_{-1}}{2h}\right) = 0 \tag{a}$$

$$y_{i-1} - 2y_i + y_{i+1} - h^2 f\left(x_i, y_i, \frac{y_{i+1} - y_{i-1}}{2h}\right) = 0, \ (i = 1, 2, \cdots, m-1) \tag{b}$$

$$y_{m-1} - 2y_m + y_{m+1} - h^2 f\left(x_m, y_i, \frac{y_{m+1} - y_{m-1}}{2h}\right) = 0 \tag{c}$$

식 (a)는 간단히 $y_0 - \alpha = 0$으로 치환되며, 식 (c)는 $y_m - \beta = 0$으로 치환된다. 만일 y가 사전에 지정되면, 식 (11.10)에서 $y_{-1} = y_1 - 2h\alpha$와 $y_{m+1} = y_{m-1} + 2h\beta$를 구할 수 있으며, 이들은 식 (a)와 식 (c)에 각각 대입한다. 따라서 $m+1$개의 방정식과 미지수 $y_0, y_1, \cdots, y_m$은 다음과 같이

정리된다.

$$\begin{cases} y_0 - \alpha = 0, & (y(a) = \alpha\text{일 때}) \\ -2y_0 + 2y_1 - h^2 f(x_0, y_0, \alpha) - 2h\alpha = 0, & (y'(a) = \alpha\text{일 때}) \end{cases} \tag{11.11a}$$

$$y_{i-1} - 2y_i + y_{i+1} - h^2 f\left(x_i, y_i, \frac{y_{i+1} - y_{i-1}}{2h}\right) = 0, \ (i = 1, 2, \cdots, m-1) \tag{11.11b}$$

$$\begin{cases} y_m - \beta = 0, & (y(b) = \beta\text{일 때}) \\ 2y_{m-1} - 2y_m - h^2 f(x_m, y_m, \beta) + 2h\beta = 0, & (y'(b) = \beta\text{일 때}) \end{cases} \tag{11.11c}$$

예제 11.6 유한차분법

다음 선형 경계값 문제에서 $m = 10$일 때, 식 (11.11)을 작성하고, 이 방정식을 컴퓨터 프로그램으로 풀어라.

$$y'' = -4y + 4x, \ y(0) = 0, \ y'\left(\frac{\pi}{2}\right) = 0$$

풀이

이 경우, $\alpha = y(0) = 0$, $\beta = y'\left(\frac{\pi}{2}\right) = 0$이고 $f(x, y, y') = -4y + 4x$이다. 따라서 식 (11.11)은

$$y_0 = 0$$

$$y_{i-1} - 2y_i + y_{i+1} - h^2(-4y_i + 4x_i) = 0, \ (i = 1, 2, \cdots, m-1)$$

$$2y_9 - 2y_{10} - h^2(-4y_{10} + 4x_{10}) = 0$$

행렬 표기를 이용하면,

$$\begin{bmatrix} 1 & 0 & & & \\ 1 & -2+4h^2 & 1 & & \\ & \ddots & \ddots & \ddots & \\ & & 1 & -2+4h^2 & 1 \\ & & & 2 & -2+4h^2 \end{bmatrix} \begin{bmatrix} y_0 \\ y_1 \\ \vdots \\ y_{m-1} \\ y_m \end{bmatrix} = \begin{bmatrix} 0 \\ 4h^2 x_1 \\ \vdots \\ 4h^2 x_{m-1} \\ 4h^2 x_m \end{bmatrix}$$

계수행렬이 삼대각이므로, 2.4절에서 설명한 **Lud3** 모듈에서 분해와 후방대입을 이용하여 방정식은 효율적으로 풀 수 있다. **Lud3**에서 계수행렬의 대각선은 벡터 $\boldsymbol{c}$, $\boldsymbol{d}$, $\boldsymbol{e}$에 저장됨을 상기하

면, 다음과 같은 코드를 작성할 수 있다. 이 코드를 실행하려면 **코드 3.9**(Lud3.py)가 필요하다.

코드 11.6 Ex1106.py

```
# 예제 11.6 유한차분법

import math
import numpy as np
from Lud3 import *

def equations(x,h,m):   # 유한차분 방정식 설정
    h2 = h*h
    d = np.ones(m+1)*(-2.0 + 4.0*h2)
    c = np.ones(m+1)
    e = np.ones(m+1)
    b = np.ones(m+1)*4.0*h2*x
    d[0] = 1.0
    e[0] = 0.0
    b[0] = 0.0
    c[m-1] = 2.0
    return c,d,e,b

if __name__ == '__main__':
    xStart = 0.0                # 적분하한
    xStop = math.pi/2.0         # 적분상한
    m = 10                      # 격자의 수
    h = (xStop - xStart)/m
    x = np.arange(xStart,xStop + h,h)

    # 선형연립방정식
    c,d,e,b = equations(x,h,m)
    c,d,e = LUdecompLud3(c,d,e)
    y = LUsolveLud3(c,d,e,b)
    print("\n        x               y")
    for i in range(m + 1):
        print('{:14.5e} {:14.5e}'.format(x[i],y[i]))

```

프로그램을 실행하여 구한 해는 다음과 같다.

```
    x              y
0.00000e+00   0.00000e+00
1.57080e-01   3.14173e-01
3.14159e-01   6.12841e-01
4.71239e-01   8.82030e-01
6.28319e-01   1.11068e+00
7.85398e-01   1.29172e+00
9.42478e-01   1.42278e+00
1.09956e+00   1.50645e+00
1.25664e+00   1.54995e+00
1.41372e+00   1.56451e+00
1.57080e+00   1.56418e+00
```

이 문제의 정확해는 다음과 같다.

$$y = x - \sin 2x$$

여기서 $y\left(\frac{\pi}{2}\right) = \frac{\pi}{2} = 1.57080$을 얻는다. 따라서 수치해의 오차는 약 0.4%이다. m을 증가시키면 보다 정확한 결과를 얻을 수 있다. 예를 들어, $m = 100$으로 놓으면, $y\left(\frac{\pi}{2}\right) = 1.57080$을 얻을 수 있으면, 이것은 정확해와의 오차가 겨우 0.0002%이다.

예제 11.7 유한차분법 풀이

다음 경계값 문제를 유한차분법으로 풀어라. $m = 10$을 이용하고, 계산된 결과를 **예제 11.1**의 사격법의 결과와 비교하라.

$$y'' = -3yy', \; y(0) = 0, \; y(2) = 1$$

풀이

이 문제는 비선형이므로, 식 (11.11)은 Newton-Raphson법으로 풀어야 한다. 다음 프로그램은 다른 2차 경계값 문제에 대한 모형에도 이용할 수 있다. 함수 `residual(y)`는 식 (11.11)의 좌변인 유한차분 방정식의 잔차를 반환한다. 미분방정식 $y'' = f(x, y, y')$은 함수 `F(x, y, yPrime)`에서 정의된다. 이 문제에서 초기해로 $y_i = 0.5x_i$를 선택한다. 이 값은 **예제 11.1**에서 y의 개요도에 보인 파선에 대응한다. 시동값 $y_0, y_1, \cdots, y_m$은 함수 `startSoln(x)`로 지정한다. Newton-

Raphson법에서 수렴기준을 1.0×10^{-5}으로 완화했음에 유의하라. 이것은 유한차분법에서 절단오차와 관련이 있다.

코드 11.7 Ex1107.py

```
# 예제 11.7 잔차

import math
import numpy as np
from NewtonRaphsonNLS import *

def residual(y): # 유한차분 방정식의 잔차. 식 (11.11)
    r = np.zeros(m + 1)
    r[0] = y[0]
    r[m] = y[m] - 1.0
    for i in range(1,m):
        r[i] = y[i-1] - 2.0*y[i] + y[i+1] \
            - h*h*F(x[i],y[i],(y[i+1] - y[i-1])/(2.0*h))
    return r

def F(x,y,yPrime): # 미분방정식 y" = F(x,y,y')
    F = -3.0*y*yPrime
    return F

def exact(x):
    return x - math.sin(x)

def startSoln(x): # 해 y(x) 시작
    y = np.zeros(m + 1)
    for i in range(m + 1): y[i] = 0.5*x[i]
    return y

if __name__ == '__main__':
    xStart = 0.0                    # 적분하한
    xStop = 2.0                     # 적분상한
    m = 10                          # 격자 간격의 수
    h = (xStop - xStart)/m
    x = np.arange(xStart,xStop + h,h)
    y = NewtonRaphson(residual,startSoln(x),1.0e-5)

    # 출력
    print('\n      x              y              정확해            잔차')
    print('-------------------------------------------------------')
    for i in range(m + 1):
```

코드 11.7 Ex1107.py(계속)

```
        ye = exact(x[i])
        re = ye - y[i]
        print('{0:12.5e} {1:12.5e} {2:12.5e} {3:12.5e}'\
            .format(x[i],y[i], ye, re))
```

다음은 이 프로그램의 계산 결과와 **예제 11.1**의 해를 함께 보인 것이다.

```
      x             y           정확해        잔차
-----------------------------------------------------
 0.00000e+00  0.00000e+00  0.00000e+00  0.00000e+00
 2.00000e-01  3.02404e-01  1.33067e-03 -3.01073e-01
 4.00000e-01  5.54503e-01  1.05817e-02 -5.43922e-01
 6.00000e-01  7.34691e-01  3.53575e-02 -6.99333e-01
 8.00000e-01  8.49794e-01  8.26439e-02 -7.67150e-01
 1.00000e+00  9.18132e-01  1.58529e-01 -7.59603e-01
 1.20000e+00  9.56953e-01  2.67961e-01 -6.88992e-01
 1.40000e+00  9.78457e-01  4.14550e-01 -5.63907e-01
 1.60000e+00  9.90201e-01  6.00426e-01 -3.89775e-01
 1.80000e+00  9.96566e-01  8.26152e-01 -1.70413e-01
 2.00000e+00  1.00000e+00  1.09070e+00  9.07026e-02
```

계산결과와 해와 최대 불일치는 $x = 0.6$에서 1.8% 발생한다. **예제 11.1**에서 이용한 사격법이 유한차분법보다 상당히 정확하므로 이 불일치는 유한차분해에서 절단오차에 기인한다고 볼 수 있다. 이 오차는 많은 공학 문제에서는 허용할 정도이다. 좀 더 조밀한 격자를 이용하면 정확도를 높일 수 있다. $m = 100$을 이용하면, 오차를 0.07%로 줄일 수 있으나, 이 정도 정밀도의 증가가 계산 시간이 10배나 늘어난 가치가 있을지는 판단이 필요하다.

(2) 4차 미분방정식

논의를 간단히 하기 위해, 미분방정식에서 y'와 $y^{(3)}$이 겉으로 나타나지 않는 특별한 경우로 한정하기로 하자. 즉, 다음과 같은 미분방정식을 고려하자.

$$y^{(4)} = f(x,\, y,\, y'')$$

2개의 경계조건이 해 영역 $\langle a : b \rangle$의 양쪽 끝에서 지정된다고 가정하자. 이런 형식의 문제는

보이론beam theory에서 종종 만나게 된다.

해 영역을 길이 h인 m개 구간으로 나눈다. 격자점에서 y의 미분을 유한차분으로 치환하면, 다음의 유한차분방정식을 얻는다.

$$\frac{y_{i-2}-4y_{i-1}+6y_i-4y_{i+1}+y_{i+2}}{h^4}=f\left(x_i,\ y_i,\ \frac{y_{i-1}-2y_i+y_{i+1}}{h^2}\right) \tag{11.12}$$

여기서 $(i=0,\ 1,\ \cdots,\ m)$이다. 이 방정식을 다음과 같이 써서 나열할 수 있다.

$$y_{-2}-4y_{-1}+6y_0-4y_1+y_2-h^4f\left(x_0,\ y_0,\ \frac{y_{-1}-2y_0+y_1}{h^2}\right)=0 \tag{11.13a}$$

$$y_{-1}-4y_0+6y_1-4y_2+y_3-h^4f\left(x_1,\ y_1,\ \frac{y_0-2y_1+y_2}{h^2}\right)=0 \tag{11.13b}$$

$$y_0-4y_1+6y_2-4y_3+y_4-h^4f\left(x_2,\ y_2,\ \frac{y_1-2y_2+y_3}{h^2}\right)=0 \tag{11.13c}$$

$$\vdots$$

$$y_{m-3}-4y_{m-2}+6y_{m-1}-4y_m+y_{m+1}-h^4f\left(x_{m-1},\ y_{m-1},\ \frac{y_{m-2}-2y_{m-1}+y_m}{h^2}\right)=0 \tag{11.13d}$$

$$y_{m-2}-4y_{m-1}+6y_m-4y_{m+1}+y_{m+2}-h^4f\left(x_m,\ y_m,\ \frac{y_{m-1}-2y_m+y_{m+1}}{h^2}\right)=0 \tag{11.13e}$$

여기서 해 영역 밖에 있는 4개의 미지수 y_{-2}, y_{-1}, y_{m+1}, y_{m+2}는 경계조건을 적용하여 소거해야만 한다. 이 작업은 **표 11.2**를 이용하면 된다.

표 11.2 경계조건에 대한 유한차분근사

경계조건	등치 유한차분 수식
$y(a)=\alpha$	$y_0=\alpha$
$y'(a)=\alpha$	$y_{-1}=y_1-2h\alpha$
$y''(a)=\alpha$	$y_{-1}=2y_0-y_1+h^2\alpha$
$y'''(a)=\alpha$	$y_{-2}=2y_{-1}-2y_1+y_2-2h^3\alpha$

표 11.2 경계조건에 대한 유한차분근사(계속)

경계조건	등치 유한차분 수식
$y(a)=\beta$	$y_m=\beta$
$y'(a)=\beta$	$y_{m+1}=y_{m-1}+2h\beta$
$y''(a)=\beta$	$y_{m+1}=2y_m-y_{m-1}+h^2\beta$
$y'''(a)=\beta$	$y_{m+2}=2y_{m+1}-2y_{m-1}+y_{m-2}+2h^3\beta$

꼼꼼한 독자라면, 경계조건의 몇 가지 조합이 계산영역 밖의 값을 소거하는 데 적합하지 않다는 것을 눈치챘을 것이다. 이런 조합은 분명히 $yL(a)=\alpha_1$와 $y^{(3)}(a)=\alpha_2$이다. 다른 하나는 $y'(a)=\alpha_1$와 $y''(a)=\alpha_2$이다. 보이론에서 보면 이것이 타당하다. 한 점에 변위 y와 전단력 $EIy^{(3)}$을 부과할 수 있으나 동시에 강제하기는 불가능하다. 마찬가지로 같은 점에서 경사 y'와 휨모멘트 EIy''를 동시에 기술하는 것은 물리적 의미가 없다.

예제 11.8 보의 변위

길이 L이고 휨강성 EI인 균일한 보가 그림과 같이 양단이 고정된 지지점에 부착되어 있다.

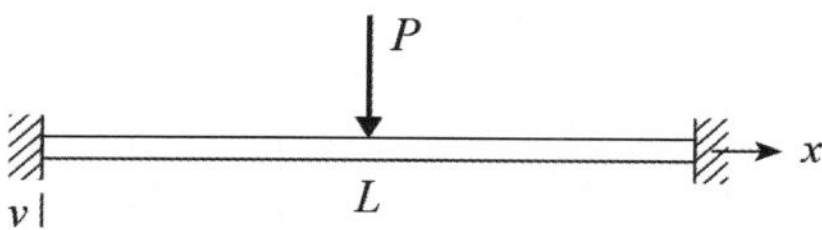

이 보에는 경간중앙에 집중하중 P가 작용한다. 만일 대칭성을 이용하여 보의 왼쪽 절반만 모형화하면 변위 v는 다음의 경계값 문제를 풀어서 구할 수 있다.

$$EI\frac{d^4v}{dx^4}=0$$

$$v|_{x=0}=0,\ \left.\frac{dv}{dx}\right|_{x=0}=0,\ \left.\frac{dv}{dx}\right|_{x=L/2}=0,\ \left.EI\frac{d^3v}{dx^3}\right|_{x=L/2}=-\frac{P}{2}$$

유한차분법을 이용하여 경간중앙에서 변위와 휨모멘트 $M=-EI\dfrac{d^2v}{dx^2}$를 계산하라$\Bigg($정확한 값은 $v=\dfrac{PL^3}{192EI}$와 $M=\dfrac{PL}{8}$이다$\Bigg)$.

풀이

무차원 변수를 도입하자.

$$\xi = \frac{x}{L},\ y = \frac{EI}{PL^3}v$$

문제는 다음과 같다.

$$\frac{d^4y}{d\xi^4} = 0$$

$$y|_{\xi=0} = 0,\ \left.\frac{dy}{d\xi}\right|_{\xi=0} = 0,\ \left.\frac{dy}{d\xi}\right|_{\xi=1/2} = 0,\ \left.\frac{d^3y}{d\xi^3}\right|_{\xi=1/2} = -\frac{1}{2}$$

경계조건을 고려하여 식 (11.13)처럼 써보자. **표 11.2**를 참고하면, 왼쪽 끝에서 경계조건에 대한 유한차분 수식은 $y_0 = 0$과 $y_{-1} = y_1$이다. 따라서 식 (11.13a)와 식 (11.13b)는 다음과 같다.

$$y_0 = 0 \tag{a}$$

$$-4y_0 + 7y_1 - 4y_2 + y_3 = 0 \tag{b}$$

식 (11.13c)는 다음과 같다.

$$y_0 - 4y_1 + 6y_2 - 4y_3 + y_4 = 0 \tag{c}$$

오른쪽 끝에서 경계조건은 $y_{m+1} = y_{m-1}$과 등치이고,

$$y_{m+2} = 2y_{m+1} + y_{m-2} - 2y_{m-1} + 2h^3\left(-\frac{1}{2}\right) = y_{m-2} - h^3$$

식 (11.13d)와 식 (11.13e)에 대입하면 다음 식을 얻는다.

$$y_{m-3} - 4y_{m-2} + 7y_{m-1} - 4y_m = 0 \tag{d}$$

$$2y_{m-2} - 8y_{m-1} + 6y_m = h^3 \tag{e}$$

식 (a)~(e)의 계수는 식 (e)를 2로 나누면 대칭이 된다. 결과는 다음과 같다.

$$
\begin{bmatrix}
1 & 0 & 0 & & & & \\
0 & 7 & -4 & 1 & & & \\
0 & -4 & 6 & -4 & 1 & & \\
 & \ddots & \ddots & \ddots & \ddots & \ddots & \\
 & & 1 & -4 & 6 & -4 & 1 \\
 & & & 1 & -4 & 7 & -4 \\
 & & & & 1 & -4 & 3
\end{bmatrix}
\begin{bmatrix} y_0 \\ y_1 \\ y_2 \\ \vdots \\ y_{m-2} \\ y_{m-1} \\ y_m \end{bmatrix}
=
\begin{bmatrix} 0 \\ 0 \\ 0 \\ \vdots \\ 0 \\ 0 \\ 0.5h^3 \end{bmatrix}
$$

이 연립방정식은 3.4절에 보인 LudSym5 모듈(**코드 3.11 참조**)에 있는 분해와 후방대입 루틴을 이용하여 풀 수 있다. LudSym5( ) 함수는 행렬의 윗 절반의 대각선을 형성하는 벡터 d, e, f로 되어 있다. 우변의 상수벡터는 b로 표기한다. 이 문제를 푸는 프로그램은 다음과 같다.

코드 11.8 Ex1108.py

```
# 예제 11.8 보의 변위

import numpy as np
from LudSym5 import *

def equations(x,h,m): # 유한차분방정식의 설정
    h4 = h**4
    d = np.ones(m+1)*6.0
    e = np.ones(m)*(-4.0)
    f = np.ones(m-1)
    b = np.zeros(m+1)
    d[0] = 1.0
    d[1] = 7.0
    e[0] = 0.0
    f[0] = 0.0
    d[m-1] = 7.0
    d[m] = 3.0
    b[m] = 0.5*h**3
    return d,e,f,b

if __name__ == '__main__':
    xStart = 0.0                # 적분하한
    xStop = 0.5                 # 적분상한
    m = 20                      # 격자점의 수
    h = (xStop - xStart)/m
    x = np.arange(xStart,xStop + h,h)
```

코드 11.8 Ex1108.py(계속)

```

    d,e,f,b = equations(x,h,m)
    d,e,f = decompLudSym5(d,e,f)
    y = solveLudSym5(d,e,f,b)

    # 출력
    print('\n        x              y')
    print('{:14.5e} {:14.5e}'.format(x[m-1],y[m-1]))
    print('{:14.5e} {:14.5e}'.format(x[m],y[m]))
```

$m=20$으로 프로그램을 실행하였지만, 해의 마지막 두 줄만 출력하였다.

```
        x              y
  4.75000e-01    5.19531e-03
  5.00000e-01    5.23438e-03
```

따라서 경간 중앙에서 다음 값을 갖는다.

$$v|_{x=0.5L} = \frac{PL^3}{EI} y \Big|_{\xi=0.5} = 5.23438 \times 10^{-3} \frac{PL^3}{EI}$$

$$\left.\frac{d^2 v}{dx^2}\right|_{x=0.5L} = \frac{PL^3}{EI}\left(\frac{1}{L^3}\left.\frac{d^2 y}{d\xi^2}\right|_{\xi=0.5}\right) \approx \frac{PL}{EI}\frac{y_{m-1}-2y_m+y_{m+1}}{h^2}$$

$$= \frac{PL}{EI}\frac{(5.19531 - 2\times 5.23438 + 5.19531)\times 10^{-3}}{0.025^2} = -0.125024\frac{PL}{EI}$$

$$M|_{x=0.5L} = -EI\left.\frac{d^2 v}{dx^2}\right|_{\xi=0.5} = 0.125024PL$$

이와 비교하여 정확해는 다음과 같다.

$$v|_{x=0.5L} = 5.20833 \times 10^{-3}\frac{PL^3}{EI}$$

$$M|_{x=0.5L} = 0.125000\,PL$$

:: 연습문제

11.1 다음의 초기값 문제의 수치적분식에서 $y(1)=0.741028$을 얻었다. $y(0)$가 변하지 않는다고 가정하면, $y(1)=1$을 얻을 수 있는 $y(0)$의 값은 얼마인가?

$$y''+y'-y=0,\ y(0)=0,\ y'(0)=1$$

11.2 초기조건 $y(0)=2$, $y'(0)=0$, $y''(0)=1$로 다음 미분방정식을 풀면 $y(1)=3.03765$를 얻는다.

$$y'''+y''+2y'=6$$

(다른 조건들은 변경하지 않고) $y''(0)=0$으로 풀이를 반복하면, 그 결과는 $y(1)=2.723180$이다. $y(1)=0$이 되도록 $y''(0)$의 값을 결정하라.

11.3 다음 경계값 문제의 해의 개요도를 그려라. 각 문제에 대해 $y'(0)$의 추정값의 개요도를 이용하라.

(a) $y''=-e^{-y},\ y(0)=1,\ y(1)=0.5$
(b) $y''=4y^2,\ y(0)=10,\ y'(1)=0$
(c) $y''=\cos(xy),\ y(0)=0,\ y(1)=2$

11.4 다음 경계값 문제에 대해 $y''(0)$의 대략의 추정값을 구하라.

$$y'''+5y''y^2=0$$
$$y(0)=0,\ y'(0)=1,\ y(1)=0$$

11.5 다음 경계값 문제에 대해 $y''(0)$과 $y'''(0)$의 대략의 추정값을 구하라.

$$y^{(4)}+2y''+y'\sin y=0$$
$$y(0)=y'(0)=0,\ y(1)=5,\ y'(1)=0$$

11.6 다음 경계값 문제를 풀어라.

$$y'' + (1 - 0.2x)y^2 = 0,\ y(0) = 0,\ y\left(\frac{\pi}{2}\right) = 1$$

11.7 다음 경계값 문제를 풀어라.

$$y'' + \sin y + 1 = 0,\ y(0) = 0,\ y(\pi) = 0$$

11.8 다음 경계값 문제를 풀어라.

$$y'' + \frac{1}{x}y' + y = 0,\ y(0) = 1,\ y'(2) = 0$$

그 결과를 y 대 x의 그래프로 그려라.
[주의] $x = 0$ 근처에서 y는 급격히 변한다.

11.9 다음 경계값 문제를 풀어라.

$$y'' - (1 - e^{-x})y = 0,\ y(0) = 1,\ y(\infty) = 0$$

그 결과를 x에 대한 y의 그래프로 그려라.
[도움말] 무한대를 유한한 값 β로 치환한다. 1.5β에 대해 반복하여 β의 선택을 검토한다. 만일 결과가 바뀌면, β를 증가시켜야 한다.

11.10 다음 경계값 문제를 풀어라.

$$y^{(3)} = -\frac{1}{x}y'' + \frac{1}{x^2}y' + 0.1(y')^3,\ y(1) = 0,\ y''(1) = 0,\ y(2) = 1$$

11.11 다음 경계값 문제를 풀어라.

$$y^{(3)} + 2y'' + \sin y = 0,\ y(-1) = 0,\ y'(-1) = -1,\ y'(1) = 1$$

11.12 다음 경계값 문제를 풀어라.

$$y^{(4)} = -xy^2,\ y(0) = 5,\ y''(0) = 0,\ y'(1) = 0,\ y^{(3)}(1) = 2$$

11.13 자유비행을 하는 질량 m인 발사체가 공기역학적 항력 $F_d = cv^2$을 경험한다. 여기서 v는 속도이다. 운동의 방정식은 다음과 같다.

$$\ddot{x} = -\frac{c}{m}v\dot{x},\ \ddot{y} = -\frac{c}{m}v\dot{y} - g$$

$$v = \sqrt{\dot{x}^2 + \dot{y}^2}$$

만일 발사체가 그림과 같이 10 s 비행 후에 8 km 떨어진 목표에 명중했다면, 발사속도 v_0와 발사각 θ을 결정하라. $m = 20$ kg, $c = 3.2 \times 10^{-4}$ kg/m, $g = 9.8$ m/s^{2}을 이용하라.

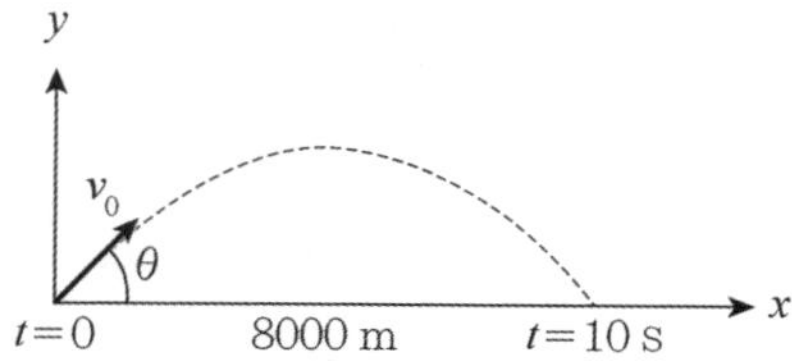

11.14 단순지지보에 강도 w_0의 균일분포하중과 인장력 N이 그림과 같이 재하되어 있다.

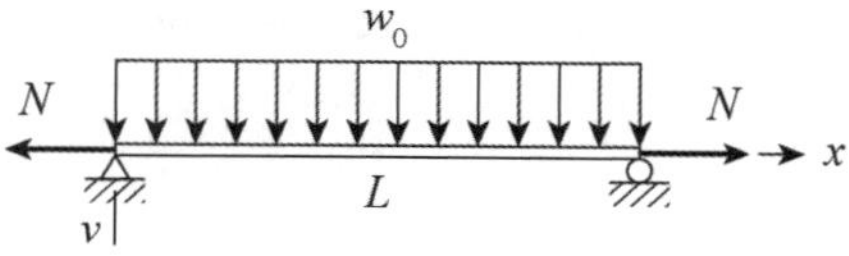

연직변위 v에 대한 미분방정식은 다음과 같다.

$$\frac{d^4v}{dx^4} - \frac{N}{EI}\frac{d^2v}{dx^2} = \frac{w_0}{EI}$$

여기서 EI는 휨강성이다. 경계조건은 $x = 0$과 L에서 $v = \dfrac{d^2v}{dx^2} = 0$이다. 변수를 $\xi = \dfrac{x}{L}$과 $y = \dfrac{EI}{w_0L^4}v$로 바꾸면, 문제는 다음의 무차원 형태가 된다.

$$\frac{d^4y}{d\xi^4} - \beta\frac{d^2y}{d\xi^2} = 1, \ \beta = \frac{NL^2}{EI}$$

$$y|_{\xi=0} = \left.\frac{d^2y}{d\xi^2}\right|_{\xi=0} = y|_{\xi=1} = \left.\frac{d^2y}{d\xi^2}\right|_{\xi=1} = 0$$

만일 (a) $\beta = 1.65929$ N 이고 (b) $\beta = -1.65929$ N (음수는 압축력이다)일 때, 최대변위를 결정하라.

11.15 다음 경계값 문제를 풀어라.

$$y''' + yy'' = 0, \ y(0) = y'(0) = 0, \ y'(\infty) = 2$$

결과의 $y(x)$와 $y'(x)$를 그래프로 그려라. 이 문제는 비압축성 유체의 경계층의 속도분포 (Blasius해)를 결정할 때 생긴다.

11.16 일차 중앙차분근사를 이용하여 경계값 문제를 연립방정식 $\mathrm{A}\boldsymbol{y} = \boldsymbol{b}$ 형태로 변환하라.

(a) $y'' = (2+x)y, \ y(0) = 0, \ y'(1) = 5$

(b) $y'' = y + x^2, \ y(0) = 0, \ y(1) = 1$

(c) $y'' = e^{-x}y', \ y(0) = 1, \ y(1) = 0$

(d) $y^{(4)} = y'' - y, \ y(0) = 0, \ y'(0) = 1, \ y(1) = 0, \ y'(1) = -1$

(e) $y^{(4)} = -9y + x, \ y(0) = y''(0) = 0, \ y'(1) = y^{(3)}(1) = 0$

11.17 주어진 경계값 문제를 유한차분법으로 풀어라. 이때 $m = 20$을 이용하라.

(a) $y'' = xy, \ y(1) = 1.5, \ y(2) = 3$

(b) $y'' + 2y' + y = 0, \ y(0) = 0, \ y(1) = 1$ ➜ 정확해는 $y = xe^{1-x}$이다.

(c) $x^2y'' + xy' + y = 0, \ y(1) = 0, \ y(0) = 0.638961$ ➜ 정확해는 $y = \sin(\ln x)$이다.

(d) $y'' = y^2\sin y, \ y'(0) = 0, \ y(\pi) = 1$

11.18 $y'' + 2y(2xy' + y) = 0, \ y(0) = \frac{1}{2}, \ y'(1) = -\frac{2}{9}$ ➜ 정확해는 $y = (2+x^2)^{-1}$이다.

11.19 그림에 보인 단순지지보는 관성모멘트 I_0와 I_1인 세 구간으로 이루어져 있다.

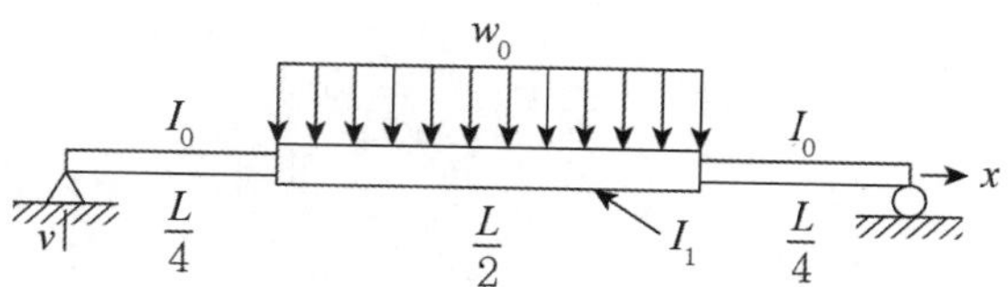

균등하중이 강도 w_0로 중간구간에 작용한다. 보의 왼쪽 절반만 모형화하면, 미분방정식은 다음과 같다.

$$\frac{d^2v}{dx^2} = -\frac{M}{EI}$$

변위 v에 대해서는 다음과 같다.

$$\frac{d^2v}{dx^2} = -\frac{w_0L^2}{4EI_0} \times \begin{cases} \dfrac{x}{L} & ,\left(0 < x < \dfrac{L}{4}\right) \\ \dfrac{I_0}{I_1}\left[\dfrac{x}{L} - 2\left(\dfrac{x}{L} - \dfrac{1}{4}\right)^2\right] & ,\left(\dfrac{L}{4} < x < \dfrac{L}{2}\right) \end{cases}$$

무차원 변수를 도입하자.

$$\xi = \frac{x}{L},\ y = \frac{EI_0}{w_0L^4}v,\ \gamma = \frac{I_1}{I_0}$$

미분방정식은 다음과 같다.

$$\frac{d^2y}{d\xi^2} = \begin{cases} -\dfrac{1}{4}\xi & ,\left(0 < \xi < \dfrac{1}{4}\right) \\ -\dfrac{1}{4\gamma}\left[\xi - 2\left(\xi - \dfrac{1}{4}\right)^2\right] & ,\left(\dfrac{1}{4} < \xi < \dfrac{1}{2}\right) \end{cases}$$

이때 경계조건은

$$y|_{\xi=0} = \left.\frac{d^2y}{d\xi^2}\right|_{\xi=0} = \left.\frac{dy}{d\xi}\right|_{\xi=1/2} = \left.\frac{d^3y}{d\xi^3}\right|_{\xi=1/2} = 0$$

$m=20$, $\gamma=1.5$일 때 유한차분법을 이용하여 보의 최대변위를 결정하라. 그 결과는 다음의 정확해와 비교하라.

$$v_{\max} = \frac{61}{9216}\frac{w_0 L^4}{EI_0}$$

11.20 길이 L인 단순지지보가 강성 k(N/m²)인 탄성지반에 놓여 있다. 강도 w_0(N/m)인 균등하중에 의한 보의 변위 v는 다음 경계값 문제의 해로 주어진다.

$$EI\frac{d^4v}{dx^4}+kv=w_0,\ v|_{x=0}=\left.\frac{d^2y}{dx^2}\right|_{x=0}=v|_{x=L}=\left.\frac{d^2y}{dx^2}\right|_{x=L}=0$$

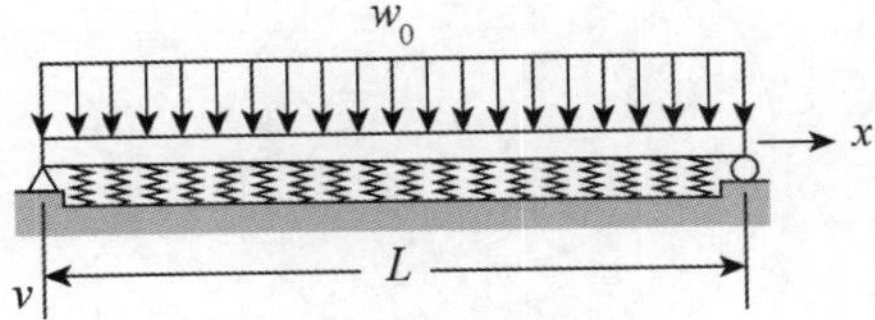

이 문제의 무차원 형태는 다음과 같다.

$$\frac{d^4y}{d\xi^4}+\gamma y=1,\ y|_{\xi=0}=\left.\frac{d^2y}{dx^2}\right|_{\xi=0}=y|_{\xi=1}=\left.\frac{d^2y}{dx^2}\right|_{\xi=1}=0$$

여기서

$$\xi=\frac{x}{L},\ y=\frac{EI}{w_0L^4}v,\ \gamma=\frac{kL^4}{EI}$$

이다. $\gamma=10^5$일 때 유한차분법으로 문제를 풀고, 그 결과를 ξ에 대한 y의 그래프로 그려라.

11.21 선형 2차 경계값 문제의 일반형은 다음과 같다.

$$y''=r(x)+s(x)y+t(x)y'$$
$$y(a)=\alpha \text{ 또는 } y'(a)=\alpha$$
$$y(b)=\beta \text{ 또는 } y'(b)=\beta$$

사용자가 지정하는 함수 $r(x)$, $s(x)$, $t(x)$에 대하여 유한차분법으로 이 문제를 푸는 프로그램을 작성하라. 해석해가 있는 **문제 11.17(c)**를 풀어서 프로그램을 시험하라.

11.22 두꺼운 원통이 온도 0°C인 유체를 운송한다. 동시에 원통은 200°C인 욕조에 담겨있다. 원통에서 정상상태 열전달을 지배하는 미분방정식과 경계조건은 다음과 같다.

$$\frac{d^2T}{dr^2} = -\frac{1}{r}\frac{dT}{dr}, \quad T|_{r=a/2} = 0°\text{C}, \quad T|_{r=a} = 200°\text{C}$$

여기서 T는 온도이다. 유한차분법으로 실린더 벽을 통한 온도 분포를 결정하고, 그 결과를 해석해 $T = 200\left[1 - \frac{\ln(r/a)}{\ln 0.5}\right]$과 비교하라.

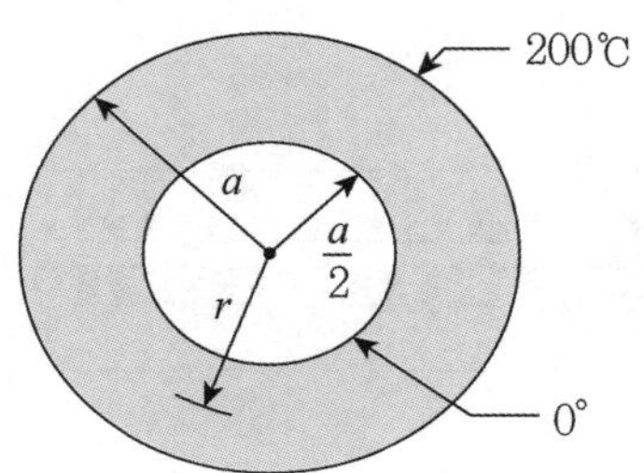

CHAPTER

12 최적화

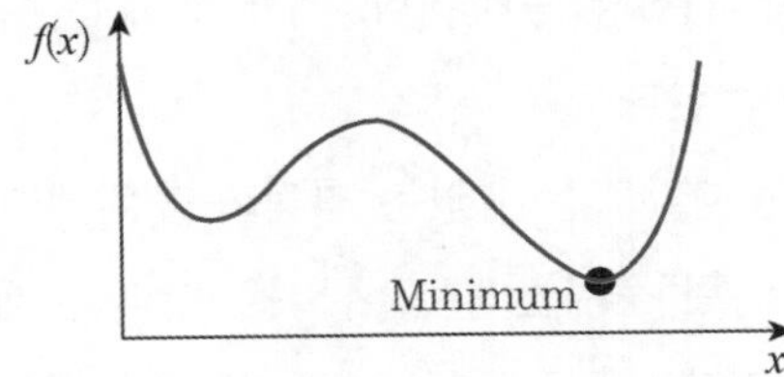

최적화optimization는 특정의 집합 위에서 정의된 실수값, 함수, 정수에 대해 그 값이 최대나 최소가 되는 상태를 해석하는 문제이다. 이를 수식으로 나타내면, $g(x)=0$, $h(x)\geq 0$일 때 $F(x)$를 최소화하는 x를 찾는 문제라 볼 수 있다. 이때 어떤 제약조건constraints이 주어지는 경우와 주어지지 않는 경우로 크게 나눈다. 최적화 문제의 예로는 경제학에서 자원들이 확실히 어떤 한계를 넘지 않고, 직면하는 요구사항의 대부분을 만족시키면서 제조과정의 이익을 최대로 하기 위한 문제를 들 수 있다. 또한 최적화는 물류, 설계 문제 등에 실제적으로 많이 응용된다.

12.1 최적화

최적화는 함수의 최소나 최대를 구하고자 할 때 자주 사용되는 용어이다. 최소를 구하는 문제만을 고려하면 충분하다. $F(\boldsymbol{x})$의 최대값은 간단히 $-F(\boldsymbol{x})$의 최소값을 구하면 되기 때문이다. 공학에서 최적화는 설계와 밀접한 관련이 있다. 이득함수merit function 또는 목적함수object function라고 부르는 $F(\boldsymbol{x})$는 비용이나 중량과 같이 가능한 작게 만들고자 하는 양이다. 설계변수로 알려진 $\boldsymbol{x}$의 성분은 우리가 자유롭게 조정할 수 있는 양이다.

최적화 알고리즘은 설계변수 $\boldsymbol{x}$의 시작점이 필요한 반복적인 계산 과정이다. $F(\boldsymbol{x})$가 여러 개의 극소점을 가진다면, $\boldsymbol{x}$의 초기치 선택이 여러 극소점 중 어느 것이 계산 결과로 나올지를 결정한다. 최소를 찾는 확실한 방법은 없다. 제안된 방법 중 하나는 여러 시작점을 사용하여 계산을 실행함으로써 최상의 결과를 얻는 것이다. 대개 설계변수는 등식이나 부등식으로 구성된 제약조건constraint을 만족해야 한다.

대부분의 이용 가능한 방법은 제약조건이 없는 최적화를 위해 고안되었으며, 이 경우는 설계변수에 대한 제약조건이 없다. 이런 문제들에서, 극소는, 만약 존재한다면, 정상점(벡터 $F(\boldsymbol{x})$의 경사가 0이 되는 점)이다. 제약조건이 있는 더 어려운 문제에서 최소는 $F(\boldsymbol{x})$의 곡면이 제약조건과 만나는 곳에 위치한다. 조건부 최적화를 위한 특별한 알고리즘이 있지만, 복잡성과 특수성 때문에 손쉽게 접근할 수 없다. 제약이 있는 문제를 다루는 한 가지 방법은 제약최적화알고리즘을 이용하되, 제약 사항을 위반하면 무겁게 벌칙을 가하도록 목적함수를 수정하는 것이다.

다음과 같은 제약이 있는 설계변수에 대해 $F(\boldsymbol{x})$를 최소화하는 문제를 생각하자.

$$g_i(\boldsymbol{x}) = 0 \quad (i = 1,\ 2,\ \cdots,\ m)$$
$$h_j(\boldsymbol{x}) \le 0 \quad (j = 1,\ 2,\ \cdots,\ n)$$

새로운 설계변수를 선택한다.

$$F^*(\boldsymbol{x}) = F(\boldsymbol{x}) + \lambda P(\boldsymbol{x}) \tag{12.1a}$$

여기서 λ는 승수이고, 벌점함수penalty function $P(\boldsymbol{x})$는 다음과 같다.

$$P(\boldsymbol{x}) = \sum_{i=1}^{m} [g_i(x)]^2 + \sum_{j=1}^{n} \{\max[0,\ h_j(\boldsymbol{x})]\}^2 \tag{12.1b}$$

함수 $\max(a, b)$는 a와 b 중에서 큰 값을 반환한다. 위배되는 제약조건이 없으면 $P(\boldsymbol{x}) = 0$이 분명하다. 제약조건을 위배하면 위배의 제곱에 비례하는 벌점이 부과된다. 그러므로 최소화 알고리즘은 위배를 회피하려는 경향이 있고, 회피정도degree of avoidance는 λ의 크기에 의존한다. 만약 λ가 작으면, 더 큰 공간에서 처리하기 때문에 최적화가 빨리 진행되지만, 제약조건이 심각하게 위배될 수도 있다. 반대로, λ가 크면, 나쁜 조건에서 처리되는 결과가 나올 수 있지만, 제약조건은 엄격하게 적용된다. 작은 λ로 최적화 프로그램을 실행하는 것을 권장한다. 제약조건이 크게 다른 경우 최적화 과정이 어려울 수 있다. 이런 문제는 위배한 제약조건을 조정하여 경감할 수 있다. 즉, 제약조건식에 적절한 상수를 곱하는 것이다.

최소화 문제에 항상 반복계산 알고리즘을 사용할 필요는 없다. $FL(\boldsymbol{x})$의 도함수를 쉽게 계산하고 부등식 제약조건이 없는 문제에서, 최적점은 언제나 미적분으로 직접 찾을 수 있다. 예를 들어, 제약조건이 없는 경우, $F(\boldsymbol{x})$가 최소인 점의 좌표는 연립방정식(일반적으로 비선형) $\nabla F(\boldsymbol{x}) = \mathbf{0}$의 해로 주어진다. 등식 제약조건 $g_i(\boldsymbol{x}) = 0$, $(i = 1, 2, \cdots, m)$에 대해 $F(\boldsymbol{x})$의 최소를 찾는 직접적인 방법은 다음 식과 같은 함수를 구성하는 것이다.

$$F^*(\boldsymbol{x}, \lambda) = F(\boldsymbol{x}) + \sum_{i=1}^{m} \lambda_i g_i(\boldsymbol{x}) \tag{12.2a}$$

그리고 $\boldsymbol{x}$와 λ_i에 대해 방정식을 푼다.

$$\nabla F^*(\boldsymbol{x}) = \mathbf{0}, \; g_i(\boldsymbol{x}) = 0 \;\; (i = 1, 2, \cdots, m) \tag{12.2b}$$

파라미터 λ_i는 Lagrange 승수Lagrangian multipliers로 알려져 있다. 직접적인 방법은 또한 부등식 제약조건으로 확장될 수 있다. 그러나 유일성이 결여되어 있어, 방정식의 해가 최적해인지는 분명하게 알 수는 없다.

12.2 선형계획법

앞 절에서 언급한 목적함수나 제약조건 등이 모두 선형인 관계에 있을 때, 이를 선형문제linear problem라 부르며, 이 문제를 푸는 방법을 선형계획법linear programming이라 부른다. 사회나 기업 활동을 할 때, 다양한 조건하에서 어떤 목적이 최적이 되도록 의사결정을 해야 할 경우가

있다. 이때 가장 기본적인 모형이 선형계획문제이다. 즉

$$z = c_1 x_1 + c_2 x_2 + \cdots + c_n x_n \tag{12.3}$$

과 같은 함수의 값을 최적(최소 또는 최대)이 되도록 하는 변수 x_1, x_2, ⋯, x_n을 찾는 것이다. 이때 주어지는 조건들은 선형연립부등식으로 다음과 같이 주어진다.

$$\begin{aligned} a_{11}x_1 + a_{12}x_2 + \cdots + a_{1n}x_n &\geq b_1 \\ a_{21}x_1 + a_{22}x_2 + \cdots + a_{2n}x_n &\geq b_2 \\ \vdots \\ a_{m1}x_1 + a_{m2}x_2 + \cdots + a_{mn}x_n &\geq b_m \end{aligned} \tag{12.4}$$

여기서 $n \geq m$이며, 무한히 많은 수의 해를 갖는다. 모든 가능해 중에서 최적의 해를 찾기 위해서는 몇 가지 추가적인 조건을 도입해야 한다. 그중 하나는 다음과 같이 모든 변수가 음수가 아니어야 한다는 조건(비음조건)이다.

$$x_i \geq 0, \ (i = 1, 2, \cdots, n) \tag{12.5}$$

위의 식 (12.3)~식 (12.5)에서 모든 계수 a, b, c는 기지이다.

이처럼 식 (12.3)~식 (12.5)로 이루어진 문제를 선형계획문제linear problem, 이 문제를 푸는 방법을 선형계획법이라 부른다. 그리고 식 (12.3)을 목적함수objective function, 식 (12.4)를 시스템의 제약조건constraints이라 하고, 식 (12.4)를 비음조건nonnegative condition이라 부른다. 식 (12.3)과 식 (12.4)는 선형으로 되어 있다는 점에 유념해야 한다. 이 때문에 실제로는 선형계획법은 3장의 선형연립방정식의 풀이와 깊은 관련이 있다.

(1) 표준 최소화 형태로 변환

제약조건 식 (12.4)는 부등식을 포함한 선형연립방정식이다. 비음인 새로운 변수를 더하거나 빼서 간단하게 각 부등식의 기호는 등식으로 바꿀 수 있다. 다음의 두 제약조건을 이용하여 이런 점을 예시해보자.

$$x_1 + 2x_2 \leq 3 \tag{12.6a}$$

$$2x_1 + x_2 \geq 4 \tag{12.6b}$$

제약조건 식 (12.6a)의 좌변에 새로운 비음 변수 x_3를 더하면 다음과 같다.

$$x_1 + 2x_2 + x_3 = 3 \tag{12.7a}$$

마찬가지로, 제약조건 식 (12.6b)의 좌변에서 새로운 비음 변수 x_4를 빼면 다음과 같다.

$$2x_1 + x_2 - x_4 = 4 \tag{12.7b}$$

앞의 예제에서, 결정해야 할 새로운 변수 x_3과 x_4를 도입하였다. 이런 변수를 여유변수slack variable라고 한다. 따라서 제약조건 식 (12.6)은 다음과 같이 다시 쓸 수 있다.

$$\begin{aligned}
&a_{11}x_1 + a_{12}x_2 + \cdots + a_{1n}x_n + x_{n+1} && = b_1 \\
&a_{21}x_1 + a_{22}x_2 + \cdots + a_{2n}x_n + \quad + x_{n+2} && = b_2 \\
&\quad\vdots \\
&a_{m1}x_1 + a_{m2}x_2 + \cdots + a_{mn}x_n + \qquad + x_{n+m} && = b_m
\end{aligned} \tag{12.7c}$$

앞 절에서 주어진 예제의 선형계획법 문제는 다음의 표준 최소화 형태로 정리된다.

목적함수:

$$\min z = \boldsymbol{c}\boldsymbol{x}^T \tag{12.8}$$

제약조건:

$$\mathrm{A}\boldsymbol{x} = \boldsymbol{b} \tag{12.9a}$$

$$x_i \geq 0 \ \ (i = 1, 2, \cdots, n+m) \tag{12.9b}$$

여기서 A는 m행과 $n+m$열의 계수행렬이며, $\boldsymbol{x}$와 $\boldsymbol{b}$은 각각 $n+m$차와 m차의 벡터이고, $\boldsymbol{c}$는 $n+m$차의 벡터이다. 여기서 변수값 $x_1, x_2, \cdots, x_n$을 결정하는 것이 표준형 선형계획문제이다.

목적함수가 최소화가 아닌 최대화인 경우에 대해서는 다음과 같이 처리한다. 주어진 목적함수를 표준적인 최소화 형태의 목적함수로 변환하기 위해서는 간단히 -1을 곱하면 된다. 그러면 원하는 목적함수는 식 (12.8)과 같은 형태가 된다. 예를 들어, 목적함수 z가 다음과 같은 형태를 갖는다고 하자.

$$z = 3x_1 - 6x_2$$

이 목적함수를 최대화해야 한다. 각 항의 부호를 바꾸면, 다음의 방정식으로 바꿀 수 있다. 그러면 다음의 목적함수를 최소화시키는 x_1과 x_2를 찾는 문제가 된다.

$$-z = -3x_1 + 6x_2$$

(2) 2변수 문제-도해법

도해법을 이용하는 특별한 문제를 살펴보자. 이 문제는 두 개의 변수와 세 개의 제약조건을 갖는다.

목적함수:

$$\max.\ z = 10x_1 + 11x_2 \tag{12.10}$$

제약조건:

$$3x_1 + 4x_2 \le 9 \tag{12.11a}$$

$$5x_1 + 2x_2 \le 8 \tag{12.11b}$$

$$x_1 - 2x_2 \le 1 \tag{12.11c}$$

$$x_1 \ge 0,\ x_2 \ge 0 \tag{12.12}$$

위의 두 변수와 세 제약조건을 그래프로 그려서 나타내보자. 식 (12.11)에서 x_1과 x_2의 해가 될 수 있는 점들은 반드시 x_1축과 x_2축을 포함한 1사분면에 들어가야 한다(**그림 12.1**).

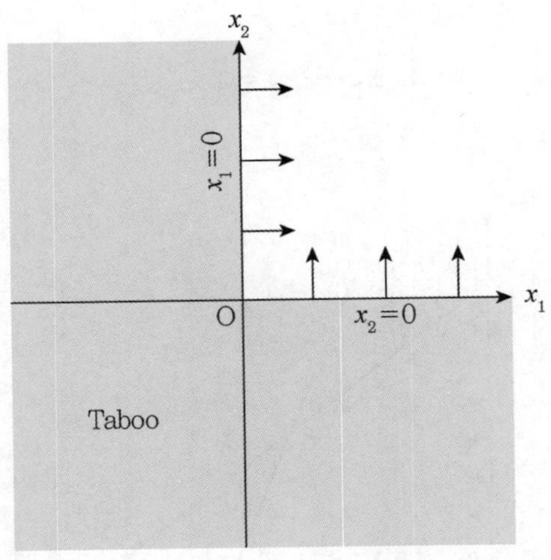

그림 12.1 $x_1 \geq 0$, $x_2 \geq 0$에 대한 가능해 영역

다음에는 3개의 제약조건 식 (12.11)을 생각해보자. **그림 12.2**에 보인 것처럼, 식 (12.11a)를 만족하는 점들은 반드시 다음 직선 아래에 있어야 한다.

$$3x_1 + 4x_2 = 9$$

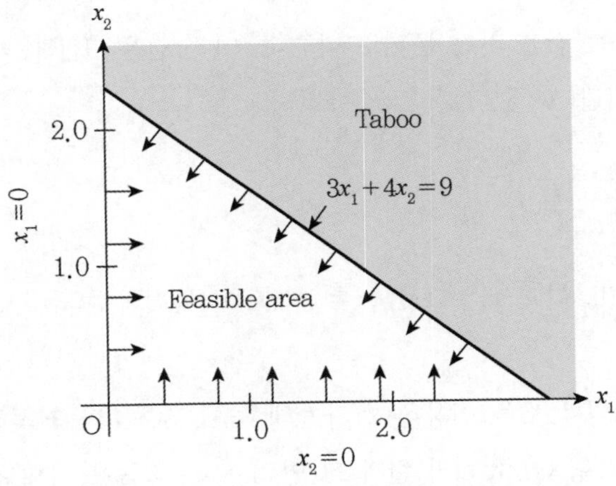

그림 12.2 $3x_1 + 4x_2 \leq 9$에 대한 가능해 영역

다음의 두 제약조건도 같은 방법으로 손쉽게 그릴 수 있다. **그림 12.3**에 보인 것처럼, 다음의 두 직선으로 둘러싸인 영역이 만들어진다.

$$x_1 = 0,\ x_2 = 0$$

$$3x_1 + 4x_2 = 9,\ 5x_1 + 2x_2 = 8,\ x_1 - 2x_2 = 1$$

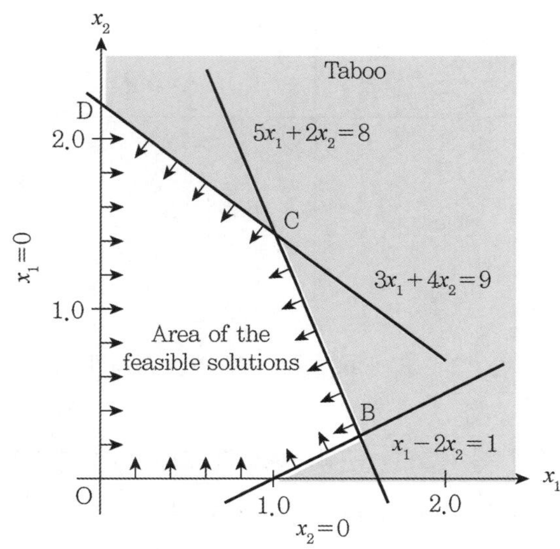

그림 12.3 세 제약조건의 그래프

이제 이 문제는 **그림 12.3**에서 음영이 없는 영역이 가능한 모든 해의 영역이며, 여기에서 식 (12.10)의 z를 최대화하는 점을 찾는 문제로 바뀐다. 이 작업은 **그림 12.4**와 같이 다음의 직선군을 그려서 손쉽게 처리할 수 있다.

$$10x_1 + 11x_2 = (const.)$$

이 예제의 해는 점 C이며, 이때 $x_1 = 1.0,\ x_2 = 1.5$이고 목적함수의 값 $z = 10x_1 + 11x_2 = 26.5$이다.

더 진행하기 전에, **그림 12.3**을 이용하여 가능해feasible solution와 최적해optimum solution에 대해 살펴보자. 가능해는 다각형 OABCD의 변과 그 안의 모든 점들을 나타낸다. 즉, 가능해는 모든 변수들이 3개의 제약조건식 (12.11)과 비음조건식 (12.12)를 만족하는 것을 말한다. 이에 반해, 최적해는 가능해 중에서 목적함수식 (12.10)을 최대화시키는 해를 말한다.

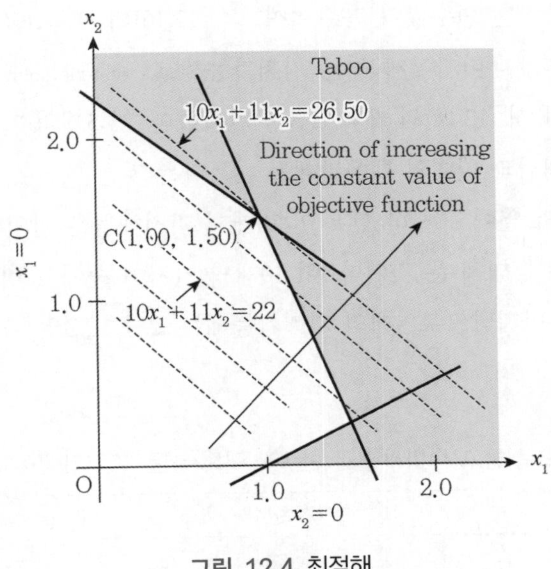

그림 12.4 최적해

(3) 기저가능해와 꼭지점

여기서는 기저가능해의 개념을 소개하고, 2변수인 경우에 다각형의 꼭지점(**그림 12.3**)과의 관계를 살펴보자. 앞의 예제를 다시 살펴보자. 이 식 (12.10)~식 (12.12)에 여유변수 x_3, x_4, x_5를 도입하여, 문제를 다음의 표준적인 형태로 변환한다.

목적함수:

$$\max.z = 10x_1 + 11x_2 \tag{12.13}$$

제약조건:

$$\begin{aligned} 3x_1 + 4x_2 + x_3 \quad\quad &= 9 \\ 5x_1 + 2x_2 \quad + x_4 \quad &= 8 \\ x_1 - 2x_2 \quad\quad + x_5 &= 1 \end{aligned} \tag{12.14}$$

$$x_i \geq 0 \ \ (i = 1, 2, \cdots, 5) \tag{12.15}$$

식 (12.14)는 5개의 미지수를 포함하며, 따라서 무한히 많은 해를 갖는다. 그러나 5개의 변수 중 임의의 두 변수를 0으로 설정하고, 나머지 3개에 대해 풀면, 10개의 가능해를 구할 수 있다. 이 10개의 해를 기저해basic solution라 하며, 이를 표로 정리하면 **표 12.1**과 같다. 표를 살펴보면,

기저해 번호 3, 4, 5, 6, 9는 변수값이 음수이며, 식 (12.15)의 비음조건을 만족하지 않으므로, 따라서 가능해가 아니다. 나머지 5개 해는 기저가능해basic feasible solutions라고 부른다. 이들은 식 (12.16)의 비음조건과 식 (12.18)의 제약조건을 만족한다. 이 5개의 기저가능해는 **그림 12.3**에 보인 다각형의 5개 꼭지점과 일대일 대응관계를 갖는다는 것은 매우 중요한 특징이다. 이 대응점들을 **표 12.1**의 마지막 열에 표시하였다. 이 10개의 기저해들은 임의의 변수 2개를 0으로 설정하고, 나머지 세 변수에 대해 푼 것이다. 이 10개의 기저해 중에서 비음조건을 만족하는 5개의 기저가능해가 있다. 마지막으로 5개의 기저가능해는 **그림 12.3**의 다각형 OABCD의 꼭지점 5개에 대응한다.

표 12.1 2개의 변수를 0으로 놓고 나머지 3개 변수에 대해서 푼 10개의 기저해

기저해 번호	5개의 변수					그림 12.3의 꼭지점
	x_1	x_2	x_3	x_4	x_5	
1	0.0	0.0	9.0	8.0	1.0	O
2	0.0	2.25	0.0	3.5	5.5	D
3	0.0	4.0	-7.0	0.0	9.0	-
4	0.0	-0.5	11.0	9.0	0.0	-
5	3.0	0.0	0.0	-7.0	-2.0	-
6	1.6	0.0	4.2	0.0	-6.0	-
7	1.0	0.0	6.0	3.0	0.0	A
8	1.0	1.5	0.0	0.0	3.0	C
9	2.2	0.6	0.0	-4.2	0.0	-
10	1.5	0.25	3.5	0.0	0.0	B

(4) 최적해에 대한 단체법

모든 선형계획법 문제의 특징 중 하나는 제약조건의 수와 변수 개수 사이의 차이이다. 종종 변수의 수가 제약조건의 몇 배가 되기도 한다. m과 n이 둘 다 크면, 앞의 도해법은 쓸 수 없게 되고, 다른 방법을 이용해야 한다. 여러 계산법 중에서 Danzig의 단체법simplex method이 가장 널리 이용된다. 2개의 변수와 3개의 제약조건을 가진, 앞의 예제 식 (12.13)~(12.15)를 이용하여 단체법에 대해 간단히 살펴보자.

단체법의 첫 단계는 부등호 기호를 없애는 것이다. 앞서 언급한 것처럼, 이를 위해서는 비음

잉여변수 x_3, x_4, x_5를 도입하여 손쉽게 처리할 수 있다. 또 목적함수는 최소화 문제로 만든다. 결국 단체법으로 앞의 예제를 풀기 위해, 다음과 같은 형태로 다시 쓸 수 있다.

목적함수:

$$\text{min.} \ -z = -10x_1 - 11x_2 + 0x_3 + 0x_4 + 0x_5 \tag{12.16}$$

제약조건:

$$3x_1 + 4x_2 + x_3 \qquad = 9 \tag{12.17a}$$

$$5x_1 + 2x_2 \qquad + x_4 \qquad = 8 \tag{12.17b}$$

$$x_1 - 2x_2 \qquad\qquad + x_5 = 1 \tag{12.17c}$$

$$x_i \geq 0 \ \ (i = 1, 2, \cdots, 5) \tag{12.18}$$

두 번째 단계는 x_1과 x_2를 0으로 놓고 나머지 3개의 변수 x_3, x_4, x_5를 푼다. 이때 x_1과 x_2은 비기저변수nonbasic variables라 하고, x_3, x_4, x_5는 기저변수basic variables라 부른다. **표 12.1**의 기저해 1은 다음과 같다.

$$x_3 = 9, \ x_4 = 8, \ x_5 = 1$$

이 기저해에서 목적함수 $-z$값을 계산하면 0이 된다. 명확하게 이것은 최적해가 아니다. 이제는 이 상황을 개선해보자.

세 번째 단계로는 식 (12.16)을 개선하기 위해 새로운 기저해를 선택하는 것이다. 식 (12.16)에서 x_1 또는 x_2의 값이 증가하면, $-z$값이 감소된다는 것은 확실하다. 그러면 '어떤 변수를 선택할 것인가?'라는 질문에 맞닿게 된다. 식 (12.16)에서 x_2가 보다 작은 값(음의 값이 큰)을 가지므로, x_1의 값은 0으로 유지한 채로, x_2의 값을 증가시키도록 허용할 수 있다. 이제는 x_2가 더 이상 0이 아니므로, x_3, x_4, x_5 중의 하나와 교체할 수 있다. 다시 말하자면, $x_1 = 0$이고 $x_2 \neq 0$임을 알면, 두 번째 기저가능해를 얻기 위해, x_3, x_4, x_5 중 하나를 선택해서 0으로 설정해야 한다. 즉, 다음 단계는 세 변수 중 하나를 선택해서 0으로 설정한다. 그러면 x_2값이 증가한 결과 다음의 효과가 나타나는 것을 볼 수 있다.

1) z의 값이 증가할 것이다. 즉, 식 (12.16)에서 $-z$값이 감소한다.

2) x_3, x_4, x_5의 값들이 감소한다.

두 번째 효과는 식 (12.17)을 다음과 같이 쓰면 쉽게 알 수 있다.

$$4x_2 + x_3 \qquad\qquad = 9 \tag{12.19a}$$

$$2x_2 \qquad + x_4 \qquad = 8 \tag{12.19b}$$

$$-2x_2 \qquad\qquad + x_5 = 1 \tag{12.19c}$$

여기서 모든 변수들은 비음이다. 특히 식 (12.19a)에서 x_3는 음수가 될 수 없다. 이 조건은 x_2의 값이 9/4보다 커질 수 없다는 조건이 된다. 또는

$$x_2 \leq 2.25 \tag{12.20a}$$

마찬가지로 식 (12.19b)에서 다음 조건이 된다.

$$x_2 \leq 4.00 \tag{12.20b}$$

식 (12.19c)에서 x_2는 음의 계수를 가지므로, x_5는 항상 양의 값이며, 식 (12.19c)에서는 x_2에 대한 제약이 없다. 식 (12.20a)를 식 (12.20b)와 비교하면, x_2의 작은 값은 2.25이다. 또 새로운 비기저변수로 x_2 대신에 $x_3 = 0$을 설정한다. 다시 말하자면, 새로운 기저가능해는 다음과 같다.

$$x_1 = 0.0,\ x_2 = 2.25,\ x_3 = 0.0,\ x_4 = 3.5,\ x_5 = 5.5$$

이번에는 식 (12.19b)와 식 (12.19c)에서 x_2를 소거할 것이다. 이 작업은 식 (12.19a)를 다음 형태로 변환하면 손쉽게 처리된다.

$$\frac{3}{4}x_1 + x_2 + \frac{1}{4}x_3 = \frac{9}{4} \tag{12.21}$$

그다음에는 이 식을 이용하여 다른 두 방정식에서 x_2를 소거한다. 결과로서 다음 식이 된다.

$$\frac{3}{4}x_1 + x_2 + \frac{1}{4}x_3 \qquad\qquad = \frac{9}{4} \tag{12.22a}$$

$$\frac{7}{2}x_1 \qquad - \frac{1}{2}x_3 + x_4 \qquad = \frac{7}{2} \tag{12.22b}$$

$$\frac{5}{2}x_1 \qquad + \frac{1}{2}x_3 \qquad + x_5 = \frac{11}{2} \tag{12.22c}$$

이 단계의 나머지는 $-z$의 값을 찾는 것이다. 식 (12.22a)를 식 (12.16)에 대입하면, 다음의 결과를 얻는다.

$$-z = -24.75 - 1.75x_1 + 2.75x_3 \text{ 또는 } -z = -24.75 \tag{12.23}$$

이제 $-z$값이 0보다 작으며, 이것은 앞 단계의 해보다 상당히 개선된 것이다.

세 번째 단계에서 이용된 과정을 z값이 더욱 개선되는 동안 여러 번 반복할 것이다. 예를 들어, 네 번째 단계를 생각해보자. 식 (12.23)에서 z값을 개선하기 위해서 x_3는 0으로 설정하고, x_1을 증가시켜야 한다는 것을 보았다. 네 번째 단계에서는 x_3에 덧붙여, x_2, x_4, x_5의 세 변수 중 어느 하나를 선택해서 0으로 설정하고, 기저가능해의 세 번째 집합을 구해야 한다.

어느 변수를 0으로 설정할지 결정하기 위해 식 (12.22)를 검토해보자. 식 (12.22a)에서 x_2는 음수가 될 수 없다. 결과적으로 x_1은 3 이상으로 증가시킬 수 없다.

$$x_1 \le 3 \tag{12.24a}$$

마찬가지로, 식 (12.22b)와 식 (12.22c)에서 각각 다음의 조건을 얻는다.

$$x_1 \le 1 \tag{12.24b}$$

$$x_1 \le 2.2 \tag{12.24c}$$

여기서 가장 작은 x_1은 식 (12.24b)에서 나온 1이다. 그 결과 x_1 대신에 새 기저변수로 $x_4 = 0$을 선택한다. 이때 새로운 기저가능해는 다음과 같다.

$$x_1 = 1.50,\ x_2 = 1.50,\ x_3 = 0.00,\ x_4 = 0.00,\ x_5 = 3.00$$

이번에는 x_1, x_2, x_5를 x_3와 x_4에 대해 정리한다. 이렇게 하면 방정식은 다음과 같다.

$$x_1 - 0.143x_3 + 0.286x_4 = 1.0 \tag{12.25a}$$

$$x_1 + 0.357x_3 - 0.214x_4 = 1.5 \tag{12.25b}$$

$$0.857x_3 - 0.714x_4 + x_5 = 3.0 \tag{12.25c}$$

네 번째 단계의 나머지는 $-z$의 값을 찾는 것이다. 식 (12.25a)를 식 (12.16)에 대입하면 다음 결과를 얻는다.

$$-z = -26.5 - 2.5x_3 - 0.5x_4 \text{ 또는 } -z = -26.5 \tag{12.26}$$

식 (12.26)에서 x_3 또는 x_4의 값이 증가하면, z의 값이 감소하므로, $-z$값에서는 더 이상의 개선을 기대할 수 없다. 따라서 이 문제의 답은 다음과 같다.

$$x_1 = 1.00,\ x_2 = 1.50,\ \max z = 26.5$$

앞 절의 논의를 간단히 하기 위해, 단체법을 예시하는 적절한 예제를 선택하였다. 그러나 그 이상으로 복잡한 상황을 야기하는 문제들도 많이 있다. 이런 예외적인 상황들 중에서 퇴화 degeneracy 문제가 있다. 이 경우 기저변수 중에 하나 또는 그 이상이 동시에 0이 되면서 목적함수가 0이 된다. 퇴화 문제에 덧붙여, (1) 명백한 가능해가 없거나 모순되는 제약조건을 갖는 문제 또는 (2) 다중해 또는 무한히 많은 해를 갖는 복잡한 상황이 발생한다. 이런 예외적인 상황에 대한 더 상세한 설명은 선형계획법에 대한 전문서적을 참고하기 바란다.

(5) Gauss-Jordan 과정과 단체법

3장에서 연립 선형방정식을 푸는 Gauss-Jordan 소거법을 소개하였다. 이번에는 이 방법을 미지수의 수가 방정식의 수와 같지 않은 선형연립대수방정식으로 확장한다. 이 확장은 선형계획 문제의 컴퓨터 해석에서 매우 중요하다.

이 확장을 예시하기 위해 다음과 같이 5개의 미지수로 된 3개의 방정식을 생각해보자.

$$\begin{aligned} 3x_1 + 4x_2 + x_3 + x_4 + x_5 &= 9 \\ 5x_1 + 2x_2 + x_3 + x_4 + x_5 &= 8 \\ x_1 - 2x_2 + x_3 + x_4 + x_5 &= 1 \end{aligned} \tag{12.27}$$

이 연립방정식에서 x_1, x_2, x_3을 x_4와 x_5로 나타내보자. 다시 말하자면, 식 (12.27)을 다음 형태로 변환한다.

$$
\begin{aligned}
x_1 \qquad\qquad &+ a'_{14}x_4 + a'_{15}x_5 = b'_1 \\
x_2 \qquad &+ a'_{24}x_4 + a'_{25}x_5 = b'_2 \\
x_3 &+ a'_{34}x_4 + a'_{35}x_5 = b'_3
\end{aligned}
\tag{12.28}
$$

그리고 식 (12.28)에서 9개의 계수(a'_{ij}와 b'_i)를 결정해보자. 이 변환은 4장에서 논의한 과정으로 손쉽게 할 수 있다.

1) 피봇 요소의 계수가 0이라면 행을 교환
2) 정규화
3) 소거

그러면 식 (12.28)은 다음 형태로 변환된다.

$$
\begin{aligned}
x_1 \qquad\qquad &+ 0x_4 + 0x_5 = \frac{5}{8} \\
x_2 \qquad &+ 0x_4 + 0x_5 = \frac{9}{8} \\
x_3 &+ \ x_4 + \ x_5 = \frac{21}{8}
\end{aligned}
\tag{12.29}
$$

x_1, x_2, x_3의 해는 x_4과 x_5의 항으로 다음과 같이 쓸 수 있다.

$$x_1 = \frac{5}{8},\ x_2 = \frac{9}{8},\ x_3 = \frac{21}{8} - x_4 - x_5.$$

이번에는 단체법에 위의 Gauss-Jordan 소거 과정을 포함시킬 것이다. 피봇 요소를 선택하는 데는 특별한 주의가 필요하다. 앞 절에서 이용한 예제를 다시 이용하자.

목적함수:

$$\text{min.}\ -z = -10x_1 - 11x_2 + 0x_3 + 0x_4 + 0x_5 \tag{12.30}$$

제약조건:

$$3x_1 + 4x_2 + x_3 \qquad\quad = 9 \tag{12.31a}$$

$$5x_1 + 2x_2 \quad + x_4 \quad = 8 \tag{12.31b}$$

$$x_1 - 2x_2 \qquad\quad + x_5 = 1 \tag{12.31c}$$

$$x_i \geq 0 \ \ (i = 1,\ 2,\ \cdots,\ 5) \tag{12.32}$$

이 문제에서 식 (12.30)과 식 (12.31)을 단체표simplex tableau로 알려진 다음의 행렬 형식으로 쓸 수 있다.

$$\mathrm{A} = \begin{bmatrix} -10 & -11 & 0 & 0 & 0 & 1 & 0 \\ 3 & 4 & 1 & 0 & 0 & 0 & 9 \\ 5 & 2 & 0 & 1 & 0 & 0 & 8 \\ 1 & -2 & 0 & 0 & 1 & 0 & 1 \end{bmatrix} \tag{12.33}$$

계산을 초기화하기 위해, x_1과 x_2를 비기저변수로 두고 0으로 설정한다. 그다음에 표를 검사하여 다음의 첫 번째 기저가능해에 도달한다.

$$x_1 = 0.0,\ x_2 = 0.0,\ x_3 = 9.0 - 3x_1 - 4x_2 = 9$$

$$x_4 = 8 - 5x_1 - 2x_2 = 8,\ x_5 = 1 - x_1 + 2x_2 = 1$$

$$z = 0 + 10x_1 + 11x_2 = 0$$

z가 0이므로, 이것은 분명히 최적해가 아니다.

단체법의 두 번째 단계에서 논의한 것처럼, x_2의 값을 첫 번째로 증가시켜야 한다. 이것이 식 (12.30)에서 가장 큰 음수 계수를 갖는 비기저변수이며, z의 최대화에 가장 큰 영향을 미치기 때문이다. 이때 기저가능해의 집합을 얻는 데 Gauss-Jordan 소거 과정을 적절히 이용할 수 있다. 각각의 기저가능해는 임의의 두 변수를 0으로 설정하고, 나머지 세 변수를 풀어서 구할 수 있다. 증가시킬 변수로 x_2를 선택하였으므로, 단체표의 2열에서 피봇 요소를 결정해야 한다. 이 피봇 요소는 (1) 2열의 각 양의 요소를 그 행의 가장 오른쪽 요소로 나누고, (2) 나눗셈의 결과 가장 작은 몫이 가장 작은 요소(1행을 제외하고)를 피봇 요소로 선택한다.

예제에서는 이 열의 두 번째와 세 번째 요소가 양수임을 기억하자. 따라서 두 요소에 대한 몫은 다음과 같다.

$$\frac{b_2}{a_{22}}=\frac{9}{4}=2.25,\ \frac{b_3}{a_{32}}=\frac{8}{2}=4.0$$

그리고 몫의 최소값은 2.25이며, 이것은 a_{22}로 나눈 것이다. 따라서 다음 단계(정규화)의 피봇 요소로 a_{22}를 선택한다. 두 번째 행에서 각 요소를 피봇 요소의 값으로 나누면, 식 (12.33)은 다음과 같다.

$$A=\begin{bmatrix} -10 & -11 & 0 & 0 & 0 & 1 & 0 \\ 0.75 & ① & 0.25 & 0 & 0 & 0 & 2.25 \\ 5 & 2 & 0 & 1 & 0 & 0 & 8 \\ 1 & -2 & 0 & 0 & 1 & 0 & 1 \end{bmatrix} \tag{12.34}$$

위 식에서 피봇 요소는 원으로 나타내었으며, 2열에서 다른 요소들을 소거하는 데 이용한다. 첫 번째 소거 단계를 마치면 이 표는 다음과 같다.

$$A=\begin{bmatrix} -1.75 & 0.0 & 2.75 & 0 & 0 & 1 & 24.75 \\ 0.75 & 1.0 & 0.25 & 0 & 0 & 0 & 2.25 \\ 3.50 & 0.0 & -0.50 & 1 & 0 & 0 & 3.50 \\ 2.50 & 0.0 & 0.50 & 0 & 1 & 0 & 5.50 \end{bmatrix} \tag{12.35}$$

위의 행렬에서 구한 새로운 기저가능해는 다음과 같다.

$$x_1=0,\ x_3=0$$

$$x_2=2.25-0.75x_1-0.25x_3=2.25$$

$$x_4=3.50-3.50x_1+0.50x_3=3.50$$

$$x_5=5.50-2.50x_1-0.50x_3=5.50$$

$$z=24.75+1.75x_1-2.75x_3=24.75$$

z의 값이 0에서 24.75로 증가하였지만, x_1의 값을 증가시키면 이 값은 여전히 더 증가할 수 있다. x_1의 계수가 양수이며, 동시에 x_3가 0을 유지하고 있기 때문이다. 이 연산을 수행하기 위해, 1열에서 적합한 피봇 요소를 선택하고, 앞서 보인 것과 같은 정규화와 소거 과정을 반복한다.

$$A = \begin{bmatrix} 0.0 & 0.0 & 2.50 & 0.50 & 0 & 1 & 26.5 \\ 0.0 & 1.0 & 0.35 & -0.21 & 0 & 0 & 1.5 \\ ① & 0.0 & -0.14 & 0.28 & 0 & 0 & 1.0 \\ 0.0 & 0.0 & 0.85 & -0.71 & 1 & 0 & 3.0 \end{bmatrix} \tag{12.36}$$

이렇게 하면 다음의 최적해에 도달한다.

$$x_3 = 0,\ x_4 = 0$$

$$x_2 = 1.50 - 0.35x_3 + 0.21x_4 = 1.50$$

$$x_1 = 1.00 + 0.14x_3 - 0.28x_4 = 1.00$$

$$x_5 = 3.00 - 0.85x_3 + 0.71x_4 = 3.00$$

$$z = 26.50 - 2.50x_3 - 0.50x_4 = 26.50$$

x_3와 x_4의 계수가 모두 음수이며, 두 변수의 증가는 z값이 감소할 뿐이므로, 이때 z의 최대값에 도달하였음을 알 수 있다. 한편, x_3 또는 x_4값을 감소시키면, 이들은 0보다 작은 값이 되며, 이것은 비음 조건을 위반하게 된다. **표 12.2**는 소거 과정의 두 단계를 요약한 것이다. 이 계산은

표 12.2 단체표

과정	피봇 요소 선택	행렬
주어진 확장행렬	$\frac{9}{4} = 2.25$ $\frac{8}{2} = 4.00$	$\begin{matrix} x_1 & x_2 & x_3 & x_4 & x_5 & z \end{matrix}$ $\Rightarrow \begin{bmatrix} -10 & -11 & 0 & 0 & 0 & 0 \\ 3 & ④ & 1 & 0 & 0 & 9 \\ 5 & 2 & 0 & 1 & 0 & 8 \\ 1 & -2 & 0 & 0 & 1 & 1 \end{bmatrix}$

First pass	$\frac{2.25}{0.75} = 3.00$
	$\frac{3.50}{3.50} = 1.00$
	$\frac{5.50}{2.50} = 2.20$
		`New row 2 = row 2 / 4`
		`New row 1 = row 1 - row 2 × (-11)`
		`New row 3 = row 3 - row 2 × 2`
		`New row 4 = row 4 - row 2 × (-2)`
		$\Rightarrow \begin{bmatrix} -1.75 & 0.0 & 2.75 & 0 & 0 & 24.75 \\ 0.75 & 1.0 & 0.25 & 0 & 0 & 2.25 \\ (3.50) & 0.0 & -0.50 & 1 & 0 & 3.50 \\ 2.50 & 0.0 & 0.50 & 0 & 1 & 5.50 \end{bmatrix}$

Second pass		`New row 3 = row 3 / 3.50`
		`New row 1 = row 1 - row 3 × (-1.75)`
		`New row 2 = row 2 - row 3 × 0.75`
		`New row 4 = row 4 - row 3 × 2.50`
		$\Rightarrow \begin{bmatrix} 0.00 & 0.0 & 2.50 & 0.50 & 0 & 26.50 \\ 0.00 & 1.0 & 0.375 & -0.214 & 0 & 1.50 \\ ① & 0.0 & -0.143 & 0.286 & 0 & 1.00 \\ 0.00 & 0.0 & 0.857 & -0.714 & 1 & 3.00 \end{bmatrix}$

두 피봇 요소를 선택하는 계산을 보여준다. 각 단계에서 피봇 요소는 원으로 표시하였다. 또 피봇 행과 열은 화살표로 표시하였다.

(6) 선형계획법의 전산 코드

선형계획법의 코드는 다음과 같다.

코드 12.1 SimplexClass.py

```
import numpy as np
import math      # math 함수용
import csv       # CSV 파일 읽기
import heapq     # 컬렉션에서 여러 개의 최대나 최소 선택하기 위해

class SimplexClass:
    #def __init__(self):
    #    self.eqs = 0
    #    self.vars = 0

    # 단체표 초기화
    def initialTableau(self, c, A, b, prt = False):
        self.eqs = len(A)
        self.vars = len(c)

        for j in range(self.eqs + 1):
            c.append(0.0)
        lst = [c]
        for i in range(self.eqs):
            for j in range(self.eqs):
                if i == j:
                    A[i].append(1.0)
                else:
                    A[i].append(0.0)
            A[i].append(b[i])
            lst.append(A[i])
        self.table = np.array(lst, dtype='f')
        if (prt): self.printTable("초기 단체표")

    # CSV 파일에서 단체표 읽기
    def readTableau(self, csvFile, prt = False):
        fl = open(csvFile, 'rt')
        reader = csv.reader(fl, delimiter = ',')
        lst = []
```

코드 12.1 SimplexClass.py(계속)

```python
        for line in reader:
            lstLine = []
            for word in line:
                lstLine.append(float(word))
            lst.append(lstLine)
        self.table = np.array(lst, dtype = 'f')
        if (prt): self.printTable("초기 단체표")


    # 목적함수의 값을 개선할 수 있는지 검토
    def canImprove(self):
        firstRow = self.table[0, :-1]
        ans = any(x < -1.0e-5 for x in firstRow)
        return (ans)

    # 피봇 번호 찾기
    def findPivotIndex(self):
        firstRow = self.table[0, :-1]
        pivCol = firstRow.argmin()

        colPiv = self.table[:, pivCol]
        colRhs = self.table[:, -1]

        # 비율 계산
        quots = np.zeros(colPiv.shape[0]-1)

        # 무한대해 검토
        if all(colPiv <= 0.0):
            raise Exception('선형문제는 무한대해를 갖는다')
            return (-1, -1)

        # 목적함수 계수 중 최소 양수인 번호를 선택
        for i in range(1, colPiv.shape[0]):
            if (colPiv[i] > 0.0):
                quots[i-1] = colRhs[i] / colPiv[i]
            else:
                quots[i-1] = 9999.99

        # 퇴화문제 검토
        x, y = heapq.nsmallest(2, quots)
        if x == y:
            raise Exception('선형문제는 퇴화된다')
            return (-1, -1)

```

코드 12.1 SimplexClass.py(계속)

```
        # 정상적으로 피봇행 찾음
        pivRow = quots.argmin() + 1

        return (pivRow, pivCol)

    # 피보팅
    def pivotingTable(self, pivot, prt = False):
        ipiv,jpiv = pivot
        rows, cols = self.table.shape

        # 피봇행의 정규화
        pivVal = self.table[ipiv,jpiv]
        if (prt):
            print()
            print("피봇 = ", pivot, end="")
            print("    피봇값 = {0:8.2f}".format(pivVal))
        for j in range(cols):
            self.table[ipiv,j] = self.table[ipiv,j] / pivVal
        pivRow = self.table[ipiv, :]

        # 다른 행의 정규화
        for i in range(rows):
            if (i == ipiv): continue
            mul = self.table[i, jpiv]
            for j in range(cols):
                self.table[i,j] = self.table[i,j] - pivRow[j] * mul

        # return tableau

    # 단체법
    def solveTable(self, prt = False):
        while self.canImprove():
            pivot = self.findPivotIndex()
            self.pivotingTable(pivot, prt)
            if (prt):
                print(self.table)

        soln, optVal = self.optSoln()

        return self.table, soln, optVal

    # 최적해
    def optSoln(self):
        # 피봇열은 어느 변수를 이용할지 나타낸다.
```

코드 12.1 SimplexClass.py(계속)

```python
        rows, cols = self.table.shape
        optVal = self.table[0][cols-1]
        colRhs = self.table[:, -1]

        soln = []
        for j in range(cols-1):
            column = self.table[:, j]
            if (sum(column) - 1.0 < 1.0e-3): # 피봇열 찾기
                row = column.argmax()
                val = colRhs[row]
                soln.append([j, val])
        return soln, optVal

    # 단체표 출력
    def printTable(self, title):
        np.set_printoptions(formatter={'float_kind': \
            lambda x: "{0:8.2f}".format(x)})
        print(title)
        print(self.table)

    # 해 출력
    def printSoln(self, title, dfmt = "10.2f"):
        soln, optVal = self.optSoln()

        sfmt1 = "x[{0}] = {1:" + dfmt + "}"
        sfmt2 = "목적함수값 = {0:" + dfmt + "}"
        print(title)
        for var in soln:
            print(sfmt1.format(var[0], var[1]))
        print(sfmt2.format(optVal))
```

예제 12.1 단체법

앞의 본문에서 주어진 예제를 **코드 12.1**을 이용하여 풀어라.

목적함수:

$$\max.\ z = 10x_1 + 11x_2$$

제약조건:

$$3x_1 + 4x_2 \le 9$$

$$5x_1 + 2x_2 \leq 8$$

$$x_1 - 2x_2 \leq 1$$

$$x_1 \geq 0,\ x_2 \geq 0$$

풀이

주어진 선형 문제를 표준형으로 바꾸면 다음과 같다.

목적함수:

$$\min.\ -z = -10x_1 - 11x_2 + 0x_3 + 0x_4 + 0x_5$$

제약조건:

$$\begin{aligned} 3x_1 + 4x_2 + x_3 \qquad\qquad &= 9 \\ 5x_1 + 2x_2 \qquad + x_4 \qquad &= 8 \\ x_1 - 2x_2 \qquad\qquad + x_5 &= 1 \end{aligned}$$

$$x_i \geq 0,\ (i = 1,\ 2,\ \cdots,\ 5)$$

이를 코드 12.1을 이용하여 푸는 코드는 다음과 같다.

코드 12.2 **Ex1201.py**

```
# 예제 12.1 단체법을 이용한 선형계획법

from SimplexClass import *

if __name__ == "__main__":
    c = [-10.0, -11.0]
    A = [[3.0, 4.0], [5.0, 2.0], [1.0, -2.0]]
    b = [9.0, 8.00, 1.0]

    smp = SimplexClass()
    smp.initialTableau(c, A, b, True)
    #smp.readTableau('Simplex1.csv', True)
    smp.solveTable(True)
    #smp.printTable("최종 단체표")
    smp.printSoln("\n최적해")
```

이 코드를 실행한 결과는 다음과 같다.

```
초기 단체표
[[   3.00    4.00    1.00    0.00    0.00    9.00]
 [   5.00    2.00    0.00    1.00    0.00    8.00]
 [   1.00   -2.00    0.00    0.00    1.00    1.00]
 [ -10.00  -11.00    0.00    0.00    0.00    0.00]]

피봇 =  (1, 1)    피봇값 =     4.00
[[  -1.75    0.00    2.75    0.00    0.00   24.75]
 [   0.75    1.00    0.25    0.00    0.00    2.25]
 [   3.50    0.00   -0.50    1.00    0.00    3.50]
 [   2.50    0.00    0.50    0.00    1.00    5.50]]

피봇 =  (2, 0)    피봇값 =     3.50
[[   0.00    0.00    2.50    0.50    0.00   26.50]
 [   0.00    1.00    0.36   -0.21    0.00    1.50]
 [   1.00    0.00   -0.14    0.29    0.00    1.00]
 [   0.00    0.00    0.86   -0.71    1.00    3.00]]

최적해
x[0] =      1.00
x[1] =      1.50
x[3] =     26.50
x[4] =      3.00
목적함수값 =     26.50
```

코드의 실행 결과 $x_1 = 1.0$, $x_2 = 1.5$이고, 목적함수값 $z = 26.50$임을 알 수 있다.

(7) 선형계획법의 한계

선형계획법 자체의 한계일 수도 있고, 앞서 제시한 코드의 한계일 수도 있지만, **코드 12.1**에 주어진 단체법 코드는 몇 가지 제약이 있다.

- 주어진 제약조건이 모두 '작거나 같은' 부등호로 이루어져 있다. 따라서 등호나 '크거나 같은' 부등호로 된 경우는 별도의 방법을 모색해야 한다. 많은 경우 등호는 Big-M법을 이용하고, '크거나 같은' 부등호로 된 경우는 인위변수artificial variable를 이용한다.
- 주어진 문제에서 모든 변수는 비음인 실수로 정해져 있다. 그런데 실제적인 상황에서는 변수들이 비음 정수로 주어지는 경우가 많다. 예를 들어, 변수가 제품의 생산량이라거나, 인원이라면 소수로 나눌 수 있는 성격이 아니다. 이런 경우를 정수계획법integer programming이라 한다. 이 책에서는 지면 사정상 정수계획법을 다루지 않는다. 관심 있는 독자는 선형계

획법 또는 경영과학operations research이나 최적화에 대한 책[1])들을 참고하기 바란다.

12.3 곡선을 따른 최소화

제약조건 $c \le x \le d$가 있는 변수 x의 함수 $f(x)$를 최소화하는 문제를 생각하자. 함수의 가설적인 개념이 **그림 12.5**에 있다. 극소점이 두 개 있다. 즉, $f'(x) = 0$인 정체점과 제약조건의 경계값이며, 최소값은 극소값 중에서 가장 작은 것으로 선택한다. 최소값을 찾는 것은 간단하다. $df/dx = 0$의 근을 찾음으로써 정체점들을 구하고 제약조건 경계값은 $f(c)$와 $f(d)$이므로, 최소값은 이 극값들을 비교하여 구할 수 있다. 그렇다면 최적화 알고리즘이 필요한 이유는 무엇일까? 이는 $f(x)$를 미분하기가 어렵거나 불가능한 경우, 예를 들어 f가 복잡한 컴퓨터 알고리즘을 필요로 하는 경우에 필요하다.

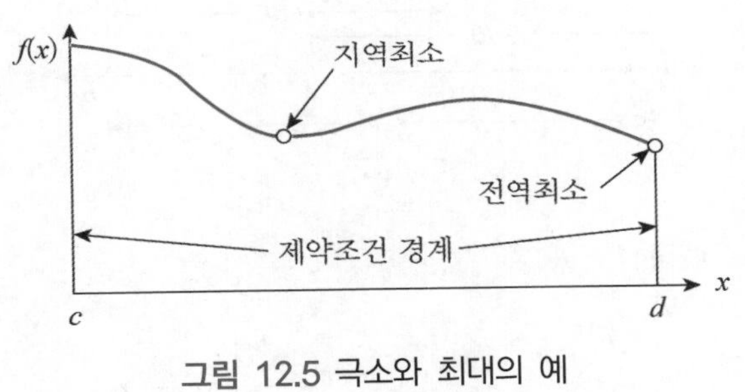

그림 12.5 극소와 최대의 예

(1) 최소값 존재 구간 설정

최소화 알고리즘을 시작하기 전에 최소점이 존재하는 구간을 설정하여야 한다. 구간 설정 방법은 간단하다. 초기값 x_0에서 시작하여, $f(x)$가 처음으로 증가하는 점 x_n에 도달할 때까지 x_1, x_2, x_3, …에서 함수값을 계산하면서 아래로 이동한다. 최소점은 구간 $\langle x_{n-2} : x_n \rangle$에 위치한다. 구간 검색간격 $h_i = x_{i+1} - x_i$의 크기는 얼마로 하는지? 검색간격 h_i를 상수로 고정할 경우 종종 너무 많은 계산단계가 필요하기 때문에 좋지 않다. 보다 효율적인 기법은 매 단계마다 간격을 증가시키는 것이다. 우리의 목표는 결과적인 해의 존재 구간이 넓더라도 신속하게 최소

1) 개인적으로는 Taha, H. A, 《Operations Research: An Introduction(10th edition)》 Pearon(2017)을 추천한다. 이 책은 최인찬 등 역, 《경영과학(9판)》 교보문고(2012)로 번역하여 출간되었다.

에 도달하는 것이다. 이 알고리즘에서 검색간격을 크기를 일정한 비율로 증가시키는 방법을 선택했다. 즉, $h_{i+1} = ch_i$, $(c>1)$를 사용한다.

(2) 황금분할 탐색

황금분할 탐색golden section search은 방정식의 근을 찾는 이분법의 한 형태이다. $f(x)$의 최소값이 간격이 h인 구간 $\langle a:b \rangle$에 존재한다고 가정하자. 탐색구간을 축소하기 위해, **그림 12.6(a)**와 같이 $x_1 = b - Rh$와 $x_2 = b + Rh$에서 함수값을 구하여 비교한다. 상수 R은 간단히 결정된다. 그림에 표시된 것처럼 $f_1 > f_2$이면 최소값은 $\langle x_1 : b \rangle$에 있고, 그렇지 않으면 $\langle a : x_2 \rangle$에 위치한다.

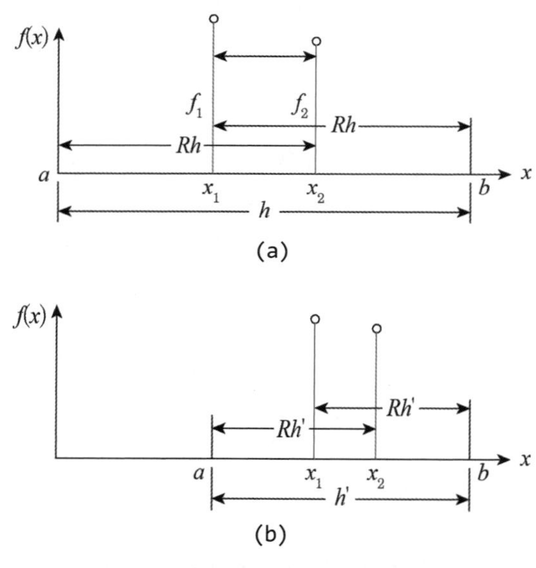

그림 12.6 황금분할 탐색 구간축소 과정

$f_1 > f_2$라고 가정하면, **그림 12.6(b)**와 같이 다음 번 탐색을 위해 $a \leftarrow x_1$, $x_1 \leftarrow x_2$로 재설정한다. 그러면 새로운 탐색구간 $\langle a:b \rangle$는 폭이 $h' = Rh$가 되며, $x_2 = a + Rh'$로 재설정하며, 이와 같은 탐색과정을 반복한다. 이 과정은 **그림 12.5(a)**와 **그림 12.5(b)**가 유사해야만(즉, 두 그림에서 x_1과 x_2를 결정하는 R이 고정된 값이어야만) 가능하다. **그림 12.6(a)**에서 $x_2 - x_1 = 2Rh - h$이며, 이와 같은 크기가 **그림 12.6(b)**에서는 $x_1 - a = h' - Rh$이다. 두 식으로부터,

$$2Rh - h = h' - Rh'$$

$h' = Rh$를 대입하고 h를 소거하면 다음과 같다.

$$2R - 1 = R(1 - R)$$

이 방정식의 해는 황금비율[2]이다.

$$R = \frac{-1 + \sqrt{5}}{2} = 0.618033989 \cdots \tag{12.37}$$

각 단계마다 최소값을 포함하는 간격을 인수 R만큼 축소시키는데, 이는 이분법의 인수 0.5 만큼 좋지는 않다. 그러나 황금분할 탐색 방법은 단계별로 함수값을 하나만 계산하는 반면, 이분법에서는 두 개를 계산한다.

초기 간격 $|b-a|$부터 간격 h를 허용오차 ε까지 감소시키는 데 수행한 단계를 n이라 하면 다음 식이 만족된다.

$$|b-a| R^n = \varepsilon$$

따라서 필요한 구간축소 연산의 수 n은 다음과 같다.

$$n = \frac{\ln\left(\frac{\varepsilon}{|b-a|}\right)}{\ln R} = -2.078087 \ln\left(\frac{\varepsilon}{|b-a|}\right) \tag{12.38}$$

goldenSearch( )

이 모듈에는 해의 범위지정 및 황금분할 탐색golden section search 알고리즘이 포함되어 있다. 최소값 존재구간 설정의 검색간격 증가율은 $c = 1 + R$을 사용했다.

코드 12.3 GoldenSearch.py

```
# GoldenSearch.py
# 황금분할 탐색 모듈

''' a,b = bracket(f,xStart,h)
```

2) R은 고대 그리스인이 완벽한 비율로 생각했던 '황금 직사각형'의 변의 비율이다.

코드 12.3 GoldenSearch.py(계속)

```
        이용자 입력 스칼라 함수 f(x)의 최소점의
        범위 (a,b) 찾기. 이 탐색법은 간격 h로
        xStart에서 내리막방향으로 시작한다.
    x,fMin = search(f,a,b,tol=1.0e-6)
        이용자 입력 스칼라 함수 f(x)를 최소화하는
        x를 결정하기 위한 황금분할법
        최소값은 (a,b) 안에 있어야 한다.
'''
import math

def bracket(f,x1,h):
    c = 1.618033989
    f1 = f(x1)
    x2 = x1 + h; f2 = f(x2)

    # 내리막 방향을 결정하고, 필요시 h의 부호 변경
    if f2 > f1:
        h = -h
        x2 = x1 + h; f2 = f(x2)

        # x1 - h와 x1 + h 사이에 최소값이 있는지 검토
        if f2 > f1:
            return x2,x1 - h

    # 탐색 순환문
    for i in range (100):
        h = c*h
        x3 = x2 + h; f3 = f(x3)
        if f3 > f2:
            return x1,x3
        x1 = x2; x2 = x3
        f1 = f2; f2 = f3
    else:
        print("범위안에서 최소값 찾지 못함")

def search(f,a,b,tol=1.0e-9):
    nIter = int(math.ceil(-2.078087*math.log(tol/abs(b-a))))
    R = 0.618033989
    C = 1.0 - R

    # 첫번째 망원
    x1 = R*a + C*b; x2 = C*a + R*b
    f1 = f(x1); f2 = f(x2)

```

코드 12.3 GoldenSearch.py(계속)

```
        # 핵심 순환문
    for i in range(nIter):
        if f1 > f2:
            a = x1
            x1 = x2; f1 = f2
            x2 = C*a + R*b; f2 = f(x2)
        else:
            b = x2
            x2 = x1; f2 = f1
            x1 = R*a + C*b; f1 = f(x1)
    if f1 < f2:
        return x1,f1
    else:
        return x2,f2
```

예제 12.2 함수의 최소화

goldenSearch( )를 사용하여 다음의 함수가 최소가 되게 하는 x를 구하라. 제약조건은 $x \geq 0$이다. 해석해와 비교하라.

$$f(x) = 1.6x^3 + 3x^2 - 2x$$

풀이

이것은 제약 최소화 문제이다. $f(x)$의 최소는 $x \geq 0$인 구역에서 정체점이나 제약경계 $x = 0$에서 발생한다. $f(x) + \lambda[\min(0,\, x)]^2$을 최소화하는 벌점함수법으로 제약조건을 처리한다. 최소값 존재구간 설정을 위해 $h = 0.01$을 선택하고, $x = 1$에서 시작하는 코드를 작성하였다.

코드 12.4 Ex1202.py

```
# 예제 12.2 함수의 최소화

from GoldenSearch import *

def f(x):
    lam = 1.0         # 제약승수
    c = min(0.0, x) # 제약함수
    return 1.6*x**3 + 3.0*x**2 - 2.0*x + lam*c**2

if __name__ == '__main__':
```

코드 12.4 Ex1202.py(계속)

```
xStart = 1.0
h = 0.01

x1,x2 = bracket(f,xStart,h)
x,fMin = search(f,x1,x2)

print("x    =", x)
print("f(x) =", fMin)
```

프로그램 수행 결과는 다음과 같다.

```
x    = 0.2734941131714084
f(x) = -0.28985978554959224
```

최소는 정체점에서 나타났으므로 제약조건은 활성화되지 않았다. 그러므로 벌점기능은 불필요한 것이었지만 처음부터 그 사실을 알지는 못했다. 정체점의 위치는 다음 방정식을 해석적으로 풀어서 구한다.

$$f'(x) = 4.8x^2 + 6x - 2 = 0$$

이차방정식의 양수인 근은 $x = 0.273494$이다. 이것이 유일한 양의 근이기 때문에 제약조건 $x \geq 0$ 하에서 다른 정체점은 없다. 최소가 될 수 있는 다른 후보는 제약 경계인 $x = 0$에서지만, $f(0) = 0$이기 때문에 정체점의 값보다 크다. 결론적으로 최소값은 $x = 0.273494$에서 나타난다.

예제 12.3 단면계수가 최대인 사다리꼴

그림의 사다리꼴은 수로에 설치된 물막이 위어weir의 횡단면으로 바닥면의 길이가 $B = 48$ mm이고 높이가 $H = 60$ mm인 삼각형의 상부를 제거한 모양이다. 문제는 다음 식 $S = I_{\bar{x}}/c$으로 표현되는 단면계수 S가 최대가 되는 사다리꼴의 높이 y를 찾는 것이다. 여기서 $I_{\bar{x}}$는 도심 C를 지나는 수평축에 대한 단면이차모멘트이다. 단면계수를 최적화함으로써 우리는 최대 휨응력 $\sigma_{\max} = M/S$을 최소화한다. 여기서 M은 휨모멘트이다.

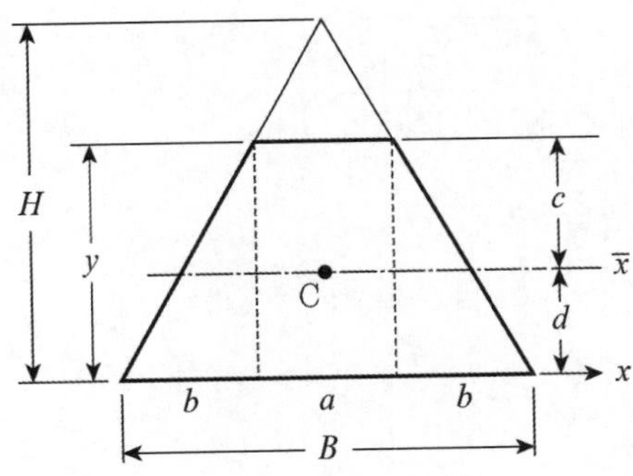

풀이

사각형과 두 개의 삼각형의 복합체인 사다리꼴의 면적을 고려하면, 단면 계수는 다음과 같은 계산 순서를 통해 구할 수 있다.

직사각형의 밑변	$a = B(H-y)/H$
삼각형의 밑변	$b = (B-a)/2$
면적	$A = (B+a)y/2$
x축에 대한 단면일차모멘트	$Q_x = (ay)\dfrac{y}{2} + 2\left(\dfrac{by}{2}\right)\dfrac{y}{3}$
도심의 위치	$d = \dfrac{Q_x}{A}$
S 계산을 위한 거리 c	$c = y - d$
x축에 대한 단면이차모멘트	$I_x = \dfrac{ay^3}{3} + 2\left(\dfrac{by^3}{12}\right)$
평행축 법칙	$I_{\bar{x}} = I_x - Ad^2$
단면계수	$S = I_{\bar{x}}/c$

표의 수식을 사용하여 S를 y의 함수로 유도할 수도 있지만, 오류가 발생하기 쉬운 대수가 많이 포함되어 지나치게 복잡한 표현이 된다. 컴퓨터가 작업을 수행하는 것이 더 합리적이다. 여기서 사용한 프로그램과 그 결과는 다음에 있다. 최소화 알고리즘으로 S를 최대화하기를 원하기 때문에, 목적함수는 $-S$이다. 이 문제에는 제약조건이 없다.

코드 12.5 Ex1203.py

```
# 예제 12.3 단면계수가 최대인 사다리꼴

from GoldenSearch import *

def f(y):
    B = 48.0
    H = 60.0
    a = B*(H - y)/H
    b = (B - a)/2.0
    A = (B + a)*y/2.0
    Q = (a*y**2)/2.0 + (b*y**2)/3.0
    d = Q/A
    c = y - d
    I = (a*y**3)/3.0 + (b*y**3)/6.0
    Ibar = I - A*d**2
    return -Ibar/c

if __name__ == '__main__':
    yStart = 60.0   # y의 시작값
    h = 1.0         # 경계찾기에 이용되는 첫단계의 크기
    a,b = bracket(f,yStart,h)
    yOpt, fOpt = search(f,a,b)

    print("최적 y     =", yOpt)
    print("최적 S     =", -fOpt)
    print("삼각형의 S =", -f(60.0))
```

프로그램 수행 결과는 다음과 같다.

```
최적 y     = 52.17627387056691
최적 S     = 7864.430941364856
삼각형의 S = 7200.0
```

출력에는 원래 삼각형의 단면계수가 포함되어 있다. 최적단면은 삼각형보다 9.2% 개선된 것을 보여준다.

12.4 Powell 방법

(1) 서론

이제 n차원 설계공간에서의 최적화를 살펴본다. n개의 성분으로 구성된 설계변수 $\boldsymbol{x}$의 목적 함수 $F(\boldsymbol{x})$를 최소화하는 것이다. 문제 해결 방법의 하나는 최적점에 가깝도록 1차원 최소화를 각각의 x_i에 대해 연속적으로 적용하는 것이다. 기본적인 전략은 다음과 같다.

설계공간에서 한 점 $\boldsymbol{x}_0$를 선택한다.
i = 1, 2, 3, …에 대해 반복계산을 한다:
    벡터 v_i를 선택한다.
    v_i 방향에서 x_{i-1}를 통과하는 선을 따라 $F(x)$를 최소화한다.
        최소값의 점을 $\boldsymbol{x}_i$라고 한다.
    만일 $|\boldsymbol{x}_i - \boldsymbol{x}_{i-1}| < \varepsilon$이면, 순환문을 벗어난다.

곡선을 따라 최소화하는 것은 일차원 최적화 알고리즘(예: 황금분할 탐색기법)으로 수행할 수 있다. 남아 있는 유일한 질문은 벡터 $\boldsymbol{v}_i$를 선택하는 방법이다.

(2) 공액방향

n차원 공간의 2차 함수를 생각해보자.

$$\begin{aligned} F(\boldsymbol{x}) &= c - \sum_i b_i x_i + \frac{1}{2}\sum_i \sum_j A_{ij} x_i x_j \\ &= c - \boldsymbol{b}^T \boldsymbol{x} + \frac{1}{2}\boldsymbol{x}^T \mathrm{A} \boldsymbol{x} \end{aligned} \tag{12.39}$$

x_i에 대해 미분하면,

$$\frac{\partial F}{\partial x_i} = -b_i + \sum_j A_{ij} x_j$$

벡터 표기법을 사용하면,

$$\nabla F = -\boldsymbol{b} + \mathrm{A}\boldsymbol{x} \tag{12.40}$$

여기서 ∇F는 F의 경사gradient라 한다.

이제 점 $\boldsymbol{x}_0$에서 시작해서 벡터 $\boldsymbol{u}$의 방향으로 이동할 때 경사의 변화를 살펴보자. 이동은 아래 곡선을 따라 발생한다.

$$\boldsymbol{x} = \boldsymbol{x}_0 + s\boldsymbol{u}$$

여기서 s는 이동거리이다. 식 (12.40)에 대입하면 $\boldsymbol{x}$에서의 경사는 다음과 같다.

$$\nabla F|_{\boldsymbol{x}_0 + s\boldsymbol{u}} = -\boldsymbol{b} + \mathrm{A}(\boldsymbol{x}_0 + s\boldsymbol{u}) = \nabla F|_{\boldsymbol{x}_0} + s\boldsymbol{u}$$

기울기 변화는 $s\mathrm{A}\boldsymbol{u}$이다. 이 변화가 벡터 $\boldsymbol{v}$에 직각이면 다음 식이 성립한다.

$$\boldsymbol{v}^T\mathrm{A}\boldsymbol{u} = 0 \tag{12.41}$$

이럴 때 벡터 $\boldsymbol{u}$와 $\boldsymbol{v}$의 방향은 서로 공액(무간섭)이라고 한다. 그 의미는 $\boldsymbol{v}$의 방향에서 $F(\boldsymbol{x})$를 최소화하면 이전의 최소화를 방해하지 않고 $\boldsymbol{u}$를 따라 이동할 수 있다는 것이다. 독립변수가 n개인 이차함수의 경우 n개의 서로 공액인 방향을 구성할 수 있다. 따라서 최소점에 도달하기 위해서는 이런 방향들을 따라 정확히 n개의 곡선 최소화가 필요하다. $F(\boldsymbol{x})$가 이차 함수가 아니면, 식 (12.39)는 $\boldsymbol{x}_0$에 대한 $F(\boldsymbol{x})$의 테일러 급수 전개를 절단하여 얻은 목적함수의 지역 근사치로 취급할 수 있다.

$$F(\boldsymbol{x}) \approx F(\boldsymbol{x}_0) + \nabla F(\boldsymbol{x}_0)(\boldsymbol{x} - \boldsymbol{x}_0) + \frac{1}{2}(\boldsymbol{x} - \boldsymbol{x}_0)^T\mathrm{H}(\boldsymbol{x}_0)(\boldsymbol{x} - \boldsymbol{x}_0)$$

이제 2차 형태에 기반을 둔 공액 방향은 단지 근사값이며, $\boldsymbol{x}_0$의 가까운 부근에서 유효하다. 결과적으로 최적점에 도달하기 위해서는 n곡선 최소화를 여러 번 반복계산해야 한다.

공액경사 방법은 공액방향을 구성하기 위해 다양한 기법을 사용한다. 이른바 0차 방법은 $F(\boldsymbol{x})$만을 사용하는 반면, 1차 방법은 $F(\boldsymbol{x})$와 ∇F를 모두 사용한다. 1차 방법은 계산상으로는 더 효율적이지만, 입력이 매우 지루할 정도로 많을 수 있다.

(3) Powell 알고리즘

Powell의 방법은 0차 방법이므로 $F(\boldsymbol{x})$만을 계산한다. 기본 알고리즘은 다음과 같다.

설계공간에서 한 점 $\boldsymbol{x}_0$를 선택한다.

시동벡터 $\boldsymbol{v}_i$, $(i=1, 2, \cdots, n)$를 선택한다. (일반적인 선택은 $v_i = e_i$이며, 여기서 e_i는 x_i-좌표 방향의 단위벡터이다.)

주기계산:

  $i=1, 2, \cdots, n$에 대해 반복계산한다:

    $\boldsymbol{v}_i$ 방향으로 $\boldsymbol{x}_{i-1}$를 통과하는 선을 따라서 $F(\boldsymbol{x})$를 최소화한다.

    최소점을 $\boldsymbol{x}_i$로 놓는다.

  반복계산 종료

  $\boldsymbol{v}_{n+1} \leftarrow \boldsymbol{x}_0 - \boldsymbol{x}_n$

  $\boldsymbol{v}_{n+1}$ 방향으로 $\boldsymbol{x}_0$를 통과하는 선을 따라서 $F(\boldsymbol{x})$를 최소화한다.

  최소점을 $\boldsymbol{x}_{n+1}$로 놓는다.

  만일 $|\boldsymbol{x}_{n+1} - \boldsymbol{x}_0| < \varepsilon$이면 반복계산을 종료한다.

  $i=1, 2, \cdots, n$에 대해 반복계산

    $\boldsymbol{v}_i \leftarrow \boldsymbol{v}_{i+1}$ ($\boldsymbol{v}_1$은 버린다. 다른 벡터는 재이용된다.)

  반복계산 종료

  $\boldsymbol{x}_0 \leftarrow \boldsymbol{x}_{n+1}$

주기계산 종료

Powell은 연속적인 반복계산에서 생성된 벡터 $\boldsymbol{v}_{n+1}$이 서로 공액적이라서, 정확히 n회의 반복계산만에 2차 곡면의 최소점에 도달한다는 것을 보였다. 실제적으로 목적함수는 거의 이차함수가 아니지만, 식 (12.39)로 국부적으로 근사될 수 있는 한 Powell의 방법이 작동한다. 물론 2차가 아닌 함수의 최소값에 도달하기 위해서는 대개 n회 이상이 걸린다. 각 공액방향을 구성하려면 n개의 곡선에 대해 최소화해야 한다.

그림 12.7(a)는 2차원 설계공간($n=2$)에서 이 방법의 전형적인 한 주기cycle를 보여준다. 점 $\boldsymbol{x}_0$, 벡터 $\boldsymbol{v}_1$과 $\boldsymbol{v}_2$를 가지고 시작한다. $F(\boldsymbol{x}_0 + s\boldsymbol{v}_1)$이 최소가 되는 거리 s_1을 찾고, 점 $\boldsymbol{x}_1 = \boldsymbol{x}_0 + s_1\boldsymbol{v}_1$을 구한다. 그다음 $F(\boldsymbol{x}_1 + s\boldsymbol{v}_2)$이 최소가 되는 거리 s_2를 결정하고 점 $\boldsymbol{x}_2 = \boldsymbol{x}_1 + s_2\boldsymbol{v}_2$를 구한다. 마지막으로 탐색방향은 $\boldsymbol{v}_3 = \boldsymbol{x}_2 - \boldsymbol{x}_0$이 되고, $F(\boldsymbol{x}_0 + s\boldsymbol{v}_3)$이 최소가 되는 거리 s_3를 찾고, 점 $\boldsymbol{x}_3 = \boldsymbol{x}_0 + s_3\boldsymbol{v}_3$를 얻으면 계산주기가 완성된다.

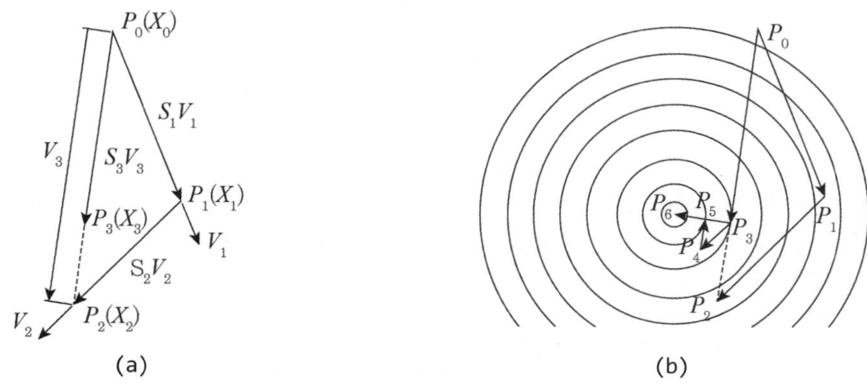

그림 12.7 Powell의 방법

그림 12.7(b)는 두 주기 동안 수행된 움직임을 2차 곡면의 등고선도에 겹쳐서 보여주고 있다. 앞에서 설명한 것처럼 첫 번째 주기는 점 P_0에서 시작하여 P_3에서 끝난다. 두 번째 주기에서 P_6으로 이동하는데, 이것이 최적점이다. 방향 P_0P_3과 P_3P_6은 서로 공액이다.

Powell의 방법에는 보완해야 할 주요 결점이 있다. $F(\boldsymbol{x})$가 2차방정식이 아닌 경우, 알고리즘은 서서히 선형으로 종속되는 검색방향을 주는 경향을 나타내고, 이로 인해 최소점으로 진행이 되질 않는다. 문제의 원인은 각 계산주기가 끝날 때 자동으로 v_1을 버리는 것이다. $F(\boldsymbol{x})$가 가장 크게 감소하는 방향을 버리는 것이 낫다는 것이 제안되었으며, 이 제안을 수용한다. 가장 좋은 방향을 버리는 것은 직관에 반대로 보이지만, 그것은 다음 계산주기에 추가된 방향에 가까울 가능성이 있고, 그로 인해 선형 종속성에 기여한다. 변화의 결과로, 탐색방향은 상호 공액을 멈추고, 2차 형태는 더 이상 n 계산주기에서 최소화되지 않는다. 실제 문제에서는 $F(\boldsymbol{x})$가 거의 2차원이 아니기 때문에 이것이 중요한 손실은 아니다.

Powell은 수렴속도를 높이기 위해 몇 가지 다른 개선안을 제안했다. 그러나 그것들은 상당히 복잡하기 때문에 이 책에서는 생략한다.

Powell( ) 함수

Powell의 방법에 대한 알고리즘을 작성하였다. 두 개의 배열을 사용한다. **df**는 계산주기의 첫 번째 n개의 동작에서 목적함수의 감소를 포함하고, 행렬 **u**는 해당 방향의 벡터 v_i(행당 하나의 벡터)를 저장한다.

코드 12.6 Powell.py

```
# Powell.py
# powell 모듈
''' xMin,nCyc = powell(F,x,h=0.1,tol=1.0e-6)
        이용자 입력함수 F(x)를 최소화하는 Powell 방법
        x = 시작점
        h = 경계만들기에 이용되는 초기탐색증분
        xMin = 최소점
        nCyc = 주기의 수
'''
import math
import numpy as np
from GoldenSearch import *

def powell(F,x,h=0.1,tol=1.0e-6):
    def f(s):
        return F(x + s*v)        # v 방향의 F

    n = len(x)                   # 설계변수의 수
    df = np.zeros(n)             # 여기에 저장된 F의 감소
    u = np. identity(n)          # 여기에 저장된 벡터 v
    for j in range(30):          # 30 반복 허용
        xOld = x.copy()          # 시작점 저장
        fOld = F(xOld)

        # 처음 n 선탐색은 F의 감소를 기록
        for i in range(n):
            v = u[i]
            a,b = bracket(f,0.0,h)
            s,fMin = search(f,a,b)
            df[i] = fOld - fMin
            fOld = fMin
            x = x + s*v

        # 반복에서 마지막 선탐색
        v = x - xOld
        a,b = bracket(f,0.0,h)
        s,fLast = search(f,a,b)
        x = x + s*v

        # 수렴성 검토
        if math.sqrt(np.dot(x-xOld,x-xOld)/n) < tol:
            return x,j+1

        # 최대 감소를 확인하고 탐색방향 갱신
```

코드 12.6 Powell.py(계속)

```
            iMax = np.argmax(df)
            for i in range(iMax,n-1):
                u[i] = u[i+1]
            u[n-1] = v
        else:
            print("Powell 법은 수렴하지 않음")
```

예제 12.4 함수의 최소값 탐색

점 $(-1, 1)$에서 시작하는 Powell의 방법으로 다음 함수[3]의 최소값을 찾아라.

$$F = 100(y - x^2)^2 + (1 - x)^2$$

풀이

이 함수에는 흥미로운 지형이 있다. F의 최소는 점 $(1, 1)$에서 발생한다. 그러나 알고리즘이 극복해야 하는 것은 시작점과 최소점 사이의 언덕이다.

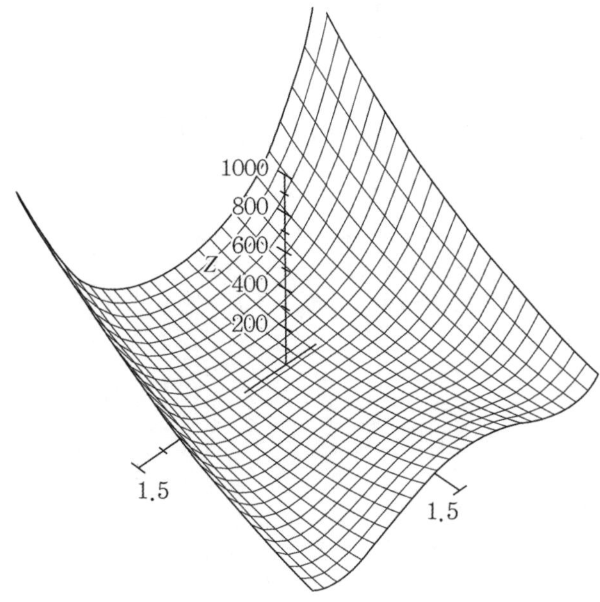

이 비제약 최적화 문제를 해결하는 프로그램은 다음과 같다.

3) Shoup, T. E. and Mistree, F., (1987) Optimization Methods with Applications for Personal Computers, Prentice-Hall.

코드 12.7 Ex1204.py

```
# 예제 12.4 함수의 최소값 탐색

from Powell import *
from numpy import array

def F(x):
    return 100.0*(x[1] - x[0]**2)**2 + (1 - x[0])**2

if __name__ == '__main__':
    xStart = array([-1.0, 1.0])
    xMin,nIter = powell(F,xStart)

    print("x       =", xMin)
    print("F(x)    =", F(xMin))
    print("반복 수 =", nIter)

```

출력 결과에서 알 수 있듯이 12주기 후에 최소점을 얻었다.

```
x       = [1. 1.]
F(x)    = 3.717507015854018e-29
반복 수 = 12
```

예제 12.5 최소거리 결정

Powell 방법을 사용하여 점 (5, 8)에서 곡선 $xy=5$까지의 최소거리를 결정하라.

풀이

점 (5, 8)에서 곡선 $xy=5$까지의 거리로 주어진 목적함수 F는 다음과 같다.

$$F(x,\ y)=(x-5)^2+(y-8)^2$$

등식 제약조건은 $xy-5=0$으로 표시할 수 있다. 다음의 프로그램은 벌점함수를 이용하는 Powell의 방법이다.

코드 12.8 **Ex1205.py**

```
# 예제 12.5 최소거리 결정

from Powell import *
from numpy import array
from math import sqrt

def F(x):
    lam = 1.0                           # 벌점승수
    c = x[0]*x[1] - 5.0                 # 제약 방정식
    return distSq(x) + lam*c**2         # 벌점화 이득함수

def distSq(x):
    return (x[0] - 5)**2 + (x[1] - 8)**2

if __name__ == '__main__':
    xStart = array([ 1.0, 5.0])
    x, numIter = powell(F, xStart, 0.1)

    print("교차점   =", x)
    print("최소거리 =", sqrt(distSq(x)))
    print("xy       =", x[0]*x[1])
    print("반복횟수 =", numIter)
```

앞서 언급한 바와 같이 벌점함수의 승수 λ(코드에서는 **lam**)의 값은 결과에 큰 영향을 줄 수 있다. $\lambda = 1$(프로그램에서와 같이)을 선택했고, 결과는 다음과 같다.

```
교차점   = [0.73306761 7.58776385]
최소거리 = 4.28679958766998
xy       = 5.562343874620907
반복횟수 = 5
```

작은 λ값을 선택하는 것은 정확도보다 수렴속도를 선호한다. 제약조건 $xy = 5$를 위반하면 안 되기 때문에, 우리는 $\lambda = 10{,}000$으로 프로그램을 다시 실행했다. 첫 번째 실행의 끝점인 점 $(0.73306761,\ 7.58776385)$로 시작점을 변경했다. 이번에는 다음의 결과를 얻는다.

```
교차점    = [0.65561311 7.62653597]
최소거리 = 4.360409709339548
xy       = 5.000056964418658
반복횟수 = 17
```

우리가 첫 번째 실행에서 $\lambda = 10{,}000$을 사용할 수 있었을까? 그랬다면 운이 좋은 것이고 17 계산주기에서 최소값을 얻었을 것이다. 그러므로 우리는 두 번 실행함으로써 7번의 계산주기를 절약했다. 그렇지만 큰 λ는 종종 알고리즘을 중단시키므로, 작은 λ로 시작하는 것이 일반적이다.

검토

등식 제약조건이 있기 때문에, 해석적으로 최적점을 쉽게 찾을 수 있다. 식 (12.2a)의 함수는 다음과 같다(여기서 λ는 Lagrange 승수이다).

$$F^*(x,\, y,\, \lambda) = (x-5)^2 + (y-8)^2 + \lambda(xy-5)$$

그래서 식 (12.2b)는 다음과 같다.

$$\frac{\partial F^*}{\partial x} = 2(x-5) + \lambda y = 0$$

$$\frac{\partial F^*}{\partial y} = 2(y-8) + \lambda x$$

$$g(x) = xy - 5 = 0$$

이 연립비선형방정식은 Newton-Raphson 방법(4.3절의 NewtonRaphsonNLS( ) 함수)으로 풀 수 있다. 다음 프로그램에서는 표기법 $\boldsymbol{x} = [x \;\; y \;\; \lambda]^T$를 사용했다. 이 코드를 실행하려면 **코드 3.13**(swap.py), **코드 3.14**(GaussPivot.py), **코드 4.24**(NewtonRaphsonNLS.py)가 필요하다.

코드 12.9 Ex1205_check.py

```
# 예제 12.5의 검토

import numpy as np
from NewtonRaphsonNLS import *

def F(x):
```

코드 12.9 Ex1205_check.py(계속)

```
    arr = np.array([2.0*(x[0] - 5.0) + x[2]*x[1], \
            2.0*(x[1] - 8.0) + x[2]*x[0], \
            x[0]*x[1] - 5.0])
    return arr

if __name__ == '__main__':
    xStart = np.array([1.0, 5.0, 1.0])

    print("x = ", NewtonRaphson(F, xStart))
```

프로그램 수행 결과는 다음과 같다.

```
x =  [ 0.6556053   7.62653992  1.13928328]
```

예제 12.6 트러스 최소 체적

다음 그림과 같은 트러스에 하중이 작용하고 있다.

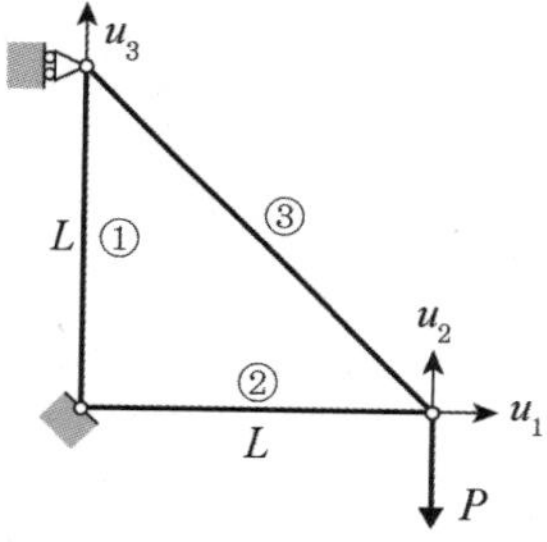

이 트러스의 변위공식은 절점변위 $\boldsymbol{u}$에 대해 다음과 같은 연립방정식으로 표현된다.

$$\frac{E}{2\sqrt{2}L}\begin{bmatrix} 2\sqrt{2}A & -A_3 & A_3 \\ -A_3 & A_3 & -A_3 \\ A_3 & -A_3 & 2\sqrt{2}A_1 + A_3 \end{bmatrix}\begin{bmatrix} u_1 \\ u_2 \\ u_3 \end{bmatrix} = \begin{bmatrix} 0 \\ -P \\ 0 \end{bmatrix}$$

여기서 E는 물질의 탄성계수, A_i는 i번째 부재의 단면적이다. 절점변위 u_2가 주어진 δ보다 작아야 한다는 제약조건하에서 Powell의 방법을 사용하여 트러스의 체적(또는 중량)의 최소를 구하라.

풀이

아래의 무차원 변수를 도입하자.

$$v_i = \frac{u_i}{\delta},\ x_i = \frac{E\delta}{PL}A_i$$

연립방정식은 다음과 같이 바뀐다.

$$\frac{1}{2\sqrt{2}}\begin{bmatrix} 2\sqrt{2}\,x_2 + x_3 & -x_3 & x_3 \\ -x_3 & x_3 & -x_3 \\ x_3 & -x_3 & 2\sqrt{2}\,x_1 + x_3 \end{bmatrix}\begin{bmatrix} v_1 \\ v_2 \\ v_3 \end{bmatrix} = \begin{bmatrix} 0 \\ -1 \\ 0 \end{bmatrix}$$

최소를 구할 구조물의 체적식(목적함수)은 다음과 같다.

$$V = L(A_1 + A_2 + \sqrt{2}\,A_3) = \frac{PL^2}{E\delta}(x_1 + x_2 + \sqrt{2}\,x_3)$$

변위 제약조건 $|u_2| \le \delta$ 이외에도, 문제에서 주어지지 않은 제약조건 $A_i \ge 0$를 적용하여 횡단면이 음수가 되지 않도록 해야 한다. 따라서 최적화 문제는 다음과 같다.

Minimize $F = x_1 + x_2 + \sqrt{2}\,x_3$

제약조건: $|v_2| \le 1,\ x_i \ge 0\ \ (i = 1, 2, 3)$

v_2를 구하려면 식 (a)를 풀어야 하며, 코드는 다음과 같다.

코드 12.10 Ex1206.py

```
# 예제 12.6 트러스의 최소 체적

import math
import numpy as np
from Powell import *

#from gaussElimin import *

def F(x):
    global v, weight
```

코드 12.10 Ex1206.py(계속)

```
11      lam = 100.0
12      # lam = 10000.0
13      c = 2.0 * math.sqrt(2.0)
14      A = np.array([[c*x[1] + x[2], -x[2], x[2]], \
15          [-x[2], x[2], -x[2]], \
16          [ x[2], -x[2], c*x[0] + x[2]]])/c
17      b = np.array([0.0, -1.0, 0.0])
18      v = np.linalg.solve(A,b)
19      weight = x[0] + x[1] + math.sqrt(2.0)*x[2]
20      penalty = max(0.0,abs(v[1]) - 1.0)**2 \
21          + max(0.0,-x[0])**2 \
22          + max(0.0,-x[1])**2 \
23          + max(0.0,-x[2])**2
24      return weight + penalty*lam
25
26  if __name__ == '__main__':
27      xStart = np.array([1.0, 1.0, 1.0])
28      #xStart = np.array([3.73870379, 3.73870362, 5.28732559])
29      x, numIter = powell(F, xStart)
30
31      print("x = ", x)
32      print("v = ", v)
33      print("상대중량 F = ", weight)
34      print("반복횟수   = ", numIter)
```

하위함수 F( )는 벌점목적함수를 반환한다. 여기에는 식 (a)를 설정하고 푸는 코드가 포함되었다. 변위벡터 v는 프로그램에서 u로 바꾸어 표기했다. 프로그램의 첫 번째 실행은 $x = [1\ 1\ 1]^T$로 시작하며, 벌점승수로 $\lambda = 100$을 사용했다. 결과는 다음과 같다.

```
x =  [3.73870379 3.73870362 5.28732559]
v =  [-0.26747239 -1.06988953 -0.26747238]
상대중량 F =  14.954814972561504
반복횟수   =  10
```

v_2의 크기가 너무 크기 때문에, 벌점승수를 10,000으로 증가시켰다. 프로그램은 마지막 계산의 결과 x를 처음 값으로 사용하여 다시 실행한다. 이를 위해서는 11행과 27행을 주석처리하고, 그 대신에 12행과 28행의 주석표시를 삭제하여 실행하면 된다. 이 결과는 다음과 같다.

```
x =  [3.99680756 3.9968077  5.65233963]
v =  [-0.25019968 -1.00079872 -0.25019969]
상대중량 F =  15.987230621419869
반복횟수   =  11
```

결과에서 보다시피 v_2는 이제 제약값에 훨씬 가깝다. 이 문제에서 처음부터 $\lambda = 10{,}000$를 사용하면 효과가 없다.

12.5 활강단체법

활강단체법은 Nelder-Mead 방법이라고도 한다. 착안점은 최적점을 둘러싸고 있는 설계공간 내부에서 움직이는 단체를 사용하는 것이며, 그 크기가 지정된 허용오차 범위에 도달할 때까지 단체를 축소시키는 것이다.

n차원 공간에서 단체는 직선으로 연결된 $n+1$개의 정상점의 그림이며 다각형면으로 경계 지어진다. $n=2$인 경우 단체는 삼각형이고, $n=3$이면 사면체이다. 2차원 단체에 허용되는 이동은 **그림 12.8**에 있다. 이러한 이동을 적절한 순서로 적용함으로써, 단체는 항상 최소점을 찾아내서, 최소점을 둘러싸고, 그 주위를 축소한다.[4] 이동방향은 정상점에서 $F(\boldsymbol{x})$(최소화할 함

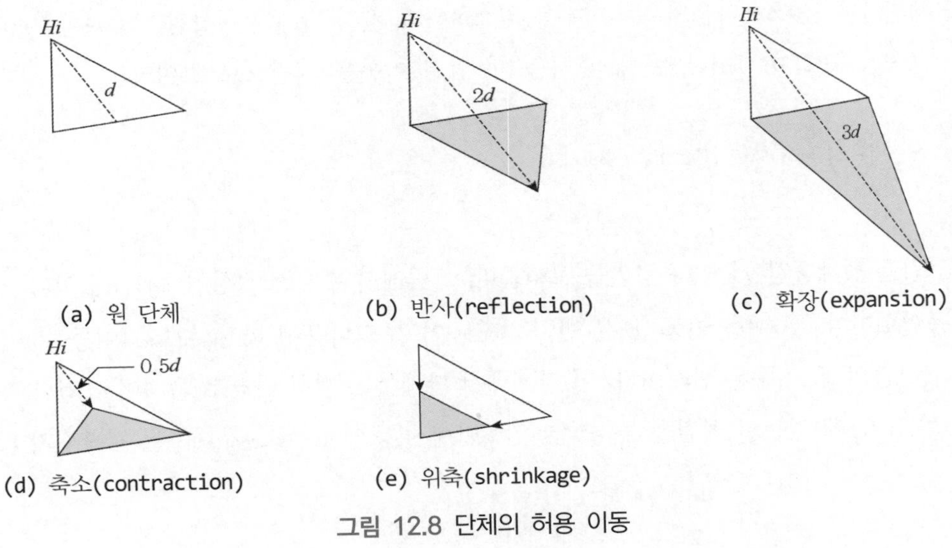

그림 12.8 단체의 허용 이동

4) 적합한 수열에서 이 이동(에워싸고, 주변을 좁혀나감)을 적용하여서, 단체법은 항상 최소점을 찾을 수 있다.

수) 값에 의해 결정된다. F의 값이 가장 큰 정상점은 Hi로 표시하고, Lo은 가장 낮은 값을 갖는 정상점을 나타낸다. 이동거리는 $F(\boldsymbol{x})$의 정상점에서 대향면의 중심(삼각형의 경우, 대변의 중앙점)까지 측정된 거리 d에 의해 제어된다.

활강단체법 알고리즘의 개요는 다음과 같다. 활강단체법 알고리즘은 대부분의 경우 Powell의 방법보다 훨씬 느리지만, 더 견고하다. 그래서 이 방법은 Powell의 방법으로 최적점을 구할 수 없는 문제에서 종종 작동한다.

```
시동단체를 선택한다.
d ≤ ε일 때까지 반복한다(ε는 허용오차):
    반사를 시도한다.
    만일 새 꼭지점 ≤ 이전 Lo: 반사(reflection) 채택
        확장을 시도한다.
        만일 새 꼭지점 ≤ 이전 Lo: 확장(expansion) 채택
    그렇지 않으면:
    만일 새 꼭지점 > 이전 Hi:
        축소를 시도한다.
        만일 새 꼭지점 ≤ 이전 Hi: 축소(contraction) 채택
    그렇지 않으면: 위축(shrinkage) 이용
반복계산 종료
```

예제 12.7 목적함수의 최소화

활강단체법을 사용하여 다음의 목적함수를 최소화하라. 시작 단체의 정상점의 좌표는 $(0.0, 0.0)$, $(0.0, -0.2)$, $(0.2, 0.0)$이다. 단체의 처음 네 번의 이동을 그림으로 보여라.

$$F = 10x_1^2 + 3x_2^2 - 10x_1x_2 + 2x_1$$

풀이

다음 그림은 설계공간 $x_1 - x_2$ 평면을 보여준다. 그림에서 수치는 정상점에서 F값이다. 원문자는 이동번호이다. 첫 이동(이동 ①)은 반사reflection이고, 그다음에 확장expansion(이동 ②)이 뒤따른다. 그다음의 두 이동은 반사이다. 이 단계에서 단체는 여전히 아래로 움직이고 있다. 단체가 $(-0.6, -1.0)$에 있는 최적점을 둘러쌀 때인 8번째 이동까지 축소contraction는 시작되지 않는다.

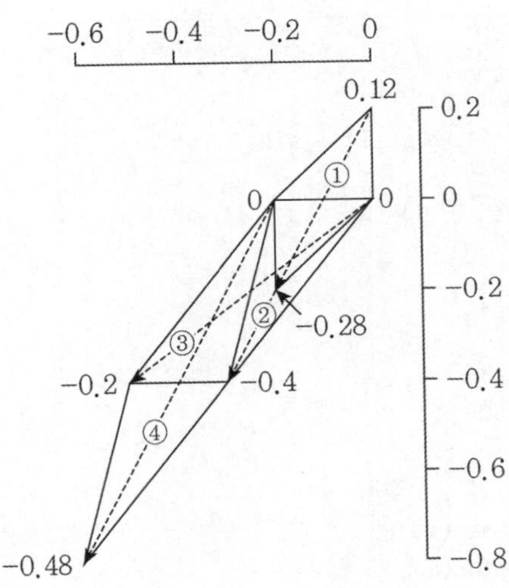

downhill( )

활강단체법의 실행은 다음과 같다. 처음 시작하는 단체는 $\boldsymbol{x}_0$에 위치하는 정상점 중 하나와 다른 하나를 $\boldsymbol{x}_0 + \boldsymbol{e}_i b(i=1, 2, \cdots, m)$에 있는 다른 점들을 가진다. 여기서 $\boldsymbol{e}_i$는 x_i-축 방향의 단위벡터이다. 사용자는 벡터 $\boldsymbol{x}_0$(프로그램에서 **xStart**라고 함)와 단체의 변의 길이를 입력한다.

코드 12.11 Downhill.py

```
# Downhill.py
# 활강단체법 모듈
''' x = downhill(F, xStart, side, tol=1.0e-6)
        이용자 입력 스칼라 함수 F(x)를 벡터 x에 대해
        최소화하는 활강단체법
        xStart = 시작벡터 x
        side = 시작 단체의 옆길이 (기본값 0.1)
'''
import math
import numpy as np

def downhill(F,xStart,side=0.1,tol=1.0e-6):
    n = len(xStart)     # 변수의 개수
    x = np.zeros((n+1,n))
    f = np.zeros(n+1)

    # 시작 단체 생성
    x[0] = xStart
    for i in range(1,n+1):
```

코드 12.11 Downhill.py(계속)

```
        x[i] = xStart
        x[i,i-1] = xStart[i-1] + side

    # 단체의 변에서 F의 값 계산
    for i in range(n+1):
        f[i] = F(x[i])

    # 주순환문
    for k in range(500):

        # 최고와 최저 꼭지점 찾기
        iLo = np.argmin(f)
        iHi = np.argmax(f)

        # 벡터 d의 이동을 계산
        d = (-(n+1)*x[iHi] + np.sum(x,axis=0))/n

        # 수렴성 검토
        if math.sqrt(np.dot(d,d)/n) < tol:
            return x[iLo]

        # 반사 시도
        xNew = x[iHi] + 2.0*d
        fNew = F(xNew)
        if fNew <= f[iLo]: # 반사 채택
            x[iHi] = xNew
            f[iHi] = fNew

            # 반사를 확장 시도
            xNew = x[iHi] + d
            fNew = F(xNew)
            if fNew <= f[iLo]: # 확장 채택
                x[iHi] = xNew
                f[iHi] = fNew
        else:
            # 다시 반사 시도
            if fNew <= f[iHi]: # 반사 채택
                x[iHi] = xNew
                f[iHi] = fNew
            else:
                # 축소 시도
                xNew = x[iHi] + 0.5*d
                fNew = F(xNew)
                if fNew <= f[iHi]: # 축소 채택
```

코드 12.11 Downhill.py(계속)

```
                    x[iHi] = xNew
                    f[iHi] = fNew
                else:
                    # 위축 이용
                    for i in range(len(x)):
                        if i != iLo:
                            x[i] = (x[i] - x[iLo])*0.5
                            f[i] = F(x[i])
    else:
        print("활강단체에서 너무 많은 반복")
        return x[iLo]
```

예제 12.8 윤변의 길이 최소화

다음 그림은 물을 운반하는 수로의 단면을 보인다.

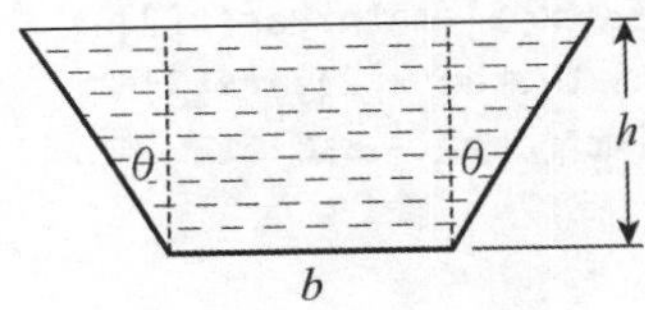

활강단체법을 사용하여 수로 단면적이 8 m^{2}로 고정되어 있다는 제약조건하에서 윤변wetted perimeter의 길이를 최소로 하는 h, b, θ를 결정하라(윤변의 길이가 최소가 되면 흐름에 대한 저항이 최소가 된다). 답을 해석적으로 검증하라.

풀이

수로 단면적은 다음과 같다.

$$A = \frac{1}{2}[b + (b + 2h\tan\theta)]h = (b + h\tan\theta)h$$

윤변의 길이는 다음과 같다.

$$S = b + 2(h\sec\theta)$$

이 최적화 문제는 제약조건 $A - 8 = 0$하에서 S의 최소를 구하는 것이다. 등식 제약조건을 반영하는 벌점함수를 사용하면, 목적함수는 다음과 같아진다.

$$S^* = b + 2h\sec\theta + \lambda[(b + h\tan\theta)h - 8]^2$$

$\boldsymbol{x} = [b\ \ h\ \ \theta]^T$로 두고, $\boldsymbol{x}_0 = [4\ \ 2\ \ 0]^T$에서 시작하는 코드는 다음과 같다.

코드 12.12 Ex1208.py

```
# 예제 12.8 수로의 윤변

import math
import numpy as np
from Downhill import *

def S(x):
    global perimeter, area
    lam = 10000.0
    perimeter = x[0] + 2.0*x[1]/math.cos(x[2])
    area = (x[0] + x[1]*math.tan(x[2]))*x[1]
    return perimeter + lam*(area - 8.0)**2

if __name__ == '__main__':
    xStart = np.array([4.0, 2.0, 0.0])
    x = downhill(S,xStart)
    area = (x[0] + x[1]*math.tan(x[2]))*x[1]

    print("b = {0:8.3f}".format(x[0]))
    print("h = {0:8.3f}".format(x[1]))
    print("각도 (deg) = {0:8.2f}".\
        format(x[2]*180.0/math.pi))
    print("면적 = {0:8.3f}".format(area))
    print("윤변 = {0:8.3f}".format(perimeter))
```

결과는 다음과 같다.

```
b =    2.482
h =    2.149
각도(deg) =    30.00
면적 =    8.000
윤변 =    7.445
```

검증

등식 제약조건이 있기 때문에, Lagrange 승수의 도움을 받아 해석적으로 문제를 풀 수 있다. 식 (12.2a)를 참조하면, $F = S$이고, $g = A - 8$이며, 따라서

$$\begin{aligned} F^* &= S + \lambda(A-8) \\ &= b + 2(h\sec\theta) + \lambda[(b + h\tan\theta)h - 8] \end{aligned}$$

그러므로 식 (12.2b)는 다음과 같다.

$$\frac{\partial F^*}{\partial b} = 1 + \lambda h = 0$$

$$\frac{\partial F^*}{\partial h} = 2\sec\theta + \lambda(b + 2h\tan\theta) = 0$$

$$\frac{\partial F^*}{\partial \theta} = 2h\sec\theta\tan\theta + \lambda h^2\sec^2\theta = 0$$

$$g(x) = (b + h\tan\theta)h - 8 = 0$$

이것은 다음의 NewtonRaphsonNLS( )로 풀 수 있다.

코드 12.13 Ex1208_check.py

```
# 예제 12.8의 검증

import math
import numpy as np
from NewtonRaphsonNLS import *

def f(x):
    f = np.zeros(4)
    f[0] = 1.0 + x[3]*x[1]
    f[1] = 2.0/math.cos(x[2]) + x[3]*(x[0] \
        + 2.0*x[1]*math.tan(x[2]))
    f[2] = 2.0*x[1]*math.tan(x[2])/math.cos(x[2]) \
        + x[3]*(x[1]/math.cos(x[2]))**2
    f[3] = (x[0] + x[1]*math.tan(x[2]))*x[1] - 8.0
    return f

if __name__ == '__main__':
    xStart = np.array([3.0, 2.0, 0.0, 1.0])
```

코드 12.13 Ex1208_check.py(계속)

```
    x = NewtonRaphson(f, xStart)

    print("x = ",x)
```

해 $\boldsymbol{x}=[b\ h\ \theta\ \lambda]^T$은 다음과 같다.

```
x = [ 2.48161296  2.14913986  0.52359878 -0.46530243]
```

예제 12.9 재료의 체적 최소화

다음 그림과 같은 계단형 회전축의 기본 원형주파수는 ω_0(주어진 값)보다 높아야 한다.

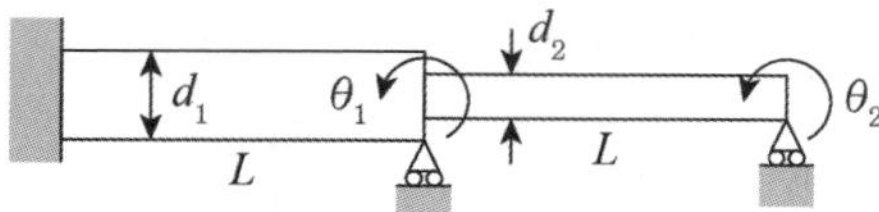

활강단체법을 사용하여 주파수 제약조건을 위반하지 않고 재료의 체적을 최소로 하는 직경 d_1과 d_2를 결정하라. 기본 주파수의 근사값은 고유값 문제를 푸는 것으로 계산할 수 있다(유한요소근사로부터 얻을 수 있다).

$$\begin{bmatrix} 4(d_1^4+d_2^4) & 2d_2^4 \\ 2d_2^4 & 4d_2^4 \end{bmatrix} \begin{bmatrix} \theta_1 \\ \theta_2 \end{bmatrix} = \frac{4\gamma L^4 w^2}{105E} \begin{bmatrix} 4(d_1^2+d_2^2) & -3d_2^2 \\ -3d_2^2 & 4d_2^2 \end{bmatrix} \begin{bmatrix} \theta_1 \\ \theta_2 \end{bmatrix}$$

여기서 $\gamma=$(물질의 질량밀도), $\omega=$(각주파수), $E=$(탄성계수), θ_1, $\theta_2=$(단순지지점에서의 회전각)이다.

풀이

무차원 변수 $x_i=d_i/d_0$를 도입하는 것에서 시작한다. 여기서 d_0는 임의의 회전축의 직경이다. 결과적으로, 고유값 문제는 다음과 같다.

$$\begin{bmatrix} 4(x_1^4+x_2^4) & 2x_2^4 \\ 2x_2^4 & 4x_2^4 \end{bmatrix} \begin{bmatrix} \theta_1 \\ \theta_2 \end{bmatrix} = \lambda \begin{bmatrix} 4(x_1^2+x_2^2) & -3x_2^2 \\ -3x_2^2 & 4x_2^2 \end{bmatrix} \begin{bmatrix} \theta_1 \\ \theta_2 \end{bmatrix} \tag{a}$$

여기서

$$\lambda = \frac{4\gamma L^4 \omega^2}{105 E d_0^2}$$

아래 코드에서 주기 ω에 대한 제약조건은 $\lambda \geq 0.4$와 동등하다고 가정했다. 이 코드를 실행하려면 **코드** 7.4(`StandardForm.py`), **코드** 7.7(`InversePower.py`), **코드** 7.5(`Cholesky.py`), **코드** 3.5(`LudDoolitle.py`)가 필요하다.

코드 12.14 Ex1209.py

```
# 예제 12.9 회전축 재료 최소화

import numpy as np
from StandardForm import *
from InversePower import *
from Downhill import *

def F(x):
    global eVal
    lam = 1.0e6
    eVal_min = 0.4
    A = np.array([[4.0*(x[0]**4 + x[1]**4), 2.0*x[1]**4], \
        [2.0*x[1]**4, 4.0*x[1]**4]])
    B = np.array([[4.0*(x[0]**2 + x[1]**2), -3.0*x[1]**2], \
        [-3*x[1]**2, 4.0*x[1]**2]])
    H,t = stdForm(A,B)
    eVal,eVec = inversePower(H,0.0)
    return x[0]**2 + x[1]**2 + lam*(max(0.0,eVal_min - eVal))**2

if __name__ == '__main__':
    xStart = np.array([1.0,1.0])
    x = downhill(F,xStart,0.1)

    print("x     = ", x)
    print("고유값= ",eVal)
```

2×2 고유값 문제는 쉽게 풀 수 있지만, 앞에서 이미 준비된 함수를 사용하여 중복된 작업을 피하고자 한다: `stdForm( )`은 고유값 문제를 표준 형식으로 변환하고, `inversePower( )`는 0에 가장 가까운 고유값을 계산한다. 다음 결과는 $x_1 = x_2 = 1$을 시작값으로 하고 10^6을 벌점승수

로 얻은 결과이다. 활강단체법은 벌점승수가 증가하는 다중실행에 대한 필요성을 줄일 정도로 강력하다.

```
x     =  [1.07512696 0.79924677]
고유값 =  0.399997757237652
```

:: 연습문제

12.1 A사에서는 세 종류의 원료(원료 1, 원료 2, 원료 3)를 사용하여 두 종류의 제품(제품 1, 제품 2)을 생산한다. 다음 표와 같이 제품 1을 1톤 생산하는 데는 원료 1, 원료 2, 원료 3이 각각 1톤, 4톤, 3톤 필요하며, 제품 2를 1톤 생산하는 데는 각각 2톤, 4톤, 1톤 필요하다. 각 원료의 하루 사용 가능량은 각각 80톤, 180톤, 90톤이다. 또 제품을 생산할 때 1톤당 이익은 각각 50만 원과 40만 원일 때 1일 이익이 최대가 되는 제품 1, 2의 생산량을 구하라.

	원료 1(톤)	원료 2(톤)	원료 3(톤)	이익(만 원)
제품 1	1	4	3	
제품 2	2	4	1	
사용 가능량	80	180	90	

12.2 어느 광산회사는 매주 800톤의 광물 A와 80톤의 광물 B를 채굴한다. 이는 세 종류의 합금 a, b, c를 만드는 데 사용된다. 합금 a를 1톤 생산하는 데는 광물 A가 5톤, 광물 B가 3톤 필요하다. 또 합금 b를 생산하는 데는 광물 A와 광물 B가 각각 3톤과 5톤, 합금 c를 생산하는 데는 각각 5톤씩이 필요하다. 각 합금을 생산하는 데 따른 이익은 합금 a는 250만 원, 합금 b는 300만 원, 합금 c는 400만 원이다. 매주 합금을 어떤 비율로 생산해야 이득이 최대가 되는지 결정하라.

12.3 어느 건강식품회사에서 판매하는 건강상품 패키지는 상품 A, 상품 B, 상품 C의 세 종류가 있다. 이들은 각각 재료 a, 재료 b, 재료 c를 섞은 것이다. 각 상품에 대한 제원은 다음과 같이 되어 있다.

	재료 a	재료 b	재료 c	단가(kg당)
상품 A	-	$\geq$ 60%	$\leq$ 25%	2만 원
상품 B	$\geq$ 60%	-	-	1.6만 원
상품 C	$\leq$ 20%	-	$\geq$ 60%	1.2만 원

각 재료는 매주 공급되며, 공급최대량은 재료 a는 100 kg, 재료 b는 80 kg, 재료 c는 60 kg이다. 판매량에는 제한이 없다고 가정하고, 주당 판매액을 최대로 할 수 있는 각 상품의 생산량을 결정하라.

12.4 다음의 목적함수를 만족시키는 변수 x_1과 x_2를 결정하라.

목적함수:

최대화 $z = 10x_1 + 11x_2$

제약조건:

$3x_1 + 4x_2 \leq 9$

$5x_1 + 2x_2 \geq 8$

$x_1 - 2x_2 \leq 1$

$x_1 \geq 0, \ x_2 \geq 0$

[도움말] 잉여변수 x_3, x_4, x_5를 도입하여 풀어야 한다.

12.5 다음 문제를 풀어라.

목적함수:

최대화 $z = 3x_1 + 2x_2$

제약조건:

$x_1 + x_2 \leq 4$

$x_1 + 2x_2 \leq 6$

$x_1, x_2 \geq 0$

12.6 단체법을 사용하여 다음 문제가 유한한 최대해가 없음을 보여라.

목적함수:

최대화 $z = -x_1 + 2x_2 + x_3$

제약함수:

$3x_1 + x_2 - 4x_3 \leq 4$

$x_1 - x_2 - x_3 \leq 10$

$x_1 - 2x_2 + 6x_3 \leq 9$

$x_1, x_2, x_3 \geq 0$

12.7 두 분자 사이의 Lennard-Jones 포텐셜은 다음과 같다.

$$V = 4\varepsilon\left[\left(\frac{\sigma}{r}\right)^{12} - \left(\frac{\sigma}{r}\right)^{6}\right]$$

여기서 ε과 σ는 상수, r은 분자들 사이의 거리이다. 모듈 **GoldenSearch**를 사용하여 포텐셜을 최소로 하는 σ/r를 구하고, 해석적으로 결과를 검증하라.

12.8 다음 적분이 최소가 되는 매개변수 p를 결정하라.

$$\int_0^{\pi} \sin x \cos px\, dx$$

[도움말] 적분 계산에 구적법을 사용하라.

12.9 다음 그림과 같은 전기회로가 있다.

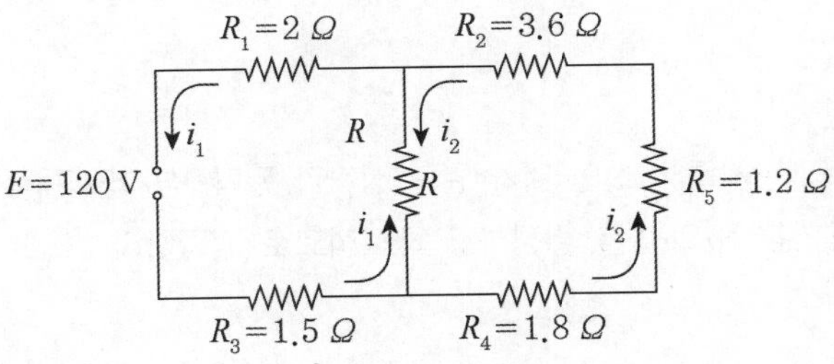

이 전기회로에 대한 Kirchhoff 방정식은 다음과 같다.

$$R_1 i_1 + R_3 i_1 + R(i_1 - i_2) = E$$
$$R_2 i_2 + R_4 i_2 + R_5 i_2 + R(i_2 - i_1) = 0$$

저항 R에 의해 소비되는 전력이 최소가 되는 R을 구하라.

[도움말] Kirchhoff 방정식을 3장에 있는 선형연립방정식 풀이 중 하나를 사용하여 수치적으로 푼다.

12.10 제약조건 $x+y \geq 1$과 $x \geq 0.6$을 만족하는 함수 $F(x, y) = (x-1)^2 + (y-1)^2$의 최소를 구하라.

12.11 $y \geq 0$일 때, 함수 $F(x, y) = 6x^2 + y^3 + xy$의 최소를 구하고 해석적으로 검증하라.

12.12 점 $(1, 2)$에서 포물선 $y = x^2$까지의 최소거리를 결정하라.

12.13 다음 그림에 있는 도형의 밑변에서 도심 C까지의 거리 d가 최소가 될 때의 x를 결정하라.

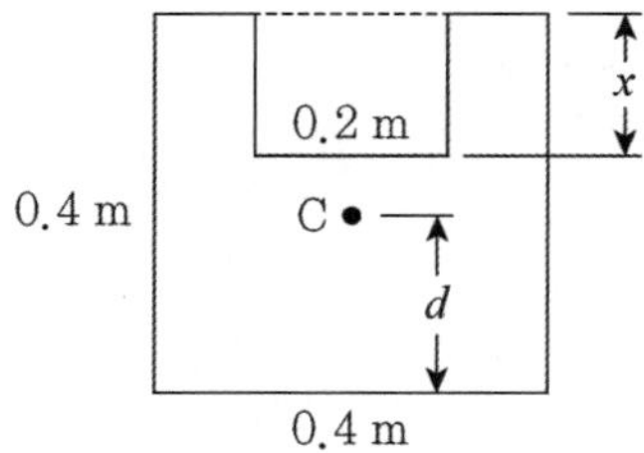

12.14 점선을 따라 그림의 판지를 접으면 위가 열린 상자가 된다. 상자의 체적이 1.0 m^3일 때, 판지의 양이 최소가 되기 위한 a와 b를 결정하고 해석적으로 검증하라.

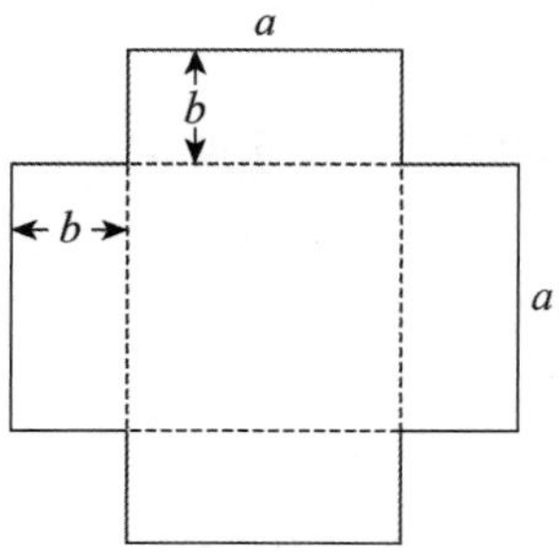

12.15 다음 그림과 같이 탄성줄에 하중이 걸려 있다.

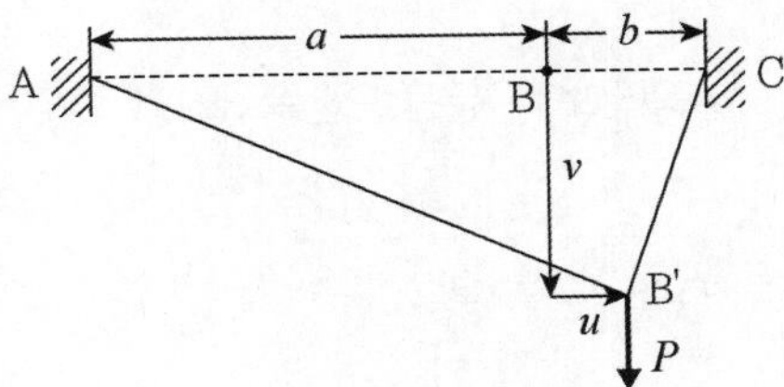

탄성줄 ABC는 인장강도가 k이다. 연직력 P가 점 B에 작용했을 때, 줄의 형상은 AB′C가 된다. 변형된 위치에서 시스템의 위치에너지 V는 다음과 같다.

$$V = -Pv + \frac{k(a+b)}{2a}\delta_{AB} + \frac{k(a+b)}{2b}\delta_{BC}$$

여기서 AB와 BC의 연장률은 다음과 같다.

$$\delta_{AB} = \sqrt{(a+u)^2 + v^2} - a$$

$$\delta_{BC} = \sqrt{(b-u)^2 + v^2} - b$$

V가 최소가 되는 변위 u와 v를 구하라(이것은 최소 포텐셜에너지의 원리이며, 위치에너지가 최소일 때 시스템은 안정된 평형상태에 있게 된다). 단, $a = 150$ mm, $b = 50$ mm, $k = 0.6$ N/mm, $P = 5$ N이다.

12.16 다음 그림과 같은 원형 단면의 외팔보가 있다.

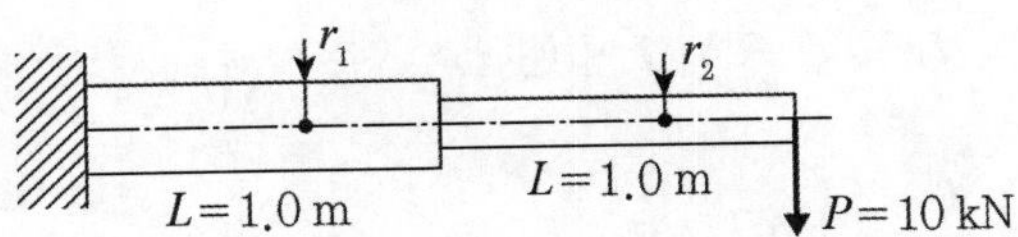

이 외팔보가 다음의 제약조건하에서의 체적이 최소가 되는 문제를 생각하자.

$$\sigma_1 \le 180 \text{ MPa}, \ \sigma_2 \le 180 \text{ MPa}, \ \delta \le 25 \text{ mm}$$

여기서

$$\sigma_1 = \frac{8PL}{\pi r_1^3} = \text{외팔보 왼쪽 반의 최대응력}$$

$$\sigma_2 = \frac{4PL}{\pi r_2^3} = \text{외팔보 오른쪽 반의 최대응력}$$

$$\delta = \frac{PL^3}{3\pi E}\left(\frac{7}{r_1^4} + \frac{1}{r_2^4}\right) = \text{외팔보 자유단(오른쪽 끝)의 변위}$$

그리고 $E = 200$ GPa이다. r_1과 r_2를 결정하라.

12.17 함수 $F(x, y, z) = 2x^2 + 3y^2 + z^2 + xy + xz - 2y$의 최소를 구하고, 해석적으로 확인하라.

12.18 다음 그림과 같이 트러스에 하중이 작용하고 있다.

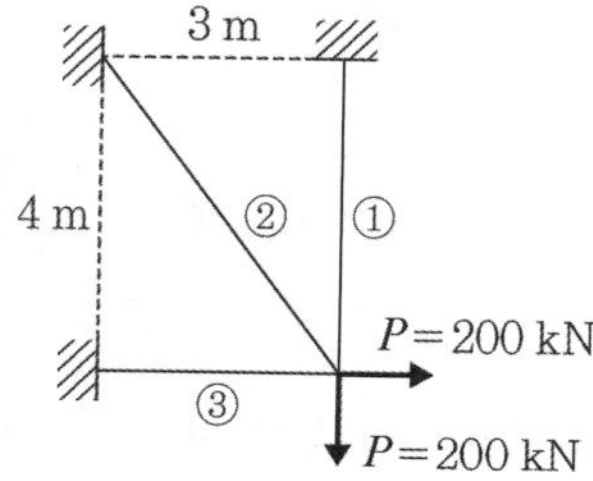

트러스의 평형방정식은 다음과 같다.

$$\sigma_1 A_1 + \frac{4}{5}\sigma_2 A_2 = P, \quad \frac{3}{5}\sigma_2 A_2 + \sigma_3 A_3 = P$$

여기서 σ_i는 i번 부재의 축응력이고, A_i는 단면적이다. 아래의 세 번째 방정식은 호환성(부재의 신장에 대한 기하학적 제약)에 의해 제공된다.

$$\frac{16}{5}\sigma_1 - 5\sigma_2 + \frac{9}{5}\sigma_3 = 0$$

응력이 150 MPa를 초과하지 않으면서 중량을 최소로 만드는 부재의 단면적을 구하라.

12.19 직경이 d인 원통형 목재를 절단하여 직사각형 단면의 보를 만든다. 관성모멘트 $I = bh^3/12$를 최소가 되는 직사각형 단면의 높이 h와 폭 b를 구하고, 해석적인 방법으로 맞는지 확인하라.

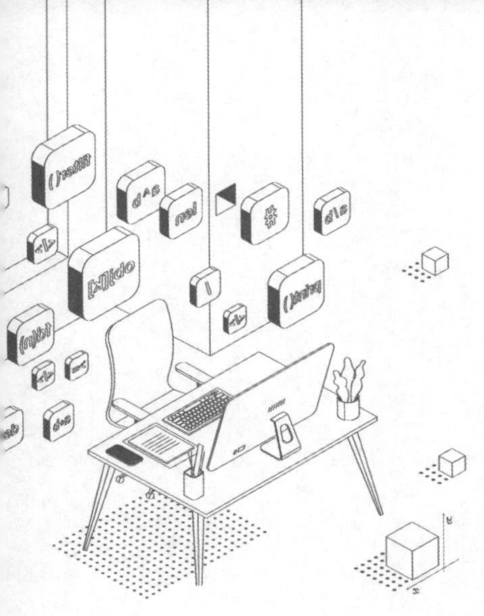

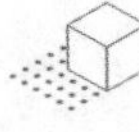

파이썬을 이용한 수치해석

부 록

* 부록은 도서출판 씨아이알의 홈페이지 자료실에 올려두었습니다.

저자 소개

류권규 柳權圭

서울대학교 토목공학과 공학사, 공학석사

한국건설기술연구원 수자원연구실 선임연구원

미국 University of Iowa 토목환경공학과 공학박사

現 동의대학교 토목공학과 교수

이남주 李南周

연세대학교 토목공학과 공학사

서울대학교 토목공학과 공학석사, 공학박사

現 경성대학교 건설환경도시공학부 교수

파이썬을 이용한
수치해석

초판인쇄 2020년 12월 21일
초판발행 2020년 12월 28일
초 판 2 쇄 2021년 12월 20일
초 판 3 쇄 2023년 12월 15일

저 자 류권규, 이남주
펴 낸 이 김성배
펴 낸 곳 도서출판 씨아이알

편 집 장 박영지
책임편집 최장미
디 자 인 윤현경, 윤미경
제작책임 김문갑

등록번호 제2-3285호
등 록 일 2001년 3월 19일
주 소 (04626) 서울특별시 중구 필동로8길 43(예장동 1-151)
전화번호 02-2275-8603(대표)
팩스번호 02-2265-9394
홈페이지 www.circom.co.kr

I S B N 979-11-5610-862-7 (93530)
정 가 35,000원